Handbuch der Umweltveränderungen und Ökotoxikologie

Springer
Berlin
Heidelberg
New York
Barcelona
Hongkong
London
Mailand
Paris
Singapur
Tokio

Robert Guderian Günter Gunkel (Hrsg.)

Handbuch der Umweltveränderungen und Ökotoxikologie

Band 3B: Aquatische Systeme:

Biogene Belastungsfaktoren – Organische Stoffeinträge – Verhalten von Xenobiotika

Mit 102 Abbildungen und 120 Tabellen

Springer

Professor Dr. Robert Guderian
Universität Gesamthochschule Essen
Fachbereich 9, Bio- und Geowissenschaften
Universitätsstr. 11
45117 Essen

Priv. Doz. Dr. Günter Gunkel
Technische Universität Berlin
FB 6, FG Wasserreinhaltung
Straße des 17. Juni 135
10623 Berlin

ISBN 3-540-66188-3 Springer-Verlag Berlin Heidelberg New York

Die Deutsche Bibliothek – CIP-Einheitsaufnahme
Handbuch der Umweltveränderungen und Ökotoxikologie/Hrsg.: Robert Guderian; Günter Gunkel. – Berlin; Heidelberg; New York; Barcelona; Hongkong; London; Mailand; Paris; Singapur; Tokio: Springer, 2000
Bd. 3. Aquatische Systeme. B. Biogene Belastungsfaktoren – Organische Stoffeinträge – Verhalten von Xenobiotika
ISBN 3-540-66188-3

Satz: K+V Fotosatz GmbH, Beerfelden
Umschlaggestaltung: design & production GmbH, Heidelberg

SPIN 10731637 31/3136-5 4 3 2 1 0 – Gedruckt auf säurefreiem Papier

Handbuch der Umweltveränderungen und Ökotoxikologie

Band 1: Atmosphäre

Band A: Anthropogene und biogene Emissionen – Photochemie der Troposphäre – Chemie der Stratosphäre und Ozonabbau
ISBN 3-540-66184-0

Band B: Aerosol/Multiphasenchemie – Ausbreitung und Deposition von Spurenstoffen – Auswirkungen auf Strahlung und Klima
ISBN 3-540-66185-9

Band 2: Terrestrische Ökosysteme

Band A: Immissionsökologische Grundlagen – Wirkungen auf Boden – Wirkungen auf Pflanzen
ISBN 3-540-66857-8

Band B: Wirkungen auf Pflanzen – Diagnose und Überwachung – Wirkungen auf Tiere
ISBN 3-540-66858-6

Band 3: Aquatische Systeme

Band A: Grundlagen – Physikalische Belastungsfaktoren – Anorganische Stoffeinträge
ISBN 3-540-66187-5

Band B: Biogene Belastungsfaktoren – Organische Stoffeinträge – Verhalten von Xenobiotika
ISBN 3-540-66188-3

Vorwort

Vor 10 000 Jahren, zu Beginn des Neolithikums begann der Mensch seßhaft zu werden. Er leitete damit einen neuen Prozeß in das erdgeschichtliche Geschehen ein, nämlich Wachstum und Expansion der eigenen Spezies über die naturgegebene Umweltkapazität hinaus. Erkauft wird diese Entwicklung mit der starken Inanspruchnahme der endlichen Ressourcen Materialien und Raum sowie der Belastung von Natur und Umwelt auf eine unseren Planeten nachhaltig bedrohende Art und Weise.

Bis zur „agrarischen Revolution" in der Jungsteinzeit war der Mensch als Jäger und Sammler Teil natürlicher Ökosysteme und damit vergleichbar den tierischen Organismen den naturgegebenen Gesetzmäßigkeiten unterworfen. Dann rodete er den Wald, bearbeitete den Boden, kultivierte ausgewählte Pflanzen, entwickelte die Haustierhaltung und schuf mit festem Wohnsitz in seinen dörflichen Siedlungsgemeinschaften die Voraussetzung für eine systematische Vorratshaltung. Die Tragfähigkeit eines Gebietes war jetzt nicht mehr ausschließlich durch die in Raum und Zeit begrenzten Naturressourcen bestimmt. Der Mensch hatte einen Weg gefunden, sie durch zielgerichtete Maßnahmen systematisch zu erweitern. Mit dieser Befreiung aus der strengen Abhängigkeit von der Natur scherte der Mensch aus den regelnden Zwängen der Evolution aus und begann, sich über die populationserhaltende Reproduktion hinaus nachhaltig zu vermehren.

Seit 1850 hat sich die Weltbevölkerung verfünffacht auf 6 Mrd. gegen Ende des 20. Jahrhunderts. Gleichzeitig wuchs der Verbrauch an Primärenergie, gegenwärtig zu 75% durch fossile Energieträger gedeckt, um mehr als das Dreißigfache. Spätestens jetzt wurde das besonders verschwenderische Verhalten des Menschen offenbar. Abweichend von den anderen Lebewesen beanspruchen wir die Ressourcen unserer Umwelt nicht nur zum Leben und Überleben, sondern in stark erhöhtem Maße zum Leben auf bestimmten Standard mit hoher Mobilität. Hieraus sowie aus den extrem ungleichen Lebensbedingungen der Menschen auf unserer Erde ist zu folgern, daß der Bedarf an

Materialien und Energie weiterhin stärker zunehmen wird als das Bevölkerungswachstum, und mit einer abermaligen Verdoppelung der Weltbevölkerung auf annähernd 12 Mrd. bis zum Erreichen des prognostizierten stationären Zustandes Mitte des 22. Jahrhunderts muß gerechnet werden.

Nach seiner Seßhaftwerdung erwies sich der Mensch aber nicht nur als auffälliger Umweltausbeuter, sondern auch als großer Umweltverschmutzer. Waren die Belastungen bis zu Beginn des 19. Jahrhunderts im wesentlichen ein lokales Problem, so veränderte sich in den vergangenen 150 Jahren die Umweltsituation grundlegend. Mit der Industrie, der Energiegewinnung aus fossilen Energieträgern und – etwas später – mit dem Kraft- und Flugverkehr sowie der Intensivlandwirtschaft kamen vier Emittentengruppen hinzu, deren Ausstoß an umweltbelastenden Stoffen die bisherigen Emissionen nach Zahl und Menge größenordungsmäßig übertreffen. Naturfremde Stoffe, die Xenobiotika, stellen eine zusätzliche und neuartige Gefahr für die Atmosphäre und Biosphäre dar. Als Folge hoher Emittentendichten bildeten sich regionale Belastungsgebiete mit komplexen, aus vielen Verunreinigungen bestehenden Immissionstypen heraus. Die damit verbundenen Gefahren für den Menschen und seine Umwelt wurden in ihrer Bedeutung zunächst nicht erkannt. Zu groß war das Vertrauen in die Selbstreinigungskraft fließender Gewässer und in das endlos erscheinende „Luftmeer“, als daß man sich bleibende Folgen hätte vorstellen können. Erst als in der zweiten Hälfte unseres Jahrhunderts lokale Katastrophen und großräumige Belastungen auftraten, begannen die industrialisierten Länder, vorbeugenden Umweltschutz in erweitertem Maße zu betreiben. Zu spät, wie sich bald herausstellte. Bestimmte Umweltveränderungen, wie der Anstieg des troposphärischen Ozongehalts und klimawirksamer Spurengase oder der Ozonabbau in der Stratosphäre und die daraus resultierende erhöhte UV-B-Strahlung, hatten inzwischen eine überregionale oder gar globale Dimension erlangt. Direkt oder indirekt sind davon alle Kompartimente von Ökosystemen betroffen, die Medien Boden, Wasser und Luft ebenso wie der Organismenbestand und die daraus resultierenden übergeordneten ökosystemaren Strukturen und Funktionen. Der über die Jahrtausende schleichende Wandel von der Bedrohung des Menschen durch die Natur zur wahren Bedrohung der Natur durch den Menschen hat sich seit Beginn der industriellen Revolution zur globalen Dimension ausgeweitet.

Art und Umfang der Umweltbelastungen und der Umweltschäden hatten weltweit einen starken Anstieg der Forschungsaktivitäten zur Folge. Zur Entstehung, Verbreitung und Wirkung von Luft-, Wasser-

und Bodenverunreinigungen auf die Biosphäre liegt mittlerweile eine unübersehbare Zahl von Publikationen vor. In ihrer Gesamtheit enthalten sie vielfältige Erkenntnisse über vorliegende Gefahren und Möglichkeiten, ihnen zu begegnen. Indessen lassen sich Handlungsbedarf und Handlungsmöglichkeit selten aus einzelnen Veröffentlichungen ableiten. Auch die bereits vorliegenden zusammenfassenden Darstellungen zu einzelnen Komponenten oder Teilsystemen erschließen das Erkenntnispotential für Belange des praktischen Umweltschutzes und für Aus- und Fortbildung unzureichend. Das gilt insbesondere für das Zusammenwirken der verschiedenen Belastungsarten, die Interaktionen der beeinflußten Kompartimente und die daraus resultierenden ökosystemaren Folgen.

Es erscheint daher zunehmend wichtiger, auch wesentlich größere Ausschnitte aus der Umweltforschung zusammenfassend zu behandeln. Die drei Bände der vorliegenden Buchreihe, in jeweils zwei Teilbände unterteilt, dokumentieren und beschreiben die Entstehung und Verbreitung von Belastungen der Medien Boden, Wasser und Luft mit chemischen Verunreinigungen, Radionukliden und erhöhter UV-Strahlung und die dadurch bedingten Wirkungen auf die Atmosphäre sowie die terrestrischen und aquatischen Ökosysteme. Der Bewertung von Belastung und Belastbarkeit von Ökosystemen und Ökosystemteilen wird besondere Beachtung geschenkt. Mit der weiter zunehmenden Globalisierung wird es künftig noch mehr als heute in allen Ländern auf den vorbeugenden Umweltschutz ankommen. Dementsprechend werden hier auch Prognosen über Gefährdungspotentiale vorgenommen und Möglichkeiten zu ihrer Bewältigung aufgezeigt, soweit die vorliegenden Erkenntnisse bei Anwendung anerkannter Bewertungsmethoden dies erlauben.

Mit der gewählten Zielsetzung und Themenbreite wird ein großer Benutzerkreis angesprochen, der sich in vier Zielgruppen unterteilen läßt: Wissenschaftler, insbesondere aus den naturwissenschaftlichen Disziplinen, Lehrer an Hochschulen und Schulen sowie Studenten, Verantwortliche für den praktischen Umweltschutz in Politik, Wirtschaft und Verwaltung sowie Bevölkerungskreise, die an Umweltschutzfragen interessiert sind. Verständliche Einführungen, Erläuterungen zu komplizierten Zusammenhängen, instruktive Abbildungen und ein umfangreiches Glossar werden die Lektüre erleichtern.

In Band 1 „Atmosphäre“ werden die anthropogenen und biogenen Emissionen dokumentiert und bewertet, die wichtigsten chemisch-physikalischen Vorgänge in der Troposphäre sowie die Immissions- und Depositionsverhältnisse beschrieben und die Prozesse des Ozonabbaus in der Stratosphäre und seine Bedeutung für die UV-Strahlung ebenso behandelt wie die möglichen Folgen ansteigender Gehalte von Treibhausgasen für das Stadt-, Regional- und Globalklima.

In Band 2 „Terrestrische Ökosysteme" werden unter Bezug auf die Darlegungen in Band 1 die Auswirkungen anthropogener Veränderungen in der Atmosphäre auf Boden, Pflanze und Tier einschließlich der quantitativen Beziehungen zwischen Immission und Wirkung dargestellt, die Gefahren für bestimmte Biozönosen und Ökosysteme prognostiziert und schließlich Konzepte und Methoden für Abhilfemaßnahmen unterbreitet.

In Band 3 „Aquatische Ökosysteme" werden die Veränderungen und Belastungen der Seen, Fließgewässer, Küstengewässer und des Grundwassers behandelt sowie deren Auswirkungen auf die Organismen und die ökologischen Prozesse erläutert und quantifiziert. Zusätzlich werden Konzepte und Methoden zur Vermeidung bzw. zur Minimierung der verschiedenen Belastungsfaktoren und Schädigungen der Gewässer vorgestellt.

Die Errungenschaften in Naturwissenschaft und Technik haben mit der industriell-ökonomischen Revolution einen beispiellosen Zivilisationssprung ausgelöst, zum Segen der Menschen, jedoch mit vielen nicht vorausgesehenen Neben- und Folgewirkungen. Wissenschaft und Technik stellen aber auch Ergebnisse, Handlungsanweisungen und Instrumente zur Verfügung, mit deren Hilfe sich Belastungen voraussagen, vermeiden oder vermindern und vorliegende Schäden kompensieren oder gar beheben lassen. Herausgeber und Autoren hoffen, mit der vorliegenden Buchreihe in diesem Sinne einen Beitrag zum verantwortungsvollen Umgang mit dem begrenzten Naturpotential als Grundvoraussetzung für die nachhaltige zukunftsverträgliche Entwicklung von Ökonomie und Ökologie in globaler sozialer Verantwortung zu liefern.

Eine Buchreihe in der vorliegenden Themenbreite kann heute nur noch von einem Team von Spezialisten aus verschiedenen naturwissenschaftlichen Disziplinen bearbeitet werden. Ich habe einem großen Kreis von Fachkollegen dafür zu danken, daß sie sich neben ihren vielfältigen anderweitigen Verpflichtungen zur Mitarbeit bereit gefunden haben. Die stets sachliche und konstruktive Zusammenarbeit hat das Vorhaben sehr gefördert. Besonderen Dank schulde ich dem Mitherausgeber von Band 3 „Aquatische Ökosysteme", Herrn Privat-Dozent Dr. G. Gunkel sowie den Herren Professoren Dr. U. Arndt, Dr. K.H. Becker, Dr. A. Ebel, Dr. H.-J. Jäger, Dr. W. Kuttler, Dr. D. Möller, Dr. R. Zellner und Herrn Dr. D.E. Meyer für klärende und anregende Gespräche. Meinen langjährigen Mitarbeitern Frau H. Braun und Herrn Dr. J. Bücker danke ich für die tatkräftige Unterstützung bei der Herausgabe der Buchreihe, Herrn Dr. D. Czeschlik, Frau U. Gramm und Frau K. Matthias vom Springer-Verlag für die verständnisvolle und erfolgreiche Zusammenarbeit.

Essen
November 1999

R. Guderian

Vorwort zum Band ‚Aquatische Systeme'

Anthropogene Belastungen von Gewässern sind kein Phänomen der Gegenwart, sondern sie bestehen schon seit Jahrhunderten als lokales Problem der Hygiene, des Gewässerausbaus und der Entsorgung von Reststoffen. Mit dem stark angestiegenen Bevölkerungswachstum, der intensivierten Umwandlung von Natur- in Kulturlandschaft und der industriellen Entwicklung haben die Belastungen jedoch während der letzten zwei Jahrhunderte eine neue Dimension erfahren. Anders als früher werden die aquatischen Ökosysteme heute nicht nur durch Verunreinigungen mit organischen und anorganischen Komponenten belastet, veränderte physikalische Faktoren unterschiedlicher Art stellen ein großes zusätzliches Schädigungspotential dar.

Viel zu lange wurde die Natur als beliebig nutzbare und formbare Umwelt angesehen oder mißbraucht: Ohne Beachtung möglicher ökologischer oder ökotoxikologischer Folgen wurden Flüsse begradigt und reguliert, Feuchtgebiete entwässert, große Wassermassen bedenkenlos aus Seen, Flüssen und Grundwasser entnommen und häufig an anderer Stelle wieder verschmutzt eingeleitet. Ein besonderes Problem stellen hierbei der Wasserverbrauch durch Landwirtschaft und Industrie sowie die Wassereinleitungen aus kommunalen und industriellen Abwasseranlagen dar.

Die gegenwärtige Bedrohung von Gewässern beruht aber nicht nur auf ihrer Bewirtschaftung und Nutzung, großräumige Gefahren gehen auch von außerhalb, von den anthropogenen Veränderungen in Atmosphäre und Pedosphäre aus. Viele Belastungen unserer Umwelt wirken weitreichender und längerfristiger als bisher angenommen und sind an globale Stoffkreisläufe angekoppelt. Somit sind Umweltkontaminanten in der Regel nicht lokal eingrenzbar, sondern wirken grenzüberschreitend. Vor allem in die Binnen- und Küstengewässer gelangen durch Deposition aus der komplex belasteten Troposphäre zahlreiche trophisch und ökotoxikologisch wirksame Komponenten. Sie bilden zusammen mit den hohen Einträgen von Agrarchemikalien aus konventionell landwirtschaftlich genutzten Böden die entscheidende

Ursache für die großräumigen Belastungen der Gewässer, u.a. durch Eutrophierung, Versauerung und Kontaminierung mit Pflanzenschutz- und Tierarzneimitteln. Globale Gefahren resultieren auch aus der erhöhten UV-B-Strahlung als Folge des Ozonabbaus in der Stratosphäre.

Die vielfältigen Belastungen der Gewässer mit eutrophierend und toxisch wirkenden Stoffen und die Zerstörung natürlicher Biotope haben zu gravierenden Auswirkungen geführt, u. a. zur Überforderung der biologischen Reinigungskraft der Gewässer, dem Aussterben vieler Arten, der Verunreinigung von Grund- und Trinkwasser und dem Verlust ganzer Ökosysteme.

In den vorliegenden beiden Teilbänden werden die verschiedenen anthropogenen Einflüsse auf limnische und küstennahe Ökosysteme in 47 Beiträgen von insgesamt 50 Fachspezialisten der betreffenden naturwissenschaftlichen und technischen Disziplinen unter Auswertung des internationalen Schrifttums und eigener Erfahrungen beschrieben, dokumentiert und bewertet. Dabei beschränken sich die Darstellungen nicht auf die Belastung und Belastbarkeit einzelner Kompartimente im Ökosystem durch verschiedene Faktoren, vielmehr wird, dem medialen Konzept der gesamten Buchreihe folgend, besonderer Wert darauf gelegt, die ökosystemaren Konsequenzen aus den Interaktionen zwischen den belasteten Gewässern und ihren Lebewesen einerseits und den Wechselwirkungen zwischen Luft, Wasser und Boden andererseits zu verdeutlichen.

Die Forschung der aquatischen Ökologie und Ökotoxikologie konnte in den letzten drei Jahrzehnten für zahlreiche Belastungsfaktoren Abhilfemaßnahmen entwickeln und hat so entscheidend zu den in den letzten Jahren erkennbaren Erfolgen speziell im nachträglichen Gewässerschutz beigetragen. Unter der gegenwärtig vorherrschenden Belastungssituation, gekennzeichnet durch großräumige und langanhaltende Einwirkungen verschiedener chemischer und physikalischer Faktoren, kommt es jedoch mehr denn je auf vorbeugende Schutzmaßnahmen an. Herausgeber und Autoren hoffen, mit der vorliegenden Dokumentation und Interpretation des aktuellen Wissenstandes zum Einfluß menschlicher Aktivitäten auf einzelne Kompartimente und die komplexen Regelungsprozesse in aquatischen Ökosystemen sowie mit den aufgezeigten Lösungsansätzen eine erweiterte Informationsbasis zur Verfügung zu stellen – auch und gerade für prophylaktische Schutzmaßnahmen nach den Grundforderungen der Nachhaltigkeit.

Berlin, Essen, November 1999

Günter Gunkel
Robert Guderian

Inhaltsverzeichnis

Mitarbeiterverzeichnis

Priv. Doz. Dr. Wolfgang Ahlf
Technische Universität Hamburg-Harburg, Arbeitsbereich Umweltschutztechnik, Eißendorfer Str. 40, D-21073 Hamburg

Dr. Martin Bach
Universität Gießen, Institut für Landeskultur, Senckenbergstr. 3, D-35390 Gießen

Dr. Dietrich Borchardt
Universität Gesamthochschule Kassel, FG Siedlungswasserwirtschaft, Kurt-Wolters-Str. 3, D-34125 Kassel

Dr. Ingrid Chorus
Umweltbundesamt, Bismarckplatz 1, D-14193 Berlin

Dipl. Chem. Hans-Dietrich Eschke
Ruhrverband Essen, Instrumentelle Analytik, Kronprinzenstr. 37, 45128 Essen

Priv. Doz. Dr. Karl Fent
Eidgenössische Anstalt für Wasserversorgung, Abwasserreinigung und Gewässerschutz (EAWAG) und Eidgenössische Technische Hochschule (ETH) Dübendorf, Chemische Ökotoxikologie, Überlandstr. 133, CH-8600 Dübendorf

Prof. Dr. Ulrich Förstner
Technische Universität Hamburg-Harburg, Arbeitsbereich Umweltschutztechnik, Eißendorferstr. 90, D-21071 Hamburg

Prof. Dr. Hans-Georg Frede
Universität Gießen, Institut für Landeskultur, Senckenbergstr. 3, D-35390 Gießen

Prof. Dr. Robert Guderian
Universität GH Essen, Bio- und Geowissenschaften, D-45117 Essen

Priv. Doz. Dr. Günter Gunkel
Technische Universität Berlin, FG Wasserreinhaltung,
Straße des 17. Juni 135, Sekr. KF 4, D-10623 Berlin

Prof. Dr. Klaus Haberer
Nußbaumstraße 4, D-65187 Wiesbaden

Prof. Dr.-Ing. Werner Hegemann
Technische Universität Berlin, FG Siedlungswasserwirtschaft,
Straße des 17. Juni 135, Sekr. KF 7, D-10623 Berlin

Prof. Dr. Emanuel Heinisch
GSF-Forschungszentrum für Umwelt und Gesundheit GmbH,
Institut für Ökologische Chemie, Ingolstädter Landstraße 1,
D-85764 Neuherberg

Prof. Dr. Antonius Kettrup
GSF-Forschungszentrum für Umwelt und Gesundheit GmbH,
Institut für Ökologische Chemie, Ingolstädter Landstraße 1,
D-85764 Neuherberg

Prof. Dr. Ragnar Kinzelbach
Universität Rostock, Institut für Biodiversität, Allgemeine und
Spezielle Zoologie, Universitätsplatz 5, D-18055 Rostock

Dr. Thomas P. Knepper
ESWE-Institut für Wasserforschung und Wassertechnologie,
Söhnleinstr. 158, D-65201 Wiesbaden

Priv. Doz. Dr. Hans-Joachim Lorch
Büro für Integrierten Gewässerschutz, Beergartenstr. 30,
D-35321 Laubach

Prof. Dr. Georg Mattheß
Universität Kiel, Geologisch-Paläontologisches Institut,
Olshausen-Str. 40, D-24098 Kiel

Prof. Dr. German Müller
Institut für Umwelt-Geochemie, Universität Heidelberg,
Im Neuenheimer Feld 236, Postfach 10 30 20, D-69020 Heidelberg

Dr. Michael Mutz
TU Cottbus, Gewässerschutz, Seestr. 6, D-15526 Bad Saarow

Dr. Jolanta Olesky-Frenzel
Technische Universität Berlin, FG Wasserreinhaltung,
Straße des 17. Juni 135, Sekr. KF 4, D-10623 Berlin

Dipl. Biol. Anke Sachse
Institut für Gewässerökologie und Binnenfischerei,
Müggelseedamm 310, D-12587 Berlin

Dr. habil. Wilfried Schönborn
Friedrich-Schiller-Universität Jena, Institut für Ökologie,
Winzerlaer Str. 10, D-07445 Jena

Dr. Josef Steber
Henkel KG, Abt. Ökologie, Henkelstr. 67, D-40191 Düsseldorf

Prof. Dr. Christian E. W. Steinberg
Institut für Gewässerökologie und Binnenfischerei,
Müggelseedamm 310, D-12587 Berlin

Thomas A. Ternes
ESWE-Institut für Wasserforschung und Wassertechnologie,
Söhnleinstr. 158, D-65201 Wiesbaden

Dipl. Biol. Martin Welker
Institut für Gewässerökologie und Binnenfischerei,
Müggelseedamm 310, D-12587 Berlin

Prof. Dr. Johannes Westendorf
Universität Hamburg, Abt. Toxikologie, Universitätskrankenhaus,
Grindelallee 117, D-20146 Hamburg

Dr. Michael Wunderlich
Bundesanstalt für Gewässerkunde, Postfach 309, D-56003 Koblenz

Interne Rezensenten

Prof. Dr.-Ing. Wolfgang Calmano, Technische Universität Hamburg-Harburg (Kap. 4.4)

J. Fastner, Umweltbundesamt Berlin (Kap. 1.4)

Dr. Huber Hellmann, Koblenz (Kap. 2.5)

E. Roschnitz, Karl-Franzens-Universität Graz, Institut für Pflanzenphysiologie (Kap. 1.4)

Dr. A. Oberremm, Bundesinstitut für gesundheitlichen Verbraucherschutz und Veterinärmedizin (BGVV), Berlin (Kap. 1.4)

Prof. Dr. J. C. G. Otto, Institut für Mikrobiologie, Universität Gießen (Kap. 1.2 und 4.3)

1 Gewässerbelastungen durch biogene Stoffe und Organismen

1.1 Diffuser Eintrag von partikulärem organischem Material (POM)

M. Mutz

Partikuläres organisches Material (POM) hat in den Gewässerökosystemen eine zentrale Bedeutung. Es ist neben den gelösten organischen Kohlenstoffverbindungen die Grundlage der heterotrophen Nahrungsnetze. Der diffuse Eintrag von POM in die Gewässer ist ein natürlicher Prozeß und per se keineswegs eine Belastung für die Gewässer. Allerdings ergaben und ergeben sich in der Folge anthropogener Veränderungen unserer Umwelt teilweise drastische Änderungen bei der Menge und Art des eingetragenen Materials. Diese Änderungen führen zu erheblichen Abweichungen der Gewässer vom natürlichen Zustand und können somit durchaus Gewässerbelastungen im Sinne der Ausführungen in Bd. 3A, Kap. 1.3 sein.

1.1.1 Charakterisierung und Klassifikation von partikulärem organischem Material

Als partikuläres organisches Material werden alle organischen Objekte mit einem Durchmesser größer als 0,45 μm zusammengefaßt (Wotton 1994). Diese Definition orientiert sich an der üblichen Methode zur Trennung von partikulären und gelösten organischen Substanzen durch Filtration mit 0,45 μm Porenweite. Entsprechend der sehr heterogenen Natur des organischen Materials und ausgerichtet auf verschiedene Fragestellungen gibt es eine Vielzahl von Möglichkeiten zu dessen Klassifizierung. Häufig werden innerhalb des POM die beiden Größenklassen grobpartikuläres organisches Material („coarse particulate organic matter“, **CPOM**) mit einem Durchmesser ≥1 mm und feinpartikuläres organisches Material („fine particulate organic matter“, **FPOM**) mit einem Durchmesser <1 mm unterschieden

(Wotton 1994). POM kann auch in lebende Organismen und Detritus differenziert werden. Detritus ist nicht lebendes partikuläres organisches Material, welches allerdings mikrobiell besiedelt sein kann (Allan 1995). Die wichtigsten chemischen Stoffgruppen, aus denen sich POM zusammensetzt, sind Kohlenhydrate, Lignine, Hemicellulosen, Cellulosen, Proteine, Pektine, Aminosäuren, Öle, Fette, Wachse, Harze, Humin- und Folvolsäuren und Mineralstoffe. Im folgenden wird im Hinblick auf die Eintragspfade und die Wirkungen im Gewässer zwischen Totholz und Streu, die wesentlichsten Typen von eingetragenem POM, unterschieden.

1.1.2 Herkunft von partikulärem organischem Material

Von außen, also aus der terrestrischen Produktion in die Gewässer eingetragenes POM wird als **allochthones Material** bezeichnet. Als Quellen kommen prinzipiell die Vegetation der Ufer und der überschwemmten Flächen in Frage sowie Organismen, die sich in diesen Bereichen aufhalten. Durch Wind leicht zu verdriftende Partikel wie Pollen können auch aus einem größeren Bereich in die Gewässer gelangen. Dies sind aber lokale und periodische Sonderfälle, im allgemeinen ist der Eintrag organischer Substanzen aus der Atmosphäre zu vernachlässigen (Hope et al. 1994).

Die häufigsten Typen allochthonen organischen Materials sind Blätter, Nadeln, Blütenteile, Pollen, Zapfen, Früchte, Halme, Zweige, Äste, Stämme, Rinde, Wurzeln sowie Fäces und Kadaver von Tieren und verschiedene Mikroorganismen der Streu und des Bodens. Ein Teil dieser Partikel fällt oder rutscht direkt in die Gewässer. Ein anderer Teil wird zunächst auf oder im gewässernahen Boden deponiert. Von dort wird POM indirekt durch Wind eingeblasen oder durch überströmendes Wasser und Ufererosion in die Gewässer gespült. Während der Lagerung auf dem Boden werden die Partikel durch physikalische, chemische und biologische Prozesse umgesetzt. Dabei verändern sie Größe, Form und chemische Zusammensetzung. Frisch gefallene Streu ist fast ausschließlich dem CPOM zuzuordnen, während umgesetzte und teilmineralisierte Streu zu einem großen Teil FPOM ist. Im Extrem kann die organische Substanz durch Umsetzungen im Boden ganz ihre ursprüngliche Molekülstruktur verlieren und als organischer Anteil des Bodens vor einem Eintrag über sehr lange Zeit in den Ufern und Auen gelagert werden.

1.1.3
Eintrag von partikulärem organischem Material

Betrachtet man die heutigen Oberflächengewässer der BRD als Gesamtheit, so findet sich die weitaus größte Wasser-Land-Kontaktfläche in den kleinen Fließgewässern mit nach dem Konfluenzprinzip geringer Ordnungszahl. In den Mittel- und Unterläufen sind die dortigen Kontaktflächen zwischen Gewässer und Land durch Maßnahmen der Hochwassersicherung und Nutzung der Flußauen sehr stark reduziert. Der allochthone Eintrag von POM aus natürlichen Quellen erfolgt daher überwiegend in den Oberläufen der Fließgewässer. Ausnahmen von diesem allgemeinen Prinzip bilden u.a. Regionen, in denen die Oberläufe der Gewässer nicht bewaldet sind, wie montane und alpine Höhenstufen der gemäßigten Breiten und diejenigen Flüsse und großen Ströme der Erde, die noch über natürliche Überschwemmungsgebiete verfügen (Allan 1995).

Die Größe des POM-Eintrages in die Gewässersysteme ist klar durch die Länge der Uferstrecken mit Gehölzen bestimmt (Benfield 1997). Durch technischen Gewässerausbau mit der Entkopplung von Gewässern und ehemaligen Überflutungsflächen, Laufverkürzungen und Verrohrungen von Gewässerstrecken wurden die Flächen für einen Eintrag von POM erheblich reduziert (s. Kapitel 2.1). Die landwirtschaftliche Nutzung von Uferbereichen und der Einsatz von Maschinen zur Gewässerunterhaltung führen zu weithin gehölzfreien Ufern. Uferkartierungen an kleinen, ursprünglich vollständig gehölzbestandenen Fließgewässern aus Osthessen und dem Münsterland ergeben aktuelle Gehölzverluste zwischen 70% und 82% (Pieper u. Meijering 1981; Lohmeyer u. Krause 1975). In Baden-Württemberg haben von 8500 km Fließgewässer 29% geschlossene und standortgerechte, 33% lückige oder stark mit Fremdarten durchsetzte und 38% fehlende oder extrem lückige Ufergehölzstreifen (LfU 1995). Diese exemplarischen Daten geben eine Größenordnung der Reduktion des allochthonen Eintrags von POM in die Gewässer der heutigen Kulturlandschaft.

Seit etwa 20 Jahren werden in der Bundesrepublik wieder verstärkt Gehölzgalerien an Fließgewässer angepflanzt, um eine Beschattung gehölzfreier Fließstrecken oder eine ingenieurbiologische Ufersicherung zu erreichen. Der POM-Eintrag aus diesen Gehölzgalerien hängt von deren Breite und Abstand vom Ufer ab. Darüber hinaus wird er durch die gleichen Parameter bestimmt wie der Eintrag in Waldstrecken (s. u.).

1.1.3.1 Eintrag von Totholz

Totholz sind abgestorbene hölzerne Teile der Ufervegetation wie Zweige, Äste, Stämme, Rindenstücke und Wurzeln, aber auch ganze Bäume. In der Regel fällt, rutscht oder stürzt Totholz aus einem gewässerbegleitenden Saumstreifen in das Gewässer. Dieser Saum hat maximal die Breite einer Stammlänge, d.h. in Mitteleuropa kaum mehr als 25 m. Im Zuge von Ufererosionen stürzen und rutschen vor allem an steilen Uferböschungen und Talhängen auch vitale Gehölze in die Gewässer. In alpinen und montanen Regionen kann ein Holzeintrag auch im Zuge von Erdrutschungen, Murgängen und Lawinen erfolgen. Diese katastrophalen Ereignisse haben große lokale Bedeutung, sind aber für den gesamten Eintrag von Holz in die bundesdeutschen Gewässer eher unerheblich.

Beim Ausufern von Gewässern kann auch aus dem überfluteten weiteren Bereich der Aue bereits auf dem Boden liegendes Holz in die Gewässer eingeschwemmt werden. Die gleichmäßige Verteilung von Totholz im Überschwemmungsbereich kleiner Fließgewässer deutet jedoch darauf hin, daß der überwiegende Anteil des Totholzes der Aue lagestabil ist (Hering u. Reich 1997).

Der **natürliche Eintrag** von Totholz wird durch das Artenspektrum, die Menge, das Alter und die Vitalität der gewässerbegleitenden Gehölze bestimmt. Gemäß dem für Naturwälder typischen Mosaik aus verschiedenen Gehölzentwicklungsphasen mit sehr unterschiedlichem Totholzanfall ist der Eintrag sehr variabel (Scherzinger 1996). Seine zeitliche Verteilung ist zudem stark durch zufällige Ereignisse wie Konkurrenz, Insektenkalamitäten und singuläre Wetterereignisse wie Sturm, Schnee- und Eisbruch geprägt. Gute Kenntnisse zur Eintragsmenge gibt es von Gewässern in nordamerikanischen Nadel- und Laubholzurwäldern. Die dort ermittelten Einträge schwanken bei überwiegend aus Douglasien bestehenden Nadelholzurwälder von 200 bis 880 g m^{-2} a^{-1} (Angaben in Gramm Trockengewicht pro m^2 Wasserfläche). Der Eintrag aus nordamerikanischen Laubwäldern ist mit ca. 100 g m^{-2} a^{-1} erheblich geringer. Diesen langjährigen Mittelwerten stehen aber Einträge von bis zu 10000 g m^{-2} a^{-1} gegenüber, die nach Katastrophenereignissen erreicht werden (Harmon et al. 1986). Entsprechend dieser großen Eintragsmenge bedeckt der Totholzvorrat dort bis zu 50% der Gewässersohle kleiner Fließgewässer.

Für die Bundesrepublik gibt es über den Totholzeintrag in Gewässer direkt keine Angaben. Daten zur Totholzmenge in naturnahen Bächen aus Baden-Württemberg, Hessen und dem Elsaß sind in Tabelle

1-1 aufgelistet. Die im Gewässer lagernde Totholzmenge ist allerdings ein vielfaches des jährlichen Eintrags, da der Abbau von Totholz unter Wasser nur sehr langsam erfolgt. Der Vergleich mit Gewässern in unberührten Urwäldern, wo die Totholzmenge über 1 000 m^3 ha^{-1} betragen kann (Harmon et al. 1986), macht deutlich, daß in den für europäische Verhältnisse relativ totholzreichen Gewässern der Tabelle 1-1 die Holzmenge infolge historischer und aktueller Gehölz- und Gewässerbewirtschaftung erheblich verringert ist.

Eine Ansiedlung standortuntypischer Gehölze im Ufer- und Auebereich verändert die Qualität und Quantität des Totholzeintrags. So liefern Fichtenforste überwiegend kleinästiges und vielgliedriges Totholz, das im Gewässer sehr leicht verdriftet. Durch die starke Erosionsgefährdung dieser Gehölze, die zudem häufig ein homogenes Bestandesalter besitzen, können bei Ufererosion auch große Mengen an Sturzbäumen verursacht werden (Eckert et al. 1997).

Bei der heute üblichen Durchforstung und der Holzernte wird gesundes Derbholz (Durchmesser > 7 cm) entnommen, im Uferbereich und im Gewässer verbleiben dünnere Äste und Zweige, faule Stammteile und wirtschaftlich nicht nutzbare Gehölze. Die verhältnismäßig beständigen

Tabelle 1-1. Totholzmengen in kleineren Fließgewässer (aus Eckert et al. 1992)

	Totholzmenge im Gewässer [m^3/ha]	Anteil aus Durchforstung [%]
Mittelgebirge		
Reisenbach 1	73,7	66
Reisenbach 2	141,4	24
Seebach 1	97,9	41
Seebach 2	26,0	40
Heßbach	108,6	56
Eberbach (D)	38,1	16
Trienzbach	10,8	56
∅	**70,9**	**43**
Rheinniederterrasse		
Halbmühlbach	19,6	34
Sauerzufluß	47,7	34
Heilbach	48,5	59
Otterbach	50,8	36
Sauer	43,2	14
Eberbach (F)	48,7	2
∅	**43,1**	**30**
∅ **gesamt**	**58,1**	**37**

und für die morphologische Entwicklung der Gewässer besonders wichtigen Stämme fehlen oder sind zumindest deutlich unterrepräsentiert (Eckert et al. 1997). Dies wirkt sich vor allem in einem Defizit an dauerhaften und stufenbildenden Totholzbarrieren aus (Harmon et al. 1986).

Die Pflege der Ufergehölze steuert aber nicht nur indirekt über die Qualität und Quantität des Bestandes den Totholzeintrag, sondern ist direkte Ursache für einen Großteil des Eintrages. In den von Eckert et al. (1997) untersuchten Bächen waren im Durchschnitt 37% des im Gewässer liegenden Totholzes unmittelbar auf die Durchforstung zurückzuführen (Tabelle 1-1).

Der Totholzvorrat der Gewässer ist über die geschilderten anthropogen bedingten Veränderungen des Eintrages hinaus massiv durch die direkte Entnahme im Rahmen der Gewässerunterhaltung verändert. Dies gilt insbesondere für große, ortsstabile Dammstrukturen, die zerstört werden, um einen Aufstau und das lokale Ausufern der Gewässer zu verhindern.

Es muß hier auch vermerkt werden, daß in Mitteleuropa noch im Mittelalter der Eintrag von Holz und Streu sowie die gesamte Struktur der Gewässer in weiten Bereichen wesentlich durch Biber (*Castor fiber*) bestimmt wurde.

1.1.3.2 Eintrag von Streu

Streu umfaßt Blätter und Blattfragmente, Nadeln, Blütenteile, Früchte, Zapfen, Rinde, Zweige, kleinere Aststücke und andere Pflanzenteile. Die relative Zusammensetzung ist abhängig vom Vegetationstyp. Im weltweiten Mittel ergeben sich ca. 70% Laub und 30% andere Bestandteile (Bray u. Gorham 1964). Die Bestandteile der Streu können dem CPOM zugeordnet werden. Erst nach einem längeren Aufenthalt auf dem Boden wird Streu durch die Tätigkeit von Organismen der Makro- und Mesofauna auf und im Boden zu FPOM.

a) Eintrag von CPOM

Über den Eintrag von CPOM, insbesondere den augenscheinlichen Eintrag von Blättern, bestehen recht gute Kenntnisse. Dessen zeitliche Verteilung ist durch die Phänologie des Laub- oder Nadelwurfes bestimmt. In den gemäßigten Breiten erfolgen bis zu 80% des Gesamteintrages während weniger Wochen des Herbstes (Dudgeon u. Bretschko 1996), wobei der genaue Zeitraum nach Baumart, Standortverhältnissen und Wettergeschehen divergiert. Die für kleine mitteleuropäische Fließgewässer typischen Erlen (*Alnus glutinosa*) und Weiden (*Salix fragilis*) verlieren einen kleineren Teil der Blätter bereits in den Sommermonaten (Bray u. Gorham 1964).

Der größte Teil des CPOM fällt direkt in das Gewässer. Abhängig von der Gewässerbreite, den lokalen Windverhältnissen, der Neigung der Uferbereiche und der Dichte der Strauch- und Krautschicht der Ufer wird ein stark wechselnder Anteil des CPOM zudem vom Boden lateral in die Gewässer eingeweht. Für einen Schwarzwaldbach wird dieser bodennahe laterale Eintrag als vernachlässigbar gering angegeben (Gessner 1989), in einem alpinen Gewässer betrug er nur ca. 3% (Moser 1991). Allerdings schwanken für Gewässer in Laubwäldern der USA die Angaben zwischen 14 und 28% (Benfield 1997), und in ein kleines, dänisches Quellgewässer wurden 39% des gesamten Laubeintrages lateral und außerhalb der eigentlichen Laubfallperiode eingeweht (Iversen et al. 1982).

Ebenfalls zu einem lateralen Eintrag von Laub können Überflutungen von Ufern und Auen führen. Für den Ogeechee River, Georgia, USA, einen Schwarzwasserfluß 6. Ordnung mit weit ausgedehnter und mehrmals pro Jahr überfluteter Gehölzaue, ist dieser laterale Eintrag mit einer Trockenmasse von 3520 g m^{-2} a^{-1} mehr als das Vierfache des direkten Streueintrags (Benfield 1997). Die zeitliche Verteilung des lateralen Eintrages ist in diesen Fällen durch das jeweilige Abflußregime bestimmt (Allan 1995).

CPOM-Eintragsmengen mitteleuropäischer Gewässer sind in Tabelle 1-2 aufgelistet. Sie haben eine ähnliche Größenordnung wie die von 14 amerikanischen Fließgewässern 1. bis 3. Ordnung mit beidseitig bewaldeten Ufern, wo die Einträge zwischen 108 und 368 g m^{-2} a^{-1} C (Gramm Kohlenstoff pro m^2 und Jahr) schwanken und im Mittel 256 g m^{-2} a^{-1} C eingetragen werden (Benfield 1997). Gewässer ohne Ufergehölze mit unmittelbar an die Ufer grenzenden Wiesen haben mit nur 50 bis 60 g m^{-2} a^{-1} C einen erheblich geringeren CPOM-Eintrag, wobei die Streu von Wiesenpflanzen vor allem im Sommer bei der Heumahd ins Gewässer gelangt (Marxen 1980). Bei einseitiger geschlossener Gehölzreihe ist der Eintrag auf ca. 50% reduziert. Standgewässer haben aus bewaldeten Ufern einen – bezogen auf die Uferlänge – mit den Fließgewässern vergleichbaren Eintrag an Streu. Im Gesamtbudget des Kohlenstoffs der Standgewässer in Tabelle 1-2 spielt der CPOM-Eintrag mit einem Anteil von 4,4% (Stechlinsee) bzw. 1,8% (Belauer See) an der autochthonen Produktion jedoch nur eine sehr untergeordnete Rolle. Der Haupteintrag von POM in Standgewässer erfolgt i. d. R. über Zuflüsse in Form von FPOM, und die Eintragsmenge steigt mit der Größe und dem Waldanteil des Einzugsgebietes (Odum u. Prentki 1978).

Tabelle 1-2. Jährlicher Streueintrag in mitteleuropäische Gewässer; Angaben bei Fließgewässern in g C pro m^2 Wasserfläche, * bei Standgewässern in g C pro m Uferlänge. Umrechnungen erfolgten falls erforderlich unter den Annahmen 1 g C = 2 g aschfreie Trockenmasse und aschfreie Trockenmasse = 0,92 · Trockenmasse; k. A. = keine Angaben, ** Eintrag von FPOM mit Quellwasser und Zwischenabfluß (verändert n. Dudgeon u. Bretschko 1996)

Gewässer	Eintrag		Ufervegetation, beidseitig	Quelle
	FPOM	CPOM		
Lunzer Seebach (alpin, Österreich)	12,2	44	Esche, Weide, Ahorn, Erle, Buche, Fichte	Moser 1991
Rohrwiesenbach (Mittelgebirge, BRD)	k. A.	791	Buche, Erle, Pappel	Marxen 1980
	k. A.	1582	Buche	Marxen 1980
	k. A.	56	Wiese	Marxen 1980
Breitenbach (Mittelgebirge, BRD)	k. A.	417	Buche	Marxen 1980
	k. A.	57–61	Wiese	Marxen 1980
Steina (Mittelgebirge, BRD)	k. A.	354	Ahorn, Erle, Esche, Ulme, Weide	Gessner 1987
Ob. Schierenseebach (Tiefland, BRD)	k. A.	435	Erle, Esch, Buche	Statzner, 1879
Rold Kilde (Tiefland, Dänemark)	30,6**	328	Buche	Iversen et al. 1982
Stechlinsee (Teifland, BRD)	k. A.	1111*	Buche, Kiefer	Casper 1987
Belauersee (Tiefland, BRD)	k. A.	713*	Erle	Gessner et al. 1996

Eine Angabe für den gesamten Streueintrag in die Gewässer der Bundesrepublik erfolgte im Rahmen der Studien zu Abschätzung des Nährstoffeintrags. Für die Fläche der neuen Bundesländer wird ein Streueintrag von 760 t a^{-1} N und für das Gebiet der alten Bundesländer ein Streueintrag von 3600 t a^{-1} N abgeschätzt (Behrendt et al. 1994). Bei einem angenommenen atomaren C:N Verhältnis von 26:1 entspricht dies ca. 107 000 t a^{-1} C für die Gesamtfläche der BRD. Diese Abschätzungen sind allerdings, bedingt durch vielfältige Annahmen bei der Berechnung, mit erheblichen Unsicherheiten behaftet.

b) Eintrag von FPOM

Über den FPOM-Eintrag gibt es nur wenige Angaben. Es wird z. B. in Form von Pollen direkt von Pflanzen produziert, entsteht zum größten Teil aber aus Streu bei der Humusbildung auf den Ufer- und Aueböden. FPOM wird überwiegend durch Oberflächenabfluß und Erosionsereignisse in die Gewässer eingetragen. In den alpinen Lunzer Seebach gelangen im jährlichen Durchschnitt 12,2 g m^{-2} a^{-1} C als FPOM, das sind ca. 30% des dortigen Gesamteintrages an POM. In diesen Bach werden 99% des FPOM durch Wind eingeblasen und nur ca. 1% über die Ufer eingespült (Moser 1991). In einem kleinen nordamerikanischen Gebirgsbach mit intensiver Erosion in Einzugsgebiet und Uferbereichen wurden ca. 800 g m^{-2} a^{-1} C als FPOM eingetragen, überwiegend als organische Bodensubstanz (Ward et al. 1994). Vor allem aber die größeren Fließgewässer mit ausgedehnten Auen erhalten im Zuge von Überflutungen einen erheblichen Eintrag an FPOM. Ittekkot (1988) vermutet, daß im weltweiten Durchschnitt ca. 65% des POM in den Flüssen bereits vor dem Eintrag terrestrischen Umsetzungen unterliegen und als FPOM in die Gewässer gelangen.

Eine bisher unterschätzte FPOM-Quelle ist das Totholz in den Fließgewässern. In naturnahen totholzreichen Fließgewässern entspricht die durch mikrobielle und physikalische Prozesse aus Totholz freigesetzte FPOM-Menge etwa der eingetragenen Menge an Laub- oder Nadelstreu, die ebenfalls im Gewässer sehr schnell in FPOM umgesetzt wird (Ward et al. 1994).

1.1.4 Wirkung im Gewässer

1.1.4.1 Trophische Wirkung von POM

Für Standgewässer ist der allochthone POM-Eintrag nur im Fall kleiner oligotropher Seen mit großen bewaldeten Einzugsgebieten eine bedeutende Energiequelle (Odum u. Prentki 1978). In kleinen Fließgewässern aber kann der Eintrag von allochthonen organischen Substanzen bis zu 99% des gesamten Energieeintrages ausmachen, wobei etwa je 50% auf gelöste Substanzen und partikuläres Material entfallen (Allan 1995). In großen Strömen mit aktiver Aue scheinen ca. 90% des organischen Kohlenstoffs im Gewässer aus der terrestrischen Produktion der Aue zu stammen (Bayley 1989). Dementsprechend sind das trophische Gefüge und die Lebensgemeinschaften in Fließgewässern hochgradig abhängig von der Art und Größenordnung des POM-Eintrages. Ein verringerter Eintrag führt zu einem geringeren Stoffumsatz und einer Veränderung der Artenzusammensetzung, vor allem in der Lebensgemeinschaft der benthischen Wirbellosen. In dieser Tiergruppe ist für eine Vielzahl von Taxa nachgewiesen, daß sie zu einem hohen Grade auf allochthones POM als Nahrungsquelle angewiesen sind. Da durch eine Reduktion der Ufergehölze als Ursache für einen reduzierten POM-Eintrag auch andere Faktoren wie das Lichtangebot und die Temperaturamplituden verändert sind, resultieren daraus sehr komplexe Verschiebungen der Stofflüsse und der Lebensgemeinschaften hin zu stärker autotroph geprägten Systemen. Streu der Krautschicht wird zudem erheblich schneller abgebaut als Gehölzstreu, so daß die bei Ufergehölzen verhältnismäßig ganzjährige Verfügbarkeit von POM in Gewässern mit Wiesennutzung der Ufer erheblich reduziert ist (Allan 1995).

1.1.4.2 Wirkung von Totholz in Gewässern

Totholz bestimmt wesentlich die Form und Strukturvielfalt der Gerinne kleiner und mittelgroßer Fließgewässer (Abb. 1-1). Die morphologische Wirkung nimmt mit zunehmender Gewässerordnung ab (Harmon et al. 1986), und gering eingetiefte Flachlandgewässer sind stärker beeinflußt als Gebirgsbäche (Eckert et al. 1997). Im Gewässerquerschnitt liegendes Totholz steuert die Verteilung der kinetischen Energie des Wassers und bestimmt so das Wechselspiel von Erosion und Deposition im Gerinne. Sturzbäume und Totholzdämme erhöhen bei paralleler Ausrichtung zum Ufer dessen Stabilität, bei einer Ausrichtung quer zur Strömung sind sie Auslöser für Ufererosion und lokale Änderungen der Linienführung.

In der Untersuchung von Eckert et al. (1997) verursachte Totholz an schmalen Gewässern (Breite <6,5 m) überwiegend Seitenerosion, in breiteren Gerinnen Sedimentation mit Bildung von Uferbänken. Totholzdämme sind an kleinen Gewässern ausgesprochen lagestabil, bilden Sohlstufen mit Wasserspiegelsprüngen und erhöhen die Frequenz von Schnellen und Stillen. Insgesamt wird die Häufigkeit, die Unregelmäßigkeit, die Vielfalt und das Größenspektrum von Gewässerstrukturen durch Totholz wesentlich erhöht (Harmon et al. 1986).

Das durch Totholz iniziierte Strukturmosaik schafft für Wirbellose und Fische eine Vielzahl von Mikrohabitaten, so daß deren Artendiversität bei einer Totholzentnahme reduziert ist (Allan 1995). In Gewässern mit sandigen oder organischen Gewässersohlen ist Totholz das Hauptbesiedlungssubstrat benthischer Organismen. Es gibt zudem

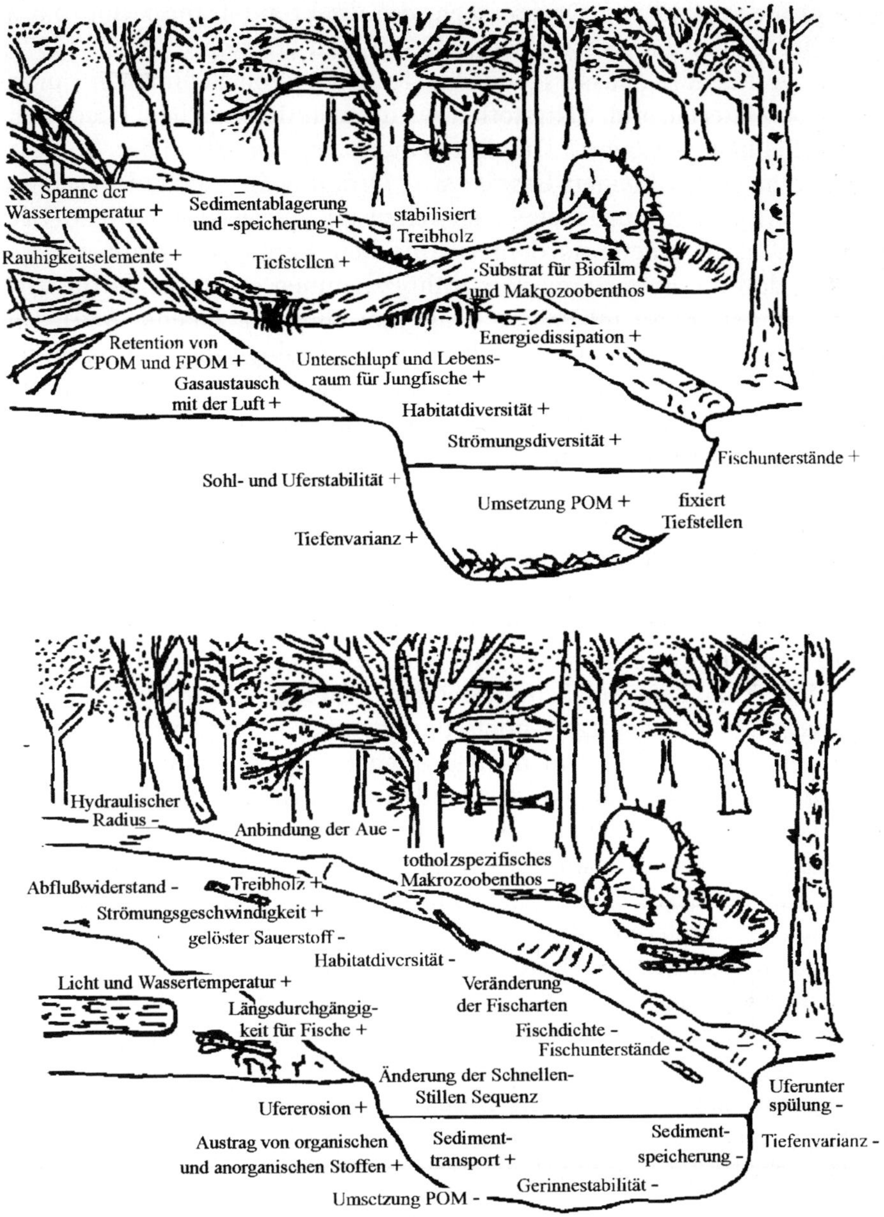

Abb. 1-1. Vergleich der Bedeutung von Totholzdämmen (oben) mit den Effekten einer Räumung von Totholzdämmen (unten) für Gerinnemorphologie und Ökologie kleiner Fließgewässer; + = stark ausgeprägt, – = verringert (verändert n. Gregory 1992)

eine große Anzahl von Organismen, die direkt auf Totholz und damit assoziierte Pilze als Nahrung angewiesen sind (Hering u. Reich 1997).

Der Abfluß des Wassers und der Transport von Sedimenten, organischem Material und Nährstoffen wird auf totholzreichen Fließstrekken erheblich verzögert. Die Entfernung von ca. 80% der Totholzdämme in einem kleinen Gewässer 1. Ordnung in England beschleunigte die Laufzeit von Hochwasserwellen um den Faktor 2 bis 3 (Gregory 1992). In einem nordamerikanischen Bergbach wurde nachgewiesen, daß die Entfernung von Totholzdämmen einen bis zu fünffach erhöhten Export an FPOM zur Folge hat (Bilby u. Likens 1980). Der stark beschleunigte Export reduziert die biologische Verfügbarkeit von FPOM, das auf und in der Gewässersohle gelagert wird. Eine Reduktion der POM-Mineralisation, dem zentralen Prozeß der Selbstreinigung der Gewässer, ist die Folge.

1.1.5 Sanierungsmöglichkeiten und Ausblick

Bei den größeren mitteleuropäischen Gewässern ist der Nutzungsdruck auf die gewässernahen Bereiche unvermindert groß. Das Ziel muß hier vor allem der Schutz der auch für den natürlichen Kohlenstoffhaushalt so wichtigen noch bestehenden Überschwemmungsflächen sein. Bei kleinen und mittelgroßen Fließgewässern ergeben sich aufgrund von Änderungen der landwirtschaftlichen Praxis Möglichkeiten zu einer Sanierung. Die Ufergehölze sind ein wesentlicher Schlüssel zur Verbesserung der trophischen und strukturellen Situation dieser Gewässer. Die Wiederherstellung naturnaher Gehölzstreifen ist auch aus anderen Gründen geboten, wie z. B. zur Reduktion der diffusen Nährstoff- und Pestizideinträge. Daher wird in vielen Leitlinien und Handlungsempfehlungen der zuständigen Behörden bereits die Entwicklung weitgehend geschlossener, standortgerechter und artenreicher Ufergehölze mit heterogenem Altersaufbau angestrebt. Die dort genannten Ziele sind die Beschattung der Gewässer, eine Stabilisierung der Gerinne sowie die Biotopentwicklung. Als Nebeneffekt wird auch der Eintrag von Laubstreu in die Gewässer wieder erhöht.

Bisher wenig berücksichtigt wurde die große Bedeutung eines naturgemäßen Totholzeintrages als Auslöser und Schlüssel für die naturnahe, strukturreiche Morphologie und die natürliche Retentionsfähigkeit kleiner Fließgewässer. Da diese Naturhaushaltsfunktionen bereits heute in der Gesetzgebung sowie den verschiedensten Verwaltungsvorschriften festgeschriebene Ziele der Gewässerentwicklung sind, sollte eine natürliche Totholzentstehung mit in das Pflegeziel von

Ufergehölzstreifen aufgenommen werden. Die Ergebnisse aktueller Untersuchungen ermöglichen die Abschätzung der morphologischen und hydraulischen Wirkungen von Totholz (Eckert et al. 1997). Der im Zuge der Planung erforderliche Abgleich zwischen den jeweiligen Auswirkungen des Totholzes und den durch Nutzungen vorgegebenen Entwicklungsrestriktionen der Gewässer wie z.B. eine erforderliche Abflußleistung kann somit erfolgen.

Aufgrund der langen Entwicklungszeiten von Gehölzbeständen, in denen die für die Morphologie so wichtigen Sturzbäume erst nach einigen Jahrzehnten entstehen, kann ein gezielter Totholzeintrag für eine Übergangszeit auch anthropogen erfolgen. In Kombination mit der Entwicklung der Gehölze zu naturgemäßem Totholzeintrag ist dies ein kostengünstiges und nachhaltiges Verfahren der Gewässerrenaturierung (Gunkel 1996).

1.1.6 Literatur

Allan JD (1995) Stream ecology, structure an functioning of running waters. Chapman u. Hall, London, 388 pp

Bayley PB (1989) Aquatic environments in the Amazon Basin, with an analysis of carbon sources, fish production, an yield. In: Doge DP(ed) Proceedings of the International Large River Symposium. Canadian Special Publication of Fisheries and Aquatic Science 106:399–408

Behrendt H, Wodsak HP, Werner W (1994) Stickstoff- und Phosphoreinträge über sonstige diffuse Quellen im Gesamtgebiet der ehemaligen DDR. In: Werner W, Wodsak HP (Hrsg) Stickstoff- und Phosporeinträge in Fließgewässer Deutschlands unter besonderer Berücksichtigung des Eintragsgeschehens im Lockergesteinsbereich der ehemaligen DDR. Schriftenreihe agrarspektrum 22:88–136

Benfield EF (1997) Comparison of litterfall input to streams. In: Webster JR, Meyer JL (eds) Stream organic Matter Budgets. Journal of the North American Benthological Society 16 (1):104–108

Bilby RE, Likens GE (1980) Importance of organic debris dams in the structure and functioning od stream ecosystems. Ecology 61:1107–1113

Bray JR, Gorham E (1964) Litter production in forests of the world. Advances in Ecological research 2:101–157

Casper P (1987) Bedeutung von Pflanzenmaterial für den Stoffhaushalt eines oligotrophen Gewässers (Stechlinsee). Limnologica 18:423–430

Dudgeon D, Bretschko G (1996) Allochthonous inputs and land-water interactions in seasonal streams: tropical Asia and Europe. In: Schiemer F, Boland KT (eds) Perspectives in tropical limnology. SPB Academic Publishing bv Amsterdam

Eckert S, Hug M, Scherle J, Nestmann F, Späth V (1997) Totholzanfall in Fließgewässern und dessen Auswirkung auf die Gewässerstrukturentwicklung in Abhängigkeit von Baumarten, Waldgesellschaften, Alters- und Waldstruktur auf Ufer und Uferrandstreifen. Projekt Angewandte Ökologie, Abschlußbericht, Landesanstalt für Umweltschutz Baden-Württemberg, Karlsruhe, 122 S

Gessner MO, Schieferstein B, Müller U, Barkmann S, Lenfers UA (1996) A partial budget of primary organic carbon flows in the littoral zone of a hardwater lake. Aquatic Botany 55:93–105

Gregory KJ (1992) Vegetation and river channel process interaction. In: Boon PJ et al. (Hrsg) River conservation and management. John Wiley u. Sons Chichester New York, 255–270

Gunkel G (1996) Naturnahe Gestaltung eines Gewässers. In: Gunkel G (Hrsg) Renaturierung kleiner Fließgewässer. Gustav Fischer, Jena, 337–358

Harmon ME, Franklin JF, Swanson FJ, Sollins P, Gregory SV, Lattin JD, Anderson NH, Cline SP, Aumen NG, Sedell JR, Lienkaemper GW, Cromack K, Cummins KW (1986) Ecology of coarse woody debris in forest aquatic habitats: implications for management. Aquatic conservation: marine and freshwater ecosystems 5:143–166

Hering D, Reich M (1997) Bedeutung von Totholz für Morphologie, Besiedlung und Renaturierung mitteleuropäischer Fließgewässer. Natur und Landschaft 9:383–389

Hope D, Billett MF, Cresser MS (1994) A review of the export of carbon in river water: fluxes and processes. Environmental Pollution 84:301–324

Ittekkot V (1988) Global trends in nature of organic matter in river suspensions. Nature 332:436

Iversen TM, Thorup J, Skiver J (1982) Inputs and transformation of allochthonous particulate organic matter in a headwater stream. Holarctic Ecology 5:10–19

LfU (1995) Morphologischer Zustand der Fließgewässer in Baden-Württemberg, Auswertung und Interpretation der Ergebnisse der Übersichtskartierung 1992/1993. Landesanstalt für Umweltschutz Baden-Württemberg (Hrsg) Handbuch Wasser 2, Karlsruhe

Lohmeyer W, Krause A (1975) Über die Auswirkungen des Gehölzbewuchses an kleinen Wasserläufen des Münsterlandes auf die Vegetation im Wasser und an den Böschungen im Hinblick auf die Unterhaltung der Gewässer. Bundesanstalt für Vegetationskunde Naturschutz und Landschaftspflege (Hrsg) Schriftenreihe für Vegetationskunde 9, Bonn-Bad Godesberg

Moser H (1991) Input of organic matter (OM) in a low order stream (Ritrodat-Lunz study area, Austria). Verh Internat Verein Limnol 24:1913–1916

Odum WE, Prentki RT (1978) Analysis of five North American lake ecosystems IV. Allochthonous inputs. Verh Internat Verein Limnol 20:574–580

Pieper HG, Meijering MPD (1981) Derzeitiger Zustand von Ufergehölzen osthessischer Fließgewässer. Beitr Naturkunde Osthessen 17:53–39

Scherzinger W (1996) Naturschutz im Wald. Ulmer, Stuttgart

Ward GM, Ward KW, Dahm CN, Aumen NG (1994) Origin an formation of organic and inorganic particles in aquatic systems. In: Wotton RS (ed) The Biology of particles in aquatic systems. Lewis Publishers, Boca Raton, 45–74

Wotton RS (1994) The classification of particulate and dissolved matter. In: Wotton RS (ed) The Biology of particles in aquatic systems. Lewis Publishers, Boca Raton, 325 pp

1.2 Eintrag und Umsatz gelöster Kohlenstoffverbindungen

H.-J. Lorch

Partikulärer und gelöster organischer Kohlenstoff (POC, „particular organic carbon" bzw. DOC, „dissolved organic carbon") sind die hauptsächlichen Energie- und Nahrungsquellen von vielen aquatischen Organismen. Die Einschleusung in das Nahrungsnetz erfolgt über heterotrophe Mikroorganismen, deren gemeinsame Leistung durch den Abbau der partikulären Substanz, die Assimilation des gelösten organischen Kohlenstoffs und dem Aufbau von mikrobieller Biomasse charakterisiert wird (Abb. 1-2). Die am Ende der Abbauprozesse gebildete Biomasse steht höheren Organismen (u.a. Filtrierern) wieder als Nahrung zur Verfügung („microbial loop"). Der **„microbial loop"** umfaßt das autotrophe und heterotrophe Picoplankton, das die gelösten Stoffe aufnimmt und diese zu partikulärer organischer Substanz transformiert, von der sich in erster Linie heterotrophe Nanoflagellaten (HNF) und Ciliaten ernähren (Schwoerbel 1993). Die Bedeutung des „microbial loop" besteht darin, daß eine Verbindung zwischen der mikrobiellen Nahrungskette, bei der die gelöste organische Substanz (DOM, „dissolved organic matter") zu Partikeln (POM, „particular organic matter") transformiert und den tierischen Konsu-

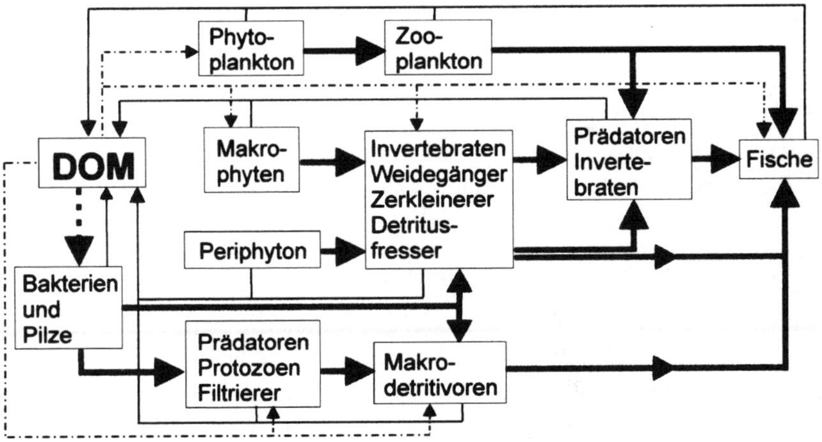

Abb. 1-2. Aufnahme und Abgabe von gelöstem organischem Material (DOM, „dissolved organic matter") in Gewässern; dicke Pfeile = Hauptwege des Nahrungsnetzes, dünne Pfeile = Abgabe von DOM, gestrichelte Pfeile = Aufnahme von DOM (n. Thomas 1997)

menten verfügbar gemacht wird, und der klassischen Nahrungskette hergestellt wird. Die Mineralisierung der organischen Substanz geht einher mit der Freisetzung von CO_2, anorganischen Nährstoffen (u.a. Phosphat, Ammonium, Nitrat) sowie niedermolekularen organischen Verbindungen. Welche Stoffwechselendprodukte gebildet werden, ist von den Ausgangssubstanzen, der ökophysiologischen Sequenz der Prozesse sowie von den ökologischen Bedingungen, unter denen der Abbau erfolgt (aerob oder anaerob), abhängig.

1.2.1 Zusammensetzung der gelösten organischen Kohlenstoffverbindungen

Der Gehalt an gelösten organischen Kohlenstoffverbindungen ist in aquatischen Ökosystemen weitaus größer als die Konzentration an partikulären organischen Substanzen (einschließlich der lebenden Organismen), wobei das Verhältnis von DOC:POC bei ca. 10:1 liegt. Der DOC des Wassers setzt sich aus leicht abbaubaren Substanzen wie Kohlenhydrate, Proteine, Aminosäuren und Fette sowie den schwer abbaubaren (relativ persistenten) Verbindungen wie Zellulose, Lignin und Huminstoffe zusammen (Tabelle 1-3).

Der leicht mineralisierbare Anteil des DOC besteht zu ca. 84% aus Kohlenhydraten, 15% Proteine und 1% Lipide. Freie Aminosäuren weisen nur einen Anteil von weniger als 1% auf, können aber eine essentielle Energiequelle für verschiedene Bakterien, Algen, Invertebraten und Fische darstellen. Einfache Zucker (z.B. Glukose) kommen höchstens in Spuren vor, da sie relativ rasch von zahlreichen Mikroorganismen sowohl unter aeroben als auch anaeroben Bedingungen metabolisiert werden. Auch Stärke und Glykogen werden von den Mikroorganismen schnell abgebaut, während Zellulose relativ schwer abbaubar ist. Unter aeroben Bedingungen sind aquatische Hyphomyceten und Bakterien aus den Gattungen *Cytophaga* und *Sporocytophaga* zum Abbau von Zellulose befähigt, während im anaeroben Milieu die Zellulose vorwiegend durch mesophile saccharolytische sporenbildende Clostridien (z.B. *Clostridium cellobioparum*) vergoren wird.

Lignin ist mengenmäßig nach der Zellulose die bedeutendste biosynthetisch gebildete organische Verbindung in der Natur. Lignin, das aufgrund seiner komplexen nichthydrolysierbaren Polymerstruktur aus dreidimensional vernetzten Phenyl-Propan-Körpern sehr langsam aerob abgebaut wird (nur wenige Mikroorganismen können Lignin vollständig mineralisieren), ist Ausgangssubstanz der mikrobiellen Huminifizierungsprozesse (Ottow 1978). Die Huminstoffe lassen sich infolge der Vielzahl der Verknüpfungsmöglichkeiten nicht genau strukturchemisch

Tabelle 1-3. Vorkommen und Zusammensetzung von gelösten organischen Kohlenstoffverbindungen (DOC) sowie dominante Stoffwechselprozesse im Gewässer (n. Rheinheimer 1991; Gunkel 1996)

Organische Substanz	Vorkommen und Metabolismus im Gewässer
Monosaccharide	nicht nachweisbar oder Spurenkonzentrationen; sehr schnelle Aufnahme durch Bakterien und andere Mikroorganismen
Oligosaccharide	meist Spurenkonzentrationen; sehr schnelle Aufnahme durch Bakterien und andere Mikroorganismen
Polysaccharide (Stärke, Glykogen u. a.)	extrazelluläre Hydrolyse und leichter Abbau der Spaltprodukte; aerob durch Pilze und Bakterien, anaerob vor allem durch *Bacillus*- und *Clostridium*-Arten
Chitin	leicht abbaubar durch viele Bakterien und Pilze mit Hilfe von Exoenzymen (Chitinasen)
Cellulose	Anreicherung im Wasser und im Sediment; hydrolytische Spaltung durch Exoenzyme (Depolymerasen, Cellulasen); Abbau in aerobem Milieu durch Myxobakterien, Actinomyceten und höhere Pilze – beim Abbau von Fallaub insbesondere aquatische Hyphomyceten; anaerober Abbau durch Clostridien und andere Bakterien (z. B. *Cellulomonas*)
Lignin	schwer abbaubar; Anreicherung im Sediment (Lignin-Humus-Komplexe); aerober Abbau meist durch höhere Pilze, Actinomyceten und andere Bakterien; unter anaeroben Bedingungen nur sehr schwer angreifbar
Polyphenole (Huminsäuren, Fulvosäuren)	sehr schwer abbaubar; Abbau erfolgt nur durch wenige Spezialisten (Bakterien, Pilze), z. T. sehr starke Anreicherung im Wasser und Sediment, meist allochthonen Ursprungs (Laub, Holz oder bodenbürtig)
freie Phenole, Chinone	nur gelegentlich in Spuren nachweisbar; rascher Abbau, meist allochthonen Ursprungs (Laub)
niedermolekulare Phenole u. Chinone	relativ schwer abbaubar; Anreicherung und Polymerisation im Wasser
Fette, Öle u. a. Lipoide	in Wasser schwer löslich; bilden Ölfilm an der Wasseroberfläche oder partikulär vorliegend; meist rascher Abbau durch Bakterien und Pilze mit Hilfe von Exoenzymen (Lipasen)

Tabelle 1-3 (Fortsetzung)

Organische Substanz	Vorkommen und Metabolismus im Gewässer
Fettsäuren	in Spurenkonzentrationen vorkommend; entstehen bei der Hydrolyse von Fetten und bei der Vergärung von Cellulose; sehr schnelle Aufnahme durch Bakterien; Ausgangsprodukt für die Methanbildung
Proteine	Eintrag im wesentlichen durch Abwasser; Abbau durch proteolytische Bakterien und Pilze unter aeroben (*Bacillus* spp., *Pseudomonas* spp., *Flavobacterium* spp.) und anaeroben (*Clostridium* spp.) Bedingungen mit Hilfe von Exoenzymen zu Poly- und Oligopeptiden (Proteasen) und anschließend zu Aminosäuren (Peptidasen)
Aminosäuren	in geringen Konzentrationen vorkommend (einige $\mu g\ l^{-1}$); Aufnahme durch Bakterien, Pilze und Algen zum Aufbau zelleigener Proteine oder Desaminierung unter Freisetzung von Ammoniak (Ammonifikation); Einbau in Huminstoffe; bei Abbau durch anaerobe Eiweißzersetzer Bildung von primären Aminen und Schwefelwasserstoff
Harnstoff	in geringen Konzentrationen vorkommend; kann von zahlreichen Bakterien-Spezies (u.a. *Proteus vulgaris*) mit Hilfe von Urease (konstitutiv vorhanden) in Ammoniak und Kohlendioxid gespalten werden (hydrolytische Desaminierung)

definieren, können aber durch eine Extraktion mit Natronlauge und anschließend mit HCl in drei Stoffgruppen – Fulvosäuren, Huminsäuren und Humine – fraktioniert werden (Scheffer u. Schachtschabel 1982).

Die Bedeutung der Huminstoffe liegt zum einen darin, daß sie UV- und sichtbare Strahlung absorbieren, wodurch die Photosynthese von Makrophyten und Phytoplankton im Gewässer beeinflußt wird. Desweiteren wirkt sich die Eigenschaft der Huminstoffe als Chelatbildner auf die Verfügbarkeit von organischen und anorganischen Substanzen (insbesondere Schwermetalle) aus, da in Abhängigkeit von den ökologischen Bedingungen Nährstoffe, aber auch Toxikanten mobilisiert bzw. immobilisiert werden können. Bei Ozonierung oder Chlorierung huminstoffhaltiger Wässer (z.B. Abwasser) kann es zudem zur Bildung von potentiell mutagenen Aldehyden kommen.

Am Kohlenstoffpool sind die Huminstoffe mit einem beträchtlichen Anteil vertreten, in dystrophen Seen und Moorgewässern stellen sie sogar den größten Anteil der gelösten organischen Substanz. Für den raschen Umsatz der organischen Substanz über den „microbial loop" sind sie aber aufgrund ihrer relativ hohen Persistenz kaum bzw. nur von indirekter Bedeutung.

1.2.2 Einfluß von DOC auf die Zusammensetzung, Dichte und Aktivität von Mikroorganismen

Die im Wasser gelösten organischen Kohlenstoffverbindungen werden vor allem von den chemoorganotrophen (heterotrophen) Mikroorganismen umgesetzt (Tabelle 1-4). Aber auch photoautotrophe Organismen benötigen Bestandteile des DOC, da einzelne Verbindungen von den Organismen nicht synthetisiert werden können (u. a. Aminosäuren, Vitamine, Purine) und somit als Suppline (Wachstumsfaktoren) aufgenommen werden müssen.

Primär erfolgt der Abbau des organischen Materials (DOM) durch aerobe Mikroorganismen (Bakterien, Pilze). In Fließstrecken, die durch eine hohe organische Belastung charakterisiert sind (z. B. Gewässersedimente), stellt die Konzentration an verfügbaren anorganischen Elektronenakzeptoren jedoch den limitierenden Faktor bei der Oxidation von organischen Kohlenstoffverbindungen dar. Ein hoher Eintrag bzw. die Akkumulierung von leicht mineralisierbarem organischen Material bewirkt, daß der Sauerstoff infolge intensiver Mineralisierungsprozesse rasch aufgezehrt wird. Bei Abwesenheit von O_2 oder verminderter O_2-Versorgung (anoxische Bedingungen) wird das organische Material unter Nutzung von alternativen Elektronenakzeptoren (NO_3^-, Mn^{2+} und Fe^{3+} als Oxide und Hydroxide) mineralisiert (Ottow 1997). Daher treten in mit Nitrat belasteten Gewässern bei Sauerstoffmangel kaum anaerobe Stoffwechselprozesse auf, da die organische Substanz im Zuge der **Denitrifikation** (Reduktion von Nitrat über Nitrit und N_2O [Lachgas] zu molekularem Stickstoff) abgebaut wird. Auch spielt die Denitrifikation bei der Verminderung von Eutrophierungserscheinungen eine wesentliche Rolle, da sie eine nicht unerhebliche Nitratsenke darstellt. Die heterotrophe Denitrifikation verläuft vergleichbar der aeroben heterotrophen Oxidation organischer Verbindungen. Trotz ähnlicher Energiefreisetzung liegt der Energiegewinn bei der Denitrifikation pro Mol Glucose um etwa 10 bis 40% niedriger als bei der Atmung (Mehlhart 1997). Erst bei Abwesenheit bzw. Verbrauch der alternativen Elektronenakzeptoren (anaerobe Verhältnisse) treten Gärungsprozesse durch fakultativ anaerobe Bakterien (Enterobacteriaceen u. a.) und obligat anaerobe Bakterien (Clostridien

Tabelle 1-4. Verschiedene Ernährungstypen und Möglichkeiten der Energiegewinnung (verändert n. Lampert u. Sommer 1993)

Stoffwechseltyp*	Energiequelle	C-Quelle	e-Donator	e-Akzeptor
Photoautotroph				
– Pflanzen, Cyanobakterien	Licht	CO_2	H_2O	CO_2
– pigmentierte Schwefelbakterien	Licht	CO_2	H_2S	CO_2
– schwefelfreie Purpurbakterien	Licht	CO_2	H_2	CO_2
Chemolithoautotroph				
– farblose Schwefelbakterien	H_2S, S, S_2O_3	CO_2	H_2S, S, S_2O_3	O_2, NO_3^-
– nitrifizierende Bakterien	NH_4^+, NO_2^-	CO_2	NH_4^+, NO_2^-	O_2
– eisenoxidierende Bakterien	Fe^{2+}	CO_2	Fe^{2+}	O_2
– Knallgasbakterien	H_2	CO_2	H_2	O_2, NO_3^-
Chemolithoheterotroph				
– *Desulfovibrio* spp.	H_2	DOC	H_2	SO_4^{2-}
Chemoorganotroph (heterotroph)				
– Tiere	POC**	POC	POC	O_2
– aerobe Bakterien, Pilze	DOC***	DOC	DOC	O_2
– denitrifizierende Bakterien	DOC	DOC	DOC	NO_3^-
– desulfurizierende Bakterien	DOC	DOC	DOC	SO_4^{2-}
– fakultativ und obligat anaerobe Bakterien (Gärer)	DOC	DOC	DOC	DOC

* autotroph:	Biosynthese von Zellmaterial überwiegend aus anorganischem Kohlenstoff (CO_2)
heterotroph:	Biosynthese von Zellmaterial aus organischem Kohlenstoff
mixotroph:	autotropher als auch heterotropher Stoffwechsel möglich
phototroph:	Verwendung von Lichtenergie für die ATP-Synthese
chemolithotroph:	Energiegewinnung durch Umwandlung anorganischer Verbindungen
chemoorganotroph:	Energiegewinnung durch Umsetzung organischer Verbindungen

** partikulärer organischer Kohlenstoff
*** gelöster organischer Kohlenstoff

u. a.) auf. Schätzungsweise werden heute im C-Kreislauf über anaerobe Prozesse ca. 10% der Kohlenstoffverbindungen umgesetzt. Davon werden ca. 90% durch Bakterien in den Meeressedimenten und ca. 10% im Süßwasserbereich abgebaut (Diekert 1997). Bei anaeroben Stoffwechselprozessen wird das organische Material im Unterschied zur aeroben Mineralisierung nicht vollständig zu CO_2 umgesetzt, so daß es zur Bildung von organischen Säuren und Alkoholen kommt. Diese Zwischenprodukte werden weiter zu CO_2, H_2 und Acetat vergoren, die dann zur Produktion von Methan herangezogen werden können. Die Methanbildung ist ein komplexer Prozeß, an dem mehrere synthrophe Bakteriengruppen (acetogene/methanogene Symbiosen) beteiligt sind. Insbesondere in den Sedimenten von Seen entstehen große Mengen von Methan, wenn Laubeintrag und Makrophyten zu einem überreichen Angebot an organischen Kohlenstoffverbindungen führen.

Der Gehalt an organischer Substanz ist in den Gewässern der begrenzende Faktor für die Entwicklung saprophytischer Bakterien. Von der DOC-Konzentration und -Zusammensetzung hängen Dichte und Diversität der Bakterienpopulation ab. Geringe Konzentrationen wie z. B. in oligotrophen Seen und unbelasteten Fließgewässern führen zu sogenannten Kümmerformen, da die Bakterien sich zwar noch teilen, aber kaum mehr wachsen können. Charakteristisch für diese Gewässer sind daher kleine coccoide Zellen. Im Gegensatz dazu sind in nährstoffreichen Gewässern große Formen dominant. Entscheidend ist jedoch nicht die Gesamtmenge an organischer Substanz, sondern der Anteil an leicht mineralisierbaren Substanzen. Insbesondere an der Oberfläche von Schwebstoffen oder Aufwuchsflächen finden sich günstige Bedingungen, da hier durch Adsorptionsvorgänge höhere Nährstoffkonzentrationen auftreten (Rheinheimer 1991; Garnier et al. 1992; Servais u. Garnier 1993; Lorch 1994). Hohe DOC-Konzentrationen beeinflussen auch die Bildung der extrazellulären Schleimschicht des Periphytons (Wetzel et al. 1997). Dichte und Aktivität von epiphytischen Bakterien (Aufwuchs auf Wasserpflanzen) können sowohl durch Pflanzenexsudate als auch den Nährstoffgehalt des umgebenden Wassers beeinflußt werden (Lorch u. Ottow 1986; Kang u. Goulder 1996). Die stärkste DOC-Aufnahme erfolgt im Flußbett durch sessile Mikroorganismen an Steinoberflächen. Schon nach wenigen Stunden wird der DOC von Bakterien aufgenommen. Geschwindigkeit und Menge der Aufnahme sind abhängig von der Quelle des DOC (Laubblätter, Wasserpflanzen) und der Fließgewässergröße. In Bächen verläuft die C-Aufnahme schneller ab als in größeren Flüssen (Schönborn 1992). In kleinen Fließgewässern sind die heterotrophen Stoffumsetzungen nahezu ausschließlich sedimentgebunden und werden von Mikroorganismen mit einem Anteil von ca. 95% dominiert (Pusch u. Schwoerbel 1995), wobei Jahreszeit, Tiefe und Diversität der Sohlensubstrate einen starken Einfluß auf die bakterielle Biomasse, Aktivität und Produktivität ausüben (Hendricks 1996). Da den sessilen Organismen eine entscheidende Bedeutung beim Abbau der organischen Substanz zukommt, weisen breite und flache Gewässer ein besseres Selbstreinigungsvermögen auf als tiefe und schmale Gewässer.

Ein großer Teil der Exoenzyme wird im Gewässer durch Sediment- und Biofilmbakterien freigesetzt (Marxsen u. Fiebig 1993; Kairesalo et al. 1995; Scholz u. Marxsen 1996), wobei die Intensitäten und Mechanismen der Stoffumsetzungen weitgehend durch die Konzentration an organischer Substanz bestimmt werden. Bei natürlichen Sedimenten und künstlichen Substraten (4 Wochen im Gewässer exponierte Glaskugeln, ∅ ca. 1 mm) wurde nachgewiesen, daß der sedimentgebundene Substratumsatz von Exoenzymen (Esterasen, Phosphatasen, β-Glucosidasen, L-Alanin-Aminopetidasen) um den Faktor 100 höher ist als die vergleichbare Wassermenge (Kuhbier et al. 1997).

1.2.3 Herkunft und Konzentration der gelösten organischen Kohlenstoffverbindungen

Nach ihrer Herkunft können allochthone (von außerhalb in die Gewässer eingetragene) und autochthone (im Gewässer produzierte) Verbindungen unterschieden werden. Wichtige Kohlenstoff- und Energiequellen in aquatischen Ökosystemen sind:

1) autochthon:
   - abgestorbene Wasserpflanzen und Algen
   - leaching Prozesse
   - Exsudationsprodukte von Makrophyten und Phytoplankton
   - Exkretionsprodukte des Zooplanktons
   - bakterielle Produkte (z. B. Exoenzyme, Pigmente, Schleimstoffe)
   - Autolyseprodukte

2) allochthon:
   - Pflanzenmaterial (Blätter, Uferpflanzen)
   - Bodenabschwemmungen (Huminstoffe, Ton-Humuskomplexe)
   - Abwasser.

Die autochthonen C-Verbindungen stammen aus dem Kohlenstoffmetabolismus der Organismen (z. B. Exsudate, Autolyseprodukte, Exkretionsstoffe, Exoenzyme) sowie aus dem Abbau der partikulären organischen Substanz. In großen und tiefen Seen ist die Remineralisierung der organischen Substanz unter Bildung von Biomasse und Freisetzung anorganischer Nährstoffe ein wichtiger Faktor im Kohlenstoffkreislauf („microbial loop"), da der Eintrag aus dem Litoral und die Rücklösung aus dem Sediment kaum von Bedeutung sind. Ca. 30 bis 50% des photosynthetisch fixierten Kohlenstoffs werden unmittelbar in einem kurzgeschlossenen Kreislauf von Bakterien umgesetzt und wieder in das Nahrungsnetz eingeschleust. Der Abbau von totem organischen Material kann teilweise so rasch erfolgen, daß ein beträchtlicher Teil der organischen und anorganischen Substanz noch in der euphotischen Zone freigesetzt wird. Autolyse und mikrobieller Abbau erfolgen unmittelbar nach dem Tod der Organismen, wobei Stoffe aus dem molekularen Verband frei werden und aus dem Körper herausdiffundieren können (Klapper 1992; Schwoerbel 1993; Thomas 1997).

Autochthoner DOC weist einen relativ hohen Stickstoffgehalt auf (C:N = ca. 12:1), während allochthone DOC-Anteile deutlich an Stickstoff verarmt sind (C:N = ca. 50:1), so daß über das C:N-Verhältnis die Herkunft des DOC abgeschätzt werden kann. Die DOC-Gehalte in gering belasteten Fließgewässern liegen bei ca. 2 bis 6 mg l^{-1}, belastete Gewässer weisen bis zu 20 mg l^{-1} auf, Gewässer mit einem DOC von >20 mg l^{-1} sind als stark verschmutzt einzustufen (Gunkel 1996). Insbesondere der Eintrag von allochthonen C-Verbindungen durch Einleitungen von kommunalem und industriellem Abwasser kann zu hohen DOC-Konzentrationen im Gewässer beitragen. Als chemische Kenngrößen für eine Gewässerbelastung (Summenparameter) können der „gesamte organische Kohlenstoff" (TOC = „total organic carbon") und der „gelöste organische Kohlenstoff" (DOC) als Maß für den Gehalt an organischen Stoffen sowie der „Biochemische Sauerstoffbedarf" (BSB) als Maß für den Gehalt an leicht mineralisierbarer organischer Substanz herangezogen werden. Je nach Belastung liegen die TOC-Gehalte von Flüssen zwischen 2 bis 40 mg l^{-1}, wovon ca. 60 bis 80% DOC sind (Abb. 1-3). Die Beziehungen zwischen den DOC-Gehalten (und BSB_5-Gehalten) unterschiedlich belasteter Gewässer und den biologisch ermittelten Gewässergüteklassen sind in Abb. 1-4 dargestellt. Aufgrund der großen Schwankungsbreite lassen sich jedoch anhand einzelner Messungen keine eindeutigen Rückschlüsse auf eine bestimmte Gewässergüteklasse machen (LAWA 1996).

In anthropogen unbelasteten Fließgewässern nimmt die Bedeutung des Eintrags allochthoner Kohlenstoffverbindungen für den Stoffumsatz im Gewässer mit Zunahme der Ordnungszahl ab, während der

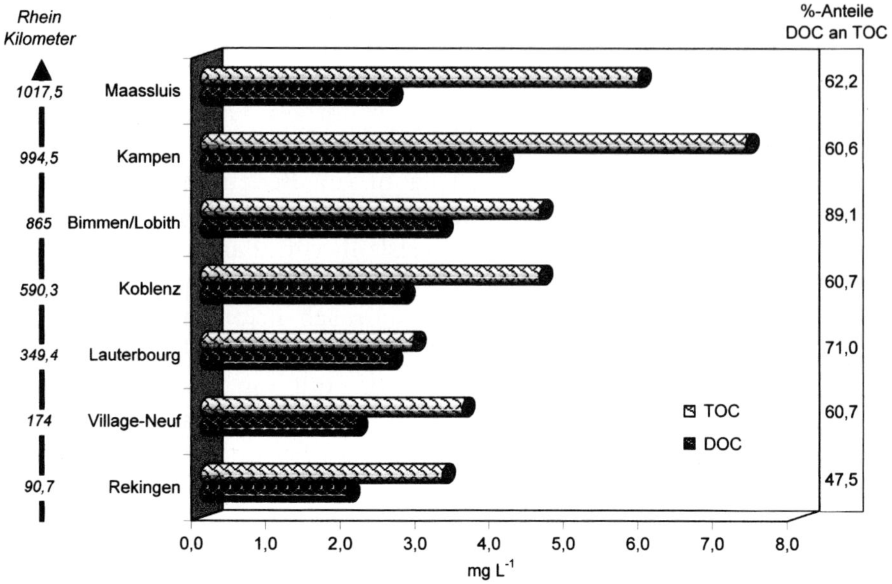

Abb. 1-3. Durchschnittliche Konzentrationen an gelöstem organischen Kohlenstoff (DOC, „dissolved organic carbon") und prozentualer Anteil am gesamten organischen Kohlenstoff (TOC, „total organic carbon") im Rhein 1994 (n. IKSR 1996)

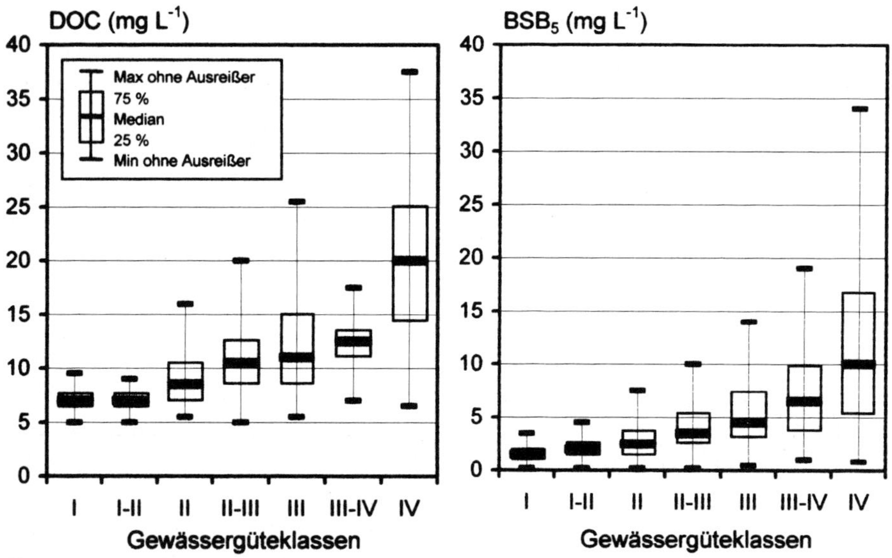

Abb. 1-4. Beziehungen zwischen den biologisch ermittelten Gewässergüteklassen und den Konzentrationen an gelöstem organischem Kohlenstoff (DOC, „dissolved organic carbon") sowie dem biochemischem Sauerstoffbedarf (BSB_5; n. LAWA 1996)

Einfluß der Primärproduktion steigt. Blattfall kann den Stoffhaushalt von Bächen deutlich beeinflussen, da organische Verbindungen relativ schnell aus den Blättern extrahiert werden. Ca. 40% des Gesamtgehaltes an DOC kann in Waldbächen aus den Blättern stammen, während in Wiesenbächen eher die Ufervegetation, aquatische Makrophyten und Algen Quantität und Qualität der organischen Substanz bestimmen (Schönborn 1992; Koetsier et al. 1997; Young u. Huryn 1997). In den meisten Bächen und Flüssen spielt jedoch der anthropogene Eintrag durch Abwassereinleitungen die entscheidende Rolle im Kohlenstoffhaushalt, da durch eine Vielzahl von Kläranlagen trotz biologischer Abwasserreinigung (BSB_5 i.d. R >10 mg l^{-1}) eine kontinuierliche Zufuhr an organischem Material erfolgt. Häufig wird aber auch ein Anstieg des DOC bei erhöhtem Abfuß insbesondere nach starken Regenereignissen festgestellt, so daß wahrscheinlich pedogene (bodenbürtige) Quellen für die Belastung verantwortlich sind. Die Trennung von natürlicherseits und anthropogen eingetragenen organischen Wasserinhaltsstoffen (DOC/TOC) stößt allerdings auf Schwierigkeiten, da die meisten Verfahren nur eine Quantifizierung des DOM bzw. bei Fraktionierung nach dem Molekulargewicht nur eine grobe Differenzierung ermöglichen. Mit Hilfe des LC-OCD Analyseverfahrens („Liquid Chromatography-Organic Carbon Detection“) ist eine Trennung der organischen Wasserinhaltsstoffe in mehrere Fraktionen, wie z.B. niedermolekulare Säuren, Fulvosäuren und Polysaccharide, möglich. Mit Hilfe dieses Verfahrens wurde an der Warnow festgestellt, daß der Hauptbestandteil der organischen Inhaltsstoffe (58% Fulvosäuren) pedogenen Ursprungs waren, die durch diffuse Einträge und Erosion in das Wasser gelangten (Min. Bau, Landesentwicklung und Umwelt Mecklenburg-Vorpommer 1995). Eine Zunahme des DOM bei höherer Abflußrate (Mittelwasserabfluß) wurde auch entlang des Schwarzwaldfließgewässers Forbach/Murg ermittelt und auf natürliche Einträge aus Oberflächenwasser zurückgeführt. Dagegen wurde bei Niedrigwasser eine starke Einflußnahme von anthropogenen Einträgen (Abwassereinleitung) auf die Zusammensetzung des DOM festgestellt (Hesse et al. 1997).

Je nach Belastungsquelle unterscheiden sich die großen Flüsse in ihren DOC-Gehalten beträchtlich (Tabelle 1-5). Im Rhein, für den eine Qualitätsforderung von 3 mg l^{-1} C besteht, lagen 1995 die mittleren DOC-Konzentrationen bei Lustenau bei 1,3 mg l^{-1}, stiegen bei Basel und Lobith auf 2,3 bzw. 3,2 mg l^{-1} an und erreichten bei Andijk 7,6 mg l^{-1} (Brauch et al. 1996). Dagegen wies die Elbe im Abschnitt der Tschechischen Republik wahrscheinlich aufgrund unzureichend geklärter Abwässer DOC-Konzentrationen zwischen 8,0 und 9,2 mg l^{-1} auf, die

Tabelle 1-5. Konzentrationen an gelösen organischen Substanzen (DOC) in verschiedenen Fließgewässern

Fließgewässer	DOC ($mg\,l^{-1}$)					Literatur
Rhein	1980	1985	1990	1993		LAWA (1997)
Kleve-Bimmen	4,0	4,5	5,1	4,2		
Elbe und Nebenflüsse	'92	'93	'94	'95	'96	IKSE (1997)
Valy	9,0	10,7	9,6	8,7	8,0	
Decin	8,5	9,0	9,7	9,2	9,2	
Schmilka	–	6,3	10,4	7,0	6,7	
Magdeburg	6,4	6,2	5,7	5,8	6,2	
Schnackenburg	6,1	5,6	6,0	5,8	5,6	
Cuxhaven	3,8	4,4	5,0	4,8	4,1	
Moldau (Zelcin)	–	6,2	10,4	7,0	6,7	
Schwarze Elster (Gorsdorf)	–	5,2	6,7	6,2	5,5	
Mulde (Dessau)	–	4,5	5,3	4,3	4,5	
Saale (Rosenburg)	–	7,4	5,8	5,7	5,9	
Ems	1985		1990	1993		LAWA (1997)
Herbrum	10,3		9,8	8,8		
Weser	1980	1985	1990	1993		LAWA (1997)
Bremen-Hemelingen	7	4,9	3,7	4,7		
Ruhr	Mw		Min	Max		AWWR (1996)
Styrum bis Echthausen	2,6–3,2		1,1–2,2	3,8–5,6		
Nebenflüsse (Mittelwerte)	Rinderbach 4,6; Ölbach 6,7; Volme 2,0; Lenne 2,0; Baarbach 6,4; Hönne 2,6; Möhne 2,6; Röhr 2,5					

sich im Verlauf der Fließstrecke bis zur Mündung in die Nordsee um die Hälfte verringerten (IKSE 1997). In langsam fließenden oder gestauten Fließgewässerstrecken können die beim Abbau der organischen Substanz freigesetzten anorganischen Nährstoffe zu einer Steigerung der Primärproduktion und damit zwangsläufig zu einer Sekundärbelastung führen.

1.2.4 Literatur

AWWR (1996) Ruhrwassergüte 1996. Arbeitsgemeinschaft der Wasserwerke an der Ruhr (Hrsg), Essen

Brauch HJ, Fleig M, Kühn W, Lindner K (1996) Die Rheinwasserbeschaffenheit im Vergleich zu den Qualitätsanforderungen des IAWR-Rhein-Memorandums 1995. gwf-Wasser/Abwasser 137:565–572

Diekert G (1997) Grundmechanismen des Stoffwechsels und der Energiegewinnung. In: Ottow JCG, Bidlingsmaier W (Hrsg) Umweltbiotechnologie. Fischer, Stuttgart, 1–38

Garnier J, Billen G, Servais P (1992) Physiological characteristics and ecological role of small and large sized bacteria in a polluted river (Seine River, France). Arch Hydrobiol Beih 37:83–94

Gunkel G (1996) Grundlagen der Limnologie ausgebauter und renaturierter Gewässer. In: Gunkel G (Hrsg) Renaturierung kleiner Fließgewässer. Fischer, Jena, 64–139

Hendricks SP (1996) Bacterial biomass, activity, and production within the hyporheic zone of a north-temperate stream. Arch Hydrobiol 136:467–487

Hesse S, Balz A, Frimmel HF (1997) Detaillierte Verfolgung des anthropogenen Kohlenstoffeintrags entlang des Schwarzwaldfließgewässers Forbach/Murg. Vom Wasser 88:103–117

IKSE (1997) Zahlentafeln der physikalischen, chemischen und biologischen Parameter des Internationalen Meßprogramms der IKSE 1996. Internationale Kommission zum Schutz der Elbe (Hrsg), Magdeburg

IKSR (1996) Zahlentafeln der physikalischen Untersuchungen des Rheinwassers und des Schwebstoffes 1994. Internationale Kommission zum Schutze des Rheins (Hrsg), Koblenz

Kang JY, Goulder R (1996) Epiphytic bacteria downstream of sewage-works outfalls. Wat Res 30:501–510

Klapper H (1992) Eutrophierung und Gewässerschutz. Fischer, Jena

Koetsier P, McArthur JV, Leff LG (1997) Spatial and temporal response of stream bacteria to sources of dissolved organic carbon in a blackwater stream system. Freshwat Biol 37:79–89

Kuhbier S, Lorch HJ, Ottow JCG (1997) Charakterisierung der mikrobiologischen Aktivität in Sedimenten und auf künstlichen Exponaten. In: Preuß G (Hrsg) Normierungsmöglichkeiten bei der Bestimmung mikrobieller und enzymatischer Aktivitäten. Dortmunder Beiträge zur Wasserforschung 51:71–78

Kairesalo T, Tuominen L, Hartikainen H, Rankinen K (1995) The role of bacteria in the nutrient exchange between sediment and water in a flow-through system. Microbiol Ecol 29:129–144

LAWA (1996) Gewässergüteatlas der Bundesrepublik Deutschland – biologische Gewässergütekarte 1995. Länderarbeitsgemeinschaft Wasser (Hrsg), Berlin

LAWA (1997) Die Hauptströme der Flußgebiete Deutschlands – Überwachung, Zustand und Entwicklung ihrer Beschaffenheit. Länderarbeitsgemeinschaft Wasser (Hrsg), Berlin

Lampert W, Sommer U (1993) Limnoökologie. Thieme, Stuttgart

Lorch HJ, Ottow JCG (1986) Scanning electron microscopy of bacteria and diatoms attached to a submerged macrophyte in an increasingly polluted stream. Aquat Bot 26:377–384

Lorch HJ (1994) Wirkung anthropogener Stressoren auf die Bakterienflora. In: Gunkel G (Hrsg) Bioindikation in aquatischen Ökosystemen. Fischer, Jena, 167–177

Ludwig U, Neumann V, Grisckek T, Nestler W (1997) Application of ultrafiltration for characerization of the DOC of Elbe River water. Acta Hydrochim Hydrobiol 25:71–78

Marxsen J, Fiebig DM (1993) Use of perfused cores for evaluating extracellular enzyme activity in stream-bed sediments. FEMS Microbiol Ecol 13:1–12

Mehlhart G (1997) Biotechnologie der Abwasserbehandlung. In: Ottow JCG, Bidlingsmaier W (Hrsg) Umweltbiotechnologie. Fischer, Stuttgart, 203–245
Ministerium für Bau, Landesentwicklung und Umwelt Mecklenburg-Vorpommern (Hrsg) Gewässergütebericht 1995. Schwerin
Ottow JCG (1978) Chemie und Biochemie des Humuskörpers unserer Böden. Naturwissenschaften 65:413–423
Ottow JCG (1997) Abbaukinetik und Persistenz von Fremdstoffen in Böden. In: Ottow JCG, Bidlingsmaier W (Hrsg) Umweltbiotechnologie. Fischer, Stuttgart, 97–138
Pusch M, Schwoerbel J (1994) Community respiration in hyporheic sediments of a mountain stream (Steina, Black Forest). Arch. Hydrobiol. 130:32–52
Rheinheimer G (1991) Mikrobiologie der Gewässer. Fischer, Jena Stuttgart
Scheffer F, Schachtschabel P (1982) Lehrbuch der Bodenkunde. 11., neubearb Aufl, Enke, Stuttgart
Schönborn W (1992) Fließgewässerbiologie. Fischer, Jena Stuttgart
Scholz O, Marxsen J (1996) Sediment phosphatases of the Breitenbach, a first-order Central European stream. Arch Hydrobiol 135:433–450
Schwoerbel J (1993) Einführung in die Limnologie. Fischer, Stuttgart
Servais P, Garnier J (1993) Contribution of heterotrophic bacterial production to the carbon budget of the River Seine (France). Microb Ecol 25:19–33
Thomas JD (1997) The role of dissolved organic matter, particularly free amino acids and humic substances, in freshwater ecosystems. Freshwat Biol 38:1–36
Wetzel RG, Ward AK, Stock M (1997) Effects of natural dissolved organic matter on mucilaginous matrices of biofilm communities. Arch Hydrobiol 139:289–299
Young RG, Huryn AD (1997) Longitudinal patterns of organic matter transport and turnover along a New Zealand grassland river. Freshwat Biol 38:93–107

1.3 Bakteriologisch-hygienische Belastung der Gewässer

H.-J. Lorch

In Gewässern existiert eine vielfältige Bakterienflora, die bei der Mineralisierung der autochthonen und allochthonen organischen Substanz eine wesentliche Rolle spielt. In unbelasteten Gewässern dominieren die an niedrige Substratkonzentrationen angepaßten oligocarbophilen Bakterien, während in verschmutzten Gewässern die zymogenen Bakterien (Saprophyten) das Maximum erreichen. Neben diesen – für den Selbstreinigungsprozeß bedeutsamen – Bakterien gelangen durch den Eintrag von menschlichen oder tierischen Exkrementen auch Fäkalbakterien und pathogene Organismen in die Gewässer. Insbesondere die Nutzung der Fließgewässer als Transportweg für industrielle und kommunale Abwässer ist vielerorts verantwortlich für die mangelhafte hygienische Wasserqualität. Allerdings können neben dem punktförmigen Eintrag von Fäkalbakterien und Krankheitserregern auch verschiedene diffuse Quellen zu einer erheblichen Belastung der Oberflächengewässer führen. Die Ermittlung der Ursachen einer fäkalen Belastung erfordert meist relativ aufwendige Nachforschungen, da alle möglichen Emissionen im Einzugsgebiet eines Baches bzw. Flusses detailliert in die Untersuchungen eingeschlossen werden müssen. Zu diesen potentiellen Belastungsquellen gehören:

- Abläufe von kommunalen und industriellen Kläranlagen
- Einleitungen von Rohabwasser bzw. nur mechanisch vorbehandeltem Abwasser von nicht an eine Kläranlage angeschlossenen Haushalten und Siedlungen
- Überläufe der Misch- und Regenwasserkanalisation
- defekte Abwasserkanäle und Fehlanschlüsse
- Oberflächenabfluß von versiegelten Siedlungsflächen
- Oberflächenabfluß von landwirtschaftlich genutzten Flächen (Viehweidebetrieb)
- Ausbringung und Lagerung von organischen Wirtschaftsdüngern (Gülle, Jauche, Mist)
- Ausbringung von Klärschlamm
- Drainwasser
- Ansammlungen von Wasservögeln.

1.3.1 Vorkommen von Krankheitserregern und Indikatorbakterien in Gewässern

Trotz der Gefahr, daß durch fäkale Verunreinigungen Krankheitserreger in die Gewässer gelangen, werden diese aufgrund der Vielzahl an potentiell pathogenen Organismen, häufig in sehr geringen Populationsdichten vorkommend, und nicht zuletzt als Folge des großen methodischen und finanziellen Aufwandes i.d.R. nicht erfaßt. Anstelle des Einzelnachweises von Viren, Bakterien, Pilzen, Protozoen usw. erfolgt der Nachweis einer fäkalen Verunreinigung über **Indikatorbakterien** (coliforme Bakterien, *Escherichia coli* „Fäkaltyp“ [Fäkalcoli, FC], Fäkalstreptokokken, sporenbildende sulfitreduzierende Clostridien), die ihren natürlichen Lebensraum im Intestinaltrakt von Menschen und warmblütigen Tieren haben (Abb. 1-5). Sowohl Indikatorbakterien als auch pathogene Mikroorganismen sind an die aquatische Umwelt kaum angepaßt, so daß sie unter den herrschenden, jahreszeitlich wechselnden chemisch-physikalischen Bedingungen, wie z.B. UV-Strahlung, Temperatur und pH-Wert, Algentoxine und limitierte Nährstoffe, in relativ kurzer Zeit absterben (Flint 1987; Davies u. Evison 1991; Korhonen u. Martikainen 1991). Zur Eliminierung tragen auch Bakteriophagen, Protozoen (Ciliaten), Antagonismen mit der

Indikatorbakterien zum Nachweis einer fäkalen Verunreinigung

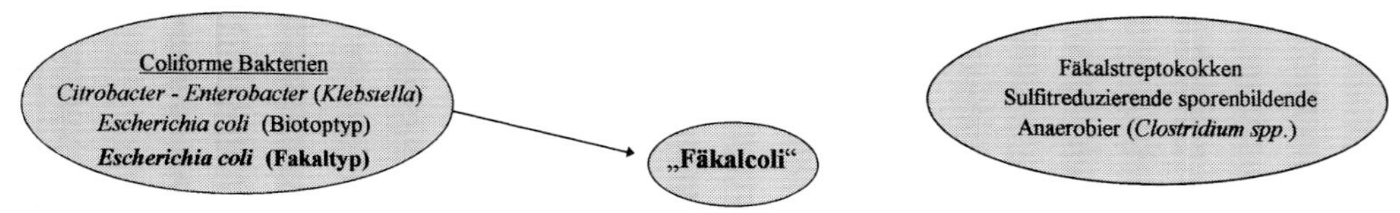

Bakterien	Erkrankung
Salmonella typhi Serotypen	Typhus
S. paratyphi A, B, C Serotypen	Paratyphus
Enteritis-Salmonellen	Enteritiden
Shigella spp. Serotypen	bakterielle Ruhr
enteropathogene *Escherichia coli*	Enteritiden, Enterotoxämien
Yersinia enterocolica	Enteritiden
Brucella spp.	Sang'sche Erkrankung
Francisella tularensis	Tularämie
Pseudomonas aeruginosa	Otitiden, Dermatitiden
Vibrio cholerae u. Biotyp El Tor	Cholera
NAG-Vibrionen	Enteritiden
Campylobacter jejuni	Enteritiden
Leptospira spp.	Weil'sche Krankheit, Kanikolafieber
Listeria monocytogenes	Listeriose
Staphylococcus spp.	Eitrige Infektionen
Streptococcus spp.	Eitrige Infektionen
Bacillus anthracis	Milzbrand
Clostridium botulinum	Botulismus
Clostridium perfringens	Gasbrand, Lebensmittelintoxikationen
Mycobacterium spp.	Tuberkulose, Hautulzerationen
Mycoplasma spp.	respiratorische Erkrankungen
Chlamydia trachomatis	Konjunktivitis

Viren	Erkrankung
Polioviren	Kinderlähmung, Meningitiden
Coxsackieviren	Herpangina, Meningitiden
ECHOviren	Meningitiden, Diarrhoen
Rotaviren A und B	Enteritiden, Erbrechen
Adenoviren	Enteritiden, respirat. Erkrank.
Hepatitis A und E	Enteritiden
Caliciviren	Enteritiden
Coronaviren	respiratorische Erkrankungen
Norwalkvirus u.a. kleine Rundviren	Erbrechen, Enteritiden
Pilze	
Candida spp.	
Cryptococcus neoformans	Pilzinfektionen
Aspergillus spp.	der Haut und der
Geotrichum candidum	Schleimhaut
Epidermophyton spp.	
Protozoen	
Giardia lamblia	Lamblienruhr
Cryptosporidium parvum	Cryptosporidose
Entamoeba histolytica	Amöbenruhr
Naegleria fowleri	Meningoencephalitis
Helminthen	
Ascaris lumbricoides	Ascariasis
Taenia solium, T. saginata.	Wurmbefall
Trichuris trichuria	Trichuriasis
Enterobius vermicularis	Oxyuriasis

Abb. 1-5. Bakteriologisch-hygienische Indikatoren, die auf das Vorkommen von potentiell pathogenen Organismen in Gewässern hinweisen

autochthonen Bakterienflora sowie „grazing“ und Biofiltration durch höhere Organismen (Insektenlarven, Krebse, Muscheln etc.) bei. Dementsprechend wird die Lebensdauer z.B. des Indikatorkeims *E. coli* mit einem Zeitraum von nur wenigen Stunden bis mehrere Tage angegeben (Amy u. Hiatt 1989; Popp et al. 1993). Einige Faktoren, wie z.B. starke Verschmutzung (hoher Gehalt an organischen Substanzen), Trübung bzw. hohe Schwebstoffgehalte, geringe Sauerstoffkonzentrationen, erhöhte Temperatur durch das Einleiten von Abwärme, nährstoffreiche Sedimente oder auch dichter Pflanzenbewuchs, können jedoch die Überlebenszeit der allochthonen Mikrobiota begünstigen. Die Verminderung der Keimdichten in der fließenden Welle durch die Filterwirkung der Wasserpflanzen sowie die Sedimentation bei geringer Fließgeschwindigkeit ist nur als eine scheinbare anzusehen, da die günstigeren Bedingungen in diesen Biotopen zu einer erhöhten Lebens- und Vermehrungsfähigkeit der Fäkalkeime beitragen können (Walser u. Güde 1994; Burger 1995). Außerdem stellen solche Bedingungen ein fäkales Belastungspotential dar, weil erhöhte Keimdichten in der fließenden Welle Folge einer Resuspendierung sein können (Burton et al. 1987; Nix u. Merry 1990; Schwartzbrod et al. 1991). Vor diesem Hintergrund kann die Untersuchung von Wasserpflanzen und Sedimenten eine geeignete Methode sein, um eine längere Zeit zurückliegende fäkale Kontamination nachzuweisen.

1.3.2 Indikatorbakterien zum Nachweis einer fäkalen Kontamination

Um den Nachweis einer fäkalen Verunreinigung führen zu können, der auf das Vorkommen von pathogenen Organismen schließen läßt, sind an einen Indikator mehrere Anforderungen zu stellen. So sollte der Bioindikator im Vergleich zu pathogenen Organismen a) in höherer Anzahl anwesend, b) resistenter gegenüber den Bedingungen im aquatischen Milieu und c) widerstandsfähiger gegenüber Desinfektionsmitteln und anderer Chemikalien sein. Darüber hinaus sollte er sich im Wasser nicht vermehren sowie einfache und charakteristische Reaktionen zeigen, die eine eindeutige Identifizierung der Isolate erlauben (Hutchinson u. Ridgway 1977; Moriñigo et al. 1990).

Am besten werden diese Anforderungen noch von *E.-coli*-Fäkaltyp erfüllt, der weltweit bei der Untersuchung von Trink,- Brauch- und Oberflächenwasser als biologischer Indikator für fäkale Verunreinigungen eingesetzt wird. Vielfach wurden an dem Indikatorwert von *E.-coli*-Fäkaltyp Zweifel geäußert (Adámek et al. 1990), aber kaum Alternativen aufgezeigt. Aufgrund der relativ einfachen Handhabung von *E.-coli*-Fäkaltyp hat sich das Indikatorsystem zur Bewertung der hygienischen Wasserqualität vielfach bewährt, so daß das Nachweisverfahren inzwischen international standardisiert wurde. *E. coli* gehört innerhalb der Familie *Enterobacteriaceae* zu der Gruppe der coliformen Bakterien. Diese umfassen neben *E. coli* noch weitere physiologisch verwandte Bakterienarten aus den Gattungen *Enterobacter* (*Klebsiella*) und *Citrobacter.* Es handelt sich um aerobe, gram-negative, nicht-sporenbildende, cytochromoxidase-negative, unbewegliche oder durch peritriche Begeißelung bewegliche Stäbchen mit fakultativem Gärungsstoffwechsel. Gemeinsames Merkmal der coliformen Bakterien ist die Laktosevergärung zu Säuren und Gas (CO_2 und H_2) bei einer Bebrütungstemperatur von 36 °C innerhalb von 44 ± 4 Stunden (**Gesamtcoliforme**).

Das erhöhte Vorkommen von coliformen Bakterien wird zunächst nur als ein Hinweis auf eine mögliche Kontamination fäkalen Ursprungs bewertet, da coliforme Keime aufgrund ihrer weiten Verbreitung und ihrer Vermehrungsfähigkeit auch außerhalb des Warmblüterdarms (z. B. im Abwasser, an Pflanzen, in Böden) nicht in jedem Fall als Zeichen einer fäkalen Verunreinigung gewertet werden können. Der Beweis einer fäkalen Verunreinigung muß vielmehr über den Nachweis von *E. coli* über die IMViC-Reihe geführt werden (Tabelle 1-6). Der endgültige Nachweis von *E.-coli*-Fäkaltyp (Fäkalcoli) erfolgt durch Gasbildung aus Laktose bei 44 °C innerhalb von 24 h (Eijkman-Test).

Tabelle 1-6. Differenzierung von *Escherischia coli* „Fäkaltyp" (Fäkalcoli) und anderen coliformen Bakterien mit Hilfe der IMViC-Reihe und des Eijkman-Tests

		Citrobacter	*Enterobacter*	*E. coli*	*Fäkalcoli*
I	Indolbildung aus Tryptophan	+	–	+	+
M	Methylrot (Indikator) Säurebildung aus Glucose mit pH-Absenkung <4,5	+	–	+	+
V	Voges-Proskauer-Reaktion Nachweis der Acetoinbildung	–	+	–	–
C	Citrat-Verwertung	+	–(+)	–	–
	Eijkman-Test Gasbildung aus Laktose bei 44 °C innerhalb von 24 h	–	–	–	+

Zur quantitativen Bestimmung des Ausmaßes einer fäkalen Verunreinigung können Titer- oder MPN-Verfahren („most probable number“) angewendet werden. Für die Untersuchung von Oberflächengewässer hat sich die Bestimmung der Keimdichten an gesamtcoliformen (GC) und fäkalcoliformen (FC) Bakterien nach dem MPN-Verfahren mit Hilfe eines fluoreszenz-optischen Testverfahrens über die Spaltung von 4-Methylumbelliferiyl-β-Glucuronid (MUG-Laurylsulfat-Bouillon) bewährt. Hierbei werden die GC als aus Laktose gasbildende Enterobakterien bestimmt. Alle gaspositiven Röhrchen, die nach Realkalisierung (1 n NaOH-Lösung) hellblau fluoreszieren (UV-Lampe, 366 nm) und Indolbildung aus Tryptophan (Kovacs-Reagens) zeigen, werden als FC-positiv angesehen (TrinkwV 1990; Lorch et al. 1995; Schindler 1996).

Neben *E. coli* kommen mit Einschränkungen **Fäkalstreptokokken** und **sulfitreduzierenden Clostridien** als Fäkalindikatoren zum Einsatz, die ebenfalls Bestandteil der Darmflora von Warmblütern sind, aber auch in anderen Biotopen (Pflanzen, Boden, Gewässer) vorkommen können. Fäkalstreptokokken und sporenbildende sulfitreduzierende Clostridien (charakteristischer Vertreter ist *Clostridium perfringens*) sind jedoch durch eine größere Resistenz gegenüber Chemikalien (u.a. Desinfektionsmittel, insbesondere Chlorung) sowie den Bedingungen im aquatischen Milieu ausgezeichnet, so daß mit ihrer Hilfe auch eine länger zurückliegende fäkale Verunreinigung ermittelt werden kann. Die Fäkalstreptokokken (synonym wird häufig der Begriff „Enterokokken“ gebraucht) umfassen Streptokokken, die das Lancefield-Gruppen-Antigen-D besitzen (D-Streptokokken). Hierzu zählen Arten aus den Gattungen *Enterococcus* (*E. faecium, E. faecalis, E. durans, E. avium*) und *Streptococcus* (*S. bovis und S. equinus*), die in Gegenwart von Natriumazid wachsen und die Fähigkeit zur Hydrolyse von Äsculin besitzen (Anreicherungsmedium zum Nachweis der Fäkalstreptokokken). Da Fäkalstreptokokken in unterschiedlicher Artenzusammensetzung und Keimdichte bei Mensch und Tier vorkommen, können sie Auskunft über die Herkunft der fäkalen Verunreinigung geben (Feurpfeil u. Schulze 1996; Jacob 1996).

1.3.3 Quellen fäkaler Verunreinigungen

In den Fäzes (Mensch: ca. 60 bis 370 g d^{-1}; Pferd: ca. 15 bis 23 kg d^{-1}; Rind: ca. 15 bis 35 kg d^{-1}; Schaf: ca. 1 bis 3 kg d^{-1}; Schwein: ca. 0,5 bis 3 kg d^{-1}) liegt die Keimdichte bei ca. 10^{11} Keime g^{-1} Frischmasse und macht etwa 20 bis 30% der Fäkalienmasse aus. Die Darm-

flora, die im Verlauf des Verdauungstraktes einem Wechsel unterworfen ist, umfaßt über 100 Keimarten. Die häufigsten Bakterienarten in den Fäzes sind den folgenden Gruppen zugehörig:
- Bacteroide (*Bacteroides* spp.): anaerobe, pleomorphe Stäbchen, gram-negativ
- Lactobakterien (Milchsäurebakterien): obligat gärende Stäbchen, mikroaerotolerant, gram-positiv
- Clostridien (*Clostridium* spp.): anaerobe, sporenbildende Stäbchen, gram-positiv
- Streptokokken (Enterokokken): fakultativ anaerobe Kokken, gram-positiv
- Enterobakterien (Coliforme u.a.): fakultativ anaerobe Stäbchen, gram-negativ
- Pseudomonaden (*Pseudomonas* spp.): aerobe, polar begeißelte Stäbchen, gram-negativ

Das Verhältnis von anaeroben zu fakultativ anaeroben und aeroben Bakterien liegt bei etwa 100 bis 1000:1, wobei die obligat anaeroben Bacteroides-Arten die größte Gruppe bilden. Als Fäkalindikatoren sind Vertreter dieser Anaerobier allerdings nicht geeignet, da sie eine sehr aufwendige Handhabung erfordern. Von den anderen Gruppen stellen die coliformen Bakterien, die in den Fäzes fast ausschließlich von *E. coli* (Fäkalcoli) dominiert werden, sowie die fäkalen Streptokokken den Hauptanteil. In den Exkrementen des Menschen liegt die Anzahl der coliformen Bakterien zwischen 10^7 bis 10^9 Keime g^{-1}, während die Enterokokken mit 10^5 bis 10^8 Keime$\cdot g^{-1}$ vorkommen (Flahaut et al. 1997). Im Vergleich hierzu können die fäkalen Indikatorbakterien im Kot verschiedener Tierarten mit Keimdichten sehr unterschiedlicher Größenordnung nachgewiesen werden (Tabelle 1-7). Aufgrund der großen Schwankungsbreite der Keimzahlen an fäkalcoliformen Bakterien und fäkalen Streptokokken lassen sich aus dem Verhältnis dieser beiden Gruppen kaum Rückschlüsse auf die Herkunft der fäkalen Verunreinigung ziehen. Eine Belastungspfadanalyse kann allenfalls mit Hilfe des Artenspektrums der Fäkalstreptokokken durchgeführt werden, da *Streptococcus bovis* vorwiegend in Rinderkot vorkommt, während *S. faecalis* charakteristisch für menschliche Fäzes ist (Fernández-Alvarez et al. 1991; Pourcher et al. 1991).

In Deutschland waren 1991 etwa 90% der Einwohner an die Kanalisation und ca. 85% an öffentliche Kläranlagen (6% mechanische und 79% biologische Reinigung) angeschlossen (Umweltbundesamt 1997). Ungereinigtes **Abwasser** enthält ca. 10^6 bis 10^8 Fäkalkeime pro 100 ml, die durch die mechanische Reinigung kaum vermindert und durch

Tabelle 1-7. Mittel- bzw. Extremwerte der Keimdichten an Fäkalbakterien in den Fäzes des Menschen und verschiedener Tierarten

Keime $\cdot$ g^{-1}	Fäkalcoli (FC)	Fäkalstreptokokken (FS)
Mensch [a]	$1{,}3\cdot10^{7}$	$3{,}0\cdot10^{6}$
Mensch [b]	$1{,}2\cdot10^{5}$–$3{,}5\cdot10^{8}$	$9{,}0\cdot10^{4}$–$1{,}6\cdot10^{8}$
Hund [a]	$2{,}3\cdot10^{6}$	$9{,}8\cdot10^{8}$
Katze [a]	$8{,}0\cdot10^{6}$	$2{,}7\cdot10^{7}$
Ratte [a]	$3{,}3\cdot10^{5}$	$7{,}7\cdot10^{6}$
Rind [b]	$6{,}0\cdot10^{3}$–$6{,}9\cdot10^{7}$	$7{,}0\cdot10^{3}$– $,1\cdot10^{5}$
Pferd [b]	$1{,}2\cdot10^{5}$–$6{,}8\cdot10^{6}$	$1{,}2\cdot10^{4}$–$1{,}3\cdot10^{6}$
Schaf [b]	$1{,}4\cdot10^{5}$–$1{,}8\cdot10^{6}$	$1{,}9\cdot10^{3}$–$3{,}4\cdot10^{4}$
Schwein [b]	$1{,}0\cdot10^{6}$–$5{,}1\cdot10^{8}$	$2{,}0\cdot10^{6}$–$8{,}0\cdot10^{7}$
Geflügel, Federvieh [b]	$6{,}0\cdot10^{7}$–$3{,}1\cdot10^{8}$	$7{,}0\cdot10^{5}$–$2{,}0\cdot10^{8}$
Seemöwe [b]	$1{,}2\cdot10^{5}$–$5{,}5\cdot10^{6}$	$2{,}2\cdot10^{4}$–$1{,}5\cdot10^{6}$

[a] Mittelwert nach Geldreich et al. (1968, in Geiger u. Popp 1984)
[b] Extremwerte nach Pourcher et al. (1991)

eine biologische Abwasserreinigung im Durchschnitt nur um ein bis drei Zehnerpotenzen dezimiert werden. Auch weitergehende Reinigungsmaßnahmen wie Fällung oder Schönungsteiche führen kaum zu einer höheren Reduktionsrate (Baumann u. Popp 1991). Naturnahe Abwasserreinigungsverfahren wie z.B. Abwasserteiche (Tabelle 1-8) oder Pflanzenkläranlagen weisen, von wenigen Ausnahmen abgesehen, eine Verminderung der Fäkalbakterien in der gleichen Größenordnung wie Belebungsanlagen auf (Hagendorf u. Hahn 1994; Lorch 1996a, 1997a). Prozentangaben für die Reinigungsleistungen von Kläranlagen (z.B. 99%) täuschen zwar eine hohe Effektivität vor, doch enthält das gereinigte Abwasser immer noch Fäkalbakterien in einer Dichte von ca. 10^4 bis 10^6 Keime pro 100 ml (ATV 1993). Im Ablauf der Kläranlage Falkenberg bei Berlin konnten nach mechanischer und biologischer Reinigung im Durchschnitt ca. 10^5 KBE (=Kolonie bildende Einheiten) 100 ml^{-1} *E. coli* und 10^4 KBE $\cdot$ 100 ml^{-1} Fäkalstreptokokken sowie 100 Salmonellen pro Liter und 1000 pfu $\cdot$ 100 ml^{-1} Coliphagen nachgewiesen werden (Körner et al. 1995). Demzufolge kann die mit dem Abwasser eingebrachte Bakterienfracht in den Fließgewässern trotz weiterer Verdünnung und Selbstreinigung zu einem Anstieg der Keimdichten an Fäkalbakterien in seuchenhygienisch bedenkliche Bereiche führen.

Krankheitserreger wie Salmonellen (Paratyphus) oder Shigellen (Ruhr, Dysenterie) werden den Kläranlagen durch Dauerausscheider im Einzugsbereich zugeführt. Diese hochpathogenen Organismen

Tabelle 1-8. Mittel- und Extremwerte der Keimdichten an coliformen Bakterien im Ablauf der verschiedenen Reinigungsstufen von Abwasserteichanlagen

KA Hatzbach		Z	T-1	T-2	T-3	St
$GC \cdot ml^{-1}$	Mw	$9{,}3 \cdot 10^3$	$4{,}5 \cdot 10^3$	$1{,}3 \cdot 10^3$	$4{,}8 \cdot 10^2$	$9{,}1 \cdot 10^1$
n = 14	Min	$9{,}3 \cdot 10^5$	$1{,}2 \cdot 10^3$	$2{,}1 \cdot 10^2$	$4{,}3 \cdot 10^1$	2,3
	Max	$3{,}8 \cdot 10^4$	$3{,}2 \cdot 10^4$	$2{,}3 \cdot 10^4$	$4{,}3 \cdot 10^3$	$2{,}3 \cdot 10^3$
KA Emsdorf		Z	T-1	T-2	T-3	St
$GC \cdot ml^{-1}$	Mw	$9{,}5 \cdot 10^5$	$7{,}4 \cdot 10^4$	$4{,}3 \cdot 10^3$	$8{,}2 \cdot 10^2$	$4{,}8 \cdot 10^2$
n = 12	Min	$1{,}5 \cdot 10^5$	$1{,}5 \cdot 10^4$	$2{,}3 \cdot 10^2$	$2{,}3 \cdot 10^1$	$4{,}3 \cdot 10^1$
	Max	$4{,}3 \cdot 10^6$	$2{,}3 \cdot 10^5$	$9{,}3 \cdot 10^4$	$9{,}3 \cdot 10^4$	$2{,}8 \cdot 10^3$
KA Reddehausen		Z	T-1	T-2	Stk	St
$GC \cdot ml^{-1}$	Mw	$2{,}4 \cdot 10^5$	$4{,}3 \cdot 10^4$	$3{,}0 \cdot 10^3$	$2{,}0 \cdot 10^3$	$1{,}8 \cdot 10^2$
n = 11	Min	$2{,}3 \cdot 10^4$	$2{,}3 \cdot 10^3$	$4{,}3 \cdot 10^2$	$2{,}3 \cdot 10^2$	4,3
	Max	$9{,}3 \cdot 10^5$	$2{,}3 \cdot 10^5$	$2{,}3 \cdot 10^4$	$4{,}3 \cdot 10^4$	$2{,}3 \cdot 10^3$
KA Anzefahr		Z	T	Tk	St	
$GC \cdot ml^{-1}$	Mw	$5{,}5 \cdot 10^5$	$1{,}9 \cdot 10^4$	$3{,}2 \cdot 10^3$	$2{,}6 \cdot 10^3$	
n = 11	Min	$9{,}3 \cdot 10^4$	$3{,}8 \cdot 10^3$	$2{,}3 \cdot 10^2$	$2{,}8 \cdot 10^2$	
	Max	$2{,}3 \cdot 10^6$	$2{,}3 \cdot 10^5$	$9{,}3 \cdot 10^3$	$9{,}3 \cdot 10^3$	
KA Gonterskirchen		Z	T-1	T-2	St	
$GC \cdot ml^{-1}$	MW				$1{,}3 \cdot 10^3$	
n = 22	Min	n.u.	n.u.	n.u.	3,6	
	Max				$2{,}3 \cdot 10^4$	
$FC \cdot ml^{-1}$	Mw				$1{,}6 \cdot 10^2$	
n = 22	Min	n.u.	n.u.	n.u.	n.n.	
	Max				$9{,}3 \cdot 10^2$	

KA = Kläranlage; Z = Zulauf (Rohabwasser); T = belüfteter Teich; St = Schönungsteich; Stk = Scheibentauchkörper; Tk = Tropfkörper; n.u. = nicht untersucht; n.n. = nicht nachweisbar in 1 ml; GC = Gesamtcoliforme Bakterien; FC = Fäkalcoliforme Bakterien

(bestimmte Serotypen) werden in den Kläranlagen in etwa dem gleichen Ausmaß wie die Fäkalindikatorbakterien reduziert. Dementsprechend lassen sich in den Abläufen der Kläranlagen häufig pathogene Organismen feststellen. Bei 116 Kläranlagen in der Steiermark wurden in Abhängigkeit von der Ausbaugröße insgesamt bei 26% der Zu- bzw. Ablaufproben Salmonellen ermittelt. Bei Anlagen bis 500 EW konnten keine Salmonellen isoliert werden, während Anlagen mit >500 EW in 43% der Zuläufe bzw. 47% der Abläufe Salmonellen aufwiesen. Weiterhin enthielten 56 von 140 untersuchten Klärschlämmen Salmonellen (Mascher et al. 1996).

Neben dem Abwasser aus Kläranlagen können gleichfalls Entlastungen der **Regenwasserüberläufe** hoch kontaminiert sein, da der Verdünnungseffekt zumindest anfangs durch eine erhöhte Belastung durch Abschwemmungen von Kanalablagerungen und Oberflächen überlagert wird. In dicht besiedelten Gebieten kann der Anteil der Regenwasserableitungen an der Gesamtverschmutzung der Gewässer durch Abwasser mit bis zu 50% angesetzt werden (Geiger u. Popp 1984; Wilke u. Zaiss 1993).

Der bakteriologisch-hygienische Zustand von **Klärschlamm** muß unter dem Gesichtspunkt der relativ geringen Wirkung der Abwasserreinigung auf pathogene Agenzien gesehen werden, bei der die Mehrzahl der Krankheitserreger in zahlenmäßig reduzierter Form überlebt. Diese werden entweder mit dem Abwasser emittiert oder, soweit sie an Partikel angelagert bzw. in sie eingeschlossen sind, sedimentiert und gelangen in die entstehenden Schlämme. Durch die Zugabe von Branntkalk bzw. eine aerob-thermophile Stabilisierung wird mit hoher Sicherheit ein hygienisch einwandfreier Schlamm erzeugt. Anders behandelte Schlämme dagegen sind als seuchenhygienisch bedenklich einzustufen, da sie die im Abwasser vorkommenden Krankheitserreger noch enthalten können (Strauch 1985; Linke 1997).

Frische **Gülle** und frischer **Mist** enthalten ca. 10^5 bis 10^7 Fäkalkeime pro g Naßgewicht (Baumann et al. 1992; Rückert et al. 1990). Obwohl die Keimzahl im Verlauf der Lagerung abnehmen kann, können Gülle und Mist ein hohes Gefährdungspotential darstellen. Bei der Untersuchung von Wirtschaftsdüngern aus klinisch gesunden Tierbeständen wurden Salmonellen bei mehr als 3% der 827 Gülleproben nachgewiesen. Dagegen war nur eine von 188 Jaucheproben mit Salmonellen kontaminiert, während Festmistproben in allen Fällen ein negatives Resultat aufwiesen (Philipp et al. 1990).

1.3.4 Gesetzliche Vorgaben

Für die Einleitung von fäkal belastetem Wasser in Oberflächengewässer gibt es in Deutschland im Hinblick auf die hygienische Wasserqualität, von wenigen Ausnahmen abgesehen (z.B. Gerbereien, Tierkörperbeseitigungsanstalten), noch keine gesetzlichen Regelungen. Das Wasserhaushaltsgesetz (WHG) fordert, daß „*jede vermeidbare Beeinträchtigung (von Gewässern) unterbleibt*“ (§ 1a [1]) sowie „*die nach den Umständen erforderliche Sorgfalt anzuwenden, um eine Verunreinigung des Wassers oder sonstige nachteilige Veränderungen seiner Eigenschaften zu verhüten*“ (§ 1a [2]). Hinsichtlich der Einleitung von Abwasser müssen die Anforderungen an die Abwasserreinigung entsprechend den allgemeinen Verwaltungsvorschriften dem Stand der Technik entsprechen, wenn „*Abwasser bestimmter Herkunft Stoffe oder*

Stoffgruppen (enthält), die wegen der Besorgnis der Giftigkeit, Langlebigkeit, Anreicherungsfähigkeit..... als gefährlich bewertet sind" (§ 7a [1]). Ähnlich dem Unbedenklichkeitsgebot im WHG werden auch im Bundes-Seuchengesetz weitgehende Anforderungen an die bakteriologisch-hygienische Qualität von Abwasser gestellt. „*Die Gemeinden oder Gemeindeverbände haben darauf hinzuwirken, daß Abwasser, soweit es nicht dazu bestimmt ist, auf landwirtschaftlich, forstwirtschaftlich oder gärtnerisch genutzte Böden aufgebracht zu werden, so beseitigt wird, daß Gefahren für die menschliche Gesundheit durch Krankheitserreger nicht entstehen*" (§12 [1]). Trotz dieser Vorgaben enthält die Rahmen-Abwasserverwaltungsvorschrift, in der die Anforderungen an die Reinigungsleistung von Kläranlagen näher ausgeführt werden, keine Vorgaben an die hygienische Qualität des gereinigten Abwassers bzw. die Eliminierung von Krankheitserregern.

Die Ausbringung von Klärschlamm wird in der Klärschlammverordnung (1992) geregelt (Ausbringungsverbot u.a. auf Dauergrünland und im Bereich von Uferrandstreifen). Eine Entseuchung des Klärschlamms wird nicht gefordert, wohl aber eine Behandlung, wobei eine Entwässerung nicht als Behandlung gilt. Für das Ausbringen von Gülle, Jauche und Festmist werden von den Ländern unterschiedliche Verordnungen bzw. Empfehlungen gegeben (Gülleverordnungen). Prinzipiell gilt aber auch hier, daß im Bereich von Gewässern keine Düngung erfolgen darf.

1.3.5 Anforderung an die Wasserqualität aus bakteriologisch-hygienischer Sicht

Für die Nutzung von natürlichen Gewässern als Badegewässer sind in der EG-Richtlinie (1975) Leit- bzw. Grenzwerte festgelegt (Tabelle 1-9). In Trinkwasser dürfen in 100 ml keine *E. coli* nachweisbar sein, gleiches gilt auch für Wasser, das zur Viehtränke genutzt wird. Hygienische Anforderungen bestehen hinsichtlich der Nutzung von Oberflächenwasser zur Bewässerung von Freilandkulturen sowie der Aufbereitung zu Trinkwasser (je höher die Keimbelastung, desto aufwendiger muß die Aufbereitung sein). Allerdings steht hierbei die bakteriologisch-hygienische Qualität der Gewässer nicht im Vordergrund, sondern gibt allenfalls die Nutzungsmöglichkeiten und den Aufwand für bestimmte Nutzungen vor. Unter Einbeziehung der o.g. Regelungen wurde von Popp et al. (1993) ein Bewertungsschema entwickelt, mit dessen Hilfe der bakteriologisch-hygienische Zustand von Fließgewässern dargestellt werden kann.

Tabelle 1-9. Bakteriologische Grenz- und Richtwerte bzw. Anforderungen für Trink-, Zisternen- und Beregnungswasser sowie Bade- und Fließgewässer

		Gesamtcoliforme Keime in 100 ml	Fäkalcoliforme Keime in 100 ml
Trinkwasser [a]		0	0
Zisternenwasser [b]		<5000	<100
Beregnungswasser [c]		<1000	<100
Badegewässer [d]	G-Wert	500	100
	I-Wert	10000	2000
Fließgewässer [e]			
unbelastet	WQ 1	<5	<1
gering belastet	WQ 2	>5 - 50	>1 - 10
mäßig belastet	WQ 3	>50 - 500	>10 - 100
kritisch belastet	WQ 4	>500 - 5000	>100 - 1000
stark belastet	WQ 5	>5000 - 50000	>1000 - 10000
sehr stark belastet	WQ 6	>50000 - 500000	>10000 - 100000
übermäßig belastet	WQ 7	>500000	>100000

[a] Trinkwasserverordnung - TrinkwV vom 5. 12. 1990

[b] „Bakteriologische und chemische Bewertungsmaßstäbe für die Regenwassernutzung" (Lorch 1996)

[c] Allgemeine Güteanforderungen für Fließgewässser - Hauptnutzungsart: „Entnahme für die Landwirtschaft", Nordrhein-Westfalen vom 14. 5. 1991

[d] EG-Richtlinie über die Qualität der Badegewässer vom 8. 12. 1975; Leitwerte (G), Grenzwerte (I)

[e] „Bewertungsschema zur bakteriologisch-hygienischen Beurteilung der Wasserqualität von Fließgewässern anhand von Fäkalindikatorbakterien als Ergänzung zur biologischen Gewässergütebeurteilung" (Popp et al. 1993); Wasserqualitätsstufen (WQ)

1.3.6
Wasserqualität von Oberflächengewässern

Rezente Untersuchungen von Oberflächengewässern zeigen, daß beträchtliche Unterschiede in der bakteriologisch-hygienischen Belastung zwischen fließenden und stehenden Gewässer bestehen (Tabelle 1-10). Durch den Bau von Ringleitungen wurde die Belastung der Seen weitgehend reduziert. Da an Seen häufig Badestellen angesiedelt sind, erfolgt bei diesen im Gegensatz zu den meisten Fließgewässern eine regelmäßige bakteriologisch-hygienische Überwachung. Aufgrund der EG-Badegewässerrichtlinie werden Badestellen i.d.R. im Zeitraum von Mai bis November im 14tägigen Rhythmus untersucht. Von den verschiedenen Landesministerien veröffentlichte Berichte der letzten Jahre über die Qualität der Badegewässer zeigen, daß unter

Tabelle 1-10. Bakteriologisch-hygienische Belastung verschiedener Fließgewässer in Deutschland

Bakteriologisch-hygienische Wasserqualität	Literatur
Alz, Amper, Isar, Main, Mangfall, Vils	
Häufige Überschreitung des I-Wertes für FC; Ursache: Einleitung von ungenügend gereinigten Abwässern im Bereich der Quelle, Einleitung von Kläranlagen, Landwirtschaft, Zufluß belasteter Nebenflüsse	Baumann u. Popp (1991), Kügel u. Kammerer (1992)
Main, Kinzig, Nidda, Haune, Dill, Weschnitz, Ohm, Schwarzbach, Lahn	
Häufige Überschreitung der I-Werte für FC (40–100% d. Proben); Ursache: Einleitungen von Kläranlagen; Mischwasserentlastungen und diffuse Einträge aus der Landwirtschaft bei Starkregen	HLFU (1993), Graw u. Borchardt (1995)
Ruhr und Nebenflüsse	
Nachweis von Fäkalstreptokokken, Salmonellen und sulfit-reduzierenden Clostridien in 60–100% und Viren in 50% aller Wasserproben; Ursache: Abwässer von Haushalten, Krankenhäuser, Schlachthöfe, Molkereien	Pätsch u. Kötter (1992)
Mittelwerte 1996 (GC $\cdot$ 100 ml^{-1}): Ruhr bei Styrum (km 11,3) $1{,}0 \cdot 10^3$; Westhof (km 87,7) $2{,}2 \cdot 10^4$; Echthau (km 126,8) $3{,}2 \cdot 10^3$ Ölbach $3{,}2 \cdot 10^3$; Volme $3{,}9 \cdot 10^4$; Lenne $1{,}3 \cdot 10^4$; Hönne $7{,}1 \cdot 10^3$; Möhne $1{,}2 \cdot 10^4$	AWWR (1996)
Mosel, Meurthe, Nied, Saar	
Häufige Überschreitung der I-Werte für FC; Ursache: Einleitungen von Kläranlagen; Anstieg der FC bei ansteigenden Abflußwerten durch die bei Regenfällen anspringenden Entlastungsbauwerke der Kanalisation	Internat. Kommission z. Schutze d. Mosel u. d. Saar (1996); Ecker et al. (1996)
Elbe und Nebenflüsse	
Mittel- und Extremwerte 1996 für FC (KBE $\cdot$ ml^{-1}): Elbe bei Valy: 92 (16–280); Lysa n.L. 54 (8–210); Obristvi 61 (<10–196); Decin: 122 (37–390); Schmilka: 145 (10–630); Zehren: 149 (40–260); Magdeburg: 7510 (1500–25000); Schnackenburg: 3 (n.n.–10); Zollenspieker: 6 (n.n.–27); Seemannshöft: 7 (n.n.–24) Mulde (Dessau) 2–100 FC $\cdot$ ml^{-1}; Saale (Groß Rosenburg) 4–250 FC $\cdot$ ml^{-1}; Schwarze Elster (Gorsdorf) 470–3040 FC $\cdot$ ml^{-1}; Havel (Toppel) 1–43 FC $\cdot$ ml^{-1}	IKSE (1997)

G-Wert (Leitwert) bzw. I-Wert (Grenzwert) für FC (Fäkalcoli) = 100 bzw. 2000 Keime $\cdot$ 100 ml^{-1} G-Wert (Leitwert) bzw. I-Wert (Grenzwert) für GC (Gesamtcoliforme) = 500 bzw. 10000 Keime $\cdot$ 100 ml^{-1}

dem bakteriologisch-hygienischen Gesichtspunkt in der Mehrzahl der Fälle keine bzw. nur geringe Belastungen vorhanden sind.

Im Gegensatz zu den stehenden Gewässern weisen Fließgewässer fast durchweg eine mangelhafte bakteriologisch-hygienische Wasserqualität auf. Die Ursachen liegen zum einen darin, daß durch Einleitung kommunaler und industrieller Abwässer eine mehr oder weniger starke kontinuierliche Kontamination erfolgt, zum anderen diffuse Einträge und temporäre Ereignisse (Regenentlastung der Kanalisation, Oberflächenabfluß, Drainwasser) zu einer hohen Keimbelastung führen können. Weiterhin ist die bakteriologisch-hygienische Situation der Fließgewässer dadurch geprägt, daß sich bereits Quellbereiche und Bäche in einem schlechten Zustand befinden. In dem Fließgewässersystem des Johannisbaches (Einzugsbereich von Bielefeld), das bei einer Gesamtlänge von ca. 200 km mehr als 2000 Einzeleinleitern als Vorfluter dient, wurden Keimdichten an fäkalcoliformen Bakterien von über 10^3 KBE ml^{-1} festgestellt. Die Ermittlung des Artenspektrums ergab, daß die Hälfte der 60 eindeutig identifizierten Arten als potentiell humanpathogene Bakterien einzustufen war (Mannesman et al. 1990). Auch bei drei im Vogelsberg entspringenden Bächen (Horloff, Wieseck, Wetter) wurde durchgehend eine mangelhafte Wasserqualität festgestellt, für die unterschiedliche Quellen fäkaler Einträge in Betracht gezogen werden mußten. Die Wieseck (Abb. 1-6), in die keine

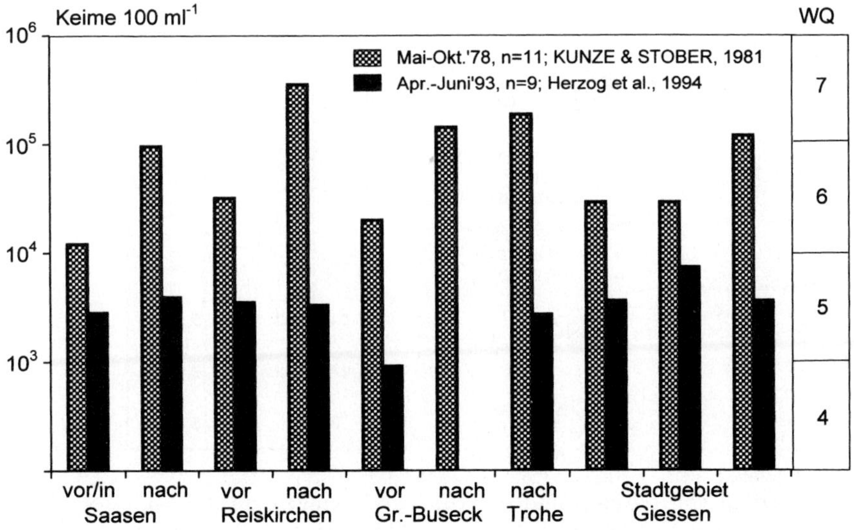

Abb. 1-6. Populationsdichte an fäkalcoliformen Bakterien in der Wieseck vor (1981) und nach (1994) dem Bau eines Abwassersammlers

Einleitungen von Kläranlagen erfolgte, wies von der Quelle bis zur Mündung eine Wasserqualitätsstufe von 5 (stark belastet) auf. Durch den Bau eines Abwassersammlers vor etwa 15 Jahren wurde zwar eine Verbesserung der hygienischen Situation erreicht, doch sind immer noch diffuse Einträge, Fehlanschlüsse oder möglicherweise nicht erfaßte Abwassereinleitungen von Einzelanwesen die bestimmenden Faktoren für die mangelhafte Wasserqualität (Herzog et al. 1994). Im Ober- und Mittellauf der Horloff (Fließstrecke ca. 16 km) waren Abschwemmungen aus landwirtschaftlichen Nutzflächen, Einleitungen von Wochenendsiedlungen und Einzelanwesen sowie kleinere Zuflüsse die Hauptquellen der fäkalen Verunreinigung (WQ 4, kritisch belastet), so daß die Emissionen der Kläranlagen (2 Teichkläranlagen mit ca. 1000 EW und 2 Scheibentauchkörper mit 100 EW) kaum Auswirkungen auf die Dichte an Fäkalcoli zeigten (Kuhbier et al. 1994). Auch in der Wetter (Abb. 1-7) wurde bereits in Quellnähe eine mäßige Bela-

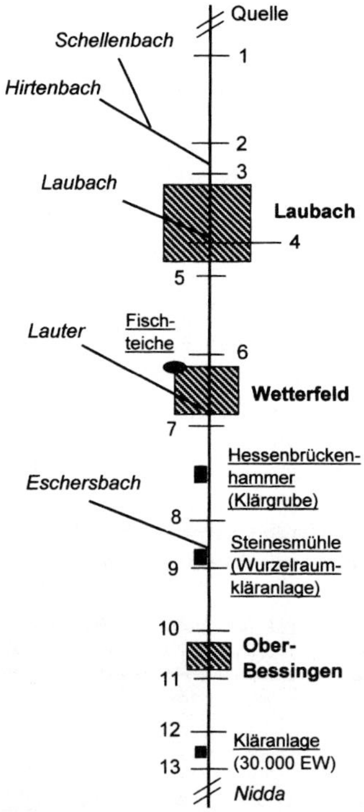

Wetter

Stelle	CI	GK	WQ
1	I-II	-	**3** (3-4)
2	I-II	I-II	**4** (3-5)
3	I-II	II	**5** (4-5)
4	I-II	II	**5**
5	I-II	II	**5** (4-6)
6	I-II	II	**5**
7	I-II	II	**5** (4-5)
8	I-II	II	**5** (4-5)
9	I-II	II	**5** (4-5)
10	I-II	II	**5** (4-5)
11	I-II	II	**5** (4-5)
12	I-II	II	**5** (4-5)
13	II	II	**5** (4-6)

Fließstrecke ca. 19 km

Abb. 1-7. Einfluß von diffusen und punktuellen Einträgen auf die bakteriologisch-hygienische Wasserqualität (WQ, Wasserqualitätsstufen n. Popp et al. 1993) und die physikalisch-chemische Wasserqualität (CI, Chemischer Index n. Bach 1986) sowie die biologische Gewässergüte (GK) der Wetter (Vogelsberg)

stung (WQ=3) festgestellt, die sich im Verlauf der Fließstrecke durch Einträge von landwirtschaftlichen Nutzflächen und Siedlungsgebieten sowie durch den Zufluß von Nebenbächen um zwei Stufen verschlechterte (WQ=5, stark belastet). Ein Vergleich mit der chemischen Wasserqualität bzw. der biologischen Gewässergüte zeigte, daß die Bewertung nach der bakteriologisch-hygienischen Belastung um 2 bis 3 Stufen schlechter ausfiel (Lorch 1997b).

Nur in wenigen Fällen können aufgrund einer Belastungspfadanalyse eindeutige Aussagen über den Ursprung der fäkalen Belastung gemacht werden. Schätzungen für das Einzugsgebiet der Amper ergaben, daß sich die Einträge an fäkalcoliforme Bakterien in die Amper zu 34% aus Kläranlagen an der Amper und zu 16% aus Kläranlagen an Nebengewässern sowie zu 20% durch diffuse Belastung an der Amper und zu 30% durch diffuse Belastung an den Nebengewässer zusammensetzen (Schleypen u. Geschössl 1993). Neben Kläranlageneinleitungen sind besonders kleinere Nebenflüsse punktförmige Belastungsquellen, die hohe Frachten an Fäkalbakterien eintragen. Am Garnbach, einem Nebenfluß der Amper, konnte gezeigt werden, daß nicht an zentrale Kläranlagen angeschlossene Haushalte, landwirtschaftliche Betriebe, Oberflächenabschwemmungen von landwirtschaftlich genutzen Flächen, Gülleausbringung und Viehweidebetrieb zu einer übermäßigen hygienischen Belastung kleiner Fließgewässer führen können (Baumann et al. 1992). Nicht zu unterschätzen ist der in Ufernähe stattfindende Weidebetrieb, der großräumig eine hohe Kontaminationsgefahr birgt. In einem vorwiegend landwirtschaftlich genutzten Gebiet mit Weidehaltung (Yorkshire Dales, England) konnte aufgezeigt werden, daß ein enger Zusammenhang zwischen dem Oberflächenabfluß und der Keimdichte an Fäkalcoli im Fließgewässer besteht (Hunter u. McDonald 1991; Hunter et al. 1992). Auch Canale et al. (1993) weisen darauf hin, daß insbesondere Niederschlagsereignisse im Vergleich zu Trockenwetterperioden zu einer erheblichen Belastung der Gewässer mit Fäkalbakterien führen können.

1.3.7 Möglichkeiten zur Reduzierung der bakteriologisch-hygienischen Belastung der Oberflächengewässer

Die Funktionen von stehenden und fließenden Gewässern, die neben der Selbstreinigung auch Lebensraum für Flora und Fauna, Gliederung des Landschaftsbildes sowie Sammlung und Ableitung von Niederschlag umfassen, werden von zahlreichen menschlichen Nutzungen überlagert. Hierbei können aufgrund bakteriologisch-hygienischer Belastungen (z. B. durch Abwassereinleitungen) bestimmte Gewässernutzungen, wie z. B. Trinkwassergewinnung oder Bade- und Wassersport, weitgehend eingeschränkt werden. Insbesondere in Hinblick auf die Trinkwasseraufbereitung von Oberflächenwasser sollte die Prävention primär auf eine Verminderung der Gewässerverunreinigung und sekundär auf eliminierende Aufbereitungsschritte orientiert sein.

Vielerorts führt die natürliche Selbstreinigung der Gewässer aufgrund einer Vielzahl von Einleitungen sowie struktureller Mängel (u. a. Gewässerverbau) nur in begrenztem Umfang zu einer Verminderung der bakteriologisch-hygienischen Belastung. Die Förderung bzw. Wiederherstellung der Selbstreinigungskraft der Gewässer sowie eine Begrenzung der Eintragspfade ist daher eine dringende Notwendigkeit. Unter Abwägung der Quellen fäkaler Belastungen bieten sich im wesentlichen folgende Maßnahmen an:

- Biologische Abwasserreinigung und Anschluß an eine zentrale Kläranlage bei landwirtschaftlichen Betrieben bzw. Haushalten in Streusiedlungen,
- UV-Desinfektion oder Mikrofiltration des Abwassers aus Kläranlagen (ATV 1993, Dorau 1996),
- Bau von Regenrückhaltebecken und Reinigung des Oberflächenwassers (z. B. in Teichen),
- Verbot (entsprechend den verschiedenen Verordnungen) der Ausbringung oder Lagerung von Gülle-, Mist- und Klärschlamm in Ufernähe,
- Verbot von Ackerbau, der intensive Düngung erfordert, in Überflutungszonen sowie in Hanglagen der Fließgewässer,
- Vermeidung der Einbeziehung von Fließgewässern als Viehtränke.

Bei den Anforderungen an Kläranlageneinleitungen in Gewässer sind diese in ihrer Wirkung im Verhältnis zu anderen Gewässerbeeinträchtigungen zu betrachten. Problematisch bei der Bewertung bakteriologischer Daten ist die große Schwankungsbreite der Keimdichten, die durch jahreszeitliche Bedingungen (Niederschlag, Temperatur) sowie vielfältiger Kontaminationsquellen beeinflußt werden. Um einen Gesamteindruck über die bakteriologisch-hygienische Situation zu erhalten, der Voraussetzung für Sanierungsmaßnahmen ist, muß die Untersuchung zeitlich und räumlich umfassend sein, da Einzelproben nur den Augenblickszustand der jeweiligen Teilstrecke reflektieren.

1.3.8 Literatur

Adámek R, Daubner I, Johnová V, Jezová E (1990) Zur Problematik der mikrobiellen Indikation der Wasserqualität. Zbl Hyg 189:465–472

Amy PS, Hiatt HD (1989) Survival and detection of bacteria in an aquatic environment. Appl Environ Microbiol 55:788–793

ATV (1993) Desinfektion von Abwasser - H 205. Abwassertechnische Vereinigung e.V., Hennef

Bach E (1986) Der Chemische Index (CI). Münchener Beitr Abwasser Fischerei Flußbiol 40:202–223

Baumann M, Popp W (1991) Bakteriologisch-hygienische Belastung ausgewählter Oberflächengewässer und Kläranlagenabläufe in Bayern. Ber Bayer Landesanst Wasserforsch 18, München

Baumann M, Lemmer H, Roth D, Popp W (1992) Bakteriologisch-hygienische Untersuchungen zur diffusen Belastung von Oberflächengewässern am Beispiel des Einzugsgebietes des Garnbachs. Ber Bayer Landesanst Wasserforsch 21, München

Burger G (1995) Zur Persistenz von Viren und Bakterien im Wasser. Forum Städte-Hyg 46:269–271

Burton GA, Gunnison D, Lanza GR (1987) Survival of pathogenic bacteria in various freshwater sediments. Appl Environ Microbiol 53:633–638

Canale RP, Auer MT, Owens EM, Heidtke TH, Effler SW (1993) Modeling fecal coliform bacteria: II. Model development and application. Wat Res 27:703–714

Davies CM, Evison LM (1991) Sunlight and the survival of enteric bacteria in natural waters. J Appl Bacteriol 70:265–274

Dorau W (1996) Mikrofiltration als Schlußreinigung bei der Abwasserbehandlung. Wasser Boden 48:23–38

Fernández-Alvarez RM, Carballo-Cuervo S, Rosa-Jorge MC, Rodríguez-de Lecea J (1991) The influence of agricultural run-off on bacterial populations in a river. J Appl Bacteriol 70:437–442

Feuerpfeil I, Schulze E (1996) Bakteriologische Wasseruntersuchungen: Fäkalstreptokokken. In: Schulze E (Hrsg) Hygienisch-mikrobiologische Wasseruntersuchungen. G Fischer, Jena, 53–58

Flahaut S, Boutibonnes P & Auffray Y (1997) Les enterocoques dans l'environment proche de l'homme. Can J Microbiol 43:699–708

Flint KP (1987) The long-term survival of *Escherichia coli* in river water. J Appl Bacteriol 63:261–270

Geiger WF, Popp W (1984) Bakteriologische Untersuchungen von Regenentlastungen eines Mischwasserkanales. Münch Beitr Abwasser Fischerei Flußbiol 38:529–547

Hagendorf U, Hahn J (1994) Untersuchungen zur umwelt- und seuchenhygienischen Bewertung naturnaher Abwasserbehandlungssysteme. Umweltbundesamt-Texte 60

Herzog E, Ferdinand E, Lorch HJ, Ottow JCG (1994) Auswirkungen von Gewässerbelastungen auf die Bakterienpopulationen in unterschiedlichen Zonen eines Fließgewässers (Wieseck). In: Dtsch Ges Limnol (Hrsg) Erweiterte Zusammenfassungen der Jahrestagung 1994 (Hamburg):432–436

Hunter C, McDonald A (1991) Seasoal changes in the sanitary bacterial quality of water draining a small upland catchment in the Yorkshire Dales. Wat Res 25:447–453

Hunter C, McDonald A, Beven K (1992) Input of fecal coliform bacteria to an upland stream channel in the Yorkshire Dales. Wat Resources Res 28:1869–1876

Hutchinson M, Ridgway JW (1977) Microbial aspects of drinking water supplies. In: Skinner FA, Shewan JM (Hrsg) Aquatic Microbiology. Academic Press, London, 179–218

IKSE (1997) Zahlentafeln der physikalischen, chemischen und biologischen Parameter des internationalen Meßprogramms der IKSE 1996. Internationale Kommission zum Schutz der Elbe, Magdeburg

Internationale Kommissionen zum Schutze der Mosel und der Saar gegen Verunreinigung (1996) Wasserbeschaffenheit von Mosel, Saar und Nebenflüssen im Jahr 1995

Jacob J (1996) Bakteriologische Wasseruntersuchungen: Clostridien. In: Schulze E (Hrsg) Hygienisch-mikrobiologische Wasseruntersuchungen. Fischer, Jena, 59–64

Korhonen LK, Martikainen PJ (1991) Survival of *Escherichia coli* and *Campylobacter jejuni* in untreated and filtered lake water. J Appl Bacteriol 71:379–382

Körner S, Dizer H, Lopez-Pila JM (1995) Reduzierung von Bakterien- und Coliphagen-Konzentrationen auf der Fließstrecke eines Klärwerksableiters. Acta Hydrochim Hydrobiol 23:264–270

Kuhbier S, Poenitz U, Lorch HJ, Ottow JCG (1994) Einflüsse punktueller und diffuser Einträge auf die Bakterienpopulationen in einem kleinen Fließgewässer (Horloff/Vogelsberg). In: Dtsch Ges Limnol (Hrsg) Erweiterte Zusammenfassungen der Jahrestagung 1994 (Hamburg):37–441

Kunze C, Stober M (1981) Zum Bakterienbesatz in einem Fließgewässer. Zbl Bakt II. Abt 136:291–294

Linke B (1997) Biotechnologische Verfahren der Schlammbehandlung. In: Ottow JCG, Bidlingsmaier W (Hrsg) Umweltbiotechnologie. Fischer, Stuttgart, 247–278

Lorch HJ (1996a) Stoffumsetzungen und Bakterienpopulationen in belüfteten Abwasserteichen. In: Lemmer H, Griebe T, Flemming HC (Hrsg) Ökologie der Abwasserorganismen. Springer, Berlin, 205–219

Lorch HJ (1996b) Bakteriologische und chemische Bewertungsmaßstäbe für die Regenwassernutzung. gwf-Wasser/Abwasser 137:133–139

Lorch HJ (1997a) Bedeutung und Probleme der Abwasserbehandlung mit naturnahen Verfahren. In: Ottow JCG, Bidlingsmaier W (Hrsg) Umweltbiotechnologie. Fischer, Stuttgart, 231–245

Lorch HJ (1997b) Einfluß von Abwassereinleitungen und diffusen Einträgen auf den bakteriologisch-hygienischen Zustand kleiner Fließgewässer. In: Dtsch Ges Limnol (Hrsg) Tagungsbericht 1996 (Schwedt/Oder):602–606

Lorch HJ, Benckiser G, Ottow JCG (1995) Basic methods for counting microorganisms in soil and water. In: Nannipieri A, Alef K (eds) Methods in Applied Microbiology and Biochemistry. Academic Press, London, 146–161

Mannesmann R, Dierksheide D, Elbertz M, Schlüter H (1990) Mikrobiologische Untersuchungen zur Abundanz und Artenverteilung von Bakterien in einem Fließgewässersystem Ostwestfalens. Forum Städte-Hyg 41:262–268

Mascher F, Haas D, Stuhlbacher A, Marth E, Pichler-Semmelrock FP, Köck M, Feierl G (1996) Abwasserreinigung unter dem Aspekt seuchenhygienisch relevanter Mikroorganismen. Österreichische Wasser Abfallwirtschaft 48:314–319

Moriñigo MA, Córnax R, Muñoz RA, Romero P, Borrego JJ (1990) Relationships between *Salmonella* spp. and indicator microorganisms in polluted natural waters. Wat Res 24:117–120

Nix PG, Merry CH (1990) Use of sediment bags as a monitor of fecal pollution in streams. Bull Environ Contam Toxicol 45:864–869

Pätsch B, Kötter K (1992) Trinkwassergewinnung aus Oberflächengewässern, Anforderungen an die Abwasserreinigung. Münch Beitr Abwasser Fischerei Flußbiol 46:141–158

Philipp W, Gresser R, Michels E, Strauch D (1990) Vorkommen von Salmonellen in Gülle, Jauche und Stallmist landwirtschaftlicher Betriebe in einem Wasserschutzgebiet. Forum Städte-Hyg 41:209–212

Popp W, Baumann M, Möller de Vargas D (1993) Bewertungsschema zur bakteriologisch-hygienischen Beurteilung der Wasserqualität von Fließgewässern anhand von Fäkalindikatorbakterien als Ergänzung zur biologischen Gewässerbeurteilung. Münch Beitr Abwasser Fischerei Flußbiol 747:63–86

Pourcher AM, Devriese LA, Hernandez JF, Delattre JM (1991) Enumeration by a miniaturized method of *Escherichia coli*, *Streptococcus bovis* and enterococci as indicators of the origin of faecal pollution of waters. J Appl Bacteriol 70:525–530

Rückert V, Oechsner H, Philipp W, Rüprich W, Strauch D (1990) Desinfektion von Flüssigmist - Verfahren, Desinfektionsmittel, Pflanzenverträglichkeit. In: Strauch D (Hrsg) Aktuelle Probleme der Desinfektion von Nutztierställen sowie von Fest- und Flüssigmist. Inst f Tiermedizin u Tierhygiene, Stuttgart-Hohenheim, 185–198

Schindler P (1996) Bakteriologische Wasseruntersuchungen: Coli-Coliforme. In: Schulze E (Hrsg) Hygienisch-mikrobiologische Wasseruntersuchungen. Fischer, Jena, 75–86

Schleypen P, Gschlößl T (1993) Abwasserbehandlung mit Keimreduzierung? gwf-Wasser/Abwasser 134:275–281

Schwartzbrod I, Pommepuy M, Albert M, Dupray E, Boher S, Beril C, Guichaoua C (1991) Influence of sewage discharge on the pollution of an estuary (Morlaix, France). Zbl Hyg 192:238–247

Strauch D (1985) Klärschlamm: Gesundheitliche Gefahren. In: Hösel G (Hrsg) Müll-Handbuch. Schmidt, Berlin

Umweltbundesamt (1997) Daten zur Umwelt. Schmidt, Berlin

TrinkwV (1990) Verordnung über Trinkwasser und über Wasser für Lebensmittelbetriebe (Trinkwasserverordnung - TrinkwV). BGBl I:2613

Walser R, Güde H (1994) Bedeutung von Unterwasserpflanzenbeständen in der Flachwasserzone vor dem Mündungsbereich der hochbelasteten Schussen. In: Landesanst f Umweltschutz (Hrsg) Veröff PAÖ 8:265–277

Wilke M, Zaiß U (1993) Die fäkale Belastung der Oker durch Regenwassereinleitungen im Stadtgebiet von Wolfenbüttel. Forum Städte-Hyg 44:262–266

WHG (1996) Gesetz zur Ordnung des Wasserhaushalts (Wasserhaushaltsgesetz - WHG). BGBl I:1695

1.4 Algenbürtige Schadstoffe – Auftreten, Wirkung und Bedeutung

I. Chorus

Algen und Cyanobakterien (Blaualgen) enthalten zahlreiche Sekundärmetabolite – Stoffe, die zum Überleben und Wachstum dieser Organismen nicht primär erforderlich sind und deren biologische Funktion für die Organismen selbst noch weitgehend unbekannt ist. Ihre Untersuchung erfolgte bislang vorwiegend unter dem Blickwinkel der menschlichen Nutzung, entweder der Stoffe selbst oder der Gewässer, in denen sie vorkommen. Manche Sekundärmetabolite, insbesondere von Cyanobakterien, sind pharmakologisch interessant und daher von potentiellem Nutzen. Andere wirken wegen ihres Geruchs oder Geschmacks störend, insbesondere wenn sie im Trinkwasser vorkommen, oder sind gar giftig; Geruchs- und Geschmacksstoffe aus Algen und Cyanobakterien sind in der Trinkwasserversorgung seit Jahrzehnten bekannt. Die toxische Wirkung von Cyanobakterien gegenüber Wirbeltieren wurde 1878 erstmalig dokumentiert und seit den 1960er Jahren verstärkt untersucht. Allerdings wurden umfassende Forschungsarbeiten erst in den letzten zehn Jahren möglich, nachdem die Strukturaufklärung einiger Cyanotoxine die Voraussetzung für die Entwicklung chemischer Nachweismethoden lieferte und somit die Toxizitätstests (z. B. dem verbreiteten Maustest) ergänzt und teilweise auch ersetzt werden konnten.

Die Wahrnehmungsschwelle für manche algenbürtige Geruchs- und Geschmacksstoffe ist äußerst niedrig (z. B. 10 ng/l für Geosmin). Populationen der Phytoplankter, die diese Stoffe enthalten, können daher bereits in meso- und leicht eutrophen Gewässern zu unmittelbaren Nutzungsbeeinträchtigungen führen. Akut toxische Wirkungen erfordern dagegen Konzentrationen, die um Größenordnungen höher liegen. Manche Algen- und Cyanobakterientoxine sind als Reinsubstanzen giftiger als Cyanid, sie sind jedoch selbst in stark eutrophen Gewässern in der Regel um einen Faktor von rund einer Million verdünnt.

Algen- und Cyanobakterientoxine werden besonders wirksam, wenn Mechanismen ihrer Aufkonzentration bestehen. Häufig befinden sich die Toxine vorwiegend innerhalb der Algen- oder Cyanobakterienzellen („Endotoxine") und werden mit den Zellen angereichert:

- In Küstengewässern ist der wichtigste Mechanismus die Anreicherung toxinhaltiger Dinoflagellaten in Muscheln, deren Verzehr dann zu Vergiftungen führt. Aus Binnengewässern wurden Vergiftungen von Bisamratten und Vögeln infolge der Anreicherung von

Cyanobakterientoxinen in Muscheln berichtet (Prepas et al. 1997; Negri u. Jones 1995).

- In eutrophen Binnengewässern sowie in der Ostsee und den Bodden ist der wichtigste Konzentrationsmechanismus für toxinhaltige Phytoplanktonzellen die Bildung von „Blaualgen-Blüten" an der Gewässeroberfläche, die zu Anreicherungen um einen Faktor von 100 000 oder mehr führen kann. Die Aufnahme dieser konzentrierten Cyanbakteriensubstanz hat zur Vergiftung von Vieh, Wild- und Haustieren geführt und wird in einigen Fällen auch als Ursache der Erkrankung von Menschen angenommen (s. u.).
- Badebekleidung kann wie ein Sieb die Phytoplankton-Zellen ansammeln und somit Hautreizungen fördern.
- Vergiftungen von Hunden werden auf Anreicherungen im Fell zurückgeführt, die die Tiere mit der Zunge entfernt hatten (Ressom et al. 1994).
- Nicht zuletzt bilden benthische Cyanobakterien insbesondere in klaren, oft oligotrophen Gewässern dichte Matten aus, die sich lösen können und an die Oberfläche treiben: Die tropische, marine Art *Lyngbia majuscula* und manche Arten von *Oscillatoria* und *Schizothrix* können bei Badegästen Haut- und Magen-Darm-Entzündungen verursachen („swimmer's itch"; Kuiper-Goodman et al. 1999). In einem oligotrophen schottischen Gewässer wurden auftreibende Matten von *Oscillatoria* von Hunden gefressen, die daran verendeten (Gunn et al. 1992), und auf alpinen Weiden führten auftreibende *Oscillatoria limosa* zum Verenden von Kühen, die diese mit dem Tränkwasser aufnahmen (Mez et al. 1997).

Im limnischen Bereich beschränken sich die Kenntnisse weitgehend auf toxische Wirkungen von Cyanobakterien, Wirkungen von Algen wurden bislang kaum untersucht. Eine Ausnahme bildet die Art *Gonyosstomum semen*, die zu den Raphidophyta gehört und in leicht sauren, huminstoffreichen Gewässern bereits bei mäßiger Nährstoffbelastung Massenentwicklungen bilden kann. Diese Art scheidet eine schleimige Substanz aus, die zu Hautjucken und allergischen Reaktionen führen kann. In Schweden führte diese Algenart zu Badeverboten an zahlreichen Gewässern (Cronberg et al. 1988). Kenntnisse über Toxizität limnischer Dinoflagellaten fehlen weitgehend, obwohl Toxizität aufgrund der Beobachtungen an marinen Arten eher anzunehmen als auszuschließen ist. Inzwischen weisen zahlreiche neuere Beobachtungen darauf hin, daß Algen und Cyanobakterien auch ohne die o. g. Anreicherungsmechanismen gesundheitsschädigende Wirkungen entfalten können und daß diese oft auf noch unbekannte Inhaltsstoffe zurückzuführen sind.

- Die Erkrankungshäufigkeit von Badegästen nach Exposition gegenüber Cyanobakterien war in Australien bereits bei Zelldichten erhöht, die für mesotrophe Gewässer charakteristisch sind (5000–20000 Zellen pro ml), wobei die Erkrankungshäufigkeit zwar einen Zusammenhang zur Cyanobakteriendichte, nicht aber zu Konzentrationen der bekannten Cyanobakterientoxine zeigte (Pilotto et al. 1997).
- Manche Cyanobakterienarten (z.B. *Planktothrix agardhii)* bilden keine Anreicherungen an der Wasseroberfläche, können jedoch hohe Konzentrationen stark wirksamer Toxine enthalten und kommen in hoher Populationsdichte vor. Daher können auch bei homogener Verteilung im Wasserkörper Toxinkonzentrationen von über 300 µg/l vorkommen (siehe 1.4.3).
- Letale Störungen der Embryonalentwicklung von Fischen werden in Bioassays durch zahlreiche Cyanobakterienarten ausgelöst und sind nicht auf die bekannten Cyanobakterientoxine zurückzuführen (Oberemm et al. 1997).
- Bioassays mit primären Rattenhepatocyten zeigen Wirkungen, die mehrfach über die der bekannten Cyanobakterientoxine hinausgehen (Heinze 1997).

Übersichten der bekannten Stoffe, ihrer Wirkungen sowie von Vermeidungsstrategien und Möglichkeiten des Managements geben für Geruchs- und Geschmacksstoffe aus Algen und Cyanobakterien Suffet et al. (1995) sowie für toxische Cyanobakterien Chorus u. Bartram (1999).

1.4.1 Störende und giftige Inhaltsstoffe aus Algen und Cyanobakterien

Geruchs- und Geschmacksbeeinträchtigungen werden in der Trinkwasserversorgung in drei Gruppen eingeteilt: 1. erdig-muffig, 2. grasig, fischig, gurken- oder geranienartig und 3. nach Fäulnis, Sepsis oder Schweinestall. Für manche dieser organoleptischen Wirkungen steht der eindeutige Nachweis der verursachenden Organismen noch aus. Einen Überblick der bekannten Geruchs- und Geschmacksstoffe und der Taxa, die sie enthalten, gibt Tabelle 1-11. Nur manche Arten der dort aufgeführten Gattungen enthalten entsprechende Wirkstoffe und auch – insbesondere bei Cyanobakterien – nur manche Stämme einer Art: So produzieren z.B. nur zwei von fünf in Norwegen isolierten *Planktothrix-agardhii*-Stämmen Geosmin (Izaguirre u. Devall 1995); die Autoren sehen in der Stammspezifität dieser Stoffe eine Ur-

Tabelle 1-11. Beispiele der Geruchs- und Geschmacksstofe aus Algen und Cyanobakterien (ergänzt n. Suffet et al. 1995 und Izaguirre u. Devall 1995)

Stoff	Stoffgruppe	Geruch/ Geschmack	Algen- und Cyanobakterienarten	Bemerkungen
Geosmin	Sesquiterpene	erdig, muffig (nach Kartoffelkeller)	*Oscillatoria limnetica*, *O. tenuis*, *O. limosa*, *O.* sp., *Planktothrix agardhii*, *Phormidium* sp., *Aphanizomenon*, *Fischerella musicola* und ggf. weitere Cyanobakterien	auch von Actinomyceten, insb. von Streptomyces erzeugt; Geruchsschwelle 15 ng/L
2-Methylisoborneol (MIB)	Terpene	erdig, dumpf	*Oscillatoria limnetica*, *O. tenuis*, *O.* sp., *Uroglena*, *Phormidium* sp.	auch von Actinomyceten erzeugt; Geruchsschwelle 10–40 ng/L
Hepta-2,4-dienal	ungesättigte Aldehyde, aus Fett-Säureabbau	fischig	*Dinobryon* spp., *Uroglena american.*, *Synura uvella*	bereits ab 100 ng/L stark wahrnehmbar
Nona-2,6-dienal	ungesättigte Aldehyde	gurkenartig	unbekannt	Wahrnehmungsschwelle 10 ng/L
Deca-2,4-dienal	ungesättigte Aldehyde	ranzig; nach Lebertran	*Dinobryon*, *Synura uvella*	
n-Hexanal	Aldehyde, aus Fettsäureabbau	nach frisch geschnittenem Gras	Flagellaten, Diatomeen, *Synedra rumpens*	ab 200 µg/L mäßig bis stark wahrnehmbar
n-Heptanal	Aldehyde, aus Fetsäureabbau	ranzige Walnüsse oder fischig	Flagellaten, Diatomeen, *Synedra rumpens*	
unbekannte Stoffe			*Anabaena circinalis*	
unbekannte Stoffe		fischig	*Ceratium*, *Peridinium*	
β-Cyclocytral	Terpene, aus Carotinoid-Stoffwechsel	nach Tabak oder schwarzen Johannisbeer-Blättern	*Microcystis* spp. *Synura uvella*	Wahrnehmungsschwelle 19,3 µg/L

Tabelle 1-11 (Fortsetzung)

Stoff	Stoffgruppe	Geruch/ Geschmack	Algen- und Cyanobakterienarten	Bemerkungen
Octatriene	Alkene, aus Fettsäure-Abbau		*Asterionella formosa*	auch von der marinen Braunalge *Fucus seratus* als Gametenlockstoff produziert

sache der widersprüchlichen Literaturangaben der Artzuordnung mancher Geruchs- und Geschmackswirkungen.

Cyanobakterien gelten in vielen Ländern als besonders häufige Ursache des Auftretens von Geruchs- und Geschmacksbeeinträchtigungen im Trinkwasser. In den USA und Kanada zeigte eine Studie an 630 Trinkwasserversorgungen, daß 45 Prozent von ihnen diese Probleme auf Cyanobakterien zurückführten (Izaguirre u. Devall 1995).

Für die oft weniger eutrophen Trinkwassertalsperren Deutschlands sind Chrysophyceen, die besonders geruchsintensive ungesättigte Aldehyde enthalten können, ebenfalls von hoher Bedeutung. Erhebliche Geruchs- und Geschmacksbeeinträchtigungen des Trinkwassers durch von *Synura uvella* erzeutes 2,4-Decadienal und 2,4-Heptadienal führten u.a. zur Sanierung der Wahnbachtalsperre (Jüttner 1981); 2,6-Nonadienal führte bei einer Wasserversorgung in Philadelphia zu 41 Verbraucherbeschwerden innerhalb von drei Tagen (Burlinggame et al. 1992). In einigen Fällen wurde fischiger Geruch auch auf Diatomeen, insbesondere *Tabellaria, Asterionella* und *Cyclotella*, zurückgeführt, wobei die verursachenden Substanzen größtenteils noch unbekannt sind. Grasiger Geruch kann von einigen Chlorophyceen herrühren und wird insbesondere auf Hexanal und Heptanal zurückgeführt. Charaphyta (insb. *Chara* und *Nitella*) können unangenehme und knoblauchartige Stoffe abgeben. Auch Dinoflagellaten (*Ceratium* und *Peridinium*) werden als Ursache fischiger oder septischer Gerüche betrachtet (Izaguirre u. Devall 1995).

Manche Geruchs- und Geschmacksstoffe entstehen bei der Chlorung sowie beim biologischen Abbau von Phytoplanktonbiomasse und Detritus im Gewässer. Zum Beispiel können Mercaptane und Dimethylpolysulfide aus dem Abbau von Cyanobakterien resultieren (Slater u. Blok 1983; Henatsch 1987), Aldehyde entstehen aus dem Abbau von Aminosäuren und Terpene als Neben- oder Abbauprodukte des Carotinoidstoffwechsels (Naes et al. 1985; Utkilen u. Froshaug 1992). Chlorphenole resultieren aus der Chlorung von Phenolen, die sowohl anthropogenen als auch biogenen Ursprungs sein können (Henatsch 1987); ihre Methylierung führt zu geruchsintensiven Chloranisolen.

Gesundheitsschädigende Wirkungen algen- und cyanobakterienbürtiger Geruchs- und Geschmacksstoffe wurden bislang nicht berichtet. Aus beruflichen Expositionen ist jedoch bekannt, daß manche Aldehyde und Terpene stark allergen wirken können, allerdings in Konzentrationen, die erheblich über der Belastung durch Trinkwasser und Badegewässer liegen. Hinzu kommt das Vermeidungsverhalten bei intensiver Geruchs- und Geschmacksbeeinträchtigung. Izaguirre u. Devall (1995) betrachten Geruchs- und Geschmacksbeeinträchtigungen des Trinkwassers keineswegs als „rein ästhetisches" Problem, da die Ursachen zunächst meist unbekannt und gegebenenfalls auf Verunreinigungen durch Schadstoffe anderen Ursprungs zurückzuführen sind.

Auch Toxine wurden im limnischen Phytoplankton aus Cyanobakterien isoliert und hinsichtlich ihrer Struktur aufgeklärt. Nach dem derzeitigen Kenntnisstand umfassen die Cyanotoxine drei Stoffgruppen mit unterschiedlichen Wirkmechanismen aus zum Teil verschiedenen Arten und Gattungen (Tabelle 1-12).

1.4.1.1 Cyclische Hepta- und Pentapeptide

Cyclische Hepta- und Pentapeptide, nach den Organismen, aus denen sie zuerst isoliert wurden, Microcystine bzw. Nodularine benannt, wirken vorwiegend lebertoxisch. Ihre Toxizität ist durch eine ungewöhnliche Aminosäure („ADDA": 2S,3S,8S,9S-3-amino-9-methoxy-2,6,8-trimethyl-10-phenyldeca-4,6-dienoische Säure) bedingt, die bislang nur aus Microcystinen und Nodularinen bekannt ist. Ihre toxische Wirkung beruht auf einer Enzymhemmung durch kovalente, irreversible Bindung an die Proteinphosphatasen 1 und 2A, die in allen eukaryotischen Zellen entscheidende enzymatische Schaltstellen des Zellstoffwechsels darstellen und insbesondere zur Aufrechterhaltung der Struktur des Cytoskeletts wesentlich sind. Hauptsächliches Zielorgan ist die Leber, da die Gallesäurecarrier auch Microcystine und Nodularine aufnehmen und aktiv in die Leberzellen einschleusen. Allerdings können auch Pflanzen durch Microcystine geschädigt werden, und mit Senfkeimlingen wurde ein Testsystem für Cyanobakterientoxine entwickelt (Kos et al. 1995). Auf Daphnien wirkt die Ingestion von Microcystin toxisch (s. u.), und *Artemia salina* wird als Bioassay für diese Stoffgruppe eingesetzt (Lawton et al. 1994). Der Transportmechanismus für Microcystin in diese Zellen ist noch unbekannt.

Die ökotoxikologische Bedeutung von Microcystinen und Nodularinen ist nur punktuell untersucht worden: Fischembryonen können durch Microcystin im umgebenden Medium in Konzentrationen ab 5 µg/l in ihrem Wachstum und ihrer Überlebensrate beeinträchtigt werden (Oberemm 1997). Fische sowie Daphnien, die microcystinhaltige Cyanobakterien ingestieren, verenden; manche Microcystis-Stämme werden allerdings von Daphnien nicht gefressen - vermutlich aufgrund anderer Inhaltsstoffe (Rohrlack 1998).

Humantoxikologisch sind Microcystine und Nodularine wegen ihrer hohen Lebertoxizität von Bedeutung. Da die Schäden der Leberzellen durch die kovalente Enzymbindung mit Microcystin irreversibel sind, findet eine Genesung nur im Rahmen der Zellerneuerung statt. Ferner ist Carcinogenität von Microcystinen bislang nicht eindeutig belegt, sie zeigen jedoch tumorpromovierende Eigenschaften. Für Nodularin bestehen auch Hinweise auf Carcinogenität.

Zur Ableitung eines vorläufigen Grenzwertes besteht für Microcystin-LR eine hinreichende Datengrundlage. Zwei unabhängige Versuche mit verschiedenen Arten und mehrwöchiger oraler Exposition führten zu ähnlichen Ergebnissen: Im Mausversuch zeigten 40 µg pro kg Körpergewicht keine Wirkung (NOAEL - „no observed adverse effect level"), und im Schweineversuch wurden bei 67 µg pro kg Körpergewicht an einem von 5 Tieren geringfügige Leberschäden beobachtet (LOAEL - „lowest observed adverse effect level"). Die Weltgesundheitsorganisation hat im Rahmen ihrer Trinkwasserleitline aus dem NOAEL von 40 µg pro kg einen TDI-Wert („Tolerable Daily Intake") von 0,04 µg pro kg Körpergewicht abgeleitet (WHO 1998). Dazu wurde gegenüber dem NOAEL ein Unsicherheitsfaktor von 1000 eingesetzt - je 10 für Empfindlichkeitsunterschiede zwischen Tier und Mensch sowie zwischen verschiedenen Individuen einer Art, wie allgemein beim Ableiten von TDI-Werten aus Tierversuchen üblich, und einen weiteren Faktor von 10 für Mängel der Datenbasis.

1.4.1.2 Neurotoxische Alkaloide

Die drei in Tabelle 1-12 aufgeführten neurotoxischen Alkaloide unterscheiden sich in ihrer Struktur und setzen in ihrer Wirkung an unterschiedlichen Stellen der Reizübertragung an (Sivonen u. Jones 1998). Eine letale Dosis führt jedoch bei allen drei Stoffen zum Tod durch Ersticken. Anders als bei Microcystinen sind die Bindungen an die Rezeptoren reversibel. Chronische Effekte sind daher weniger wahrscheinlich und wurden bislang auch kaum beobachtet.

- Anatoxin-a (Molekulargewicht 165) besetzt durch seine achtmal höhere Affinität als Acethylcholin die Bindungsstellen der neuronalen nicotinischen Acetylcholin-Rezeptoren und wird häufig als Ursache von Viehsterben berichtet.
- Anatoxin-a(S) (Molekulargewicht 252 D) ist das einzige bekannte natürlich vorkommende Organophosphat und blockiert analog zu den Organophosphat-Insektiziden die Acetylcholinesterase-Aktivität. Es ist das Cyanotoxin mit der höchsten akuten Toxizität, wird jedoch nur selten nachgewiesen.
- Saxitoxine, auch PSP-Toxine („Paralytical Shellfish Poisoning“) genannt, umfassen die aus Muschelvergiftungen bekannten, durch Dinoflagellaten erzeugten Saxitoxine und Neosaxitoxine sowie die schwefelhaltigen Gonyautoxine und C-Toxine. Sie blockieren die Natriumkanäle der Neuronen. Umwandlungen bei Erhitzen oder im Magen-Darm-Trakt können zu Produkten mit erhöhter Toxizität führen. 16 verschiedene Saxitoxine wurden bislang in Cyanobakterien nachgewiesen (Sivonen u. Jones 1999).

1.4.1.3 Cylindrospermopsin

Cylindrospermopsin wurde aufgrund von schweren Erkrankungen von Menschen durch Trinkwasser entdeckt, das mit *Cylindrospermopsis raciborskii* belastet war. Dieser Stoff ist ein cyclisches Guanidin-Alkaloid mit einer Hydroxymethyluracil-Untereinheit, die auf eine Canceroginität hinweist (Falconer, pers. Mitt.) mit einem Molekulargewicht von 415. Cylindrospermopsin wirkt allgemein cytotoxisch durch Inhibition der Proteinbiosynthese und speziell der Glutathion-Synthese (Sivonen u. Jones 1999). Die Toxizität tritt verzögert auf, und die LD_{50} liegt mehrere Tage nach der Exposition wesentlich niedriger als innerhalb von 24 Stunden (s. Tabelle 1-12). Reines Cylindrospermopsin beeinträchtigt vorwiegend die Leber. Rohextrakte von *Cylindrospermopsis raciborskii* führen jedoch auch zu schweren Schäden der Nieren, Thymus-Drüse und des Herzens, so daß weitere Wirkstoffe in C. raciborskii vermutet werden.

Tabelle 1-12. Toxine aus Cyanobakterien (n. Sivonen u. Jones 1999 u. Kuiper-Goodman et al. 1999)

Stoffgruppe	Primäres Zielorgan in Säugetieren	Cyanobakteriengattungen [1]	LD_{50} in µg kg^{-1} Körpergewicht (i.p. Maus)
Cyclische Peptide			
Microcystine (ca. 60 bekannte Strukturvarianten)	Leber	*Microcystis, Anabaena, Planktothrix/Oscillatoria, Nostoc, Hapalosiphon*	50–150 für Microcystin-LR; höher für manche anderen Microcystine
Nodularine (ca. 3 bekannte Strukturvarianten	Leber	*Nodularia*	ähnlich Microcystinen
Alkaloide			
Anatoxin-a	Nerven, Synapsen	*Anabaena, Planktothrix/ Oscillatoria, Aphanizomenon, Cylindrospermum*	200–250
Anatoxin-a(S)	Nerven, Synapsen	*Anabaena*	20
Aplysiatoxine	Haut	*Lyngbya, Schizothrix, Planktothrix/Oscillatoria*	300 (minimale letale Dosis)
Cylindrospermopsin	Leber [2]	*Cylindrospermopsis, Aphanizomenon, Umezakia*	2100 (24 Stunden); 180 (7 Tage)
Lyngbyatoxin-a	Haut, Gastrointestinaltrakt	*Lyngbya*	analog Aplysiatoxine
Saxitoxine	Nerven, Axone	*Anabaena, Aphanizomenon, Lyngbya, Cylindrospermopsis*	128 – 140
Lipopolysaccharide (LPS)	potentielle Reiz- und entzündliche Wirkung gegenüber allen exponierten Geweben	Alle	mangels Tests mit axenischen Kulturen unklar, jedoch weniger toxisch als LPS aus *Salmonella*

[1] nicht in allen Arten der Gattungen enthalten

[2] Intakte Zellen verursachen vielfältige Gewebeschäden auch gegenüber Nieren und lymphatischem Gewebe; weitere Wirkstoffe neben Cylindrospermopsin werden angenommen

1.4.1.4
Irritativ und entzündlich wirkende Alkaloide

Aplysiatoxine und Debromoaplysiatoxine sind von marinen Cyanobakterien, die benthisch oder als Aufwuchs vorkommen, erzeugte Alkaloide. Sie verursachen nicht nur schwere Dermatitis bei direktem Hautkontakt, sondern sind darüber hinaus potente Tumor-Promotoren. Ein Stamm von *Lyngbia majuscula* kann ferner schwere Magen-Darm-Entzündungen hervorrufen (Kuiper-Goodman et al. 1999).

1.4.1.5
Lipopolysaccharide

Lipopolysaccharide werden in der äußeren Membran der Zellwand aller Gram negativen Bakterien, einschließlich der Cyanobakterien, gefunden, wo sie Komplexe mit Proteinen und Phospholipiden bilden. Sie bestehen aus einem Zucker (oft einer Hexose) und einem Lipid, meist einer Hydroxy-C_{14}-C_{18}-Fettsäure, die jedoch auch bis zu C_{10} bis C_{22} reichen kann. Die vielen Strukturvarianten sind meist phylogenetisch konserviert und für Ordnungen, Gattungen und manchmal auch Arten spezifisch. Lipopolysaccharide sind in unterschiedlichem Maße toxisch, können Entzündungen hervorrufen und allergische Reaktionen auslösen (Sivonen u. Jones 1999). Diese Cyanotoxine sind schlecht untersucht, es wird jedoch angenommen, daß sie Ursache der oftmals berichteten Hautreizungen beim Baden sind. Möglicherweise sind die vielfältig berichteten Irritationen und Entzündungen der Atemwege, Augen, Ohren und des Magen-Darm-Trakts nach Exposition gegenüber Cyanobakterien auf Lipopolysaccharide zurückzuführen.

1.4.2
Gesundheitsschäden und Viehsterben

Zahlreiche Viehsterben sowie Vergiftungen von Wildtieren haben auf die Cyanotoxine aufmerksam gemacht. In einigen Fällen konnte neben der Beobachtung charakteristischer Symptome auch der ursächliche Nachweis durch Toxinbefunde im Gewebe erbracht werden, so z.B. anhand von hohen Saxitoxin-Konzentrationen im Verdauungstrakt von verendeten Tieren in Australien (Negri et al. 1995). Vergiftungen durch Microcystine können an den charakteristischen Leberschäden identifiziert werden, ferner sind Spuren von Microcystin mittlerweile im Lebergewebe direkt nachweisbar.

Weltweit wurde eine Anzahl von Erkrankungen von Menschen nach der Exposition gegenüber Cyanobakterien dokumentiert (Schwimmer u. Schwimmer 1968; Hindman et al. 1975; Falconer et al. 1983; Carmichael 1985; Hawkins et al. 1985; Turner et al. 1990; Yu et al. 1989, 1995; Ueno et al. 1996; Jochimsen et al. 1998). In vielen Fällen sind die Zusammenhänge zur Exposition gegenüber Cyanobakterien deutlich, wenngleich quantitative epidemiologische Daten fehlen, da die Untersuchungen auf Cyanotoxine und/oder die Quantifizierung der Cyanobakterienpopulationen in der Regel erst nach dem Auftreten der Erkrankungen durchgeführt wurden. Im tragischen Falle der über 50 verstorbenen Dialyse-Patienten in Caruaru konnte Microcystin im Lebergewebe der Verstorbenen in Konzentrationen nachgewiesen werden, die denen im Lebergewebe nach letaler Dosis im Tierversuch entsprechen (Jochimsen 1998). Durch den mangelnden Bekanntheitsgrad der Toxizität von Cyanobakterien gilt eine hohe Dunkelziffer von Erkrankungen als wahrscheinlich.

Die Symptome nach Exposition gegenüber Cyanobakterien umfassen die anzunehmenden Wirkungen auf Leber oder Nervensystem und reichen von den häufig berichteten Hautreizungen über Leibschmerzen, Übelkeit, Erbrechen, Diarrhöe, Halsschmerzen, trockenem Husten, Kopfschmerzen, Entzündungen der Mundschleimhäute, Augen oder Ohren bis hin zur atypischen Lungenentzündung (Carmichael 1985).

Neben dem direkten Haut- und Schleimhautkontakt ist beim Baden versehentliches Verschlucken und Aspiration der wichtigste Expositionspfad. Da im Tierversuch eine effektive Aufnahme von Microcystin-LR sowie von Anatoxin-a über die Nasenschleimhäute nachgewiesen wurde (Fitzgeorge 1994), können auch Aerosole (wie sie z. B. beim Wasserskifahren entstehen) zu starker Belastung führen. Allergische Reaktionen auf Chlorophyceen und Cyanobakterien wurden bereits vor mehreren Jahrzehnten nachgewiesen (McElhenny et al. 1962).

Im Gegensatz zu den zahlreichen Dokumentationen von durch Cyanobakterien verendeten Tieren treten Todesfälle beim Menschen normalerweise nicht auf. Allerdings waren Vergiftungen über das Trinkwasser nach künstlicher Lysis einer *Cylindrospermopsis-raciborskii*-Population in einer Trinkwassertalsperre auf Palm Island z. T. sehr schwer. In der Regel nehmen Menschen beim Baden eine sehr viel geringere Menge an Cyanobakterien-haltigem Wasser auf als Tiere beim Tränken, und im Trinkwasser sind akut toxische Cyanotoxin-Konzentrationen nur bei groben Fehlern in Bereitstellung von Wasser oder in der Aufbereitung zu erwarten. Akut letale Humanintoxikationen durch Cyanobakterien bei Exposition über Trinkwasser oder Badegewässer sind daher unwahrscheinlich.

Chronische Belastungen mit Microcystinen und anderen Cyanobakterien-Inhaltsstoffen sind jedoch in Regionen mit starker Cyanobaktierienentwicklung und mangelhafter Trinkwasseraufbereitung möglich. In China wurde ein statistisch signifikanter Zusammenhang zwischen der Leberkrebsrate und der Verwendung von (häufig mit microcystinhaltigen Cyanobakterien belastetem) Oberflächenwasser als Trinkwasser beobachtet, wobei Aflatoxine in der Nahrung sowie Hepatitis-B als Auslöser angenommen werden und Microcystine gegebenenfalls als Promotor fungierten (Yu 1989, 1995). In Harare, Zimbabwe, war die wiederholte, saisonale gastroenteritische Erkrankung von Kindern in dem Stadtteil auffällig, der aus einer mit Cyanobakterien belasteten Trinkwassertalsperre versorgt wird (Zilberg 1966).

1.4.3 Vorkommen

Geruchs- und Geschmacksstoffe aus Algen- und Cyanobakterien können Störfaktoren beim Baden darstellen, wie z. B. im Falle einer Populationsentwicklung von *Uroglena* sp. im mesotrophen Schlachtensee (Chorus 1993). Häufiger werden sie als Störung der Trinkwasserqualität registriert (Suffet et al. 1995). Daten zum Vorkommen der organoleptischen Verbindungen liegen daher kaum vor. Jüttner et al. (1986) zeigen am Beispiel des Federsees zeitgleiches Auftreten von Geosmin mit *Lyngbya limnetica* und *Aphanizomenon gracile*, β-Cyclocitral mit *Microcystis wesenbergii, M. viridis* und *M. aeruginosa*, Deca-2,4-Dienal und Hepta-2,4-Dienal mit *Dinobryon* sp. In den Berliner Havelgewässern folgte die Konzentrationen mancher Stoffe der Populationsentwicklung bestimmter Phytoplanktonarten, z. B. Geosmin dem Biovolumen *Planktothrix agardhii* im Wannsee, β-Cyclocitral der Entwicklung von *Microcystis* spp. im Tegeler See, Heptanal, Hexanal, 2,4-Heptadienal und 2,4-Decadienal der Population von *Uroglena* spp. und *Dinobryon* sp. sowie Octatriene der Population von *Asterionella formosa* und *Cyclotella* spp. im Schlachtensee (Chorus et al. 1993).

Da die bisherige Forschung sich auf die Arten konzentriert hat, die Akkumulationen an der Gewässeroberfläche bilden, ist es wahrscheinlich, daß infolge breiterer Untersuchungsprogramme zu den in Tabelle 1-12 genannten Taxa noch weitere Toxinbildner hinzukommen. Verschiedene Surveys aus unterschiedlichen Ländern ergaben übereinstimmend, daß – je nach Cyanobakterienvorkommen – die Hälfte bis drei Viertel der beprobten Gewässer oder entnommenen Proben Cyanotoxine enthielten (Sivonen u. Jones 1999); die Ergebnisse sind stark von der Gewässerauswahl und der Probenahmehäufigkeit abhängig.

Fastner et al. (1999) konnten Microcystine nahezu ohne Ausnahme nachweisen, wenn *Microcystis* spp. oder *Planktothrix agardhii* bzw. *P. rubescens* vorkamen. Während Microcystine in allen Screening-Untersuchungen häufig gefunden werden, ist das Vorkommen der Neurotoxine regional variabel.

Die ursprünglich als subtropisch eingestufte Art *Cylindrospermopsis raciborskii* befindet sich in Europa auf dem Vormarsch und kann bei hohen Temperaturen Massenentwicklungen bilden, wie z.B. im Plattensee in Ungarn und in der Alten Donau in Wien (Padisák 1997).

Quantitative Angaben zum Cyanotoxinvorkommen werden auf unterschiedliche Größen bezogen. Aus meßtechnischen Gründen wurden Angaben bislang häufig auf das Seston-Trockengewicht bezogen. Zur Expositionsabschätzung erfolgen Angaben pro Liter, die sowohl zellgebundenes als auch gelöstes Toxin umfassen. Für ökologische Fragen eignen sich Toxinkonzentrationen pro Biovolumen der toxischen Arten.

Sowohl die unter 1.4.1.2 beschriebenen Neurotoxine als auch Microcystine und Cylindrospermopsin kommen in Konzentrationen im Bereich von 3 bis 7 mg pro g Trockenmasse in den Cyanobakterienzellen vor, und Nodularin kann bis zu 18 mg/g Trockengewicht ausmachen (Sivonen u. Jones 1999). Sie bilden somit einen beachtlichen Anteil der Cyanobakterien-Biomasse. Ferner sind die Toxingehalte der Biomasse von der jeweiligen Cyanobakterienart abhängig. In einem Survey in Deutschland an 55 Gewässern wurden für Microcystine bei Dominanz von *Microcystis* spp. 0,8 mg/g Trockengewicht, bei Dominanz von *Planktothrix agardhii* 1,3 mg/g Trockengewicht und bei Dominanz von *Planktothrix rubescens* 2,0 mg/g Trockengewicht als Medianwerte gefunden (Fastner et al. 1999).

Cyanotoxinkonzentrationen pro Liter sind von der Zelldichte abhängig, da bei vitalen Populationen die Toxine in den Zellen vorliegen und kaum an das Medium abgegeben werden. Im Pelagial werden selbst in stark eutrophen Gewässern aufgrund der eingangs beschriebenen Verdünnungsfaktoren häufig nur wenige µg/l gefunden, wobei für hohe Dichten der gleichmäßig im Epilimnion verteilt vorkommenden Art *Planktothrix agardhii* bis zu 360 µg/l Microcystin berichtet werden (Fastner et al. 1999). Taxa wie z.B. *Microcystis* spp., die an der Oberfläche akkumulieren, können in diesen Agglomerationen dagegen nahezu beliebig hohe Konzentrationen an zellgebundenem Toxin verursachen: Von 21 im Sommer 1997 entlang der Berliner Havel in Bereichen mit „Blütenbildung“ entnommenen Proben enthielten 13 mehr als 0,1 mg l^{-1} Microcystin, wovon in 5 Proben die Konzentration 1 mg l^{-1} überstieg und in zwei Proben 10,5 bzw. 24 mg l^{-1} erreichten (Chorus 1998). In diesen Extremsituationen hatte die Zellsuspension bereits eine Konsistenz von „Erbsensuppe“ und Chlorophyll-a-Konzentrationen über 100 mg l^{-1}.

Bei Lysis von absterbenden Populationen kann es jedoch innerhalb weniger Tage zur Freisetzung sämtlichen zellgebundenen Toxins kommen. Sivonen u. Jones (1999) stellen Daten zu extrazellulärem Microcystin aus 9 verschiedenen Untersuchungsprogrammen von 7 Ländern zusammen. Höchstwerte lagen bei 6 µg/l; und aus Wisconsin (USA) wurden 200 µg/l extrazelluläres Microcystin berichtet. Für andere Cyanotoxine liegen kaum entsprechende Daten vor, jedoch zeigen vereinzelte Hinweise, daß bei den Alkaloiden mit häufigerem Auftreten extrazellulären Toxins zu rechnen ist (z. B. für Anatoxin-a Bumke-Vogt et al. 1996).

Es ist anzunehmen, daß freigesetzte Cyanotoxine in der Regel innerhalb weniger Tage abgebaut werden. Für Microcystin wurden sowohl mikrobiologische als auch photokatalytische Abbaupfade nachgewiesen.

Untersuchungen zum Vorkommen von Cyanotoxinen im Trinkwasser wurden bislang in drei Ländern untersucht und dokumentiert:

- Eine Studie in den USA (Carmichael et al. 1998) untersuchte 41 Versorgungen während Cyanobakterien-Entwicklungen im Rohwasser (>5000 Zellen pro ml) auf Microcystine, wobei 909 Proben entnommen wurden. In 65% aller Proben konnte Microcystin nachgewiesen werden, wobei in 22% (einschließlich Rohwasser) die Microcystinkonzentration über dem von der WHO empfohlenen Grenzwert von 1 µg/l lag. Obwohl die Mehrzahl der Proben des aufbereiteten Reinwassers Spuren von Microcystin enthielt, wurden Konzentrationen von >1 µg/l nur in seltenen Ausnahmefällen gefunden.
- In Kanada wurden verschiedene Untersuchungen durchgeführt (Gupta et al. 1999): In zwei Trinkwasserversorgungen in Alberta lagen die Konzentrationen im Rohwasser im Bereich von 0,15 bis 4,3 µg/l; im aufbereiteten Wasser betrugen sie 0,09 bis 0,64 µg/l. In der Versorgung aus Shoal Lake, Manitoba wurden maximal 0,55 µg/l gefunden. In einer breiter angelegten Studie in Manitoba, die auch ländliche Einzelversorgungen einbezog, wurden in 68% aller Reinwasserproben Microcystine nachgewiesen, Maximalkonzentrationen betrugen 0,6 µg/l (Gupta et al. 1999).
- Die Trinkwasserversorgung der Stadt Malmö erfolgt aus einem See, der mehrere Monate im Jahr von Cyanobakterien besiedelt ist, über künstliche Grundwasseranreicherung, wobei sich die Cyanobakterien in den Versickerungsbecken vermehren. Im Trinkwasser der Stadt werden über mehrere Monate hinweg 0,2 bis 0,7 µg/l Microcystin nachgewiesen (Cronberg et al. 1997).

1.4.4 Vermeidungsstrategien

Das Auftreten von störenden oder toxischen Stoffen aus Cyanobakterien und Algen hängt von der Populationsdichte und Artenzusammensetzung dieser Phytoplankton-Organismen im Gewässer ab. Reynolds (1997) veranschaulicht, wie die Ressourcen Nährstoffe und Licht die Phytoplankton-Populationsdichte begrenzen und verwendet dazu das Konzept der „carrying capacity" – die Kapazität eines Ressource, eine bestimmte Biomasse zu ermöglichen.

Für Maßnahmen des Gewässermanagement zur Reduzierung oder Verminderung von Phytoplanktonarten mit störenden oder toxischen Inhaltsstoffen ergibt sich folgender Ansatzpunkt (s. Bd. 3A, Kap. 3.2.1): Durch Reduktion der Nährstoffkonzentrationen, in aller Regel Gesamtphosphat, kann die „carrying capacity" des Systems reduziert werden, so daß die Menge an Phytoplanktonbiomasse wirksam eingeschränkt wird. Eine Reduktion der Gesamt-P-Konzentration wird erst dann wirksam, wenn sie soweit geht, daß Gesamt-P (und nicht Licht) die Phytoplanktonbiomasse limitiert.

In den Berliner Gewässern zeigte das Phytoplankton keine Reaktion auf die Sanierung im Bereich des Gesamt-P-Rückganges von rund 800 auf 100 µg/l. Der Rückgang von 100 auf 50 µg/l reduzierte die Maxima der Cyanobakterienpopulationen etwas, aber erst der Rückgang auf 20 bis 30 µg/l führte schlagartig zu einer weitgehenden Ablösung der mehrmonatigen Cyanobakteriendominanz durch andere Phytoplanktonarten sowie zu einer erheblich geringeren Biomasse pro Liter (Chorus 1995).

Die Zeitspanne zwischen wirksamer Reduzierung der externen Phosphatzufuhr und dem Erreichen von Konzentrationen im Gewässer, die hinreichend gering sind, um die Phytoplanktonbiomasse zu limitieren, kann mehrere Jahre betragen. Maßgeblich sind Wasseraufenthaltszeiten, die den Austausch von phosphatreichem durch phosphatärmeres Wasser bestimmen, sowie die Gleichgewichte an der Sedimentoberfläche, die bestimmen, ob Phosphatbindung an Sedimente oder Phosphatrücklösung aus den Sedimenten überwiegt.

Das vermehrte Auftreten von Problemen und Badeverboten infolge von *Gonyostnum semens* wird in Schweden stärker auf die Versauerung als auf die Eutrophierung zurückgeführt, da diese Art bereits bei geringen Gesamt-P-Konzentrationen von 20 µg/l P Massenentfaltungen mit über 100 µg/l Chlorophyll a bilden kann (Cronberg et al. 1988).

1.4.5 Grenzwerte und Regelungen

1.4.5.1 Trinkwasser

Anders als in vielen Ländern erfolgt in Deutschland die Trinkwasserversorgung vorwiegend (zu >70%) aus Grundwasser. Oberflächenwasser wird häufig durch Uferfiltration oder künstliche Grundwasseranreicherung gewonnen. Talsperren zur direkten Rohwasserentnahme werden in der Regel hinsichtlich ihrer Phytoplankton-Populationen überwacht. Sie sind meist mesotroph oder oligotroph und wenig mit Cyanobakterien belastet. Allerdings können gerade in mesotrophen Talsperren Chrysophyceen in Populationsdichten vorkommen, die Geruchs- und Geschmacksprobleme verursachen und zusätzliche Schritte in der Wasseraufbereitung erforderlich machen (Jüttner 1981). Kommen Cyanobakterien-Populationen in Talsperren vor, aus denen Rohwasser zur direkten Trinkwasseraufbereitung entnommen wird, kann anhand der Cyanobakterienbiomasse und den in Abschnitt 1.4.3 angegebenen maximal zu erwartenden Toxingehalten die potentielle Belastung abgeschätzt werden. Je nach erster Beurteilung kann die Aufbereitung auf ihre Effizienz in der Eliminierung von Cyanotoxinen überprüft und optimiert werden.

Nach derzeitigem Kenntnisstand ist Microcystin in vielen Ländern das hinsichtlich der Häufigkeit des Auftretens und der Konzentrationen wichtigste Cyanobakterientoxin, u. a. auch nach ersten Survey-Ergebnissen in Deutschland (Chorus 1997). Für Microcystine im Trinkwasser hat die WHO aus dem unter Abschnitt 1.4.2 angegebenen TDI und der Annahme eines Konsums von 2 l Trinkwasser pro Tag bei 60 kg Körpergewicht einen provisorischen Leitwert von 1 µg/l abgeleitet (WHO 1998). Für Saxitoxin wird in Australien derzeit ebenfalls 1 µg/l als Grenzwert diskutiert (Jones, pers. Mitt.), und für Cylindrospermopsin wird ein Wert <10 mg l^{-1} vorgeschlagen.

Beim Vorkommen von Microcystinen und anderen Cyanotoxinen im Rohwasser sind verschiedene Entnahmestrategien und Aufbereitungsverfahren zur Sicherung der Unbedenklichkeit des Trinkwassers möglich. Die Auswahl geeigneter Entnahmehorizonte kann die Cyanobakteriendichte im Rohwasser um mehrere Größenordnungen reduzieren. Den an der Oberfläche auftreibenden „Blüten“ wird in der Regel ausgewichen, da die Entnahmehorizonte tiefer liegen. Bei Entnahme aus dem Metalimnion sollte Populationen von *Planktothrix rubescens* ausgewichen werden, da deren Microcystingehalt besonders hoch sein kann (siehe Kap. 1.4.3, Fastner et al. 1999). Die Cyanobakterienbelastung des Rohwassers kann auch durch Online-Fluoreszenz-Messungen überwacht werden.

Hinsichtlich der Elimination von Mikroorganismen hat sich die Bodenpassage besonders bewährt. Untersuchungen zeigen, daß sie unter den gegebenen Bedingungen sehr wirkungsvoll sowohl Phytoplankton-Zellen als auch Geruchs- und Geschmacksstoffe (Chorus et al. 1992) und Microcystine (Lahti 1997) zurückhalten kann. Allerdings wurde bei einer künstlichen Grundwasseranreicherung ein Durchbruch von Zellen und den darin enthaltenen Stoffen beobachtet (Cronberg 1997). Weitere Forschungen auf diesem Gebiet sind daher notwendig, bevor verallgemeinerte Aussagen zu den Bedingungen möglich sind, unter denen die Bodenpassage einen effektiven Schutz vor Toxinen und Geruchsstoffen aus Cyanobakterien und Algen bietet.

Unter den Trinkwasseraufbereitungsverfahren werden nach derzeitigem Kenntnisstand im Wasser gelöste Microcystine in der Flockung und Filtration kaum eliminiert. Ozonung kann Microcystine zu nichttoxischen Verbindungen oxidieren (Hrudey et al. 1999). Bei Vor-Ozonung und Desinfektionsverfahren in geringer Dosierung vor der Flokkung und Filtration ist Vorsicht geboten, da sie zur Freisetzung zellgebundener Cyanotoxine ohne deren vollständiger Oxidation führen kann. Gute Ergebnisse werden durch Oxidation in Kombination mit Aktivkohlefiltration erzielt, und biologische Rasen auf den Filtern können den Abbau von Microcystinen unterstützten (Hrudey et al. 1999). Ferner können zellgebundene Microcystine mit den Zellen eliminiert werden.

1.4.5.2 Badegewässer

Die Exposition gegenüber Cyanobakterien ist beim Baden und Wassersport häufig um mehrere Größenordnungen höher als über das Trinkwasser. Sie erfolgt nicht nur über die Haut, sondern auch über Augen und Ohren, die Mund- und Nasenschleimhäute sowie gelegentlich über Aspiration. Häufig wird auch etwas Wasser verschluckt (in der Badewasserhygiene wird mit 100 ml pro Bad gerechnet). Die Exposition über Mund und Nase hängt wesentlich von der Art des Schwimmens ab, z. B. davon, ob der Kopf untergetaucht wird.

Unter den bekannten Cyanotoxinen gelten Microcystine als die Stoffe, die das höchste Gesundheitsrisiko verursachen, zum einen wegen ihrer akkumulierend wirkenden Lebertoxizität und potentiellen Tumorpromotion, zum anderen jedoch, da sie häufig und in hohen

Konzentrationen in den Cyanobakterienarten vorkommen, die durch Zellagglomerationen an der Wasseroberfläche stark konzentriert auftreten. Leberschädigungen sind bei Konzentrationen über 24 mg l^{-1}, wie sie in Berlin 1997 gemessen wurden (s. o.), nicht auszuschließen. Bei Aufnahme von 100 ml einer Cyanobakteriensuspension mit 24 mg l^{-1} Microcystin würde ein Kind von 10 kg Körpergewicht einer Dosis von 240 μg pro kg ausgesetzt. Diese liegt über der LOAEL des Schweineversuchs (s. Kap. 1.4.1.1) und läßt demgegenüber keinerlei Spielraum (Unsicherheitsfaktor) für besondere Empfindlichkeit zwischen Mensch und Tier bzw. zwischen verschiedenen Menschen.

Neben der Besorgnis von Gesundheitsschäden durch Microcystin zeigen sowohl die epidemiologische Untersuchung von Pilotto et al. (1997) als auch Erkrankungen, daß Reizwirkungen durch Cyanobakterien bereits bei Populationsdichten auftreten können, die wesentlich unterhalb der Gefährdungsschwelle durch Microcystine liegen. In Australien wird eine Populationsdichte von 15 000 Zellen pro ml (im wesentlichen *Anabaena*- und *Microcystis*-Arten) als „akzeptabel für Kontakt-Exposition gegenüber Cyanobakterien" betrachtet, Ressom et al. (1994) schlagen 20 000 Zellen pro ml als Schwellenwert für die Nutzung zum Baden vor.

Die EU-Badegewässerrichtlinie (EU 1976) regelt nicht die Algen- oder Cyanobakteriendichte, verlangt jedoch eine Mindest-Sichttiefe von einem Meter bei einem Leitwert von zwei Metern. Nahezu die Hälfte der von Deutschland sowie von den Niederlanden an die EU gemeldeten Badestellen an Binnengewässern halten den Wert von 1 m nicht immer ein. Die ursprüngliche Zielsetzung der Sichttieferegelung war jedoch eine rein physikalische: Ertrinkende sollten von anderen Badegästen auch unter der Oberfläche noch wahrgenommen werden können.

In Deutschland wurde die Sichttiefe daher als Rechtsgrundlage für eine hierarchisch strukturierte Empfehlung zur Beurteilung des Cyanotoxin-Risikos vorgeschlagen (Abb. 1-8, Bundesgesundheitsblatt 1997): In Gewässern mit stets mehr als 2 m Sichttiefe werden Cyanobakterien-Massenentwicklungen selten beobachtet, wenn es zur „Blütenbildung" an der Gewässeroberfläche kommt, dann meist nur kurzzeitig. Bei Unterschreitung des Leitwertes von 2 m und insbesondere des Grenzwertes von 1 m sollte das Gewässer auf seine Kapazität zur Bildung hoher Populationsdichten von Algen und Cyanobakterien untersucht werden, indem mehrfach der Gesamtphosphorgehalt bestimmt wird. Sind die Nährstoffkonzentrationen für Massenentwicklungen hinreichend hoch, so sollte das Vorkommen von Cyanobakterien regelmäßig überprüft werden. Sind Cyanobakterien im Phyto-

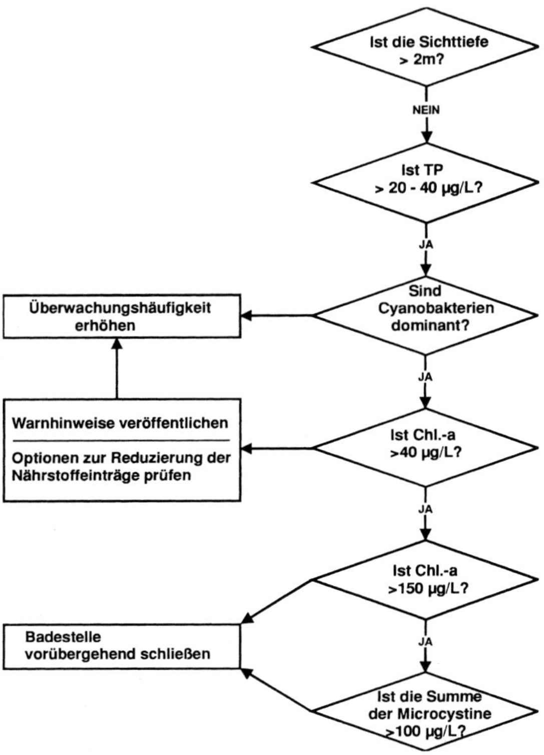

Abb. 1-8. Abgestufte Empfehlung zum Schutz von Badenden vor Cyanobakterientoxinen-Entscheidungsbaum (n. Bundesgesundheitsblatt 1997)

plankton dominierend, so kann ihre Populationsdichte anhand der Konzentration an Chlorophyll a abgeschätzt werden. Da die Relationen von Microcystin zu Chlorophyll a selten mehr als 1 betragen und in der Regel darunter liegen (Fastner 1999), wurden 40 µg/l Chl a (bei Cyanobakterien-Dominanz) als Wert für die Veröffentlichung von Information und Warnhinweisen vorgeschlagen und 150 µg/l Chl a (bei Cyanobakterien-Dominanz) als Wert für die vorübergehende Sperrung betroffener Badestellen. Durch dieses Vorgehen sollen Expositionen gegenüber Microcystinkonzentrationen von über 100 µg/l vermieden werden.

Der von der WHO verfolgte Ansatz (Falconer et al. 1999) orientiert sich an den Ergebnissen der Pilotto-Studie und sieht drei Stufen vor (Tabelle 1-13), wobei eine Exposition bei „Blütenbildung" an der Oberfläche aufgrund des Microcystin-Risikos zu vermeiden ist. Die niedrigeren Warnstufen jedoch werden auch durch die Reizwirkungen von Cyanobakterien begründet:

1. Zum Schutz vor Reizwirkungen sollten Badegäste bereits ab einer eher geringen Cyanobakterien-Populationsdichte über das poten-

Tabelle 1-13. WHO-Richtlinien für sichere Praktiken des Badegewässermanagements (n. Falconer et al. 1999)

	Richtwert-Niveau oder Situation	Ableitung der Richtwerte	Gesundheitsrisiken	Vorgeschlagene Aktionen
3	Cyanobacteren-„Blüten" im Badebereich	• letale Intoxikationen von Tieren • Fallbeispiele der Erkrankung von Menschen	• Potential für akute Intoxikation • Potential für spätere Erkrankung bei manchen Cyanotoxinen • unmittelbare Erkrankungen, z. B. Hautreizungen oder Gastrointenstinale Störungen	• Sofortige Aktion zur Verhinderung der Exposition gegenüber „Blüten"; ggf. Verbot des Badens und anderer Sportarten mit Wasserkontakt • Nachuntersuchung durch das Gesundheitsamt • Information aller zuständigen Ämter
2	100 000 Cyanobakterienzellen pro ml oder 50 µg/l Chlorophyll-a bei Dominanz von Cyanobakterien	• aus dem vorläufigen Trinkwasser-Leitwert für Microcystin LR, und Daten zu anderen Cyanotoxinen	• Potential für spätere Erkrankung bei manchen Cyanotoxinen • erhöhtes Risiko unmittelbarer Erkrankungen, z. B. Hautreizungen oder Gastrointestinale Störungen	• Überwachung auf „Blütenbildung" • Einschränkung des Badens; Beobachtung des Expositionsrisikos • Anbringen von Warnhinweisen • Information des zuständigen Gesundheitsamtes
1	20 000 Cyanobakterienzellen pro ml oder 10 µg/l Chlorophyll-a bei Dominanz von Cyanobakterien	• aus epidemiologischer Studie	• Leicht erhöhtes Risiko unmittelbarer Erkrankungen, z. B. Hautreizungen oder Gastrointenstinale Störungen	• Anbringen von Warnhinweisen • Information des zuständigen Gesundheitsamtes

tielle Risiko informiert werden. Das Niveau für diese Warnstufe wurde bei 20000 Zellen pro ml, entsprechend 10 µg/l Chlorophyll a angesetzt. Microcystinkonzentrationen können bei diesen Populationsdichten 2 bis 10 µg/l betragen und liegen somit nur etwas über dem für Trinkwasser empfohlenen vorläufigen Grenzwert von 1 µg/l Microcystin-LR. Schädigungen durch Microcystin sind daher unwahrscheinlich, und eine Information über die mögliche Reizwirkung wird als hinreichend betrachtet. Zusätzlich empfiehlt sich eine Verdichtung der Badestellen-Überwachung auf Cyanobakterien.

2. Im Bereich 100000 Zellen pro ml (entsprechend etwa 50 µg/l Chlorophyll a) können 20 bis 50 µg/l Microcystin auftreten, und die Exposition bei Aufnahme von 100 ml Wasser liegt dann für einen Erwachsenen von 60 kg im Bereich der TDI („tolerable daily intake"). Allerdings kann sie für ein Kleinkind von nur 12 kg bei Aufnahme von 200 ml bereits um den Faktor zehn darüber liegen, und Vorbelastungen (z.B. durch chronische Hepatitis B) können die Empfindlichkeit gegenüber Microcystin verstärken. Auch kann es auf diesem Niveau der Populationsentwicklung innerhalb weniger Stunden zu Zellakkumulationen an der Oberfläche kommen, die zu einer Erhöhung der Toxinkonzentration um das Tausendfache oder mehr führen. Intensivere Information und Warnung, gegebenenfalls auch Einschränkungen des Badens, können auf dieser Stufe angezeigt sein, und eine Verdichtung der Überwachungshäufigkeit wird vorgeschlagen.
3. Ein hohes Risiko wird in der „Blütenbildung" gesehen, zumal vielfach berichtet wird, daß Kinder in diesem Material spielen. Unmittelbares Einschreiten zur Verhinderung dieser Exposition wird nahegelegt.

1.4.6 Literatur

Bumke-Vogt C, Mailahn W, Rotard W, Chorus I (1996) A highly sensitive analytical method for the neurotoxin anatoxin-a, using GC-ECD, and first application to laboratory cultures. Phycologia 35:51–56

Bundesgesundheitsamt (1997) Empfehlung zum Schutz von Badenden vor Cyanobakterientoxinen. Bundesgesundheitsbl 7/97:261–264

Burlinggame GA, Muldowney JJ, Maddreay RE (1992) Cucumber flavor in Philadelphia drinking water. Journal AWWA 25:92–97

Carmichael W, Hones C, Mahmood N, Theiss W (1985) Algal toxins and waterbased disease. Critical Rev Environm Contr 15:275–313

Chorus I (1993) Algal metabolites and water quality: toxins, allergens, and taste- and odor-substances. Proceedings of the ILEC-symposium „Strategies for Lakes beyond 2000". Mem Ist Ital Idrobio 52:257–280

Chorus I (1995) Müssen in der Seensanierung Gesamtphosphat-Schwellenwerte unterschritten werden, bevor das Phytoplankton eine Reaktion zeigt? Limnologie aktuell 8:21–28. G Fischer, Stuttgart

Chorus I (ed) (1997) Cyanobakterientoxine in deutschen Gewässern - Vorkommen, Kontrollfaktoren und ökologische Bedeutung. WaBoLu-Heft 4/97

Chorus I (1998) Die Blaualgen - eine Berliner Besonderheit. In: Dokumentation zum Symposium zur Nachhaltigkeit im Wasserwesen in der Mitte Europas vom 17. - 19. Juni 1998, Senatsverwaltung Berlin

Chorus I, Bartram J (1999) Toxic Cyanobacteria in Water: a Guide to Public Health Significance, Monitoring and Management. WHO Chapman and Hall, London, 416 pp

Chorus I, Klein G, Fastner J, Rotard W (1992) Off-flavors in surface waters - how efficient is bank filtration for their abatement in drinking water? Proceedings of the 3rd International Congress on Off-Flavors in the Aquatic Environment held in Los Angeles, March 1991. Water Sci Technol 25:251–258

Cronberg G, Annadoter H, Lindberg M, Liras V, Lawton L (1997) Undersökning av algtoxiner i ro-och renvatten fran Vombverket samt paväxtalger i infiltrationsdammer, Vombuerkert 1996–1997. Report

Cronberg G, Lindmark G, Björk S (1988) Mass development of the flagellate Gonyostomum semen (Raphidophyta) in Swedish forest lakes - an effect of acidification? Hydrobiologia 161:217–236

EG (1976) Richtlinie des Rates vom 8. Dezember 1975 über die Qualität der Badegewässer (76/160/EWG) Amtsblatt der EG L31:1–7

Falconer IR, Beresford AM, Runnegar MTC (1983) Evidence of liver damage by toxin from a bloom of the blue-green alga *Microcystis aeruginosa.* Med J Aust 1:511–514

Fastner J, Neumann U, Erhard M (1999) Patterns of different microcystins in field samples dominated by different species of cyanobacteria. Accepted for publication in: Chorus I (ed) Cyanotoxins - Occurrence, Effects, Controlling Factors, Springer, Berlin

Falconer IR, Jamie Bartram J, Chorus I, Kuiper-Goodman T, Utkilen H,, Codd G (1999) Safe levels and practices. In: Chorus I, Bartram J (eds) Toxic Cyanobacteria in Water: a Guide to Public Health Significance, Monitoring and Management. Published on the behalf of WHO by Spon/Champan, Hall, London, 155–178

Fitzgeorge RB, Clark SA, Keevil CW (1994) Routes of intoxication. In: Codd GA, Jeffries TM, Keevil CW, Potter E (eds) 1st International Symposium on Detection Methods for Cyanobacterial (Blue-Green Algal) Toxins, Royal Society of Chemistry, Cambridge, 69–74

Gunn GJ, Rafferty AG, Rafferty GC, Cockburn N, Edwards C, Beattie KA, Codd GA (1992) Fatal canin neurotocicosis attributed to blue-green algae (cyanobacteria). The Veterinary Record 4:301–302

Gupta S, Giddings M, Sheffer M (1999) Cyanobacterial toxins in drinking water: a Canadian perspective Accepted for publication in: Chorus I (ed) Cyanotoxins – Occurrence, Effects, Controlling Factors. Springer, Berlin

Hawkins PR, Runnegar MTC, Jackson ARB, Falconer IR (1985) Severe hepatotoxicity caused by the tropical cyanobacterium (blue-green alga) *Cylindrospermopsis raciborskii* (Woloszynska) Seenaya and Subba Raju isolated from a domestic water supply reservoir. Appl Environ Microbiol 50:1292–1295

Heinze R (1997) A biotest using primary rat hepatocytes. International congress on toxic cyanobacteria. Phycologia 35(Supl):89–93

Henatsch J (1987) Dynamik flüchtiger organischer Stoffe in einem geschichteten See mit anaerobem Hypolimnion (Schleinsee). Dissertation an der Fakultät für Chemie und Pharmazie der Eberhard-Karls-Universität zu Tübingen. 151 pp

Hindman SH, Favero MS, Carson LA, Petersen NJ, Schonberger LB, Solano JT (1975) Pyrogenic reactions during haemodialysis caused by extramural endotoxin. Lancet 2:732–734

Hrudey S, Burch M, Drikas M, Gregory R (1999) Drinking-water treatment. In: Chorus I, Bartram J (eds) Toxic Cyanobacteria in Water: A Guide to Public Health Significance, Monitoring and Management. WHO Champan & Hall, London, 275–312

Izaguirre G, Devall J (1995) Resource Control for Management of Taste-and-Odor Problems. In: Suffet IH, Mallevialle J, Kawczynski E (eds) Advances in Taste-and-Odor Treatment and Control. American Water Works Association Research Foundation and Lyonnaise des Eaux, pp 23–74

Jochimsen EM, Carmichael WW, An J, Cardo DM, Cookson ST, Áholmes CEM, Antunes M, Bde C, Filho DA de Melo, Lyra TM, Spinelli VT, Azevedo SMFO, Jarvis WR (1998) Liver failure and death following exposure to microcystin toxins at a dialysis center in Brazil. N Engl J Med 338:873–878

Jüttner F (1981) Detection of lipid degradation products in the water of a reservoir during a bloom of *Synura uvella*. Appl Envirion Microbiol 41:100–106

Jüttner F, Höflacher B, Wurster K (1986) Seasonal analysis of volatile organic biogenic substances (VOBS) in freshwater phytoplankton populations dominated by Dinobryon, Microcystis and Aphanizomenon. J Phycol 22:169–175

Kuiper-Goodman T, Falconer I, Fitzgerald J (1999) Human Health Aspects. In: Chorus I, Bartram J (eds) Toxic Cyanobacteria in Water: A Guide to Public Health Significance, Monitoring and Management. WHO Champan & Hall, London, 133–154

Lahti K (1997) Cyanobacterial hepatotoxins and drinking water supplies – aspects of monitoring and potential health risks. Dissertation Universität Helsinki

Lawton LA, Beattie KA, Hawser SP, Campbell DL, Codd GA (1994) Evaluation of assay methods for the determination of cyanobacterial hepatotoxicity. In: Codd GA, Jefferies TM, Keevil CW, Potter E (eds) Detection Methods for Cyanobacterial Toxins, Special Publication No. 149:111–116. The Royal Society of Chemistry, Cambridge

McElhenny TR, Bold HC, Malcolm Brown P, McGovern JP (1962) Algae: a cause of inhalant allergy in children. Annals of Allergy 20:739–743

Naes H, Utkilen UC, Post AF (1985) Factors influencing geosmin production by the cyanobacterium Oscillatoria brevis. Wat Sci Tech 21:125–131

National Rivers Authority 1990: Toxic blue-green algae. Water Quality Series No 2, 125 pp

Negri AP, Jones GJ, Hindmarsh M (1995) Sheep mortality associated with paralytic shellfish poisons from the cyanobacterium *Anabaena circinalis*. Toxicon 33:1321–1329

Negri AP, Jones GJ (1995) Bioaccumulation of paralytic shellfish poisoning (PSP) toxins from the cyanobacterium *Anabaena circinalis* by the freshwater mussel *Alathyria condola*. Toxicon 33:667–678

Oberemm A, Fastner J, Steinberg CEW (1997) Effects of microcystin-LR and cyanobacterial crude extracts on embryo-larval development of zebrafish (*Danio rerio*). Wat Res 31:2918–2921

Pilotto LS, Douglas RM, Burch MD, Cameron S, Beers M, Rouch GR, Robinson P, Kirk M, Cowie CT, Hardiman S, Moore C, Attewell RG (1997) Health effects of recreational exposure to cyanobacteria (blue-green) during recreational water-related activities. Aust N Zealand J Public Health 21:562–566

Prepas EE, Kotak BG, Campbell LM, Evans JC, Hrudey SE, Holmes CFB (1997) Accumulation and elimination of cyanobacterial hepatotoxins by the freshwater clam *Anodonta grandis simpsoniana*. Can J Fish Aquat Sci 54:41–46

Ressom R, Soong FS, Fitzgerald J, Turczynowicz L, El Saadi O, Roder D, Maynard T, Falconer I (1994) Health effects of toxic cyanobacteria (blue-green algae). Australian National Health and Medical Research Council, Looking Glass Press, 108 pp

Reynolds CS (1997) Vegetation Processes in the Pelagic: A Model for Ecosystem Theory. Excellence in Ecology, Ecology Institute, Oldendorf-Luhe, 371 pp

Schwimmer M, Schwimmer D (1968) Medical aspects of phycology. In: Jackson DF (ed) Algae, Man and the Environment. 279–358. Syracuse University Press, New York

Sivonen K, Jones J (1999) Cyanobacterial toxins. In: Chorus I, Bartram J (eds) Toxic Cyanobacteria in Water: A Guide to Public Health Significance, Monitoring and Management. WHO Champan & Hall, London, 41–112

Slater GP, Blok V (1983) Volatile compounds of the cyanophyceae. Water Sci Technol 15:181190

Suffet IH, Ho J, Chou D, Khiari D, Mallevialle J (1995) Taste-and-Odor Problems observed during drinking water treatment. In: Suffet IH, Mallevialle J, Kawczynski E (eds) Advances in Taste-and-Odor Treatment and Control. American Water Works Association Research Foundation and Lyonnaise des Eaux, pp 1–21

Turner PC, Gammie AJ, Hollinrake K, Codd GA (1990) Pneumonia associated with cyanobacteria. Br Med J 300:1440–1441

Ueno Y, Nagata S, Tsutsumi T, Hasegawa A, Watanabe MF, Park HD, Chen GC, Chen G, Yu SZ (1996) Detection of microcystins, a blue-green algal hepatotoxin, in drinking water sampled in Haimen and Fusui, endemic areas of primary liver cancer in China, by highly sensitive immunoassay. Carcinogenesis 17:1317–1321

Utkilen H, Froshaug M (1992) Geosmin production and excretion in a planktonic and benthic Oscillatoria. Wat Sci Tech 25:199–206

WHO (1998) Guidelines for Drinking water Quality, Second Edition, Addendum to Vol 2, Health Criteria and other supporting information. WHO, Geneva

Yu SZ (1989) Drinking water and primary liver cancer. In: Tang ZY, Wu MC, Xia SS (eds) Primary Liver Cancer. China Academic Publishers, New York, pp 30–37

Yu SZ (1995) Primary prevention of hepatocellular carcinoma. J Gastroenterol Hepatol 10:674–682

Zilberg B (1966) Gastroenteritis in Salisbury European children – a five-year study. Centr Afr J Med 12:164–168

1.5 Neozoen: Gebietsfremde Tierarten

R. Kinzelbach

1.5.1 Bedeutung

Weltweit erfolgt, als bedeutendste Veränderung der Biodiversität neben dem Artensterben, unbemerkt eine Homogenisierung, Globalisierung und Anthropogenisierung von Flora und Fauna. Sie wurde bisher von der Zoologie und der zoologisch orientierten Ökologie als „unnatürlich“ weitgehend ignoriert und den Liebhabern überlassen. Im Gegensatz zu den Auswirkungen der Neophyten auf die einheimische Flora (Lohmeyer u. Sukopp 1992; Akademie Fellbach 1994) galt der Einfluß der Neozoen auf die Fauna hinsichtlich ihrer Artenzahl und ihrer Wirkung irrigerweise als gering.

Neozoen finden sich besonders unter den jagdbaren Vögeln und Säugetieren (Niethammer 1963), unter den Fischen (Arnold 1990; Lelek u. Buhse 1992) und vor allem unter den Insekten der Agrozönose. Erst spät wurde bewußt (Thienemann 1950; Kinzelbach 1972, 1978, 1995; Kureck 1992), daß ganz besonders die Tierwelt der großen Ströme und Flüsse (Potamocoen) in großem Umfang durch Neozoen gestellt bzw. beeinflußt wird – ein mittlerweile weltweites Phänomen.

Erst seit etwa einem Dutzend Jahren begann auch in Deutschland – parallel zur Intensivierung der Forschung im Ausland und mit Symposien von IUCN und WWF – auch der Naturschutz zu reagieren, z.B. mit Aktivitäten des Bundesamtes für Naturschutz (Nowak 1981), des Umweltbundesamts sowie der Naturschutzverwaltungen der Länder, besonders in Baden-Württemberg (Akademie Fellbach 1994, 1995).

Wichtig ist die – im Einzelfall zuweilen schwierige – Unterscheidung zwischen natürlichen und anthropogenen, vom Menschen absichtlich oder unbeabsichtigt, direkt oder indirekt verursachten Arealveränderungen von Tieren. Erstere müssen als natürliche Prozesse grundsätzlich hingenommen werden; bei letzteren besteht dagegen grundsätzlich Entscheidungs- bzw. Handlungsbedarf. Daher ist wenig sinnvoll, alle „biologischen Invasionen“ ungeachtet ihrer jeweilig verschiedenen Ursachen in eine einzige Kategorie zu stellen (di Castri et al. 1990). Zumal regelmäßig Organismen im Wechsel teils vom Menschen gestützt, teils mit ihrem artspezifischen Potential aus eigener Kraft neue Areale besiedeln. Weitere Unschärfe tritt dadurch ein, daß bei zwar einheimischen (bezogen auf z.B. Deutschland oder Europa), jedoch nicht gebietstypischen Arten Herkunfts- und Expansionsgebiet vermengt werden (z. B. Wels, Zander, Rapfen). Auch Phylogenetik, Systematik und Zoogeographie können nicht auf die Unterscheidung zwischen natürlichen und vom Menschen gestützten Expansionsvorgängen verzichten. Andernfalls können natürliche Verbreitungsgrenzen oder Entstehungszentren nicht mehr eindeutig ermittelt werden, wie dies z. B. bei der Süßwasserqualle *Craspedacusta sowerbyi* oder bei dem Kelchwurm *Urnatella gracilis* der Fall ist.

Die anthropogen verursachte Ausbreitung von Tieren ist ein häufiger, derzeit durch Zunahme des Vektors Mensch in Anzahl und Aktivität beschleunigter Prozeß. Er führte zu einer erheblichen Umverteilung von Artenzahlen bzw. -dichten und damit zu Veränderung von Artenspektren, Biomasse und biogeochemischen Prozessen. Die durch ihn verursachten Veränderungen im Ökosystem können auch in Europa nicht mehr ignoriert werden, nachdem sie z. B. in Neuseeland, Florida oder auf Hawaii schon seit langem katastrophale Einschnitte in den Zustand der regionalen Biodiversität verursachten. In Deutschland sind mittlerweile mehr als 1 500 eingeschleppte oder willkürlich ausgebrachte Tierarten registriert, von denen ein großer Anteil feste Freilandpopulationen aufgebaut hat.

1.5.2
Typologie

Neozoen sind Tiere, die seit Beginn der Neuzeit (1492) beabsichtigt oder unabsichtlich unter direkter oder indirekter Mitwirkung des Menschen in ein ihnen zuvor nicht zugängliches Faunengebiet gelangt sind und dort neue Populationen aufgebaut haben (Akademie Fellbach 1995; Gebhardt et al. 1996). Der Begriff macht nur Sinn, wenn er jeweils auf einen bestimmten geographischen Raum bezogen wird; die geographische Skalierung ist von Einfluß – je größer der betrachtete Raum, desto weniger Neozoen sind zu erwarten.

Der Begriff wurde in Angleichung an die Botanik eingeführt (Kinzelbach 1972), entschärfend für die gängige Kriegsterminologie, wie z. B. Neuankömmlinge, Eindringlinge, Einwanderer, Invasoren, Fremdlinge, Exoten, invaders, aliens, newcomers usw. Nachstehend werden vor allem die „klassischen" Neozoen auf Artniveau behandelt. Darüber hinaus gibt es, parallel zur Kryptobiodiversität (= genetisch unterschiedene Populationen auf infraspezifischem Niveau), auch „Paraneozoen" (= dislozierte, genetisch verschiedene, makroskopisch schwer unterscheidbare Populationen); weiterhin treten zahlreiche Domestikationserscheinungen an Wildpopulationen auf, die Vermischung von domestizierten und Wildtieren und schließlich die häufige Gattungs- und Art-Bastardierung bei fruchtbaren Nachkommen (z. B. Gillham u. Gillham 1996). Auch die zahlreichen Möglichkeiten der Wiedereinbürgerung oder Bestandsstützung führen zu Veränderungen des autochthonen genetischen Bestands (Kinzelbach 1998).

Europa ist Ziel, jedoch auch Herkunftsgebiet von Tiereinschleppungen. Zahlreiche europäische Tierarten aus vielen Klassen und Ordnungen sind mittlerweile vor allem in Nordamerika, auf Hawaii, in Neuseeland und Australien heimisch geworden.

1.5.3
Natürliche *vs.* anthropogene Arealdynamik

Die Zoozönose ist natürlichen Veränderungen unterworfen. Diese erfolgen auf der Ebene von Individuum, Population sowie Art und deren Areal. Die Dynamik von Arealveränderungen wird bezogen auf ein systematisches Taxon (geographische Zoologie) oder auf einen Ort (zoologische Geographie). Vom räumlichen Bezug her stellt sie sich dar als Dynamik der (Taxa-)Diversität in einem Untersuchungsgebiet (der Begriff Neozoon ist auf einen jeweils definierten Raum bezogen, s. o.); sie wird bestimmt von Eigenschaften:

- der Art (Eignung, Ausbreitungspotential und Ausbreitungsmechanismen),
- des Habitats (dominierende, selektierende Umweltfaktoren),
- des geographischen Raumes (Isolation oder Zugänglichkeit, durch historische, oder paläogeographische Ereignisse ermöglichte Überwindung von Verbreitungsschranken).

Ursachen für geringe Dynamik können sein:
- Stabilität der abiotischen Randbedingungen;
- Vorliegen starker Streßfaktoren, welche besondere Anpassungsleistungen erfordern (z. B. geringe Temperaturen, starke Strömung);
- geographische Isolation; „Sättigung" der Biozönose.

Auffallend ist, daß wenig denaturierte Habitate, z. B. oligotrophe Seen und Fließgewässer, weit weniger von Neozoen besiedelt werden als belastete Binnengewässer (Kinzelbach 1996).

Ursachen für hohe Dynamik sind:
- natürliche Akkumulation von Arten, z. B. durch häufige Durchbrechung von Wasserscheiden,
- häufiger, jedoch mäßiger Wechsel abiotischer Randbedingungen, z. B. klimatische Oszillationen,

- „ungesättigte" Fauna, z. B. Crustacea im postglazialen Mittel- und Nordeuropa (Schellenberg 1942) und
- der „Sog" unbesetzter ökologischer Nischen (Elton 1927).

Das Resultat der natürlichen Arealdynamik ist die autochthone Fauna bzw. Biozönose (Tabelle 1-14).

Die postglaziale Besiedlung Mitteleuropas durch Pflanzen und Tiere war eine Folge der natürlichen Verschiebung der Klima- und Vegetationszonen, wurde allerdings von Anfang an überlagert durch menschliche Aktivitäten, angefangen von der Jagd (Pleistocene Overkill: Martin u. Klein 1989), von Brandrodung, von Ackerbau und Viehzucht, von geomorphologischen Veränderungen durch Eingriffe in Erosion, Sedimentation, Abfluß und Grundwasserspiegel und zuletzt durch Überdüngung, Umweltgifte und Treibhausgase. Dazu zählt auch die Veränderung von Floren und Faunen, auch durch Verschleppung von Organismen. Wie im Falle natürlicher Arealdynamik gehen wiederum verschiedene Eigenschaften ein:

- der Art: Für Neozoen erweitert der Mensch als besonders leistungsfähiger Vektor (aktiv, passiv) und gegebenenfalls als interessierter Nutzer das Ausbreitungspotential;
- des Habitats: „Das Milieu ist alles, die Bakterie nichts" (Robert Koch); dies trifft zu bei Zugrundelegung der potentiell unbegrenzten Dispersion von Mikroorganismen; die Aussage ist hingegen nur bedingt übertragbar auf höhere Organismen, welche bei geringe-

Tabelle 1-14. Etappen der Besiedlung Mitteleuropas durch Tiere

I.	Verbleibende periarktische Fauna und postglaziale Remigration aus Refugien: autochthone Fauna (und Flora).
II.	Anthropogener Import von Pflanzen und Tieren im Gefolge der **Neolithischen Revolution**: Archäophyten (Nutz- und Begleitpflanzen der „Kultursteppe", Ackerwildkräuter); Alteinwanderer (Haustiere I; Ackerbauschädlinge, Kulturfolger, Synanthrope, Opportunisten) (Lang 1994).
III.	Importe von Pflanzen und Tieren nach Europa im **Zeitalter der Entdeckungen** (16. Jh.) und des Kolonialismus (17. bis 18. Jh.). Zunächst nur Kultur- und Gartengewächse, Haustiere II und Menagerie-Inventare.
IV.	Intensivierung des weltweiten Austauschs seit Beginn der **Industriellen Revolution** (um 1830) und besonders in der 2. Hälfte des 20. Jh. – Zeitpunkte nicht zufällig: Zum zweiten Male wurde der Mensch großflächig in Europa der bestimmende Faktor für erhebliche floristische und faunistische Veränderungen.
V.	Weiterer Zuwachsschub seit 1987: Zeitalter der **Globalisierung**.

rem Ausbreitungspotential erhebliche Verbreitungsschranken überwinden müssen;

- des geographischen Raumes: Historisch einmalige, zufällige Konstellationen, welche für höhere Organismen die Überwindung von Ausbreitungsschranken ermöglichen, werden vermehrt durch die raumüberwindende Aktivität des Menschen.

1.5.4 Anlässe und Durchlässe

Solche einmaligen, vom Menschen verursachten historischen Ereignisse bilden sich in Europa auch in jüngerer Zeit in Faunenveränderungen ab, z. B. der Pripjet-Bug-Kanal (1780), der Suezkanal (1870) und die Akklimatisations-Mode 1880 bis 1910 (Tabelle 1-15). Neozoen akkumulierten sich z. B. im Rhein-Ökosystem kongruent mit gleichzeitigen Aktivitätssteigerungen des Menschen. Eine Schwierigkeit bietet häufig die Ermittlung des Zeitpunkts von Einsetzung bzw. Einschleppung durch die zeitliche Divergenz zwischen dem ersten Auftreten und der Entdeckung einer Neozoen-Art. Dieses Zeitintervall war früher infolge geringerer Aufmerksamkeit länger als heute; bei wenig auffälligen Organismen kann es so lange währen, daß sie oft irrtüm-

Tabelle 1-15. Singuläre anthropogene Ereignisse, durch welche Neozoen begünstigt wurden

Pripjet-Bug-Kanal (1780): Die entscheidende Verbindung zwischen dem Einzugsgebiet des Dnieper (Dnjepr) und dem der Weichsel und den westlich anschließenden und durch Kanäle verbundenen Stromsystemen von Oder bis Rhône. Sie wurde zuerst von der Dreiecksmuschel *Dreissena polymorpha* wahrgenommen (Kinzelbach 1992), seitdem von etwa einem Dutzend Arten von Mollusca, Crustacea und Fischen aus Sibirien (eingesetzt) und der pontokaspiaralischen Region (s. u.).

Suezkanal (1870): Einsetzen der „Lessepsian Migration" (Por 1978). In das Mittelmeer drangen aus dem Roten Meer mittlerweile weit über 300 Arten ein, vor allem Mollusken und Krebstiere, aber auch Fische (z. T. wirtschaftlich bedeutend). Sie veränderten besonders an der Levanteküste das litorale Ökosystem ganz erheblich.

Rhein-Main-Donau-Kanal (seit etwa 1990 wirksam): Unmittelbar nach Beendigung des Ausbaues konnten Arten der Donau in den Rhein einwandern (Schöll 1990; Schleuter et al. 1994).

Akklimatisationsmode, frühe Vorläufer, besonders zwischen 1880 bis 1910: Ihr verdanken wir in Mitteleuropa zeitweise Bennett-Känguruh, Truthuhn, mehrere Fasan-Arten, Mufflon (Löns 1907, Falz-Fein 1930, Niethammer 1963).

lich lange Zeit für einheimisch galten (z. B. Arten der Bryozoa und Spongillidae (Franz 1992), der Kelchwurm *Urnatella gracilis* und die um das Jahr 1000 aus Amerika in Nord- und Ostsee eingeschleppte Sandklaffmuschel *Mya arenaria*).

Die Eignung für Verschleppung hängt ab von der Wertschätzung durch den Menschen, der mitunter Tiere gezielt in geeignete Habitate einbringt. Sie hängt auch ab vom strukturellen (Dispersionsmechanismen, z. B. Parthenogenese und Gefiedertransport bei *Potamopyrgus antipodarum*, Roth 1987) und vom ökophysiologischen Potential (Euryökie, Streit 1991) der betroffenen Arten. Sie hängt ab von der Beschaffenheit der Habitate, in welche die Neuankömmlinge zufällig oder beabsichtigt gelangen. Erfolg oder Mißerfolg beim Aufbau einer neuen Population ist daher nicht prognostizierbar. Es handelt sich um raumzeitliche Zufallstreffer zwischen geeignetem Milieu und Ausbreitungschancen. Hinzu kommt, daß im neuen Habitat rasch Selektion einsetzt und eine Veränderung gegenüber der Ausgangspopulation auftritt. Regelhafte Abläufe sind erkennbar, in Einzelheiten jedoch noch ungeklärt:

- In vielen Fällen tritt eine Latenzzeit (bei geringer Populationsgröße bzw. lokal vereinzeltem Vorkommen) zwischen Einschleppung und dem Aufbau kopfstarker Populationen sowie erfolgreicher sekundärer Expansion im neu besiedelten Areal auf.
- Anfänglich überbordende Vermehrung bzw. Populationsdichte wird nach einiger Zeit auf ein mäßiges, jedoch konstantes Vorkommen reduziert, möglicherweise eine Regulation durch das einheimische Gefüge von Prädatoren, Parasiten und Krankheiten.

Prognosen waren daher bislang nur kurzfristig und nur für solche Arten möglich, die auf feste Bahnen angewiesen sind, z. B. Nutzung von Kanalverbindungen durch Wasserbewohner. Es ist erstaunlich, wie wenige Arten unter der großen Menge von Einträgen letztlich auf Dauer erfolgreich neue Populationen aufbauen und sich weiter verbreiten. Dies wird ergänzt durch die komplementäre Beobachtung, wie stabil natürliche Arealgrenzen, auch gut beweglicher Tierarten in der Regel sind (Kinzelbach 1990).

1.5.5 Status in Europa

Für Europa muß getrennt werden zwischen solchen Arten, die für den ganzen Kontinent neu aus anderen Teilen der Erde eingeschleppt oder verbracht wurden (z. B. Moskitofisch *Gambusia holbrooki*, Amerikanerkrebs *Orconectes limosus*, Kanadagans *Branta canadensis*, Waschbär *Procyon lotor*) und solchen, die in Teilen des Kontinents autochthon sind und sich von dort aus mit Hilfe des Menschen über weitere Bereiche verbreiten konnten (z. B. Süßwassergarnele *Atyaephyra desmarestii*, Wels *Silurus glanis*, Zander *Stizostedion lucioperca*). Wie für Kulturgewächse und Haustiere können auch für Neozoen besonders fruchtbare Herkunftsgebiete identifiziert werden (Tabellen 1.16 u. 1.17). Besonders sind die auch für die postglaziale Remigration wichtigen Refugialgebiete am Nordrand des Mittelmeeres sowie vor allem für die brackwassertolerante Fauna das Schwarze und Kaspische Meer zu nennen.

Die „Nehmer"-Regionen sind oft „ungesättigte" Gebiete mit leeren Nischen (s. o.), letztlich erfolgt in diesen Fällen eine Fortsetzung der postglazialen Rückwanderung unter Mitwirkung des Menschen. Auffallend ist die Parallele zur natürlichen Remigration bei einigen heute neozoischen Süßwassertieren mit östlicher Verbreitung, z. B. bei den Muscheln *Dreissena polymorpha* und *Corbicula fluminalis*, bei den Schnekken *Lithoglyphus naticoides* und *Viviparus viviparus*. Sie waren bereits in Zwischeneiszeiten des Pleistozäns aus Osteuropa aus eigener Kraft durch die Urstromtäler westwärts – z. T. bis nach England – vorgedrungen und starben bei den jeweils nachfolgenden Eisvorstößen wieder aus.

Tabelle 1-16. Limnische Ökosysteme: Mittel der Überwindung von Wasserscheiden

- **Kanäle: Altmediterrane Arten nach NE:** *Orchestia cavimana, Ferrissia wautieri, Atyaephyra desmarestii.*
- **Kanäle: Pontokaspische Arten nach NW:** Dnjepr-Pripjet-Bug-Weichsel-Oder-Rhein: *Dreissena polymorpha, Viviparus viviparus, Chaetogammarus ischnus, Corophium curvispinum, Cordylophora caspica, Bucephalus polymorphus.*
- **Überseeische Hafenimporte:** *Eriocheir sinensis, Rhithropanopeus harrisii, Corbicula* spp.
- **Herkunft aus Brackwasser:** *Callinectes sapidus, Palaemon longirostris, Palaemon elegans* (z. B. Birket-Qarun im Fayum, Euphrat, Kaspisee).
- **Flächenhaftes absichtliches Einbringen an vielen Stellen („Infektionsherde"):** Fischnahrung *Gammarus tigrinus* (Schmitz 1960); Nutzfische wie *Tilapia zillii*, Zwergwels-Arten, Nilwels *Clarias lazerae, Acipenser* spp. und Bastarde, Zuchtforelle ersetzt Bachforelle.
- **Flächenhaftes unabsichtliches Einbringen an vielen Stellen („Infektionsherde"):** Flußkrebs *Cambaroides*, Zierfische wie Guppy, Blaubandbärbling (*Pseudorasbora parva*) und andere Aquarien- und Terrarientiere, z. B. Rotwangenschildkröte (*Chryemys picta*).
- **Biologische Schädlingsbekämpfung**: z. B. Moskitofisch (*Gambusia holbrookii*) (Kinzelbach u. Krupp 1982).

Tabelle 1-17. Marine Ökosysteme

- **Lessepssche Wanderung** über den Suez-Kanal vom Roten Meer her mehr als 300 Arten (Por 1978; Zibrowius 1994).
- **Aquakultur:** Zuchtlachs ersetzt Wildlachs; Bester und andere Stör-Bastarde; Garnelen.
- **Transporte:** Fracht, Ballastwasser, Fouling als Aufwuchs am Schiffskörper (Gollasch 1998).
- **Aquarien:** Alge *Caulerpa prolifera* im Mittelmeer, *Strombus.*
- **Besatz zur Nutzung:** Blaukrabbe *Callinectes sapidus* (Mittelmeer, Atlantik), Auster *Crassostrea virginica* (Nordsee, Atlantik), Rapa-Schnecke *Rapana venosa* (Schwarzes Meer, Mittelmeer), zahlreiche Fischarten, besonders im Kaspischen Meer.
- **Unbeabsichtiges Ausbringen:** Schiffsbohrwurm *Teredo* sp. in der Ostsee; *Gobius niger.*

1.5.6 Erfassung und Erforschung

Wie für fast die gesamte Fauna fehlt es – auch im angeblich gut untersuchten Mitteleuropa – an einer modernen, leicht zugänglichen und übersichtlichen Datenbasis, die im einzelnen umfassen muß:

- Flächendeckende Erfassung mit regionalen Daten ersten Auftretens,
- Überführung vorhandener Information (Publikationen, Datenbestände) in eine zentrale Datenbank (im Verbund von Universitätsinstituten, Naturkundemuseen und Umweltbundesamt, s. u.), Koordination ähnlicher Vorhaben in anderen Ländern auf europäischer und internationaler Ebene,
- Klärung des taxonomischen Status und Determination: Viele Arten des aquatischen Bereichs wurden zunächst falsch eingeordnet, z. B. *Potamopyrgus jenkinsi* → *P. antopodarum*, *Cambarus affinis* → *Orconectes limosus*, *Salmo irideus* → *Oncorhynchus mykiss*; Unklarheiten über den Artstatus bestehen oder bestanden bei *Corbicula* sp. (Kinzelbach 1991, 1992) und *Dikerogammarus* sp., im brakkisch-marinen Bereich bei den Borstenwürmern *Marenzelleria* spp. Die systematische Untersuchung muß auch das infraspezifische Niveau einschließen sowie die nach der Einwanderung erfolgten Veränderungen gegenüber den Herkunftspopulationen als Tunneleffekte bzw. Mikro-Evolution.

- Wo und für welche Arten treten Neozoen als Konkurrenten autochthoner Arten auf (van der Velde et al. 1994), aber auch als Prädatoren oder als Nahrung?
- Einbindung der Neozoen in die autochthone Biozönose bzw. Auswirkungen auf diese,
- spezielle Prüfung schadverdächtiger Arten (s. u., Tabelle 1-18). Dazu ist ein Dauermonitoring und eine mit Koordinierung der Gegenmaßnahmen beauftragte Stelle erforderlich (s. u.),
- komplementär ist der Nutzen eingebrachter Arten abzuwägen (s. u.), viele Einbürgerungen erfolgten mit der Absicht der Verbesserung von Erträgen der Fischerei oder Jagd, zur Schädlingsbekämpfung (Moskitofisch) oder zur Bestandsstützung,
- Nutzung des Modellcharakters der Neozoen für transgene Organismen für Forschung und Prognose,
- Akkulturation als genetische Veränderung einheimischer Arten, wichtig bei der Wiedereinbürgerung (Nowak 1981) und im Kontext der generellen Verstädterung der Fauna mit der Ausbreitung von Ballungsgebieten,
- Ökobilanzen (s. u.).

Tabelle 1-18. Objektive und subjektiv wahrgenommene Schäden durch Neozoen, die zu Ablehnung führen

Praktische Gründe: Furcht vor Schädlingen (bes. Landwirtschaft), vgl. *Petromyzon marinus* in den USA; Krebspest *Aphanomyces* sp. in Europa; *Gambusia holbrookii* in Südosteuropa und Mittelmeerraum; *Tilapia zillii* im östlichen Mittelmeerraum; San José Schildlaus; Reblaus; Kartoffelkäfer. – D. f. rigorose Quarantäne, z. B. in Kalifornien, Hawaii, Australien. Bereits vorhandene Arten sind meist weder rückwirkend eliminierbar noch wirksam kontrollierbar.

Theoretische Gründe: Homogenisierung, Globalisierung, Anthropogenisierung der Fauna. – Veränderung des lokalen Ökosystems über Nahrungsnetz und andere Interaktionen (Konkurrenz, Parasitismus, Synökie, veränderte Abiotik).

Doch: Ökosysteme und damit Zoozönosen sind nie stabil, sondern Prozesse in der Zeit. Artensterben und Faunenvermischung sind Anpassungen an die menschliche Populationsstärke und Aktivität. Sie demonstrieren, daß das Ökosystem funktioniert.

Ideelle Gründe: Die reine, heimische, autochthone Natur als Planungsziel des Naturschutzes. Wunsch nach Harmonie, Ästhetik, Tradition.

Doch: Natur (*nasci*) ist *a priori* das Ungeregelte. Vertrauen auf Selbstregulierung. Daher: Weg vom Purismus, weg vom Freilichtmuseum. Befreit den Gartenbaumläufer aus dem Würgegriff der Naturschutzverwaltung!

1.5.7 Nutzen von Neozoen

Viele Arten wurden – verbunden mit einer Nutzungserwartung – in eine andere Region verbracht. Dazu zählen zunächst die Haustiere, die auf diese Art weltweit ausgetauscht wurden. Von eingeführten Fischen erwartete man Ersatz für die gegen Ende des 19. Jahrhunderts in Europa durch Überfischung, Gewässerausbau und Abwasserbelastung schwindenden Erträge der einheimischen Arten.

Auch in vielen Regionen außerhalb Europas wurden verwilderte Haustiere und eingeschleppte freilebende Arten nutzbarer Teil der neu erreichten Biozönosen, z.B. Fische wie *Tilapia zillii, Lates niloticus* oder *Gambusia holbrookii* in vielen natürlichen Gewässern und in Stauseen der Alten Welt zur Verbesserung der Eiweißversorgung sowie zahlreiche in Aquakultur genommene Arten mit halbwildem Status und zahlreichen Ausreißern.

Kosten-Nutzen-Analysen fehlen weitgehend. Vielfach überwiegen offensichtlich die Schäden (s.u.). In einzelnen Fällen wird ein Nutzen für den Artenschutz sichtbar, der über das Konzept der „Arche Zoo" hinausgeht. Beispielsweise nimmt die Mandarinente *Aix galericulata* in ihrem ursprünglichen Verbreitungsgebiet in Ostasien rapide ab. Von kleinen bedrohten Freilandpopulationen abgesehen gibt es dort nur noch einen Bestand an Tieren in Parks und Zoos. Umgekehrt hat sich die Art in West- und Mitteleuropa, von Parks und Zoos ausgehend, zunehmend freilebend eingebürgert. Der Zeitpunkt ist abzusehen, zu dem die europäische, neozoische Population sich weiter ausbreitet, während die Herkunftspopulation erlischt.

Nutzen wird seit ihrer Einschleppung in dieses Gebiet z.B. auch von der Dreiecksmuschel *Dreissena polymorpha* für den Erhalt der Winterbestände von Anatidae in Voralpenraum gezogen (Jacoby u. Leuzinger 1972).

1.5.8 Gefahrenpotential der Neozoen

1.5.8.1 Ökonomisches Gefahrenpotential

Neozoen können potentiell als Schädlinge an Nutzpflanzen des Acker- und Gartenbaues sowie der Forstwirtschaft auftreten. Als Nahrungskonkurrenten einheimischer Nutz- und Jagdtiere treten der Moskitofisch in Südosteuropa und im Mittelmeerraum, *Tilapia zillii* im östlichen Mittelmeerraum auf. Erwünschte Wild- und Jagdtiere werden durch neue beutegreifende Arten reduziert, z. B. durch Marderhund und Waschbär. Ratten, Bisam und Kaninchen greifen mitunter zerstörend in Damm- und Uferbauwerke ein. Dreiecksmuscheln verstopfen gelegentlich Leitungen und Kanäle. Ratten zerbeißen Kabel und Abwasserrohre.

1.5.8.2
Medizinisches und tiermedizinisches Gefahrenpotential: Zoonosen und Vektoren

Dramatische Folgen hatte die Einschleppung des Biosystems Wanderratte und Pestfloh *Xenopsylla cheopis*, besonders während der großen europäischen Pestepidemie 1348 bis 1352. Erreger der Malaria-Formen, der Bilharziose oder des Larva-migrans-Symptoms werden regelmäßig von Touristen eingeschleppt, ohne bisher zu dauernden Infektionsherden zu führen. Die Fälle von Flughafenmalaria und die Möglichkeit der Einschleppung neuer Malaria-Überträger (z. B. *Aedes aegypti, Aedes tigrinus*) sollten zu Aufmerksamkeit führen.

Die Krebspest (*Aphanomyces* sp.), zwar kein Tier sondern ein Bakterium, hat in Europa die Bestände einheimischer Flußkrebse erheblich geschädigt. Neozoen bringen z. T. ihre angestammten Parasiten mit. Es muß geklärt werden, inwieweit sie auf einheimische Bestände übertragen werden können. Vom pazifischen Aal wurde der Schwimmblasenwurm *Anguillicola crassus* auf europäische Aale *Anguilla anguilla* übertragen und ist mittlerweile weit verbreitet.

1.5.8.3
Psychosoziales Gefahrenpotential

Veränderungen der subjektiv definierten heimischen Natur (FFH – Fauna, Flora, Habitate) werden als Verunsicherung registriert. Veränderungen ängstigen, die Furcht vor ihnen führt zu einem Werte-Konservativismus. Veränderungen, auch der Fauna, lassen Heimat fremd werden. Diesen psychosozialen Ansprüchen muß in geeigneter Form Rechnung getragen werden. Dazu gehört unter anderen auch die Vermeidung überflüssiger Veränderungen von Fauna, Flora und Habitaten, im hier behandelten Spezialfall auch die Vermeidung der Einbringung ungewohnter, als anstößig empfundener Organismen oder die Herstellung ihrer Akzeptanz durch Aufklärung.

1.5.8.4
Gefahr für Genetik und Bestand der Arten der einheimischen Fauna

Der genetische Zustand einer Art und der ihr zugehörigen Populationen ist das Resultat eines fortwährenden Abgleichs zwischen der Variationsbreite der Reaktionsnorm und dem Selektionsdruck. Arten ändern sich fortwährend, veränderter Selektionsdruck durch eingebrachte Arten verändert zwangsläufig auch die einheimischen Arten.

Für einheimische Arten besteht weiterhin potentiell die Gefahr der Ausrottung durch Bastardierung mit Neozoen. Ausrottung bedeutet dabei nicht das physische Erlöschen, sondern der Untergang als eigenständige genetische Einheit. Das bekannteste Beispiel ist die Introgression der amerikanischen in die europäische Ruderente (Bezzel 1996). Vermischungen sind bei künstlich ausgesetzten Biber-Populationen in Mitteleuropa zu befürchten, die aus fünf unterschiedlichen Ursprungsgebieten in Europa und Nordamerika stammen. Weit fortgeschritten ist die Vermischung einheimischer Fischarten mit Genen aus domestizierten Beständen oder mit solchen aus geographisch weit entfernten Populationen.

Konkurrenz sowie alle weiteren Interaktionen (s. u.) zwischen Autochthonen und Neozoen können zur Beeinträchtigung der ersteren führen, bis zur lokalen Auslöschung. Dies ist vielfach belegt, z. B. von Vögeln der Inselfaunen. In der Fauna europäischer Flüsse wird eine erhebliche Beeinträchtigung und lokales Aussterben eines frühen Neozoons, der Zebramuschel *Dreissena polymorpha*, durch Platzkonkurrenz mit einem späteren Ankömmling, dem Schlickkrebs *Corophium curvispinum*, beobachtet (van der Velde, Paffen, van den Brink 1994).

1.5.8.5
Gefahrenpotential der Neozoen: Infraspezifisches Niveau und Paraneozoen

Das Konzept einer „Krypto"- oder „Para"-Biodiversität bezieht sich auf infraspezifische (sub-, intraspezifische) Einheiten, welche nur durch intensive genetische, biologische und autökologische Studien erkannt werden können (Kinzelbach 1998b). Ein verringerter Genfluß führt potentiell zu lokaler Separation und Isolation, und die Populationen weisen unterschiedliche Eigenschaften auf, jedoch reversibel bis zum Auftreten exogener oder endogener Paarungsschranken. Damit ist kurz der Vorgang der Mikroevolution beschrieben. Sie vollzieht sich auch an Neozoen. Verschleppte Populationen der gleichen Art sind dann als Paraneozoen zu bezeichnen.

- Neozoen können sich im neuen Areal potentiell rasch von der Ausgangspopulation weg entwickeln. Ihr Genpool umfaßt nur einen kleinen geographischen Ausschnitt der Ausgangsart, oft mit geringer Individuenzahl, so daß Effekte eines genetischen „bottleneck" bzw. die von Inselpopulationen bekannten Fragen auftreten können. Hinzu kommt der vermehrte Selektionsdruck im neugewonnenen Areal. Es gibt derzeit noch keine näheren Erkenntnisse über die genetische Beziehung zwischen Herkunfts- und Auswandererpopulationen. Ein Hinweis ist z.B. die rasche Subspeziesbildung des nach Nordamerika eingeschleppten Haussperlings.
- Genetische Introgression erfolgt durch Bastardierung einheimischer Wildpopulationen mit entweder eingeschleppten Verwandten oder mit domestizierten Zuchtrassen mit bereits stark abweichendem Genpool. Dies war bereits für das Artniveau angedeutet worden (s.o., wobei es Ermessenssache ist, die dort angeführte „Art" Kanadischer bzw. Europäischer Biber gerade aufgrund der fruchtbaren Bastardierung für bloße Subspezies zu erklären). Bastardbildungen spielen bei Vögeln, z.B. Anatidae oder Fringillidae, eine große Rolle. Die Einbringung zahlreicher exotischer Entenarten in Parks (Gillham u. Gillham 1996) lassen mit einer zunehmenden Zahl solcher z.T. unbegrenzt fertiler Mischlinge rechnen, über die neue Gene in die einheimische Population eindringen können. Noch deutlicher ist diese Erscheinung bei der Einkreuzung von Haustieren, z.B. Hausente (einschließlich der „Hochbrutflugenten" der Jäger) in Stockentenbestände; bei der Einkreuzung von Zuchtforellen in nahezu alle Wildforellenbestände; ähnlich bei Meereforelle, Lachs, Hecht und Zander. Bei anderen Arten wurden zur Bestandsstützung Populationen aus nicht autochthonen Populationen eingebracht, z.B. bei vielen Weißfischarten (Tabelle 1-19).
- Transgene Tiere könnten potentiell ebenso in wildlebende Bestände eingekreuzt werden und selbige verändern, sei es erwünscht oder unerwünscht. Erblich transgene Karpfen mit Genen des Graskarpfens werden z.B. in Wuhan (China) produziert; ein Entkommen wird derzeit noch verhindert, doch ist die Verwilderung nur eine Frage der Zeit.
- Wildlebende Bestände im direkten, überwiegend städtischen Umfeld des Menschen werden selektiv verändert hinsichtlich ihrer Aktivitätsrhythmen und -radien, Vertrautheit, Neststandort, Nahrungspräferenz („An-Domestikation", Akkulturation); dies fällt in den letzten Jahren besonders bei Teichhuhn und Ringeltaube auf. Die veränderten städtischen Populationen können auf die des Umlandes zurückwirken. Es kommt im städtischen Umfeld zur Akku-

Tabelle 1-19. Kategorien faunistischer Veränderungen (verändert n. Niethammer 1963; Nowak 1981)

- **Natürliche Ausbreitung:** Vom Menschen nicht direkt (gegebenenfalls indirekt durch Habitatveränderung) beeinflußte Arealerweiterung. An die nachgenannten, vom Menschen beeinflußten Fälle von Verbreitung kann sich jeweils eine Ausbreitung aus eigener Kraft anschließen.
- **Verschleppung:** Vom Menschen unbeabsichtigte Verfrachtung, z. B. Wanderratte.
- **Einbürgerung:** Vom Menschen beabsichtigte Verfrachtung in ein Gebiet, in dem die Art früher nicht vorgekommen ist. Aussetzung in volle Freiheit zum Zwecke der Ansiedlung, z. B. Karpfen, Zander, viele weitere Fischarten
- **Zufallseinbürgerung:** Vom Menschen beabsichtigte Verfrachtung, jedoch nicht zum Zwecke der Einbürgerung. Zufällig entkommene Stücke begründen Daueransiedlung, z. B. Waschbär, Nutria.
- **Wiedereinbürgerung:** Aussetzung von Tieren in ein Gebiet, in dem die Art in historischer Zeit einheimisch war. Das ehemalige, jetzt „ausgedünnte" Areal soll teilweise oder ganz wiederhergestellt werden. So bei Meerforelle, Weißstorch, vielen Fischarten.
- **Bestandsstützung:** Aussetzen von Tieren in ein Gebiet, in dem noch eine Restpopulation der Art vorhanden ist oder ständig (noch) nicht reproduzierende Stücke beobachtet werden. Ziel ist die Stabilisierung dieser Population durch Erhöhung der Abundanz, z. B. Wiedehopf, viele Fischarten.
- **Umsiedlung:** Verpflanzen von Tierpopulationen in geeignetere Habitate eines großräumig von der Art stets besiedelten Areals, an denen sie derzeit erloschen ist, z. B. Wisent.

mulation nachteiliger Allele. Zu befürchten ist eine Verminderung der genetischen Vielfalt unterhalb des Artniveaus. Lokale Differenzierung und Feinanpassung der autochthonen Populationen wird abgelöst durch durchsetzungsstarke, an die anthropogene Umwelt angepaßte genetische Einheiten, häufig mit Domestikationsmerkmalen.

Die Fauna von Ballungsräumen weist vergleichbar den o. g. großräumigen Vorgängen „Wachstumsringe" auf: Mehr oder minder deutlich ist die autochthone Fauna noch erhalten (Relikte, Opportunisten), hinzu treten Neozoen und in ganz besonderem Maße Tiere verschiedener Herkunft, die frei leben, jedoch genetisch vom Menschen direkt (verwilderte, ausgesetzte, eingekreuzte Domestizierte) oder indirekt durch Anpassung an den Menschen (Tunneleffekte, Opportunisten) verändert sind. Sie sind die Wegbereiter einer Fauna der Zukunft.

- Potentiell können neue Taxa durch Vermischung vorher getrennter Subspecies im Einwanderungsgebiet entstehen („Melting-pot-Hypothese"), dies wird derzeit an den europäischen Kanadagänsen untersucht (O. Geiter).

1.5.8.6 Gefahr für autochthone (Teil-)Ökosysteme

Neu auftretende Arten verändern in jedem Falle qualitativ und quantitativ das jeweils betroffene lokale Ökosystem. Offen bleiben der Umfang einer Änderung und seine Bewertung. Beeinflussung findet statt über Konkurrenz, Nahrungsnetz, Parasiten, Krankheiten, Synökie oder durch Veränderung abiotischer Faktoren durch den Neuankömmling. Hier muß jeder Einzelfall gesondert untersucht werden.

Ökosysteme und damit Biozönosen sind nie stabil, sondern Prozesse in der Zeit. Artensterben und Faunenvermischung sind zwei derzeit rasch verlaufende Anpassungen an die Stärke und Aktivität der menschlichen Populationen. Die Anpassung durch Veränderung demonstriert, daß das Ökosystem funktioniert.

1.5.9 Neozoen und Naturschutz

Natur ist *a priori* das Un- oder Selbstgeregelte – im Gegensatz zu Kultur, der menschlichen Bewirtschaftung von Resourcen. Seit Urzeiten, geprägt durch unzählige Notsituationen, fehlt dem Menschen Vertrauen in die Selbstregulierung der Natur; vielmehr manipuliert er diese in immer stärkerem Umfang, ein historischer Prozeß.

Es besteht daher ein Zielkonflikt zwischen Wollen und Handeln: Der traditionelle Naturbegriff, die Wildnis, die Schöpfung, ist zwar virtuelles Ziel, *de facto* überwiegen jedoch das Verlangen und die Notwendigkeit, auch Natur regelnd zu gestalten (Markl 1986). Vor diesem Hintergrund ist die Grundsatzfrage des Naturschutzes neu zu diskutieren, ob nämlich konservierend ein bestimmter – ohnehin vage definierter – Status von Arteninventar und Ökosystem Schutzgegenstand sein soll oder ob nicht vielmehr einer kontrollierten Sukzession bzw. Evolution der Biozönose unter den Randbedingungen des 21. Jahrhunderts mit seiner überwältigenden Dominanz des Menschen der Vorzug zu geben ist.

Im behandelten Zusammenhang bedeutete dies, die Neozoen entweder sich selbst zu überlassen oder in die von ihnen angestoßene

Entwicklung ordnend einzugreifen. Diese extremen Positionen werden mit viel Engagement verfochten, sie schließen sich nicht völlig aus:

- Einschleppung und Einführung von Tieren wird als gefährliches biologisches Abenteuer abgelehnt; auch Wiedereinbürgerung soll nur begrenzt statthaft sein. Abgestuft wird ein autochthones Artenspektrum geschützt; einigen hinzugekommenen Arten wird nach unklaren Kriterien Heimatrecht zugestanden; dies ist eine rein konservierende, defensive Naturschutzstrategie.
- Es wird festgestellt, daß unsere Fauna ohnehin schon völlig unter künstlichen Randbedingungen lebt; daher sollte jede künstliche wie natürliche Neuansiedlung begrüßt werden. Der Mensch und damit auch die vom Menschen verursachten Arealveränderungen werden als Teil der Natur aufgefaßt; als schutzwürdig gilt dann nur die Erhaltung von ökologischen Prozessen, nicht ein bestimmtes Ökosystem; dies ist eine sich entwickelnde, offensive Naturschutzstrategie.

Das Schutzziel ist nicht genau definiert bzw. grundsätzlich verschieden. Ist das Ziel Schutz eines Zustandes oder Schutz einer Dynamik? Ökosystemare Zustände lassen sich nur kurzfristig und unter erheblichen Eingriffen stabilisieren. Dies widerspricht dem Prinzip der Nachhaltigkeit: Ein solches Vorgehen kann im Naturschutz nur der Ausnahmefall sein. Andererseits kann das freie Gewährenlassen einer Dynamik bei raumzeitlichen Engpässen zu unerwünschten Folgen für Teile von Fauna, Flora oder Habitaten führen. Hier müssen neue Konzepte und Wertvorstellungen her und Wege gefunden werden zwischen einerseits Ignorieren und Treibenlassen und andererseits der Zwangsvorstellung, die Natur völlig verplanen zu sollen.

Ortsfremde Tierarten werden von der derzeitigen Naturschutzgesetzgebung potentiell an vielen Stellen berührt. Untersagt ist die willkürliche und wissentliche Ausbringung nicht-einheimischer Organismen, der Fall der unwillkürlichen bzw. unwissentlicher Einschleppung ist nicht vorgesehen. Eine Kontrolle ist nicht beschrieben, bei bereits weit verbreiteten oder kleinen Tieren auch unmöglich. Für die bereits vorhandenen Neozoen gibt es keine einheitliche und homogen begründete Handlungsanweisung, zumal sie teilweise unter die Jagdgesetzgebung fallen. Weiterhin sind die nicht-einheimischen Tiere noch nicht hinreichend genau definiert. Sie sind schon auf dem Artniveau eine heterogene Gruppe, die von offensichtlich fremdartigen Tieren, über akzeptierte eingebürgerte bis zu vermeintlich einheimischen, ja sogar naturschützerisch erwünschten Arten (z.B. Zebra- oder Dreiecksmuschel) geht.

1.5.10 Handlungsbedarf

Weltweit, besonders in Neuseeland und Australien, in den USA und in vielen Ländern des Tropengürtels, finden die Neozoen eine zunehmende Beachtung. Schäden ökonomischer Art sind in vielen Fällen nachgewiesen; medizinische Bedeutung haben einige Arten als Parasiten bzw. Überträger von Krankheiten (Zoonosen, Bakteriosen, Virosen); ökologische Schäden sind zu vermuten, indem die Neozoen – meist konkurrenzstarke Opportunisten – spezialisierte Arten bis zum Aussterben bedrohen können. Dies ist auf Inseln oder bei begrenzten Arealen einheimischer Arten vielfach nachgewiesen. Neozoen tragen daher teilweise zum Biodiversitätsverlust bei; häufiger sind sie jedoch nur ein Symptom für ohnehin gestörte Systeme. Ihre geographische Ausbreitung führt zur Homogenisierung früher getrennter Biozönosen und daher auch auf anderer Ebene zu Biodiversitätsverlust (Tabelle 1-19).

Andererseits ist diese Entwicklung schon lange im Gange und nicht mehr aufzuhalten. Sie ist eine der Eigenschaften der Fauna der Zukunft, welche schon jetzt unausweichlich vom Menschen geprägt ist und erst recht in Zukunft dominiert sein wird. Wie ausgeführt ist ein viele Bereiche berührendes Gefahrenpotential vorhanden. Auch in Deutschland kann das Neozoenproblem nicht weiterhin am Rande oder im regionalen Rahmen behandelt werden. Es fällt in die Kompetenz des Bundes und ist letztlich nur auf europäischer bzw. internationaler Ebene zu lösen (Kinzelbach 1998a).

Eine Befassung und Vorsorge ist besonders angesichts der weiteren Öffnung von Märkten und Warenverkehr im Zeichen der Globalisierung unabweisbar. Dazu wird eine Handlungskette vorgeschlagen, deren organisatorische Gestaltung (z.B. eine zentrale Koordinationsstelle Neozoen im Verbund von Universitätsinstituten, zoologischen Sammlungen und dem Umweltbundesamt) Gegenstand der weiteren Diskussion sein sollte. Notwendig ist die

- Weiterführung der Erfassung und Einrichtung einer zentralen Datenbank für Neozoen unter fortlaufender Aktualisierung,
- Bereitstellung wissenschaftlicher und allgemeiner Informationen, Öffentlichkeitsarbeit, Aufklärung bei Akzeptanzproblemen,
- begleitende Forschung, insbesondere über den genetischen Status im Verlauf des Einbürgerungvorganges, Abschätzung der Risiken für den autochthonen Genpool, Nutzung der Modelleigenschaften für den Umgang mit gegebenenfalls verwilderten transgenen Tieren,

- begleitende Forschung über die ökologische Auswirkung von Neozoen, orientiert an qualitativ und quantitativ besonders auffallenden Fällen, Anpassung von Naturschutzkonzepten und Naturschutzrecht.
- Die erhofften wirtschaftlichen Erfolge von Einbürgerungen sind meist nur lokal und kurzfristig eingetreten. Ihre Nebenwirkungen wurden nicht bemerkt, ignoriert oder ohne Ausgleich dem Ökosystem bzw. öffentlichen Haushalten aufgebürdet. Hier besteht dringend Forschungsbedarf im ökonomisch-ökologischen Bereich durch Einführungsfolgen-Abschätzung, Kosten-Nutzen-Analyse und Ökobilanz.
- Daraus ergeben sich Informationen für ein fortlaufendes Monitoring und gegebenenfalls die Auslösung einer Warnstufe für bestimmte Arten. Notwendige Präventions- und Interventionsmaßnahmen sollten von der oben vorgeschlagenen Koordinationsstelle und dem Potential bereits bestehenden Einrichtungen von Bund und Ländern (Naturschutz, Pflanzenschutz, Grenzkontrollen) erfolgen.

1.5.11 Literatur

Akademie für Natur- und Umweltschutz Baden-Württemberg (1994) Statuskolloquium „Neophyten – neue Pflanzenarten in der Natur". Tagungsführer, Fellbach

Akademie für Natur- und Umweltschutz Baden-Württemberg (1995) Statuskolloquium „Neozoen – neue Tierarten in der Natur". Tagungsführer, Fellbach

Arnold A (1990) Eingebürgerte Fischarten. Neue Brehm Bücherei 602, Wittenberg, 155 S

Bezzel E (1996) Neubürger in der Vogelwelt Europas: zoogeographisch-ökologische Situationsanalyse – Konsequenzen für den Naturschutz. 241–260. In: Gebhardt H, Kinzelbach R u. Schmidt-Fischer S (1996) Gebietsfremde Tierarten. Ecomed, Landsberg, 314 S

Di Castri F, Hansen AJ u. Debussche M (1990) Biological invasions in Europe and the Mediterranean Basin. Kluwer Academic Publishers, Dordrecht, S 463

Elton CS (1927) Animal ecology. London (2. Aufl)

Falz-Fein Wv (1930) Askania Nova. Das Tierparadies. Neudamm

Franz H (1992) Der Rhein und seine Besiedlung im Wandel: Organismen (Hydrozoa, Kamptozoa und Bryozoa) als Indikatoren für den ökologischen Zutand eines Gewässers. Pollichia-Buch Nr. 25. Bad Dürkheim,S 167

Gebhardt H, Kinzelbach R, Schmidt-Fischer S (Hrsg) (1996) Gebietsfremde Tierarten. Auswirkung auf einheimische Arten, Lebensgemeinschaften und Biotope. Situationsanalyse. Ecomed, Landsberg, 314 S

Gillham E, Gillham B (1996): Hybrid ducks. A contribution towards an inventory. Church Road, 88 p

Jacoby H, Leuzinger H (1972) Die Wandermuschel (*Dreissena polymorpha*) als Nahrung der Wasservögel am Bodensee. Anz orn Ges Bayern 11:26–35

Kinzelbach R, Krupp F (1982) Zur Einbürgerung des Moskitofisches (*Gambusia affinis*) in Mitteleuropa. Mainzer naturwiss Archiv 20:67–77

Kinzelbach R (1972) Einschleppung und Einwanderung von Wirbellosen in Ober- und Mittelrhein (Coelenterata, Plathelminthes, Annelida, Crustacea, Mollusca). Mainzer naturwiss Archiv 11:109–150

Kinzelbach R (1978) Veränderungen der Fauna des Oberrheins. Beih Veröff Naturschutz Landschaftspflege Bad-Württ 11:291–301

Kinzelbach R (1990) Besiedlungsgeschichtlich bedingte longitudinale Faunen-Inhomogenitäten am Beispiel des Rheins. In: Biologie des Rheins, Limnologie aktuell 1:41–58

Kinzelbach R (1991) Die Körbchenmuscheln *Corbicula fluminalis, Corbicula fluminea* und *Corbicula fluviatilis* in Europa (Bivalvia: Corbiculidae). Mainzer naturwiss Archiv 29:215–228

Kinzelbach R (1992) The distribution of the freshwater clam *Corbicula fluminalis* in the Near East (Bivalvia: Corbiculidae). Zoology in the Middle East 6:51–61

Kinzelbach R (1992) The main features of the phylogeny and dispersal of the Zebra Mussel *Dreissena polymorpha.* In: The Zebra Mussel *Dreissena polymorpha.* Limnologie aktuell 4:5–17

Kinzelbach R (1995) Neozoans in European waters – exemplifying the worldwide process of invasion and species mixing. Experientia 51:526–538

Kinzelbach R (1996) Wasserausbau und Neozoen. Watercourse construction and neozoans. 13–21, 124–134. In: UBA (Hrsg) Faunen und Florenveränderung durch Gewässerausbau – Neozoen und Neophyten, Berlin, 16. November 1995. Texte 74/95, Umweltbundesamt Berlin, 220 S

Kinzelbach R (1998a) Neozoen in Europa: Status und Dynamik. 51–61. In: UBA (Hrsg) Gebietsfremde Organismen in Deutschland. Ergebnisse eines Arbeitsgespräches am 5. und 6. März 1998 „Die rechtliche Regulierung nichtheimischer Organismen im Vergleich zu gentechnisch veränderten Organismen." Umweltbundesamt Berlin, 154 S

Kinzelbach R (1998b) Biodiversität. Etikettenschwindel, Mode oder neuer Forschungsansatz? Biologen heute. Mitteilungen des Verbandes Deutscher Biologen, München 440:1–5

Kureck A (1992) Neue Tiere im Rhein. Naturwiss 79:533–540

Lang G (1994) Quartäre Vegetationsgeschichte Europas. G Fischer Jena, 462 S

Lelek A, Buhse G (1992) Fische des Rheins früher und heute. Heidelberg, 214 S

Lohmeyer W, Sukopp H (1992) Agriophyten in der Vegetation Mitteleuropas. Schriftenr Vegetationskde 25:1–185

Löns H (1907) Einbürgerung von Wirbeltieren. Jahresber Nat hist Ges Hannover 1907:128–133

Markl H (1986) Natur als Kulturaufgabe. DVA Stuttgart, 391 S

Martin PS, Klein RG (eds) (1989) Quaternary extinctions. A prehistoric revolution. Univ Arizona Press, Tucson, 892 S

Niethammer G (1963) Die Einbürgerung von Säugetieren und Vögeln in Europa. Hamburg, 319 S

Nowak E (1981) Wiedereinbürgerung von Tieren. Natur und Landschaft 56:111–114

Por FD (1978) Lessepsian migration. The influx of Red Sea Biota into the Mediterranean by way of the Suez Canal. Berlin, 228 p

Roth G (1987) Zur Verbreitung und Biologie von *Potamopyrgus jenkinsi* (EA Smith, 1889) im Rhein-Einzugsgebiet (Prosobranchia: Hydrobiidae). Arch Hydrobiol Suppl 79:49–68

Schellenberg A (1942) Krebstiere, Crustacea IV: Flohkrebse oder Amphipoda. In: Dahl F (Hrsg) Die Tierwelt Deutschlands 40 (IV):1–252

Schleuter M, Schleuter A, Potel S, Banning M (1994) *Dikerogammarus haemobaphes* (Eichwald 1841) (Gammaridae) aus der Donau erreicht über den Main-Donau-Kanal den Main. Lauterbornia 19:155–159

Schmitz W (1960) Die Einbürgerung von *Gammarus tigrinus* Sexton auf dem europäischen Kontinent. Arch Hydrobiol 57:223–225

Schöll F (1990) Erstnachweis von *Chaetogammarus ischnus* Stebbing im Rhein. Lauterbornia 5:71–74

Streit B (1991) Verschleppung, Verfrachtung und Einwanderung von Tierarten aus der Sicht des wissenschaftlichen Naturschutzes. In: Henle K, Kaule G (Hrsg) Arten- und Biotopschutzforschung in der Bundesrepublik Deutschland. Jülich, 208–224

Thienemann A (1950) Verbreitungsgeschichte der Süßwassertierwelt Europas. Die Binnengewässer 18, Schweizerbarthsche, Stuttgart, 809 S

van der Velde G, Paffen BGP, van den Brink FWB (1994) Decline of Zebra Mussel populations in the Rhine. Naturwiss 81:32–34

Zibrowius H (1991) Ongoing modification of the Mediterranean marine fauna and flora by the establishment of exotic species. Mésogée 51:83–107

2 Gewässerbelastungen durch organische Stoffe

2.1 Abwassereinträge aus der Siedlungsentwässerung

DIETRICH BORCHARDT

2.1.1 Struktur der Siedlungsentwässerung

Die Entwässerung größerer Siedlungsgebiete erfolgt in den industriell hochentwickelten Ländern über Misch- oder Trennkanalisationen. Hierbei wird das durch menschliche Aktivitäten entstehende Ab-

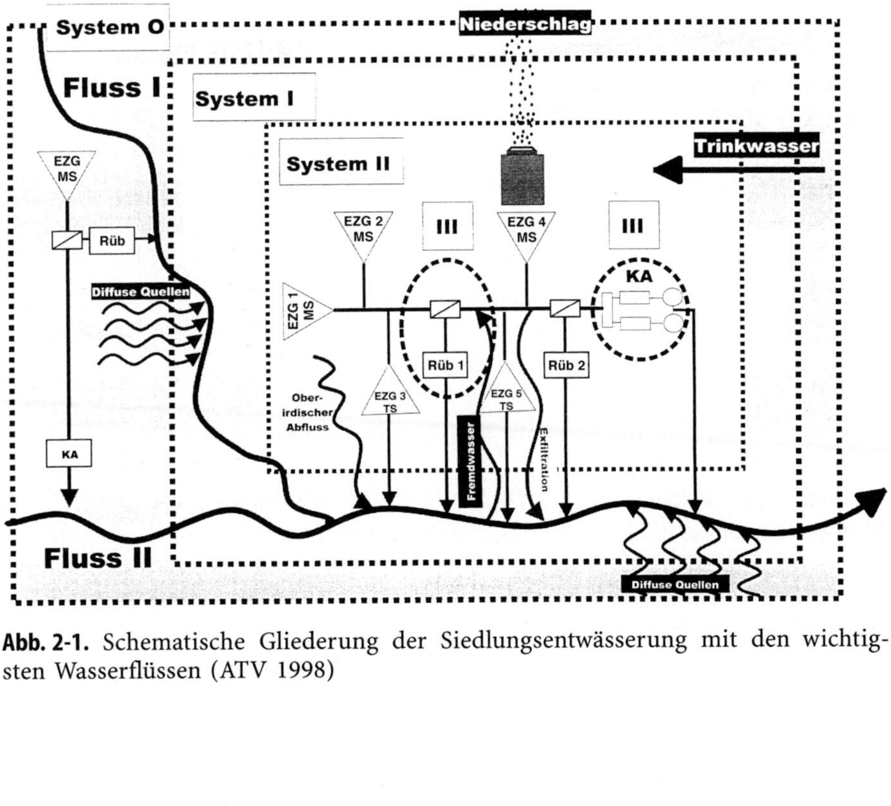

Abb. 2-1. Schematische Gliederung der Siedlungsentwässerung mit den wichtigsten Wasserflüssen (ATV 1998)

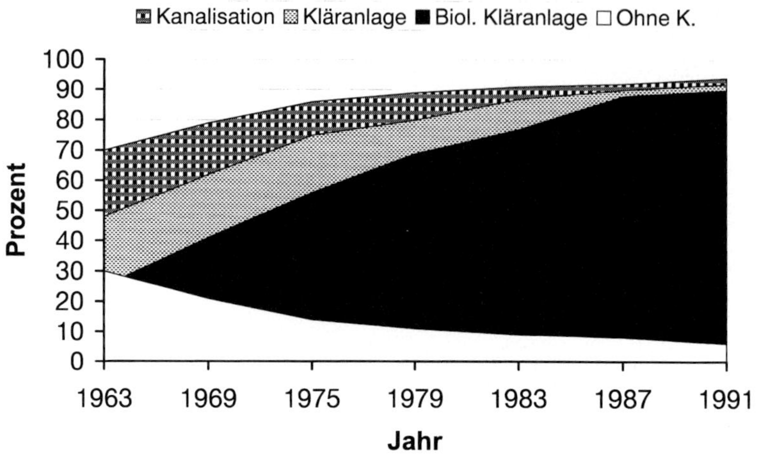

Abb. 2-2. Zeitliche Entwicklung der Siedlungsentwässerung in der Bundesrepublik Deutschland (ATV 1996)

wasser und das von den Siedlungsflächen abfließende Niederschlagswasser entweder in einem gemeinsamen Abwasserkanal (Mischkanalisation) oder in getrennten Kanälen (Trennkanalisation) gesammelt (Abb. 2-1). Die Schmutzwasserkanäle der Trennentwässerung bzw. die Kanäle der Mischsysteme leiten das Abwasser einer Kläranlage zu, deren Ablauf den Endpunkt eines Kanalisationsnetzes darstellt. Aus den Kläranlagenabläufen gelangt das durch verschiedene Verfahren gereinigte Abwasser in Oberflächengewässer und wird im hydrologischen Kreislauf weitergeführt.

Während die Errichtung von Kanalisationen in den Großstädten bereits im letzten Jahrhundert begann, setzte der flächendeckende Ausbau der Siedlungsentwässerung mit biologischen Kläranlagen erst nach 1945 ein (Abb. 2-2). Der Anschlußgrad an Kanalisationen beträgt heute für die Bundesrepublik Deutschland 94%, der an biologische Kläranlagen rund 92%.

2.1.2 Entwicklung der Gewässerbelastung aus Siedlungsgebieten

Parallel zur Enstehung der Siedlungsentwässerung unterlagen die Abwasserbelastung der Gewässer und die Gewässerschutzstrategien einem stetigen Wandel (Tabelle 2-1). Die Einleitung häuslichen und industriellen Abwassers erreichte in Mitteleuropa seit Mitte des letzten Jahrhunderts mit fortschreitender Industrialisierung und Anwachsen der städtischen Siedlungen ein Ausmaß, das erhebliche hygienische

Tabelle 2-1. Entwicklung der Gewässerbelastung durch Abwässer sowie von wasserwirtschaftlichen Maßnahmen und Bewertungssystemen (nach verschiedenen Autoren, siehe Text)

Zeit	Problem	Siedlungswasserwirtschaftliche Maßnahmen	Bewertungsbasis
19. Jahrhundert und vorher	Epidemien und Hochwasser	Bau von Kanalisationen; Sammlung von Abwasser Ausbau der Fließgewässer als Vorfluter	Überflutungen Seuchenhygiene
Ende 19./ Anfang 20. Jahrhundert	wachsende Einleitungen häuslichen und industriellen Abwassers	Bau von mechanischen Kläranlagen (erste mechanisch-biologische Kläranlage (1910)	Saprobie der Gewässer; Sauerstoffhaushalt; organische Summenparameter (BSB u.a.)
nach 1945	große Sauerstoff defizite und biologische Verödungen in den großen Fließgewässern	flächenhafte Errichtung mechanisch-biologischer Kläranlagen	
ab 1950	Eutrophierung von Seen und Talsperren	Phosphorelimination in Kläranlagen; Abführung des Abwassers in Ringkanalisationen	Monitoring; Grenzwerte für Phosphorfrachten
ab 1965	Eutrophierung von Fließgewässern	Phosphorelimination in Kläranlagen; Monitoring	Immissionsgrenzwerte für Phosphor (nach 1980)
ab 1970	Kanalisationsentlatungen bei Regen; organische und anorganische Mikroschadstoffe	Erhöhung der Speicherkapazität des Kanalnetzes; Frachtreduzierung; Monitoring, Indirekteinleiterkontrolle	Jahresfracht des CSB; ökotoxikologische Befunde
ab 1980	Eutrophierung der Binnen- und Küstenmeere	Weitergehende Abwasserreinigung mit Nitrifikation, Denitrifikation und Phosphorelimination	Emissions-/ Immissions grenzwerte
ab 1990	diffuse Quellen; Niederschlagswassereinleitungen	Optimierung Düngereinsatz; Viehhaltung; weitergehende Niederschlagswasserbehandlung	Emissions-/ Immissionsgrenzwerte; Trophie; Hydromorphologie
	Xenobiotica		Ökotoxikologische Befunde

Tabelle 2-2. Die derzeit wichtigsten physikalischen und chemischen Belastungskomponenten der Siedlungsentwässerung und ihre Wirkung auf Gewässerökosysteme

Art der Gewässerbelastung	Art der Auswirkung	Besonders betroffene Gewässer
Physikalische Belastungen.		
Hydraulische Veränderungen	Abflußverhältnisse; hydraulischer Stress	Kleinere und mittlere Fließgewässer
Temperatur	Komplex	kleinere Fließgewässer
Feststoffe	Veränderung der Sedimente, Verschlammung der Sohle	Fließgewässer
Chemische Belastungen:		
Nährstoffe (insb. Phosphor, Ammonium, Nitrat)	Trophie fördernd. P/R >1	Seen; Fließgewässerunterläufe; Küstenmeere
Organische Stoffe (Eiweiße, Zucker, Fette)	Saprobie fördernd. P/R <1	Fließgewässerunterläufe; (Grundwasser)
Toxische Stoffe:		
NH_3-N; NO_2-N	Akut oder chronisch toxisch; Veränderung der Lebensgemeinschaften	Fließgewässer
Schwer abbaubare organische Verbindungen (Huminstoffe, Tenside)	Störung von Wechselwirkungen im Ökosystem; Veränderung der Lebensgemeinschaften	Fließgewässer; Seen
Organische Verbindungen (z. B. chlorierte Lösungsmittel, insb. Chloroform)	Chronisch toxisch; Veränderung der Lebensgemeinschaften	Fließgewässer, Seen, Grundwasser, Küstenmeere
Anorganische Verbindungen (z. B. Cu, Pb, Zn, Cd, Hg)	Chronisch toxisch; Veränderung der Lebensgemeinschafen	Fließgewässer, Seen, Grundwasser, Küstenmeere
Pharmaka (z. B. Antibiotica, Lipidsenker, Zytostatica)	Akut und chronisch toxisch; endokrine Wirkungen, Veränderung der Lebensgemeinschafen	Fließgewässer, Seen, Grundwasser, Küstenmeere
Hormone und hormonähnlich wirkende Substanzen (z. B. Nonylphenol, Alkylphenole, Östrogen, Tributylzinn)	Endokrine Wirkungen, Veränderung der Lebensgemeinchaften	Fließgewässer, Seen, Grundwasser, Küstenmeere
Hygienerelevante Bakterien	Hygiene	Fließgewässer, Seen, Grundwasser, Küstenmeere
Grobstoffe	Ästhetik	Fließgewässer, Seen

und gesundheitliche Gefährdungen der Bevölkerung sowie volkswirtschaftliche Schäden nach sich zog. In jener Zeit bestand die vorrangige Aufgabe der Siedlungsentwässerung in der möglichst raschen und unter hygienischen Aspekten möglichst effizienten Abwasserabführung. Diese wurde durch den Bau von Kanalisationen in den großen Städten seit Mitte des 19. Jahrhunderts erreicht.

Die flächenhafte Errichtung mechanisch-biologischer Kläranlagen wurde begleitet von einem rasanten Wirtschaftswachstum seit etwa 1950 und einer „Chemisierung" vieler Wirtschafts- und Lebensbereiche. In wachsender Zahl wurden umwelt- und wassergefährdende Stoffe künstlich hergestellt und in Umlauf gebracht. Zahlreiche dieser Stoffe gelangen über die Siedlungsentwässerung in die Umwelt und sind heute im Wasserkreislauf nachweisbar (Tabelle 2-2).

2.1.3 Stoffeinträge aus der Siedlungsentwässerung

2.1.3.1 Kläranlagen

Abwasser ist ein komplexes Stoffgemisch (Koppe u. Stozek 1990) und wird wegen der Vielzahl von Einzelstoffen vielfach über Summenparameter charakterisiert. Für die organischen Stoffe sind dies der Chemische Sauerstoffbedarf (CSB), der Biochemische Sauerstoffbedarf (BSB_5), der gesamte bzw. gelöste organische Kohlenstoff (TOC und

Tabelle 2-3. Mittlere spezifische Bruttofrachten von organischen Stoffen, Nährstoffen und Schwermetallen im kommunalen Abwasser

Stoff	Einheit	Mittlere Bruttofracht
CSB	g/E·Tag	120–150
TOC	g/E·Tag	40–50
DOC	g/E·Tag	15–20
BSB_5	g/E·Tag	45–60
Gesamt-N	g/E·Tag	11–14
NH_4-N	g/E·Tag	7–10
Gesamt-P	g/E·Tag	2–2,5
Cu	mg/E·Tag	5–50
Pb	mg/E·Tag	10–50
Zn	mg/E·Tag	20–150
Cr	mg/E·Tag	5–50
Cd	mg/E·Tag	5–50
Ni	mg/E·Tag	0,5–3

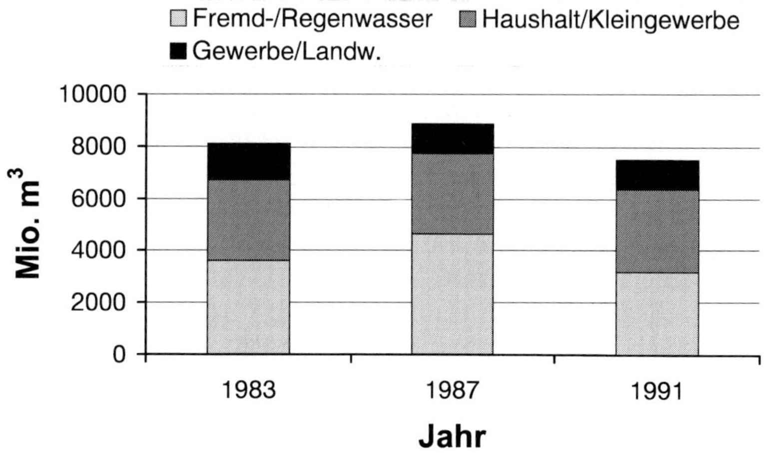

Abb. 2-3. Menge und Herkunft des in Kläranlagen behandelten Abwassers in der Bundesrepublik Deutschland (n. ATV 1996)

DOC) und die an Aktivkohle adsorbierbaren organisch gebundenen Halogene (AOX). Die Beschaffenheit des den Kläranlagen über die Kanalisation zufließenden Abwassers ergibt sich aus den im Siedlungsgebiet anfallenden Stoffrachten (Tabelle 2-3) und der Abwassermenge. Schwankungen in der chemischen Zusammensetzung ergeben sich vor allem aufgrund des Anteils des gewerblichen Abwassers, das sich in seiner Zusammensetzung erheblich von kommunalem Abwasser unterscheidet.

Aufgrund der Entstehungsgeschichte und baulichen Konstruktion wird heutzutage in der Siedlungsentwässerung Abwasser unterschiedlicher Herkunft erfaßt und mit unterschiedlichen Reingungsverfahren behandelt (Abb. 2-3). Die gegenwärtig anfallende Jahresabwassermenge von insgesamt 8×10^9 m^3 für das Bundesgebiet entspricht rund 8,5% des in die Meere abfließenden Oberflächenwassers (456 mm; Liebscher u. Michel 1994).

Die heute in Kläranlagen gebräuchlichen Reinigungsverfahren lassen sich verfahrenstechnisch in vier Stufen einteilen:

1. Stufe: Entfernung von absetzbaren Stoffen mit Rechenanlagen, Sandfang und Vorklärbecken
2. Stufe: Biologische Stufe mit Belebtschlamm- oder Tropfkörperverfahren zur Elimination leicht abbaubarer organischer Stoffe
3. Stufe: Nitrifikation und Nährstoffelimination (Denitrifikation; chemische und biologische P-Fällung)
4. Stufe: Nachgeschaltete Flockungsfiltration; Mikrosiebung/-filtration mit Membranen; Desinfektion; Aktivkohleadsorption.

Tabelle 2-4. Werte für mittlere Ablaufkonzentrationen verschiedener Reinigungsverfahren in der kommunalen Abwasserreinigung

	Belebungsverfahren mit N und P Elimination	Filtration chemisch-physikalisch	Filtration-biologisch-chemisch-physikalisch		Membranfiltration
			Aerob	Anoxisch	
Abfiltrierbare Stoffe ($mg\,l^{-1}$)	10	<5	<5	<5	Ca. 0
CSB ($mg\,l^{-1}$)	5	<5	<5	<5	nn
BSB_5 ($mg\,l^{-1}$)	50	<40	<40	<45	<20
AOX ($mg\,l^{-1}$)	50	<50	<50	<50	nn
P_{ges} ($mg\,l^{-1}$)	1	<0,3	<0,3	<0,3	<1
NH_4-N ($mg\,l^{-1}$)	5	5	1	<5	<1
NO_3-N ($mg\,l^{-1}$)	10	10	15	<5	<10

Mit diesen Reinigungsverfahren können zahlreiche Inhaltsstoffe bis auf geringe Konzentrationen aus dem Abwasser entfernt werden (Tabelle 2-4). Dabei ist zu bedenken, daß einige Schadstoffe nur verlagert werden (z. B. Schwermetalle in den Klärschlamm), was zu Problemen bei ihrer Verwertung bzw. Entsorgung führt. Auch bestimmte gelöste organische Xenobiotika mit hohem Umweltrisiko (z. B. Pestizide; Arzneimittelwirkstoffe; Antiseptika) werden im Reinigungsprozeß konventioneller Kläranlagen nur unvollständig eliminiert (s. Kap. 2.6.2.3, 2.11 und 4.2; Terners u. Haberer 1998).

2.1.3.2 Niederschlagswassereinleitungen

Die Länge der öffentlichen Kanalisation wird für die Bundesrepublik gegenwärtig auf 395 000 km geschätzt (Lübbe 1998). Dies entspricht rund 4,9 m/Einwohner. Circa 71% der Kanalisationsstrecken im Gebiet der Bundesrepublik Deutschland sind im Mischsystem ausgeführt (Brombach 1988).

Die technische Konstruktion und Dimensionierung der Abwasserkanalisation bzw. der Kläranlagen erfordert direkte Einleitungen des gesammelten Abwassers, wenn infolge von Niederschlägen erhöhte Wassermengen in den Kanalisationen abgeleitet werden müssen. In **Trennentwässerungssystemen** wird das von den Oberflächen abfließende Niederschlagswasser in einem eigenen Regenwasserkanal gesammelt und entweder direkt oder bei stark verschmutzten Einzugsgebieten nach Passage eines Regenklärbeckens in Oberflächengewässer eingeleitet (Imhoff u. Imhoff 1990). In **Mischentwässerungssyste-**

men sind hingegen verschiedene Bauwerke zur Regenwasserbewirtschaftung (Regenüberläufe, Regenüberlaufbecken, Stauraumkanäle) angeordnet (ATV 1992). Im Jahr 1991 waren bundesweit für Mischsysteme 34725 Regenentlastungsbauwerke mit einem Speichervolumen von 12,8 Mio. m^3 und im Trennsystem 8608 Sonderbauwerke mit einem Speichervolumen von 7,7 Mio. m^3 erfaßt (ATV 1996).

In Abhängigkeit von den Retentionseigenschaften des Kanalnetzes und der Niederschlagshöhe, -dauer und -intensität wird ein mehr oder minder großer Teil des in der Kanalisation anfallenden Gemisches aus Abwasser und Niederschlagswasser direkt in Gewässer eingeleitet. Die Kanalisation und ihre Speicher fassen allerdings nur rund 1 bis 2 mm des bei einem Regenereignis auf die befestigten Flächen fallenden Niederschlags, so daß zwar kleinere Regenereignisse vollständig gespeichert werden, bei stärkeren Regen jedoch große Mengen verdünnten Abwassers in die Gewässer gelangen.

Niederschlagsbedingte Abwassereinleitungen aus Kanalisationen sind intermittierende, stoßartige Belastungen der Fließgewässer mit Schmutz- und Schadstoffen. Sie bedeuten – abhängig von verschiedenen Eigenschaften des Siedlungs- und Gewässereinzugsgebietes – eine mehr oder minder schwerwiegende Gewässerbelastung.

Das eingeleitete Wasser enthält Schmutzstoffe unterschiedlicher Herkunft:

- Atmosphärische Schmutz- und Schadstoffe,
- vom abfließenden Niederschlagswasser an der Erdoberfläche aufgenommene Stoffe,
- Abwasserinhaltsstoffe des Trockenwetterabflußes,
- resuspendierte Stoffe aus Kanalablagerungen,
- erodierte Sielhaut.

In Mischkanalisationen sind tendenziell höhere Konzentrationen an partikulären Schwebstoffen, organischen Inhaltsstoffen sowie Stickstoff- und Phosphorverbindungen als in Trennkanalisationen zu erwarten (Tabelle 2-5). Dies gilt insbesondere für die biochemisch leicht oxidierbaren Kohlenstoffverbindungen (BSB_5) und das NH_4-N. Auffällig sind die zum Teil hohen Gehalte an abfiltrierbaren Stoffen in Trennkanalisationen, die die Werte in Mischkanalisationen zum Teil beträchtlich übersteigen können.

Zusätzlich treten im Niederschlagswasserabfluß der Trenn- und Mischwasserkanalisationen teilweise hohe Konzentrationen an Mikroschadstoffen auf (Tabelle 2-6). Auch bei diesen Stoffen sind in Trennkanalisationen in der Tendenz niedrigere Konzentrationen als im Mischwasser anzutreffen. Die Höhe der Belastung des Niederschlags-

Tabelle 2-5. Konzentrationen ausgewählter chemischer Parameter (Summenparameter und Nährstoffe) im Niederschlagswasserabfluß aus Trenn- und Mischkanalisationen in mg l^{-1} (verschiedene Einzugsgebiete in Mitteleuropa)

	Abfiltr. Stoffe	BSB_5	CSB	NH_4-N	NO_2-N	NO_3-N	Ges-P
Trennentwässerung							
Goettle 1978 [1]							
	5–999	1–104	7–996	0,01–8,9	0,01–0,5	0,1–4,5	0,09–9,98
	773	40	125	2,1*)			1,9
Harremoës u. Johansen 1986 [2]							
	11–100	4,4	11–77	0,3	-	1,2	0,03–3,5
Geiger 1990 [4]							
	83–300	7–18,4	28,5–140	0,8–1,2	0,09–0,26	1,8–3,5	0,1–1,1
Mischentwässerung							
Krauth 1971 [3]							
	177	88	114	19,4*)	-	-	-
Krauth u. Stotz 1985 [4a]							
	225/46,5	126/37	-	-	-	-	-
	95,5	65,4					
Krauth u. Stotz 1985 [4b]							
	291/7,9	115/14,1	268/26	-	-	-	-
	48	40,3	84				
Harremoës u. Johansen 1986 [5]							
	41–469	42–114	79–275	0,6–2,1	-	0,6–2,1	1,1–7,4
	176	30	130	-	-	-	2,6
Winter 1988							
	-	49–112	146–292	7,1–10,3	-	0,2–1,1	2,4–2,5
Geiger 1990 [6]							
	55–177	42–114	79–275	3,8–8,6	0,1	0,3	1,2–4,3

[1] Schwankungsbereich aus Mischproben einer 2½-jährigen Meßreihe; 2. Zeile Jahresmittelwerte; [2] Schwankungsereich einer einjährigen Meßreihe; [3] Jahresmittelwerte; [4a/b] 95/15 Percentil; [a] und [b] für unterschiedliche Einzugsgebiete; 2. Zeile Arithmetisches Mittel aus mehrjährigen Meßreihen; [5] Schwankungsbereich einer 1-jährigen Meßreihe; 2. Zeile Arithmetisches Mittel; [6] aus Literaturangaben; * N_{ges}

wasserabflusses aus Trennkanalisationen ist jedoch als beträchtlich einzustufen.

Die qualitative Zusammensetzung des eingeleiteten Niederschlagswassers unterscheidet sich hinsichtlich verschiedener Inhaltsstoffe von Kläranlagenabläufen. Dies ist insbesondere bei Vergleichen beider Emissionen über Summenparameter wie abfiltrierbare Stoffe, CSB und BSB zu berücksichtigen, da die Wirkungen im Gewässer völlig verschieden sein können. In gleicher Weise sind konzentrations- und frachtbezogene Wirkungen zu trennen.

Tabelle 2-6. Konzentrationen von Mikroschadstoffen (Schwermetalle, Phenol und AOX) im Niederschlagswasserabfluß von Trenn- und Mischkanalisationen in µg/l (verschiedene Einzugsgebiete in Mitteleuropa)

Al	Cd	Cr	Cu	Fe	Hg	Ni	Pb	Zn	Phenol	AOX
Trennentwässerung										
Harremoës u. Johansen 1986 [1]										
392	0,48	0,65	5,7	567	<10	2,6	41	336	5	-
Geiger 1990[2)]										
-	2–3	4–31	10–437	-	0,2–5	30–113	110–359	130–500	-	-
Mischentwässerung										
Harremoës u. Johansen 1986 [1a]										
1070	1,33	1,90	35	1087	<10	11,4	105	518	-	7
Harremoës u. Johansen 1986 [1b]										
883	1,05	3,54	40	1285	<10	11	150	302	-	7
Geiger 1990 [2]										
-	1–3	16–48	90–93	4900	0,52	-	82–95	204–382	-	26

[1a/1b] Mittelwerte einer einjährigen Meßreihe; [a] und [b] für verschiedene Einzugsgebiete; [2] aus Literaturangaben

2.1.4 Wirkung auf Gewässerökosysteme

Wirkungen der Siedlungsentwässerung auf Gewässerökosysteme sind in einem komplexen Umfeld zu sehen (Abb. 2-4). Direkte Wirkungen beziehen sich auf die Wasserbeschaffenheit und die Veränderung der hydrologischen und hydraulischen Verhältnisse. Auswirkungen auf die Lebensgemeinschaften sind vielfach indirekter Natur und durch andere anthropogene Einflüsse überlagert (z. B. in den Bereichen Gewässerausbau – Hydromorphologie; Wasserqualität – Landwirtschaft).

2.1.4.1 Kontinuierliche Abwassereinleitungen aus Kläranlagen

Die dauerhafte externe Zufuhr von abbaubaren organischen Stoffen oder von Nährstoffen beeinflußt in Gewässerökosystemen das stoffwechseldynamische Gleichgewicht zwischen Photosynthese und Respiration (Abb. 2-5). Die Auswirkungen können je nach Gewässertyp sehr unterschiedlich sein. In stehenden Gewässern mit thermischer Schichtung führt die erhöhte Stoffzufuhr bei entsprechendem Lichtangebot in erster Linie zu einer erhöhten Algenproduktion

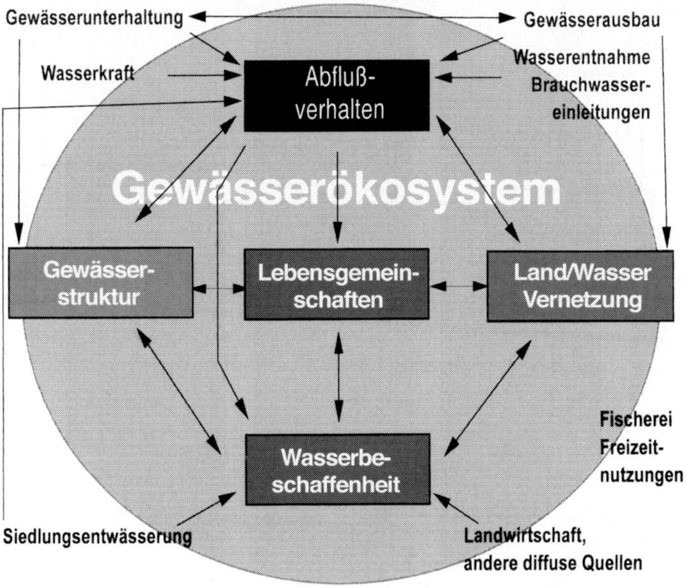

Abb. 2-4. Struktur von Gewässerökosystemen, ihre wechselseitige Abhängigkeit und anthropogene Einflüsse

(P > R). Die absinkende Algenbiomasse wird in den tieferen Zonen mineralisert, wobei eine beträchtliche Sauerstoffzehrung stattfindet (1 kg P $\Rightarrow$ 114 kg Algentrockenmasse $\Rightarrow$ 114 kg O_2). Diese Zehrung kann ausreichen, um den gesamten hypolimnischen Sauerstoffvorrat eines Sees zu verbrauchen, so daß in den tieferen Gewässerschichten anaerobe Zustände eintreten. Dies hat weitreichende Folgen für die Lebensgemeinschaften und anthropogene Nutzungen.

In Fließgewässern bewirkt die Zufuhr nährstoffreichen Abwassers aufgrund der gerichteten Strömung und der hohen atmosphärischen Sauerstoffzufuhr hingegen zunächst eine Mineralisierung der organischen Stoffe (P < R). Dabei werden Nährstoffe wie Phosphor und mineralischer Stickstoff freigesetzt, die aber erst nach entsprechender Fließzeit die Algenproduktion steigern (P > R). Die heterotrophen und autotrophen Stoffumsetzungen sind also räumlich getrennt (s. Bd. 3 A, Kap. 1.1.4). Sind die Nährstoffe inkorporiert und erfolgt keine weitere externe Stoffzufuhr, wird das P/R-Verhältnis wieder annähernd ausgeglichen, allerdings auf höherem Niveau als oberhalb der Einleitung. Dieser Vorgang wurde bereits im letzten Jahrhundert erkannt und wird seither als „Selbstreingung“ der Fließgewässer bezeichnet.

Der flächenhafte Ausbau der Abwasserreinigung mit mechanischer und biologischer Reinigungsstufe hat dazu geführt, daß der heterotro-

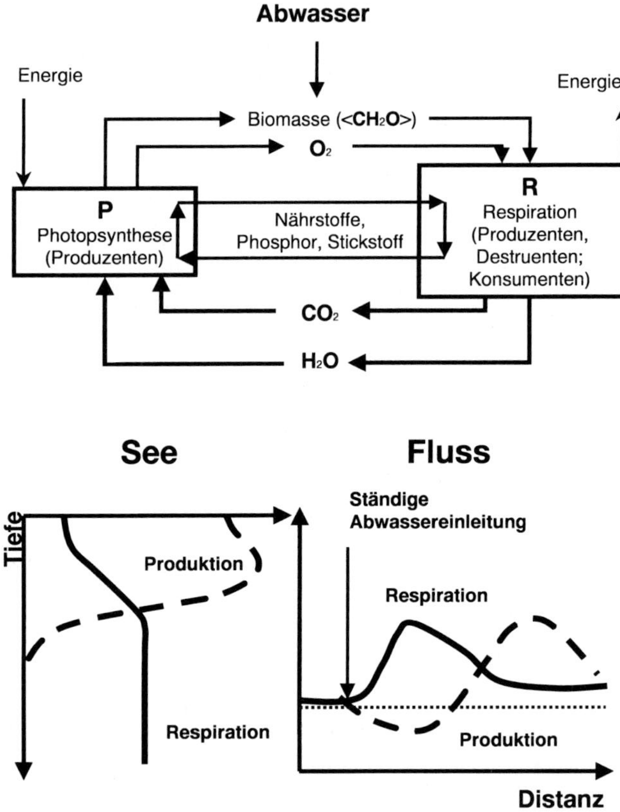

Abb. 2-5. Auswirkungen einer Abwasserzufuhr auf die Produktion und Respiration in Oberflächengewässern (verändert n. Kummert u. Stumm 1990)

phe Abbau der organischen Abwasserinhaltsstoffe aus den Gewässern in die Kläranlagen verlagert wurde. Entsprechend dominieren in den Fließgewässern heute die Stickstoffbelastung, die Eutrophierung, die niederschlagsbedingten Gewässerbelastungen und Xenobiotika.

Am Beispiel der Ammoniumbelastung der hessischen Lahn werden die komplexen Auswirkungen der Siedlungsentwässerung deutlich. Durch die Abwassereinleitungen aus Kläranlagen steigt die „Grundbelastung“, zusätzlich nimmt die Häufigkeit und Höhe von Extremwerten durch Niederschlagswassereinleitungen zu. Weiterhin wird die jahreszeitliche Dynamik durch Nitrifikation im Gewässer erkennbar. Die sich in einem Fließgewässer durch kommunale Abwassereinleitungen einstellenden Stoffkonzentationen sind somit Resultat komplexer Vorgänge, wobei neben den Frachtrelationen zwischen Gewässer und Einleitung gewässerinterne Stofftransformationen (Dispersion, Abbau) eine wichtige Rolle spielen.

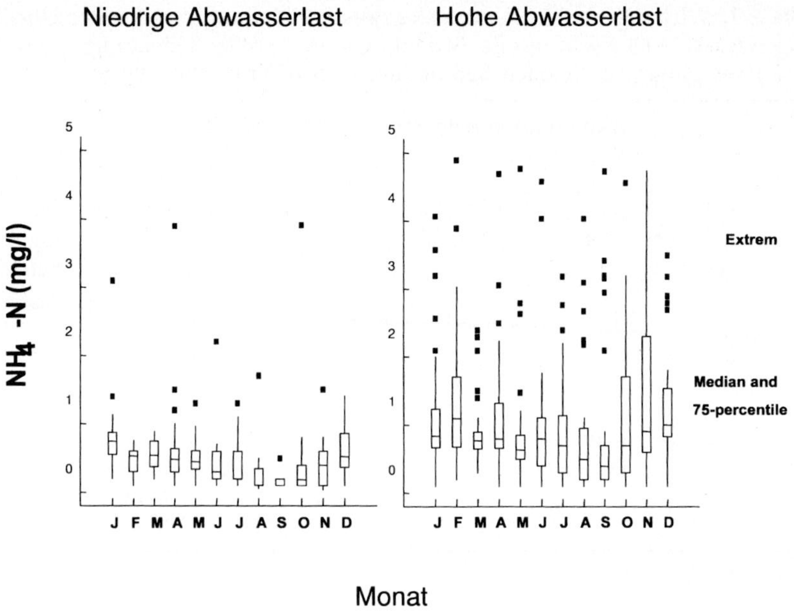

Abb. 2-6. Ammoniumbelastung eines Fließgewässers bei unterschiedlicher Abwasserlast am Beispiel der Lahn (Hessen)

2.1.4.2 Niederschlagswassereinleitungen

Durch den stoßartigen Charakter der Belastung sowie die gleichzeitige Wirkung verschiedener kritischer Einzelfaktoren unterscheiden sich niederschlagsbedingte Einleitungen von anderen anthropogenen Gewässerbelastungen, beispielsweise durch Kläranlagenabläufe oder Einleitungen aus „diffusen“ Quellen (Tabelle 2-7).

Die hydraulische Wirkung der über die Kanalisation eingeleiteten Wassermengen ist eine Funktion der Schubspannung τ, der Häufigkeit und Dauer von τ_{krit}, der Stabilität von Refugien und dem Wiederbesiedlungspotential. Die stofflichen Wirkungen hängen von der spezifischen Belastung mit organisch-C, NH_4-N, organischen Feststoffen, mineralischen Feststoffen, der Häufigkeit und Dauer kritischer Konzentrationen für Sauerstoff und Ammoniak und gewässerseitig von der Dispersion, dem physikalischen O_2-Eintrag und dem pH-Wert ab.

Aufgrund des Wirkungsspektrum müssen Einzelereignisse und die akkumulierenden Belastungen über längere Zeiträume getrennt betrachtet werden. Einzelereignisse stehen im wesentlichen im Zusammenhang mit den akuten Schädigungen durch erhöhte Konzentratio-

Tabelle 2-7. Wirkungen von Niederschlagswassereinleitungen auf unterschiedliche Fließgewässer; +++ = sehr große Bedeutung; ++ = große Bedeutung; + = bedeutsam, ( ) = abhängig von lokalen Bedingungen (Borchardt et al. 1998)

		Akute und verzögerte Wirkungen			Langzeitwirkungen		
Gewässertyp	Lage des Einzugsgebietes	Hydraulische Einflüsse	Stoffliche Einflüsse (physikal.-chem.)		Stoffliche Einflüsse		Morphologische Schädigung
	(Gefälle des Fließgewässers)	hydr. Stress; Geschiebeumlagerungen	O_2-Defizit	NH_3-Toxizität	Nährstoffe Eutrophierung	Verschlammung; Schwermetalle, Xenobiotika	Strukturdefizite
Bäche/ kleine Flüsse	Mittelgebirge (steil)	++ (+)	(+)	(+)			+ (+)
	Tiefland (flach)	+ (++)	(++)	(++)	(++)	(++)	++ (+)
Flüsse/ Ströme	Mittelgebirge (steil)						–
	Tiefland (flach)		(+)	(+)	(++)	(++)	–
Gestaute Flüsse/ Ströme	Tiefland (flach)		(+)	(+)	+ (+)	+ (+)	–

nen toxischer Stoffe sowie Sauerstoffmangel. Die Angabe von Frachten über längere Zeiträume (z. B. Jahresfrachten) steht hingegen in Zusammenhang mit Schädigungen durch Stoffe, die aufgrund ihrer Akkumulation ökologisch negative Wirkungen entfalten (Nährstoffe, Schwermetalle, Xenobiotika).

2.1.5
Wirkung auf Organismen

2.1.5.1
Hydraulische Wirkungen

Hydraulische schädigende Wirkungen auf Organismen stehen in Zusammenhang mit Niederschlagswasserentlastungen der Trenn- und Mischkanalisationen. Sie können abhängig von den Volumenrelationen zwischen Entlastungs- und Gewässerabfluß zur schlagartigen Veränderung der hydraulischen Bedingungen im belasteten Gewässer führen. Dabei kommt es regelmäßig zum Zusammentreffen hoher Niederschlagswasserabflüsse mit geringer Wasserführung im Gewässer (Abb. 2-7).

Die Erhöhung des Gewässerabflusses durch die eingeleiteten Entlastungsvolumina ist für sich allein betrachtet ökologisch von Bedeutung, wenn die hydraulischen Toleranzen von Organismen überschritten werden. Werden durch Niederschlagswassereinleitungen hohe hydraulische Belastungen hervorgerufen, kann dies zur Verdriftung und

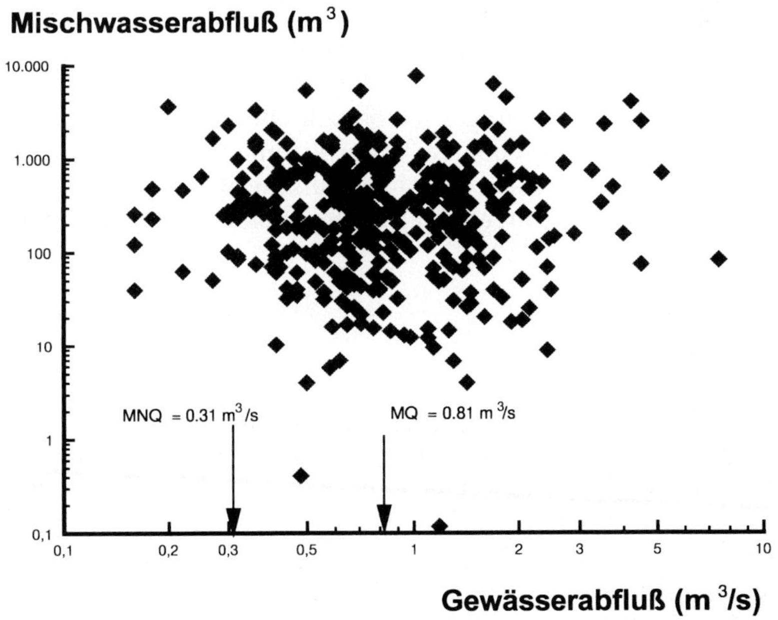

Abb. 2-7. Zusammentreffen von Niederschlagswassereinleitungen aus einem nach den gesetzlichen Mindestanforderungen ausgestatteten Kanalnetz mit dem zeitgleichen Gewässerabfluß (Tagesmittelwert) in einem Zeitraum von 11 Jahren; 18 Einleitungen treffen auf einen Gewässerabfluß

damit zum lokalen Verlust von Individuen einer Population führen (Borchardt 1998; Fischer 1998; Gammeter u. Krejci 1998). Die Höhe der Populationsverluste durch eine sogenannte Katastrophendrift kann innerhalb kurzer Zeit von 45 Minuten, die etwa der mittleren Dauer von Mischwasserentlastungen entspricht, Größenordnungen von 30 bis 80% erreichen (Borchardt 1992).

Stoßartige hydraulische Belastungen mit und ohne Abwasser können daher bereits als Einzelereignis ein erhebliches ökologisches Gefährdungspotential haben. Die akuten Wirkungen hängen neben der Höhe bestimmter Stoffkonzentrationen ganz wesentlich von der sohlennahen hydraulischen Belastung und von den morphologischen Eigenschaften der Gewässersohle ab. Zwischen den hydraulischen und stofflichen Wirkungen bestehen zusätzlich synergistische Beziehungen (Borchardt 1992). Ökologisch bedeutsame Wirkungen auf Organismen können demnach schon dann auftreten, wenn Einzelparameter, jeweils für sich allein betrachtet, noch keine kritischen Größenordnungen erreichen. In solchen Fällen können bei hohen hydraulischen Belastungen großflächige Sohlbewegungen auftreten, in deren Folge die Populationen benthischer Makroinvertebraten in kurzer Zeit drastisch dezimiert werden.

Neben der Sohlschubspannung, die sich infolge der Abflußerhöhung einstellt, sind die Verfügbarkeit hydraulischer Refugien (z. B. Gewässersohle, Totholz, Kehrwasser, Uferbereiche) und die Stabilität der Gewässersohle von zentraler Bedeutung für die ökologischen Folgen der hydraulischen Belastungen (Blohm u. Borchardt 1989). Je ausgeprägter solche hydraulischen Refugien in einem Gewässer vorhanden sind, desto geringer wirken sich hydraulische Belastungen durch Niederschlagswassereinleitungen auf die Organismengemeinschaften aus.

2.1.5.2 Stoffliche Wirkungen

Die Einflüsse der Siedlungsentwässerung nehmen bei den konzentrationsbezogenen stofflichen Wirkungen grundsätzlich mit größer werdendem Verhältnis zwischen Entlastungs- und Gewässerabfluß zu. Ferner sind die Wirkungen in Gewässern von bestimmten hydraulischen und morphologischen Eigenschaften des Gewässers abhängig, soweit sie die Dispersion der eingeleiteten Stoffe und den physikalischen Sauerstoffeintrag beeinflussen. Auf der Basis der vorhandenen toxikologischen Kenntnisse ist davon auszugehen, daß akute Wirkungen von Inhaltsstoffen aus Abwassereinleitungen auf Organismen in erster Linie durch die akut toxisch wirkenden Stoffe Ammoniak und

Nitrit zurückgehen sowie in bezug auf den Sauerstoffhaushalt gesehen werden müssen (Tabelle 2-2).

Der **Sauerstoffgehalt** eines Gewässers stellt sich als komplex gesteuerter Gleichgewichtszustand dar, an dem zahlreiche physikalische und biologische Einflußgrößen beteiligt sind. Natürlicherweise wird der Sauerstoffhaushalt durch den physikalischen Gasaustausch, die temperaturabhängige Löslichkeit sowie sauerstoffverbrauchende und -produzierende biologische Prozesse bestimmt. Niederschlagswassereinleitungen, insbesondere aus Mischkanalisationen, enthalten hohe

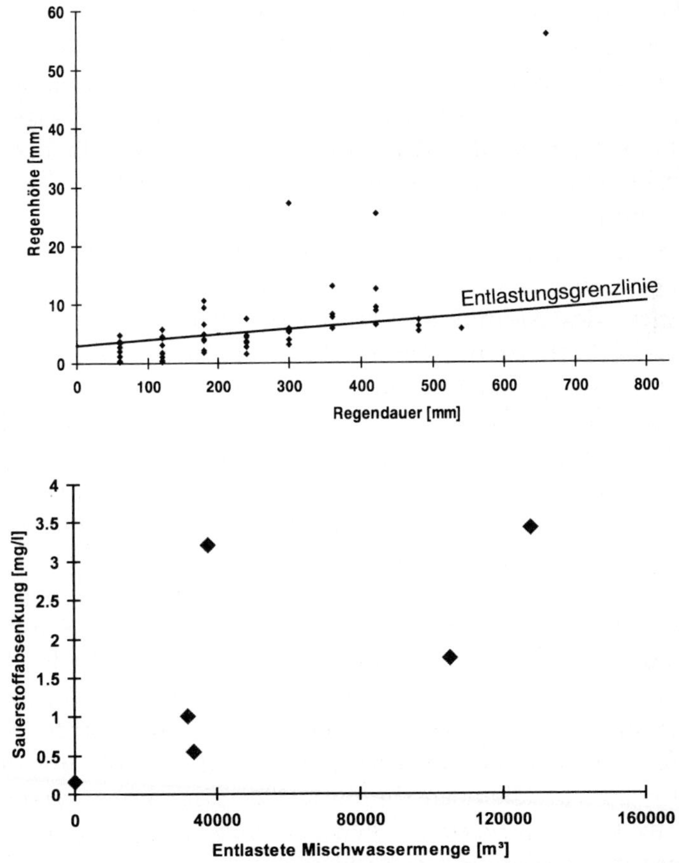

Abb. 2-8. Niederschlagswassereinleitungen aus einem städtischen Kanalnetz in der unteren Lahn zwischen Mai und Juli 1995. Oben: Regenhöhe-Regendauer-Diagramm, alle Niederschläge unterhalb der Entlastungsgrenzlinie wurden vollständig im Kanalnetz gespeichert; oberhalb liegende Punkte markieren Mischwassereinleitungen. Unten: Zusammenhang zwischen entlasteter Mischwassermenge und Sauerstoffhaushalt der Lahn

Konzentrationen an sauerstoffzehrenden Substanzen (vgl. Tabelle 2-5). Im Gegensatz zum biologisch gereinigten Abwasser aus Kläranlagenabläufen weist der „Mischwasser-CSB“ eine hohe Zehrungsgeschwindigkeit auf (C-BSB_5/CSB im Mischwasser ~0,25; in Kläranlagenabläufen ~0,1) und hat entsprechende Auswirkungen auf den Sauerstoffhaushalt (Abb. 2-8).

Insbesondere Gewässer, die aufgrund ihrer natürlichen oder anthropogen veränderten Gerinnemorphologie und -hydraulik eine geringe Schleppkraft, einen geringen physikalischen Gasaustausch und/oder hohe Gewässertiefen aufweisen, sind in ihrem Sauerstoffhaushalt labil. Dies hängt vor allem mit der starken Abhängigkeit der physikalischen Sauerstoffaufnahme von der Fließgeschwindigkeit und Tiefe zusammen. In langsamfließenden Gewässern nimmt außerdem durch die geringe Schleppkraft auch die Gefahr der Schlammbildung durch Sedimentation von Feststoffen und die Eutrophierungsgefährdung durch erhöhten Nährstoffeintrag mit direkten Folgen für die Habitate und indirekten Wirkungen auf den Sauerstoffhaushalt zu.

Ammonium kommt in Gewässern in erhöhten Mengen v.a. durch Abwassereinleitungen, aber auch als Produkt gewässerinterner mikrobieller Abbauprozesse vor (s. Abb. 2-1). Ammoniak ist als nicht ionisierte Spezies des Ammoniums und für aquatische Organismen eine stark toxische Verbindung (Hamm 1991). Es wirkt in erster Linie als Nervengift, dessen Toxizität für aquatische Organismen in Zusammenhang mit der Physiologie der Ammoniakausscheidung steht und von zahlreichen abiotischen und biotischer Faktoren abhängt (z.B. Temperatur, pH-Wert, Strömung, Tierart, Alter der Tiere, physische Kondition wie Laichstreß). Besonders empfindlich gegenüber Ammoniak sind Fische. Wie für andere Giftstoffe ist dessen Giftwirkung zeitabhängig, so daß zwischen einer akuten und chronischen Toxizität unterschieden werden muß (s. Kap. 3.1). Als Kurzzeit-Schwellenwert der toxischen Wirkung für Salmoniden und empfindliche Makroinvertebraten werden 0,08 bis 0,1 mg l^{-1} NH_3-N genannt, langfristig sind 0,025 mg l^{-1} NH_3-N toxisch (Hamm 1991, Borchardt 1992). Die Dissoziation von Ammonium hängt vor allem vom pH und der Temperatur ab. Da vor allem eutrophierte Gewässer hohe pH-Werte von über 8 aufweisen, sind deren Lebensgemeinschaften durch akute Ammoniakvergiftungen besonders gefährdet.

Nitrit gelangt in erhöhten Mengen v.a. durch Abwassereinleitungen in Gewässer, ensteht aber auch als Produkt gewässerinterner mikrobieller Abbauprozesse (Nitrifikation und Denitrifikation, s. Bd. 3A, Kap. 1.1.3.4). Die Nitrifikation wird durch suspendierte und sessile Bakterienpopulationen in einem zweistufigen Prozeß geleistet, wobei insbesondere bei hohen Ammoniumkonzentrationen, hohen Temperaturgradienten und selektiven toxischen Einflüssen auf die Nitratation (= Oxidation von Nitrit zu Nitrat) hohe Nitritkonzentrationen von mehreren mg l^{-1} NO_2-N in Gewässern entstehen können.

Fische sind die am empfindlichsten reagierenden Wasserorganismen, da Nitrit die Sauerstofftransportkapazität des Hämoglobins vermindert (Hamm 1991). Die Wirkung ist von der Art und weiteren Randbedingungen abhängig. Besondere Bedeutung hat Chlorid, das die Nitrittoxizität erheblich herabsetzt. Auch bestimmte Invertebraten (Zuckmücken *Chironomus* sp., Schnecken, Süßwasserschwämme *Ephydatia* sp.) zeigen toxische Schädigungen bei Nitritwerten, die in abwasserbelasteten Fließgewässern regelmäßig auftreten (Neumann et al. 1994; Kahlert u. Neumann 1997; Stief u. Neumann 1998). Die Empfindlichkeit ist ebenfalls artspezifisch und insbesondere vom pH-Wert abhängig.

Als Qualitätsziele für das Schutzgut ‚Aquatische Lebensgemeinschaften' (s. Kap. 3.1.5) werden bei Chloridgehalten über 10 mg l^{-1} für Cyprinidengewässer 0,4 mg l^{-1} NO_2-N und für Salmonidengewässer von 0,20 mg l^{-1} NO_2-N genannt (Hamm 1991).

Die Belastung der Fließgewässersedimente durch **partikuläre Inhaltsstoffe** aus Niederschlagswassereinleitungen darf insgesamt als bedeutend und ökologisch relevant gewertet werden (s. Tabelle 2-1, s. Bd. 3A, Kap. 3.1). Gerade in kleinen Fließgewässern kann es unter dem Einfluß von Mischwassereinleitungen und Trennentwässerungen mit Fehlanschlüssen zu starken stofflichen Belastungen im Interstitial und zur Verschlammung der Gewässersohle kommen (Borchardt 1998; Gammeter u. Krejci 1998). Da das Interstitial und die oberflächennahen Sedimentschichten im Lebenszyklus vieler Gewässerorganismen eine wichtige Rolle spielen, kann der Verlust dieses Lebensraumes entscheidend für die Populationsentwicklung sein.

Abwassereinleitungen der Siedlungsentwässerung können auch über Langzeitwirkungen, die aus der Akkumulation von Stoffen resultieren, eine wesentliche ökologische Bedeutung haben. Bei den **Nährstoffen** Phosphor und Stickstoff leisten sie sowohl über die Belastung der fließenden Welle als auch der Sedimente einen Beitrag zur Eutrophierung. Die Frage nach der Bedeutung dieses Belastungspfades im Vergleich zu anderen Nährstoffeinträgen ist für einzelne Gewässer unterschiedlich nur durch flußgebietsbezogene Bilanzierungen abzuschätzen. Der mögliche Beitrag der Niederschlagswassereinleitungen zum Nährstoffeintrag und damit zur Eutrophierung der belasteten Gewässer reicht abhängig vom Einzelfall von „unbedeutend“ bis „signifikant“ (s. Tabelle 2-2).

Im Hinblick auf den Nährstofftransport in entferntere Fließgewässerabschnitte oder die Küstenmeere können die Niederschlagswasserentlastungen im Vergleich zu anderen Einträgen mit nachgeordneter Bedeutung eingestuft werden. So wird der Anteil der über Niederschlagswassereinleitungen in die Küstenmeere eingetragenen Nährstoffe für die Bundesrepublik Deutschland beim Stickstoff auf 3%, beim Phosphor auf 8% der Gesamtfracht geschätzt (Umweltbundesamt 1994). Die Einträge über Kläranlagen liegen deutlich höher und betragen 30% beim Stickstoff und 35% beim Phosphor (Umweltbundesamt 1994).

Verschiedene Untersuchungen über Wege und den Verbleib von **Schwermetallen** und **Xenobiotika** aus Kläranlagen und Niederschlagswassereinleitungen weisen eine Akkumulation dieser Stoffe (insbesondere Schwermetalle) sowohl in Gewässersedimenten als auch Organismen nach (Tomlison et al. 1980; Hofmann u. Meighan 1984; Kummert u. Stumm 1990; Terners u. Haberer 1998). Die Arbeiten zeigen, daß vom Niederschlag zum Niederschlagsabfluß bis in die Kanalisation eine deutliche Zunahme der Schadstoffbelastung erfolgt. Diese kann bei Schwermetallen und AOX dieselbe Größenordnung wie beim häuslichen Schmutzwasser erreichen und höher als die Richtwerte für Indirekteinleiter sein. Spurenschadstoffe, die als gefährliche Stoffe zu gelten haben, kommen im Niederschlagsabfluß in teilweise hohen Konzentrationen vor. Von besonderer Bedeutung ist bei der überwiegenden Zahl der Schwermetalle die Anreicherung in feinpartikulären Fraktionen (s. Bd. 3 A, Kap. 3.7.3.1), die nur schwer aus der Wasserphase abgetrennt werden kann.

2.1.6 Bewertung und gesetzliche Regelungen

Die Entwicklung der Siedlungsentwässerung wird begleitet durch eine ständige Fortentwicklung von Bewertungsverfahren (s. Tabelle 2-1) und gesetzlichen Regelungen. Für die Bundesrepublik Deutschland ist das Wasserhaushaltsgesetz (WHG) als bundesrechtliches Rahmengesetz von besonderer Bedeutung (WHG 1996). Im § 7 a (1) WHG heißt es: „*Eine Erlaubnis für das Einleiten von Abwasser darf nur erteilt werden, wenn die Schadstoffracht des Abwassers so gering gehalten wird, wie dies bei Einhaltung der jeweils in Betracht kommenden Verfahren nach dem Stand der Technik möglich ist*". In den Anhängen der „Verordnung über Anforderungen an das Einleiten von Abwasser" aus dem Jahr 1996 sind Regelungen für kommunales Abwasser (Tabelle 2-8) sowie industrielle Branchen getroffen (RahmenAbwasserVwV 1996).

Das nationale Wasserrecht wird durch die supranationalen Gewässerschutzakivitäten der Europäischen Union überlagert. Für die Siedlungsentwässerung sind die Richtlinien über gefährliche Stoffe (EG

Tabelle 2-8. Anforderungen an das Einleiten des Abwassers nach den allgemein anerkannten Regeln der Technik (RahmenAbwasserVwV 1996)

Proben nach Größenklassen der Abwasser-behandlungs-anlagen	Chemischer Sauerstoff-bedarf (CSB) mg l^{-1}	Biochemi-scher Sauer-stoffbedarf in 5 Tagen (BSB_5) mg l^{-1}	Ammo-nium stickstoff[a] (NH_4-N) mg l^{-1}	Phosphor, gesamt (P_{ges}) mg l^{-1}	Stickstoff gesamt[a] als Summe von Ammonium-, Nitrit- und Nitratstick-stoff mg l^{-1}
Größenklasse 1 kleiner als 60 kg/d BSB_5 (roh)	150	40	–	–	–
Größenklasse 2 60 bis kleiner 300 kg/d BSB_5 (roh)	110	25	–	–	–
Größenklasse 3 300 bis kleiner 1200 kg/d BSB_5 (roh)	90	20	10	–	18[b]
Größenklasse 4 1200 bis kleiner 6000 kg/d BSB5 (roh)	90	20	10	2	18[b]
Größenklasse 5 6000 kg/d BSB_5 (roh) und größer	75	15	10	1	18[b]

Qualifizierte Stichprobe oder 2-Stunden-Mischprobe
[a] Diese Anforderung gilt bei einer Abwassertemperatur von 12 °C und größer im Ablauf des biologischen Reaktors der Abwasserbehandlungsanlage. An die Stelle von 12 °C kann auch die zeitliche Begrenzung vom 1. Mai bis 31. Oktober treten
[b] Im wasserrechtlichen Bescheid kann eine höhere Konzentration bis zu 25 mg l^{-1} zugelassen werden, wenn die Verminderung der Gesamtstickstoffracht mindestens 70% beträgt. Die Verminderung bezieht sich auf das Verhältnis der Stickstoffracht im Zulauf zu derjenigen im Ablauf in einem repräsentativen Zeitraum, der 24 Stunden nicht überschreiten soll. Für die Fracht im Zulauf ist die Summe aus organischem und anorganischem Stickstoff zugrunde zu legen

1986, s. Kap. 3.1.4) und über kommunales Abwasser (EG 1991) von Bedeutung. Beide Richtlinien zielen mit Vorgaben und Fristsetzungen auf die Verringerung der Verschmutzung von Binnen- und Küstengewässern durch besonders gefährliche Stoffe, unzureichend gereinigtem

Abwasser und in empfindlichen Gebieten, in denen es zur Eutrophierung kommt, durch Nährstoffe.

Im Gegensatz zu den Abwassereinleitungen aus Kläranlagen wurden bisher keine bundeseinheitlich verbindlichen Mindestanforderungen für die Niederschlagswasserbehandlung festgelegt. Vielmehr wurden zahlreiche länderspezifische Regelungen getroffen, die sich am Arbeitsblatt A 128 der Abwassertechnischen Vereinigung orientieren (ATV 1992). Hierbei handelt es sich um eine Emissionsnorm, in der unabhängig vom betroffenen Gewässer Mindestmischungsverhältnisse zwischen Niederschlagswasser und Schmutzwasser sowie zulässige Entlastungsraten festgelegt werden.

Trotz des relativ hohen Standes bei der Abwasserreinigung können Einleitungen aus der Siedlungsentwässerung in Gewässern auch heute noch signifikante ökologische Belastungen hervorrufen (s. Tabelle 2-1, 2-2 und 2-7). Aufgrund der heutzutage formulierten Qualitätsziele zum Schutz der aquatischen Lebensgemeinschaften (s. Kap. 3.1.5) ergibt sich eine besonders hohe Relevanz für die Konzentrationen an Ammonium/Ammoniak, Nitrit, Phosphor sowie xenobiotische Substanzen. Die vormals bedeutende organische Verschmutzung, gemessen als BSB oder CSB, tritt heute in Gewässern in ihrer ökologischen Bedeutung zurück. Hohe Belastungen mit organischen Stoffen resultieren heutzutage vor allem aus der Sekundärverschmutzung durch Eutrophierung. Hierfür ist vor allem der Phosphor von Bedeutung, dessen Relevanz als Nährstoff in Fließgewässerökosystemen sehr viel höher einzustufen ist als für den Stickstoff.

Ökologisch signifikante hydraulische und stofflich Belastungen durch Niederschlagswassereinleitungen können in Fließgewässern erwartet werden, wenn der Anteil der versiegelten Fläche eines Siedlungsgebietes A_U am oberhalb liegenden Gewässereinzugsgebiet A_{Eo} größer als 2 bis 5% wird bzw. die spezifische Abwasserbelastung größer als 15 bis 40 Einwohnerwerte/ls Niedrigwasserabfluß ist (ATV 1993).

2.1.7
Zukünftige Entwicklung

Derzeit werden die technischen und wirtschaftlichen Grenzen der konventionellen Siedlungsentwässerung mit „End-of-pipe-Maßnahmen“ im Gewässer- und medienübergreifenden Umweltschutz offensichtlich. Es wird zunehmend erkannt, daß der heutige Ressourcenverbrauch für die Abwasserbehandlung mit den Zielsetzungen einer nachhaltigen Entwicklung nicht zu vereinbaren ist (Gujer u. Larsen 1998). Folgerichtig wird die Forderung nach einer integrierten Abwasser- und Abfallwirtschaft erhoben (Harremoes 1997; Henze et al. 1997). Diese zielt auf eine stoffliche Verwertung (Larsen u. Gujer 1997), teilstromorientierte Behandlungsverfahren und Vermeidungsstrategien mit weitgehender Schließung von Stoffkreisläufen. Aus Sicht des Gewässerschutzes ist diese Entwicklung sinnvoll, solange dabei nicht durch Dezentralisierung das Risiko diffuser Stoffverteilungen, die nicht mehr beherrscht werden können, steigt.

Trotz des hohen Standes der Abwasserreinigung weisen viele Fließgewässer nach wie vor ökologische Defizite auf. So sind die Lebensgemeinschaften vieler Fließgewässer auffällig artenarm; bestimmte Organismenarten gehen nach wie vor zurück und die Fortpflanzung empfindlicherer Fischarten ist stark eingeschränkt. Als Ursache hierfür kommen neben der Siedlungsentwässerung Schädigungen der Gewässerstruktur durch wasserbauliche Ausbau- und Unterhaltungsmaßnahmen, Stoffeinträge aus „diffusen" Quellen sowie Änderungen des hydrologischen Regimes in Betracht. Da sich die Bedeutung dieser Einflüsse gebietsweise stark unterscheiden kann, wird zukünftig ein integraler Gewässerschutz, der sich auf die Beschaffenheit der Gewässer in ihrem Einzugsgebiet (Wasser, Gewässerbett mit Ufer und Aue einschließlich Landnutzung, Siedlungen mit Kanalisationen und Kläranlagen) bezieht, erforderlich (Borchard 1998). Die Gewässerbeschaffenheit bzw. -güte muß dabei in größerem Zusammenhang in Abhängigkeit von zahlreichen ökologischen und anthropogenen Einflußfaktoren gesehen werden (Abb. 2-4). Die wichtigsten anthropogenen Einflüsse und Ansatzpunkte für Sanierungen sind dabei in den Bereichen:

- Gewässerausbau
- Gewässerunterhaltung
- Siedlungsentwässerung
- Landwirtschaft
- Fischerei, Freizeitnutzung

zu suchen. Ein solcher einzugsgebietsbezogener Gewässerschutz mit kombiniertem Immisions- und Emissionsansatz ist zukünftig im EU-Recht vorgesehen und wird nach seiner Einführung entsprechende Bedeutung im Gewässerschutz gewinnen.

2.1.8 Literatur

ATV (1992) Arbeitsblatt A 128: Richtlinien für die Bemessung und Gestaltung von Regenentlastungen in Mischwasserkanälen. GFA eV St. Augustin

ATV (1996) Zahlen zur Abwasser- und Abfallwirtschaft. GFA eV Hennef

ATV (1993) Weitergehende Anforderungen an Mischwasserentlastungen, AG 2.1.1. Teil 1: Grundlagen und Vorprüfung. Korrespondenz Abwasser 5:802–806

ATV (1998) Wirksamkeit gewässerbezogener Regenwasserbehandlung – Ist-Zustand und Handlungsbedarf, AG 2.1.7. Korrespondenz Abwasser 8:1330–1335

Blohm HP, Borchardt D (1989) Stoßartige Belastungen in Fließgewässern – Auswirkungen auf ausgewählte Organismen und deren Lebensräume. Paul Parey Bonn

Borchard D (1992) Wirkungen stoffartiger Belastungen auf ausgewählte Fließgewässerorganismen. – Ein Beitrag zur Beurteilung ökologischer Schäden durch Niederschlagwassereinleitungen aus Kanalisation. Universität GH Kassel

Borchardt D (1998) Auswirkungen von Mischwassereinleitungen auf den Stoffhaushalt und die Biozönose von Fliessgewässern: Fallbeispiel Kuhbach (Hessen). Gwf Wasser Abwasser 139:336–342

Borchardt D (1998) Zielsetzungen einer ökologischen Wasserwirtschaft. Integrierte ökologische Gewässerbewertung – Inhalte und Möglichkeiten. BLf Wasserwirtschaft 119–141. Oldenbourg-Verlag, München

Borchardt D, Fischer J et al (1998) Auswirkungen von Mischwassereinleitungen auf den Stoffhaushalt und die Giozönose von Fließgewässern: Ökologische und wasserwirtschaftliche Folgerungen. Gwf Wasser Abwasser 139:418–423

Brombach H (1988) Mehr als 8000 Regenüberlaufbecken in Betrieb. Korrespondenz Abwasser 12:1286

EG (1986) Richtlinie 86/280/EWG des Rates vom 12. Juni 1986 betreffend Grenzwerte und Qualitätsziele für die Ableitung bestimmter gefährlicher Stoffe im Sinne der Liste I im Anhang der Richtlinie 76/464/EWG. ABl. Nr. L 181:16

EG (1991) Richtlinie 91/271/EWG des Rates vom 21. Mai 1991 über die Behandlung von kommunalem Abwasser. ABl L 135:40ff

Fischer J (1998) Auswirkungen von Mischwassereinleitungen auf den Stoffhaushalt und die Biozönose von Fließgewässern: Fallbeispiel Kadenbach (Rheinland-Pfalz). Gwf Wasser Abwasser 139:330–335

Gammeter S, Krejci V (1998) Auswirkungen von Mischwassereinleitungen auf den Stoffhaushalt und die Biozönose von Fließgewässern: Fallbeispiel Luppmen und Rohrbach (Kanton Zürich, Schweiz). Gwf Wasser Abwasser 139:343–348

Gujer W, Larsen T (1998) Technologische Anforderungen an eine nachhaltige Siedlungswasserwirtschaft. Wasserwirtschaft in urbanen Räumen. In: Weigert B, Drewes JE, Lühr HP, Steinberg C, Franke P (eds) 65–84, Wasserforschung eV, Berlin

Hamm A (Hrsg) (1991) Studie über Wirkungen und Qualitätsziele von Nährstoffen in Fließgewässern. Academia-Verlag, St. Augustin

Harremoes P (1997) Integrates water and waste management. Water Science u. Technology 35:11–20

Henze M, Somlyody L et al (1997) Sustainable sanitation. Water Science u. Technology 35:121–133

Hofmann RW, Meighan RB (1984) The impact of combined sewer overflows from San Francisco on the western shore of Central San Francisco Bay. Journal WPCF 56:1277–1285

Imhoff K u. Imhoff K (1990) Taschenbuch der Stadtentwässerung. Oldenbourg-Verlag, München

Kahlert K, Neumann D (1997) Early development of freshwater sponges under the influence of nitrite an pH. Archiv Hydrobiol 139:69–81

Koppe P, Stozek A (1990) Kommunales Abwasser. Vulkan-Verlag, Essen

Kummert R, Stumm W (1990) Gewässer als Oekosysteme – Grundlagen des Gewässerschutzes. Vdf, Zürich

Larsen TA, Gujer W (1997) Seperate management of anthropogenic nutrient solutions. Water Sience Technology 35:87–94
Liebscher HJ, Michel B (1994) Die Deckung des Wasserbedarfs. ATV-Handbuch. ATV 1:89–109, Ernst & Sohn, Berlin
Lübbe E (1998) Jahresbericht der Wasserwirtschaft – gemeinsamer Bericht der Bundesministerien. Wasser u. Boden 50:7–32
Neumann D, Raschke M, Kramer M, Stief P, Schmitter E, Tenten S u. Gräfe B (1994) Makrozoobenthos und Nitrittoxizität in nitratbelasteten Fließgewässern. Jahrestagung der Deutschen Gesellschaft für Limnologie, Jahrestagung Hamburg, 552–556
RahmenAbwasserVwV (1996) Rahmen-Abwasser-Verwaltungsvorschrift über Mindestanforderungen an das Einleiten von Abwasser in Gewässer – Rahmen-Abwasser VwV – in der Fassung vom 31. Juli 1996. GMBl:729
Stief P, Neumann D (1998) Nitrite formation in sediment cores from nitrate-enriched running waters. Arch Hydrobiol 142:153–169
Terners T, Haberer K (1998) Pharmaka und Antiseptika in Oberflächengewässern. Integrierte ökologische Gewässerbewertung – Inhalte und Möglichkeiten. BLf Wasserwirtschaft 617–627. Oldenbourg-Verlag, München
Tomlison RD, Bebee BN et al (1980) Fate and effects of particulates discharged by combined sewers and storm drains, EPA
Umweltbundesamt (1994) Daten zur Umwelt 1992/1993. Schmidt-Verlag, Berlin
WHG (1996) Gesetz zur Ordnung des Wasserhaushalts Wasserhaushaltsgesetz – WHG-Fassung vom 12. November 1996. BGBl I:832, 2455

2.2 Gewässerbelastungen aus dem ländlichen Raum

Werner Hegemann

Aus dem ländlichen Raum werden Gewässer wie aus städtischen Gebieten durch Einträge von (gereinigtem) Abwasser, daneben aber auch aus diffusen Quellen (Erosion von ackerbaulich genutzten Flächen, Belastung durch Abschwemmungen von Weiden, Niederschlagsabfluß von befestigten Flächen, die nicht an eine Kanalisation angeschlossen sind) belastet. Während die Belastungen aus diffusen Quellen nur schwer zu ermitteln sind, ist die Belastung aus Punktquellen, z. B. Kläranlagenabläufen, recht gut bekannt.

2.2.1 Diffuse Quellen

Die Gewässerbelastung aus diffusen Quellen ist nicht nur schwer abzuschätzen, sie ist aufgrund lokaler Gegebenheiten auch sehr unterschiedlich, sowohl hinsichtlich der Stoffarten als auch der Frachten.

Während im Flachland der Stoffeintrag infolge Erosion von ackerbaulich genutzten Flächen relativ gering ist, ist die Belastung im Mittelgebirge bei Kulturen mit später Bodenbedeckung (z. B. Mais) infolge frühsommerlicher Gewitter mit Starkniederschlägen erheblich. Insbesondere der Eintrag von Phosphor ist auf diesem Wege deutlich nachweisbar (s. Kap. 4.1). Hierauf ist auch die Angabe in der Nährstoffstudie von 1991 (Hamm 1991) mit einem P-Eintrag von ca. 40% der P-Gesamtbelastung und ca. 46% der N-Belastung deutscher Gewässer (alte Bundesländer) aus der Landwirtschaft zurückzuführen.

Eine andere Art der Gewässerbelastung im ländlichen Raum ist der Eintrag von Keimen von tierischen Exkrementen. An der Nordsee konnte die Keimbelastung eines Badestrandes, teilweise mit Überschreitung der zulässigen Werte der EU-Badegewässerrichtlinie, infolge Abschwemmungen von Schafexkrementen von Deichen und Deichvorländern nachgewiesen werden. Diese Belastungen liegen etwa in der gleichen Größenordnung wie durch den Ablauf einer Kläranlage mit einem Abwasserausstoß von 3000 m^3/d (Poremba 1997). In einem traditionellen Badegewässer in Oberbayern, der Amper unterhalb des Ammersees, wurde ermittelt, daß ein großer Anteil der Keimbelastung nicht von Kläranlagenabläufen, sondern von diffusen Einträgen aus Viehweiden herrührte (Baumann et al. 1992).

Daneben erfolgen Abwasserbelastungen aus nicht an die Kanalisation angeschlossenen Wohnbauten in Streusiedlungen, insbesondere bei nicht ordnungsgemäß betriebenen Kleinkläranlagen, durch Abschwemmungen von Höfen oder von durch Viehtrieb verschmutzten, nicht an die Kanalisation angeschlossenen befestigten Flächen. Es kann auch durch Betriebsunfälle in der ländlichen Nahrungsmittelproduktion (z. B. Molkereien) oder durch unerlaubte, die Kläranlage überlastenden Einleitungen hochkonzentrierter Abwässer, z. B. Schlempen aus der bäuerlichen Brennerei, zu einer Belastung der Gewässer kommen. Dies wird erleichtert durch eine häufig nicht vorhandene oder unzureichende Überwachung von Indirekteinleitern und sonstiger Abwasserproduzenten.

Die Abgrenzung von Einflüssen aus der Landwirtschaft und aus ländlichen Siedlungsgebieten bei fehlender Kanalisation einerseits und Abwasserbehandlung in einer Orts- oder Gruppenkläranlage andererseits sind allenfalls qualitativ möglich, genaue Berechnungen, die auch eine Frachtermittlung enthalten, sind wegen der nicht bekannten Abflußmengen in den betroffenen Oberflächengewässern in der Regel nicht möglich. Dies zeigt das Beispiel des Garnbachs, einem kleinen Gewässer im ländlichen Raum in Oberbayern, der in die Amper entwässert (Baumann et al. 1992). Der Garnbach ist schon an der Quelle, wahrscheinlich durch einen Reiterhof, stark belastet (Gewässergüteklasse III bis IV) und schwankt dann zwischen Güteklasse III und II, je nach Zufuhr aus nicht kanalisierten Siedlungsgebieten.

Direkt aus der Landwirtschaft über diffuse Einträge werden in den Garnbach hauptsächlich Stickstoff in Form von NH_4-N und nur wenig

Phosphor eingetragen. Der Phosphor stammt überwiegend aus häuslichem Abwasser. Eine Quantifizierung nach der Herkunft - Siedlung bzw. Landwirtschaft - ist nicht möglich; hierzu müssen im Einzelfall Untersuchungen durchgeführt werden. Die Güteklassen zeigen jedoch erhebliche Belastungen im ländlichen Raum, die insbesondere dann auftreten, wenn nur leistungsschwache Gewässer mit geringen Abflüssen als Vorfluter zur Verfügung stehen.

Insgesamt ist der Stoffeintrag aus diffusen Quellen kaum zu quantifizieren und in Abhängigkeit von den Randbedingungen wie Topographie, landwirtschaftliche Flächennutzung, Produktionsschwerpunkte, Gewerbe und Industrie stark schwankend.

2.2.2 Punktquellen

2.2.2.1 Struktur der Siedlungsentwässerung

Der Anschluß der Wohngebäude im ländlichen Raum an Entwässerungsanlagen erfolgte in gleicher Weise wie in städtischen Gebieten, setzte allerdings viel später ein. Ein Grund ist der hohe Kostenaufwand wegen der geringen Einwohnerdichte selbst in dörflichen Siedlungen. So werden im ländlichen Raum häufig 30 bis 40 m Kanallänge je Einwohner benötigt im Gegensatz zu städtischen Gebieten mit deutlich <10 m/E (Nowak et al. 1993). Es ist daher verständlich, daß bei landwirtschaftlichen Betrieben mit Viehhaltung die Einleitung der häuslichen Abwässer in die Güllegrube bevorzugt wurde. Daneben war und ist die Installation von Mehrkammergruben oder Mehrkammerausfaulgruben nach DIN 4261 weit verbreitet. Probleme ergeben sich durch die erforderliche biologische Nachbehandlung, z.B. durch Bodenbehandlung oder Sickergräben nach DIN 4261, die aber häufig nur unzureichend wirken. Die in den Gruben entstehenden Fäkalschlämme, die in der Regel nicht ausreichend stabilisiert sind, müssen mehrmals jährlich abgefahren und z.B. in größeren biologisch wirkenden Kläranlagen nachbehandelt werden.

Die zunächst angewandte Lösung des Übertragens städtischer Abwasserbehandlungsverfahren in den ländlichen Bereich führte zur Ortskanalisation, ähnlich wie im städtischen Bereich (s. Kap. 2.1.3) entweder als Misch- oder Trennverfahren oder als Kombinationen dieser Verfahren mit anschließenden technischen Kläranlagen oder durch Zusammenschluß mehrerer Orte über Verbindungssammler mit zentralen Gruppenkläranlagen. Daneben wurden hauptsächlich in Bayern

Tabelle 2-9. Anschluß der Einwohner an Kanalisation und Kläranlagen (n. ATV 1996)

Baden-Württemberg	98,1	Saarland	98,7
Bayern	89,1	Sachsen	78,4
Berlin	96,9	Sachsen-Anhalt	73,4
Brandenburg	55,0	Schleswig-Holstein	88,7
Bremen	100,0	Thüringen	87,5
Hamburg	98,7		
Hessen	99,1	Alte Bundesländer	94,0
Mecklenburg-Vorpommern	65,2	Neue Bundesländer und Berlin-Ost	75,0
Niedersachsen	88,3		
Nordrhein-Westfalen	93,9	Bundesrepublik Deutschland	90,2
Rheinland-Pfalz	95,9		

und Niedersachsen, insbesondere im Kreis Gifhorn, sogenannte naturnahe Verfahren wie Abwasserteichanlagen entwickelt und eingesetzt (Schleypen u. Wolf 1983, Schleypen 1987, Stever 1993).

Insgesamt ist der Anschlußgrad der Bevölkerung an Kanalisation und Kläranlagen in ländlichen Gebieten deutlich niedriger als in städtischen Bereichen mit höherer Bevölkerungsdichte. Ein Indiz sind die Anschlußwerte, aufgeteilt nach Bundesländern. Die niedrigeren Werte in den Flächenstaaten (Tabelle 2.9), z. B. Niedersachsen, Schleswig-Holstein oder Bayern, sind durch die größeren Anteile dünner besiedelter Gebiete und von Streusiedlungen bedingt. Eine Ausnahme bilden die neuen Bundesländer, wo auch in kleinen Städten häufiger Kanalisation und Kläranlagen fehlten.

2.2.2.2 Stoffeinträge aus Kläranlagen

Die Stoffeinträge aus Kläranlagen sind in der Regel von drei Faktoren abhängig:

- Größe der Anlage,
- angewandte Verfahren,
- Anforderungen an die Ablaufqualität.

Die Faktoren sind voneinander abhängig. Technische Anlagen können sowohl als Kleinkläranlagen (< 8 m^3/d Abwasseranfall, entspricht 50 Einwohnerwerten [EW]) nach DIN 4261, als kleine Kläranlage (50 bis 500 EW) oder als große Anlage (> 500 EW) geplant und gebaut werden. Naturnahe Verfahren sind wegen des großen Platzbedarfs in der Regel auf Anschlußwerte < 1 000 EW begrenzt.

Bei den technischen Anlagen unterscheidet man Tropfkörperanlagen, Scheibentauchkörperanlagen oder Belebungsanlagen (Abb. 2-9 bis 2-11). Aus Kostengründen werden Scheibentauchkörperanlagen in der Regel wieder nur für geringere Anschlußwerte eingesetzt. Sie müssen bei mitteleuropäischen Klimaverhältnissen eingehaust werden und erfordern deshalb deutlich höhere Investitionskosten bei allerdings sehr niedrigen Betriebskosten. Belebungsanlagen werden für alle Größen eingesetzt und sind darüber hinaus gut steuerbar, so daß im Prinzip Anpassungen an Belastungsstöße gut möglich sind, sofern diese z. B. durch kontinuierliche Messungen erkannt werden. Für die technischen Anlagen gibt es Arbeitsblätter im ATV-Regelwerk, A 131 für das Belebungsverfahren (ATV 1991), A 135 für Tropfkörper und Scheibentauchkörper (ATV 1989 a).

Als naturnahe Verfahren werden Abwasserteichanlagen und neuerdings Pflanzenkläranlagen bezeichnet. Der Platzbedarf ist deutlich höher als für technische Anlagen. Für natürlich belüftete Abwasserteich-

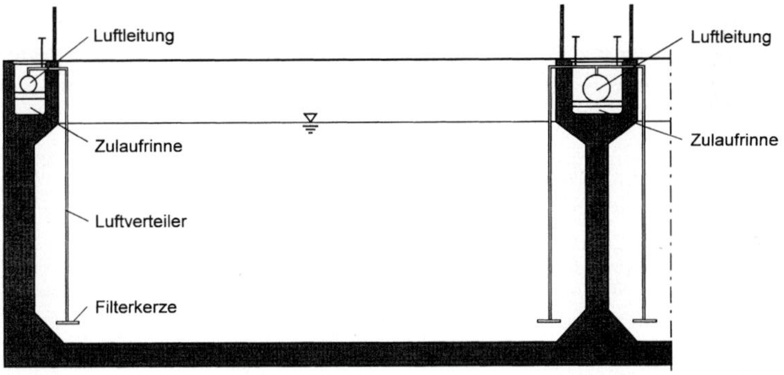

Abb. 2-9. Belebungsanlage

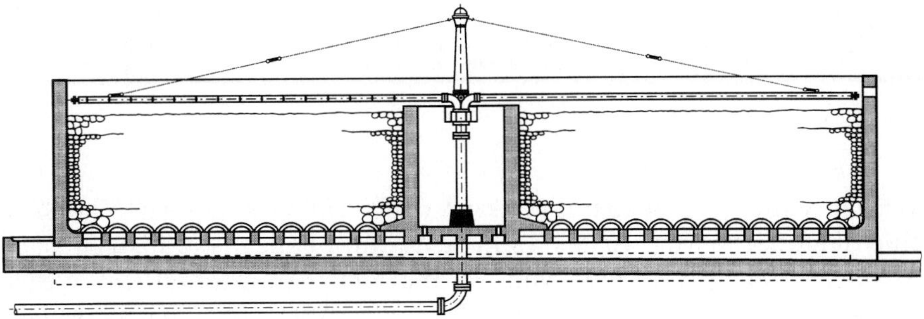

Abb. 2-10. Tropfkörperanlage

Abb. 2-11. Scheibentauchkörperanlage

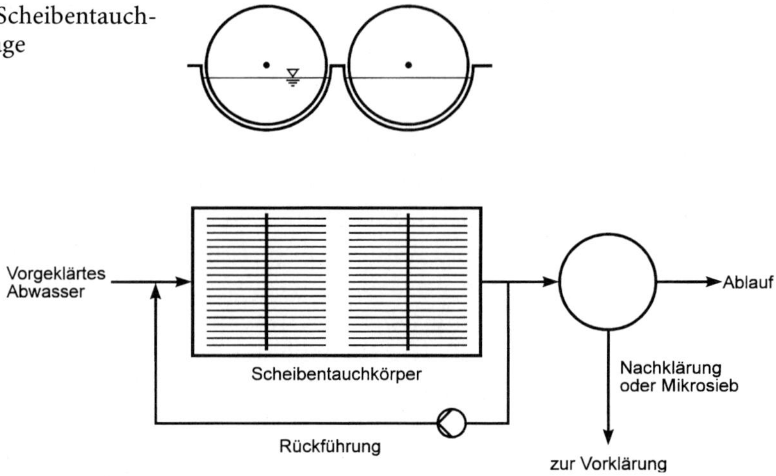

Abb. 2-12. Lageplan einer Abwasserteichanlage

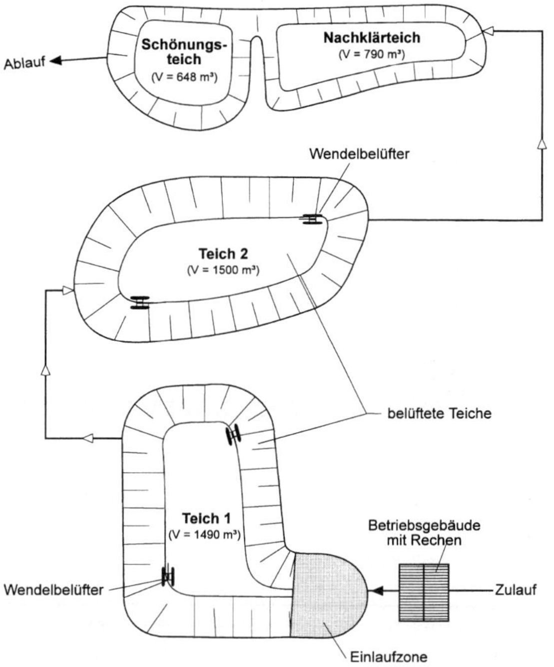

anlagen wird je nach Reinigungsziel nach ATV – A 201 (ATV 1989b) eine Teichfläche von 10 bis 15 m^2/EW, für Pflanzenkläranlagen nach ATV – A 262 (ATV 1998) von 2,5 bis 5 m^2/EW erforderlich. Wegen der großen Fläche ist die Verweilzeit des Abwassers in der Anlage sehr lang, bei Teichanlagen ca. 50 d, so daß ein guter Ausgleich von

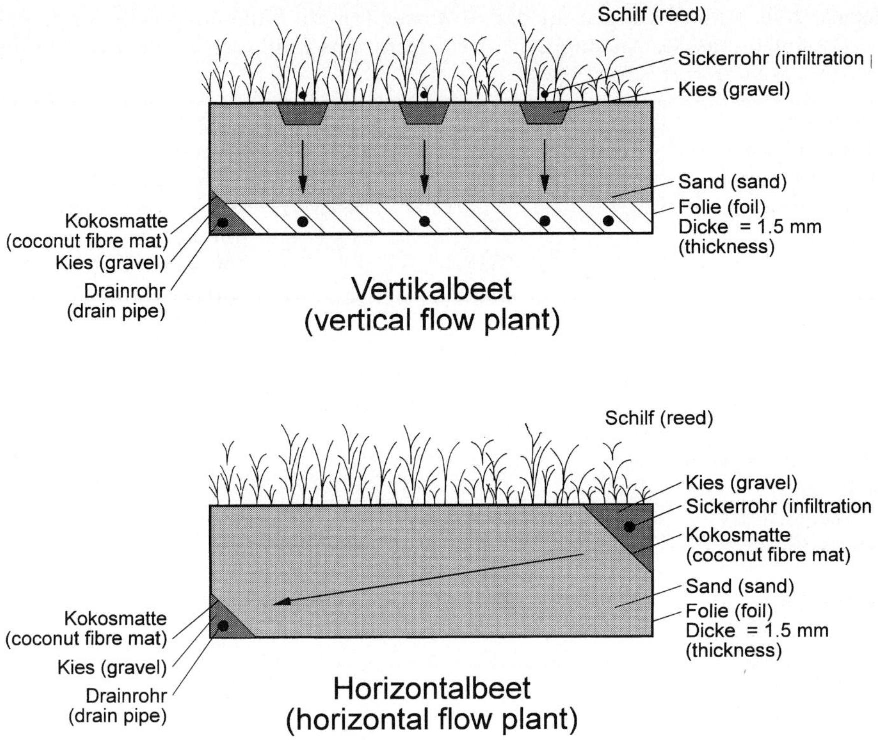

Abb. 2-13. Schnitt durch ein vertikal und ein horizontal durchströmtes Pflanzenbeet

Stoßbelastungen erfolgt. Sie haben darüber hinaus kaum technische Ausrüstungen und sind daher wenig wartungsintensiv und weisen niedrige Betriebskosten auf. In Abb. 2-12 ist ein Lageplan einer Abwasserteichanlage, in Abb. 2-13 ein Schnitt durch ein horizontal und vertikal durchströmtes Pflanzenbeet dargestellt.

Die Reinigungsziele ergeben sich aus den Mindestanforderungen nach § 7a WHG (AbwassereinleitungsVO 1997). Die Anforderungen sind in 5 Größenklassen eingeteilt (Tabelle 2-10), wobei für die kleineren Anlagen < 10 000 EW keine Anforderungen hinsichtlich der Nährstoffe Phosphor und Stickstoff gestellt werden, sondern nur für den Kohlenstoffabbau, gemessen als BSB_5 oder CSB. Allerdings können im Einzelfall auch stärkere Anforderungen in Abhängigkeit vom aufnehmenden Gewässer gestellt werden.

Die höheren zulässigen Ablaufwerte von BSB_5 und CSB für kleinere Anlagen berücksichtigen nicht die geringere Leistungsfähigkeit der technischen Anlagen an sich, sondern die stärkeren Belastungsschwankungen, die wegen der kleinen Kanalisationsnetze und der

Tabelle 2-10. Anforderungen an das Abwasser für die Einleitungsstelle, nach AbwassereinleitungsVO, Anhang 1 (* = bei einem Anschlußwert <1000 EW, ** = bei einem Anschlußwert <5000 EW)

Proben nach Größenklassen der Abwasserbehandlungsanlagen	Chemischer Sauerstoffbedarf (CSB) (mg l^{-1})	Biochemischer Sauerstoffbedarf in 5 Tagen (BSB_5) (mg l^{-1})	Ammoniumstickstoff (NH_4-N) (mg l^{-1})	Stickstoff, gesamt, als Summe von Ammonium-, Nitrat- und Nitritstickstoff (N_{ges}) (mg l^{-1})	Phosphor, gesamt (P_{ges}) (mg l^{-1})
Qualifizierte Stichprobe oder 2-Stunden-Mischprobe					
Größenklasse 1 kleiner als 60 kg/d BSB_5 (roh)*	150	40	–	–	–
Größenklasse 2 60 bis 300 kg/d BSB_5 (roh)**	110	25	–	–	–
Größenklasse 3 300 bis 600 kg/d BSB_5 (roh)	90	20	10	–	–
Größenklasse 4 600 bis 6000 kg/d BSB_5 (roh)	90	20	10	18	2
Größenklasse 5 größer als 6000 kg/d BSB_5 (roh)	75	15	10	18	1

kürzeren Fließzeit im Kläranlagenzulauf stärker durchschlagen und sich wegen der relativ kurzen Verweilzeiten (Tropfkörper - 20 bis 30 Minuten, Belebungsanlagen für Kohlenstoffabbau wenige Stunden) bis in den Kläranlagenablauf bemerkbar machen. Bei technischen Kleinkläranlagen (< 50 EW) spielt darüberhinaus die in der Regel mangelhafte Wartung eine Rolle, die dazu führt, daß Betriebsausfälle technischer Ausrüstungen, z. B. von Gebläsen zur Belüftung der Anlage, häufig zu spät bemerkt werden. Dadurch kann es auch zu längeren Perioden mit höheren Ablaufwerten kommen.

Bei naturnahen Kläranlagen spielen beide Aspekte praktisch keine Rolle. Die schon erwähnte lange Verweilzeit führt zu einem guten Ausgleich von Stoßbelastungen, und ein Ausfall technischer Ausrüstungen ist nicht zu befürchten, da diese in der Regel gar nicht vorhanden sind.

Aufgrund des geringen Wasserverbrauchs und damit des Abwasseranfalls weisen die Abwässer im ländlichen Raum höhere Konzentrationen auf (Tabelle 2-11). Dies hat aber keinen Einfluß auf die Ablaufqualität, wenn die Anlagen entsprechend bemessen sind. Nur für solche Stoffe, für die eine Behandlung nicht vorgesehen ist, führen erhöhte Zulaufkonzentrationen auch zu erhöhten Ablaufkonzentrationen. Dies trifft z.B. häufig für Phosphor zu.

Die in Tabelle 2-10 aufgeführten zulässigen Ablaufkonzentrationen sind Überwachungswerte, die in 4 von 5 amtlichen Untersuchungen nicht überschritten werden dürfen, andernfalls treten Sanktionen ein (Erhöhung der Abwasserabgabe, u.U. strafrechtliche Folgen). Um diese Überwachungswerte einzuhalten, müssen niedrigere Betriebsmittelwerte eingehalten werden. Die wirkliche stoffliche Gewässerbelastung aus der Siedlungsentwässerung im ländlichen Raum ergibt sich somit nicht aus den Mindestanforderungen. Hierfür sollen beispielhaft Untersuchungen aus Niedersachsen herangezogen werden.

Tabelle 2-11. Abwassermengen und -konzentrationen, * = Kjeldahl-Stickstoff als Parameter für den reduzierten Stickstoff im Abwasser

	Abwassermenge (l/(E·d))	BSB_5 ($mg\ l^{-1}$)	TKN* ($mg\ l^{-1}$)	P_{ges} ($mg\ l^{-1}$)
Ländliche Gebiete	100	450	90	9
Urbane Gebiete	150	300	60	6

Tabelle 2-12. Leistungsvergleich der Kläranlagen im ländlichen Raum als Vergleich von Mindestanforderungen mit Ablaufwerten optimierter Anlagen (* mit Simultanfällung; ** nach Fehr und Schütte 1992)

Kommunale Kläranlagen	Größenklasse EW ($mg\ l^{-1}$)	Überwachungswerte CSB ($mg\ l^{-1}$)	BSB_5 ($mg\ l^{-1}$)	NH_4-N ($mg\ l^{-1}$)	Betriebsmittelwerte CSB ($mg\ l^{-1}$)	BSB_5 ($mg\ l^{-1}$)	NH_4-N ($mg\ l^{-1}$)
Belüfteter Teich*	5000	110	25	–	57	3	34
Unbelüfteter Teich	1000	150	40	–	34	3	4
Pflanzenkläranlage	1000	150	40	–	27	4	9
Kleinkläranlagen**							
Belebung/Tropfkörper	50	150	40	–	110	20	30
Pflanzenkläranlage	50	150	40	–	45	7	18
Filtergraben	50	150	40	–	44	4	30
Teichanlage	50	150	40	–	70	15	12

Fehr u. Schütte (1992) haben im Auftrag niedersächsischer Behörden kleine und Kleinkläranlagen im ländlichen Raum hinsichtlich der Leistungsfähigkeit untersucht. Die Ergebnisse sind in Tabelle 2-12 als Betriebsmittelwerte angegeben. Darüber hinaus sind auch die Überwachungswerte nach den Mindestanforderungen für die untersuchten Anlagen gemäß Tabelle 2-10 aufgeführt. Aus diesen Untersuchungen können folgende Schlußfolgerungen gezogen werden:

1. Kleine Kläranlagen (50 bis 5 000 EW) weisen in der Regel niedrigere Ablaufwerte als Kleinkläranlagen (< 50 EW) auf.
2. Naturnahe Anlagen (unbelüftete Abwasserteiche, Pflanzenkläranlagen) mit Anschlußwerten 50 bis 1 000 EW weisen niedrigere Ablaufwerte als technische Anlagen (Belebung/Tropfkörper, künstlich belüftete Teiche) auf. Sie liegen deutlich unter den Überwachungswerten, auch für die größeren Anlagen.
3. Kleine naturnahe Anlagen erreichen auch eine weitgehende Stickstoffoxidation.

Ähnliche Ergebnisse wurden in Bayern festgestellt (Schleypen 1987). Bei ungestörtem Betrieb konnten in unbelüfteten Teichen bei einer Größe von 10 m^2/EW CSB-Abläufe von 30 bis 100 mg l^{-1}, bei einer Größe von 15 m^2/EW 25 bis 70 mg l^{-1} CSB (Abb. 2-14) sowie eine weitgehende Nitrifikation (1 bis 10 mg l^{-1} NH_4-N, Abb. 2-15) erreicht werden. Es wird aber auch erkennbar, wie eine unerlaubte Einleitung hoch konzentrierter Abwässer (Gülle) die Ablaufkonzentrationen negativ beeinflußt (Abb. 2-14).

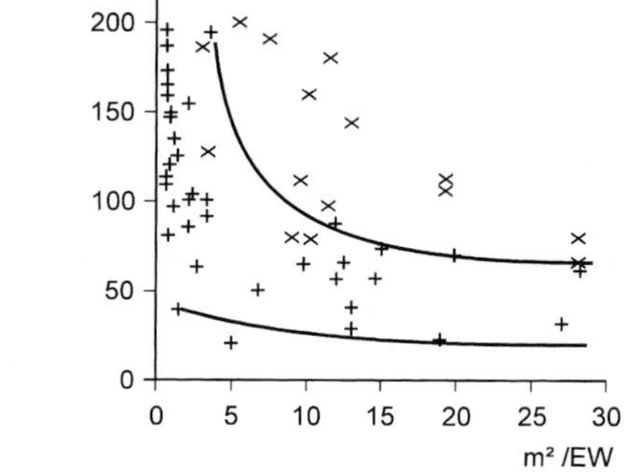

Abb. 2-14. CSB-Ablauf von Abwasserteichen (n. Schleypen 1987)

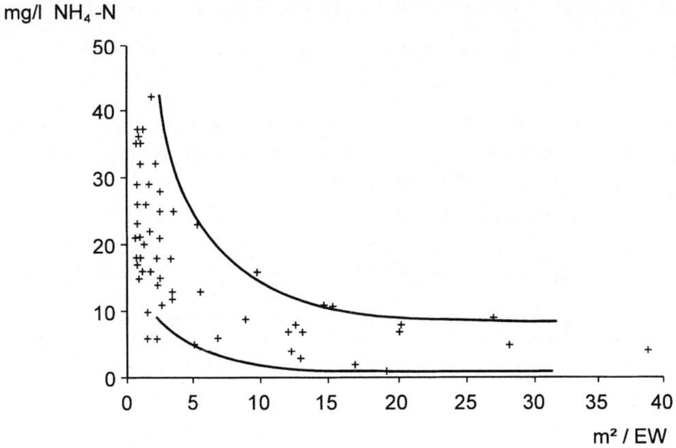

Abb. 2-15. NH_4^+-N-Ablauf von Abwasserteichen (n. Schleypen 1987)

Zusammenfassend kann festgestellt werden, daß bei richtiger Verfahrenswahl, Planung und Bauausführung sowie einem den Erfordernissen angepaßten Betrieb gleiche oder niedrigere Ablaufkonzentrationen wie in großen technischen Anlagen erreicht werden können.

2.2.3 Ausblick

Durch eine sich langsam durchsetzende Änderung der Bodenbewirtschaftung (Zwischenfruchtanbau, Mulchsaat), durch planerische Vorgaben (Uferrandstreifen) und durch gesetzliche Regelungen in Verbindung mit Subventionen (Verbot von Wiesen- und Weidenumbruch, Verbot oder Einschränkung von Düngemaßnahmen) wird der stoffliche Eintrag aus dem landwirtschaftlichen Bereich (diffuse Quellen) in Zukunft zurückgehen. Dagegen kann die Belastung der Gewässer aus Siedlungen steigen, wenn weiterhin Gruppenkläranlagen errichtet werden. Dadurch wird punktförmig trotz weitgehender Reinigung insbesondere bei der Einleitung in kleine Vorfluter örtlich eine hohe Belastung eintreten. Bei dezentraler Abwasserbehandlung (Ortskläranlagen), insbesondere bei der Anwendung naturnaher Verfahren mit hoher Pufferungskapazität gegenüber Zulaufschwankungen und bei gleicher Leistungsfähigkeit im Vergleich zu größeren technischen Anlagen, ist mit geringeren Beeinflussungen der Gewässer zu rechnen. Welche Verfahren angewandt werden – zentrale Gruppenkläranlagen oder dezentrale Ortskläranlagen – wird stark von behördlichen Einstellungen beeinflußt.

2.2.4 Literatur

AbwassereinleitungsVO (1997) Verordnung über Anforderungen an das Einleiten von Abwasser in Gewässer und zur Anpassung der Anlage des Abwasserabgabengesetzes, vom 21. Mai 1997, BGBl. I, S 566

ATV (1989a) ATV-Regelwerk, Arbeitsblatt A 135: Grundsätze für die Bemessung von Tropfkörpern und Tauchkörpern mit Anschlußwerten über 500 Einwohnergleichwerten, Gesellschaft zur Förderung der Abwassertechnik e.V., St. Augustin

ATV (1989b) ATV-Regelwerk, Arbeitsblatt A 201: Grundsätze für Bemessung, Bau und Betrieb von Abwasserteichen für kommunales Abwasser, Gesellschaft zur Förderung der Abwassertechnik e.V., St. Augustin

ATV (1991) ATV-Regelwerk, Arbeitsblatt A 131: Bemessung von einstufigen Belebungsanlagen ab 5000 Einwohnerwerte, Gesellschaft zur Förderung der Abwassertechnik e.V., St. Augustin

ATV (1996) Zahlen zur Abwasser- und Abfallwirtschaft, ATV-Information, Hennef

ATV (1998) ATV-Regelwerk, Arbeitsblatt A 262: Grundsätze für Bemessung, Bau und Betrieb von Pflanzenbeeten für kommunales Abwasser bei Ausbaugrößen bis 1000 Einwohnerwerte, Gesellschaft zur Förderung der Abwassertechnik e.V., Hennef

Baumann M, Lemmer H, Roth D, Popp W (1992) Bakteriologisch-hygienische Untersuchungen zur diffusen Belastung von Oberflächengewässern am Beispiel des Einzugsgebietes des Garnbachs, Bayer. Landesanstalt für Wasserforschung, H. 21, München

Fehr G, Schütte H (1992) Leistungsfähigkeit und Wirtschaftlichkeit der Abwasserentsorgung im ländlichen Raum, Korrespondenz Abwasser 39:818

Hamm A (Hrsg) (1991) Studie über Wirkungen und Qualitätsziele von Nährstoffen in Fließgewässern. Academia-Verlag, St. Augustin, 89

Nowak J, Platzer C, Naciri-Göttlich A (1993) Aspekte der Abwasserentsorgung im ländlichen Raum von Brandenburg und Mecklenburg-Vorpommern, Korrespondenz Abwasser 40:1750–1760

Poremba K, Hesse KJ, Colijn F (1997) Zur Herkunft coliformer Bakterien in der Meldorfer Bucht (Nordsee). Gwf-Wasser/Abwasser 137:473–477

Schleypen P, Wolf P (1983) Reinigungsleistung von unbelüfteten Abwasserteichen in Bayern. Gwf-Wasser/Abwasser 124:108

Schleypen P (1987) Abwasserreinigung in Teichen – Beispiele aus der Praxis. Wiener Mitteilungen Wasser Abwasser Gewässer 71:M-1–M-30

Stever FW (1993) Erfahrungen mit unbelüfteten Abwasserteichen im Landkreis Gifhorn, Fortbildungskurs für Wassergütewirtschaft, Abwasser- und Abfalltechnik, G/5: Abwasserbeseitigung im ländlichen Raum, ATV e.V., St. Augustin

2.3 Gewässerbelastungen durch waschaktive Substanzen

Josef Steber

2.3.1 Einleitung

Wasch- und Reinigungsmittel (Detergentien) gehören zu den prominentesten Beispielen von Umweltchemikalien, also solchen Verbindungen, die nach ihrem Gebrauch bestimmungsgemäß in das Abwasser und damit prinzipiell in die Umwelt gelangen. Der Verbrauch an Wasch- und Reinigungsmitteln (Universal- und Spezialwaschmittel, Geschirrspülmittel und andere Waschhilfs- und Reinigungsmittel) betrug beispielsweise 1997 in Deutschland über 1 Million Tonnen (mündl. Mitt. Industrieverband Körperpflege- und Waschmittel). Auch wenn sich der Pro-Kopf-Verbrauch von Waschmitteln in Deutschland deutlich verringert hat (1988: 10,6 kg/a, 1996: 7,7 kg/a), machen die in diesen Produkten enthaltenen Verbindungen nach wie vor einen signifikanten Anteil der chemischen Belastung (gemessen als Chemischer Sauerstoffbedarf CSB) des kommunalen Abwassers aus (Fischer 1983).

Wasch- und Reinigungsmittel sind Produkte mit einer sehr komplexen Zusammensetzung. Sie bestehen aus einer Vielzahl von Komponenten, die beim Reinigungsvorgang konkrete Teilfunktionen unter Nutzung synergistischer Wirkungen ausüben. Trotz der Vielfalt der auf dem Markt befindlichen Typen an Wasch- und Reinigungsmitteln und damit auch der Produktinhaltsstoffe stellt eine Gruppe von Wirkstoffen das Herzstück jedes dieser Produkte dar: die Tenside. Als grenzflächenaktive Verbindungen spielen sie die entscheidende Rolle bei der Ablösung des Schmutzes von Oberflächen wie z. B. Textilfasern, Geschirr oder Böden. Ihr molekularer Aufbau aus einem polaren hydrophilen und einem unpolaren hydrophoben Teil führt zur Anreicherung und Ausrichtung der Tensidmoleküle an den Grenzflächen wie z. B. an Fett- und Schmutzteilchen in Wasser. Sie erniedrigen die Oberflächen- bzw. Grenzflächenspannung und bewirken damit eine bessere Benetzung von festen Körpern und letztlich die Abtrennung dieser Teilchen. Der Anteil dieser Verbindungen ist mit 10 bis 20% in Pulver-Vollwaschmitteln, 10 bis 30% in Spülmitteln, bis 20% in Reinigern und bis zu 45% in Flüssigwaschmitteln beträchtlich (Jakobi u. Löhr 1987). Tenside gelangen daher aus dem Einsatz von Wasch- und Reinigungsmitteln in erheblichem Umfang in das Abwasser und bilden einen potentiellen Belastungsfaktor für die als Vorfluter dienenden Oberflächengewässer, also insbesondere Flüsse.

2.3.2
Chemische Struktur, Verbrauch und Gewässerrelevanz der Tenside

2.3.2.1
Tensidklassen und Verbrauchsmengen

Dem breiten Einsatzspektrum von Tensiden in Wasch- und Reinigungsmitteln entsprechend gibt es eine Vielzahl verschiedener Tensidtypen, die sich in 4 Klassen einteilen lassen: die anionischen, nichtionischen, kationischen und amphoteren Tenside (Abb 2-16). Sie unter-

Tensidklasse	Tensid	Struktur
Anionische Tenside	Seife	$R\text{-}CH_2\ COO^{\ominus}Na^{\oplus}$ ($R = C_{10\text{-}16}$)
	LAS	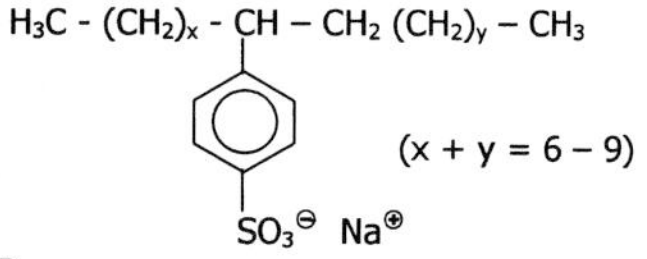
	SAS	$R_2CH\text{-}SO_3^{\ominus}Na^{\oplus}$ ($R = C_{12}\text{-}C_{16}$)
	AS	$R\text{-}CH_2\text{-}O\text{-}SO_3^{\ominus}Na^{\oplus}$ ($R = C_{11}\text{-}C_{17}$)
	AEOS	$R\text{-}CH_2O\text{-}(C_2H_4O)_2\text{-}O\text{-}SO_3^{\ominus}Na^{\oplus}$ ($R = C_{11}\text{-}C_{14}$)
Nichtionische Tenside	AEO	$R - CH_2 - O\ (CH_2CH_2O)nH$; ($R = C_8\text{-}C_{17}$; $n=3 - 15$)
	APG	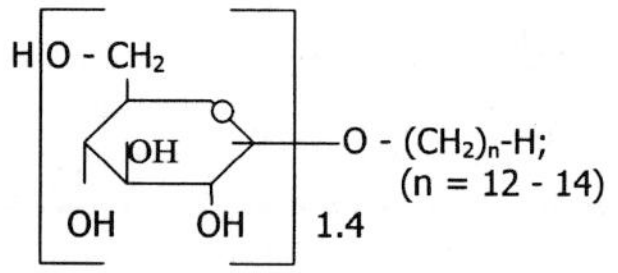
Kationische Tenside	DTDMAC	$R\text{-}N^{\oplus}(CH_3)_2\text{-}R\ \ Cl^{\ominus}$ ($R = C_{16}\text{-}C_{18}$)
	TEAE-Esterquat	$HO\text{-}(CH_2)_2\text{-}N^{\oplus}(CH_3)((CH_2)_2\text{-}O\text{-}CO\text{-}R)\text{-}(CH_2)_2\text{-}O\text{-}CO\text{-}R\ \ H_3COSO_3^{\ominus}$ ($R = C_{15}\text{-}C_{17}$)

Abb. 2-16. Übersicht der Tensidklassen und wichtiger Vertreter

scheiden sich durch die chemische Struktur des polaren hydrophilen Molekülteils und damit auch in der elektrischen Ladung im Wasser. Der hydrophobe Teil der Tensidmoleküle besteht aus einer linearen oder verzweigten Alkylkette von etwa 8 bis 18 Kohlenstoffatomen.

Die **anionischen Tenside** sind die in Textilwaschmitteln am häufigsten anzutreffenden waschaktiven Verbindungen. Die in wäßriger Lösung vorliegende negative Ladung des Tensidmoleküls resultiert aus einer Sulfonat-, Sulfat- oder Carboxylgruppe im hydrophilen Molekülteil. Das prominenteste Tensid mit Carboxylfunktion ist die Seife, während das mengenmäßig bedeutendste Sulfonat-substituierte Tensid das lineare Alkylbenzolsulfonat (LAS) ist; sekundäre Alkansulfonate (SAS) sind eine weitere wichtige Aniontensidgruppe mit Sulfonatsubstitution. Die bedeutendsten anionischen Tenside mit einer Sulfat-Gruppe sind die Alkylethersulfate (AEOS) und die Alkylsulfate (AS). Die Einsatzmengen anionischer Tenside (ohne Seife) in Haushaltswasch- und Reinigungsmitteln betrugen 1996 in Deutschland 95 000 t, repräsentieren also mit ca. 54% den größten Block der Gesamttensidverbrauchsmenge von 175 000 t (alle Angaben zu Verbrauchsmenge sind vom Industrieverband Körperpflege- und Waschmittel).

Der Einsatzschwerpunkt der **nichtionischen Tenside** liegt bei Wasch-, Spül- und Reinigungsmitteln. Sie weisen in wäßriger Lösung keine elektrische Ladung auf, da ihre hydrophile Gruppe in den meisten Fällen (Alkoholethoxylate, AEO) aus Polyethylenglycol-Einheiten aufgebaut ist. Eine neue Gruppe nichtionischer Tenside mit zunehmender Bedeutung sind Zuckertenside, wie z.B. die Alkylpolyglykoside (APG), deren hydrophiler Teil aus Zuckermolekülen besteht. Die nichtionischen Tenside stellten 1996 mit einer Verbrauchsmenge von 52 000 t die zweitgrößte (30%) in Haushaltsdetergentien eingesetzte Tensidgruppe dar.

Kationische Tenside zeichnen sich durch ein quaternäres Stickstoffatom und damit eine positiv geladene hydrophile Strukturkomponente aus. Aufgrund dieser Ladung haben sie ein ausgeprägtes Adsorptionsvermögen an (meist negativ geladenen) Oberflächen und werden deshalb nur sehr begrenzt in üblichen Waschmitteln eingesetzt; sie bilden aber in Weichspülern den wesentlichen Wirkstoff. Die Verbrauchsmengen lagen bei knapp 26 000 t in 1996 und machen damit derzeit einen Anteil von ca. 15% des Gesamttensidverbrauchs aus.

Bei der Gruppe der **amphoteren Tenside** liegt im hydrophilen Molekülteil sowohl eine kationische wie auch eine anionische Funktion vor. Sie werden in Spezialwaschmitteln und in Kosmetikprodukten zur Haar- und Körperreinigung angewendet. Mit einer Verbrauchsmenge von nur ca. 1500 t pro Jahr (1996) stellen sie die mit Abstand kleinste (1%) Detergentien-relevante Tensidgruppe dar.

Tenside als multifunktionelle Wirkstoffe spielen selbstverständlich nicht nur im Bereich der Haushalts- und industriellen Waschmittel eine hervorragende Rolle (ca. 55% des Gesamttensideinsatzes), sondern werden in vielen weiteren Anwendungsgebieten eingesetzt wie zum Beispiel in Kosmetik und Pharmazie, Textil- und Faserindustrie, Zellstoff- und Papierindustrie, der Kunststoff-, Farben-, Lack- und Dispersionsherstellung, der Nahrungsmittel- und Metallverarbeitung und in der chemischen Industrie. Auch diese Einsatzfelder münden in vielen Fällen in eine Entsorgung über den Abwasserpfad.

2.3.2.2
Tensidkonzentrationen in Abwasser und Gewässern

Konkrete Messungen der Konzentrationen von Tensiden in der aquatischen Umwelt liegen zumindest für die beiden wichtigsten Tensidklassen, die anionischen und nichtionischen Tenside, aus mehreren europäischen Ländern vor. Voraussetzung für solche Untersuchungen ist die Verfügbarkeit einer ausreichend spezifischen und empfindlichen Nachweismethode. Während zunächst die Konzentrationen dieser Verbindungen in Abwässern und teilweise auch Vorflutern mit Hilfe sogenannter stoffgruppenspezifischer Analysenverfahren (z. B. durch photometrische Messung der Methylenblau-aktiven Substanz, MBAS, einem Komplex aus Aniontensid und dem kationischen Farbstoff Methylenblau) ermittelt wurde, werden heute überwiegend stoffspezifische Analysenverfahren zur Detektion individueller Tenside angewendet.

In den letzten Jahren durchgeführte Meßprogramme in Kläranlagen und Fließgewässern liefern einen Eindruck von der Größenordnung aktueller Tensidkonzentrationen. So wurden in einem umfangreichen Monitoringprogramm in 7 kommunalen Kläranlagen in den Niederlanden (Matthijs et al. 1997) im ungeklärten Rohabwasser LAS-Konzentrationen von 3 bis 9 mg l^{-1} und für die nach LAS bedeutendste Aniontensidgruppe, die Alkylethersulfate Werte von 1 bis 6 mg l^{-1} gefunden; Alkoholsulfate lagen im Bereich von 0,1 bis 1 mg l^{-1}, während Seife mit 14 bis 45 mg l^{-1} auftrat. Die Gruppe der Alkoholethoxylate als wichtigste nichtionische Tenside ergab Konzentrationswerte im Bereich von 1 bis 5 mg l^{-1}. Nach Kläranlagenpassage lagen die Tensidkonzentrationen um nahezu zwei Größenordnungen niedriger mit Werten im Bereich von 40 µg/l für LAS, 170 µg/l für Seife und etwa 6 µg/l für die übrigen analysierten Tenside. Untersuchungen zu den LAS-Konzentrationen in mehreren deutschen Kläranlagen bestätigten diese Größenordnung mit 2 bis 5 mg l^{-1} im Kläranlagenzulauf und Werten von 3 bis 40 µg/l im Ablauf (Schöberl 1997). Die letztgenannte Studie machte aber auch deutlich, welche entscheidende Bedeutung der biologischen Kläranlagenstufe bei der Reduktion der Tensidkonzentrationen zukommt: Während in mechanisch-biologischen Kläranlagen die LAS-Elimination bei ≥98% lag, wurde in einer rein mechanischen Kläranlage nur eine 23%ige Elimination gemessen, die zu LAS-Konzentrationen im Kläranlagenablauf von nahezu 1,5 mg l^{-1} führte. Dementsprechend unterschiedliche Tensidkonzentrationen wurden bei dieser Monitoringstudie auch in den zugehörigen Vorflutern gefunden: Während nach biologischer Abwasserreinigung die LAS-Konzentrationen unterhalb (1 bis 5 km) der Einleitungsstelle in den untersuchten Flüssen (Leine, Wupper, Isar, Teltow-Kanal) im Bereich von ca. 1 bis 20 µg/l lagen, betrug die LAS-Konzentration in der Chemnitz ca. 600 µg/l (Schöberl 1997). Aus einem 15monatigen Monitoringprogramm an der (Eifel-)Rur in Deutschland wurden für weitere anionische Tensidgruppen repräsentative Konzentrationswerte ermittelt (Schröder 1995 a). Auch hier wurden kurz nach der Kläranlageneinleitungsstelle für LAS, Alkylsulfate, Alkylethersulfate und SAS Konzentrationen im unteren µg/l-Bereich gemessen (Medianwerte: LAS 6 µg/l, übrige Tenside ca. 1 µg/l). Vergleichbare LAS-Konzentrationswerte wurden auch in einem langjährigen Monitoringprogramm des Rheins bei Düsseldorf ermittelt (Schröder 1995 b). Damit steht eine ausreichende Basis von Daten zur Verfügung, die eine realistische Abschätzung der in Gewässern zu erwartenden Tensidkonzentrationen erlaubt. Die für das mengenmäßig bedeutendste Tensid LAS ermittelten Daten markieren eine Konzentrationsobergrenze, da alle übrigen in Haushaltsdetergentien eingesetzten Tenside einerseits geringere Verbrauchsmengen aufweisen, andererseits hinsichtlich des Abbau- und Eliminationsverhaltens in biologischen Kläranlagen zumindest mit LAS vergleichbar sind (s. 2.3.4).

2.3.3 Aquatische Toxizität von Tensiden

Tenside stellen nicht nur wegen ihrer hohen Eintragsmengen in die aquatische Umwelt, sondern insbesondere auch wegen ihrer relativ hohen Toxizität gegenüber Wasserorganismen eine Stoffgruppe dar, deren Umweltverträglichkeit in der Öffentlichkeit immer wieder diskutiert wird. In der Tat ist mit der grenzflächenaktiven Wirkung der Tenside auch eine entsprechende Wirkung auf biologische Oberflächen, z. B. Zellmembranen, verbunden, die sich in einer relativ hohen aquatischen Toxizität manifestiert.

Tabelle 2-13. Daten zur aquatischen Toxizität von Tensiden in Standardtests

Tensid	Akute aquatische Toxizität EC/LC 50 [mg/L]				Langzeittoxizität NOEC [mg/L]				
	Fische	Daphnien	Algen	Bakterien	Fische	Daphnien	Algen	Bakterien	Biozönosen
a-Tenside									
C_{10-13}-LAS	2,9	5,0	7,0	64	0,3	0,3	2,6	30	0,25
$C_{16/18}$-FAS	5,2	280	40	35	1,7	16,5	14,4	550	0,55
$C_{12/14}$-FAEO2S	7,9	79	1,8	360	0,1	0,7	0,7	290	0,2
$C_{14/17}$-SAS	2,2	10,7	190	>1000	0,85	0,37	5,3	390	0,3
$C_{16/18}$-Seife	54	40	10–50	700	–	–	–	–	–
n-Tenside									
$C_{12/14}$-FA + 7 EO	1,2	3,0	0,4	1000	0,2	0,1	0,1	6000	0,1
$C_{12/14}$-APG	3,0	7,0	6,0	500	1,8	1,0	2,0	5000	1,6
Nonylphenol + 10 EO	9,5	6,4	2,8	1000	–	1,0	1,0	1000	3,1
k-Tenside									
$C_{16/18}$-MTEA-Esterquat	3,0	78	5,6	27	4,0	2,7	2,2	2,7	1,5
$C_{16/18}$-DTDMAC	1,7	0,5	0,2	520	0,23	0,38	0,12	48 (EC_{50})	–
ampho-Tenside									
C_{16-18}-Amidopropylbetain	2,0	1,1	0,5	3000	0,16	0,9	0,1	3000 (EC_{50})	–

Die Untersuchungen zur aquatischen Toxizität werden mit vier Organismengruppen (Bakterien, Algen, Daphnien [Wasserflöhe] und Fische) nach international festgelegten Vorschriften durchgeführt (OECD 1993; s. Kap. 3.1 und Bd. 3 A, Kap. 1.4.1). Zunächst werden grundsätzliche Aussagen mit relativ einfachen Tests zur akuten aquatischen Toxizität gewonnen. Dieser Testkategorie schließen sich im Bedarfsfall empfindlichere, aufwendigere und für die Praxissituation aussagefähigere Tests zur Langzeittoxizität (subchronische/chronische Toxizität) an. Schließlich kann das ökotoxikologische Verhalten von chemischen Verbindungen und ihren Abbauprodukten auch noch in komplexen Testsystemen wie dem Mikrokosmostest oder dem Fließgewässersimulationsmodell (Guhl 1987) abgesichert werden (s. Bd. 3 A, Kap. 1.4.2).

Bakterien erweisen sich im Vergleich zu den bereits diskutierten Organismenarten sowohl im akuten (Hemmung der bakteriellen Atmung) wie auch im chronischen (Hemmung des bakteriellen Wachstums) Test als im Regelfall weniger empfindlich (Tabelle 2-13); dies ist eine notwendige Voraussetzung für deren Abbaufunktion in biologischen Kläranlagen, da in Abwässern im Vergleich zu Vorflutern deutlich höhere Stoffkonzentrationen vorliegen.

2.3.3.1
Ökotoxikologische Daten von Tensiden

Das ökotoxikologische Verhalten der im Detergentienbereich eingesetzten Haupttenside ist gut untersucht und dokumentiert (Van de Plassche et al. 1997) und deckt das ganze Spektrum der diskutierten ökotoxikologischen Testhierarchie ab. Tabelle 2-13 gibt einen Überblick der aquatischen Toxizitätsdaten zu einigen wichtigen Vertretern der vier Tensidfamilien. Dabei wird die bereits erwähnte hohe akute Toxizität aller Tenside einschließlich der Seife gegenüber Fischen, Daphnien und Algen deutlich: überwiegend bewegen sich die EC/LC_{50}-Werte im Bereich von 1 bis 10 mg l^{-1}. Dies ist ein Konzentrationsbereich, der rechnerisch durchaus in Oberflächengewässern erreicht werden könnte, wenn nicht die aus Wasch- und Reinigungsmittel-Anwendungen stammende Tensidfracht vorher durch die Abwasserbehandlung in biologischen Kläranlagen in erheblichem Umfang reduziert würde (Berth et al. 1988).

Bereits aus solchen Abschätzungen ist klar erkennbar, daß in Gewässern durch die akute aquatische Toxizität der Tenside längst erhebliche Schädigungen der biologischen Struktur und Funktion aufgetreten wären, wenn nicht die reale Tensidexposition der aquatischen

Umwelt deutlich geringer wäre. Doch auch bei den – von Unfallsituationen abgesehen – weit unterhalb der akuten Toxizitätsschwelle liegenden realen Gewässerkonzentrationen der Tenside (vgl. Kap. 2.3.2) ist die Frage zu stellen, ob nicht bereits längerfristig wirksame, also subakute Einflüsse auf die Gewässerorganismen in Betracht gezogen werden müssen. Für die Beurteilung solcher möglichen Langzeiteffekte stellen die Untersuchungen in den diskutierten subchronischen/chronischen Standardtests und die daraus ermittelte NOEC (No observed effect concentration) einen verläßlicheren Bewertungsmaßstab dar. Die in Tabelle 2-13 aufgeführten Daten zur Langzeittoxizität gegenüber Fischen, Daphnien und Algen zeigen, daß die NOECs der meisten Tenside in einem Bereich von 0,1 bis 1 mg l^{-1}, teilweise sogar im Bereich über 1 mg l^{-1} liegen, also im Regelfall etwa eine Größenordnung unterhalb des akuten Toxizitätslevels. Für die großvolumigen Tensidgruppen wie LAS, Ethersulfate, Alkylsulfate und Alkoholethoxylate existieren darüber hinaus weitergehende Untersuchungen zum Einfluß dieser Verbindungen auf Lebensgemeinschaften, also dem komplexen System verschiedenster Organismenarten und ihren vielfältigen Wechselwirkungen. Die vorliegenden Daten zur biozönotischen No-effect-Konzentration (Steber et al. 1988; Van de Plassche et al. 1997) liegen in derselben Größenordnung wie die NOEC-Werte der entsprechenden Einzelspeziestests (Tabelle 2-13).

2.3.3.2 Bioakkumulationsverhalten

Im Zusammenhang mit der ökotoxikologischen Langzeitwirkung von Tensiden ist noch ein weiterer Aspekt anzusprechen, dessen Einordnung bei der ökologischen Sicherheitsbewertung von chemischen Verbindungen oft als schwierig angesehen wird: das Bioakkumulationspotential. Man versteht darunter die inhärente Eigenschaft einer Verbindung, sich in Lebewesen anzureichern, so daß die Konzentration signifikant höher als im umgebenden Milieu liegt. Bei stark bioakkumulierenden Verbindungen besteht prinzipiell die Gefahr, daß wegen dieser Konzentrationsunterschiede die im Organismus ökotoxisch wirksame Stoffbelastung unterschätzt wird. Auch wenn zu Tensiden gegenwärtig nur im begrenzten Umfang experimentelle Daten zur Bioakkumulation von Fischen, dem international gebrauchten Standardtest (OECD 1993), vorliegen, so weisen die Untersuchungen darauf hin, daß Tenside nur ein geringes bis mäßiges Bioakkumulationspotential besitzen (Tolls et al. 1994, 1997), wobei als Grenze für signifikante Bioakkumulation ein Biokonzentrationsfaktor ($BCF = C_{Organismus}/C_{Wasser}$) von 100 festgelegt ist (EEC 1996). Nach den vorhandenen Untersuchungen werden Tenside im Organismus sehr schnell metabolisiert und in dieser Form weitgehend wieder ausgeschieden (Tolls et al. 1994).

2.3.4 Vermeidungsstrategie für Gewässerbelastungen durch Tenside: die biologische Abbaubarkeit

Bereits bei der Diskussion der aquatischen Toxizität von Tensiden wurde deutlich, daß die realen Einsatzmengen dieser Verbindungen theoretisch zu Gewässerkonzentrationen mit akutem Gefährdungspotential führen könnten. Diese Situation tritt mit Ausnahme von seltenen lokal begrenzten Einzelfällen, z.B. nach einem Transportunfall, nie auf, da alle im Einsatz befindlichen Tenside biologisch abbaubar sind, also eine mikrobielle Umwandlung der recht toxischen Ausgangsverbindungen in weniger toxische Abbauprodukte erfolgt.

Tenside lieferten in diesem Zusammenhang geradezu das klassische Beispiel für die essentielle Bedeutung des biologischen Abbaus für die Reduktion der Gewässerbelastungen auf ein akzeptables, d.h. durch die Selbstreinigungskräfte der Oberflächengewässer beherrschbares Maß. Ende der 50er Jahre wurde mit der ersten Generation synthetischer Waschmitteltenside ein anwendungstechnisches ausgezeichnetes, aber biologisch schlecht abbaubares anionisches Tensid eingesetzt, das Tetrapropylenbenzolsulfonat (TBS). In dem niederschlagsarmen Sommer des Jahres 1959 wurden in Deutschland und anderen europäischen Ländern teilweise meterhohe Schaumberge in Kläranlagen und Flüssen beobachtet, die auf TBS-Konzentrationen zurückzuführen waren, die selbst in Oberflächengewässern z.T. über 1 mg l^{-1} lagen (Fischer u. Winkler 1976). Trotz dieser hohen Gewässerbelastungen traten glücklicherweise keine unmittelbaren akuten Schäden auf, doch führte dieses sogenannte Detergentienproblem erstmals einer breiten Öffentlichkeit vor Augen, daß bei der Entwicklung chemischer Produkte das Umweltverhalten einen gleichberechtigten Aspekt neben der Leistung darstellen muß. Mit der Substitution von TBS durch das biologisch gut abbaubare LAS in Waschmitteln Mitte der 60er Jahre verschwanden die beobachteten Schaumprobleme sehr schnell. Die dramatische Trendwende in der Tensidbelastung der Flüsse läßt sich eindrucksvoll aus den Ergebnissen eines systematischen von Henkel durchgeführten Monitoringprogramms im Rhein und einigen seiner Nebenflüsse ablesen (Gerike et al. 1989; Schröder 1995b; Abb. 2-17).

Der hohen Bedeutung des biologischen Abbauverhaltens für die Gewährleistung ausreichend geringer Gewässerbelastungen durch Tenside

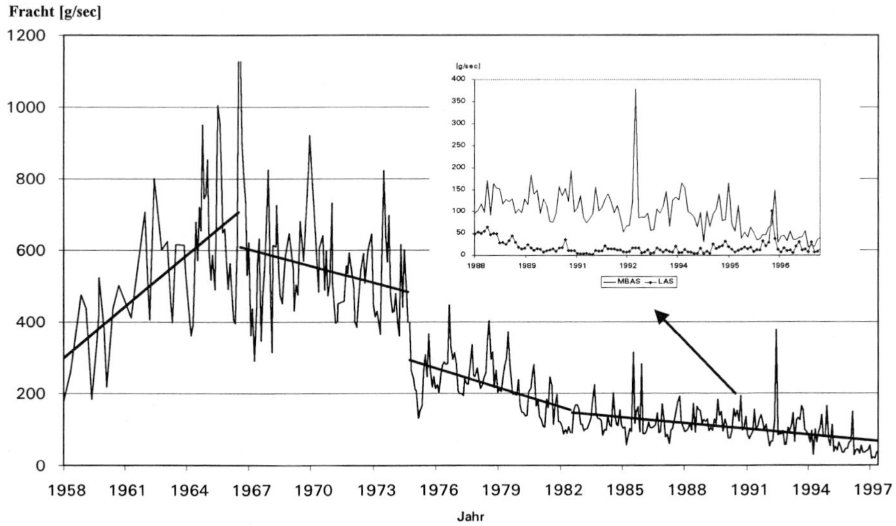

Abb. 2-17. Henkel Gewässermonitoringprogramm: Aniontensidgehalt (MBAS/LAS) im Rhein bei Düsseldorf (1958 bis 1997)

wurde der Gesetzgeber in Deutschland bereits 1961 mit dem ersten Detergentiengesetz bzw. der 1964 in Kraft getretenen Rechtsverordnung gerecht. Danach müssen in Detergentien eingesetzte anionische Tenside unter festgelegten Testbedingungen eine biologische Abbaubarkeit von mindestens 80% aufweisen (Bundesgesetzblatt 1962). Seit 1973 existieren EU-weit entsprechende gesetzliche Auflagen für anionische und seit 1982 auch für nichtionische Tenside (EEC 1973, 1982).

2.3.4.1
Abbaubegriffe und Testmethoden

Im Zusammenhang mit der Bewertung der biologischen Abbaubarkeit von Tensiden ist es erforderlich, den Prozeß des biologischen Abbaus etwas genauer zu betrachten. Es handelt sich dabei um einen mehrstufigen Prozeß, in dem das Tensid durch die Abbauorganismen zunächst in ein erstes Abbauprodukt überführt wird (Primärabbau); dieses wird in nachfolgenden Abbauschritten zu weiteren, immer kleineren und strukturell einfacheren Zwischenprodukten (Metaboliten) zerlegt, bis schließlich das gesamte organische Material der Ausgangsverbindung in Mineralisationsprodukte (CO_2, Wasser, eventuell anorganische Salze) und bakterielle Biomasse umgewandelt ist (Endabbau). Der Primärabbau führt zur Veränderung des Ausgangsmoleküls und damit im Regelfall auch seiner primären Eigenschaften wie z.B.

bei Tensiden zum Verlust der Grenzflächenaktivität und des Schaumvermögens. Für Tenside mit ihrer ausgeprägten aquatischen Toxizität hat dies entscheidende ökologische Konsequenzen. Die Toxizität der nicht mehr grenzflächenaktiven Primärabbauprodukte ist im Vergleich zum Ausgangstensid deutlich geringer. So liegt zum Beispiel die akute Fischtoxizität von Sulfophenylcarbonsäuren, den LAS-Primärabbauprodukten mit einer carboxylierten Alkylkette, mehr als zwei Größenordnungen unter der des intakten Tensids (Kimerle u. Swisher 1977); bei Fettalkoholsulfaten hat der beim Primärabbau durch hydrolytische Abspaltung der Sulfatgruppierung gebildete Fettalkohol ebenfalls eine deutlich reduzierte aquatische Toxizität. Nicht zuletzt aus diesem Grund ist die für anionische und nichtionische Tenside festgeschriebene Mindestanforderung an die (Primär)-Abbaubarkeit von 80% ökologisch sinnvoll. Die analytische Verfolgung des Primärabbaus erfordert eine stoffspezifische oder gruppenspezifische Analysenmethode des Ausgangstensids, wie z.B. die bereits erwähnte Messung der Methylenblau-aktiven Substanz (MBAS) bei anionischen Tensiden oder der Wismut-aktiven Substanz (BiAS) bei nichtionischen Tensiden.

Trotz der hohen ökologischen Relevanz des Primärabbaus bei Tensiden muß aber deutlich gemacht werden, daß für den langfristigen Verbleib des Tensidmoleküls und seiner Abbauzwischenprodukte letztlich der Endabbau/Totalabbau entscheidend ist, da nur in diesem Falle eine vollständige Reintegration aller Substanzbausteine in die natürlichen Stoffkreisläufe sichergestellt ist. Der Endabbau einer Verbindung zu Mineralisations- und Assimilationsprodukten wird über substanzunspezifische sogenannte Summenparameter gemessen, wie z.B. über die CO_2-Entwicklung oder anhand des bei der Mineralisierung verbrauchten Sauerstoffs, des biologischen Sauerstoffbedarfs (BSB). Durch Messung der Abnahme des gelösten organischen Kohlenstoffs (DOC) kann in einem Testsystem der aus Mineralisation und Biomassenbildung sich zusammensetzende Gesamtumfang des Endabbaus ermittelt werden.

Sowohl das Primär- als auch Endabbauverhalten von Tensiden kann mittels international verwendeter Standardtestverfahren bewertet werden, die entweder zur Kategorie des sogenannten Screeningtests oder zu den Simulationstests gehören. Einer sinnvollen Testhierarchie entsprechend wird üblicherweise das Abbauverhalten zunächst in einfachen **Screeningtests** geprüft. Diese zeichnen sich dadurch aus, daß wenige Milligramm der Testsubstanz als wäßrige Lösung in einem Testgefäß zusammen mit einer geringen Menge eines Bakteriengemisches in Gegenwart von Luftsauerstoff inkubiert werden. Zur Beimpfung werden keine spezialisierten Mikroorganismen verwendet; sie stammen aus kommunalem Abwasser, Flußwasser und/oder Böden und repräsentieren somit ein realistisches Spektrum der in der Umwelt vorkommenden Abbauorganismen. Da in diesen Screeningtests die Testsubstanz die einzige Nährstoffquelle darstellt, läßt sich der Endabbau mit den diskutierten unspezifischen Summenparametern analytisch verfolgen. Die wichtigste Gruppe der Endabbau-Screeningtests sind die „OECD-Tests für leichte biologische Abbaubarkeit" („ready biodegradability"; OECD 1993), die sich im wesentlichen durch die unterschiedlichen Analysenmethoden unterscheiden: z. B. stellt im Closed Bottle Test (OECD 301 D) der Sauerstoffverbrauch, im CO_2-Evolutionstest der zu Kohlendioxid umgesetzte C-Anteil der Testsubstanz und im DOC-die-away-Test bzw. im Modifizierten OECD Screening Test (OECD 301 E) die DOC-Abnahme den Bewertungsparameter dar. Wird der festgelegte Grenzwert von 60% BSB (im Vergleich zum theoretisch für die Mineralisation erforderlichen Sauerstoffbedarf) bzw. von 60% CO_2 oder von 70% DOC-Abnahme innerhalb einer Testdauer von 4 Wochen erreicht oder überschritten, so gilt die Substanz als „leicht biologisch abbaubar". Für solche Verbindungen ist die Schlußfolgerung erlaubt, daß sie ganz allgemein in der Umwelt leicht und schnell (end-)abgebaut werden (OECD 1993). Das EU-weit gesetzlich vorgeschriebene Screeningtestverfahren zur (Primär-)Abbaubarkeitsbewertung von Tensiden ist der sogenannte OECD-Screeningtest, in dem innerhalb der 19tägigen Testdauer die Abnahme des Ausgangstensids mittels MBAS- bzw. BiAS-Analytik verfolgt wird (Bundesgesetzblatt 1977).

Im Gegensatz zu den Screeningtests wird in den **Simulationstests** unter Laborbedingungen eine konkrete Umweltsituation nachgestellt: die biologische Stufe einer Kläranlage. Dabei wird realitätsnah die Prüfsubstanz kontinuierlich in das Testsystem zudosiert, so daß nur eine Aufenthaltsdauer von wenigen Stunden (Retentionszeit 3 bis 6 h) resultiert. Gleichzeitig wird aber auch ein Überschuß von leicht abbaubaren Verbindungen („synthetisches Abwasser") zudosiert und damit das Abbauverhalten unter den in realen Kläranlagen üblichen Konkurrenzbedingungen geprüft. Im Vergleich zu den Screeningtests ist allerdings die Bakteriendichte in dem mit Belebtschlamm gefüllten Testsystem sehr hoch. Der Primärabbau von Tensiden nach gesetzlichen Vorgaben kann in diesem Kläranlagenmodell (OECD-Confirmatory-Test) durch Messung der MBAS- bzw. BiAS-Konzentration im Kläranlagenzulauf bzw. -ablauf ermittelt werden, während die Messung der testsubstanzunspezifischen DOC-Abnahme, also eines analytischen Endabbauparameters, nur durch eine Testmodifikation möglich ist. Bei diesem sog. Coupled-units-Test werden zwei Modellkläranlagen parallel betrieben, wobei eine der Anlagen als Kontrolle nur mit synthetischem Abwasser und die zweite zusätzlich mit Testsubstanz im Zulauf beschickt wird (Steber 1991).

2.3.4.2 Abbaudaten wichtiger Tenside

In Tabelle 2-14 sind die Abbaudaten einer Reihe von wichtigen Tensiden auf Basis der diskutierten Standardtests zusammengestellt. Diese Resultate machen deutlich, daß alle in Wasch- und Reinigungsmitteln eingesetzten Tenside die gesetzlich geforderten Primärabbauanforderungen erfüllen: Die im OECD-Screeningtest bzw. OECD-Confirmatory-Test gemessenen MBAS- (anionische Tenside) bzw. BiAS- (nichtionische Tenside) Abnahmen liegen mit ≥95% weit über der gesetzlich geforderten Mindestabbaubarkeit von 80%. Für kationische Tenside gibt es zwar bisher noch keine entsprechenden Anforderungen, doch existiert auch für diese Tenside eine gruppenspezifische Analysenmethode (Disulfinblau-aktive Substanz/DSBAS), die einen hohen Primärabbau nachweist. Für das Aniontensid „Seife" liegen keine den gesetzlichen Abbaustandards entsprechenden Primärabbaudaten vor, da diese Stoffgruppe nicht als MBAS analytisch erfaßt wird. Ebenso fehlen bisher zu den Amphotensiden geeignete gruppenspezifische Nachweisverfahren und damit auch entsprechende Informationen zum Primärabbau.

Demgegenüber erlauben die Ergebnisse aus den Endabbautests eine fundierte Bewertung aller existierenden Tensidgruppen. Wie aus den Daten der Tabelle 2-14 deutlich wird, sind alle heute in Haushaltsdetergentien eingesetzten Tenside biologisch leicht abbaubar im Sinne der OECD-Definition. In Tabelle 2-14 sind aber auch zwei Beispiele von früher im Einsatz befindlichen Tensiden enthalten, bei denen eine erhebliche Diskrepanz zwischen der positiven Primärabbaubewertung und dem – zumindest unter den strengen Screeningtestbedingungen – nur geringen Endabbau besteht. In der Tat erweisen sich nichtionische Tenside vom Typ der Alkylphenolethoxylate (APEO) und das kationische Tensid Ditalgdimethylammoniumchlorid (DTDMAC) als nur teilweise bzw. nur sehr langsam endabbaubar. Da anwendungstechnisch geeignete, besser abbaubare Alternativen zur Verfügung standen, werden diese Tenside in Deutschland und verschiedenen anderen europäischen Ländern im Rahmen freiwilliger Industrievereinbarungen seit Jahren (APEO seit 1987, DTDMAC seit 1990) nicht mehr in Wasch- und Reinigungsmitteln eingesetzt.

Insgesamt ergibt sich aus den sehr günstigen Primär- und Endabbaudaten der relevanten Tenside ein Bild, das die bereits im Zusam-

Tabelle 2-14. Daten zum biologischen Abbauverhalten von Tensiden in Standardtests

Tensid	Primärabbau [% Abnahme]		Endabbau [%]	
	Screening Test	Simulationstest	Screening Test	Simulationstest (Coupled Units Test)
a-Tenside				
C_{10-13}-LAS	95 MBAS	93–97 MBAS	301 D: 55–65 BOD/COD 301 E: 73–84 C-Abnahme	73–82 C-Abnahme
$C_{16/18}$-FAS	99 MBAS	98–99 MBAS	301 D: 77 BOD/COD 301 E: 85–88 C-Abnahme	96 ± 2 C-Abnahme
$C_{12/14}$-$FAEO_2S$	99 MBAS	100 MBAS	301 D: 100 BOD/COD 301 E: 100 C-Abnahme	89 ± 6 C-Abnahme
$C_{14/17}$-SAS	96 MBAS	97–98 MBAS	301 D: 63–95 BOD/COD 301 E: 85–96 C-Abnahme	83–96 C-Abnahme
$C_{16/18}$-Seife	–	–	301 B: 80–90 CO_2 301 D: 79–100 BOD/COD	–
n-Tenside:				
$C_{12/14}$-FA + 7 EO	99 BiAS	98 BiAS	301 D: 79 BOD/COD 301 E: 89 C-Abnahme	90 ± 16 C-Abnahme
$C_{12/14}$-APG	–	99 APG-spezif.	301 D: 75–88 BOD/COD 301 E: 90–93 C-Abnahme	89 ± 2 C-Abnahme
Nonylphenol + 10 EO	6–>80 BiAS	87–97 BiAS	301 D: 5–10 BOD/COD	59 ± 22 C-Abnahme
k-Tenside				
$C_{16/18}$-MTEA-Esterquat	–	94 DSBAS	301 D: 67–88 BOD/COD	89 ± 7 C-Abnahme
$C_{16/18}$-DTDMAC	–	93 DSBAS	301 D: < 5 BOD/COD	108 ± 9 C-Abnahme
ampho-Tenside:				
$C_{16/18}$-Alkylamidopropylbetain	–	–	301 E: 100 C-Abnahme 301 D: 84 BOD/COD	97 ± 4 C-Abnahme

menhang mit Monitoringuntersuchungen in Kläranlagen und Flüssen diskutierte Abbaubarkeitsbewertung bestätigt und ergänzt: Tenside stellen selbst bei hohen Verbrauchsmengen eine für die Umwelt tragbare Belastung dar, vorausgesetzt sie sind biologisch leicht abbaubar und erfahren als Abwasserinhaltsstoffe eine Behandlung in biologischen Kläranlagen, bevor sie in die Gewässer gelangen.

2.3.5 Risikobewertung von Tensiden in Gewässern

Die diskutierten Methoden und Ergebnisse der ökotoxikologischen Absicherung von Tensiden und ihres biologischen Abbauverhaltens stellen die Grundlage für einen Prozeß dar, der seit einigen Jahren EU-weit verbindlich für die systematische Umweltrisikobewertung von chemischen Verbindungen angewandt wird (EEC 1996). Nach diesem Konzept wird die in der Umwelt zu erwartende Konzentration eines Stoffs (**„predicted environmental concentration"**, **PEC**) mit der erwarteten ökotoxikologischen No-effekt-Konzentration (**„predicted no effect concentration"**, **PNEC**) verglichen. Die Ableitung der PEC (Expositionsanalyse) basiert auf den Resultaten der Abbauuntersuchungen in Screening- und Simulationstests, Informationen zu den in die Umwelt eingebrachten Stoffmengen sowie zu den konkreten Umweltrandbedingungen, wie z. B. der Kläranlagensituation und dem Abwasser/Vorfluter-Volumenverhältnis. Die PNEC wird unter Anwendung von unterschiedlichen Sicherheitsfaktoren aus den akuten Ökotoxizitätsdaten (LC/EC_{50}-Werte) bzw. den NOEC-Werten subchronischer/chronischer Untersuchungen ermittelt (Effektbewertung). Nur wenn gezeigt werden kann, daß die unter konservativen Annahmen („realistic worst case") ermittelten PEC- und PNEC-Werte keinen Hinweis auf ein Umweltrisiko ergeben (PEC < PNEC), kann ein Stoff als sicher für das betrachtete Umweltkompartiment bewertet werden. Ist das PEC/PNEC-Verhältnis > 1, so bedeutet das zunächst, daß die vorhandene Datenlage offensichtlich nicht ausreicht, ein Umweltrisiko auszuschließen. Da der Risikobewertungsprozeß iterativ ist, kann sowohl auf Seiten der Expositions- wie der Effektbewertung eine verbesserte Informationsgrundlage (z. B. durch Ergebnisse aus in der Testhierarchie höher stehenden Untersuchungen) zu veränderten PEC- bzw. PNEC-Werten und damit auch zu einem günstigeren PEC/PNEC-Verhältnis führen.

Vor wenigen Jahren wurde in den Niederlanden in Zusammenarbeit von Behörden und Industrie auf der Grundlage des geschilderten EU-Konzepts eine Risikoanalyse der wichtigsten Waschmitteltenside

(LAS, Alkoholethoxylate, Seife, Alkoholethersulfate) durchgeführt (Van de Plassche et al. 1997). Es zeigte sich dabei, daß bei Stoffen mit hohem Umwelteintrag häufig die gesamte Hierarchie der Expositions- und Effektbewertung bis hin zu Daten aus Monitoring- und Biozönoseuntersuchungen ausgeschöpft werden muß, um die ökologische Sicherheit dieser Verbindungen nachzuweisen. Letztlich konnte aber für alle diese Verbindungen mit einer PEC/PNEC-Relation von <1 der Nachweis erbracht werden, daß die heute in Detergentien eingesetzten Tenside mit ihrem guten biologischen Abbauverhalten trotz der signifikanten aquatischen Toxizität keine Gefahr für die Lebewesen in der aquatischen Umwelt darstellen. Entscheidend für die aus heutiger Sicht unkritische Tensidbelastung der Gewässer und damit für die Umweltverträglichkeit der Tenside sind allerdings nicht nur die ständigen Bemühungen zur weiteren ökologischen Optimierung dieser Waschmittelinhaltsstoffe, sondern auch die technischen Fortschritte bei der Abwasserreinigung.

2.3.6 Literatur

Berth P, Gerike P, Gode P, Steber J (1988) Zur ökologischen Bewertung technisch wichtiger Tenside. Tenside Surf Det 25:108–115

Bundesgesetzblatt (1962) Verordnung über die Abbaubarkeit von Detergentien in Wasch- und Reinigungsmitteln vom 12.12.1962. BGBl I:698–706

Bundesgesetzblatt (1977) Verordnung über die Abbaubarkeit anionischer und nichtionischer grenzflächenaktiver Stoffe in Wasch- und Reinigungsmitteln vom 30.1.1977. BGBl I:244–266

EEC (1882) Council Directive of 31 March 1992 amending Directive 73/405/EEC on the approximation of the laws of the Member States relating to methods of testing the biodegradability of nonionic surfactants. 82/242/EEC. Official Journal L109/1

EEC (1973) Council Directive of 22nd November 1973 on the approximation of the laws of the Member States relating to detergents. 73/405/EEC. Official Journal L347/53

EEC (1996) Technical Guidance Documents in support of the Commission Directive 93/67/EEC on risk assessment for new notified substances and the Commission Regulation (EC) 1488/94 on risk assessment for existing substances. European Chemicals Bureau (ECB), Ispra, Italy

Fischer WK, Winkler K (1976) Detergentien-Untersuchungen im Stromgebiet des Rheins 1958–1975. Vom Wasser 47:81–129

Fischer WK (1983) Waschmittel, Kapitel 10, Ökologie. In: Ullmann (Hrsg) Enzyklopädie der technischen Chemie, 4. Auflage, Band 24, Verlag Chemie, Weinheim

Gerike P, Winkler K, Jakob W (1987) Gewässeruntersuchungen im Stromgebiet des Rheins und ökologische Folgerungen. Tenside Surf Det 26:270–275

Guhl W (1987) Beitrag zur biologischen Bewertung von Umweltchemikalien mit Laborökomodellen. I. Konzeption der Oberflächengewässermodelle und Substanzbewertung. Z Angewandte Zoologie 74:385–409
Jakobi G, Löhr A (1987) Detergents and Textile Washing. Principles and Practice. Verlag Chemie, Weinheim
Kimerle RA, Swisher RD (1977) Reduction of aquatic toxicity of linear alkylbenzene sulfonate (LAS) by biodegradation. Water Research 11:31–37
Matthijs E, Holt MS, Kiewit A, Rijs GBJ (1997) Fate of surfactants in activated sludge waste water treatment plants. Tenside Surf Det 34:238–241
OECD (1993) Guidelines for Testing of Chemicals. Organisation for Economic Cooperation and Development (OECD), Paris
Schöberl P (1997) Linear alkylbenzenesulphonate (LAS) monitoring in Germany. Tenside Surf Det 34:233–237
Schröder FR (1995a) Concentrations of anionic surfactants in receiving riverine water. Tenside Surf Det 32:492–497
Schröder FR (1995b) Monitoring von Tensiden und anderen Waschmittelinhaltsstoffen im Stromgebiet des Rheins: Ergebnisse und Perspektiven aus über 30 Jahren Erfahrung. SÖFW-Journal 121:420–427
Steber J (1991) Wie vollständig sind Tenside abbaubar? Test- und Auswertemethoden. Textilveredlung 26:348–354
Steber J (1995) Systematik der ökologischen Absicherung chemischer Produkte. SÖFW-Journal 121:1063–1080
Steber J, Gode P, Guhl W (1988) Fettalkoholsulfate – die ökologische Absicherung einer wichtigen Gruppe von Waschmitteltensiden. Fett Wissenschaft Technologie 90:32–38
Tolls J, Haller M, de Graaf I, Thijssen MHC, Sijm DTHM (1997) Bioconcentration of LAS: Experimental determination and extrapolation to environmental mixtures. Environ Sci Technol 31:3426–3431
Tolls J, Kloepper-Sams P, Sijm DTHM (1994) Surfactant Bioconcentration – a critical review. Chemosphere 29:693–717
Van de Plassche E, de Bruijn J, Feijtel T (1997) Risk Assessment of four major surfactant groups in the Netherlands. Tenside Surf Det 34:242–249

2.4 Gewässerbelastung durch synthetische Moschusduftstoffe

Hans-Dietrich Eschke

2.4.1 Bedeutung von synthetischen Moschusverbindungen

Synthetische Moschusduftstoffe bilden wesentliche Ingredienzen verschiedener Riechstoffkompositionen, die Kosmetikartikeln, Seifen, Reinigungs- und Waschmitteln sowie Parfüms zugesetzt werden. Der Nachweis dieser Stoffe in Fischen, in menschlichem Fettgewebe und in Muttermilch (Rimkus et al. 1996) qualifiziert eine Reihe dieser Substanzen zu anthropogenen Belastungskomponenten mit einer hohen Persistenz und einem erheblichen Bioakkumulationsvermögen. Toxikologische Bedenken bezüglich einiger Vertreter dieser strukturell recht unterschiedlichen Stoffe verstärkten in den letzten Jahren die Diskussion um die Verwendung synthetischer Moschusverbindungen.

Lange vor der Synthese von Moschusgeruchsstoffen war schon im Altertum der natürliche Moschus bekannt und gehörte neben Ambra und Rosenöl zu den begehrten und kostbaren Grundstoffen der Duftbereitung. Seine Namensgebung verdankt der natürliche Moschus dem in den Hochtälern Tibets und Chinas beheimateten hirschartigen Moschustier (*Moschus moschiferus* L.), aus dessen Duftdrüsen das geruchsintensive Sekret gewonnen wird. Heute werden nahezu ausschließlich die erheblich preiswerteren synthetischen Riechstoffe mit moschusähnlichen Geruchseigenschaften eingesetzt. Von den schätzungsweise 1000 Verbindungen mit Moschusgeruch haben etwa 30 Substanzen eine kommerzielle Bedeutung erlangt (Rebmann et al. 1997).

2.4.2 Nitromoschusverbindungen und polycyclische Moschusverbindungen

Schon Ende des 19. Jahrhunderts entdeckte Baur eine Gruppe von Nitroaromaten, die sich als geeignete Ersatzstoffe für den natürlichen Moschus erwiesen und die Gruppe der Nitromoschusverbindungen bilden. Nitromoschusriechstoffe werden kommerziell erfolgreich in Waschmitteln, Parfüms, aber auch in technischen Produkten (Sprengstoffe, Herbizide) sowie als Fischköder und teilweise in Zigaretten verwendet. Sie bewirken, wie auch die übrigen synthetischen Moschusverbindungen, eine Abrundung der Duftnote und sorgen aufgrund ihrer fixativen Eigenschaften, z.B. auf der Wäschefaser oder der menschlichen Haut, für lang anhaltenden Duft. Die chemische Struktur der kommerziell bedeutendsten Nitromoschusverbindungen zeigt die Tabelle 2-15. Alle Stoffe weisen in einem Benzol- bzw. Indangrundgerüst eine oder mehrere Nitro-Gruppen auf. Weitere wirtschaftlich weniger wichtige Nitromoschusverbindungen leiten sich von Tetralinen und Pyridinen ab. Auffällig ist die strukturelle Ähnlichkeit aller Nitromoschusverbindungen und besonders des Moschus Xylol mit dem Sprengstoff TNT (2,4,6-Trinitrotoluol). Moschus Xylol muß deshalb in reiner Form unter Befolgung der entsprechenden Vorsichtsmaßnahmen behandelt werden. Erwähnenswert ist auch der ökotoxikologische Aspekt, daß Moschus Keton als Herbizid für Baumschulen und Petersilie empfohlen wird und daneben auch zur Geruchsverbesserung anderer Herbizide dient (Ippen 1994).

Für die Riechstoffindustrie gehören Moschus Xylol und Moschus Keton zu den bei weitem wichtigsten Nitromoschusverbindungen. Beide Duftstoffe zeigen einen ähnlichen Geruch, unterscheiden sich aber

Tabelle 2-15. Chemische Bezeichnungen, Strukturformeln, Summenformeln, CAS-Nummern und Molekulargewichte von Nitromoschusverbindungen

Trivial-name	Chemische Bezeichnung	Chemische Struktur Summenformel	CAS-Nr.	Molekular-gewicht
Moschus Xylol	1-tert.-Butyl-3,5-dimethyl-2,4,6-trinitro-benzol	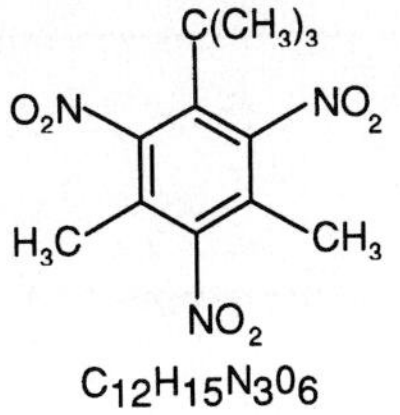 $C_{12}H_{15}N_3O_6$	81-15-2	297,3
Moschus Keton	1-tert.-Butyl-3,5-dimethyl-2,6-dinitro-4-acetylbenzol	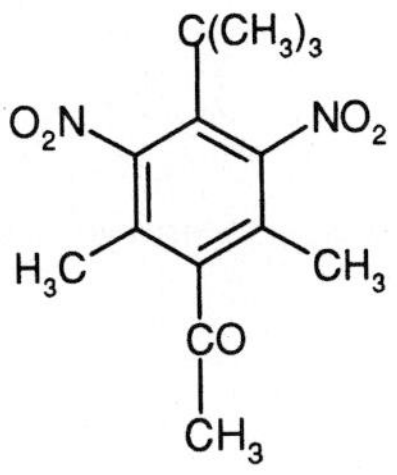 $C_{14}H_{18}N_2O_5$	81-14-1	294,3
Moschus Ambrette	1-tert.-Butyl-2-methoxy-4-methyl-3,5-dinitrobenzol	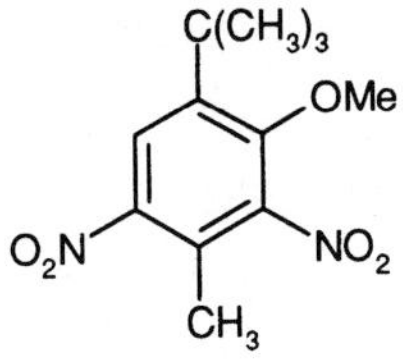 $C_{12}H_{16}N_2O_5$	83-66-9	268,2
Moschus-Tibeten	1-tert.-Butyl-3,4,5-trimethyl-2,6-dinitro-benzol	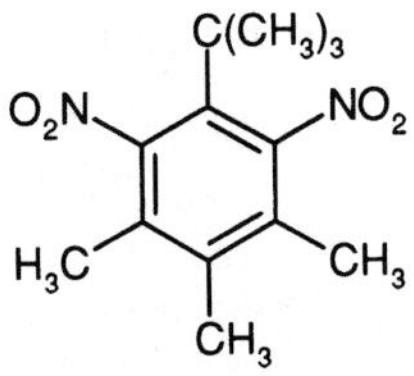 $C_{13}H_{18}N_2O_4$	145-39-1	266,3
Moschus Mosken	1,1,3,3,5-Pentamethyl-4,6-dinitroindan	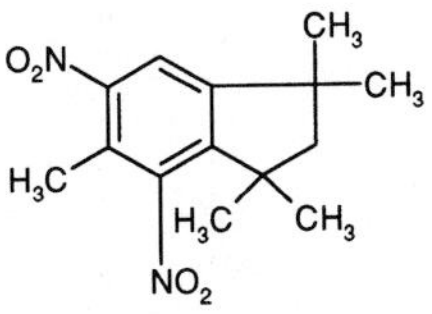 $C_{14}H_{18}N_2O_4$	116-66-5	278,3

Tabelle 2-16. Chemische Bezeichnungen, Strukturformeln, Summenformeln, CAS-Nummern und Molekulargewichte von polycyclischen Moschusverbindungen

Chemische Bezeichnung Abkürzung Handelsnamen	Chemische Struktur Summenformel	CAS.-Nr.	Molekular-gewicht
1,3,4,6,7,8-Hexahydro-4,6,6,7,8,8-hexamethyl-cyclopenta-(g)-2-benzopyran (HHCB) Galaxolide®, Abbalide®, Pearlide®	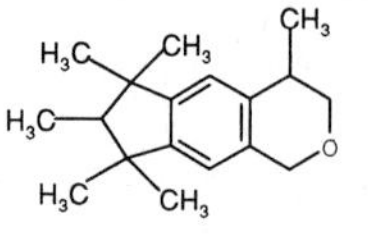 $C_{18}H_{26}O$	1222-05-5	258,4
7-Acetyl-1,1,3,4,4,6-hexamethyltetralin (AHTN) Tonalide®, Fixolide®	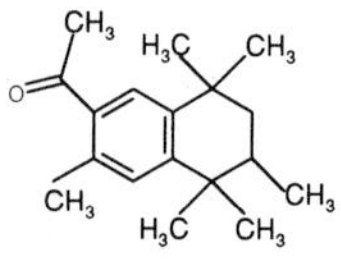 $C_{18}H_{26}O$	1506-02-1	258,4
4-Acetyl-1,1-dimethyl-6-tert.-butylindan (ADBI) Celestolide®, Crysolide®	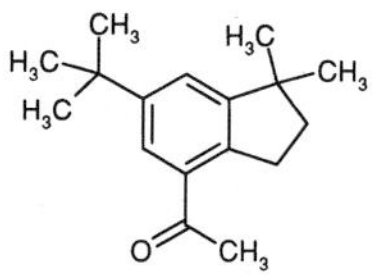 $C_{17}H_{24}O$	13171-00-1	244,4
6-Acetyl-1,1,2,3,3,5-hexamethylindan (AHMI) Phantolide®	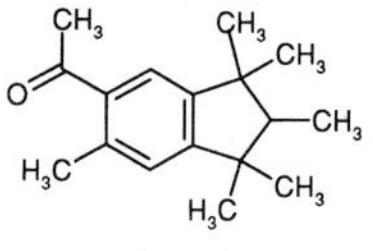 $C_{17}H_{24}O$	15323-35-0	244,4
6,7-Dihydro-1,1,2,3,3-pentamethyl-4(5H) indanon (DPMI) Cashmeran®	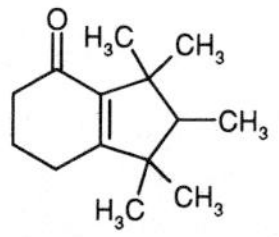 $C_{14}H_{22}O$	33704-61-9	206,3
5-Acetyl-1,1,2,6-tetramethyl-3-isopropylindan (ATII) Traseolide®	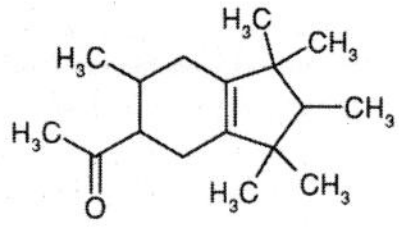 $C_{18}H_{26}O$	68140-48-7	258,4
7-Acetyl-1,1,4,4-tetramethyl-6-ethyltetralin (ATTN) Versalide®	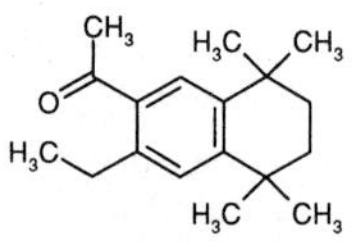 $C_{18}H_{26}O$	88-29-9	258,4

in ihren Eigenschaften, so daß Moschus Xylol vorwiegend in Seifen und Reinigungsmitteln und Moschus Keton bevorzugt in Kosmetika Verwendung findet.

Das langjährig eingesetzte Moschus Ambrette wird aufgrund seiner neurotoxischen und photosensibilisierenden Wirkung und nach Aufnahme in die Verbotsliste der Kosmetikverordnung der EU praktisch nicht mehr in Parfüms verwendet.

Die Entwicklung nitrofreier Moschusduftstoffe führte zu di- und tricyclischen aromatischen Verbindungen, die als polycyclische Moschusduftstoffe bezeichnet werden.

Zu den kommerziell wichtigsten Vertretern dieser Gruppe gehören strukturell unterschiedliche Indan- und Tetralinderivate sowie tricyclische Verbindungen (Tabelle 2-16). Die Entwicklung der polycyclischen Moschusduftstoffe begann Ende der vierziger Jahre mit der Synthese des AHMI (Phantolide®). Etwa zehn Jahre später wurden die industriell bedeutsamen Stoffe HHCB (Galaxolide®) und AHTN (Tonalide®) synthetisiert. Das in Tabelle 2-16 mit aufgeführte, ehemals in vielen Rezepturen enthaltene ATTN (Versalide®) erwies sich als neurotoxisch und wurde deshalb schon früh zurückgezogen.

Daneben gab es nach der Strukturaufklärung des echten Moschus tierischer und pflanzlicher Herkunft auch Bestrebungen, naturidentische und strukturell ähnliche Moschusriechstoffe zu synthetisieren. Die relativ hohen Herstellungskosten und wohl auch die Anwendungseigenschaften dieser Makrocyclen hemmen jedoch bis heute eine breitere Anwendung in der Parfümerie.

2.4.3 Analytik synthetischer Moschusverbindungen

Die in den Tabellen 2-15 und 2-16 aufgeführten synthetischen Moschusverbindungen sind nach extraktiver Probenvorbereitung, Anreicherung und Clean-up von Wasser-, Sediment- und Gewebeproben analytisch mittels gaschromatographischer Trennverfahren bis in den unteren Spurenbereich (ng/kg) zugänglich. Nitromoschusverbindungen sind – aufgrund ihrer im Molekül vorhandenen Nitrogruppen – mit ausreichender Empfindlichkeit an einem Elektroneneinfangdetektor (ECD) nachweisbar. Die Bestimmungsgrenze für Wässer reicht in Abhängigkeit von der Matrixbelastung der Proben bis zu 0,01 μg/l. Mit speziellen Methoden der Anreicherung an Festphasenmaterialien konnten bis zu 0,0006 μg/l nachgewiesen werden (Rimkus et al. 1996).

Polycyclische Moschusverbindungen weisen in ihren Strukturen keine am ECD signalerzeugenden Heteroatome auf und werden deshalb mit massenspektrometrischen Verfahren detektiert. Auf der Grundlage der resultierenden Massenspektren ist eine hohe Identifikationssicherheit gewährleistet. Zur weiteren Erhöhung der Selektivität und Empfindlichkeit werden auch bei Proben mit komplexer Matrix und/oder niedrigen Konzentrationen Ion Trap Tandem-MS-Techniken eingesetzt (Eschke et al. 1995).

2.4.4 Einträge in die Umwelt

2.4.4.1 Herkunft und Verwendung synthetischer Moschusverbindungen

Die Weltjahresproduktion an synthetischen Moschusverbindungen betrug 1987 7000 t. Davon entfielen 4.300 t auf polycyclische Moschusduftstoffe und 2.500 t auf Nitromoschusverbindungen. Den geringeren Restanteil stellen im wesentlichen die makrocyclischen Verbindungen. Es wird davon ausgegangen, daß sich zukünftig der Marktanteil der polycyclischen Moschusverbindungen weiter erhöht und die für den Weltmarkt nur noch in China in industriell bedeutsamen Mengen produzierten Nitromoschusduftstoffe an Bedeutung verlieren. So haben in Deutschland und Europa der deutsche Industrieverband Körperpflege und Waschmittel e. V. bzw. die International Fragrance Association (IFRA) ihren Mitgliedern empfohlen, auf den Einsatz von Moschus Xylol zu verzichten.

Den Einsatz synthetischer Moschusverbindungen in den unterschiedlichsten Reinigungsmitteln und Kosmetikartikeln verdeutlichen die Ergebnisse verschiedener Produktuntersuchungen der letzten Jahre (Rimkus et al. 1996): Demnach enthielten 1993 von 60 geprüften kosmetischen Mitteln 33 Produkte Nitromoschusverbindungen. Den Schwerpunkt bildeten Moschus Keton mit Konzentrationen zwischen 4,0 und 2200 mg/kg und Moschus Xylol, das vorwiegend in Waschmitteln in Konzentrationen von 2,5 bis 250 mg/kg auftrat. Zu ähnlichen Ergebnissen führten Screeninguntersuchungen im Auftrag von Verbraucherzeitschriften Deutschlands und Hollands. Untersuchungen von Haarshampoos im Frühjahr 1996 ergaben nur noch in 10% der Proben positive Befunde an Nitromoschusverbindungen, aber 69% der Mittel enthielten polycyclische Moschusduftstoffe. Eine weitere Studie bestätigt diese Ergebnisse: In 51 Produkten wurden polycyclische Moschusverbindungen mit Maximalwerten von 500 mg/kg HHCB, 520 mg/kg AHTN und 180 mg/kg ADBI ermittelt (Eschke et al. 1995).

Ein großer Teil der zur Körperpflege bzw. zu Reinigungszwecken eingesetzten Mittel gelangt nach der Anwendung bestimmungsgemäß in das Abwasser. Yamagishi et al. (1983) fanden bereits 1981 in Abwässern aus 3 Kläranlagen am japanischen Fluß Tama Moschus Xylol und Moschus Keton in Konzentrationen von 0,03 μg/l bzw. 0,27 μg/l. Untersuchungen von Abwässern schwedischer Klärwerke erbrachten 1996 Moschus-Keton-Gehalte zwischen 1 μg/l und 5 μg/l. In den Jahren 1993 bis 1995 wurde die Belastungssituation des typischen häuslichen Abwassers auf der Grundlage der Abwässer von 25 kommunalen Kläranlagen in Nordrhein-Westfalen geprüft (Eschke et al. 1994). Demnach konnten vornehmlich die polycyclischen Moschusduftstoffe HHCB und AHTN sowie die Nitromoschusverbindungen Moschus Keton und Moschus Xylol in ihren Verbrauchsmengen entsprechenden Konzentrationsrelationen analytisch festgestellt werden (Tabelle 2-17). Daneben traten die übrigen polycyclischen Moschusverbindungen mit weit geringeren Gehalten auf, z.B. ADBI mit 0,08 μg/l. Die Abnahme der mittleren Belastung gereinigter Abwässer belegt eine nicht unbeträchtliche Retention der synthetischen Moschusverbindungen im Verlaufe des Klärprozesses. In kommunalen Klärschlämmen wurden HHCB und AHTN mit Gehalten von 12 bis 21 mg/kg m_T (m_T Trokkenmasse) bestimmt, woraus auf eine bevorzugte Sorption der polycyclischen Moschusverbindungen geschlossen werden kann. Im Gegensatz dazu sind Nitromoschusverbindungen bisher nur in nicht ausgefaulten Schlämmen in wesentlich geringeren Konzentrationen nachweisbar, da offensichtlich besonders Moschus Keton nach der Anreicherung im Schlamm abgebaut wird. Neueste Untersuchungen zum Auftreten von Aminometaboliten in Biota- und Wasserproben belegen einen teilweisen Abbau von Moschus Xylol und Moschus Keton durch Reduktion einzelner Nitro-Gruppen (Gatermann et al. 1998).

Tabelle 2-17. Gehalte an Moschus Xylol, Moschus Keton, HHCB und AHTN in Abwässern kommunaler Kläranlagen (Konzentrationen in ng/l)

Abwasser	n	Moschus Xylol	Moschus Keton	HHCB	AHTN
Zulauf kommunaler Kläranlagen (1993–1995)	25	90–1700 $\bar{x}$ = 650	570–2400 $\bar{x}$ = 1500	500–2900 $\bar{x}$ = 1460	800–4400 $\bar{x}$ = 2240
Ablauf kommunaler Kläranlagen (1993–1995)	25	30–310 $\bar{x}$ = 110	220–1300 $\bar{x}$ = 710	600–2000 $\bar{x}$ = 1090	800–2400 $\bar{x}$ = 1400

2.4.4.2 Synthetische Moschusverbindungen in Gewässern

Über ein Jahrzehnt nach den ersten Hinweisen einer japanischen Autorengruppe auf die Belastung von Gewässern mit Nitromoschusverbindungen und dem alsbaldigen Verbot von Moschus Xylol in Japan verdeutlichten Arbeiten von Rimkus u. Wolf (1993) zur Kontamination von Süßwasserfischen, daß auch in Deutschland von einer Belastung der Gewässer mit Nitromoschusverbindungen ausgegangen werden muß. Untersuchungen der Ruhr zeigten den direkten Zusammenhang der Konzentrationen synthetischer Moschusverbindungen zum jeweiligen Anteil an gereinigtem Abwasser im Fließgewässer. Im Berliner Teltowkanal wurden ebenfalls sprunghafte Konzentrationserhöhungen, z.B. des HHCB von 0,02 µg/l auf 4,3 µg/l, an den Einleitungsstellen verschiedener Klärwerke festgestellt. Ähnliche Verhältnisse ergaben Wasseruntersuchungen der Lauchert, eines Nebenflusses der Donau. Trotz der zu erwartenden starken Verdünnung konnten auch in der Nordsee polycyclische Moschusverbindungen nachgewiesen werden. In Tabelle 2-18 ist eine Auswahl von Befunden verschiedener Oberflächengewässer dargestellt. Die bisherige Datenbasis zeigt, daß die polycyclischen Moschusverbindungen in der Regel die Konzentrationen der Nitromoschusverbindungen in Gewässern übersteigen. Zu den Hauptstoffen beider Gruppen zählen Moschus Keton und Moschus Xylol sowie HHCB und AHTN. Diese Relationen der Wasserkonzentrationen spiegeln die schon aufgeführten Produktionsmengen wider.

Die bei lipophilen Verbindungen zu erwartende hohe Adsorptionsneigung an Feststoffen und Partikeln, wie sie z.B. bei polychlorierten Biphenylen in starkem Maße zu beobachten ist, wurde nicht bestätigt. Der schwebstoffgebundene Anteil von Nitromoschusverbindungen beträgt nur 1 bis 5%. Schwebstoffe des Mains enthielten bei einem Moschus-Keton-Gehalt in der Wasserphase von 0,01 µg/l lediglich 3 µg/kg m_T (Fooken et al. 1997). Entsprechend der vergleichsweise höheren Immissionen in die Gewässer liegen die Schwebstoffkonzentrationen der polycyclischen Moschusverbindungen auf einem höheren Niveau. Aber auch diese Stoffe scheinen zu einem hohen Anteil in der Wasserphase vorzuliegen.

Erste Ergebnisse zur Belastung von Gewässersedimenten weisen darauf hin, daß die jahrelange Verwendung synthetischer Moschusduftstoffe in den unterschiedlichsten Produkten offensichtlich schon zu einer Kontamination der Gewässersedimente geführt hat. In Sedimenten der Elbe, Weser, Ems und Oker wurden 1995 an acht exem-

Tabelle 2-18. Gehalte an Moschus Xylol, Moschus Keton, HHCB und AHTN in Oberflächenwässern (Konzentrationen in ng/l)

Wasserprobe (Herkunft)	n	Moschus Xylol	Moschus Keton	HHCB	AHTN
Flußwasser (Elbe, Torgau, 1995)	2			57–92	62–116
Flußwasser (Elbe, Hamburg - Dresden, 1996/97)	30			29–410 ($\bar{x}$=148)	24–250 ($\bar{x}$=90)
Flußwasser (Elbe, Stade, 1995)	1			95	67
Flußwasser (Mulde, Mündung, 1996/97)	5			150–590 ($\bar{x}$=365)	80–330 ($\bar{x}$=208)
Flußwasser (Saale, Mündung, 1996/97)	6			200–610 ($\bar{x}$=398)	140–330 ($\bar{x}$=240)
Flußwasser (Ruhr, 1994)	23	<BG[b]–30 ($\bar{x}$=10)	<BG–80 ($\bar{x}$=30)	<30–500 ($\bar{x}$=370)	<30–300 ($\bar{x}$=200)
Flußwasser (Schweiz, Fluß Glatt[a], 1995)	1	0,62	8,3	136	75
Oberflächenwasser (Berlin, 1996)	30	1 Probe>BG (180)	<BG–390 ($\bar{x}$=80)	20–12470 ($\bar{x}$=2492)	30–6780 ($\bar{x}$=1344)
Meerwasser (Nordsee, Deutsche Bucht, 1990)	6			0,09–0,88 ($\bar{x}$=0,33)	0,09–0,94 ($\bar{x}$=0,37)
Meerwasser (Nordsee, Deutsche Bucht, 1995)	6			0,15–4,8 ($\bar{x}$=1,03)	0,08–2,6 ($\bar{x}$=0,58)

[a] 3 km hinter dem Ablauf einer Kläranlage
[b] Bestimmungsgrenze

plarisch untersuchten Meßstellen Moschus Keton (0,2 µg/kg bis 0,8 µg/kg) und Moschus Xylol (0,1 µg/kg bis 0,6 µg/kg) festgestellt.

2.4.5 Wirkung auf aquatische Organismen

Die ersten Befunde an Nitromoschusverbindungen in Japan ließen bereits ein hohes Bioakkumulationspotential dieser neuen Umweltkontaminanten erwarten (Yamagishi et al. 1983). Anfang der neunziger Jahre berichteten Rimkus u. Wolf (1993) über eine Moschus-Xylol und Moschus-Keton-Kontaminationen von Forellen aus in- und ausländischen Teichwirtschaften, die im Rahmen eines bundesweiten Lebensmittel-Monitorings untersucht worden waren. Zwei Jahre später wurde eine Reihe polycyclischer Moschusverbindungen in Süßwasserfischen nachgewiesen (Eschke et al. 1994, 1995). Die beobachteten Konzentrationen übertrafen insbesondere in lipidreichen Fischen, wie z.B. Aalen, die Nitromoschusgehalte erheblich. Eine Übersicht neuerer in der Literatur veröffentlichten Befunde an synthetischen Moschusverbindungen in Biota zeigt Tabelle 2-19. Der n-Octanol/Wasser-Verteilungskoeffizient (log P_{OW}) ist ein wichtiger Parameter zur Abschätzung der Bioakkumulation im aquatischen Bereich (s. Kap. 3.2). Die Bestimmung der Bioakkumulation in Fischen ist um so bedeutsamer, als die Abweichungen zwischen Abschätzungen über die log P_{OW}-Werte und Experimenten bis zu 3 Größenordnungen erreichen können. Die mittels HPLC bestimmten Verteilungskoeffizienten der Nitromoschus- und polycyclischen Moschusverbindungen (Tabelle 2-20) sind mit denen einiger niedrigchlorierten PCB, Lindan, DDT und weiteren Organochlorpestiziden vergleichbar. So betragen die log P_{OW}-Werte für Lindan 3,2 und für das hochlipophile DDT 6,2. Die log P_{OW}-Werte und die auf der Grundlage einer QSAR-Regressionsgleichung („Quantitative Structure Activity Relationships") abgeschätzten Biokonzentrationsfaktoren der polycyclischen Moschusverbindungen lassen eine starke Anreicherung dieser Substanzen in aquatischen Ökosystemen vermuten. Allerdings stehen den für HHCB und AHTN geschätzten Biokonzentrationsfaktoren von >30000 wesentlich geringere experimentell ermittelte BCF-Werte (HHCB: BCF=1584, AHTN: BCF=597) gegenüber, so daß die hohen Konzentrationen offenbar primär durch die entsprechend hohen Gehalte im Wasser verursacht werden. Verstärkt wird diese Vermutung durch die Beobachtung einer schnellen Elimination der Substanzen in Fischen, die zu vergleichsweise polareren Metaboliten führt. Im Rahmen einer Umweltverträglichkeitsprüfung entsprechend den technischen Leitlinien der EU für Neu- und Altchemikalien wurden sowohl Moschus Xylol und Moschus Keton (Tas et al. 1996) als auch HHCB und AHTN (Plassche et al. 1997) einer Prüfung unterzogen. Die Abschätzung, die auf der Grundlage von Modellrechnungen vorgenommen wurde, ergab für aquatische Organismen PEC/PNEC-Verhältnisse („Predicted Exposure Concentration"/„Predicted No Effect Concentration"), welche weit unter 1 liegen und somit ein nur geringes Risiko erwarten lassen. Das Auftreten von Metaboliten, die z.B. im Falle der Nitromoschusverbindungen ebenfalls ein Bioakkumulationspotential aufweisen, sollte allerdings Anlaß geben, diese Verbindungen mit in die Umweltverträglichkeitsprüfung einzubeziehen.

Tabelle 2-19. Gehalte an HHCB, AHTN, Moschus Xylol und Moschus Keton in Biotaproben (Konzentrationen mg/kg Lipid)

Biotaprobe (Herkunft)	n	Lipid [%]	Moschus Xylol	Moschus Keton	HHCB	AHTN
Brassen (Ruhr)	3	0,45–1,56			2,8–3,8	2,2–7,1
Barsche (Ruhr)	2	0,36–0,72			2,5–3,3	3,5–5,0
Aale (Ruhr)	2	20,9–23,7			0,4–0,6	0,5–0,7
Aale (Elbe)	5	21,1–29,1	0,01–0,07	0,01–0,03	0,03–0,09	0,04–0,12
Zander (Elbe)	4	0,3–0,7	<0,01–0,09	0,01–0,07	0,60–3,84	0,32–0,99
Regenbogenforellen (DK)	4	2,6–3,3	0,10–0,21	0,03–0,12	0,11–0,65	0,20–0,59
Bachforellen (Stör [a])	2	1,3–3,5	0,20–0,24	1,00–1,15	13,70–20,30	10,60–13,40
Miesmuscheln (Nordsee)	3	1,7–2,2	<0,01–0,02	0,01–0,03	<0,03–0,11	<0,03–0,06
Krabben (Nordsee)	4	0,9–1,0	<0,01–0,01	0,02–0,43	<0,04–0,37	<0,04–0,06
Karauschen (Schönungsteich [b])	5	0,87–1,74			6,0–19,8	12,2–37,2
Karauschen (Schönungsteich [c])	7	1,1–4,3	0,22–0,40	0,92–1,56	39–91	26–40
Aale (Schönungsteich [b])	5	16,5–30,2			6,1–63,6	10,1–57,9
Aale (Schönungsteich [c])	2	15,7–17,9	0,21–0,27	0,35–0,45	4,6–4,8	2,6–2,7
Döbel (Schönungsteich [b])	3	1,9–2,8			1,0–8,9	3,0–16,4
Schleie (Schönungsteich [c])	4	0,5–1,4	0,20–0,38	1,22–1,44	147–159	30–42
Muscheln (Schönungsteich [c])	1	1,4	0,12	1,28	120	45

[a] Ca. 3 km entfernt von einer Kläranlage
[b] Mehrere kommunale Kläranlagen in NRW
[c] Kommunale Kläranlage in S-H

2.4.6 Prognostische Bewertung der Moschusverbindungen

Die hier diskutierten synthetischen Moschusduftstoffe sind persistent und lipophil und werden in der aquatischen Nahrungskette angereichert. Die Verbreitung dieser Stoffe hat sicher noch nicht das weltweite Ausmaß wie z. B. der polychlorierten Biphenyle erreicht, doch ist die Tatsache, daß auch schon küstennahe Biota kontaminiert

Tabelle 2-20. Experimentell ermittelte log P_{OW}-Werte der wichtigsten synthetischen Moschusverbindungen

Substanz	log P_{OW}
Moschus Xylol	4,8
Moschus Keton	4,1
HHCB	5,9
AHTN	5,8
ADBI	5,4

wurden, alarmierend. Neben der Beurteilung der ökotoxikologischen Wirkung dieser Verbindungen bildet die humantoxikologische Seite der Moschusduftstoffe einen weiteren wichtigen Gesichtspunkt. Die Tatsache, daß synthetische Moschusverbindungen ebenfalls in Muttermilch und menschlichem Fettgewebe nachweisbar sind, wird zukünftig weitere Forschungsarbeiten zum Umweltverhalten und zur Toxikologie initiieren und damit letztlich auch dem Gesetzgeber wichtige Entscheidungsgrundlagen liefern. Eine Minimierung dieser Belastungskomponenten scheint geboten und ist sicher nur durch die Verwendung biologisch abbaubarer Moschusduftstoffe realisierbar.

2.4.7 Literatur

Eschke HD, Traud J, Dibowski HJ (1994) Untersuchungen zum Vorkommen polycyclischer Moschus-Duftstoffe in verschiedenen Umweltkompartimenten 1. Mitteilung: Nachweis und Analytik mit GC/MS in Oberflächen-, Abwässern und Fischen. UWSF-Z Umweltchem Ökotox 6:183–189

Eschke HD, Dibowski HJ, Traud J (1995) Untersuchungen zum Vorkommen polycyclischer Moschus-Duftstoffe in verschiedenen Umweltkompartimenten 2. Mitteilung: Befunde in Oberflächen-, Abwässern und Fischen sowie in Waschmitteln und Kosmetika. UWSF-Z Umweltchem Ökotox 7:131–138

Fooken C, Gihr R, Häckl M, Seel P (1997) Orientierende Messungen gefährlicher Stoffe – landesweite Untersuchungen auf organische Spurenverunreinigungen in hessischen Fließgewässern, Abwässern und Klärschlämmen. Umweltplanung, Arbeits- und Umweltschutz, Heft 233, Hess. Landesanstalt für Umwelt, Wiesbaden

Gatermann R, Hühnerfuss H, Rimkus G, Attar A, Kettrup A (1998) Occurrence of Musk Xylene and Musk Ketone Metabolites in the Aquatic Environment. Chemosphere 36:2535–2547

Ippen H (1994a) Nitromoschus Teil I. Bundesgesundheitsblatt 6/94:255–260

Ippen H (1994b) Nitromoschus Teil II. Bundesgesundheitsblatt 7/94:291–294

Rebmann A, Wauschkuhn C, Waizenegger W (1997) Bedeutung der Moschusduftstoffe im Wandel der Zeit. Dtsch Lebensm-Rundsch 8:251–255

Rimkus G, Brunn H (1996) Synthetische Moschusduftstoffe – Anwendung, Anreicherung in der Umwelt und Toxikologie. Teil 1: Herstellung, Anwendung, Vorkommen in Lebensmitteln, Aufnahme durch den Menschen. Ernährungsumschau 43:442–449

Rimkus G, Wolf M (1993) Rückstände und Verunreinigungen in Fischen aus Aquakultur 2. Mitteilung: Nachweis von Moschus Xylol und Moschus Keton in Fischen. Dtsch Lebensm-Rundsch 89:171–175

Rimkus G, Butte W, Geyer HJ (1997) Critical considerations on the analysis and bioaccumulation of musk xylene and other synthetic nitro musks in fish. Chemosphere 35:1497–1507

Tas JW, Balk F, Ford R A, van de Plassche EJ (1996) Environmental Risk Assessment of Musk Ketone and Musk Ketone and Musk Xylene in the Netherlands in accordance with the EU-TGD. Chemosphere 35:2973–3002

Van de Plassche EJ, Balk F (1997) Environmental Risk Assessment of polycyclic Musks AHTN and HHCB according to the EU-TGD. Report no 601503008

Yamagishi T, Miyazaki S, Horii S, Akiyama K (1983) Synthetic musk residues in biota and water from Tama River and Tokyo Bay (Japan). Arch Environ Contam Toxicol 12:83–89

2.5 Gewässerbelastungen durch Mineralöl

Michael Wunderlich

Mineralöl ist aus der vom Menschen geschaffenen technischen Umwelt nicht wegzudenken. Es wird einerseits als Energieträger genutzt, andererseits für die Synthese einer schier unbegrenzten Zahl von chemischen Verbindungen benötigt. Hier sollen die direkten Auswirkungen von freigesetzten Mineralölen auf die Lebensräume der limnischen Gewässer zusammenfassend beschrieben werden. Die indirekten Auswirkungen durch die Verbrennung von Mineralölprodukten auf das Weltklima und seine Folgen für die Gewässer werden nur kurz behandelt (s. Bd. 3 A, Kap. 2.5).

2.5.1 Eigenschaften und Stoffdaten der Mineralöle

Unter Mineralöl versteht man flüssige bis teerartige Öle fossilen Ursprungs. Mineralöle wurden in geologischen Zeiträumen aus organischem Material gebildet und werden oft unter beträchtlichem technischen Aufwand als Rohöl aus Lagerstätten gefördert. Die Bildung und Zusammensetzung wurden ausführlich von Tissot u. Welte (1978) und Hunt (1979) beschrieben. Rohöl ist ein Gemisch aus Tausenden von chemischen Einzelstoffen. Hiervon haben die Kohlenwasserstoffe den größten Anteil mit etwa 50 bis 98%. Die Kohlenwasserstoffe lassen sich einteilen in linear-kettenförmige Kohlenwasserstoffe (Alkane) und verzweigt-kettenförmige (Isoalkane) sowie aromatische Kohlenwasserstoffe mit ringförmigen Strukturen. Daneben gibt es schwefel-, stickstoff- und sauerstoffhaltige Verbindungen. Erwähnenswert sind auch die im Öl enthaltenen Spurenmetalle Vanadium und Nickel.

Rohöle werden großtechnisch in Raffinerien in verschiedene Fraktionen getrennt und aufgearbeitet. Die Abb. 2-18 zeigt die Aufteilung der Destillate nach ihren Siedetemperaturen. Den niedrigsiedenden Fraktionen folgen die Mitteldestillate und weitgeschnittenen Öle, zurück bleiben die Reststoffe.

Die Frage, ob es sich um fossile oder rezente Kohlenwasserstoffe in der Umwelt handelt, läßt sich heute weitgehend analytisch beantworten. Mittels IR-Spektroskopie können beispielsweise die biogenen und Mineralöl-Alkane u.a. über ihre Extinktionskoeffizienten 2926/720 und 1370/720 unterschieden werden. Bei letzteren deuten Werte <3 auf biogene Kohlenwasserstoffe neueren Datums hin, solche >3 auf mineralölbürtige (Hellmann 1991). Im Laufe des biologischen Abbaus rezenter Kohlenwasserstoffe nehmen die Verhältniswerte der Extinktionskoeffizienten zu, erreichen aber nicht die Werte von Mineralöl-Alkanen.

Wenn Mineralöle freigesetzt werden, sind sie physikalischen, chemischen und biologischen Prozessen ausgesetzt, die als **Alterung** bezeichnet werden (Abb. 2-19). Sonnenlicht (UV-Strahlung) führt zu Photooxydation, Photoabbau und Polymerisation der Ölinhaltsstoffe. Als Reaktionsprodukte treten auf: aliphatische und aromatische Ke-

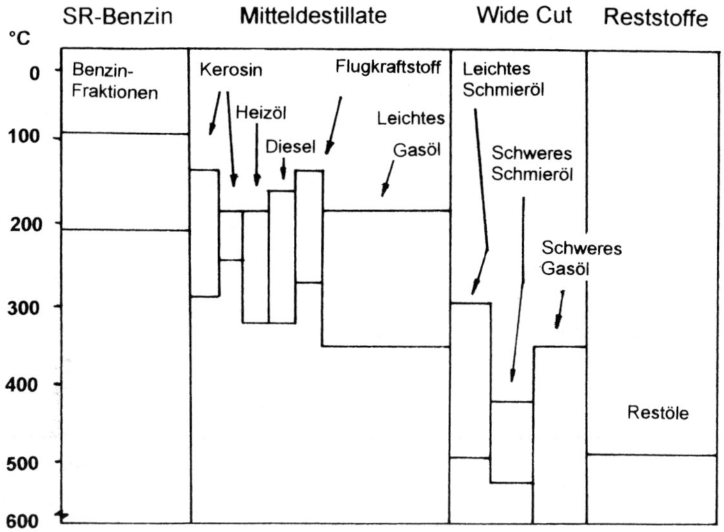

Abb. 2-18. Siedetemperaturen von Rohöldestillaten

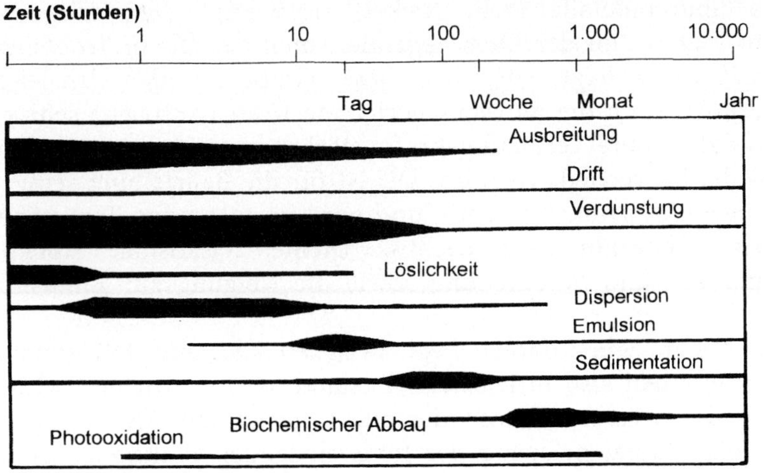

Abb. 2-19. Alterung von freigesetztem Öl

tone, Aldehyde, Carbonsäuren, Fettsäuren, Ester, Epoxide, Sulfoxide, Sulfone, Phenole, Anhydride, aliphatische und aromatische Alkohole.

Bei der Betrachtung der ökologischen Wirkungen müssen diese Alterungsprozesse berücksichtigt werden. Die Eigenschaften der Öle verändern sich durch

1. Verlust der niedrigsiedenden aromatischen und ungesättigten Kohlenwasserstoffe ($< C_{20}$) durch Verdunstung,
2. Verlust von niedrigsiedenden aromatischen Kohlenwasserstoffen ($< C_{15}$) durch Lösung.

Hieraus ergibt sich

1. Eine zunehmende relative Bedeutung der ungelösten Naphthene und naphthenaromatischen Verbindungen,
2. eine zunehmende Bedeutung von hochverzweigten, aliphatischen Kohlenwasserstoffen im Verhältnis zu einfachen Ketten und einfach methylverzweigten Molekülen, aufgrund eines selektiven biologischen Abbaus von n-Alkanen,
3. eine zunehmende Bedeutung von alkylierten Phenanthrenen und Dibenzothiophen-Verbindungen in Beziehung zu anderen Aromaten durch zusammenwirkende Alterungsprozesse,
4. eine zunehmende Bedeutung der polycyclischen Aliphaten in Bezug zu allen gesättigten Verbindungen (National Research Council 1985).

Unter dem Einfluß von starker Turbulenz bilden Rohöle entweder **Emulsionen** oder **Dispersionen**. Die Bildung von Wasser-in-Öl-Emulsionen hängt vom Wachs- und Asphaltengehalt ab und wird durch einige Spurenmetalle (z. B. Nickel) begünstigt. Von Dispersionen spricht man, wenn der überwiegende Anteil des Öls in Tröpfchengrößen <70 μm vorliegt. Tröpfchen dieser Größe verteilen sich leicht im Wasserkörper, da die aufwärts gerichtete Kraft (Auftrieb) sehr gering ist, so daß andere Verteilungskräfte stärker zur Geltung kommen. Die physikalische Verfügbarkeit des Öls ist für die Beurteilung seiner ökologischen Wirksamkeit wichtig und wird im folgenden Text näher behandelt. Weiterhin sind wichtig: Dichte, Viskosität, Stockpunkt, Flammpunkt und Verdunstung sowie die Neigung zur Emulsionsbildung.

Die **Dichte** von Rohölen liegt zwischen 0,83 und 0,97 g/ml. Diese Öle schwimmen also in frischem Zustand, da ihre Dichte geringer ist als die des Wassers. Durch die zuvor genannten Alterungsprozesse findet eine Konzentrierung der höhersiedenden Fraktionen statt. Bei tiefen Temperaturen nimmt die Dichte zu. Des weiteren findet eine Adsorption von Öl an Schwebstoffen statt. All diese Effekte erhöhen die Dichte eines gealterten Rohöls, so daß es unter Umständen seine Schwimmfähigkeit verliert und absinkt.

Die **Viskosität** (innere Zähigkeit) bestimmt das Fließverhalten von Mineralölprodukten, z. B. das Ausbreitungsverhalten auf dem Wasser. Die Viskosität bestimmt auch die theoretische Endschichtdicke, nach deren Erreichen ein Ölfilm auseinanderreißt und in unterschiedlichen Konzentrationen in Streifen oder Flecken auf dem Wasser treibt.

Durch Verdunstung kann von der freigesetzten Rohölmenge ein erheblicher Teil in die Atmosphäre entweichen. So verdunsteten beim Unfall der Amoco Cadiz (Bretagne) etwa 30% der Ölmenge in 3 Tagen und beim Unfall der Exxon Valdez (Alaska) etwa 20% (Bernem 1997). Beim Unfall der Sea Empress (Wales) waren es innerhalb von 6 Tagen etwa 40% der 72 000 t (Coast Guard Agency 1996). Da der Anteil von niedrigsiedenden Kohlenwasserstoffen in Rohölen besonders hoch ist, hat hier die Verdunstung einen vergleichsweise hohen Stellenwert. Eine Stoffbilanz für den Bodensee zeigt, daß die Verdunstung von Kohlenwasserstoffen in derselben Größenordnung liegt wie deren Eintrag durch Niederschläge oder aus Verkehr und Abwässern zusammen (Abb. 2-20, Hellmann 1998). Beispiele für Volumenänderung, Wassergehalt und Viskosität in der zeitlichen Entwicklung durch Emulsionsbildung und Alterung werden von Leo u. Lilie (1987) beschrieben.

Nur unter Sauerstoffabschluß konnten sich die Öllagerstätten bilden und erhalten. Ein Abbau des Öls erfolgt hauptsächlich durch Bakterien, aber auch manche niederen Pilze können bestimmte Anteile aufnehmen und verwerten. Voraussetzung zum Abbau ist die Anwesenheit von Sauerstoff, Nährstoffen wie Phosphor und Stickstoff sowie

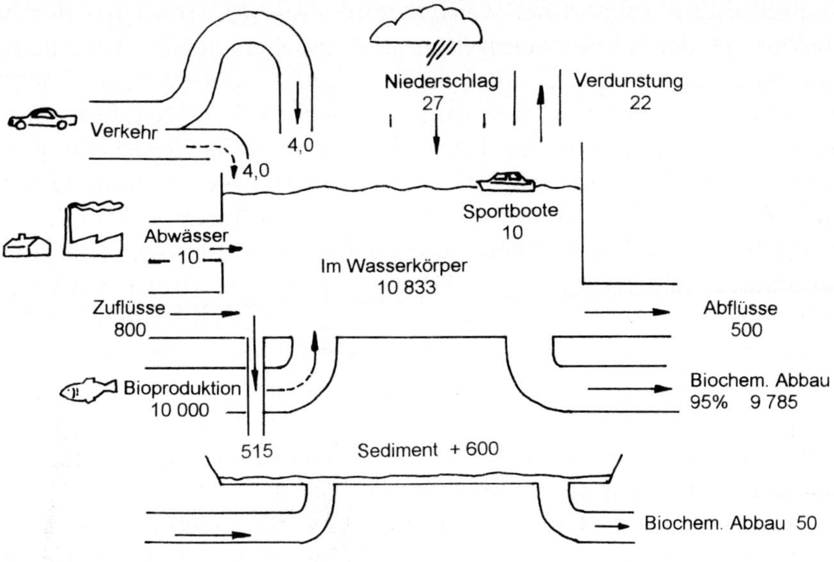

Abb. 2-20. Versuch einer Kohlenstoffbilanz für den Bodensee 1975, Angaben in Tonnen (Hellmann 1998)

essentiellen Salzen. In unseren Binnengewässern sind Nährstoffe meist ausreichend vorhanden. Weiterhin unterstützen hohe Wassertemperaturen und eine feine Verteilung des Öls den biologischen Abbau.

Durch den Einsatz von oberflächenaktiven Stoffen (Tenside, Detergentien, Dispergatoren) wird die Bildung kleinster Tröpfchen unterstützt, so daß das Öl gleichsam in Lösung geht. In Deutschland wird eine Bekämpfung von Öl mit oberflächenaktiven Stoffen auf Binnengewässern nicht empfohlen, da die entstehenden Emulsionen eine Nutzung des Wassers für Trinkwasserzwecke erschweren.

2.5.2 Eintrag von Öl in die Gewässer

Eine Bewertung des Öleintrags in Gewässer muß berücksichtigen, daß ein natürlicher Background an Kohlenwasserstoffen vorhanden ist, der den dynamischen Prozessen der Bildung und des Abbaus unterliegt. Im Jahresverlauf unterliegen die biogenen Prozesse Schwankungen, die auf die Licht- und Temperaturbedingungen zurückzuführen sind (Hellmann 1998). In derselben Arbeit gibt der Autor eine näherungsweise Bilanzierung der Kohlenwasserstoffe für Gewässer, Böden und Atmosphäre und zeigt, welch überragende Bedeutung der

Bioproduktion zugeordnet werden muß. Des weiteren wird der hohe Stellenwert des photochemischen und biochemischen Abbaus deutlich. Kohlenwasserstoffe mit höherzahligen C-Kettenlängen adsorbieren stärker an mineralischen und organischen Schwebstoffen (Seston) im Wasser. Durch deren Sedimentation können die Kohlenwasserstoffgehalte über Jahre in den Sedimenten anwachsen. Sedimente stellen mehr oder weniger stabile Senken für diese Stoffgruppe dar.

Für Flüsse wie den Rhein, die auch das Wasser von Kläranlagen aufnehmen, hält Hellmann (1998) einen Backgroundwert von gelösten Kohlenwasserstoffen bis zu 0,05 mg l^{-1} für möglich. Quellnahe Bäche zeigen meist Kohlenwasserstoffgehalte < 0,03 mg l^{-1}. Die Belastung des Regenwassers liegt in Deutschland bei etwa 0,04 mg l^{-1}. Sedimente des Bodensees zeigten Gehalte zwischen 20 bis ca. 350 mg/kg Trockensubstanz (DGMK 1982), andere Sedimente weisen je nach Herkunft und Belastung auch deutlich höhere Konzentrationen auf.

Binnengewässer (Flüsse, Seen, Grundwasser) werden durch akute und chronische Öleinträge belastet. Ölleckagen von Pipelines in Europa werden regelmäßig dokumentiert und statistisch ausgewertet (CONCAWE 1997). Im Jahr 1996 kam es zu 6 Ölleckagen, bei denen eine Menge von 1414 m^3 freigesetzt wurde. Etwa die Hälfte hiervon (732 m^3) konnte bei den folgenden Sanierungsmaßnahmen zurückgewonnen werden. Diese Zahlen müssen in Beziehung gesetzt werden zu der jährlich beförderten Ölmenge von mehr als 6,5 Millionen Tonnen, so daß letztlich nur 0,00011% der Jahresfracht in der Umwelt verblieb. Bezogen auf die Länge des Pipelinenetzes trat etwa eine Lekkage auf 5 000 km auf bzw. wurden 46 m^3 pro 1 000 km Rohrleitung (Bruttovolumen) freigesetzt. Das Nettovolumen von 24 m^3 pro 1 000 km Rohrleitung lag 1996 unter dem langjährigen Mittel. Bei den Ursachen steht an erster Stelle die Beschädigung der Leitungen durch Dritte; 48% der Verluste in die Umwelt sind hierauf zurückzuführen. Mechanische Fehler standen an zweiter Stelle bei den Nettomengen (30%). Ein Vergleich mit früheren Jahren gibt die Tabelle 2-21. Die absoluten Leckagemengen sind ebenfalls von 1992 bis 1996 dokumentiert.

Für Osteuropa und Rußland hat OSIR (1998) die größeren Freisetzungen durch Rohrleitungen seit 1972 chronologisch erfaßt und ausgewertet; es werden Informationen gegeben zur Anzahl bedeutender Fälle pro Jahr (1972 bis 1998), zur Zahl je Land, durch Fahrzeuge bzw. Rohrleitungen. Vergleicht man die Zahlen und Mengen der Ölfreisetzungen in diesen Ländern, so beträgt der durch Ölleitungen verursachte Anteil jeweils 50%. Über rückgewonnene Ölmengen im Zuge von Sanierungsmaßnahmen gibt es keine Angaben bis 1994. Mit

Tabelle 2-21. Fünfjahresvergleich: Ursachen, Mengen und Auswirkungen (1992 bis 1996; geändert n. Concawe 1997)

	1992	1993	1994	1995	1996	1992–1996
Gesamtlänge ($km \cdot 10^3$)	30,9	31,0	30,8	30,6	31,1	
Gesamtdurchsatz ($m^3 \cdot 10^6$)	612	613	635	634	655	
Transportleistung ($m^3 \cdot 10^9$ km)	108	107	113	114	119	
Zahl der Unfälle						
Mechanische Fehler	5	3	5	4	1	18
Operationelle Fehler	3	–	1	1	1	6
Korrosion	3	3	2	1	1	7
Natürliche Schäden	1	1	–	–	–	2
Durch Dritte verursacht	2	6	3	4	3	18
Summe	14	13	11	10	6	54
Netto-Mengen						
1–10 m^3	7	5	5	2	1	20
11–100 m^3	5	5	2	6	3	21
101–1000 m^3	2	2	3	2	2	11
>1000 m^3	–	–	1	–	–	1
Verschmutzung						
keine	1	–	–	–	–	1
Boden	13	13	10	10	6	16
Fließgewässer	2	2	3	1	–	8
Trinkwasser	–	1	1	–	–	2

der Öffnung der politischen und wirtschaftlichen Grenzen nach dem Fall der UdSSR wurden die Altlasten vergangener Ölschäden aufgedeckt. Nach Auffassung von Experten wird das Risiko für katastrophale Ölverschmutzungen, insbesondere von Rohrleitungen, Förderbrunnen und Tankanlagen, so lange hoch bleiben, bis nachhaltige Verbesserungen des Sicherheitsstandards, der Instandsetzung und des Betriebs durchgeführt sind.

In Deutschland erfaßt die amtliche Statistik seit 1975 jährlich die Unfälle bei der Lagerung und beim Transport wassergefährdender Stoffe. Die rechtliche Grundlage ist das Gesetz über Umweltstatistiken

Tabelle 2-22. Unfälle nach Art und Volumen der beteiligten Stoffe sowie nach Wiedergewinnung der ausgelaufenen Stoffe 1995 (unter ‚Anzahl' sind auch Mehrfachzählungen; LTWS 1997)

Anzahl/ Volumen	Unfälle gesamt	Ausgelaufen		Wiedergewonnen		Nicht Wiedergewonnen		Ohne Angabe
Stoffart	Anzahl	Anzahl	m^3	Anzahl	m^3	Anzahl	m^3	Anzahl
Leichtes Heizöl und Diesel	835	766	889,4	600	654,7	379	225,2	52
Schweres Heizöl	36	30	90,5	21	73,7	14	16,5	4
Vergaserkraftstoff	40	35	52,6	25	21,5	21	31,0	5
Rohöl, Altöl, sonst. Mineralöl-produkte	185	160	139,3	106	105,0	76	32,8	23
Sonst. organische Stoffe	103	92	2461,4	64	1357,4	64	1094,5	9
Anorg. Stoffe	65	51	104,5	25	17,3	32	87,2	13
Ohne Angabe der Stoffart	4	3	0,5	–	–	2	0,5	1
Summe	1268	1137	3738,0	841	2229,4	588	1487,6	107

(UStatG). In den statistischen Landesämtern werden die Anzeigen über Unfälle beim Umgang und der Beförderung wassergefährdender Stoffe nach einem einheitlichen Programm für die Zwecke der Bundesstatistik bearbeitet. Die Tabelle 2-22 schlüsselt die Unfälle aus dem Jahr 1995 nach Art und Volumen der beteiligten Stoffe und nach der wiedergewonnenen Menge auf. Außerdem werden die Mineralölprodukte nach verschiedenen Kategorien unterschieden. Die transportbedingten Unfallzahlen sind bei leichtem Heizöl am größten (n = 835), das ausgelaufene Volumen (ca. 890 m^3) folgt mit Abstand an zweiter Stelle nach sonstigen organischen Stoffen (ca. 2460 m^3). Ein ähnliches Bild ergibt sich bei der lagerungsbedingten Freisetzung.

Neben den unfallbedingten Einträgen kommt es durch industrielle Produktion zur Emission von Kohlenwasserstoffen. Der Gehalt dieser Stoffe im Abwasser ist durch gesetzliche Regelungen und Vorschriften begrenzt. Der Eintrag von Kohlenwasserstoffen in die Weltmeere beträgt nach Schätzungen ca. 34%, wobei küstennahe Industrieanlagen und Städte mit eingerechnet wurden (National Research Council 1985).

Der jährliche Öleintrag in den Rand- und Binnenmeeren kann deutlich über dem weltweiten landseitigen Eintrag liegen. Für die Ostsee beträgt er z. B. über 90%. Die Einleitungen erfolgen typischerweise in niedrigen Konzentrationen, so daß keine sichtbaren Ölflecke entstehen (Bernem 1997). Proben aus der Deutschen Bucht bei Helgoland zeigten Gehalte an Kohlenwasserstoffen zwischen 0,01 und 0,1 mg l^{-1} (IR-Spektroskopie). Diese Analysenwerte sind etwa 10fach höher als solche, die durch Fluoreszenzdetektion gewonnen wurden. Hieraus kann gefolgert werden, daß in diesem Falle etwa 90% der mit der IR-Methode ermittelten Kohlenwasserstoffgehalte auf den biogenen Beitrag entfallen (Hellmann 1998).

2.5.3 Auswirkungen

An den Küsten bestehen Verunreinigungen meist aus Rohöl bzw. Treibstoffrückständen. Im Binnenland handelt es sich häufiger um raffinierte Ölprodukte. Die Bilder von verölten Seevögeln nach Tankerunfällen wurden weltweit über die Medien verbreitet. Meistens ist der Öltod jedoch unauffällig und wird von der Allgemeinheit nicht wahrgenommen. Mineralöle wirken vielfältig auf Organismen:

- **Physikalisch:** Verkleben von Vogelfedern, Behaarung bei Tieren, Behinderung des Gasaustausches bei Pflanzen; Verhindern der Filtration bzw. Bewegung von niederen wirbellosen Tieren; Behinderung des Gasaustausches an Grenzschichten (Wasser/Luft).

- **Toxisch:** Zerstörung des Epithels im Magen-Darm-Trakt bei Tieren, Reizung von Schleimhäuten (Augen, Riechorgane u. a.); besonders empfindlich reagieren Pflanzen und Tiere auf aromatische Kohlenwasserstoffe; hier liegen die wirksamen Konzentrationen im unteren Milligrammbereich.
- **Cancerogen:** Bildung von Geschwüren.
- **Sauerstoffmangel:** Der biologische Ölabbau führt zu einem Verbrauch an Sauerstoff im Gewässer; bei kritischen Sauerstoffkonzentrationen kommt es zu einem Absterben der betroffenen Fauna; eine Anreicherung von Kohlenwasserstoffen und anderen organischen Bestandteilen des Öls in Sedimenten führt zu einem Sauerstoffverbrauch und der Ausbildung sauerstoffreier (anaerober) Sedimentschichten; die Besiedlung dieser Schichten ist nur noch wenigen Spezialisten möglich und führt zu einer Verarmung an Arten.
- **Eutrophierung:** Durch das Mineralöl selbst, aber auch durch abgestorbene Organismen werden Stoffe freigesetzt, die zu einer starken Vermehrung von Bakterien und opportunistischen Algen führt.

Die Empfindlichkeit von Pflanzen- und Tierarten gegenüber Öl ist sehr verschieden. Zu bestimmten Jahreszeiten (bei Vögeln z. B. Brut und Mauser) zeigen viele Arten eine besonders hohe Empfindlichkeit. Vögel, deren Gefieder durch Öl verschmutzt ist, können durch das Putzen der Federn geschädigt werden; hierbei wird Öl aufgenommen. Im Magen-Darm-Trakt bilden sich dann Ödeme und Nekrosen, die zum schleichenden Tod führen. Im Winter verliert ein ölverschmutztes Vogelgefieder seine isolierende Wirkung gegenüber der Kälte, und die betroffenen Tiere gehen an Unterkühlung ein.

In Deutschland ist das Risiko von Ölverunreinigungen bei Säugetieren (Fischotter, Biber, Waschbär, Nutria, Bisam) relativ gering, da die von ihnen bevorzugten Gewässer nicht die großen Wasserstraßen sind. Kommt es jedoch zu Ölunfällen in ihren Lebensbereichen, so führen Bergung, Ölwehr und Sanierungsmaßnahmen selbst zu erheblichen Störungen. Indirekt kann auch die Aufnahme von verschmutzter Nahrung zum Tode der Tiere führen, wie analoge Befunde an der Küste gezeigt haben.

Niedere, wirbellose Tiere wie Schnecken, Muscheln, Krebse und Insektenlarven werden geschädigt, wenn es zu einer massiven Verschmutzung der ufernahen Wasserzonen kommt. Durch den unzulässigen Einsatz von ölverteilenden Chemikalien (oberflächenaktiven Detergentien, Reinigern und Dispergatoren) sind die Benthosorganismen auch in Wassertiefen bis zu mehreren Metern betroffen.

Pflanzen, die in der Wasserwechselzone der Uferbereiche wachsen, sind besonders empfindlich. Es ist verständlich, daß diese Pflanzen während der Vegetationszeit stärker geschädigt werden als in den Wintermonaten, wenn oft nur unterirdische Teile (Rhizome) vorhanden sind. Sehr stark verschmutzte Röhricht- und Binsenbestände können abgemäht werden, um eine nachfolgende Sekundärverschmutzung auszuschließen. Jedoch müssen die Vor- und Nachteile solcher Maßnahmen im Einzelfall von Ökologen sorgfältig bewertet werden. Großflächige Verschmutzungen treten im Zusammenhang mit extremen Hochwasserereignissen auf, wenn ungesicherte Öltanks aufschwimmen, abreißen und undicht werden. Jedoch konnte nachgewiesen werden, daß solche Einträge von Mineralölkohlenwasserstoffe durch Hochwasserereignisse in die Umwelt weit weniger Verunreinigungen verursachen, als die Situation vermuten läßt. Erst bei ungünstigen Abflußverhältnissen und bei einer Aufkonzentrierung der Schadstoffe (z. B. in Bodenmulden) kann es lokal zu höher belasteten Bereichen kommen. Diese sollten dann ähnlich wie Schadensfälle nach Unfallereignissen behandelt werden (Holl 1996).

Fische sind im allgemeinen von Ölverschmutzungen weniger betroffen, da sie bei Störungen das betroffene Gebiet meiden. In Teichen oder ähnlich kleinen Gewässern können jedoch auch Fische geschädigt werden, vor allem dann, wenn eine Ölschicht den Eintrag von Luftsauerstoff in das Wasser verhindert und die Fische an Sauerstoffmangel eingehen. Darüber hinaus nehmen sie einen Ölgeschmack („tinting“) an, so daß sie für den menschlichen Verzehr nicht mehr geeignet sind.

Insgesamt haben Ölverunreinigungen einen mehr oder weniger andauernden Einfluß auf das betroffene Ökosystem. Dies hängt von der Beschaffenheit des Biotops und der Empfindlichkeit seiner Lebensgemeinschaften ab. Produktionsreiche Flachwasserküsten und trockenfallende Wattengebiete sind über Jahre in Mitleidenschaft gezogen. Felsküsten erholen sich relativ schnell. Dies gilt besonders für solche Bereiche, die hoher Wellenenergie und starker Strömung ausgesetzt sind.

Überträgt man die Befunde auf Binnengewässer, so erkennt man, daß auch hier empfindliche und weniger empfindliche Bereiche vorhanden sind. Zu ersteren gehören die seltenen und in ihrem Bestand stark gefährdeten Süßwasserwatten im Tidebereich der Flüsse. Stehende Gewässer und ihre Uferbereiche sind länger und stärker belastet als Flüsse mit einer starken Strömung.

Durch Verdünnung und Alterung verliert das Öl relativ schnell seine toxischen Eigenschaften. Stark gealtertes Öl nimmt mit der Zeit einen asphaltähnlichen Charakter an, dessen Oberfläche wieder besiedelt wird. Die Abb. 2-20 zeigt die Abnahme und Veränderung von Öl im Gewässer durch Alterung. Die Verdunstung niedrigsiedender Ölbestandteile erfolgt in Stunden, durch UV-Strahlung und Oxidation werden bestimmte Anteile innerhalb von Tagen abgebaut. Der biologische Abbau durch Bakterien und niedere Pilze dauert mehrere Monate. Tiefe Temperaturen und das Fehlen von Sauerstoff verlangsamen oder hemmen einen weiteren Abbau, während hohe Temperaturen und ein ausreichendes Angebot an Sauerstoff, Phosphor und Stickstoff die überall vorkommenden kohlenwasserstoffmineralisierenden Mikroorganismen in ihrer Entwicklung begünstigen.

Wenn Erdreich und **Boden** durch Öl kontaminiert werden, insbesondere bei größeren Mengen, ist immer auch die Gefahr von Grundwasserbeeinträchtigungen gegeben. Die Wasserlöslichkeit von Mineralölprodukten ist in der Tabelle 2-23 angegeben. Im Wasserauszug von Heizöl EL wurden beispielsweise folgende Verbindungen nachgewiesen: Benzol, Toluol, Ethylbenzol, m/p-Xylol, C3-Benzole, C4-Benzole, Naphthalin, Methylnaphthalin, C2-Naphthaline (Thüer 1975).

Besonders nachteilig sind die Auswirkungen auf die **Trinkwassergewinnung**. Überschlägig gilt, daß 1 Liter Öl etwa 1 Million Liter Trinkwasser ungenießbar macht. Es ist nicht allein die toxische oder canzerogene Wirkung des Öls, sondern vor allem dessen Geruchs- und Geschmacksstoffe, die eine Verwertung als Trinkwasser ausschließen. Für die großen Fließgewässer sind Alarmpläne erarbeitet worden, um bei einem Ölunfall die zuständigen Behörden und Wasserwerke zu warnen.

Im **Grundwasser** und manchen stehenden Oberflächengewässer kann die Versorgung mit Sauerstoff kritisch sein, so daß ein biologischer Ölabbau nur zögernd verläuft. Durch bestimmte technisch-biologische Verfahren (Bioremediation) kann der Abbau gefördert werden, um die Folgen einer Ölverunreinigung zu mildern.

Tabelle 2-23. Wasserlöslichkeit von Mineralölprodukten (verändert n. Leo 1987)

Produkt	Gehalt (mg l^{-1})
Benzin	30–50
Flugbenzin, Petroleum	10
Dieselkraftstoff	5
Leichtes Heizöl	5
Schweres Heizöl	±0

2.5.4 Gegenmaßnahmen

Der beste Gewässerschutz wird dadurch erreicht, daß erst gar kein Öl freigesetzt wird. Hierfür sind eine Reihe von Vorsorgemaßnahmen getroffen worden:

- Sicherheitstechnische Regelungen für den Anlagenbau und -betrieb (Lagern, Abfüllen, Umschlagen, Herstellen, Bearbeiten und Verteilen von Stoffen),
- Gesetze (z. B. Wasserhaushaltsgesetz), Verordnungen (z. B. Altöl-V, Gefahrstoff-V), Verwaltungsvorschriften, EG-Richtlinien (Seveso II),
- Alarm- und Einsatzpläne der Feuerwehren, Ölwehren und Katastrophenschutzorganisationen,
- Beschaffung und Bereitstellung von Ölwehrgeräten und -mitteln (Sperren, Skimmer, Pumpen, Zwischenlagertanks, Bindemittel usw.) und Fahrzeugen, z. B. Gefahrstoff (GW-G1) Gerätewagen und transportable Einsatzboote,
- spezielle Ausbildung von Einsatzkräften, einschließlich Ölwehrübungen an und auf Gewässern,
- Bereitstellung von Einrichtungen zur geregelten Entsorgung von Altöl, Schmierstoffen und ölverschmutzten Behältern, z. B. Bilgeentölerboote für die Rheinschiffahrt,
- Forschung, z. B. Prüfung der kostenfreien Entsorgung der ölhaltigen Rückstände von Seeschiffen in Häfen,
- Arbeitsgruppen des Bundes und der Länder, z. B. Beirat des Bundesministers für Umwelt, Naturschutz und Reaktorsicherheit: „Lagerung und Transport wassergefährdender Stoffe",
- Verwendung von alternativen Produkten als Ersatz für Mineralölerzeugnisse, z. B. biologisch abbaubare Hydraulikflüssigkeiten und Schmierstoffe; für einige Produkte wird das Umweltzeichen vergeben,
- Festlegung von Wasserschutzgebieten und Transportbeschränkungen für Gefahrgut.

Am Rhein wurde die Entsorgung von öl- und fetthaltigen Betriebsabfällen der **Binnenschiffahrt** bereits in den sechziger Jahren vorbildlich gelöst. Dieses System wurde aus Gründen der Vorsorge aus öffentlichen Mitteln finanziert. Im Jahr 1965 wurde ein Bilgenentwässerungsverband (BEV) gegründet, der eine Flotte von acht Bilgeentölerbooten unterhält. Diese werden auf dem Rhein und den angrenzenden Kanälen eingesetzt. Damit entfällt auf diesen Wasserstraßen der illegale Anreiz, sich ölhaltiger Rückstände in Nacht- und Nebelaktionen zu entledigen. Das Ableiten von Öl und ölhaltigen Stoffen in Boden und Gewässer gilt als Umweltdelikt, das strafrechtlich verfolgt wird (StGB § 324, 324 a).

Die Bilanz der Bilgeentölerboote ist bemerkenswert. Im Jahr 1996 haben die acht Boote ca. 8300 Lenzungen (Überpumpen des Bilgewassers) durchgeführt. Dabei wurden ca. 34 Mio. Liter Bilgewasser übernommen und in speziellen Separierungsanlagen gereinigt. Darüber hinaus wurden ca. 6000 Leergebinde, 5000 Ölfilter und mehr als 60 Tonnen andere ölverschmutzte Betriebsmittel übernommen. Am 9. September 1996 unterzeichneten die Rheinanliegerstaaten ein „Übereinkommen über die Sammlung, Abgabe und Annahme von Abfällen in der Rhein- und Binnenschiffahrt“. Dieses Übereinkommen sieht eine indirekte Finanzierung vor, die von der Binnenschiffahrt selbst getragen wird. Die Vertragsstaaten verpflichten sich, Annahme- und Abgabestationen an Land zu errichten. Damit wird die Bedeutung der Binnenschiffahrt als umweltfreundlicher Verkehrsträger weiter gestärkt (DKSR 1997).

Eine Mineralölverunreinigung von Oberflächengewässern des Binnenlandes, von Böden und Grundwasser wird üblicherweise mit mechanischen Methoden bekämpft. Chemische Mittel werden allenfalls zur Nachreinigung von Ölspuren auf Verkehrsflächen empfohlen. Neben diesen Verfahren kommt immer häufiger auch die ingenieurmäßige Unterstützung mikrobieller Prozesse zur Anwendung (Bioremediation). Das Prinzip der **Bioremediation** ist, daß Mikroorganismen, hauptsächlich Bakterien, benutzt werden können, um schädliche Verschmutzungen zu zerstören oder in harmlose Stoffe umzuwandeln. Mikroorganismen können Verschmutzungen jedoch nur angreifen, wenn sie eine Auswahl an chemischen Verbindungen vorfinden, die ihnen Energie und Aufbaustoffe liefern, um neue Zellen zu bilden. Da ein Verschmutzungsstoff meist sehr einseitig ist und in höheren Konzentrationen vorliegt, müssen die Bedingungen so geändert werden, daß ein ausgewogenes Verhältnis von Kohlenstoff zu anderen Nährstoffen gewährleistet ist. Das Prinzip der Bioremediation wurde bereits vor mehr als 25 Jahren nach einem Pipeline-Unfall in Pennsylvania, USA, erfolgreich angewandt.

Eine Reinigung von Böden oder des Grundwassers ist mit erheblichem Aufwand und hohen Kosten verbunden. Oberflächennahe Böden werden meist ausgehoben und behandelt (Verbrennung, Kompostierung) oder gesichert deponiert. Tieferliegende Mineralölverunreinigungen müssen durch eine Anordnung aus Förder- und Schluckbrunnen (zur Versickerung) mit einem ausreichenden Angebot an Sauer-

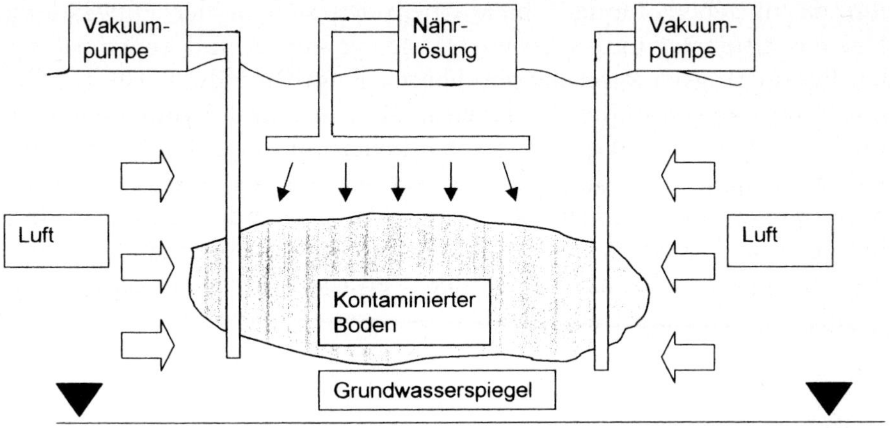

Abb. 2-21. Technische Umsetzung der Bioremediation bei kontaminierten Böden oberhalb des Grundwasserspiegels (mod. n. Committee on In Situ Bioremediation 1993)

stoff und Nährstoffen versorgt werden (Abb. 2-21). Dort, wo das Grundwasser selbst kontaminiert ist, muß es gefördert und gereinigt werden. Das gereinigte Wasser wird über eine Gallerie von Schluckbrunnen rückgeführt. Amerikanische Wissenschaftler und Ingenieure haben ihre Erfahrungen mit verschiedene Techniken zusammenfassend beschrieben (Committee on In Situ Biomediation 1993). Diese Verfahren werden inzwischen auch in Deutschland von Spezialfirmen angeboten, eine Zusammenstellung wird von Leo (1987) gegeben.

2.5.5 Ausblick

Während direkte Ölverschmutzungen lokal begrenzt sind und innerhalb von Monaten bis Jahren durch natürliche Prozesse geheilt werden, sind die genannten Eingriffe in das Klima global und langfristig. Mineralöl ist aufgrund biologischer und geologischer Prozesse gebildet worden. Unter sauerstoffreien Bedingungen konnten sich riesige Lagerstätten bilden. Durch die Verbrennung fossiler Energieträger wird Kohlendioxid freigesetzt, welches zusammen mit anderen Spurengasen den Treibhauseffekt hervorruft. Die zu erwartenden Klimaänderungen werden nachhaltig den Wasserhaushalt unseres Planeten beeinflussen (s. Bd. 3 A, Kap. 2.5). Während einige Regionen trokkener werden, sind in anderen vermehrt Niederschläge zu erwarten. Noch ist es zu früh, um sichere Prognosen über Art und Umfang der hydrologischen Auswirkungen auf die Gewässer und Feuchtgebiete in

Europa zu geben. Modelle hierzu befinden sich in der Entwicklung. Nur ein rationaler und sparsamer Umgang mit Öl und anderen fossilen Energieträgern kann die absehbaren Folgen mindern. Die Weltklimakonferenzen von Rio de Janeiro, Montreal und Kyoto haben die Probleme benannt. Wegen wirtschaftlicher und sozialer Zwänge tun sich besonders die Industriestaaten schwer, aus der Einsicht auch die notwendigen Maßnahmen abzuleiten. Aufstrebende Länder fordern ihr Recht auf Entwicklung und eine Nutzung der Ressourcen. In diesem Spannungsfeld muß sich der Gewässerschutz behaupten und nachhaltige Lösungen aufzeigen.

2.5.6 Literatur

Bernem Cv, Lübbe T (1997) Öl im Meer – Katastrophen und langfristige Belastungen. Wissenschaftliche Buchgesellschaft. Darmstadt

Coast Guard Agency (1996) The Sea Empress Incident. Southampton, UK, pp 128. ISBN-1-901518-00-0

Committee on In Situ Bioremediation (1993) In Situ Bioremediation – when does it work? Water Science and Technology Board, Commission on Engineering and Technical Systems, National Research Council National Academy Press, Washington

CONCAVE (1997) Performance of cross-country oil pipelines in western Europe – statistical summary of reported spillages 1996. report no 7/97. Brussels

DGMK (1982) Art und Herkunft der Kohlenwasserstoffe in Sedimenten des Bodensees. Giger W, Hollerbach A, Kalbfus W, Wachs B, Wagner H, Müller G, Müller H. Deutsche Gesellschaft für Mineralölwissenschaft und Kohlechemie (Hrsg.) DGMK-Projekt 294, 25 S, Hamburg

DKSR (1997) Entsorgung von Abwasser und Abfällen der Binnenschiffahrt; In: Deutsche Kommission zum Schutze des Rheins vor Verunreinigungen (Hrsg) Rheinbericht 1994–1996:61–64

Giger W, Hollerbach A, Kalbfus W, Wachs B, Wagner H, Müller G, Müller H (1982) Art und Herkunft der Kohlenwasserstoffe in Sedimenten des Bodensees. DGMK-Projekt 294, 25 S, Deutsche Gesellschaft für Mineralölwissenschaft und Kohlechemie, Hamburg

Hellmann H (1991) IR-spektroskopische Analyse der Alkane von Böden, Gewässerschwebstoffen und Sedimenten. Differenzierung in Mineralöl und biogene Anteile. Z Wasser Abwasserforsch 24:226–232

Hellmann H (1998) Gewässerbelastung durch Kohlenwasserstoffe. In: Steinberg C, Calmano W, Klapper H, Wilken RD (Hrsg) Handbuch Angewandte Limnologie; V. Strukturelle Veränderungen und Belastung der Gewässer. Ecomed Verlagsgesellschaft, Landsberg am Lech

Holl H (1996) Mineralölverunreinigungen infolge Hochwasser. Wasser u. Boden 48:52–56

Hunt JM (1979) Petroleum Geochemistry and Geology. WH Freeman, San Francisco

Leo R, Lilie RH (1987) Ölwehrhandbuch – Bekämpfung von Ölunfällen im Inland und auf See. KO Storck, Hamburg

LTwS Beirat „Lagerung und Transport wassergefährdender Stoffe" beim Bundesminister für Umwelt, Naturschutz und Reaktorsicherheit (1997) Statistik der Unfälle bei der Lagerung und beim Transport wassergefährdender Stoffe 1995. Umweltbundesamt, Berlin

National Research Council (1985) Oil in the Sea – Inputs, Fates, and Effects. National Academic Press, Washington

OSIR (1998) Oil Spill Plague Eastern Europe and Russian States. White Paper Series 2:1–4

Thüer M (1975) Transportmechanismen von Öl in natürlichen Gewässern. Diss. ETH Zürich, Nr 5628, Zürich

Tissot BP, DH Welte (1978) Petroleum Formation and Occurence. Springer, New York

2.6 Gewässerbelastung durch organische Halogenverbindungen

Jolanta Oleksy-Frenzel

2.6.1 Definition und Bestimmung der Gruppenparameter

Infolge der zunehmenden Industrialisierung, vor allem in den Dekaden von 1960 bis 1980, stieg die Belastung unserer Gewässer mit anthropogenen Verunreinigungen, zu denen organische Heteroverbindungen (meistens halogen-, schwefel-, oder stickstoffhaltig) gehören. Viele von den Stoffen können prinzipiell durch chromatographische Methoden nachgewiesen werden. Da jedoch eine Vielzahl solcher Verbindungen existiert, die zudem in der Umwelt metabolisiert werden können, ist der Nachweis jeder einzelnen Verbindung sehr zeitaufwendig und kostspielig. Es bietet sich daher an, die Bestimmung der gesamten Stoffgruppen durchzuführen. Die Gruppenparametern umfassen all die Stoffe, die mit einem einheitlichen Meßverfahren ohne Identifizierung der Einzelsubstanzen erfaßt werden können. Im Bedarfsfall kann anschließend eine genauere Charakterisierung der Verbindungen erfolgen.

2.6.1.1 AOX-Parameter

Für den Fall der halogenorganischen Verbindungen ist ein solcher Gruppenparameter AOX („adsorbable organic halogens"), der organische Chlor- (z.B. Seveso-Dioxin), Brom- (z.B. das Pflanzenschutzmittel Bromophos) und Iodverbindungen (z.B. Röntgenkontrastmittel auf Triiodbenzolbasis) erfaßt.

Die AOX-Bestimmung in Wässern (DIN 38409–H 14) basiert auf einer Adsorption der in der wäßrigen Probe enthaltenen Organohalogenverbindungen an Aktivkohle. Nach anschließender Verbrennung der Aktivkohle erfolgt eine mikrocoulometrische Bestimmung der entstandenen Halogenwasserstoffe. Das Analyseergebnis wird jeweils in Chlorid-Äquivalenten angegeben, d.h. die chemische Natur der Halogene wird nicht unterschieden. Die Bestimmungsgrenze des Verfahrens liegt bei 10 µg/l AOX; Randbedingungen sind: DOC < 10 mg l^{-1} (bei Überschreitung ist eine Mehrfachadsorption oder Verdünnung erforderlich) und Cl^- < 1 g/l (bei höheren Gehalten ist eine Verdünnung, bzw. Erhöhung der Waschlösungsmenge notwendig).

2.6.1.2 Halogenspezifische AOF-, AOCl-, AOBr- und AOI-Bestimmung

Verfahrensbedingt können organische Fluorverbindungen mit dem AOX-Parameter nicht erfaßt werden (AgF fällt im Mikrocoulometer nicht aus). Wegen der Vielfalt an fluororganischen Verbindungen bietet es sich an, diese Stoffgruppe mittels eines ähnlichen Gruppenparameters AOF (adsorbierbare, organisch gebundene Fluorverbindungen) zu erfassen. Bei der AOF-Bestimmung wird analog zum AOX verfahren (DIN 38409–H 29). Nach der Adsorption fluororganischer Verbindungen an Aktivkohle erfolgt deren Verbrennung. Die dabei entstehenden fluorwasserstoff- bzw. siliciumtetrafluoridhaltigen Gase werden in einer Pufferlösung aufgefangen und der Fluoridgehalt mit einer ionenselektiven Elektrode bestimmt. Mit dem Verfahren lassen sich fluororganische Verbindungen in Wässern in einer Konzentration von 50 bis 500 µg/l nachweisen, wenn der DOC bzw. Fluoridgehalt weniger als 5 mg l^{-1} beträgt. Durchgeführte Ringversuche haben gezeigt, daß sich bestimmte Organofluorverbindungen aufgrund ihrer Polarität und schlechten Adsorbierbarkeit nur bedingt erfassen lassen. Aus diesem Grund ist die Normierung des Verfahrens bis jetzt nicht abgeschlossen.

Bei einer mikrocoulometrischen Bestimmung wird der AOX-Wert auf die Molmasse von Chlorid bezogen. Dies kann allerdings bei stark organobrom- oder organoiodhaltigen Wässern zu einer Unterbewertung der Belastung führen. Für die AOX-Differenzierung in die Einzelparameter AOCl, AOBr und AOI läßt sich die Ionenchromatographie einsetzen. Nach einer Adsorption der organischen Halogene an Aktivkohle, deren Verbrennung und der Absorption der Reagenzgase erfolgt die ionenchromatographische Bestimmung von Cl^- und Br^- mit Leitfähigkeitsdetektion, sowie die I^--Bestimmung mit UV-Detektion (Oleksy-Frenzel et al. 1995).

Die Möglichkeit, alle Einzelparameter AOF, AOCl, AOBr und AOI gleichzeitig zu bestimmen, bietet der Einsatz der instrumentellen Neutronenaktivierungsanalyse (INAA, Rollinger et al. 1996), die für eine Routineanalytik allerdings nicht geeignet ist.

2.6.2 Einträge in die Umwelt

2.6.2.1 Herkunft des AOX

Bezüglich der stofflichen Quellen des AOX kann man zwischen halogenhaltigen Naturstoffen, die biotisch und auch abiotisch gebildet werden (z.B. Thyroxin, Methylchlorid), und anthropogenen Verbindungen, die gezielt synthetisiert werden (z.B. chlorhaltige Pestizide; ATV 1993), unterscheiden.

Mittlerweile sind über 700 organische Naturstoffe bekannt, die Chlor enthalten (Naumann 1993), und auch in anthropogen unbeeinflußten Sedimenten konnten Chlorverbindungen (z.B. Methylchlorid, Chloromycitin) gefunden werden. Neben organischen Chlorverbindungen existiert auch eine Reihe natürlicher organischer Iodverbindungen, z.B. das Schilddrüsenhormon Thyroxin. Eine Untersuchung aus den 70er Jahren zeigte, daß die Alge *Asparagopsis* aus den sie umgebenden gelösten Halogenidionen über 60 verschiedene Chlor-, Brom- und Iodverbindungen synthetisieren kann (Scheuer 1978).

Bei den für industrielle Zwecke hergestellten halogenorganischen Verbindungen (HOV) handelt es sich hauptsächlich um Organochlorverbindungen, die als Pestizide, Desinfektions-, Konservierungs- und Lösungsmittel sowie als Kunststoffe, Medikamente, Farbstoffe, Reinigungs-, Entfettungs-, Extraktions-, Kälte- und Feuerlöschmittel eingesetzt werden (HOV-Studie 1987). Neben den natürlichen und industriell hergestellten Stoffen existiert eine große Gruppe an HOV, die als Reaktionsprodukte bei der Einwirkung von Chlor auf organische natürliche und künstliche Stoffe entstehen (z.B. bei der Bleiche von Zellstoff, der Desinfektion von Wässern mittels Chlor oder bei der Verbrennung von Abfällen).

In die Oberflächengewässer gelangen HOV hauptsächlich auf folgenden Wegen:

- Einleitung von gereinigten kommunalen und industriellen Abwässern,
- Einleitung von verschmutztem Niederschlag,
- Eintrag von Luftschadstoffen über trockene und nasse Deposition,

- Abschwemmungen von landwirtschaftlich genutzten Flächen,
- Einleitung von Sickerwasser aus Deponien und
- Zustrom kontaminierter Grundwässer.

Eine Bilanzierung der verschiedenen Einträge, die z.B. für die Ruhr vorgenommen wurde, ist in Tabelle 2-24 dargestellt.

Aus der Bilanzierung ist zu erkennen, daß der größte Anteil des AOX im Jahr 1986 aus der Grundbelastung und direkten industriellen Einleitungen stammt.

Aufgrund der Überprüfung der gewerblichen Einleiter haben sich zehn Branchen als besonders AOX-trächtigt erwiesen:

- Krankenhäuser, Kfz-Werkstätten, Lack- und Farbenbetriebe mit AOX-Werten über 100 mg l^{-1},
- Gummi- und Kunstoffproduktion, metallverarbeitende Industrie, Chemieproduktion und Zellstoffwerke mit einer maximale AOX-Konzentration von 10 bis 100 mg l^{-1},
- Druckereien, Hausmülldeponien (Sickerwässer), chemische Reinigung mit einer maximalen AOX-Konzentration von 1 bis 10 mg l^{-1}.

Typisches häusliches Schmutzwasser, das in eine kommunale Kläranlage eingeleitet wird, ist mit 50 bis 100 µg/l AOX belastet. Ein Teil davon wird bereits durch die im Trinkwasser vorhandenen organischen Halogenverbindungen verursacht (5 bis 25 µg/l AOX). Aus den menschlichen Ausscheidungen stammen ca. 2 mg pro Tag und Einwohner, was etwa 10 µg/l entspricht. Toilettenpapier (3 bis 5 µg/l AOX), Reinigungs-, Wasch- und Desinfektionsmittel steigern die einwohnerspezifische Fracht auf bis zu 20 mg/Tag AOX (entsprechend 100 µg/l AOX).

Tabelle 2-24. Bilanzierung der AOX-Frachten der Ruhr nach Herkunft (Klopp u. Kornatzki 1987)

Herkunft	Jahresfracht 1986	
Direkteinleitende Industrie	26 t/a	33%
Ablauf von kommunalen Kläranlagen	17 t/a	21%
Regenüberläufe aus Misch- und Trennkanalisation	6 t/a	8%
Grundbelastung aus oberflächennahem Grundwasser und Eintrag über trockene und nasse Deposition	30 t/a	38%
Summe	79 t/a	100%

Neben den häuslichen und gewerblichen AOX-Einleitungen sind die Niederschläge und der Oberflächenabfluß nicht zu vernachlässigen. Bei Niederschlagsereignissen werden häufig AOX-Frachten ermittelt, die um den Faktor 2 bis 5 über der Trockenwetterfracht liegen. Untersuchungen von fallendem Niederschlag in Essen ergaben als Mittelwert für die AOX-Belastung von 20 μg/l. Analysen des Oberflächenabflusses von befestigten Flächen ergaben eine AOX-Belastung bis 80 μg/l, von unbefestigten Flächen sowie vom oberflächennahen Grundwasserabfluß wurden durchschnittlich 30 μg/l ermittelt. Der Anteil der chlorhaltigen Pflanzenschutzmitteln (z. B. Atrazin) und ihren Metaboliten ist dabei als eher gering einzuschätzen.

2.6.2.2
Herkunft des AOF und AOI

Organische Fluorverbindungen kommen natürlich kaum vor. Als Fluorchlorkohlenwasserstoffe (FCKW) wurden sie jedoch in Mengen von $>1\times10^6$ t/Jahr produziert und als Kältemittel eingesetzt. Die Erkenntnis, daß diese Verbindungen eine Schädigung der Ozonschicht hervorrufen können, hat zum Ausstieg aus der FCKW-Produktion geführt. Organische Fluorverbindungen werden jedoch weiterhin in anderen Bereichen eingesetzt. Verbindungen mit aliphatischen Perfluoralkylgruppen werden als Hilfsmittel für Textilien und Leder, Tenside, Klebstoffe, Kunstharze, Schmiermittel, Kosmetika, Autopflegemittel, Korrosionsschutz- und Feuerlöschmittel sowie Dielektrika und für Reinigungsbäder verwendet. Kern- und seitenkettenfluorierte Aromaten werden im Pflanzenschutz- und Pharmabereich, in Farbstoffen, Kunststoffen, Futtermitteln, Geruchsstoffen, Fluoreszenzmitteln und Adsorptionsflüssigkeiten eingesetzt.

Iodorganische Verbindungen kommen in der Natur in Konzentrationen von bis zu 5 μg/l Iod vor. Ein Hauptanteil der produzierten organischen Iodverbindungen wird im medizinischen Bereich, insbesondere als Röntgenkontrastmittel (RKM) und in geringeren Mengen als Schilddrüsenhormone eingesetzt. Als Einleiter der iodhaltigen Kontrastmittel können somit Röntgenpraxen und Krankenhäusern betrachtet werden, wo RKM der Sichtbarmachung diverser Weichteile (z. B. Herz, Niere) bei deren Diagnose dienen. Damit der Patient durch die Einnahme dieser Mittel (oft Dosen >30 g Reinstoff/Untersuchung) nicht geschädigt wird, sind RKM extrem stabil und gut harngängig. Diese für den Patienten erfreuliche Eigenschaften verursachen jedoch Probleme bei der Abwasserbehandlung, und daher gelangen RKM in die Oberflächengewässer.

2.6.2.3
AOX in Gewässern

Das natürliche Niveau des AOX in Oberflächengewässer liegt meistens unter 10 µg/l. Die AOX-Belastung wurde am Beispiel einiger Fließgewässer in Bayern folgendermaßen klassifiziert (ATV 1987):
- geringe Belastung 2 bis 5 µg/l
- mäßige Belastung 5 bis 20 µg/l
- starke Belastung 20 bis 40 µg/l
- sehr starke Belastung >40 µg/l

Für größere deutsche Fließgewässer ist die AOX-Belastung während der letzten 15 Jahren in Tabelle 2-25 dargestellt. Aus den angegebenen Werten für verschiedene Flüsse Deutschlands ist ersichtlich, daß die AOX-Belastung der Oberflächengewässer in den letzten 10 Jahren deutlich abgenommen hat. Der Rückgang kann zum großen Teil auf die Vermeidung der Chlorbleiche bei den Zellstoffwerken zurückgeführt werden, aber auch allgemein auf Minderungsmaßnahmen nach der Aufnahme des AOX-Parameter ins Abwasserabgabengesetz (AbwAG). Die Reduzierung der AOX-Belastung der Elbe um ca. 85% hängt auch direkt mit der Stillegung der Zellstoffwerke der ehemaligen DDR zusammen.

Ein Teil der in Gewässer eingeleiteten halogenorganischen Verbindungen kann aufgrund unpolaren Eigenschaften in das Sediment

Tabelle 2-25. AOX-Belastung von Oberflächengewässern (Quellen: 1 = Stachel et al. 1984, 2 = Mälzer u. Gimbel 1992, 3 = Weindel u. Kühn 1991, 4 = Ruhrverband 1994, 5 = Spott 1995, 6 = Trockenbrodt et al. 1996)

Fluß	Meßpunkt	Jahr	AOX (µg/l)	Lit.
Weser	mehrere	1982–1983	6–51	1
Rhein	mehrere	1982–1983	75–705	1
Rhein	Basel	1985	<30	2
Rhein	Köln	1985–1987	35–105	2
Rhein	Köln	ab 1987	<60	2
Rhein	Wiesbaden-Düsseldorf	1985–1987	45–70	2
Rhein	Lobith	1991	24 (Mittel)	3
Ruhr	mehrere	1986–1989	50–120	4
Ruhr	mehrere	1992–1994	20–45	4
Elbe	Magdeburg	1990	250 (Mittel)	5
Elbe	Magdeburg	1994	40 (Mittel)	5
Saale	Groß Rosenburg	1993–1994	54 (Mittel)	6

übergehen. Im Verlauf einer Fließstrecke können die AOX-Konzentrationen auch durch Abbau oder Verdünnung verringert werden.

Neben dem gesamten AOX konnten mittels halogenspezifischer INAA verschiedene Anteile des AOX in Rheinwasserproben (Mainz/Wiesbaden) gemessen werden (Rollinger et al. 1996). Dabei erfaßte Parameter lagen in folgenden Bereichen: AOCl (10 bis 44 μg/l Cl), AOBr (0,6 bis 6 μg/l Br) und AOI (0,8 bis 3,6 μg/l I). Die Differenzierung des AOX-Parameter ergab, daß der Hauptanteil des AOX aus chlororganischen Verbindungen besteht. Allerdings machten bei der Hälfte aller untersuchten Proben die AOCl-Gehalte weniger als 80% des AOX aus. In diesen Proben waren die AOBr-Gehalte größer als 10%, die AOI-Gehalte lagen dagegen bei den meisten Proben unter 10%. Der AOF-Parameter konnte in keiner der Proben bestimmt werden. Die fluororganischen Verbindungen kommen offensichtlich in Oberflächengewässer nur in sehr geringen Konzentrationen vor (meist unter der Nachweisgrenze von 0,5 μg/l). Eine routinemäßige Untersuchung von AOF scheint derzeit nicht notwendig zu sein.

Fallbeispiel Berliner Gewässer: In Berlin wird das gereinigte Kommunalabwasser (mit AOI-Werten bis 160 μg/l I) in die Spree, den Teltowkanal und über Panke/Nordgraben in den Tegeler See eingeleitet. Da die organischen Iodverbindungen in den kommunalen Kläranlagen nur geringfügig eliminiert werden (< 7%), führt das zu einer Belastung der Gewässer mit AOI. Mit der AOX-Differenzierungsmethode wurden AOX-Anteile in verschiedenen Gewässerabschnitten (vor und nach der Einleitung von Kommunalabwasser) im Berliner Raum ermittelt. Die gemessenen Konzentrationen lagen in folgenden Bereichen: AOCl = 1,7 bis 32,8 μg/l Cl, AOBr = 3,6 bis 24,9 μg/l Br und AOI = 1,3 bis 64,2 μg/l I. Die höchsten AOI-Konzentrationen wurden in der Panke und im Nordgraben hinter dem Einlaß der Kläranlage Schönerlinde registriert. Die hohen Belastungen resultieren daraus, daß Panke und Nordgraben im Vergleich zu Spree und Teltowkanal geringere Wassermengen führen und das Klärwerk Schönerlinde eine sehr hohe AOI-Fracht von etwa 7,5 kg/Tag aufweist.

Die prozentuale Zusammensetzung des AOX in Berliner Gewässern variiert sehr stark, der Anteil an AOI kann 2 bis 61% betragen. Der hohe Anteil der iodorganischen Verbindungen ist sehr auffällig und resultiert offensichtlich aus einer Konzentrierung der medizinischen Einrichtungen in einer Großstadt.

2.6.3 Wirkung auf Organismen und auf Ökosysteme

Der Gruppenparameter AOX ist heute zu einem wichtigen Parameter zur Beurteilung der Gewässergüte geworden. Der Gesetzgeber hat den AOX den gefährlichen Stoffen zugeordnet, was allerdings nur teilweise berechtigt ist, da es keinen direkten Zusammenhang zwischen den AOX und Toxizität gibt. Viele der halogenorganischen Verbindungen sind biologisch schwer abbaubar und reichern sich aufgrund ihres hydrophoben Charakters im Fettgewebe an, weisen also eine Bioakkumulationsfähigkeit auf. Zudem zeigen besonders chlororganische Verbindungen oft eine kanzerogene, mutagene oder teratogene Wirkung. Die Anreicherung von HOV in Wasserorganismen wurde meistens für einzelne Verbindungen untersucht (z. B. chlorierte Kohlenwasserstoffe, s. Kap. 2.9) und selten für den gesamten AOX-Parameter. Bei Untersuchungen an Muscheln *(Dreissena polymorpha)*, die in Gewässern über definierte Zeiträume exponiert waren, konnten ein direkter Zusammenhang zwischen der Anreicherung von AOX-Stoffen im Muschelgewebe, dem AOX-Gehalt im Gewässer und der Expositionszeit hergestellt werden (Christmann et al. 1991). Bei den AOX-Konzentrationen in der Elbe von im Mittel 100 µg/l wurde eine lineare Konzentrationszunahme beobachtet, so daß nach 9-monatiger Expositionsdauer ein maximaler Wert von 84 µg/g Trockensubstanz erreicht wurde. Eine toxikologische Untersuchung und Bewertung wurde jedoch nicht durchgeführt.

Aufgrund der Vielfalt der im AOX erfaßten Einzelstoffe ergeben sich Schwierigkeiten in der toxikologischen oder ökologischen Abschätzung dieses Gruppenparameters. Die Toxizität wird von einzelnen Stoffen verursacht, wohingegen die Stoffzusammensetzung, je nach Ursprung des Wassers, bei gleichem AOX-Wert völlig unterschiedlich sein kann. Ein hoher AOX-Gehalt korreliert daher nicht zwangsläufig mit einer hohen Toxizität. Die einzelnen halogenorganischen Verbindungen können sich in ihrer Schädlichkeit um den Faktor 10^6 und mehr unterscheiden. Eine summarische Bewertung der gesamten Stoffgruppe aus Umwelt und Gesundheitschutzgründen ist dennoch gerechtfertigt. Es gibt eine Reihe unerwünschter Wirkungen, die für fast alle halogenorganischen Verbindungen gelten:

- Durch den Einbau von Halogenatomen in organischen Verbindungen wird der biologische Abbau verlangsamt (Persistenz);
- mit der Zunahme des Halogenierungsgrades eines Stoffes steigt in der Regel der Grad der Abbauhemmung (toxische Wirkung);
- der biologische Abbau von HOV ist nicht immer vollständig; i. d. R. entstehen halogenierte Metabolite;

- der Abbau in natürlichen biotischen Systemen erfolgt erst ab einer bestimmten Schwellenkonzentrationen (unterhalb dieser Konzentrationen erfolgt keine oder nur eine geringe Adaptation der Mikroorganismen).

2.6.4 Formen der AOX-Minderung und Sanierungsmöglichkeiten

Um die Belastung der Oberflächengewässer mit gefährlichen Stoffen wie halogenorganischen Verbindungen zu vermindern, wurde 1986 das Wasserhaushalts- und Abwasserabgabengesetz novelliert. Der AOX-Parameter wurde zur Bemessung der Abgabe eingeführt und für die Behandlung von Abwässern mit erhöhtem AOX der Stand der Technik als obligatorisch festgesetzt. Obwohl diese Regel unmittelbar nur die Direkteinleiter betraf, hatte sie auch Auswirkungen auf die betrieblichen Indirekteinleiter. Für sie wurden die Genehmigungspflicht für das Einleiten wassergefährdender Stoffe (wie AOX) in eine Sammelkanalisationen angeordnet sowie Schwellenwerte für Konzentrationen und Frachten eingeführt. Für viele Industrieunternehmen ziehen diese Anforderungen einen Handlungsbedarf zur weiteren Minderung des AOX nach sich. Dabei ist es meistens sicherer und wirtschaftlicher, bereits im Produktionsprozeß die Belastung des Abwassers mit halogenorganischen Verbindungen zu vermeiden bzw. zu vermindern als sie durch mehr oder weniger aufwendige Verfahren später senken zu müssen. Solche Möglichkeit besteht u. a. im Einsatz von Ersatzstoffen oder Ersatztechnologien. Als Beispiel einer erfolgreichen Anwendung von Ersatzstoffen ist der Einsatz alternativer Bleichverfahren wie Sauerstoff- oder Peroxidbleiche in der Zellstoffindustrie anzusehen. Zur Minderung der AOX-Emission hat sich in vielen Fällen die Kreislaufführung von leichtflüchtigen Halogenkohlenwasserstoffen bewährt, bei der das Lösemittel durch Destillation ständig regeneriert wird. Die Destillationsrückstände werden als Sonderabfall entsorgt und die Abluft mit Aktivkohlefilter gereinigt.

In der Praxis stößt die Vermeidung von AOX-trächtigen Stoffen bei der Produktion bislang auf enge Grenzen. Dies hängt damit zusammen, daß mit den Ersatzstoffen gefahrlos und ohne wesentlich höheren Aufwand gleich gute Arbeitsergebnisse erzielt werden müssen. Hinzu kommt, daß manche Ersatzstoffe ebenfalls zu einer hohen Abwasserbelastung führen oder die Kenntnisse über ihr Umweltverhalten noch unzureichend sind.

Im Anwendungsbereich Hobby und Haushalt ist eine Reduzierung des AOX-Problems über eine verbesserte und intensivierte Verbraucherinformation möglich. Durch eine Minimierung der Konzentration von eingesetzten HOV in Haushaltschemikalien, der Einführung von nichtchlorierten und nichtchlorierenden Ersatzstoffen und der Entsorgung von AOX-haltigen Abfällen als Sondermüll kann eine Minderung des AOX in häuslichem Schmutzwasser erreicht werden.

Im Fall der iodorganischen Verbindungen könnte der AOI-Gehalt in Kommunalabwasser deutlich reduziert werden, wenn präventiv eine Einleitung der Röntgenkontrastmittel in das Abwasser unterbunden würde. Das könnte durch eine separate Erfassung und Behandlung von kontrastmittelhaltigem Urin (vor allem in Krankenhäusern) erreicht werden.

Eine umweltgerechte Beseitigung von AOX-haltigen Abwässern kann bei häuslichem Schmutzwasser oder bei Oberflächenabfluß nur in einer kommunalen Kläranlage erfolgen. Eine Elimination des AOX erfolgt dort durch aeroben biologischen Abbau, das Ausstrippen von leichtflüchtigen Verbindungen und durch Adsorption am Belebtschlamm.

Bei industriellen Abwässern besteht hingegen die Möglichkeit, maßgeschneiderte Verfahren zur Teilstrombehandlung einzusetzen. Aus Abwasserteilströmen von Betrieben kann AOX beispielsweise durch Adsorption, Extraktion, Strippen mit anschließende Adsorption der Gase, Destillation oder Membranverfahren wie die Umkehrosmose abgetrennt werden. Als AOX-zerstörende Maßnahmen stehen unter anderem die Naßoxidation mit Ozon, UV/Wasserstoffperoxid oder biologische Verfahren zur Verfügung.

2.6.5 Prognostische Bewertung der organischen Halogenverbindungen

Ein umfassender Ausbau von kommunalen und industriellen Klärwerken sowie die Einführung von neuen Produktionstechnologien hat die Qualität der aufnehmenden Gewässer im Hinblick auf die halogenorganischen Verbindungen spürbar verbessert. Obwohl die gesamte AOX-Belastung in den letzten Jahren deutlich abnahm, blieb die Konzentration der wasserwerksrelevanten (nicht abbaubaren) HOV fast unverändert, d.h. der persistente Anteil des AOX wurde immer höher.

Durch den Rückgang der industriellen Direkteinleiter (z.B. Zellstoffindustrie) hat die Einleitung von Kläranlagenabläufen immer mehr an Bedeutung gewonnen. Die Problematik der dabei eingeleiteten Reststoffe hängt mit deren Wirkung auf den Gewässerzustand sowie mit der Nutzung dieser Gewässer zu unterschiedlichen Zwecken (z.B. Trinkwassergewinnung) zusammen. Besonderes in Ballungsgebieten, wo hohe Abwassermengen nur relativ wenig verdünnt werden (weniger als Faktor 5 bis 10), können bestimmte Reststoffe zu einer Gewässerbeeinträchtigung und Nutzungsbeschränkung führen. Zu solchen Verbindungen gehören die hydrophilen iodhaltigen Röntgenkontrastmittel und deren Metabolite. Aufgrund ihrer – im Vergleich zu Chlor- und Bromverbindungen schlechteren – Eliminierbarkeit können sie in Kommunalkläranlagen relativ angereichert werden und in die Gewässer gelangen.

Die Beurteilung der Gewässerbelastung insgesamt wird sich zunehmend an ihrer Nutzung orientieren (DFG 1996), und es werden Zielkonzentrationen an AOX und anderen gefährlichen Stoffen festgelegt. Bei der Diskussion um die halogenorganischen Verbindungen darf der AOX nicht mit chlororganischen Verbindungen gleichgesetzt werden, und die Stoffklasse der organischen Iodverbindungen als Bestandteil des AOX sollte nicht mehr vernachlässigt werden.

2.6.6 Literatur

ATV-Arbeitsbericht der Arbeitsgruppe 2.1.3 (1993) AOX und Gewässerbeschaffenheit. Korrespondenz Abwasser 40:1503–1510

ATV-Arbeitsbericht der Arbeitsgruppe 2.3 (1987) AOX und Abwassertechnik. Korrespondenz Abwasser 34:1224–1227

Christmann W, Hagendorf U, Hahn J, Hansen PD, Reincke H (1991) Nachweis organischer Halogenverbindungen im Gewässer durch Gewebeproben. Korrespondenz Abwasser 38:1028–1030

DIN-38409–H 14 (1985) Bestimmung der adsorbierbaren organisch gebundenen Halogenen (AOX). In: Deutsche Einheitsverfahren zur Wasser-, Abwasser- und Schlammuntersuchung. VCH, Weinheim

DIN-38409–H 29 (1996) Bestimmung der gelösten, adsorbierbaren organisch gebundenen Fluorverbindungen (AOF). Entwurf. Vom Wasser 86

HOV-Studie (1987) Halogenorganische Verbindungen in Wässern. Fachgruppe Wasserchemie in der GDCh (Hrsg)

Klopp R, Kornatzki KH (1987) Emission und Immission von AOX im Ruhreinzugsgebiet. Z Wasser Abwasserforschung 20:160–167

Mälzer HJ, Gimbel R (1992) Wasserwerks- und trinkwasserrelevante Stoffe in Fließgewässern. In: Erfassung und Bewertung von Xenobiotika aus der Sicht der Trinkwasserversorgung, 6. Mülheimer Wassertechnisches Seminar, Mülheim an der Ruhr. IWW, 108–125

Naumann K (1993) Chlorchemie der Natur. Chemie in unserer Zeit 27:33–41

Oleksy-Frenzel J, Wischnack S, Jekel M (1995) Bestimmung der organischen Gruppenparameter AOCl, AOBr und AOI in Kommunalabwasser. Vom Wasser 85:59–67

Rollinger D, Engel M, Kratz KL (1996) Halogenspezifische AOX-Bestimmung in Oberflächenwasser. Vom Wasser 87:153–162

Ruhrverband (1994) Analysenergebnisse des Ausschusses Wassergüte. In: Ruhrwassergüte, Arbeitsgemeinschaft der Wasserwerke an der Ruhr (Selbstverlag), 141–147

Scheuer PJ (ed) (1978) Marine Natural Products, Vol 1. Ed. Academic Press

Spott D (1995) Zur Entwicklung der Wasserbeschaffenheit in der mittleren Elbe. Wasserwirtschaft Wassertechnik 7:14–21

Stachel B, Lahl U, Schröer W, Zeschmar B (1984) AOX-Summenbestimmung und Einzelstoffnachweis. Vom Wasser 63:23–33

Truckenbrodt D, Kampe O, Einax JW (1996) Analytik und Bewertung des Belastungszustandes der Saale, Ilm und Unstrut. Vom Wasser 87:29–38

Weindel W, Kühn W (1991) ARW-Gewässerzustandsbericht 1991 von Rhein und Main. In: 48. Bericht der Arbeitsgemeinschaft Rhein-Wasserwerke, Bd. 1, S 9–30

2.7 Humusstoffe: Abiotische Stoffwechsel-Regulatoren in limnischen Systemen

Christian E.W. Steinberg, Anke Sachse und Martin Welker

2.7.1 Einleitung

Huminstoffe sind tote natürliche organische Biomasse. Bezogen auf organischen Kohlenstoff, übersteigt ihre Konzentration die der lebenden bei weitem. So werden für limnische Systeme häufig Unterschiede von rund einer Größenordnung angegeben (Steinberg u. Münster 1985). Diese quantitative Bedeutung stand lange Zeit in auffallendem Widerspruch zu der Kenntnis über die Rolle, die derartige Stoffe in limnischen Ökosystemen oder in der wasserwirtschaftlichen Praxis (z.B. Trinkwasseraufbereitung aus Oberflächenwässern) spielen. Sie traten am ehesten noch als störende Stoffe innerhalb der oxidativen Aufbereitung von Rohwasser und als Substrate für toxische Nebenprodukte in Erscheinung. Doch ist hiermit nichts über die Bedeutung der Huminstoffe als wichtige abiotische Regulatoren in natürlichen Systemen ausgesagt. Inzwischen liegen einige zusammenfassende Darstellungen vor (Steinberg, im Druck; Thomas 1996; Wetzel 1995), aus denen hervorgeht, daß Huminstoffen auf allen Raum- und Zeitskalen, die für limnische Systeme relevant sind, in das Stoffwechselgeschehen eingreifen und biotischen Vorgängen zumindest aufgelagert sind, sie verschiedentlich sogar prägen. Thomas (1996) schreibt klar „*The central dogma of the foodweb, and its implicit assumption that the energy flow in aquatic ecosystems can be quantified solely by measuring rates of photosynthesis, ingestion of solid food and its digestion by higher organisms, is invalid.*“ Mit anderen Worten: Das Funktionieren eines limnischen Ökosystems läßt sich nicht ausreichend erfassen, wenn man die tote organische Biomasse in ihrer Wirkung nicht miteinschließt, wenn man den Energiefluß beispielsweise nur über die Nahrungsnetze erfassen will.

Was macht diese Stoffe so interessant? Was für eine Rolle spielen sie in einem limnischen Ökosystem?

Huminstoffe sind keine einheitliche Substanzklasse, wie etwa Saccharide oder Peptide, Proteine und Lipide. Sie stellen vielmehr ein Gemisch von verschiedenen Substanzen und Substanzklassen dar, die stets über die Isolationsmethode, also operational definiert werden, d.h., das Verhalten bei unterschiedlichen (physiko)-chemischen Fraktionierungen dieser Stoffe definiert sie. Eine der ältesten und heute noch gültigen Definitionen stammt aus der Bodenkunde und ist in Abb. 2-22 enthalten. Danach werden die Huminstofffraktionen über die unterschiedliche Löslichkeit definiert:

- Humine sind vollständig unlöslich,
- Huminsäuren sind nur in alkalischen Lösungen löslich und fallen bei Ansäuerung aus,
- Fulvosäuren sind sowohl im Alkalischen als auch im Sauren löslich.

Die Isolierung und Fraktionierung von gelösten Huminstoffen wird über Festphasenextraktionen (z.B. an XAD-Harzen) vorgenommen (Aiken 1985). Weitere Fraktionierungsarten sind beispielsweise bei Aiken (1985), Leenheer (1985) oder Swift (1985) nachzulesen.

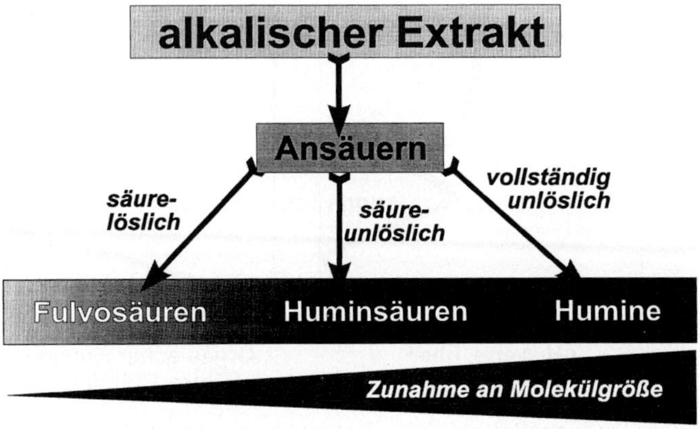

Abb. 2-22. Operationale Definition der Huminstoffe, hier über einen alkalischen Extrakt aus Böden oder Sedimenten (n. Angaben aus Swift 1985)

2.7.2 Rolle von Huminstoffen bei der Langzeitentwicklung eines Weichwassersees

Huminstoffe sind schwache Säuren, und es ist zu erwarten, daß sie in den Wasserchemismus von solchen limnischen Systemen eingreifen, die nicht nachhaltig über das Kalk-Kohlensäure-System abgepuffert sind. Solche Gewässer sind in den carbonat-armen bis -freien geologischen Formationen, etwa den basenarmen Mittelgebirgen und Lockergesteinsablagerungen, die aus älteren Eiszeiten stammen, zu finden.

Anhand einer paläolimnologischen Studie am Großen Arbersee (Bayerischer Wald) läßt sich die Rolle von Huminstoffen bei der Ausprägung des wasserchemischen Charakters dieses Sees verdeutlichen. Sedimente sind bekanntlich Archive des Freiwasserstoffwechsels, d.h., daß sich relative Veränderungen von Wasserinhaltsstoffen – wie der Gehalt an organischen Stoffen – in den Ablagerungen widerspiegeln.

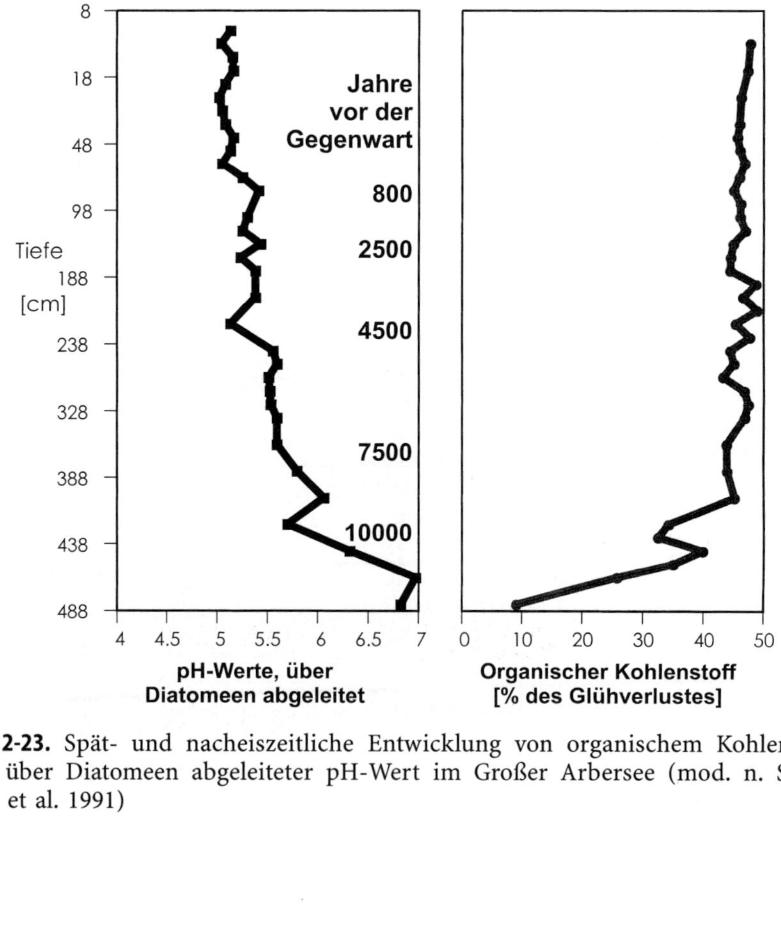

Abb. 2-23. Spät- und nacheiszeitliche Entwicklung von organischem Kohlenstoff und über Diatomeen abgeleiteter pH-Wert im Großer Arbersee (mod. n. Steinberg et al. 1991)

Über biozönotische Transfergleichungen läßt sich u. a. auf den pH-Wert des Freiwassers zur Zeit der Ablagerungen rückschließen.

Die Ergebnisse der Arbersee-Studie sind Abb. 2-23 wiedergegeben. Die Huminstoffe verbergen sich im organischen Kohlenstoff, von dem sie den größten Teil ausmachen. Die zeitlichen Marken stammen aus Pollenanalysen (Kleinmann, unveröff.), die an einem Standardprofil geeicht wurden.

Der späteiszeitliche Große Arbersee hatte einen circum-neutralen pH-Wert und besaß wenig organischen Kohlenstoff im Wasser. Während der Entwicklung der Vegetation im Einzugsgebiet in der Nacheiszeit sank der pH-Wert kontinuierlich von etwa 6,5 auf 5,2 bis 5,5. Im gegenläufigen Sinne nahm der Gehalt an organischem Kohlenstoff zu. Es ist nicht abwegig, in der Entwicklung der Vegetation des Einzugsgebietes auch die Ursache für die Versauerung zu sehen: Pflanzen nehmen mehr Kationen als Anionen aus der Bodenlösung auf, da sie das Anhydrid der Kohlensäure (CO_2) überwiegend aus der Luft aufnehmen. Als Ladungsausgleich geben sie organische Säuren in den Boden ab, die zu höheren Moleküleinheiten mit huminstoffähnlichem Charakter aggregieren können. Mit dem Sickerwasser gelangen diese Stoffe in das Grundwasser und schließlich in das studierte Oberflächengewässer. In den letzten 4500 Jahren traten im Großen Arbersee drei Maxima an organischem Kohlenstoff, begleitet von zumindest einer gut dokumentierten pH-Wert-Depression, auf. Diese Maxima führten interessanterweise dazu, daß in den betreffenden Sedimentschichten solche Floren- und Faunenelemente zunahmen, die für dystrophe Seen charakteristisch sind.

Vergleichbare Prozesse konnten in wesentlich kürzeren Zeiträumen experimentell in einem kleinen kalkarmen Brandenburger See, der Großen Fuchskuhle in der Nähe des Stechlinsees, dokumentiert werden. Dieser See wurde geviertteilt (s. Bd. 3 A, Kap. 1.4.2.2). Die einzelnen Seeteile entwickelten sich völlig unterschiedlich: Ein Seeteil versauerte sehr rasch unter deutlicher Zunahme des DOC-Gehaltes, da in seinem Einzugsgebiet ein Hochmoor ist, das Huminstoffe lieferte (Koschel 1995).

Anders als bei der natürlichen Versauerungsphase verhält sich der organische Kohlenstoffgehalt während der jüngsten Versauerungsphase. Dies wird deutlich, wenn man den Gehalt an organischem Kohlenstoff gegen den über Diatomeen abgeleiteten pH-Wert des Großen Arbersee aufträgt (Abb. 2-24, linke Seite). Die Phase ist durch abnehmende Gehalte an DOC gekennzeichnet. Dieser Umstand ist auf verminderten Eintrag aus dem Umland sowie durch Mitfällungs- und Molekülspaltungsprozesse der gelösten organischen Kohlenstoffverbindungen im See zurückzuführen (Steinberg, im Druck).

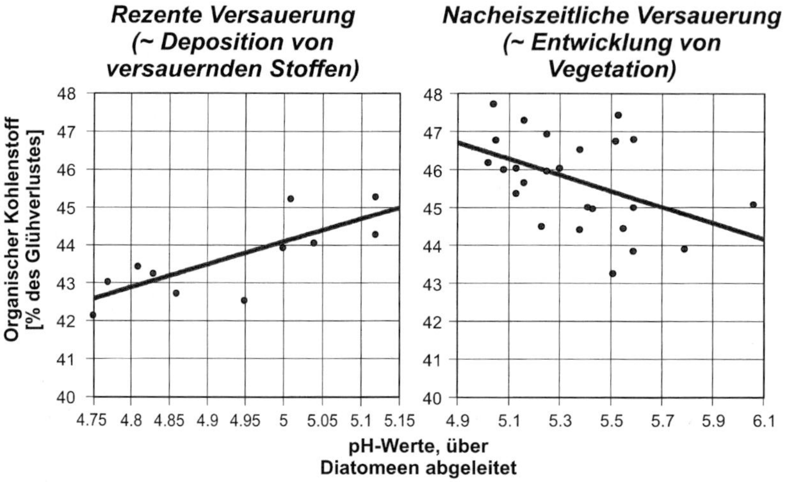

Abb. 2-24. Rolle des organischen Kohlenstoffs in den Versauerungsprozessen im Großen Arbersee (Bayerischer Wald), links: gegenwärtige Versauerung durch saure Depositionen, rechts: postglaziale Versauerung durch Entwicklung der Vegetation (n. Steinberg et al. 1991)

Der versauerungsbedingte Verlust an gefärbten DOC-Komponenten, also an DHM („dissolved humic material“), tritt weltweit dort auf, wo es anthropogene Versauerungen sensitiver Gewässer gibt (Dickson 1980; Steinberg et al. 1991; Schindler et al. 1996). Im Großen Arbersee beispielsweise nahm die Sichttiefe von wenigen Dezimetern zu Beginn dieses Jahrhunderts auf mehr als 10 m zu (Arzet 1987).

Die sich abzeichnenden Konsequenzen der gestiegenen Durchsichtigkeit des Wassers sind gravierend, insbesondere in Hinblick auf die sich abzeichnenden globalen Klimaveränderungen. Zu den Klimaveränderungen gehört unter anderen die Zunahme an UV-B-Strahlung durch den Abbau des Ozonschildes. Die Eindringtiefe des UV-B ist eine Funktion der DOC-Konzentrationen (s. Bd. 3 A, Kap. 2.6.1), wenige Milligramm pro Liter an DHM sind normalerweise ausreichend, um für aquatische Organismen einen effektiven Schild gegen UV-B zu errichten. Die UV-B-Eindringtiefe nimmt allerdings exponentiell zu, wenn der DOC-Gehalt abnimmt.

Weiterhin nimmt der DHM-Gehalt durch zunehmende UV-Einstrahlung über den Mechanismus des Photobleichens ab. Zudem bewirken Trockenheiten, die regional ebenfalls im Zuge der globalen Klimaänderungen verstärkt auftreten können, weitere Verminderungen dieses UV-Schildes. Diese sich gegenseitig aufschaukelnde Prozesse machen in wenigen Jahren aus Seen mit gefärbtem Wasser nahezu Klarwasserseen mit relativ hohen UV-B-Eindringungstiefen (Schindler et al. 1996; Yan et al. 1996), so daß nur solche limnischen Organismen anzutreffen sein werden, die über eigene UV-Schutzmechanismen (beispielsweise Schutzpigmente) verfügen (vgl. Leavitt et al. 1997).

2.7.3 DOC-Finterprinting: Charakterisierung des Stoffwechsels vom Einzugsgebiet und Gewässer

Hatte – wie gezeigt – allein die quantitative Befrachtung mit organischen Kohlenstoffkomponenten einen nachhaltig prägenden Einfluß auf den chemischen Charakter des Gewässers, so steht zu erwarten, daß die qualitative und quantitative Charakterisierung des organischen Kohlenstoffs weiteren Aufschluß über den Metabolismus von Einzugsgebiet und Gewässer bringen wird. Die angestrebte Charakterisierung muß den gesamten DOC-Pool betreffen und darf sich nicht nur auf Einzelkomponenten erstrecken. Denn bereits aus dem Verhältnis von Bausteinen oder Bausteingruppen (etwa Saccharide) zum gesamten DOC-Pool werden wichtige Hinweise auf den autochthonen Stoffwechsel des Gewässers sowie auf Einträge von außen erwartet. Derartige mehr oder weniger summarische Charakterisierungsverfahren werden **Fingerprinting** genannt.

Zur Untersuchung der Beschaffenheit des DOC steht mit der LC-OCD-Technik ein gelchromatographisches Trennverfahren mit hochempfindlicher UV- und Kohlenstoffdetektion zur Verfügung (Huber u. Frimmel 1996). Diese Fingerprint-Technik wurde auf eine Reihe von Gewässern in Nordostdeutschland angewendet, von denen verschiedene nachweislich unbelastet und andere deutlich belastet sind. Die Interpretation der Fingerprints weicht allerdings von der von Huber u. Frimmel (l. c.) ab: Es wurden die sogenannten „building blocks" zu den Huminstoffen hinzugezählt sowie die amphiphilen Stoffe nicht mehr ausgewertet. Die Ergebnisse sind in Abb. 2-25 enthalten:

- Im Porenwasser eines Niedermoores (Abb. 2-25 Teil 1) mit einem DOC von 20,8 mg l^{-1} besitzen die Huminstoffe mit 80% einen sehr hohen Anteil. Die Molmasse der Huminstoffe (664 g/mol) und der Doppelbindungsanteil weisen auf pedogene Fulvosäuren hin. Das Wasser aus einem Meliorationsgraben (Abb. 2-25 Teil 2) hat mit 9,3 mg l^{-1} einen geringeren DOC. Der hohe Anteil an Huminstoffen (72%) mit einer Molmasse von 614 g/mol läßt den Einfluß des Moorkörpers deutlich erkennen. Ein autochthoner Stoffwechsel ist in diesem Gewässer nahezu auszuschließen.

- Das oberflächennahe Grundwasser (Abb. 2-25 Teil 3; Dubrow-Quelle in einem Waldeinzugsgebiet bei Fürstenwalde) hat bei einem DOC von 2,1 mg l^{-1} einen Huminstoffanteil von 51%. Das geringe Verhältnis vom spektralen Absorptionskoeffizienten zum organischen Kohlenstoff dieser Fraktion weist auf junge, aquagene Fulvosäuren hin. Die Ähnlichkeit der Chromatogramme des Grundwassers (Abb. 2-25 Teil 3) und eines nahen Quellbaches (Abb. 2-25 Teil 4) läßt sich durch das fast identische Waldeinzugsgebiet erklären.
- In den Chromatogrammen der Wässer einer Kläranlage (Abb. 2-25 Teil 5), einer Agrarfläche (Abb. 2-25 Teil 6) und eines Rieselfeldes

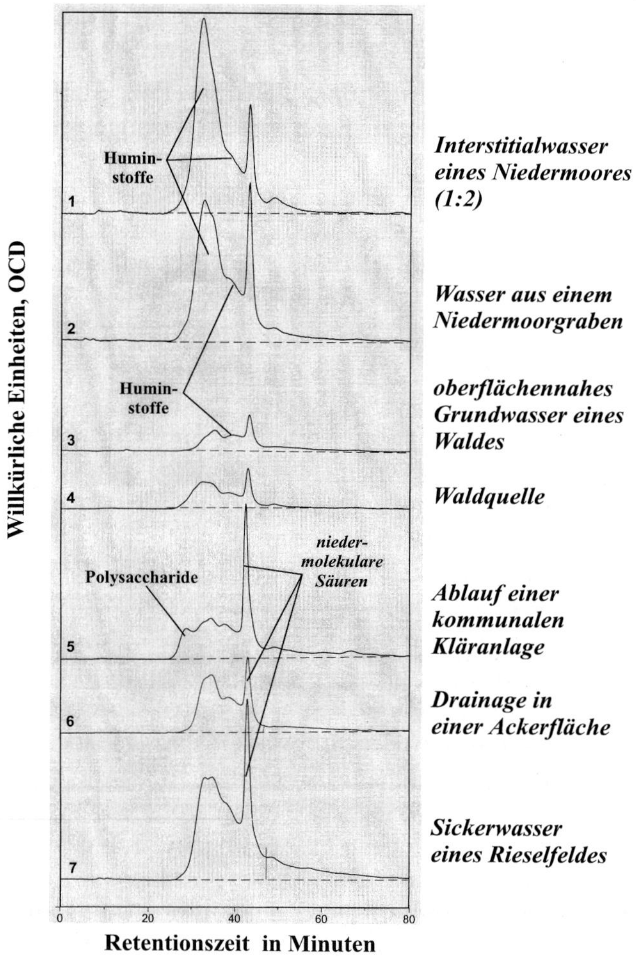

Abb. 2-25. DOC-Charakterisierung verschiedener Wässer nach der LC-OCD-Fingerprint-Technik (n. Sachse et al., unveröff.)

(Abb. 2-25 Teil 7) wird neben einer Erhöhung des gesamten DOC der anthropogene Einfluß dadurch deutlich, daß der Anteil labiler Kohlenstoffverbindungen wie niedermolekularer organischer Säuren und Polysaccharide (deutlich bei der Kläranlage) sich vergrößert.

- Die Molmassen der Huminstoffe des Kläranlagenablaufes und der Agrarfläche sind mit Werten von 499 bzw. 463 g/mol typisch für junge, aquagene Fulvosäuren. Es ist anzunehmen, daß bei der Bodenpassage im Rieselfeld und in der Agrarfläche ein Teil der labilen Kohlenstoffverbindungen bereits umgesetzt worden sind, wodurch sich der Huminstoffanteil am DOC erhöht hat.

Es zeigt sich somit, daß die Fingerprint-Technik rasch wertvolle und offensichtlich spezifische Informationen über den Stoffwechsel von Gewässern und ihren Einzugsgebieten liefert.

2.7.4 Huminstoffe als Informationsträger

Huminstoffe greifen in die Kreisläufe verschiedener Nährstoffe ein (Steinberg, im Druck), und sie sind nach jüngsten Arbeiten in gewisser Weise Träger von bestimmten Informationen, die für die gesamten Ökosysteme oder Ökosystemausschnitte von Bedeutung sein können. So sind sie beispielsweise in der Lage, freigesetzte DNA zu komplexieren, so daß diese vor dem Angriff der DNAsen und anderen Nucleasen geschützt sind. Diese „kryptischen Gene" sind sogar noch zur Transformation befähigt, wenn ein geeigneter Wirt zur Verfügung steht und die sonstigen Bedingungen eine Transformation zulassen (Crecchio u. Stotzky 1998).

Auch scheinen Huminstoffe endokrine Wirkungen im weiteren Sinne zu haben. Höss et al. (im Druck) testeten, ob DHM das Wachstum und insbesondere die Reproduktion von Invertebraten beeinflußt, indem sie den neuentwickelten Nematoden-Assay (Traunspurger et al. 1997) verwendeten. Keine der untersuchten DHM-Quellen hatte eine Wirkung auf das Wachstum, verschiedene wohl aber auf die Reproduktionsleistungen, wie Abb. 2-26 verdeutlicht. Das Bild ist allerdings nicht einheitlich. Während Fulvosäuren aus dem Grundwasser (Fuhrberg) die Reproduktion nicht beeinflußten, steigerten solche aus einem Bodenperkolat ein Mischwaldbodens (BS1) die Reproduktionserfolge deutlich. Die Fulvosäure aus einem Hochmoorsee (HO10) hatte eine vollständig entgegengesetze Wirkung: Bereits bei Konzentration unter 10 mg l^{-1} DOC stellten die Nematoden die Reproduktion voll-

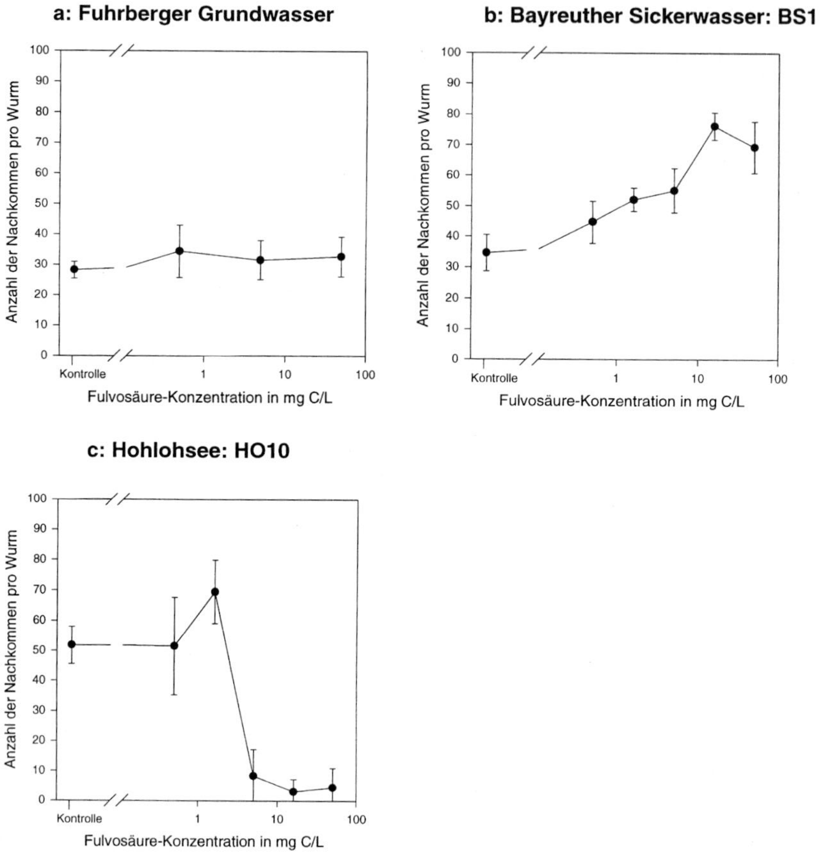

Abb. 2-26. Veränderung der Nachkommenzahl des Nematoden *Caenorhabditis elegans* in Abhängigkeit von der Herkunft der Fulvosäuren und deren Konzentration; **a**: aus dem Wasserwerk Fuhrberg; **b**: aus dem Bodensickerwasser aus der Region Bayreuth; **c**: aus dem Hohlohsee, einer Hochmoorschlenke im Nordschwarzwald (n. Höss et al., im Druck)

ständig ein, ohne abzusterben. Diese vergleichsweise niedrigen Konzentrationen sind relevant für den Hochmoorsee.

Die Variabilität der chemischen Hauptstrukturen der Huminstoffe, etwa aromatische oder aliphatische Anteile, Aminosäuren oder Kohlenhydrate, Phenol- oder Carboxyl-Gruppen, kann die geschilderte Varianz der Effekte nicht erklären, ebenso wenig die Steroidfraktion in den Pyrolysaten allein. Es zeichnet sich ab, daß das Verhältnis der Steroidfraktion zu anderen Humusbestandteilen eine Erklärung bringen kann.

2.7.5 Veränderung der Biokonzentration von Xenobiotika in Anwesenheit von Huminstoffen

Neben den mehr oder weniger natürlichen Wirkungen von Huminstoffen im limnischen Ökosystem reagieren sie auch mit Chemikalien, die vom Menschen eingebracht worden sind, und verändern sowohl deren umweltchemische als auch ökotoxische Eigenschaften.

Die Assoziate zwischen Huminstoffen und Xenobiotika vergrößern die apparente Molekülgröße, wodurch die Biokonzentration verringert werden könnte, da die Membrandurchgängigkeit herabgesetzt ist. Als kritische Größe für die Aufnahme durch die Membran wird in der Literatur 9 Å genannt. Der Effekt der Biokonzentrationsverminderung ist häufig beobachtet worden (McCarthy et al. 1985; Kukkonen et al. 1989; Day 1991; Versteeg et al. 1992; Steinberg et al. 1993, im Druck).

Eine Durchsicht der internationalen Literatur erbrachte, daß aber auch Biokonzentrationserhöhungen bei fast allen untersuchten Xenobiotika-Gruppen auftraten, und zwar interessanterweise in dem niedrigen, gewässerrepräsentativen Konzentrationsbereich der getesteten

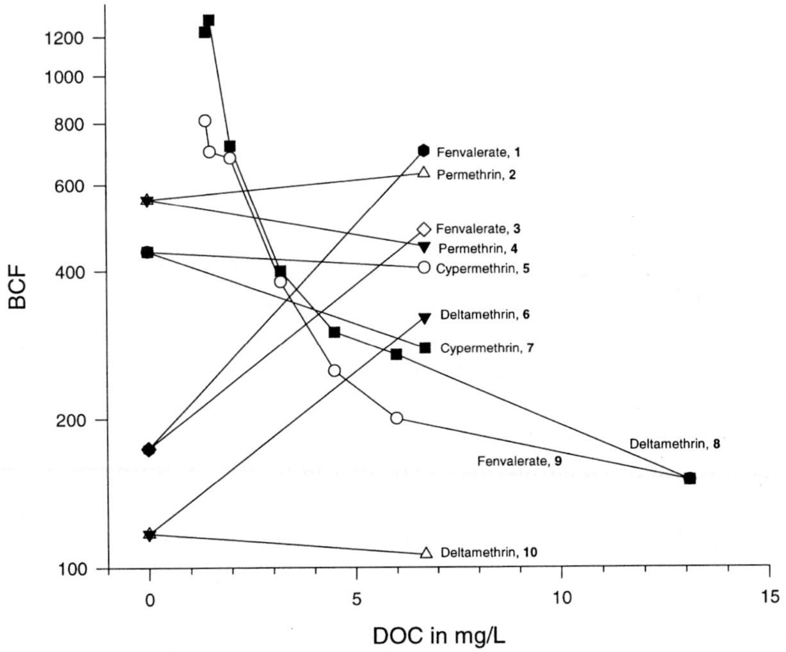

Abb. 2-27. Veränderung der Biokonzentration synthetischer Pyrethroide durch die Anwesenheit von DHM (aus Haitzer et al. 1998)

Huminstoffe (Haitzer et al 1998). Exemplarisch sei dies für die Biokonzentration synthetischer Pyrethroide (Abb. 2-27) wiedergegeben.

Als Mechanismen für die Erhöhung von Biokonzentrationen kommen Veränderungen von Membrandurchlässigkeiten in Frage. Hierbei ist es denkbar, daß die Membrandurchlässigkeit sowohl allein durch die Huminstoffe als auch durch das Huminstoff-Xenobiotikum-Assoziat vergrößert wird. Letzteres vermutet Wershaw (1986), der ein Mizelien-Modell für Huminstoffe vorschlägt, das entfernt an Biomembranen erinnert. Huminstoffe wirken somit entweder indirekt als Vermittler oder direkt als Carrier bei der erhöhten Biokonzentration in limnischen Tieren. Für die hier beschriebenen Effekte steht eine endgültige und überzeugende Erklärung noch aus, denn das Wershaw-Modell greift erst bei höheren Huminstoffkonzentrationen; Effekte traten – wie geschildert – allerdings meisten im niederen Konzentrationsbereich auf.

2.7.6 Veränderung toxischer Eigenschaften von Xenobiotika in Anwesenheit von Huminstoffen

Für die meisten hydrophoben Xenobiotika kann in Anwesenheit von Huminstoffen eine Verminderung der toxischen Wirkung angenommen werden, wobei der Anteil aromatischer Strukturen in den Huminstoffen eine wesentliche Rolle spielt (Steinberg et al., im Druck). Allerdings treten auch Erhöhungen toxischer Wirkungen auf.

Nach dem Chemikalien- sowie dem Pflanzenschutzmittelgesetz ist bereits die Bioakkumulation eine Wirkung; die Erhöhung dieser Größe wird negativ bewertet. Als deutlich alarmierender müssen mögliche Verstärkungen der toxischen Wirkung von Xenobiotika gelten. Die ersten, die über eine Erhöhung toxischer Wirkungen berichteten, waren Stewart (1984), Kukkonen u. Oikari (1987) sowie Steinberg et al. (1992).

Beispielsweise wurde die akute Toxizität von 2,4-Dichlorphenol (2,4-DCP) von 2,8 auf 2 mg l^{-1} herabgesetzt, wenn Flukahuminstoffe (5 mg l^{-1}) im System vorhanden waren. Interessanterweise trat dieser Effekt auf, wenn Chemikalie und Huminstoffe vor dem eigentlichen Test 60 Stunden zusammenwirken konnten. Bei 2 Stunden Wirkzeit vor dem Test trat dieser Effekt (noch) nicht auf (Abb. 2-28). Vergleichbare Effekte längerer Kontaktzeiten wurden auch von anderen Autoren beobachtet. Als Wirkmechanismen werden diskutiert:

- Erhöhung der Bioakkumulation,
- umweltchemische Veränderungen des Ausgangsxenobiotikums durch die Huminstoffe; bekannt ist in diesem Zusammenhang, daß Huminstoffe als sogenannte *Photosensitizer* (siehe unten) wirken

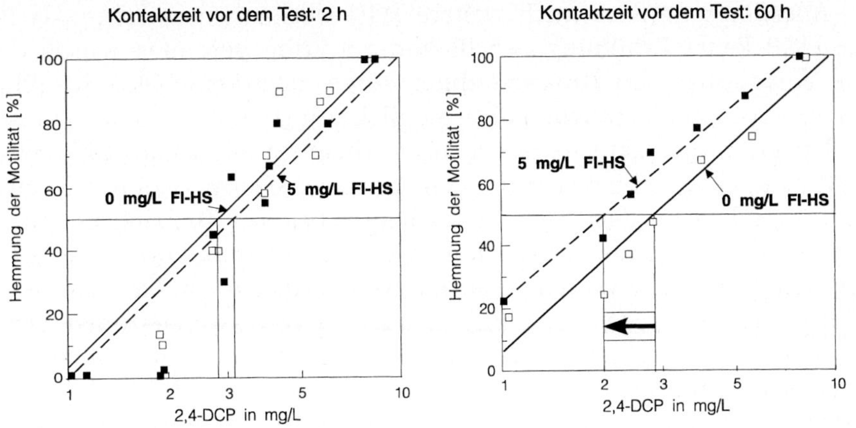

Abb. 2-28. Veränderung der akuten Toxizität von 2,4-Dichlorphenol gegenüber *Daphnia magna* durch die Anwesenheit von Fluka-Huminstoffen (FL-HS) (aus Steinberg et al. 1992)

Abb. 2-29. Ranking der Befunde aus der quantitativen Verhaltensmessung – hier: Bevorzugung dunkler Habitate – mit der Hasse-Diagramm-Technik. Die dunklen Kreise stellen die Tests dar, in denen 2 mg l^{-1} Fuhrberg-Fulvosäuren-DOC zugesetzt wurde. Von unten nach oben nimmt die Intensität der Reaktion der Fische zu. Der verstärkende Effekt durch die Fulvosäure wird deutlich. Kreise, die nicht verbunden sind, stellen Experimente dar, in denen eine Reaktion der Fische zeitlich unterschiedlich ausfiel (aus Lorenz et al. 1996)

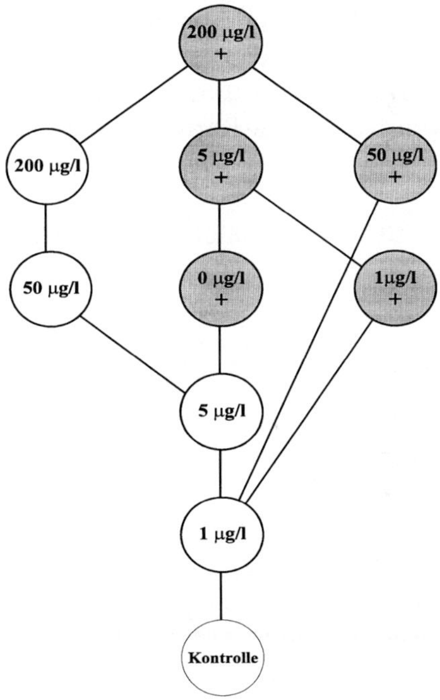

können, d.h. sie bewirken eine indirekte Photooxidation des Xenobiotikums, wobei die Tochterxenobiotika ein deutlich höheres toxisches Potential als die Ausgangsstoffe zu haben scheinen (Steinberg et al. 1992, 1994).

Allerdings muß es noch weitere Wirkmechanismen geben, da bei 2,4-DCP keine Erhöhung der Biokonzentration gefunden wurde und die Vortestphase im Dunklen ablief, somit auch keine indirekte Photolyse vor dem eigentlichen Test möglich war.

Die genannten akut-toxischen Tests arbeiteten mit Schadstoffkonzentrationen, die glücklicherweise nicht gewässerrelevant waren. Dies liegt mit Sicherheit an den gewählten, wenig sensitiven Toxizitätsendpunkten. Bei der Anwendung von ökologisch sinnvolleren, komplexen Toxizitätsendpunkten, etwa dem quantitativen Verhalten von Fischen, lassen sich inzwischen regelmäßig Effekte auch in gewässerrelevanten Xenobiotikakonzentrationen messen (Lorenz et al. 1996). Häufig verstärken aquatische Huminstoffe die Effekte der Chemikalien. Bei Terbutylazin wurde dieser Effekt inzwischen in Anwesenheit von Huminstoffen von zwei verschiedenen Herkünften (Fluka und Fuhrberg) beobachtet. Die Flukahuminstoffe verstärkten die Irritation im Schwimmverhalten des Zebrabärblings (*Danio rerio*, Steinberg et al. 1994), während TBA in Anwesenheit der Fuhrberger Fulvosäure auf einzelne Verhaltenskomponenten unterschiedlich wirkte: Die Bevorzugung von dunklen Habitaten verstärkte sich (Abb. 2-29), die Motilität nahm dagegen ab. Für die Bevorzugung von dunklen Habitaten konnte eine eindeutige Konzentrations-Wirkungs-Beziehung gefunden werden (Lorenz et al. 1996).

2.7.7 Huminstoffe als Initiatoren/Katalysatoren von Abbauprozessen im Gewässer

Gelöste Huminstoffe wirken als Photosensibilatoren, die nicht nur UV-Licht, sondern auch sichtbares Licht aufnehmen können und eingestrahlte Energie nach dem unten stehenden Schema auf verschiedene energiereiche chemische Spezies übertragen.

$$HS + h\nu \rightarrow HS^* \qquad \text{(Gl. 2.1 a)}$$

$$HS^* + O_2 \rightarrow HS + {}^1O_2 \qquad \text{(Gl. 2.1 b)}$$

$$HS + h\nu \rightarrow HS^* + e^-_{(aq)} \qquad \text{(Gl. 2.1 c)}$$

$$e^-_{(aq)} + O_2 + h\nu \rightarrow O_2^- \qquad \text{(Gl. 2.1 d)}$$

$$2O_2^- + 2H^+ \rightarrow H_2O_2 + O_2 \qquad \text{(Gl. 2.1 e)}$$

$$H_2O_2 + h\nu \rightarrow {}^\bullet OH + {}^\bullet OH \qquad \text{(Gl. 2.1 f)}$$

$h\nu$ = Energie aus UV- sowie aus visuellem Licht
HS = Huminstoffe

HS^* = angeregte Huminstoffe
$^1O_2$ = Singulett-Sauerstoff
O_2^- = Superoxid-Anion
$e^-_{(aq)}$ = solvatisierte Elektronen
$^\bullet OH$ = Hydroxy-Radikale

Die entstandenen Oxidantien können unmittelbar auf Organismen wirken. Während die OH-Radikale nur sehr kurzlebig sind, existiert H_2O_2 in limnischen Systemen einige Stunden bis Tage und kann toxische Wirkungen entfalten (Gjessing u. Källqvist 1991).

Die oxidativen chemischen Spezies können ihrerseits anschließend Oxidationsprozesse einleiten, wobei als Edukte alle reduzierten Wasserinhaltsstoffe dienen können. Dies sei an den als Folge der Eutrophierung auftretenden Cyanotoxinen beispielhaft vorgeführt. Cyanotoxine treten bei der Lyse von Cyanobakterien im Freiwasser auf. Sie können zu Gesundheitsschäden und Todesfällen bei Säugetieren führen. Im Ökosystem wirken sie auf mehr biotische Komponenten als bislang angenommen (Baganz et al. 1998; Oberemm et al. 1997; Pflugmacher et al. 1999, s. Kap. 4.4).

Bekannt ist, daß Cyanotoxine in freier Form nur sehr kurzzeitig in eutrophierten Gewässerkörpern vorkommen. Als Ursache hierfür

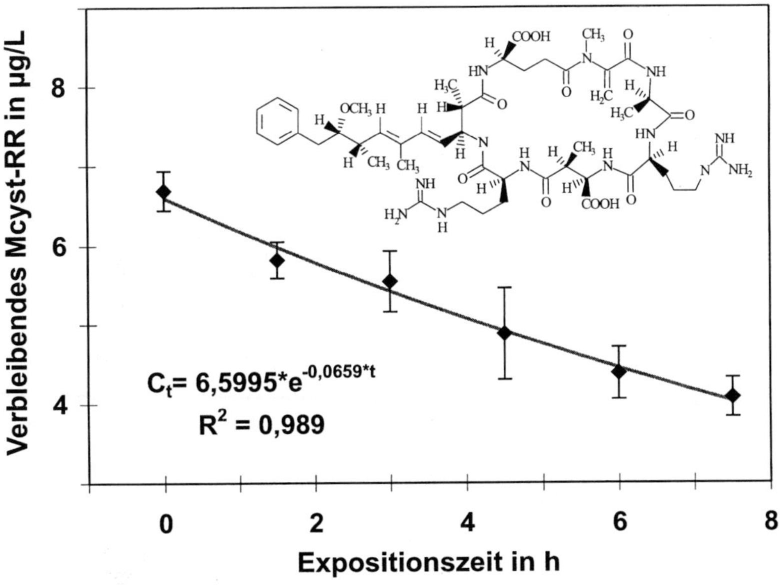

Abb. 2-30. Kinetik des DHM-sensibilisierten Photoabbaus von Microcystin-RR (n. Welker u. Steinberg 1999)

kommen der mikrobielle Abbau durch spezifische Bakterien in Frage (Jones et al. 1994) ebenso wie die abiotische Photolyse. Da die Cyanotoxine im sichtbaren Bereich nicht und im UV-A+B-Bereich nur wenig Energie absorbieren, wird die direkte Photolyse im Gewässer keine bedeutende Rolle spielen. Vielmehr könnte die indirekte Photolyse, die zum Beispiel durch Huminstoffe eingeleitet wird, eine wichtige Rolle bei der Elimination dieser Naturgifte spielen. Die indirekte Photolyse wurde eingehend von Welker u. Steinberg (1999) untersucht. Eingesetzt wurden drei Microcystin-Kongenere (RR, LR und YR) sowie Fulvosäuren aus dem Wasserwerk Fuhrberg. Danach sind alle drei getestete Kongenere in Anwesenheit von Huminstoffen photolytisch instabil: Sie werden bereits in Anwesenheit umweltrelevanten Fulvosäurekonzentrationen (ca. 7 mg l^{-1} DOC) weitgehend abgebaut. Die Erhöhung der Fulvosäurekonzentration ändert an der verbleibende Microcystin-Restmenge nichts. Für das Kongener Microcystin-RR wurde auch die Abbaukinetik ermittelt (Abb. 2-30). Der photolytische Abbau verläuft als Reaktion erster Ordnung:

$$C_t = 6{,}62 \cdot e^{-1{,}62 C_0}, \text{ das Bestimmtheitsmaß beträgt } R^2 = 0{,}987 \qquad \text{(Gl. 2.2)}$$

C_t = Microcystin-Konzentration zur Zeit t,
C_0 = Microcystin-Ausgangskonzentration.

Als resultierende Halbwertszeit ergibt sich für Microcystin-RR ca. ein halber Tag. Wenn man die wenigen Daten, die sowohl über den photolytischen als auch über den mikrobiellen Abbau vorliegen, vergleicht, ergibt sich, daß der photolytische Eliminationspfad für Microcystine mit Sicherheit genauso effektiv ist und wohl ebenso rasch abläuft wie der mikrobielle, wenn nicht sogar schneller.

Neben dieser Eliminationsleistung, die gelöste Huminstoffe in limnischen Systemen initiieren oder katalysieren können, können sie selbst auch Edukte für oxidative Abbauprozesse sein. Dies trifft insbesondere für die oxidative Behandlung von huminstoffhaltigen Oberflächenwässern zu, die zu Trinkwasser aufbereitet werden sollen.

2.7.8 Huminstoffe als Vorläufer von karzinogenen Wasserinhaltsstoffen und als (Ko)-Faktor von Krankheiten

Neben den verbürgten positiven Wirkungen von Huminstoffen auf die menschliche Gesundheit (antivirale, bakterizide, desmutagene sowie weitere positive Wirkungen auf menschliche Zellen und Gewebe: Riede et al. 1991; Sato et al. 1986; Schneider et al. 1994) werden seit gut 20 Jahren auch Berichte veröffentlicht, wonach Huminstoffe direkt oder indirekt einen negativen Effekt auf den Menschen haben können. Dies können zum einen Stoffe sein, die erst während der oxidativen Aufbereitung DHM-haltigen Wassers zu Trinkwasser entstehen (THM Trihalogenmethan, MX Methylhalogenid), zum anderen aber auch DHM-Fraktionen selbst, die als Trinkwasserbestandteile zum menschlichen Verbraucher gelangen und im Verdacht stehen, Gefäßkrankheiten („Schwarzfußkrankheit") hervorzurufen.

2.7.8.1 THM-(Trihalogenmethan)-Problematik

Chlorung ist die preiswerteste Desinfektion von Rohwasser, das zu Trinkwasser aufbereitet wird. Seit geraumer Zeit ist bekannt, daß bei der Chlorung von huminstoffhaltigem Rohwasser Stoffe mit karzinogenen und mutagenen Eigenschaften auftreten können. So weiß man von Fulvosäuren, daß sie Vorläufer für chlorierte Aliphate bei der Chlorung von Trinkwasser oder Abwasser sein können. Wegen der Karzinogenität und Mutagenität haben die Trihaloforme, wie speziell Chloroform (Trichlormethan, $CHCl_3$), besondere Bedeutung erlangt. Es wurde verschiedentlich vorgeschlagen, die Probleme bei der Chlorung, insbesondere die Bildung von flüchtigen Nebenprodukten, durch die Zugabe von NaBr zu verhindern, da die entsprechenden Br-Verbindungen weniger flüchtig sind. Allerdings ist das karzinogene Potential der Bromoformen deutlich höher als die der entsprechenden Chlor-Homologen (Sketchell et al. 1995). Br-Verbindungen treten allerdings auch durch die Anwesenheit von Br in Spuren auf, wenn das Rohwasser gechlort wird (Sketchell et al. 1995; s. Kap. 2.6).

Wenige Versuche wurden bisher unternommen, um die Bildung von Mutagenen mit bestimmten Strukturen in den Fulvo- und Huminsäuren zu korrelieren. Der Phenolgehalt der natürlichen organischen Wasserinhaltsstoffe scheint hierbei eine wichtige Rolle zu spielen (Horth 1989; Reckhow et al. 1990). Die Bildung von THM hängt ab vom pH-Wert, der Reaktionszeit, dem DOC der Probe sowie der UV-Absorption des Wassers. Die UV-Absorption ergibt eine bessere Regression zum THM-Bildungspotential als der DOC selbst, was darauf hinweist, daß insbesondere die aromatischen Anteile als THM-Vorläufer fungieren (Rathbun 1996a, b).

Als ein Ausweg gegen die THM-Bildung bei der Desinfektion von Rohwasser wird vorgeschlagen, die THM-Vorläufer vor der Desinfektion mit Chlor durch oxidative Vorbehandlung mit Ozon und/oder H_2O_2 oder UV zu vermindern. Allerdings sind hierbei ausreichende Dosen insbesondere bei der Kombination von UV/Ozon anzwenden, da zu geringe Mengen an Oxidantien dazu führen, daß das DHM reaktiver wird und bei der anschließenden Chlorung das Potential zur THM-Bildung erhöht ist (Backlund 1994). Bei der alleinigen Verwendung von Chlor als Oxidationsmittel scheint dieser Effekt nicht aufzutreten, denn Rathbun (1996a) findet, daß die THM-Bildungsrate unabhängig von der Ausgangskonzentration an freiem Chlor ist.

2.7.8.2
MX-(Methylhalogen)-Problematik

Der am stärksten auf Bakterien mutagen wirkende Stoff, der bei der Chlorung von Huminstoffen des Rohwasser bisher bekannt wurde, ist MX, das in zwei mesomeren Formen, 3-Chlor-4-(dichlormethyl)-5-hydroxy-2(5h)-furanon sowie 2-Chlor-3-dichlormethyl-4-oxo-buten-Säure vorliegt (Abb. 2-31). Långvik u. Holmbom (1994) untersuchten, ob MX selbst Vorläuferstrukturen in natürlichen Huminstoffen oder im Lignin hat. Es stellte sich heraus, daß die hydrophobe Fraktion durch die Chlorung mehr mutagene Aktivität und MX bzw. verwandte Komponenten produzierte als die hydrophile. MX selbst wurde in der hydrophilen Fraktion nach Chlorung nicht gefunden. Die Autoren vermuten, daß MX aus den aromatischen Strukturen gebildet wird, die bekanntlich auch für den hydrophoben Charakter der Stoffe verantwortlich sind.

Für die Bildung von MX ist es nicht unbedingt notwendig, daß der oxidative Schritt eine Chlorung sein muß. Der Gehalt an Chloriden in dem Ausgangsmaterial reicht oft aus, daß bei der Anwendung von geringen Mengen Oxidationsmittel oder vergleichsweise schwachen Oxidationsmitteln (z. B. UV) MX produziert wird (Backlund 1994).

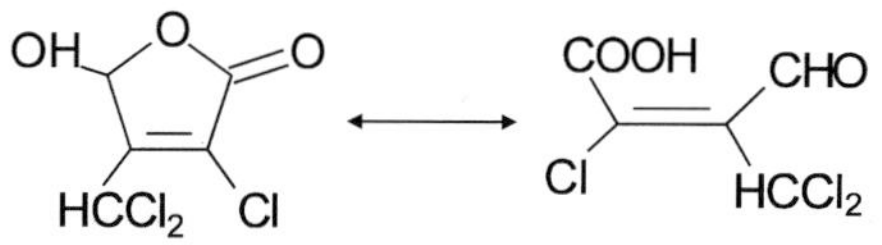

Abb. 2-31. Strukturformeln der beiden mesomeren Formen von MX. MX ist das stärkste, bisher bekannte Bakterienmutagen, das bei der oxidativen Behandlung (Desinfektion) von Wasser entstehen kann

2.7.8.3 „Schwarzfußkrankheit" und andere Krankheiten, die mit Huminstoffen in Verbindung gebracht werden

Es gibt einige Krankheiten, die mit der Aufnahme von Huminstoffen in Verbindung gebracht werden. So kommt es beispielsweise in Selen-Mangelgebieten der Volksrepublik Chinas zur Ausbildung der Kaschin-Beck-Krankheit, von der rund zwei Millionen Chinesen betroffen sein sollen. Fulvosäuren und andere exogene freie Radikale führen zu einer Lipidoxidation, die die Membranen beschädigen. Insbesondere sind Knorpelgewebe betroffen. Selen als Co-Enzym von bestimmten antioxidativen Enzymen kann dieser Krankheit entgegen wirken (Sokoloff 1989; Peng et al. 1991).

Ferner mehren sich seit den frühen 60er Jahren Berichte in der wissenschaftlichen Literatur über die „Schwarzfußkrankheit" in verschiedenen Regionen Chinas. Dies ist eine Erkrankung der peripheren Gefäße. Diese Krankheit wurde lange Zeit nur einem erhöhten Arsengehalt des Trinkwassers zugeschrieben. Neuere Untersuchungen in einer taiwanesischen Provinz zeigen allerdings auf, daß die betreffenden Brunnenwässer mit knapp 19 mg l^{-1} extrem hohe Konzentrationen an DOC enthalten. Auch der Fulvorsäuregehalt ist mit 7,5 mg l^{-1} sehr beachtlich. Diese Fulvosäuren hatten eine hohe Fluoreszenzintensität und zu über 50% Molekulargewichte <1 000. Die hohe Fluoreszenzintensität wurde verursacht durch den hohen Gehalt an aromatischen Kohlenstoff. Hung et al. (1994) vermuten einen Zusammenhang zwischen diesen Charakteristika des Wassers und der „Schwarzfußkrankheit" in Taiwan.

2.7.9 Zusammenfassende Schlußfolgerungen

Huminstoffe greifen in das Stoffwechselgeschehen von limnischen Systemen auf allen Zeit- und Raumskalen ein. Sie prägen in kalkarmen Regionen den natürlichen Gewässerchemismus und sind für die Säuregehalte verantwortlich. Sie bilden (besonders in borealen und tropischen Regionen) einen wirksamen Schild gegen die UV-Strahlung, der allerdings durch Versauerung und durch UV-Strahlung selbst zerstört wird. DHM nimmt Lichtenergie nicht nur im UV-, sondern auch im sichtbaren Bereich auf und wandelt sie in oxidative chemische Spezies (z. B. OH-Radikale und H_2O_2) um, die einerseits toxisch auf Organismen sowie andererseits initiierend bei der indirekten Photolyse von Xenobiotika und Allelochemikalien wirken können. Dieser Mechanismus ist offensichtlich ein sehr wichtiger Eliminationspfad im limnischen System für eine Vielzahl von oxidierbaren Stoffen und wahrscheinlich auch für die Toxizitätsänderung von Xenobiotika. Der Mechanismus, nach dem sich die Erhöhung von Biokonzentrationen der Xenobiotika bei der Anwesenheit von relativ geringen DHM-Konzentrationen vollzieht, ist noch weitgehend unklar, während für das Auftreten von karzinogenen Stoffen (Trihalomethane, MX) bei der oxidativen Desinfektion von huminstoffhaltigem Wasser und von bestimmten Krankheiten mechanistisch plausibel beschrieben werden kann.

2.7.10 Literatur

Aiken GR (1985) Isolation and concentration techniques for aquatic humic substances. In: Aiken GR, McKnight DM, Wershaw RL, MacCarthy P (eds) Humic Substances in Soil, Sediment, and Water – Geochemistry, Isolation, and Characterization. John Wiley u. Sons, New York, pp 363–385

Arzet K (1987) Diatomeen als pH-Indikatoren in subrezenten Sedimenten von Weichwasserseen. Diss Abt Limnol Innsbruck 24:1–266

Backlund P (1994) Destruction of natural mutgen and trihalomethane precursors in water by ozonation, UV-irradiation, and photolytic ozonation. Environ Intern 20:113–130

Baganz D, Staaks G, Steinberg CEW (1998) Impact of the cyanobacteria toxin, microcystin-LR, on the behavior of zebrafish, *Danio rerio*. Wat Res 32:948–952

Crecchio C, Stotzky G (1998) Binding of DNA on humic acids: effects on transformation of *Bacillus subtilis*. Soil Biol Biochem 30:1061–1067

Day KE (1991) Effects of dissolved organic carbon on accumulation and acute toxicity of fenvale rate, deltamethrin and cyhalothrin to *Daphnia magna* (Straus). Environ Toxicol Chem 10:91–101

Dickson W (1980) Properties of acidified water. In: Drabløs D, Tollan A (eds) Ecological Impact of Acid Precipitation. Proc. Int. Conf, Sandefjord, Norway (SNSF Project), pp 75–83

Gjessing ET, Källqvist T (1991) Algicidal and chemical effect of UV-radiation of water containing humic substances. Water Res 25:491–494

Haitzer M, Höss S, Traunspurger W, Steinberg C (1998) Effects of dissolved organic material on the bioaccumulation of organic pollutants in aquatic organisms – a review. Chemosphere 37:1335–1362

Horth H (1989) Identification of mutagens in drinking water. Aqua 38:80–100

Höss S, Haitzer M, Traunspurger W, Steinberg CEW (im Druck) Refractory dissolved organic matter can influence the reproduction of *Caenorhabditis elegans* (Nematoda). Freshw Biol

Huber SA, Frimmel FH (1996) Gelchromatographie mit Kohlenstoffdetektion (LC-OCD): Ein rasches und aussagekräftiges Verfahren zur Charakterisierung hydrophiler organischer Wasserinhaltsstoffe. Vom Wasser 86:277–290

Jones GJ, Bourne DG, Blakeley RL, Doelle H (1994) Degradation of the cyanobacterial hepatotoxin microcystin by aquatic bacteria. Nat Toxins 2:228–235

Klöcking R, Sprössig M (1975) Wirkung von Ammoniumhumat auf einige Virus-Zell-Systeme. Z Allg Mikrobiol 15:25–30

Koschel R (1995) Manipulation of whole-lake ecosystems and long-term limnological observations in the Brandenburg-Mecklenburg Lake District, Gemany. Int Revue ges Hydrobiol 80:507–518

Kukkonen J, Oikari A (1987) Effects of aquatic humus on accumulation and acute toxicity of some organic micropollutants. Sci Total Environ 62:399–402

Kukkonen J, Oikari A, Johnsen S, Gjessing E (1989) Effect of humus concentrations on benzo[a]pyren accumulation from water to *Daphnia magna*: Comparison of natural waters and standard preparations. Sci Total Environ 79:197–207

Långvik VA, Holmbom B (1994) Formation of mutagenic organic by-products and AOX by chlorination of fractions of humic water. Water Res 28:553–557

Leavitt PR, Vinebrooke RD, Donald DB, Smol JP, Schindler DW (1997) Past ultraviolet radiation environments in lakes derived from fossil pigments. Nature 388:457–459

Leenheer JA (1985) Fractionation techniques for aquatic humic substances. In: Aiken GR, McKnight DM, Wershaw RL, MacCarthy P (eds) Humic Substances in Soil, Sediment, and Water – Geochemistry, Isolation, and Characterization. John Wiley u. Sons, New York, pp 409–429

Lorenz R, Brüggemann R, Steinberg CEW, Spieser OH (1996) Humic material changes effects of terbutylazine on behavior of zebrafish (*Brachydanio rerio*). Chemosphere 33:2145–2158

McCarthy JF, Jimenez BD, Barbee T (1985) Effect of dissolved humic material on accumulation of polycyclic aromatic hydrocarbons: structure-activity relationships. Aquat Toxicol 7:15–24

Oberemm A, Fastner J, Steinberg CEW (1997) Effects of microcystin-LR and cyanobacterial crude extracts on embryo-larval development of zebrafish (*Danio rerio*). Water Res 31:2918–2921

Peng A, Wang Z, Wang W, Yang C (1991) A new hypothesis for the etiology of Kaschin-Beck disease. J Environ Sci (China) 3:5–14

Pflugmacher S, Codd GA, Steinberg CEW (1999) Effect of the cyanobacterial toxin microcystin-LR on detoxication enzymes in aquatic plants. Environ Toxicol 14:89–95

Rathbun RE (1996a) Regression equations for disinfection by-products for the Mississippi, Ohio and Missouri rivers. Sci Total Environ 191:235–244

Rathbun RE (1996b) Speciation of trihalomethane mixture for the Mississippi, Ohio and Missouri rivers. Sci Total Environ 190:125–135

Reckhow DA, Singer PC, Malcolm RL (1990) Chorination of humic materials: byproduct formation and chemical interpretations. Environ Sci Technol 24:1655–1664

Riede UN, Zeck-Knapp G, Freudenberg N, Keller HK, Seubert B (1991) Humate induced activation of human granulocytes. Virchows Archive B Cell Pathol 60:27–34

Sato T, Ose Y, Nagase H (1986) Desmutagenic effect of humic acid. Mutat Res 162:173–178

Schindler DW, Curtis PJ, Parker BR, Stainton MP (1996) Consequences of climate warming and lake acidification for UV-B penetration in North American boreal lakes. Nature 379:705–708

Schneider J, Werner A, Weis R, Männer C, Riede UN (1994) HIV-virostatic effects of humic acids. Pathol Res Pract 190:245

Sketchell J, Peterson HG, Christofi N (1995) Disinfection by-product formation after biologically assisted GAC treatment of water supplies with different bromide and DOC content. Water Res 29:2635–2642

Sokoloff N (1989) The history of Kashin-Beck disease. NY State J Med 89:343–351

Steinberg C, Münster U (1985) Geochemistry and ecological role of humic substances in lakewater. In: Aiken GR, McKnight DM, Wershaw, RL, MacCarthy P (eds) Humic Substances in Soil, Sediment, and Water – Geochemistry, Isolation, and Characterization. John Wiley u. Sons, New York, pp 105–145

Steinberg C (1991) Fate of organic matter during natural and anthropogenic lake acidification. Wat Res 25:1453–1458

Steinberg CEW: Regulatory impacts of humic substances: temporal and spatial studies. In: O'Sullivan P, Reynolds, CS (eds) The Lakes Handbook, Blackwells, Oxford, Berlin (im Druck)

Steinberg CEW, Haitzer M, Brüggemann R, Perminova IV, Yashchenko NYu, Petrosyan VS: Towards a quantitative structure activity relationship (QSAR) of dissolved humic substances as detoxifying agents in freshwaters. Internat Rev Hydrobiol (im Druck)

Steinberg CEW, Mayr C, Lorenz R, Spieser OH, Kettrup A (1994) Dissolved humic material amplifies irritant effects of terbutylazine (triazine herbicide) on fish. Naturwissenschaften 81:225–227

Steinberg CEW, Saumweber S, Kern J (1991) Paleolimnological trends in total organic carbon indicate natural and anthropogenic sources of acidity in Grosser Arbersee, Germany. Sci Total Environ 107:83–90

Steinberg CEW, Sturm A, Kelbel J, Lee SK, Hertkorn N, Freitag D, Kettrup A (1992) Changes of acute toxicity of organic chemicals to *Daphnia magna* in the presence of dissolved humic material (DHM). Acta hydrochim hydrobiol 20:326–332

Steinberg CEW, Xu Y, Lee SK, Freitag D, Kettrup A (1993) Effect of dissolved humic material (DHM) on bioavailability of some organic xenobiotics to *Daphnia magna*. Chem Spec Bioavail 5:1–9

Stewart AJ (1984) Interactions between dissolved humic materials and organic toxicants. In: Cowser KE (ed) Synthetic Fossil Fuel Technologies. Results of Health and Environmental Studies. Butterworth, Boston, pp 505–521

Swift RS (1985) Fractionation of soil humic substances. In: Aiken GR, McKnight DM, Wershaw RL, MacCarthy P (eds) Humic Substances in Soil, Sediment, and Water – Geochemistry, Isolation, and Characterization. John Wiley u. Sons, New York, pp 387–408

Thomas JD (1996) The role of dissolved organic matter, particularly free amino acids and humic substances, in freshwater ecosystems. Freshw Biol 38:1–36

Traunspurger W, Haitzer M, Höss S, Beier S, Ahlf W, Steinberg C (1997) Ecotoxicological assessment of aquatic sediments with *Caenorhabditis elegans* (Nematoda) – a method for testing liquid medium and whole sediment samples. Environ Toxicol Chem 16:245–250

Versteeg DJ, Shorter SJ (1992) Effect of organic carbon on the uptake and toxicity of quarternary ammonium compounds to the fathead minnow, *Pimephales promelas*. Environ Toxicol Chem 11:571–580

Welker M, Steinberg CEW (1999) Indirect photolysis of cyanotoxins: one possible mechanism ot their low persistence. Wat Res 33:1159–1164

Wershaw RL (1986) A new model for humic materials and their interactions with hydrophobic organic chemicals in soil-water or sediment-water systems. J Contamin Hydrol 1:29–45

Wetzel RG (1995) Death, detritus, and energy flow in aquatic ecosystems. Freshw Biol 33:83–89

Yan ND, Keller W, Scully NM, Lean DRS, Dillon P (1996) Increased UV-B penetration in a lake owing to drought-induced acidification. Nature 381:141–143

2.8 Gewässerbelastungen durch leichtflüchtige chlorierte Kohlenwasserstoffe, LCKW

Antonius Kettrup und Emanuel Heinisch

2.8.1 Einleitung

Die in diesem Abschnitt behandelten leichtflüchtigen chlorierten Kohlenwasserstoffe (LCKW) hatten bis etwa zu den achtziger Jahren eine herausragende wirtschaftliche Bedeutung. Sie wurden etwa in den folgenden Mengen hergestellt (Heinisch et al. 1992):

EG	ca. 8 Millionen t/a
BRD	ca. 1,5 Millionen t/a
DDR	411 000 t/a

Die Anwendung lag Ende der 80er Jahre bei ca. 200 000 t/a in der Bundesrepublik, eine Zahl, die infolge mehrerer restriktiver Maßnahmen auf gegenwärtig ca. 50 000 t/a herunterging (FCI 1991). Die Gründe für diese außerordentlich hohen Produktionsziffern lagen einmal in den günstigen technischen Eigenschaften (fehlende Brennbarkeit und elektrische Leitfähigkeit, hohes Lösungsvermögen für Lipide) sowie den sehr vorteilhaften Herstellungsbedingungen: Chlor fiel als Nebenprodukt der Chloralkalielektrolyse an. Die ökonomisch und technisch sehr vorteilhaften Eigenschaften der LCKW führten zu einer breiten Palette von Anwendungsmustern. Diese sind in der Tabelle 2-26 wiedergegeben, wobei die Anwendungsvielfalt heute nicht mehr so breit ist wie in den achtziger Jahren.

2.8.2 Physikalisch-chemische Eigenschaften der LCKW

Den Schwerpunkt in diesem Beitrag bilden die in den Tabellen 2-26 und 2-27 genannten Verbindungen, obgleich die Anwendung z. B. von TETRA (Tetrachlorkohlenstoff) und CHLF (Chloroform) in Deutschland heute verboten ist.

Infolge ihrer Persistenz und ihres hohen Dampfdruckes sind auch diese Substanzen noch zu den nahezu ubiquitär vorkommenden Umweltschadstoffen zu zählen. Einige LCKW werden hier nicht behandelt. Hierzu gehören z. B. das Monochlormethan (Methylchlorid, MCM), das im 1 000 000 t-Maßstab durch natürliche (mikrobiologische) Prozesse, vor allem im maritimen Bereich entsteht, ferner das

Tabelle 2-26. Anwendungsmuster von DCM, CHLF, TETRA, TRI, PER und MECHLF

Anwender	Anwendungsbereiche
Metallverarbeitende Industrie, Maschinenbau, Gießereien, Metallschleifereien und -drehereien, Kfz-Hersteller und -werkstätten, Kabelwerke	Entfetten, Befetten (Korrosionsschutz), Reinigen, Trocknen, Entlacken, Herstellung und Beseitigung von Gummi-Metallverbindungen
Chemische und pharmazeutische Industrie	Lack- und Farbenherstellung, Produktion von Kaltreinigern, Abbeizmitteln, Klebstoffen, Klebstoffreinigern, Verdünnern, Haushaltsreinigern; Ausgangs- und Zwischenprodukte der Synthesechemie; Reinigungszwecke
Computerindustrie	Herstellung von Leiterplatten und elektronischen Bauteilen
Druckindustrie	Druckplatten-, Druckwalzenreinigung, Druckfarbenherstellung
Lebensmittelindustrie	Herstellen und Lösen von Aromastoffen, Extrakten (Entkoffeinierung), Reinigung von Maschinen
Textilindustrie	Textilveredlung, Lederreinigung
Papier- und Zellstoffindustrie	Entfärben von Papier, Lösungsindustrie und Reinigungszwecke
Tierkörperverwertung, Futtermittelindustrie	Extraktion
Chemisch-Reinigungsbetriebe	Textilreininigung
Recycling-Betriebe, Raffinerien	Rückgewinnung der Lösemittel
Sonstige Industrie- und Gewerbezweige	Entfetten, Reinigen, z. B. von Spritzkopfreinigen in der Kunststoffmöbelherstellung, PU-Schaum, Entparaffinierung von Erdölprodukten
Bereiche Wohnen, Infrastruktur, Wassersportanlagen	Anwendung als Verdünner, Abbeizmittel, Pinselreiniger, Fleckenwasser, Frostschutzmittel, Enteisung

Monochlorethen (Vinylchlorid, VC), das als Zwischenprodukt der PVC-Synthese den Bereich der Herstellerbetriebe eigentlich nicht verlassen sollte, sowie auch das Tetra-, Penta- und Hexachlorethan, die vorwiegend als Abprodukte in vergleichsweise geringen Mengen anfallen. Schließlich ist noch zu erwähnen, daß vor allem das TCM in grö-

Tabelle 2-27. Bezeichnungen, physikalisch-chemische Eigenschaften und ökotoxikologische Parameter von LCKW

Chemische Bezeichnung	Trivialname	Abkürzg.	Löslichkeit (H_2O, 20 °C, g/l)	H 20 °C	log P_{ow}	K_{oc}	BCF aquat. Biota
Dichlormethan		DCM	20	0,08 ber.	1,25	50	1–4 ber.
Trichlormethan	Chloroform	CHLF	8,4	0,12	1,97	44	
Tetrachlormethan	Tetrachlorkohlenstoff	TETRA	0,8	0,91 ber.	2,74	440	18–300
1,1,2-Trichlorethen		TRI	1,1	0,48 ber.	3,07	118–921	19–1160
1,1,2,2-Tetrachlorethen	Perchlorethen	PER	0,15	0,83	2,76	240	39–49
1,1,1-Trichlorethan	Methylchloroform	MECHLF	0,3	$2{,}5 \times 10^5$	2,8	40	60

ßeren Mengen bei der Trink- und Abwasserchlorung, also direkt im aquatischem Milieu, gebildet wird.

2.8.3 Ökotoxikologische Eigenschaften der LCKW

Die in der Tabelle 2-27 zusammengefaßten physikalisch-chemischen Eigenschaften und ökotoxikologischen Parameter – es wurden die Zahlen verwendet, die nach Rippen (1991) am häufigsten in der Literatur genannt sind – markieren das Verhalten der LCKW in der Hydrosphäre. Die Werte für die Löslichkeiten der Verbindungen in Wasser sind – verglichen mit den Analogzahlen für die schwerflüchtigen chlorierten Kohlenwasserstoffe (SKCW) – extrem hoch. Liegen die Wasserlöslichkeiten für die meisten SCKW im Bereich <10 µg/l, können die entsprechenden Werte für die LCKW leicht die Dimension g/l erreichen. Wenn dieser Unterschied nicht ganz so deutlich an die Präsenzwerte der LCKW im Oberflächenwasser weitergegeben wird, dann liegt das hauptsächlich an ihrer gleichfalls extrem hohen Flüchtigkeit. Die Henry-Werte zeigen an, daß die Verbindungen leicht und in hohem Maße an die Atmosphäre abgegeben werden können: Die CHLF-, TRI- und PER-Werte im Main und der Donau lagen noch zu Beginn der neunziger Jahre in Bereichen von 1 bis 2 µg/l. Die Analogwerte z.B. für DDT, DDD und DDE können – wenn sie die Nachweisgrenze übersteigen – in eine Skala von 1 bis 10 ng/l eingereiht werden.

Wenn wegen dieser großen Konzentrationsunterschiede von etwa 5 Größenordnungen den LCKW bei weitem nicht die Aufmerksamkeit entgegengebracht wird wie den SCKW – obgleich vom Standpunkt der Toxikologie entsprechende Wertigkeitsunterschiede nicht vorliegen – so hat das wiederum Gründe, die aus der Tabelle 2-27 abgelesen werden können. Die Oktanol/Wasser-Koeffizienten, ausgedrückt als log P_{ow}, sind sehr niedrig, woraus die sehr geringen BCF-Werte resultieren. Es kann nun nicht behauptet werden, daß das Lebensmittel Fisch-LCKW-frei wäre. Vielmehr wurden noch in den achtziger Jahren vor allem von MECHLF, CHLF und PER Lastzahlen in Fischen im mg/kg-Bereich, bezogen auf die Frischsubstanz, nachgewiesen, wie in der Tabelle 2-28 gezeigt wird. Oberflächengewässer werden relativ selten auf ihren Gehalt an LCKW analytisch untersucht, und derlei Ermittlungen sind für Fische Ausnahmen. Sicherlich ist das darauf zurückzuführen, daß Höchstmengen für diese Verbindungsgruppe nicht nur in Deutschland nicht existieren. Speziell an dem Beispiel der Weserbrassen aus Bremen nach Cetinkaya et al. (1988) ist deutlich zu sehen, daß vor allem die Verbindungen mit der für die Lipophilie charakteristischen

Tabelle 2-28. LCKW in Brassen (*Abramis brama*) aus der Weser bei Bremen, arithmetische Mittelwerte, µg/kg FS aller Proben (n. Daten von Cetinkaya et al. 1988)

Probe-nahmeort	Zeit	MECHLF					CHLF				PER			
		n	min	max	MW	s	min	max	MW	s	min	max	MW	s
Dreye	*Frühj.* 1985	14	51	282	**128**	81	19	1291	**455**	342	21	392	**78**	60
	Herb. 1987	27	41	147	**80**	28	24	1644	**317**	255	9	230	**34**	29
	Frühj. 1985	17	nn	20	**5**	5	nn	nn	**nn**	0	nn	29	**8**	7
	Herb. 1987	20	nn	88	**15**	17	nn	nn	**nn**	0	nn	45	**14**	10
Seehausen	*Frühj.* 1985	23	17	387	**87**	61	nn	7103	**629**	505	10	113	**43**	27
u. Kläranlage	*Herb.* 1987	30	17	295	**78**	53	nn	2571	**440**	433	5	63	**20**	11
	Frühj. 1985	30	nn	19	**3**	3	nn	nn	**nn**	0	nn	25	**5**	4
	Herb. 1987	25	nn	81	**8**	11	nn	nn	**nn**	0	nn	37	**10**	8
Farge u.	*Frühj.* 1985	18	52	389	**184**	100	59	1266	**450**	369	18	176	**85**	56
Wollkämmerei	*Herb.* 1987	31	34	137	**67**	29	nn	5575	**302**	389	7	96	**20**	15
	Frühj. 1985	24	nn	30	**2**	5	nn	nn	**nn**	0	nn	38	**6**	5
	Herb. 1987	25	nn	80	**27**	15	nn	nn	**nn**	0	nn	44	**19**	11

Tabelle 2-29. Zielvorgaben für LCKW in Oberflächenwasser (n. BLAK QZ 1996)

Verbindung	Schutzgut aquatische Lebensgemeinschaften (µg/l)	Schutzgut Trinkwasser (µg/l)
DCM	10	1
CHLF	0,8	1
TETRA	7	3
MeCHLF	100	1
TRI	20	1
PER	40	1

CCl_3-Gruppe die höchsten Lastzahlen verursachen – beim CHLF Maximalwerte von 8 mg/kg –, daß die Körperlasten offenbar nach Abschluß der Expositionen sehr schnell wieder ausgeschieden werden und daß die Verbindungen mit steigendem Grad an Flüchtigkeit ebenso plötzlich das Wasser wieder verlassen, wie sie in das Medium gelangt sind. Vor allem an dem CHLF wird das besonders gut reflektiert.

Vom Bund/Länder-Arbeitskreis „Gefährliche Stoffe – Qualitätsziele für oberirdische Gewässer BLAK QZ" (LAWA 1996) wurden für die hier behandelten LCKW die in der Tabelle 2-29 genannten Zielvorgaben festgelegt. Hierbei gelten die aufgeführten Zahlen für das Schutzgut „aquatische Lebensgemeinschaften", die auf der Grundlage toxikologischer Daten erarbeitet worden sind. Bei Einhaltung dieser Daten sind keine Schädigungen von Wasserlebewesen zu erwarten. Daneben sind die Zielvorgaben für das Schutzgut Trinkwasser so ausgelegt, daß bei ihrer Einhaltung die Grenzwerte der TrinkwV von 1986 nicht überschritten werden. Mit Ausnahme von DCM verfügen alle hier genannten LCKW über mutagene Eigenschaften in Tests mit Warmblütern. CHLF und TETRA wurden von der International Agency for Research on Cancer (IARC) in die Gruppe der beim Menschen möglicherweise kanzerogenen Verbindungen eingestuft. Nach Van Genderen et al. (1994) haben sich auch TRI und PER im Tierversuch als kanzerogen erwiesen. Alle hier erwähnten LCKW sind in die Wassergefährdungsklasse 3 eingestuft, lediglich das DCM gehört in die WGK 2.

2.8.4 Vorkommen der LCKW

Die zumeist deutlich abnehmenden Tendenzen für die wichtigsten LCKW im Wasser von Flüssen aus den alten Bundesländern sind in den folgenden Tabellen wiedergegeben. Die CHLF-Konzentrationen nehmen von 1983 bis 1991 nach LAWA (1994) deutlich im Main bei

Tabelle 2-30. CHLF (ng/l) in ausgewählten Flüssen Deutschlands (n. Daten der LAWA 1994)

	Main/Kahl			Inn/Kirchdorf			Salzach/Laufen			Donau Jochenstein			Donau Ulm		
	n	max	MW	n	max	MW	n	max	MW	n	max	MW	n	max	MW
1983	8	8500	**296**	12	2600	**585**	13	5000	**157**	13	2000	**645**			
1984	12	3500	**231**	12	1200	**440**	13	6600	**164**	13	1300	**515**	9	3500	**1320**
1985	4	7500	**295**	11	4100	**591**	11	3200	**870**	11	700	**175**	10	1500	**840**
1986	9	7300	**300**	12	1000	**290**	13	3000	**138**	13	960	**315**	10	3300	**1560**
1987	12	2900	**153**	12	100	**<10**	13	2100	**121**	13	700	**275**	2	5600	**2800**
1988	11	4500	**242**	12	800	**400**	11	3200	**129**	13	1100	**570**	8	6200	**3650**
1989	10	5100	**317**	10	700	**160**	13	5000	**159**	13	1900	**910**	27	13700	**4400**
1990	11	2800	**132**	12	<100	**<10**	8	6000	**187**	11	1700	**530**	24	4400	**1190**
1991	10	500	**195**	10	<100	**<10**	11	2550	**910**	13	1800	**515**	22	3700	**730**

	Elbe Schnackenb.			Rhein Kleve-Bimmen			Rhein Bad Honnef			Wupper Leverk. Rheinort		
	n	max	MW	n	max	MW	n	max	MW	n	max	MW
1982				13	2400	**875**	13	2700	**450**	7	3100	**1045**
1983				13	2300	**375**	13	200	**120**	6	600	**185**
1984	15	3260	**144**	12	3000	**795**	12	1200	**245**	6	800	**265**
1985	51	4140	**985**	13	4000	**102**	13	700	**360**	6	700	**375**
1986	52	4260	**121**	13	8400	**145**	13	420	**200**	7	400	**145**
1987	52	2100	**690**	13	8700	**176**	7	400	**135**	7	300	**145**
1988	52	3700	**940**	8	1700	**820**	5	130	**<10**	6	3500	**715**
1989	50	1960	**840**	103	2000	**395**	13	1900	**585**	13	2200	**580**
1990	52	1570	**595**	52	1000	**285**	13	1400	**530**	37	1900	**395**
1991	2	500	**250**	39	730	**175**	30	770	**285**	21	500	**205**

Tabelle 2-31. TRI, ng/l, im Oberflächenwasser ausgewählter Flüsse in Deutschland (n. Daten der LAWA 1994)

	Main/Kahl			Donau Jochenstein			Salzach/Laufen			Regnitz Hausen		
	n	max	MW	n	max	MW	n	max	MW	n	max	MW
1983	10	900	**405**	13	900	**500**	13	200	**105**	13	1000	**610**
1984	12	1400	**315**	13	1000	**375**	13	<100	**<100**	12	4500	**1150**
1985	12	2200	**390**	11	900	**325**	12	2200	**275**	9	2700	**855**
1986	11	280	**140**	13	500	**215**	13	600	**140**	11	2000	**865**
1987	12	200	**115**	13	500	**200**	13	<100	**<100**	13	600	**425**
1988	11	800	**175**	13	500	**225**	11	<100	**<100**	13	2400	**560**
1989	9	100	**<100**	13	400	**155**	13	<100	**<100**	12	900	**350**
1990	11	200	**100**	11	800	**180**	5	<100	**<100**	13	400	**150**
1991	10	300	**130**	13	500	**225**	8	<100	**<100**	10	500	**280**
	Elbe Schnackenb.			**Rhein Bad Honnef**			**Rhein Kleve-Bimmen**			**Wupper Leverk. Rheinort**		
	n	max	MW	n	max	MW	n	max	MW	n	max	MW
1982				13	200	**<100**	13	1200	**240**	7	800	**460**
1983				13	100	**<100**	13	200	**130**	6	700	**400**
1984	15	5350	**2830**	13	100	**<100**	13	100	**<100**	7	400	**215**
1985	51	25800	**2675**	13	400	**130**	13	200	**<100**	6	300	**175**
1986	52	6500	**1435**	13	500	**200**	13	100	**<100**	7	300	**200**
1987	52	2970	**740**	7	250	**230**	13	100	**<100**	7	500	**170**
1988	52	1510	**400**	5	<100	**<100**	8	100	**<100**	6	300	**115**
1989	50	1130	**425**	13	100	**<100**	102	<100	**<100**	13	100	**<100**
1990	52	880	**225**	13	50	**<50**	50	120	**<50**	37	300	**<100**
1991	2	200	**100**	30	90	**<50**	49	230	**<50**	22	100	**<50**

Kahl, im Inn bei Kirchdorf, in der Elbe bei Schnackenburg und im Rhein bei Kleve-Bimmen und Bad Honnef, sowie in der Wupper bei Leverkusen ab. Weniger klar fallen diese Abnahmen in der Donau bei Jochenstein und bei Ulm sowie vor allem in der Salzach bei Laufen aus, wie der Tabelle 2-30 zu entnehmen ist.

Daß der Verlauf dieser Konzentrationen stoffspezifisch ausfällt, kann der Tabelle 2-31 entnommen werden, in der die Analogzahlen für TRI wiedergegeben sind. Fielen noch die CHLF-Werte im Main bei Kahl, der Salzach bei Laufen und dem Rhein bei Kleve-Bimmen sehr hoch aus, so sind die Pendants für das TRI an den gleichen Probenahmeorten eher unauffällig. Dafür sind die TRI-Konzentrationen in der Regnitz bei Hausen (einem typisch ländlichen Probenahmeort) und der Elbe bei Schnackenburg sehr hoch, reflektieren aber geradezu ideale Abklingkurven, wie der Abb. 2-32 entnommen werden kann.

Auch beim PER machen sich die Restriktionen in der Herstellung und Anwendung durch abnehmende Konzentrationen in einigen Flüssen bemerkbar. Aus der Tabelle 2-32 können die relativ hohen Anfangskonzentrationen in den fränkischen Flüssen Regnitz bei Hausen und der Sächsischen Saale bei Joditz entnommen werden, die allerdings bis 1991 auf weniger als ein Viertel abnehmen.

In der Tabelle 2-33 sind die Konzentrationen von PER in der Elbe von Vály in der Tschechischen Republik bis nach Cuxhaven aus dem Jahre 1992 nach Daten von IKSE (1992) zusammengetragen. Sehr deutlich markiert das Maximum von Decín die zu der Zeit noch laufende Synthese von

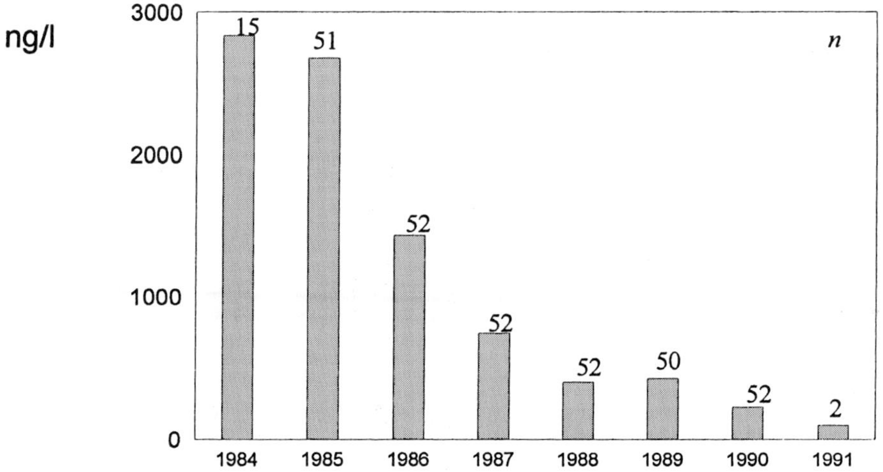

Abb. 2-32. Verlauf der Belastung der Elbe bei Schnackenburg mit TRI (1,1,2-Trichlorethen, n. Daten der LAWA 1994)

Tabelle 2-32. PER, ng/l, im Oberflächenwasser ausgewählter Flüsse in Deutschland (n. Daten der LAWA 1994)

	Main/Kahl			Salzach/Laufen			Regnitz/Hausen			Donau Jochenstein		
	n	max	MW	n	max	MW	n	max	MW	n	max	MW
1983	10	2200	**775**	13	500	**185**	13	4100	**1710**	13	900	**500**
1984	12	1200	**525**	13	450	**145**	12	8400	**1610**	13	1300	**540**
1985	12	2400	**625**	11	600	**150**	0			11	1300	**400**
1986	12	1000	**355**	13	400	**130**	0			13	400	**190**
1987	11	600	**380**	13	<100	**<100**	11	1200	**545**	13	300	**170**
1988	11	500	**220**	11	100	**<100**	13	5100	**745**	13	400	**230**
1989	9	300	**190**	13	100	**<100**	13	2000	**710**	13	500	**270**
1990	10	300	**140**	9	<100	**<100**	13	700	**325**	10	600	**280**
1991	10	500	**220**	11	120	**120**	10	700	**490**	13	400	**340**

	Inn/Kirchdorf			Elbe Schnackenb.			Rhein Kleve-Bimmen			Sächs. Saale Joditz		
	n	max	MW	n	max	MW	n	max	MW	n	max	MW
1982	10	800	**280**	0			13	300	**130**	0		
1983	12	600	**240**	0			13	200	**130**	12	15000	**1880**
1984	12	900	**320**	15	3320	**1130**	13	200	**120**	12	4800	**880**
1985	11	300	**145**	51	7760	**895**	13	200	**<100**	11	2600	**900**
1986	12	200	**110**	52	6080	**1085**	13	300	**115**	12	19000	**3450**
1987	12	200	**135**	52	2520	**550**	13	100	**<100**	13	4700	**275**
1988	12	100	**<100**	52	1000	**340**	102	<100	**<100**	13	1300	**510**
1989	10	100	**<100**	50	2350	**460**	52	<100	**<100**	13	300	**215**
1990	12	100	**<100**	52	815	**190**	49	130	**70**	13	400	**245**
1991	11	400	**285**	2	100	**<100**	44	360	**70**	13	1000	**325**

Tabelle 2-33. PER, ng/l, im Oberflächenwasser der Elbe an 10 Probenahmepunkten in Tschechien und Deutschland 1992 (n. Daten der IKSE 1992)

Probe-nahme-ort	Vály	Lysá	Obríství	Decín	Schmilka	Zehren	Schnackenburg	Zollenspieker	Seemanns höft	Cuxhaven
n	12	12	12	12	8	10	12	10	11	12
max	2800	500	400	3200	1500	1300	310	90	120	20
$\bar{x}$	**850**	**290**	**270**	**900**	**725**	**470**	**120**	**45**	**45**	**10**
$s_{\bar{x}}$	800	110	60	800	385	350	90	20	20	5

Tabelle 2-34. Höchste in sachsen-anhaltinischen Gewässern 1996 gemessene LCKW-Konzentrationen (ng/l; n. Daten der LAU Sachsen-Anhalt 1996)

	Elbe					Schw. Elster	Mulde		Saale			Unstrut	W. Elster	Havel	Aland
	Wittenberg	Magdeburg li	Magdeburg re	Tangermünde li	Tangermünde re	Gorsdorf	Stausee	Dessau	Dürenberg	Trotha	Gr. Rosenberg	Freyberg	Ammendorf	Toppel	Wanzer
DCM	nn	5300	5000	720	540	1000	Zulauf nn	nn	nn	nn	890	nn	nn	6800	820
CHLF	300	2600	2700	1900	1700	200	200	900	100	300	2700	200	100	2100	1000
TETRA	100	140	80	60	50	20	20	60	nn	900	400	nn	nn	20	10
MECH-LF	10	50	50	40	30	nn	nn	20	nn	nn	40	nn	nn	40	20
TRI	40	200	120	90	90	50	50	500	100	400	1400	nn	nn	120	nn
PER	200	1500	2010	170	160	10	10	300	100	200	550	nn	100	150	480

PER bei SPOLCHEM in Ústí n. L. (Aussig). Der Extremwert von Vály uh. Pardubice kann wohl auf das regionale Chemieverdichtungszentrum von Pardubice zurückgeführt werden (Heinisch et al. 1997).

In den zu Hessen gehörenden Fließgewässern einschließlich des Rheins und des Mains wurden nach Fooken et al. (1997) die regelmäßigen Beprobungen auf LCKW 1992 eingestellt, da von ganz vereinzelten Ausnahmen abgesehen keine LCKW mehr nachgewiesen wurden. Das gleiche gilt auch für die kommunalen Kläranlagenabläufe.

Daß dies für die neuen Bundesländer noch nicht gesagt werden kann, ist aus der Tabelle 2-34 abzulesen, in der die Maximalwerte für

Tabelle 2-35. LCKW in Wasserproben, µg/l, aus verschiedenen Wasserwerken im Dresdener Elbtal (n. Daten von Bilger, pers. Mitt.)

Probenahme-	n	CHLF			TETRA			TRI			PER		
		max	$\bar{x}$	$s_{\bar{x}}$	max	$\bar{x}$	$s_{\bar{x}}$	max	$\bar{x}$	$s_{\bar{x}}$	max	$\bar{x}$	$s_{\bar{x}}$
1987 nach einem Störfall stillgelegtes Wasserwerk Radebeul-Ost, Nähe Arzneimittelwerk													
12. 89–03. 90	18	50	**7**	6	0,18	**0,12**	0,07	32	**12**	8	30	**17**	6
Wasserwerk Radebeul-Mitte, speist Reinwasser in das Trinkwassernetz													
04. 89–10. 90	35	80	**24**	12	0,3	**0,19**	0,12	12	**6**	4	11	**7**	4
1990 stillgelegtes Wasserwerk Radebeul-Mitte, verunreinigt durch das Arzneimittelwerk													
04. 89–10. 90	30	236	**160**	40	3,0	**0,44**	0,27		**nn**		4,5	**2,8**	1,2
Wasserwerk Sörnewitz, im Umfeld eines metallverarbeitenden Betriebes													
12. 89–09. 90	32		**nn**		0,27	**0,1**	0,08	120	**70**	12	70	**48**	17
Wasserwerk Coswig, förderte Grundwasser aus einer industriell stark beanspruchten Region													
12. 89–09. 90	27		**nn**		0,03	**0,1**	0,07	68	**46**	21	0,85	**0,25**	0,18
Wasserwerk Tolkewitz und Fassung Blasewitz, undichte Kanalisation Stadt Dresden													
07. 89–09. 90	13		**nn**		0,4	**0,2**	0,15	64	**44**	18	19,2	**13**	7,2
Wasserwerk Hostewitz, fördert Uferfiltrat aus der Elbe													
01. 89–10. 90	60	35	**7**	10	0,2	**0,14**	0,12		**nn**		4,5	**2,0**	1,2

die hier behandelten LCKW im Oberflächenwasser der Elbe, Schwarzen Elster, Mulde, Saale, Unstrut, Weißen Elster, Havel und Aland in Sachsen-Anhalt für 1996 wiedergegeben sind. Vor allem in Magdeburg, Toppel (Havel) und z.T. auch Wanzer (Aland) sowie Groß Rosenburg (Saale) sind Maximalwerte für DCM, CHLF, TRI und PER nachgewiesen, die so in den Tabellen 2-30 bis 2-32 für westdeutsche Flüsse noch 1991 auftraten.

Der Rückgang der Konzentrationen auf deutschem Gebiet von Ost nach West signalisiert auch die Wirksamkeit der restriktiven Maßnahmen in der BRD.

Weitaus größere Aufmerksamkeit wird dem Eintritt der LCKW in das Grundwasser beigemessen. Die Verbindungen sind in diesem Milieu außerordentlich persistent. Ein mikrobieller Abbau ist stark behindert, die Flüchtigkeit bzw. der hohe Dampfdruck kommen als konzentrationsmindernder Faktor ebensowenig in Betracht wie Strahlungsenergie, und eine Verdünnung erfolgt sehr langsam. Die Toxizität der Verbindungen spielt hier eine ganz andere Rolle, da sie mit dem Brunnen-(=Trink-)wasser unmittelbar ingestiert werden können. In der BRD wurden laut Trinkwasserverordnung (TrinkwV 1986) für DCM, MECHLF, TRI und PER Höchstmengen von 25 µg/l und für TETRA 3 µg/l festgelegt.

Besonders das Grundwasser aus industriell belasteten Regionen der ehemaligen DDR war z.T. mit hohen LCKW-Werten belastet, so daß 1990 eine Reihe verschiedener Wasserwerke zunächst geschlossen werden mußten. Bilger (1990) berichtet über entsprechende Vorgänge aus dem Elbtal im Raum Radebeul-Coswig-Dresden-Meißen, in dem vielfältige industrielle, gewerbliche und kommunale Nutzungen (Arzneimittelwerk GERMED, Zellstoffwerk, metallverarbeitende Betriebe, undichte Kanalisationen) zu erheblichen Grundwasserbelastungen mit LCKW geführt haben.

Die in der Tabelle 2-35 zusammengefaßten Werte sind auch insofern von Interesse, als hier spezifische Belastungen verschiedener Industriezweige sichtbar werden. So machen sich die Arzneimittelwerke (verschiedene Zweigbetriebe von GERMED) vor allem durch hohe Werte an CHLF bemerkbar, während der metallverarbeitende Betrieb bei Sönnewitz vor allem zu hohen Belastungen an TRI und PER führte. Demgegenüber war das Elbe-Uferfiltrat in Hostewitz, sieht man von dem durch Trinkwasserchlorung eingeschleppten CHLF ab, relativ wenig belastet.

2.8.5 Literatur

Cetinkaya M, Balzer W, Warncke T (1988) Organochlorpestizide, Polychlorierte Biphenyle und leichtflüchtige Organohalogenverbindungen in Weserfischen (Brassen). Abschlußbericht im Auftrag des Wasserwirtschaftsamtes der Freien Hansestadt Bremen

FCI (1995) Die Chemie des Chlors und seiner Verbindungen. Fonds der Chemischen Industrie. GCI-Reihe Nr 24

Fooken C, Gihr R, Häckl M, Seel P (1997) Orientierende Messungen gefährlicher Stoffe. Landesweite Untersuchungen auf organische Spurenverunreinigungen in hessischen Fließgewässern, Abwässern und Klärschlämmen. Schriftenr Hess Landesanstalt Umwelt 233

Heinisch E, Kettrup A, Svobodavá Z, Wenzel S (1997) Persistente organisch-chemische Verbindungen in Nahrungsketten von Bayern und Tschechien. Abschlußbericht für das Bayerische Staatsministerium für Landesentwicklung und Umweltfragen

Heinisch E, Klein S, Kettrup A (1992) Ökologisch-chemische Untersuchungen zur Erfassung des Umweltzustandes in den fünf neuen Bundesländern. Teil 4: Leichtflüchtige Halogenkohlenwasserstoffe (LHKW), GSF-Bericht 11/92

IKSE (1992) Zahlentafeln der physikalischen, chemischen und biologischen Parameter des Internationalen Meßprogramms der IKSE. Internationale Kommission zum Schutz der Elbe, Magdeburg

LAU Sachsen-Anhalt (1996) Gewässergütebericht des Landesamtes für Umweltschutz in Sachsenanhalt

LAWA (1994) Arbeitskreis qualitative Hydrologie der Fließgewässer. Erprobung von Zielvorgaben für 28 gefährliche Wasserinhaltsstoffe in ausgewählten Fließgewässern 1985–1991. UBA-Text 9/1994

LAWA (1996) Arbeitskreis qualitative Hydrologie der Fließgewässer. Erprobung von Zielvorgaben für 28 gefährliche Wasserinhaltsstoffe in ausgewählten Fließgewässern 1985–1991. UBA-Text 17/1996

Rippen G (1994) Handbuch Umweltchemikalien. Stoffdaten, Prüfverfahren, Vorschriften. Ecomed-Verlag, Landsberg/Lech

Trinkw V (1986) Verordnung über Trinkwasser und Wasser für Lebensmittelbetriebe vom 22. Mai 1986, BGBl I (1986), S 760

Van Genderen J, Noij THM u. Vanlerdam JA (1994) Bestandsaufnahme und toxikologische Bewertung von organischen Mikroverunreinigungen. RIWA (Hrsg) Amsterdam

2.9 Gewässerbelastungen durch schwerflüchtige chlorierte Kohlenwasserstoffe, SCKW

Antonius Kettrup und Emanuel Heinisch

2.9.1 Einträge und Wirkungen der schwerflüchtigen chlorierten Kohlenwasserstoffe

Die schwerflüchtigen chlorierten Kohlenwasserstoffe (SCKW) haben von den 40er bis in die 70er Jahre weltweit mengenmäßig eine ökonomisch große Rolle als Insektizide (DDT, HCH, Heptachlor, Aldrin, Dieldrin, Endrin, Chlordan, Methoxychlor, Toxaphen), Akarizide (Dicofol) und Saatgutbeizmittel (HCB) gespielt. Die PCB wurden in den USA bereits in den 30er Jahren eingesetzt. Die Verbindungen waren wirtschaftlich günstig zu synthetisieren, das Chlor fiel als Nebenprodukt der Chloralkalielektrolyse an, und die anderen Ausgangsstoffe waren gleichfalls unter vorteilhaften Bedingungen erhältlich. Da vor allem das DDT zunächst nur eine relativ geringe akute Toxizität offenbarte – DDT-Präparate wurden vor allem nach dem Krieg in vielen Lagern und auf Transporten als Parasitenbekämpfungsmittel in Tausenden von Tonnen bei Millionen Menschen unmittelbar auf den Körper appliziert –, erlebten die Verbindungen in den fünfziger Jahren einen großen Aufschwung. Als allmählich die chronischen, subchronischen und vor allem ökotoxikologischen Eigenschaften bekannt wurden, nahmen die Anwendungs- und Produktionszahlen ab, und die meisten Stoffe kamen unter Verbotsdruck, beginnend mit dem DDT über Aldrin bis zu den PCB. Lediglich das Lindan ist noch in einigen Bereichen in Deutschland zugelassen. Inzwischen waren aber Millionen von Tonnen der zumeist höchst persistenten Verbindungen weltweit in die Ökosphäre gelangt und stellen nun ein Gefährdungspotential dar, das lange Zeit stark unterschätzt wurde. Vielerorts war man der Meinung, mit den Verboten sei alles getan. Tatsächlich existieren noch zahllose Senken (Altlaststandorte, Deponien, aquatische Sedimente), die ihre Lasten gelegentlich völlig unerwartet freisetzten. Dies geschieht z.B. beim Abriß oder bei der Renovierung alter Bausubstanz, bei der DDT oder technisches HCH enthaltende Holzschutzmittel verwendet wurden, und dem Ausbaggern von Kanälen oder Hafenanlagen. Hierbei gelangen die Verbindungen oder ihre stabilen Metabolite, Isomere und Kongenere schubartig in den Stoffkreislauf (vor allem in Gewässer) und bereiten plötzliche Probleme, wie z.B. im Berliner Teltowkanal in Jahre 1996.

Neben diesen gezielt hergestellten und angewandten Verbindungen sind noch einige SCKW zu nennen, die hauptsächlich im Verlauf technischer Prozesse der Chlorchemie als Neben- oder Abprodukte in Erscheinung treten, aber auch aus Müllverbrennungsanlagen freigesetzt werden können. Hierzu gehören das bereits bei den Pestiziden genannte HCB – eine Indikatorsubstanz zur Einhaltung technischer Restriktionen in der Chlorchemie –, das Octachlorstyrol (OCS), das Hexachlorbutadien (HCBD), das Pentachloranisol sowie Polychlorbenzole mit 3 bis 5 Chloratomen. Auch diese Verbindungen werden gelegentlich in der Literatur im Zusammenhang mit Gewässerkontaminationen genannt und sollen hier nur am Rande erwähnt werden.

Zu einer zusätzlichen Aktualität dieser Stoffgruppe führten die Erkenntnisse über unerwünschte Östrogenwirksamkeit z.B. von 2,4-DDD, 2,4′-DDE, Dicofol, Aldrin, Dieldrin, Heptachlor, Endosulfan, Kepone, Mirex, Methoxychlor und Toxaphen, die von Greim (1998) als Xenoöstrogene bezeichnet werden (s. Kap. 3.6).

Von Dörner (1997) konnte nachgewiesen werden, daß Frauen, die seit 1955 geboren wurden, etwa viermal häufiger polyzystische Ovarien aufwiesen als Frauen, die vor 1955 geboren wurden. Diese Beobachtung konnte hauptsächlich in Ostdeutschland gemacht werden, wo seit Mitte der fünfziger Jahre DDT-enthaltende Präparate massiv eingesetzt wurden. Parallel hierzu wurde bei seit 1955 geborenen Frauen mit polyzystischen Ovarien eine starke Zunahme einer genetisch bedingten Enzymdysregulation der Steroidbiosynthese ermittelt. Speziell diese Beobachtungen rücken vor allem das DDT, dem bis vor zwei Jahren allenfalls historisches Interesse zugebilligt wurde, wiederum in eine vordere Reihe aktueller Umweltchemikalien.

2.9.2
DDT und seine stabilen Metabolite

2.9.2.1
Stoffdaten des DDT

Der Wirkstoff DDT hatte für die Entwicklung der Parasitologie, der chemischen Seuchenbekämpfung und des chemischen Pflanzenschutzes eine gar nicht zu überschätzende Bedeutung. Nahezu in Vergessenheit geraten ist, daß bis zur Einführung des DDT krankheitsübertragende Insekten und Schaderreger in der Landwirtschaft im Freiland mit Arsenpräparaten oder Petroleum bekämpft wurden. Die ausgebrachten Mengenrelationen z.B. im Obstbau von Bleiarsen zu DDT-Wirkstoff/ha lagen bei ca. 100 kg : 500 g. Dieser Wirkstoff wurde

Mitte der vierziger Jahre als Patentlösung betrachtet. Als man bemerkte, das dies so nicht richtig ist, begann sich die Disziplin Ökologische Chemie/Ökotoxikologie zu etablieren. Wichtigstes Studienobjekt blieb für lange Zeit das DDT.

In der BRD wurde mit dem DDT-Gesetz (1972) die Herstellung, Einfuhr, Ausfuhr, das Inverkehrbringen, der Erwerb und die Verwendung (Ausnahme: zu Forschungszwecken) verboten. Diese Maßnahme wurde durch die DDT-Verordnung (DDT VOEWG 1988) auf die Länder der EU ausgedehnt. In den meisten europäischen Ländern außerhalb der EU wurden ähnliche Gesetze erlassen. Viel wichtiger als der Erlaß der Gesetze ist die Kontrolle ihrer Einhaltung. Was dies anbelangt, hat die BRD im Laufe der Jahre eine Spitzenposition entwickelt. Wenn trotzdem, auch in Deutschland, in jüngster Vergangenheit noch vereinzelt DDT-Rückstände vor allem in aquatischen Konstituenten gefunden werden, von denen man – aufgrund der Stoffmusterverteilung – sagen kann, daß sie auf eine rezente Ausbringung von Präparaten auf DDT-Basis zurückzuführen sind, so hat das hauptsächlich folgende Gründe:

- Nicht alle Nachbarländer haben sich korrekt an ihre DDT-Verbote gehalten. Von der ehemaligen DDR ist dies dokumentiert, und für die ehemalige CSSR/CSFR liegen deutliche Anhaltspunkte vor.
- Bei vielen Kleingärtnern, Siedlern und anderen liegen noch Restbestände der sehr wirkungssicheren und auch preiswerten Präpa-

Tabelle 2-36. Basisdaten zum DDT und seinen stabilen Metaboliten

Strukturformel der 4,4′-Isomeren (für alle Verbindungen existieren auch 2,4′-Isomere)

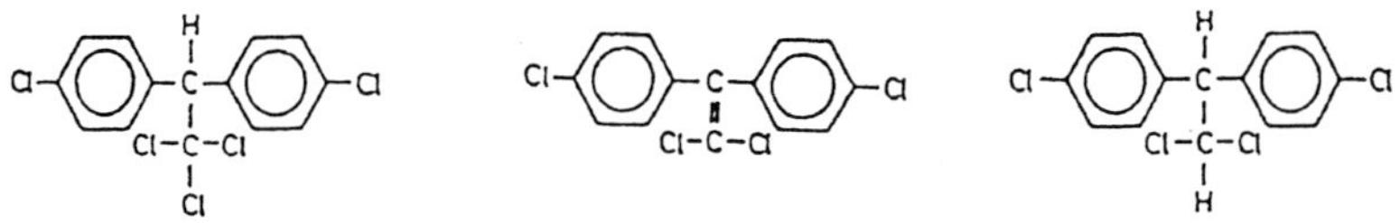

DDT DDE DDD

Verbindung	Löslichkeit in Wasser µg/l	Dampfdruck 24–30 °C Pa	Henry-Koeffizient Pa·m³/mol	log K_{ow}	K_{oc}	BCF_{Fisch}
4,4′-DDT	1,7	$3{,}3\times10^{-5}$	6	6,0	238000	84500–330000
4,4′-DDE	1,3	$8{,}6\times10^{-4}$	34	5,7	230000	27400
4,4′-DDD	160	$1{,}3\times10^{-4}$	9	6,0	405000	63830

Tabelle 2-37. Höchste in sachsen-anhaltinischen Gewässern 1996 gemessene Konzentrationen (ng/l) von Verbindungen der DDT-Gruppe (n. Daten der LAU Sachsen-Anhalt 1996)

Fluß	Probenahmeort	2,4′-DDT	4,4′-DDT	2,4′-DDE	4,4′-DDE	2,4′-DDD	4,4′-DDD	sDDT	% am DDT*	sDDT DDE*	DDD*
Elbe	Wittenberg	8	10	3	5	7	8	41	44	20	36
	Magdeburg li	8	12	nn	5	nn	5	30	67	16	17
	Magdeburg re	nn	9	nn	3	nn	4	16	47	18	25
	Tangermünde li	8	59	nn	5	2	16	90	74	6	20
	Tangermünde re	4	9	nn	2	nn	5	20	65	10	25
Schw. Elster, Gorsdorf		6	8	6	4	6	5	35	40	29	31
Mulde	Stausee, Zulauf	1	2	nn	1	3	5	12	25	8	67
	Dessau	3	10	2	4	4	5	28	47	21	32
Saale	Dürrenberg	nn	nn	nn	nn	nn	nn	nn	0	0	0
	Trotha	nn	nn	nn	nn	nn	nn	nn	0	0	2
	Gr. Rosenburg	41	11	nn	3	2	9	66	79	5	16
Unstrut	Freyburg	nn	nn	nn	nn	nn	nn	nn	0	0	0
W.Elster	Ammendorf	nn	nn	nn	nn	nn	nn	nn	0	0	0
Havel	Toppel	nn	7	nn	3	nn	4	14	50	21	29
Aland	Wanzer	nn	nn	nn	nn	nn	nn	nn	0	0	0

$\sum$ 2,4′, 4,4′-Isomere

rate vor, die eben noch solange weltweit angewendet werden, wie der Vorrat reicht.

- Zur Herstellung des Akarizids Dicofol geht man vom DDT aus. Auch hier liegen Möglichkeiten für Einträge von Abwässern in Flüsse vor.

Die für das Verständnis zum Verhalten und den Wirkungen von DDT und seinen stabilen Metaboliten in der Hydrosphäre erforderlichen Angaben sind der Tabelle 2-36 zusammengestellt.

2.9.2.2
DDT-Rückstände im Wasser

Die Löslichkeit von DDT und seinen Metaboliten in Wasser ist extrem niedrig. Allerdings führt die Präsenz von Fulvo-, Hymatomelan- und Huminsäuren zu erheblichen Löslichkeitserhöhungen (s. Kap. 2.7), z. T. werden die Verbindungen auch in den kolloiddispersen Zustand versetzt.

Die in etwa den letzten 10 Jahren gemessenen sDDT-Konzentrationen vieler Gewässer sind außerordentlich niedrig und sind i. d. R. nicht nachweisbar.

Eine ganz andere Situation vermitteln die in der Tabelle 2-37 aufgezeichneten DDT-Kontaminationswerte für den sachsen-anhaltinischen Teil der Elbe aus dem Jahr 1996. Hier wird deutlich, daß der Wirkstoff bis Ende 1979 in Bitterfeld synthetisiert, in Magdeburg zu Finalprodukten formuliert und teilweise auch legal (Forsten) bzw. illegal (Kleingärten, Landwirtschaft) noch in den 80er Jahren angewandt wurde.

Wesentlich höhere Gewässerkonzentrationen an sDDT und seinem Hauptmetaboliten DDT konnten Vávrová et al. (1982) in der March und Thaya in Südmähren, einer Region mit Intensivlandwirtschaft, 1981 ermitteln (Tabelle 2-38). Bemerkenswert an diesen Zahlen ist der absolut dominierende Anteil an dem Hauptmetaboliten DDE innerhalb des sDDT, der darauf schließen läßt, daß die Applikationen der DDT-Präparate bereits in den 70er Jahren stattgefunden hatten.

Wie extrem hoch diese Werte sind, kann durch einen Vergleich mit den Daten der Abb. 2-33 abgeschätzt werden, wo der Verlauf der Konzentrationen von sDDT im Wasser des Berliner Teltowkanals am Standort Altglienicker Brücke von 1984 bis 1988 dargestellt ist. Diese Probenahmestelle befindet sich ca. 3 km kanalabwärts von dem ehemaligen VEB Berlin-Chemie, in dem bis 1985 Präparate auf DDT-Basis hergestellt wurden. Monatlich wurden in diesem Zeitraum 4 bis 6

Tabelle 2-38. DDT und Metabolite im Oberflächenwasser der March und Thaya in Südmähren (n. Daten von Vávrová et al. 1982)

Probenahmeort	n	sDDT ng/l	DDT % sDDT	DDE % sDDT	DDD % sDDT
March					
Iván	5	6590	1,5	98,2	0,3
Drnholec	6	12980	1,4	98,2	0,4
Pod prelivem	3	60	0	100	0
Pouzdrany	5	2010	1,5	98,0	0,5
Velká laguna	1	170	5,8	94,2	0
Nad prelivem	5	64	22	78	0
Hevlín	5	2084	1,9	97,9	0,2
Hrusovany	1	33560	0,6	99,1	0,3
Pashlávky	2	5280	0,6	79,7	1,7
Strední výtok u hráze	2	40	0	100	0
Thaya					
Dyje n. Jeviskou	1	300	6,7	93,3	0
Dyjákovice	4	10670	2,4	97,2	0,4
Jevisovka	1	110	18	82	0
Brod n. Dyjí	4	1860	2,2	96,8	1
Strachotín	2	160	13	87	0
Pod Mohelnem	1	550	3,6	94,6	1,8
Pod Dalesícemi	1	480	10,4	85,4	4,2
Vladislav	1	2210	2,7	96,8	0,5

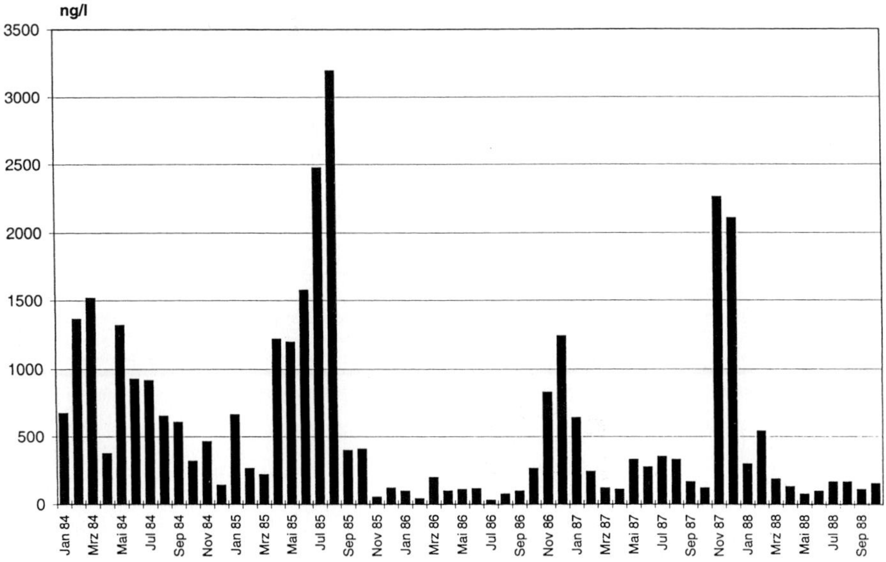

Abb. 2-33. sDDT in Teltowkanalwasser am Standort Berlin, Altglienicker Brücke (aus Heinisch 1992)

Tabelle 2-39. Orientierende Übersicht zu sDDT-Kontaminationsgrößenordnungen im Oberflächenwasser aus Deutschland, Tschechien und Polen

Gewässer	ng sDDT/l Maxima	Anmerkungen	Quelle
Teltowkanal, Berlin Altglienicker Brücke 1985, industrielle Verunreinigungen	50 000	Hauptkomponente DDD	Heinisch 1992
Morava/March bei Hrusovany 1980, landwirtschaftliche Anwendung	33 560	99,1% DDE	Vávrová et al. 1982
Elbe, Magdeburg uh. FALIMA 1990	7 090		Heinisch 1992
Schwanensee, Brandenburg 05/84 Folgen aviochemischer Behandlung	2 000	80% Stammsubstanz DDT	
Weichsel, km 510 (Warschau) 1991	790	80% DDE	Dojliodo et al. 1994
Oder bei Chalupki 1990	270		Heinisch u. Wenzel, unveröff.
Elbe bei Breitenhagen l 1988	220	78% Stammsubstanz DDT	GKSS 1993
Saale, Mündung in die Elbe 1988	145	66% Stammsubstanz DDT	
Schweriner Seen 1987, landwirtschaftliche Anwendung	120	90% DDE	Stechert unveröff.
Machnowsee, Brandenburg 1988	110	36% Stammsubstanz DDT	Heinisch et al. 1990
Isar/Amper 1986	41		Braun et al. 1987
Regen/Chamerau 1992	11	80% DDD	LfW 1995
Schwarze Laber, Bruckdorf 1992	2	100% DDE	
Oder-Spree-Kanal, Rautenkranz 1993	2	100% DDE	Heinisch et al. 1997
Oder bei Eisenhüttenstadt 1993	1	100% DDE	Heinisch et al. 1997

Proben gezogen, wobei die Einzelwerte z.T. die 0,5 mg l^{-1}-Marke überschritten. Die Herkunft dieser Konzentrationen waren also Industrieabwässer.

In der Tabelle 2-39 ist eine Orientierungstafel über die Bereiche von sDDT-Konzentrationen in Oberflächengewässern verschiedenster Herkunft zusammengetragen.

2.9.2.3 DDT-Rückstände in Sedimenten

Zur Charakterisierung von Gewässerbelastungen mit SCKW allgemein und DDT im besonderen ist aquatisches Sediment dann gut geeignet, wenn kleinkörniges, kohlenstoffreiches Substrat sehr sorgfältig beprobt wird, was allerdings einen relativ hohen Aufwand erforderlich macht. Wie sehr die Konzentrationen von der Tiefe abhängen, ist in Tabelle 2-40 dargestellt. In der Tabelle 2-41 ist eine orientierende Übersicht zu sDDT-Gehalten in Sedimentproben verschiedener Herkunft zusammengetragen.

2.9.2.4 DDT-Rückstände in Schwebstoffen

Zur Charakterisierung von Gewässerbelastungen, insbesondere mit lipophilen Verbindungen, werden gern Analysen der in nahezu allen Oberflächengewässern vorkommenden Schwebstoffe durchgeführt. Die Probengewinnung erfolgt bevorzugt mit Hilfe spezieller Durchlauzentrifugen, wobei die aktuellen Belastungen des Gewässers erfaßt werden. Im Gegensatz zum Sediment ist die Matrix relativ homogen.

Tabelle 2-40. DDT und Metabolite im Sedimente verschiedener Tiefenschichten des Brandenburger Stechlinsees (n. Daten von Schwarz u. Ricking 1995)

Tiefe cm	µg/kg TS sDDT	% am sDDT		
		DDT	DDE	DDD
0–5	**159,0**	8	44	48
5–10	**131,8**	19	38	43
10–15	**52,4**	8	41	51
20–25	**15,1**	30	32	38
25–30	**7,8**	42	35	23
0–30	**73,2**	14	41	45

Tabelle 2-41. Orientierende Übersicht zu sDDT-Kontaminationsgrößenordnungen im aquatischen Sediment aus Deutschland und Tschechien

Gewässer	µg/kg TS Maxima	Anmerkungen	Quelle
Müggenburger Kanal, Hamburger Hafengewässer 1988	37 656		HH Umwelt-Behörde
Bilina, Elbenebenfluß, uh. Einleiter SPOLCHEMIE in Aussig CR 1992	2 380		Krupicka et al. 1993
Elbe km Scharfenberg r 1989	2 220	100% DDT	GKSS 1993
Schlachtensee, Berlin-Grunewald	2 290	61% DDD	Heinisch u. Wenzel, unveröff.
Elbe km 258 Roßlau r 1988	1 817	89% DDT	
Elbe km 371, Bittkau l, 1988	1 784	71% DDT	
Elbe, Hamburg-Glückstadt 1981	1 180		ARGE Elbe 1983
Teltowkanal, Rudow, Kraftwerk 1989	975	56% DDT	Heinisch u. Wenzel, unveröff.
Elbe km 287, Breitenhagen l, 1988	573	57% DDT	GKSS 1993
Mulde, Mündung in die Elbe, 1988	311	28% DDT	
Halensee, Berlin-Wilmersdorf, 1986	300	33% DDT 50% DDD	Heinisch u. Wenzel, unveröff.
Bilina vor der Elbemündung, 1992	200	74% DDT	Krupicka et al. 1993
Tollensesee b. Neubrandenburg, Mecklenburg, 1991	190	28% DDE, 69% DDD	Schwarz u. Ricking 1996
Kleiner Müggelsee, Berlin, 1990	172	60% DDT	Heinisch u. Wenzel, unveröff
Müggelspree, Hubertussee, Berlin, 1991	155	67% DDT	
Brieskower See, Brandenburg, 1993	129	8% DDT	Heinisch et al. 1997
Moldau, Zelcin, 1992	116	88% DDT	Krupicka et al. 1993
Stechlinsee, Brandenburg, 1991	114	13% DDT 46% DDD	Schwarz u. Ricking 1996
Saale, Mündung in die Elbe, 1988	98	92% DDT	GKSS 1993
Elbe bei Celakovice, CR	61	35% DDT	Krupicka et al. 1993

Tabelle 2-41 (Fortsetzung)

Gewässer	µg/kg TS Maxima	Anmerkungen	Quelle
Oder-Spree-Kanal, Eisenhüttenstadt, unterer Vorhafen 1993	60	23% DDT	Heinisch et al. 1997
Ohre (Eger) bei Kaaden, 1991	60	78% DDT	Krupicka et al. 1993
Havel, Mündung in die Elbe 1989	59	69% DDT	GKSS 1993
Alte Spree Köpenick, Berlin, 1991	36	22% DDT	Heinisch u. Wenzel, unveröff.
Jizera (Iser), Semily, 1991	21	79% DDT	
Morava (March), Napajedla, 1990	19	100% DDE	Holoubek 1993
Elbe, Litol, CR, 1991	19	10 % DDE	Krupicka et al. 1993
Isar, Dingolfing, 1985	6		Braun et al. 1987
Morava (March), Tovacov (Tobitschau), 1990	5	100% DDE	Holoubek 1993

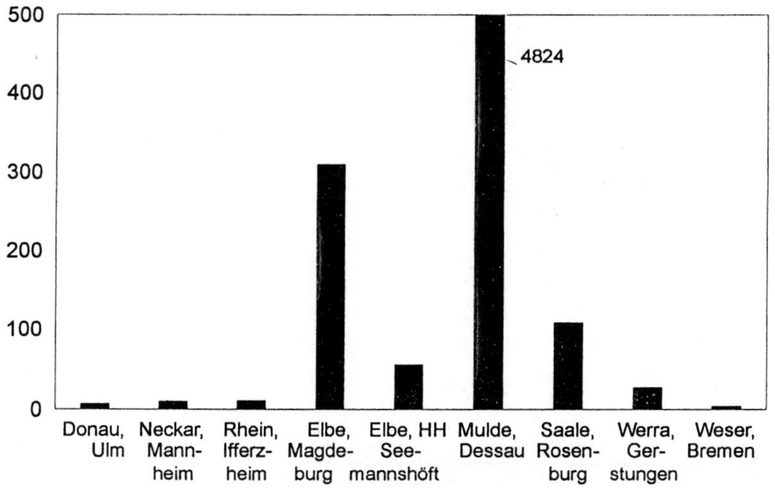

Abb. 2-34. sDDT an Schwebstoffen (in mg/kg TS) aus ausgewählten Flüssen 1994/95 (n. Daten aus Fooken et al. 1997)

In der Abb. 2-34 ist ein Überblick zur Belastung von Schwebstoffen mit sDDT aus einigen Bundesländern präsentiert, wobei die Dominanz der sachsen-anhaltinischen Gewässer hervorgehoben wird.

2.9.2.5 DDT-Rückstände in Fischen

Die Akkumulationsfähigkeit für lipophile Substanzen aller bisher genannten Matrices wird übertroffen von Fischen, speziell wenn diese reich an Lipiden sind. Da zudem Fische, entsprechend ihrer Eigenschaft als Lebensmittel, spätestens nach dem Inkrafttreten der Pflanzenschutzmittel-Höchstmengenverordung (PHmV) bzw. der Rückstands-Höchstmengenverordnung (RHmV) seit Beginn der 80er Jahre regelmäßig von Bundes-, Länder- und kommunalen Untersuchungsinstitutionen auf ihren Gehalt an Schadstoffen hin untersucht werden, liegen hier z.T. umfangreiche Datensätze vor. Diese decken Regionen (z.B. Nord- oder Südbayern), Bundesländer (z.B. Baden-Württemberg, Berlin, Hessen, Rheinland-Pfalz) oder Flüsse bzw. Flußsysteme (z.B. Elbe) ab und eröffnen Möglichkeiten zu einem Biomonitoring. Da die Daten ursprünglich für ganz andere Zwecke, nämlich zur Kontrolle der lebensmittelrechtlichen Marktfähigkeit erhoben wurden, ist ein derartiges Vorhaben mit Problemen behaftet.

Bei der Verwendung insbesondere der fettreichen Aale (*Anguilla anguilla*), der Barben (*Barbus barbus*) und z.T. auch von Rotaugen/Plötzen (*Rutilus rutilus*) können speziell für das DDT sehr viel differenziertere Aussagen getroffen werden als etwa nur die Feststellung, wie hoch die sDDT-Pegel der Proben an verschiedenen Fangplätzen oder in mehreren aufeinanderfolgenden Jahren waren. Die genannten Spezies (vor allem der Aal) akkumulieren alle stabilen Verbindungen der DDT-Gruppe. Als sDDT (Summe DDT) wird also bezeichnet

$$\text{sDDT} = \sum \text{DDT(Stammsubstanz), DDE, DDD, DDMU (Metabolite)}$$

In (leider nur relativ wenigen) Laboratorien werden zudem noch die 2,4′- und 4,4′- (o,p′- und p,p′-)Isomere dieser Verbindungen bestimmt.

Aus den relativ wenigen Arbeiten, die unter Verwendung der hier erforderlichen Analysenmethoden zu Zeiten verstärkter DDT-Anwendungen publiziert wurden, kann entnommen werden, daß der Anteil der Stammsubstanz DDT innerhalb des sDDT-Gemisches bei den o. g. Fischspezies stets deutlich oberhalb von 35% lag.

Dies ist ein Hinweis für alle Analysenergebnisse von Fischen, insbesondere von Aalen, bei denen die DDT-Anteile Werte von >35% einnehmen; dieser Befund deutet auf rezente (also illegale) Anwendungen von DDT-Präparaten hin. Relativ hohe DDE-Anteile von 40 und mehr% zeigen länger zurückliegende DDT-Anwendungen an; dies ist das am häufigsten vorkommende Verteilungsmuster.

Beim DDD können zwei Ursprungsquellen vorliegen. Einmal entsteht die Verbindung durch Metabolismus aus dem DDT (oder DDE) unter vorwiegend anaeroben Bedingungen. Zum anderen ist das DDD Bestandteil des technischen DDT-Gemisches, wie es bei der Synthese anfällt. Es wird durch fraktionierte Kristallisation entfernt und landet schließlich im Abwasser, auf der Deponie oder in der industriellen Müllverbrennungsanlage und stellt also in diesem Falle eine Altlast dar. Das nur selten bestimmte DDMU gehört zu den letzten stabilen Metabolismusstufen, bevor die Verbindungen in wasserlösliche Stoffe umgesetzt werden. Aus allen diesen Stoffverteilungsmustern können Hinweise auf die Herkunft (Anwendung, Altlast) und z. T. auch den Applikationszeitraum (rezent, historisch) abgeleitet werden, die aber stets den Charakter von „Faustregeln“ haben und demzufolge behutsam zu handhaben sind.

Schließlich sei noch ein weiterer Hinweis gestattet. DDT und DDD (DDE nur sehr selten) liegen, wie oben gesagt, in Form der 2,4′- und 4,4′-Isomere vor. Die 2,4′-Isomere sind deutlich weniger persistent als die 4,4′-Verbindungen. Auch hieraus können vorsichtige Ableitungen getroffen werden.

In der Abb. 2-35 sind einige Beispiele für sDDT-Verteilungsmuster in Aalen von extrem verschiedenen Fangplätzen skizziert. Deutlich ist zu erkennen, daß an den ersten beiden, ausschließlich von der chemi-

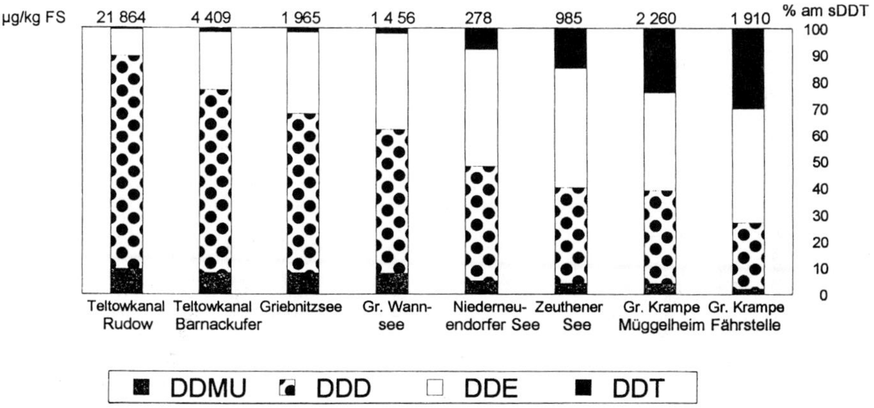

Abb. 2-35. Hinwiese zu Kontaminationsursachen durch Profilanalysen von DDT und seinen stabilen Metaboliten DDE, DDD und DDMU in Aalen, Beispiele aus sehr verschieden stark belasteten Gewässern in Berlin 1991/1995 (n. Daten von Sen SUT/FiA 1997)

schen Industrie gezeichneten Probenahmeorten im Teltowkanal das DDD mit knapp 80% dominiert. Das Stammsubstrat DDT ist gar nicht präsent. Der Einfluß bleibt bis zum Großen Wannsee erhalten, schwächt sich aber deutlich ab. Im Niederneuendorfer See, der verschiedentlich etwas von den DDT-Anwendungen der DDR-Land- und Forstwirtschaft abbekommen hat, liegt das DDT bereits zu ca. 10% vor, DDE und DDD halten sich noch die Waage. Die drei folgenden Probenahmestellen im Zeuthener See und der Großen Krampe sind durchweg von Naherholungsgebieten und Kleingärten geprägt. Hier werden noch gern Restbestände von DDT-Präparaten solange verbraucht, wie der Vorrat reicht, mit dem Ergebnis, daß die Anteile der Stammsubstanz die 30%-Marke deutlich übertreffen und das DDE den DDD-Anteil gleichfalls überwiegt.

In der Abb. 2-36 ist die Abnahme des Anteils der Stammsubstanz DDT und die Zunahme von DDE als Hauptmetabolit in Aalen aus drei Flüssen in Bayern im Zeitraum von 1989 bis 1996 dargestellt. Die Baunach in Unterfranken, die Röslau in Oberfranken und die Naab in der Oberpfalz sind weit entfernt von jeglichen Produktionsstandorten der chemischen Industrie, so daß die Veränderungen in den Stoffmusterprofilen der Abnahme der Verwendung von DDT-haltigen Präparate zugeordnet werden kann.

In der Abb. 2-37 ist ein Streckenprofil für sDDT in Brassenlebern in der Elbe von Prossen bis nach Blankenese nach Marth et al. (1997) wiedergegeben. Es handelt sich um Untersuchungen, die im Auftrag der Umweltprobenbank des Bundes 1995 angestellt wurden. Die Gra-

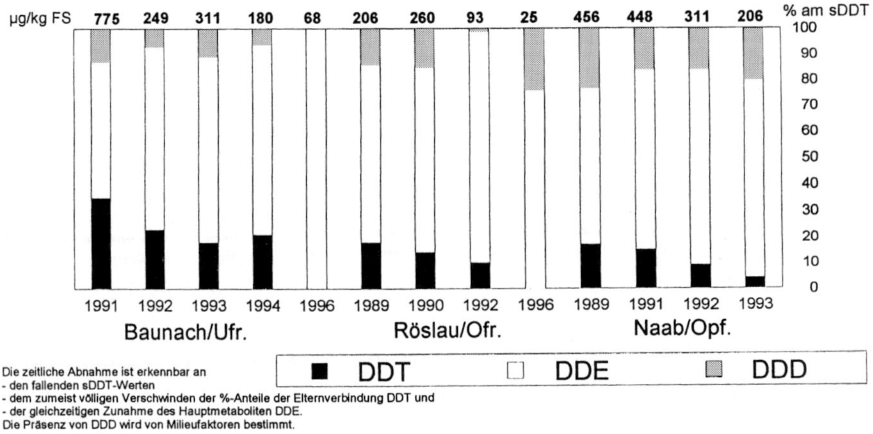

Abb. 2-36. Zeitliches Abklingverhalten von Gesamt-DDT-Lasten in Aalen aus drei Flüssen in Bayern (n. Daten von LUA Nordbayern und Langstädter 1997)

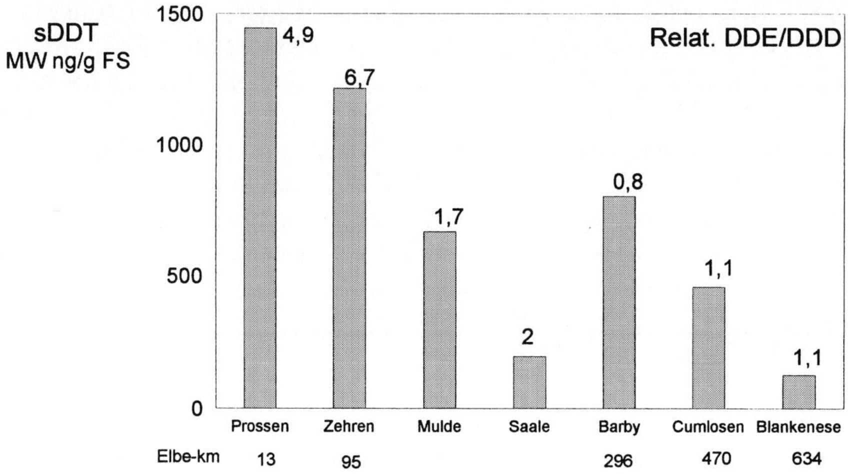

Abb. 2-37. DDT in Brassenlebern aus der Elbe, Mulde und Saale 1995 (n. Marth et al. 1997)

fik vermittelt eindrucksvoll, daß der größte Teil der DDT-Lasten in der Elbe offenbar aus dem benachbarten Tschechien stammt. Auch die hohen DDE/DDD-Relationen weisen auf den anwendungsverursachten Ursprung hin, der nach der Muldemündung deutlich abnimmt. Hier hinterlassen wieder die jahrzehntelangen DDT-Herstellungen in Bitterfeld und Magdeburg ihre Marken.

2.9.3 Isomere des Hexachlorcyclohexans (HCH)

2.9.3.1 Stoffeigenschaften

Im technischen Hexachlorcyclohexan (HCH) sind in unterschiedlichen Mengen neben der eigentlich insektizid wirksamen Komponente γ-HCH, dem **Lindan**, auch die sogenannten Ballastisomeren α-, β-, δ- und ε-HCH vorhanden. Diese werden zur Gewinnung von Lindan durch fraktionierte Kristallisation entfernt und erscheinen als Abprodukte entweder in Abwässern oder auf Deponien. Bis Ende der 60er oder auch Anfang der 70er Jahre war das Isomerengemisch (Roh-Hexa) auch im Pflanzenschutz – z.B. bei Betarüben, Baumwolle u.a. technischen Kulturen sowie im Holzschutz – in Anwendung. Die einzelnen Isomeren verfügen über verschiedene Wasserlöslichkeiten, Dampfdrucke, K_{ow}-Werte, Persistenzen usw.

Alle diese Informationen können dazu beitragen, Rückschlüsse auf die Herkunft eines HCH-Rückstandes zu ziehen. Eine durch Anwendungen von Lindanpräparaten (z. B. bei Mückenbekämpfungen) verursachte HCH-Last wird ein völlig anderes Profil aufweisen als es z. B. auch in der Gegenwart noch beim Abriß von alter Bausubstanz und der Freisetzung der darin verwendeten Holzschutzmittel entstehen kann. Auch im Umfeld von HCH-Produktionsstätten oder -Deponien sind spezifische HCH-Isomerenprofile zu beobachten.

2.9.3.2 HCH-Rückstände im Wasser

Letztlich ist noch darauf hinzuweisen, daß z. B. α-HCH aufgrund seiner physikalisch-chemischen Eigenschaften über atmosphärische Transporte eine ubiquitäre Verbindung ist. Obgleich Lindan bis zur Gegenwart noch in verschiedenen Bereichen, vor allem der Veterinärhygiene, Anwendung findet, spielt es als Kontaminant von Oberflächenwasser kaum eine bemerkenswerte Rolle. Bei Heinisch et al. (1997) wurden an 60 Probenahmeorten aus dem Spree-Oder-System zwischen dem Berliner Seddinsee und der Oder bei Eisenhüttenstadt Wasserproben untersucht. Lindan war in 90% aller Proben in Konzentrationen zwischen 1 und 2 ng/l präsent. Diese Werte haben nur statistische Bedeutung. Ganz anders sieht es im Umfeld von Produktionsstandorten der technischen HCH-Synthese bzw. der Herstellung von Lindan-Präparaten aus.

In der Tabelle 2-41 sind die sHCH-Gehalte im Ablaufwasser industrieller Kläranlagen u. a. von Hoechst und Merck Gernsheim aufgeführt. Diese Zahlen liegen zwar deutlich unterhalb des von BC beeinflußten Teltowkanals, sie führen aber in etwa in diese Größenbereiche. Auffällig ist vor allem, daß die γ-HCH-Anteile in den Abwasserproben von Merck, Ciba-Geigy und z. T. auch von Höchst deutlich unter denen der Ballastisomeren liegen.

2.9.3.3 HCH-Rückstände in Schwebstoffen

Von Fooken et al. (1997) wurden 1994 bis 1996 sHCH im Schwebstoff mehrerer Flüsse in Hessen untersucht, wobei lediglich in der Schwarzbach-Region positive Werte ermittelt werden konnten (Tabelle 2-42). Auch hier fällt auf, daß – solange der Einfluß industrieller Emittenten vorliegt – die γ-HCH-Anteile sehr gering sind und in diesem Falle unterhalb von 20% liegen. Keine HCH-Isomeren konnten nachgewiesen werden im Rhein km 480, der Weschnitz, Modau, Nid-

Tabelle 2-42. HCH im Ablauf hessischer industrieller Kläranlagen mit positiven Meßwerten (n=6), Mittelwerte 1992 (n. Daten von Fooken et al. 1996)

Probenahmestelle	ng/l HCH-Isomere						% am sHCH				
	α	*β*	*γ*	*δ*	*ε*	sHCH	*α*	*β*	*γ*	*δ*	*ε*
Hoechst, Hauptwerk	30	300	800	nn	300	**1430**	2	21	55	0	21
Hoechst, Giersheim	30	nn	nn	nn	nn	**30**	100	0	0	0	0
Casella	50	nn	nn	nn	nn	**50**	100	0	0	0	0
Merck, Darmstadt	30	10	nn	nn	nn	**40**	75	25	0	0	0
Merck, Gernsheim	100	600	300	200	200	**1400**	7	43	22	14	14
Ciba-Geigy, Lamperts-heim	70	100	200	100	50	**530**	13	20	38	20	9

da, Wetter, Nidder, Kinzig, Gersprenz, Mümling, Lahn, Ohm, Dill, Fulda, Haune, Eder, Werra, Diemel und dem Winkelbach.

Bei den Schwebstoff-HCH-Werten aus der Mulde in Dessau, die insgesamt höhere sHCH-Gehalte zeigt (MW=1580 µg/kg TS), liegen die Anteile von γ-HCH im Spurenbereich unterhalb von 0,5% am sHCH.

2.9.3.4 HCH-Rückstände in Fischen

Ähnliche Relationen werden in der Abb. 2-38 deutlich, in der – nach Daten der Umweltprobenbank 1996 – die HCH-Gehalte in Brassenlebern an fünf Probenahmeorten aus der Elbe sowie aus der Mulde und der Saale wiedergegeben sind. Die nach den Isomerenverteilungen differenziert ausgewerteten Daten lassen erkennen, daß der wesentliche Teil des HCH in der Elbe aus der Mulde – und da aus dem Chemiekombinat Bitterfeld – stammt und daß dann die Stoffmusterverteilungen von HCH den Industrieabprodukten entsprechen. Dies gilt auch für Hamburg, wo offenbar die HCH-Synthese der Fa. Boehringer noch nachwirkt.

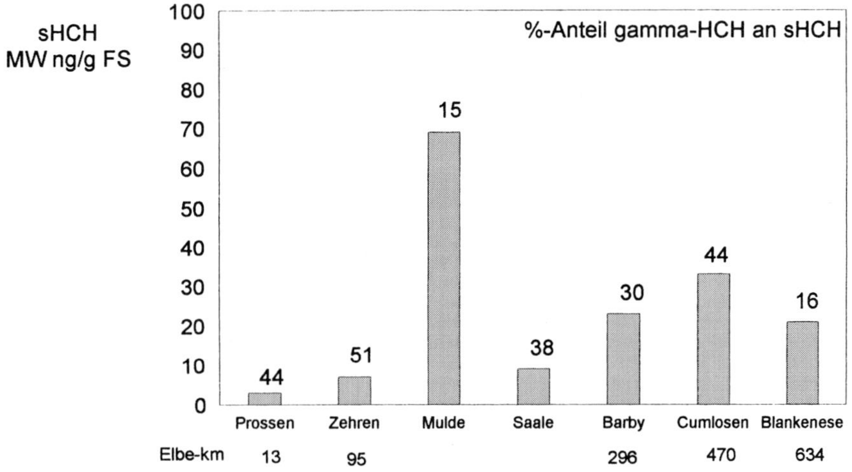

Abb. 2-38. HCH in Brassenlebern aus der Elbe, Mulde und Saale 1995 (n. Marth et al. 1997)

2.9.4 Polychlorierte Biphenyle (PCB)

2.9.4.1 Stoffeigenschaften

Die PCB gehören zu den in den vergangenen 20 Jahren am häufigsten beschriebenen organischen Spurenverbindungen. Es sollen hier lediglich wenige Stichworte hierzu genannt werden. Von den 209 Kongeneren sind die hochchlorierten (>5 Cl-Atome) z.T. sehr schwer abbaubar und extrem wenig löslich in Wasser. Die Octanol-Wasser-Verteilungskoeffizienten liegen bei log P_{ow}=4,4–8,3 für Mono- bis Decachlorbiphenyl; Biokonzentrationsfaktoren bis 10^5 für Fische sind bekannt. Den Verbindungen werden mutagene, kanzerogene und z.T. teratogene Eigenschaften zugesprochen, mehrere nichtcoplanare Kongenere zeigen östrogene Wirkungen. Die PCB gehören der Wassergefährdungsklasse 3 (stark wassergefährdend) an. 1978 wurde in der Bundesrepublik die Anwendung in offenen Systemen, wie z.B. als Weichmacher in Kunststoffen, verboten, der Einsatz in geschlossenen Systemen (Kondensatoren, Transformatoren, Hydraulikölen) blieb gestattet. 1989 wurden durch die PCB-Verbotsverordnung die Herstellung, Anwendung und das Inverkehrbringen verboten; bis 1999 sollen die PCB-gefüllten Aggregate aus dem Betrieb genommen werden. Diese Übersicht zu restriktiven Maßnahmen läßt erkennen, daß mit der Präsenz von PCB noch mindestens ein Jahrzehnt gerechnet werden muß.

Zur Auswertung der PCB-Lasten werden hier prinzipiell nur die 6 Leitkongenere herangezogen. Diese werden grob verallgemeinernd in die 3 hochchlorierten Kongenere 138, 153 und 180 („HPCB") und die 3 niedrig chlorierten 28, 52 und 101 eingeteilt. Die HPCB sind schwerer abbaubar, während die niedrig chlorierten schneller metabolisiert werden und besser in Wasser löslich sind. Es kann also davon ausgegangen werden, daß die PCB selektiv angereichert werden. Zwar ist innerhalb der einzelnen Fischspezies eine unterschiedliche Kinetik dieser Prozesse zu beobachten, die die zahlenmäßigen Aussagen hierzu erschwert, generalisiert kann aber gesagt werden, daß niedrige HPCB-Werte (unterhalb von 75%) stets rezente PCB-Einträge signalisieren. Die Berechnung erfolgt nach

$$\%\mathrm{HPCB} = \frac{\sum \text{Kongenere } 138, 153, 180}{\sum 6 \text{ Leitkongenere}} \cdot 100$$

2.9.4.2 PCB-Rückstände im Wasser

In der Wasserphase werden in der Gegenwart zumeist nur geringe PCB-Konzentrationen gemessen. Bei Heinisch et al. (1997) wurden im Spree-Oder-System auf der Strecke vom Berliner Seddinsee bis zur Oder in Eisenhüttenstadt in etwa der Hälfte der 60 Wasserproben PCB-Werte zwischen 1 und 13 ng/l nachgewiesen, obgleich 10 Probenahmen auf dem Areal des Eisenhüttenkombinats (EKO) und dem Hafengelände von Eisenhüttenstadt erfolgten. In der Tabelle 2-43 sind die höchsten in sachsen-anhaltinischen Gewässern gefundenen PCB-Kozentrationen aufgelistet.

Ein Vergleich der Meßdaten aus Hessen mit den Analogwerten aus Sachsen-Anhalt zeigt das zunächst überraschende Ergebnis, daß die sPCB-Werte auch in den von industriellen Verdichtungen geprägten Standorten Elbe/Magdeburg und Mulde/Dessau niedriger sind als die Pendants in Hessen. Tatsächlich spielten die PCB in der ehemaligen DDR nicht die Rolle wie in der BRD, da das Gemisch importiert werden mußte.

Tabelle 2-43. HCH-Isomere in Schwebstoffen hessischer Oberflächengewässer mit positiven Meßwerten (10 bis 13/Jahr), arithmetische Mittelwerte und %-Anteile (n. Daten von Fooken et al. 1997)

Gewässer		1994						1995						1996					
		α	β	γ	δ	ε	sHCH	α	β	γ	δ	ε	sHCH	α	β	γ	δ	ε	sHCH
Schwarzbach	µg/kg TS	32	72	37	52	15	**208**	81	61	31	77	22	**272**	34	44	24	26	12	**140**
Mündung	% am sHCH	15	35	18	25	7		30	22	12	28	8		24	31	17	19	9	
Rodau	µg/kg TS	25	13	7	14	15	**74**	nn	nn	nn	nn	nn	**nn**	nn	nn	5	nn	nn	**5**
Mündung	% am sHCH	34	18	19	9	20		e	e	e	e	e		0	0	100	0	0	

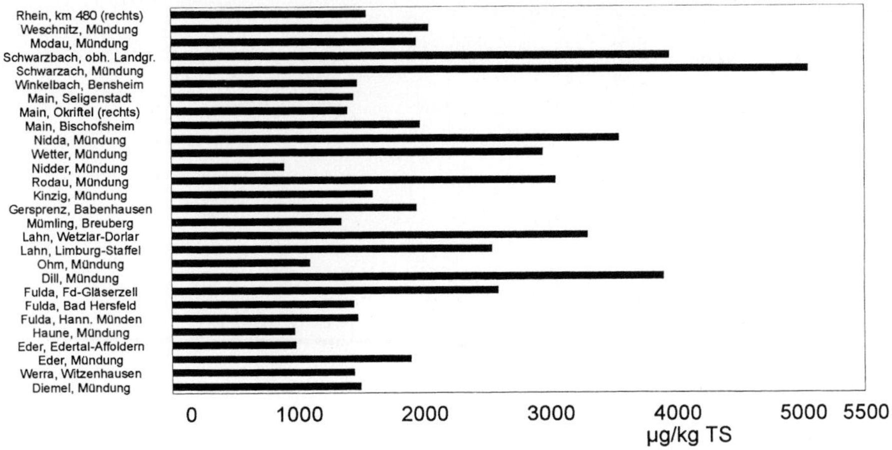

Abb. 2-39. sPCB-Konzentrationen in Schwebstoffen hessischer Oberflächengewässer, Mittelwerte von 1991 bis 1996 (aus Fooken et al. 1997)

2.9.4.3 PCB-Rückstände in Schwebstoffen und Sedimenten

Die in der Abb. 2-39 wiedergegebenen sPCB-Konzentrationen in Schwebstoffen hessischer Oberflächengewässer zeigen wiederum die Maximalwerte in der Schwarzbach-Rodau-Region, die durch die Industriestandorte Darmstadt und Moorfelden geprägt sind. Das Maximum liegt oberhalb von 200 µg/kg TS, die „Normalwerte" pendeln etwa zwischen 50 und 100 µg/kg TS.

Im zu Tschechien gehörenden Teil der Elbe können gleichfalls sehr hohe sPCB-Werte ermittelt werden. In der ehemaligen CSSR mußten die PCB nicht importiert werden, sie stammten aus eigener Produktion in dem Betrieb Chemko Strázské in der Ostslowakei.

Der absolut höchste in aquatischem Sediment gemessene sPCB-Wert von 2798 µg/kg TS wurde von Krupicka et al. (1993) in der Bilina, einem Nebenfluß der Elbe, in Aussig unterhalb eines Einlasses des Betriebes Chemapol lokalisiert. In dieser Fabrik werden PCB zu Fertigpräparaten formuliert.

2.9.4.4 PCB-Rückstände in Fischen

Die sPCB-Gehalte von Brassenlebern zeigen in der Abb. 2-40 deutlich an, daß der größte Teil der PCB-Lasten aus dem benachbarten Tschechien stammt und daß auch die Mulde – sonst Lieferant für

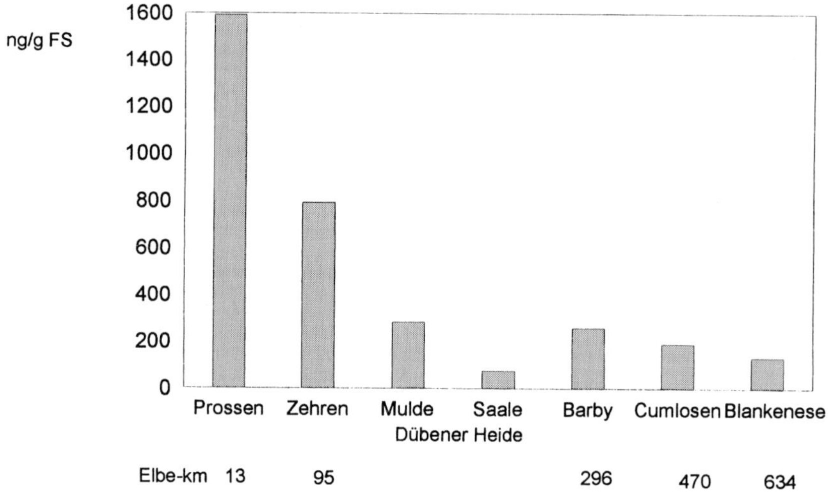

Abb. 2-40. sPCB in Leberproben von Brassen (*Abramis brama*) aus der Elbe, Saale und Mulde 1995 (n. Daten der Umweltprobenbank 1997)

Tabelle 2-44. Höchste in sachsen-anhaltinischen Gewässern 1996 gemessene Konzentrationen (ng/l) von PCB-Kongeneren (n. Daten der LAU Sachsen-Anhalt 1996)

Ort		Kongener Nr.							
		28	52	101	138	153	180	sPCB	% HPCB
Elbe	Wittenberg	20	20	9	10	28	13	**110**	55
	Magdeburg li	nn	nn	nn	nn	nn	nn	**nn**	e
	Magdeburg re	nn	nn	nn	nn	nn	nn	**nn**	e
	Tangermünde li	nn	nn	nn	2	3	3	**8**	100
	Tangermünde re	nn	nn	nn	nn	nn	nn	**nn**	e
Schw. Elster	Gorsdorf	21	18	6	7	21	8	**81**	44
Mulde	Stausee, Zulauf	2	1	3	1	4	3	**14**	57
	Dessau	5	7	3	3	12	3	**33**	55
Saale	Dürrenberg	nn	nn	10	10	10	nn	**30**	67
	Trotha	2	nn	4	2	3	nn	**9**	33
	Gr. Rosenburg	nn	nn	nn	nn	nn	nn	**nn**	e
Unstrut	Freyburg	nn	nn	nn	nn	nn	nn	**nn**	e
W. Elster	Ammendorf	nn	nn	nn	1	1	nn	**2**	100
Havel	Toppel	nn	nn	nn	nn	nn	nn	**nn**	e
Aland	Wanzer	nn	nn	nn	nn	nn	nn	**nn**	e

DDT und HCH – zu den PCB-Frachten der Elbe einen nur geringen Beitrag leistet.

In der Tabelle 2-44 wird die sPCB-Last von Aalen innerhalb von Berlin von Spandau im Nordwesten zum Seddinsee im Südosten wiedergegeben.

Es ist schon sehr erstaunlich, wie dieses sPCB-Gefälle von West nach Ost sogar innerhalb des ehemals geteilten Stadtgebietes auftritt, und auch an den Prozentanteilen an HPCB kann abgelesen werden, daß die PCB-Einträge im ehemaligen Westteil der Stadt (Spandau bis Humboldthafen) mehr rezenter Natur sind, wogegen es sich bei den sPCB-Lasten von der Mündung Britzer Zweigkanal bis zum Seddinsee durchweg um historische Einträge handelt.

2.9.5 Weitere SCKW

2.9.5.1 Cyclodien-Insektizide

Die Cyclodien-Insektizide Aldrin, Dieldrin, Endrin, Heptachlor, Heptachlorepoxid und Chlordan finden – obgleich immer noch gelegentlich im aquatischen Milieu präsent – nur wenig toxikologische und ökotoxikologische Beachtung. Einmal waren diese Verbindungen nie in mit etwa dem DDT vergleichbaren Mengen im Einsatz. Restbestände gibt es offenbar nicht, und die Restriktionen haben in Europa gegriffen. Das Toxaphen spielte zwar in der ehemaligen DDR – wo es in Magdeburg bei Fahlberg-List von 1954 bis 1990 in Mengen von ca. 50 000 t Wirkstoff produziert worden war – eine mengenmäßig große Rolle; es wird jedoch erst in den letzten Jahren systematisch auf seine Präsenz untersucht. Hierbei wird man nicht nur an der Elbe – wo man es noch am ehesten erwartet hätte – in allerdings geringen Mengen fündig. Vor allem Meeresfische enthalten häufig Toxaphen, wobei man aber von Rückständen nord- und mittelamerikanischer Applikationen ausgehen darf; der Wirkstoff wurde in noch größeren Mengen von der Dow Chem. Corp. hergestellt.

2.9.5.2 Polychlorbenzole

Speziell das Hexachlorbenzol (HCB) kann als Indikatorsubstanz der Chlorchemie bzw. der durch diesen Industriezweig verursachten Umweltgefährdungen angesehen werden. Offenbar haben die von der chemischen Industrie in den vergangenen 10 Jahren veranlaßten Aktivitäten zur Minimierung dieser Belastungen ihre Wirkungen nicht verfehlt: Die Verbindung ist in einem kontinuierlichen Prozeß der Abnahme (nicht nur im aquatischen Milieu) begriffen. Die größten HCB-Dichten wurden stets im breiteren Umfeld der chemischen Industrie gefunden. An der Elbe kann das bei Neratovice, Aussig, Bitterfeld (über die Mulde), Magdeburg bis nach Hamburg beobachtet werden, für den Rhein in der Region Basel und im Bereich der ganzen Kette von Chemiebetrieben in Rheinland-Pfalz, Hessen und Nordrhein-Westfalen, in der Donau um Bratislava/Preßburg.

Das HCB hat noch aus der relativ kurzen Zeit seiner Anwendung als Saatgutbeizmittel – hier sollte es die Quecksilberpräparate ersetzten – seine Spuren hinterlassen. Die Konzentrationen von HCB im Oberflächenwasser der zu Mittel- und Südmähren gehörenden Flüsse Thaya und Svratka ist nach Vávrová et al. (1986) hoch und beträgt im Mittel 13979 ng/l (1981) und 9350 ng/l (1985). Die Region war mit Intensivlandwirtschaft (Weizen, Gerste, Zuckerrüben) durchsetzt, alle diese Kulturen wurden mit HCB gebeizt.

Zwar ist eine insgesamt fallende Tendenz erkennbar, die Werte sind jedoch so hoch, wie sie bisher in keiner anderen Publikation zitiert wurden. In der Tabelle 2-45 sind neuere Daten aus Sachsen-Anhalt wiedergegeben. Der Wert aus Magdeburg (wo bei Fahlberg-List die HCB-Beizmittel hergestellt wurden) ist auffällig, wird aber von den Konzentrationen in Groß Rosenburg/Halle und Aland/Wanzer

Tabelle 2-45. sPCB in Aalen, arithmetische Mittelwerte aller Proben, und % HPCB, Längsprofil in der Spree von Spandau bis zum Seddinsee in Berlin 1988/89

Probenahmeort	n	% Fett	sPCB µg/kg	% HPCB
Alte Spree, Spandau	4	23	**1060**	63
Stadtspree, Kongreßhalle	4	25	**1160**	49
Humboldthafen	5	21	**879**	64
Osthafen	13	27	**748**	63
Rummelsburger See, Mitte	6	23	**725**	74
Mündung Britzer Zweigkanal	3	16	**881**	88
Strandbad Oberspree	3	20	**473**	84
Einmündung Wuhle	3	25	**306**	78
Spree, km 32	8	21	**356**	85
Müggelspree, Brauerei	4	22	**283**	89
Müggelsee, Mitte	10	25	**195**	91
Dämeritzsee	13	19	**115**	93
Gosener Kanal	6	19	**175**	89
Seddinsee, Kleine Krampe	5	21	**199**	95

Tabelle 2-46. Höchste in sachsen-anhaltinischen Gewässern 1996 gemessene Konzentrationen in ng/l von Chlorbenzolen (n. Daten der LAU Sachsen-Anhalt 1996)

Fluß	Probenahmeort	Chlor-benzol	1,2-Di-chlorb.	1,3-Di-chlorb.	1,4-Di-chlorb.	1,2,3-Tri-chlorb.	1,2,4-Tri-chlorb.	1,3,5-Tri-chlorb.	HCB
Elbe	Wittenberg	800	50	20	20	6	380	7	13
	Magdeburg li	230	70	58	60	9	13	nn	37
	Magdeburg re	240	160	30	190	7	12	nn	17
	Tangermünde li	nn	50	nn	20	nn	9	nn	13
	Tangermünde re	nn	60	10	20	nn	12	nn	18
Schw. Elster	Gorsdorf	nn	nn	nn	nn	1	260	8	7
Mulde	Stausee, Zulauf	nn	nn	20	nn	1	440	11	3
	Dessau	nn	90	30	70	1	220	10	8
Saale	Dürrenberg	nn	nn	nn	nn	nn	nn	nn	nn
	Trotha	nn	nn	nn	nn	nn	nn	nn	1
	Gr. Rosenburg	nn	30	20	20	10	31	9	45
Unstrut,	Freyburg	nn	nn	nn	nn	nn	nn	nn	nn
W. Elster,	Ammendorf	nn	nn	nn	nn	nn	nn	nn	3
Havel	Toppel	290	30	nn	30	nn	17	nn	34
Aland	Wanzer	nn	nn	nn	nn	nn	7	nn	47

übertroffen, ohne daß hierfür eine andere Erklärung gegeben werden könnte, als die des Anbaus von Weizen und Zuckerrüben in dieser Region.

Die HCB-Belastungen von Sedimentproben aus der Elbe und einigen Nebenflüssen in der Tschechischen Republik sind in der Tabelle 2-46 erkennbar mit Schwerpunkten des HCB-Anfalls in Böhmen. Besonders auffällig sind die Gehalte der Bilina/Aussig unterhalb des Einlasses von Spolchemie, einer chemischen Fabrik, die bereits durch extrem hohe PCB-Gehalte ihrer Abwässer auffiel. Diese HCB-Lasten

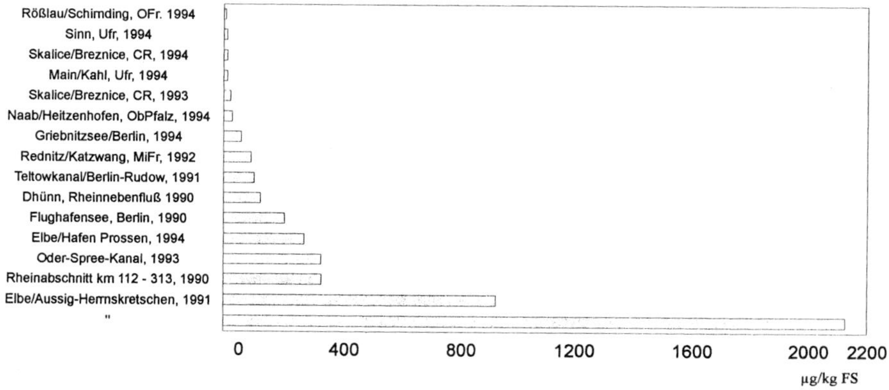

Abb. 2-41. HCB-Belastung von Aalen (*Anguilla anguilla*) im Zeitraum von 1990 bis 1994 (Maximalwerte, aus Heinisch et al. 1997)

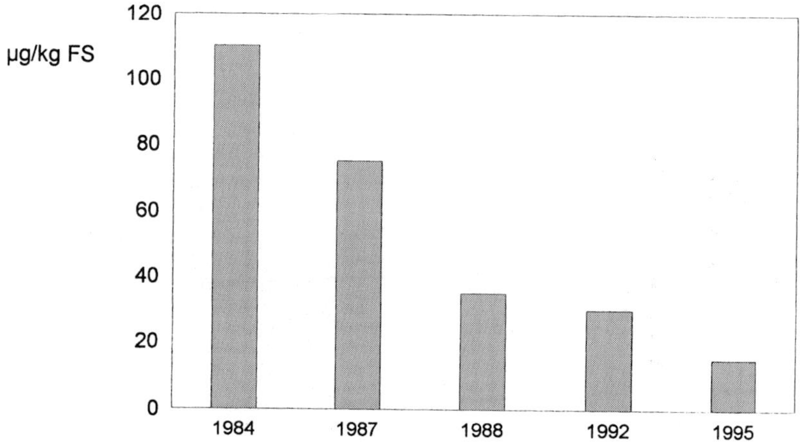

Abb. 2-42. HCB-Rückstände in Aalen (*Anguilla anguilla*) aus dem Kleinen Wannsee/Pohlesee, Berlin

setzen sich in der Elbe weiter fort und werden in Decín (Tetschen-Bodenbach) nahe der deutschen Grenze im Sediment bestimmt.

In der Abb. 2-41 sind wenige Orientierungswerte zur regionalen Belastung von Aalen mit HCB wiedergegeben. Deutlich sind die vergleichsweise extrem hohen Werte für die Proben aus der Elbe zwischen Aussig und Herrnskretschen zu sehen. Ebenfalls hohe Werte werden für die Einmündung des Oder-Spree-Kanals in die Oder und den Oberrhein angeführt.

Eingangs dieses Abschnittes wurde auf die abnehmende Tendenz der HCB-Lasten hingewiesen. In der Abb. 2-42 ist als Beispiel einer nahezu kontinuierlich verlaufenden Abklingkurve der HCB-Gehalt von Aalen aus dem vom Teltowkanal beeinflußten Kleinen Wannsee/Pohlesee wiedergegeben. Ähnliche Kurvenverläufe könnten auch für den Rhein und die Elbe dargestellt werden.

2.9.6 Literatur

DDT VOEWG (1988) Verordnung der EWG über den Verkehr mit DDT vom 16.6.1988 - 88/1734, Abl. L 155, S 2

DDT-Gesetz (1972) Gesetz über den Verkehr mit DDT vom 7.8.1972, BGBl I 1972. 1385

Dojlido J, Taboryska B, Heinisch E, Wenzel-Klein S (1994) Zur raum-zeitlichen Kontaminationsverteilung chlororganischer Verbindungen in den polnischen Flüssen Weichsel, Narev und Bug. In: Heinisch E, Kettrup A, Wenzel-Klein S (Hrsg) (1994) Schadstoffatlas Osteuropa. Ecomed Verlagsgesellschaft Landsberg/Lech, 196–204

Dörner G (1997) Zur Bedeutung von Hormonen, Neurotransmittern und Umweltchemikalien für die Gehirnentwicklung und die Regelung fundamentaler Lebensprozesse. Zeitung für Umweltmedizin 5:158–162

Fooken C, Gihr R, Häckl L, Seel P (1997) Landesweite Untersuchungen auf organische Spurenverunreinigungen in hessischen Fließgewässern, Abwässern und Klärschlämmen 1991–1996. Schriftenr Hess Landesanstalt Umwelt, Umweltplanung, Arbeits-, Umweltschutz, H 233

GKSS (1993) GKSS-Forschungszentrum Geesthacht GmbH: Zusammenfassung, Auswertung und Bewertung des vorhandenen Datenmaterials über die stoffliche Belastung der Gewässergüte in der Mittelelbe nach einheitlichen gemeinsamen Kriterien (Vorstudie). Band II, Geesthacht

Greim A (1998) Endocrine disruptors - hormonähnlich wirkende Stoffe in der Umwelt - Xenoöstrogene. Nachrichten Chem 46:63–66

Heinisch E (1992) Umweltbelastung in Ostdeutschland. Wissenschaftliche Buchgesellschaft Darmstadt

Heinisch E, Kettrup A, Wenzel-Klein S (Hrsg) (1994) Schadstoffatlas Osteuropa. ecomed Verlagsgesellschaft Landsberg/Lech

Heinisch E, Koch R, Klein S, Terytze K, Giese F, Krüger A, Ladwig B, Hörnicke E, Volland M, Huschek G, Schmidt H (1990) Kompartimentübergreifende Konzentrationsabhängigkeiten chlorierter Kohlenwasserstoffe in Oberflächenwasser, Sediment und Fischen in Berlin-Potsdamer Gewässern. Wiss Mitt Inst Geogr Geoökol AdW DDR 33:3–54

Heinisch E, Marth P, Kettrup A, Wenzel S (1998) Auffällige Gehalte oder Stoffmusterverteilungen chlororganischer Verbindungen in Indikatorfischen aus Gewässern in Deutschland – Hinweise auf Umweltbelastungen. In: Proc. Workshop „Persistent organic pollutants (POPs) in environmental matrices of Bavaria and the Czech Republic", November 28, 1997, S 51–82. GSF-Bericht

Heinisch E, Schramm KW, Kettrup A, Sonntag D, Fischer J, Wenzel S (1997) Persistente organische Verbindungen in Oberflächenwasser, Sediment (Gewässerboden) und Aalen des Oder-Spree-Systems. Wasser und Boden 49:36–49

Holoubek I (1993) Soil and sediment contamination by persistent organic pollutants in the Moravian and Slovakian parts of the Danube catchment area and some Bohemian sites in the Elbe catchment area. Land Degradation and Rehabilitation 4:333–337

Krupicka S, Kuzílek V, Tolma V (1993) Bewertung der Anwesenheit organischer Pollutanten in Elbesedimenten (orig. tschech.). In: Nondek L (ed) Projekt Elbe. Verunreinigungen des Sediments und der Biomasse 1991 und 1992 (orig. tschech.). Bericht, Prag

LAU Sachsen-Anhalt: Gewässergütebericht des Landesamtes für Umweltschutz in Sachsen-Anhalt 1996

Marth P, Heinisch E, Schramm KW, Martens D, Oxynos K, Schmitzer J, Kettrup A (1997) Erfassung chlorierter Kohlenwasserstoffe in Umweltproben der neuen Bundesländer. UBA-FuE-Vorhaben 10603088, Abschlußbericht, UBA Berlin

Schwarz S, Ricking M (1995) Heavy metals and chlorinated hydrocarbons in sediments from baltic lakes in North-eastern Germany. Limnologica 25:285–294

Vávrová M, Mikulík A, Kocková E (1982) Rückstände von Chlorkohlenwasserstoffen und PCB aus den Flüssen March und Thaya (orig. tschech.). Cs. Hyg. 27:476–481

2.10 Gewässerbelastungen durch polycyklische aromatische Kohlenwasserstoffe, PAK

Antonius Kettrup und Emanuel Heinisch

2.10.1 Eigenschaften der polycyklischen aromatischen Kohlenwasserstoffe (PAK)

Die hier betrachteten PAK sind weitestgehend ubiquitär vorkommende Substanzen – es handelt sich um die 16 Verbindungen der EPA „Priority Pollutant List", die nach Boos et al. (1990) erfahrungsgemäß am häufigsten in aquatischen und terrestrischen Medien nachzuweisen sind sowie um die in der Trinkwasserverordnung der BRD (TrinkwV) vom 5. 12. 1990 aufgrund ihrer guten Nachweisbarkeit genannten 6 Verbindungen. Sie beanspruchen allgemeines Interesse

Tabelle 2-47. Eigenschaften und Parameter zur Kennzeichnung des Verhaltens der PAK (16 EPA-Verbindungen) in der Umwelt; Abkürzungen: mutagene bzw. kanzerogene Aktivität: – niedrig, + schwach, ++ moderat, +++ stark, ++++ sehr stark; * Verbindungen der TrinkwV 1990

Name mit Abkürzung	Zahl der Ringe	Wasserlöslichkeit mg l^{-1} (20/25 °C)	Partialdruck Pa (20 °C)	log K_{ow}	log K_{oc}	log BCF	mutagen	kanzerogen
Naphthalin NAP	2	30	6,6	3,4	2,4–5,0	1,5–4		
Acenaphthylen ACY	3	16	3,9	4	3,4–3,8	2,85–3		
Acenaphthen ACE	3	3,5–3,9	2,7	3,9	3,6–5,4	2,85–3		
Fluoren FLE	3	1,8–2	1,7	4,2	k.A.	k.A.		
Phenanthren PHE	3	1,2–1,3	9×10^{-2}	4,5	3,9–4,6	0,6–4,4		
Anthracen ANT	3	$4{,}5\times10^{-2}$	$2{,}6\times10^{-2}$	4,5	3–5,8	0,8–4,2		
Fluoranthen FLU*	4	$2{,}6\times10^{-1}$	$8{,}0\times10^{-4}$	5,3	4–6,4	0,8–4,9	–/+	–
Pyren PYR	4	$1{,}3\times10^{-1}$	$9{,}1\times10^{-6}$	5,2	3–6,5	0,7–4,7	–	–
Benzo(a)anthracen BaA	4	$1{,}4\times10^{-2}$	$6{,}7\times10^{-7}$	5,9	4–7,3	2,5–5	+/++	
Chrysen CHR	4	2×10^{-2}	$8{,}4\times10^{-5}$	5,9	3,7–6,0	0,8–4,7	++	+
Benzo(b)fluoranthen BbF*	5	$1{,}2\times10^{-2}$	$6{,}7\times10^{-6}$	6,8	5,7	0,2–5	++	+++/++++
Benzo(k)fluoranthen BkF*	5	5,5×10-3	$6{,}7\times10^{-6}$	6	4,0–7,0	0,3–5,1	++	+
Benzo(a)pyren BaP*	5	$3{,}8\times10^{-2}$	$6{,}7\times10^{-5}$	6	4,0–8,3	1,1–7	++++	++++
Dibenz(ah)anthracen DahA	5	5×10^{-3}	$1{,}0\times10^{-8}$	6,7	5,2–6,5	1,0–5,8	++/+++	+++/++++
Indeno(1,2,3-cd)pyren ID*	6	$6{,}2\times10^{-1}$	$1{,}0\times10^{-8}$	7,7				
Benzo(ghi)perylen BghiP*	6	$2{,}6\times10^{-2}$	$1{,}0\times10^{-8}$	7,2				

hauptsächlich wegen der toxischen Eigenschaften einiger Vertreter. Das Benzo(a)pyren (BaP) gilt auch heute noch als „Leitsubstanz" für kanzerogene Eigenschaften. Es bestehen beträchtliche Unterschiede zwischen den niedermolekularen, weniger toxischen Verbindungen und den höhermolekularen Verbindungen, denen oft erhebliche toxische Eigenschaften zugesprochen werden müssen. Als grobe Orientierungsdaten über die Zusammenhänge zwischen der Molekülgröße und den toxikologischen, physikalisch-chemischen und ökotoxikologischen Eigenschaften können die folgenden Leitsätze aufgefaßt werden:

- Die Toxizität, insbesondere das krebserregende Potential, nimmt mit steigender Molekülgröße deutlich zu;
- die Wasserlöslichkeit nimmt im gleichen Sinne rapide ab, ebenso wie der Partialdruck;
- der Octanol/Wasser-Verteilungskoeffizient K_{ow}, der Sorptionskoeffizient K_{oc} und der BCF für Fisch steigen mit zunehmendem Molekulargewicht ebenso wie die Persistenz in Boden und Grundwasser.

Entsprechende Zahlen sind der Tabelle 2-47 zu entnehmen, in der auch die hier benutzten Abkürzungen für die Einzelverbindungen aufgeführt sind.

2.10.2 Quellen der PAK

Aus dem ubiquitären Vorkommen der Verbindungen kann geschlossen werden, daß sie über die Atmosphäre durch nasse und trokkene Deposition verbreitet werden. Die im Boden und Sediment persistenten höhermolekularen PAK werden hauptsächlich bei unvollständigen Verbrennungsprozessen (Hausbrand, Abgase aus Verkehr, Industrie und Gewerbe) gebildet und stammen häufig aus partikulären Einträgen von Aschen und Reifenabrieb, Überschwemmungen, Klärschlamm- und Kompostdüngungen. Auf Produktionsrückstände sind Bodenverunreinigungen an Flächen von Kokereien, Gaswerken, der Petrochemie, des Kohlebergbaus, von teer- und dachpappenproduzierenden, -lagernden und -verarbeitenden Betrieben zurückzuführen.

Der Vollständigkeit wegen sei hier noch darauf verwiesen, daß die PAK bei natürlichen Inkohlungsprozessen gebildet werden und Bestandteile von Bitumina sind.

Obgleich vor allem die höhermolekularen PAK nur sehr wenig wasserlöslich sind, werden sie gelegentlich auch im Grundwasser nachgewiesen, was auf den Einfluß von Huminsäuren oder Tensiden zurückgeführt werden kann. Der mikrobielle Abbau der PAK im Boden erfolgt hauptsächlich bei den 2- und 3-Ringaromaten, in geringerem Maß auch bei den Verbindungen mit 4 Ringen. Er nimmt also mit steigender Molekülgröße und abnehmender Wasserlöslichkeit ab. Dies führt hauptsächlich im Boden zu einer Anreicherung der höher kondensierten Aromaten, die auch in der Praxis beobachtet werden konnte.

Zeitliche Abnahmen in der PAK-Belastung der unteren Troposphäre werden vor allem in Großstädten und da an Verkehrsknotenpunkten beobachtet, was offenbar auf die Einführung von Katalysatoren für Otto- und Dieselmoten und λ-Sonden zur Steuerung der Sauerstoffzufuhr sowie PKW-Innenraumbelüftungs-Filteranlagen zurückzuführen ist. Auch Katalysatoren für Feuerungsanlagen verschiedener Größe sorgen für abnehmende PAK-Belastungen (GSF 1998).

Die Hauptmengen der im aquatischen Sediment und in Schwebstoffen sorbierten PAK bestehen aus FLU, PHE, PYR, CHR und BaP. Die Verbindungen NAP, ACY, ACE, ANT und BaA sind Bestandteile des Steinkohlenteers und können auch auf industrielle Einträge zurückgeführt werden. Es wird hier darauf zu achten sein, wo vor allem andere Verbindungen als FLU, PYR, PHE, BbF und BkF in auffällig größeren Mengen nachweisbar sind. Wenn man nicht auf die Suche nach Zusammenhängen von PAK-Lasten und deren möglichen Verursachern verzichten will, könnte z. B die Präsenz dieser Verbindungen eventuelle Hinweise vermitteln.

2.10.3
Konzentrationen der PAK in Gewässern

In der Tabelle 2-48 sind als Beispiel die höchsten in sachsen-anhaltinischen Gewässern 1996 gemessenen Konzentrationen der 6-TVO-PAK wiedergegeben. Derartige Messungen in Oberflächengewässern werden heute relativ selten vorgenommen. Nicht ganz unerwartet sind die bei weitem höchsten Werte in der Mulde bei Dessau nachgewiesen worden.

In der Abb. 2-43 sind die Summen der 6-TVO-PAK in Schwebstoffen hessischer Oberflächengewässer, Mittelwerte aus 1992 bis 1996, wiedergegeben. In der Nidder, Naune und Eder (Edertal) lagen die Mittelwerte bei <1 000 µg/kg TS. 16 Flüsse schnitten mit 1 000 bis 2 000 µg/kg TS noch relativ günstig ab. 2 000 bis 3 000 µg/kg TS hatten die Wetter, Rodau, Lahn (Limburg) und Fulda (Fulda). Die höchsten Werte wurden in der Lahn (Wetzlar), Nidda (3600 µg/kg TS), Dill (3900 µg/kg TS) und dem Schwarzbach (4000 bzw. 5000 µg/kg TS) nachgewiesen.

Tabelle 2-48. Höchste in sachsen-anhaltinischen Gewässern 1996 gemessene Konzentrationen ng/l der 6 TVO-PAK (n. Daten der LAU Sachsen-Anhalt 1996)

Fluß	Probe-nahmeort	FLU	BaP	BbF	BghiP	BkF	ID	sTVO-PAK
Elbe	Wittenberg	nn	nn	nn	nn	nn	nn	**nn**
	Magdeburg li	25	10	15	8	7	13	**78**
	Magdeburg re	31	12	14	12	6	13	**88**
	Tangermünde li	19	7	13	7	nn	nn	**46**
	Tangermünde re	12	8	10	7	nn	nn	**37**
Schw. Elster	Gorsdorf	9	nn	nn	nn	nn	nn	**9**
Mulde	Stausee, Zulauf	76	31	29	33	16	26	**211**
	Dessau	770	200	560	150	23	46	**1749**
Saale	Dürrenberg	34	nn	nn	nn	nn	nn	**34**
	Trotha	33	nn	nn	nn	nn	nn	**33**
	Gr. Rosenburg	27	13	13	11	6	10	**80**
Unstrut	Freyburg	50	nn	nn	nn	nn	nn	**50**
W. Elster	Ammendorf	42	nn	nn	nn	nn	nn	**42**
Havel	Toppel	115	6	8	5	nn	nn	**134**
Aland	Wanzer	6	nn	6	nn	nn	nn	**12**

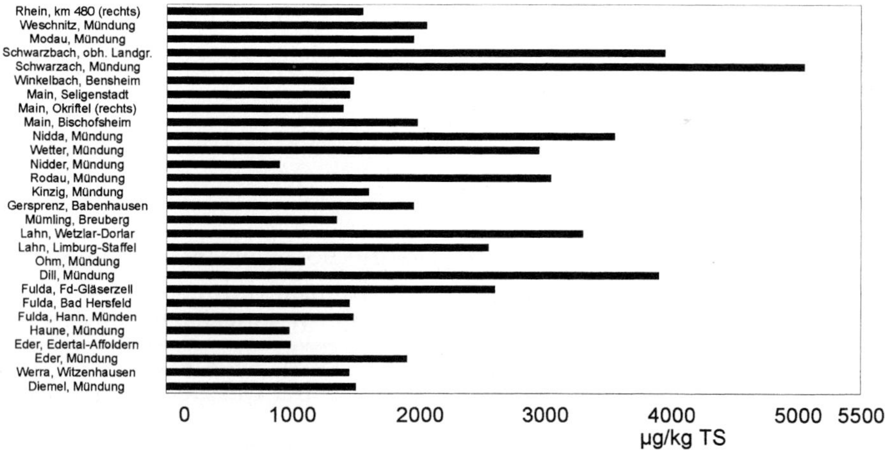

Abb. 2-43. Summe 6 TVO-PAK in Schwebstoffen hessischer Oberflächengewässer, Mittelwerte von 1992 bis 1996 (aus Fooken et al. 1997)

Gleichfalls aus hessischen Oberflächengewässern stammen die EPA-PAK-Schwebstofflastzahlen in der Tabelle 2-49, in der auch die Prozentanteile der Einzelverbindungen an der Summe der EPA-PAK aufgelistet sind. Obgleich hier auch Werte aus dem Schwarzbach-Son-

Tabelle 2-49. EPA-PAK in Schwebstoffen hessischer Oberflächengewässer, µg/kg TS (n. Daten von Fooken et al. 1990)

Gewässer, Ort	s16EP PAK	FLU	Bghi	ID	BaP	BbF	BkF	ANT	PHE	PYR	CHR	BaA	Dba	NAP	ACY	ACE	FLE
Weschnitz, Mdg.	**3087**	16	5	8	8	14	6	1	6	12	11	7	2	1	0	0	1
Modau, Mdg.	**2330**	15	5	9	8	14	6	1	6	12	11	7	2	3	0	0	1
Schwarzbach, Mdg.	**12018**	14	6	10	9	14	6	3	6	11	11	7	2	1	0	0	1
Main, Seligenstadt	**3621**	15	5	9	9	14	6	1	7	12	10	6	2	2	0	0	1
Main, Bischofsheim	**3991**	16	5	7	8	13	6	1	7	12	10	7	2	2	0	0	1
Nidda, Mdg.	**5437**	16	5	9	8	13	7	1	6	12	11	7	2	2	0	0	1
Rodau, Mdg.	**6143**	15	6	9	7	14	6	2	7	12	11	6	2	2	0	0	1
Kinzig, Mdg.	**2291**	14	5	9	8	15	5	1	5	12	12	7	3	3	0	0	1
Lahn-Limburg-Staffel	**6494**	15	5	8	8	14	6	1	7	12	11	6	2	2	0	0	1
Dill, Mdg.	**6493**	15	5	8	9	16	6	1	4	12	12	8	2	1	0	0	1
Fulda, Hann. Münden	**3060**	14	5	9	8	15	6	1	6	11	11	7	2	4	0	0	1
Werra, Witzenhausen	**5046**	16	5	8	8	12	6	1	7	13	11	8	2	2	0	0	1
Diemel, Mdg.	**2782**	15	5	8	8	14	6	1	6	11	11	7	2	5	0	0	1
Landgraben, Mdg.	**14174**	15	6	9	8	11	7	1	8	11	11	7	2	1	0	0	1
Grundbach uh. Airbase	**10064**	16	6	10	8	15	7	1	5	12	12	6	2	1	0	0	0
Geräthsbach, Mdg.	**8500**	12	7	13	8	16	8	1	4	10	10	6	3	2	0	0	1

Tabelle 2-50. EPA-PAK in Schwebstoffen aus Flüssen in Hessen und Sachsen-Anhalt 1996 (n. Daten von Fooken et al. 1997 und LAU Sachsen-Anhalt 1996)

Probe-nahmeort	Weschnitz, Mdg.	Modau, Mdg.	Schwarz-bach, Mdg.	Main, Seligenst.	Main, Bi-schofsheim	Nidda, Mdg.	Rodau, Mdg.	Kinzig, Mdg.	Lahn-Lim-burg-Staffel
EPA-PAK µg/kg TS	**3087**	**2330**	**12081**	**3621**	**3991**	**5437**	**6143**	**2291**	**6494**
Max.wert (%)	16 FLU	15 FLU	14 FLU	15 FLU	16 FLU	16 FLU	15 FLU	15 BbF	15 FLU
zweithöchst Konz. (%)	14 BbF	14 BbF	14 BbF	14 BbF	13 BbF	13 BbF	14 BbF	14 FLU	14 BbF
dritthöchst. Konz. (%)	12 PYR	12 PYR	11 CHR	12 PYR	12 PYR	12 PYR	12 PYR	12 CHR	12 PYR
Probe-nahmeort	**Dill, Mdg.**	**Fulda, Hann. Münden**	**Werra, Witzen-hausen**	**Diemel, Mdg.**	**Landgraben, Mdg.**	**Geräths-bach, Mdg.**	**Elbe, Mag-deburg**	**Mulde, Dessau**	
EPA-PAK µg/kg TS	**6493**	**3060**	**5046**	**2782**	**14174**	**8500**	**8490**	**10170**	
Max.wert (%)	16 BbF	15 BbF	16 FLU	15 FLU	15 FLU	16 BbF	13 BbF	14 BbF	
zweithöchst. Konz. (%)	15 FLU	14 FLU	13 PYR	14 BbF	11 BbF	13 ID	13 FLU	13 FLU	
dritthöchst. Konz. (%)	12 CHR	11 CHR	12 BbF	11 PYR	11 CHR	12 FLU	12 PYR	10 PYR	

deruntersuchungsgebiet zwischen Darmstadt und Rüsselsheim aufgeführt sind (Landgraben, Grundbach, Geräthsbach und Schwarzbach, die auch die Maximalwerte zwischen 8500 und 14174 µg/kg TS unter sich ausmachen), fällt auf, daß die Stoffmusterverteilungen – von marginalen Ausnahmen abgesehen – nahezu identisch sind. Die höchsten Anteile an der Summe der EPA-PAK haben durchgehend die Verbindungen FLU, BbF und PYR, in wenigen Fällen auch noch das CHR. Von Interesse könnten allenfalls die Schwankungen beim ID sein. Diese Verbindung ist hauptsächlich an den Probenahmestellen aus dem Schwarzbach-Sonderuntersuchungsgebiet (das industriell besonders beansprucht ist) mit höheren Anteilen vertreten.

In der Tabelle 2-50 sind die EPA-PAK-Summen der Schwebstoffe aus Flüssen in Hessen und Sachsen-Anhalt sowie die drei prozentual am höchsten vertretenen Einzelbestandteile wiedergegeben. Hier wird deutlich, daß die Sachsen-Anhalt-Lastzahlen etwa in denselben Mengenbereichen präsent sind wie die aus dem hessischen Industriegebiet (ohne den höchsten Wert zu stellen) und daß die Stoffmusterverteilung der drei am höchsten vertretenen Verbindungen nahezu gleichförmig ist.

In den folgenden Abbildungen werden wenige Angaben zu den Jahresverläufen einiger auffälliger PAK-Einzelverbindungen in Schwebstoffen graphisch dargestellt. In der Abb. 2-44 ist die Monatsverteilung von Bghi aus der Elbe bei Magdeburg, der Mulde bei Dessau und dem Main bei Bischofsheim wiedergegeben. Die Verbindung fällt vor allem in Magdeburg und Dessau durch Extrem-Maximalwerte im Juli auf. In Bischofsheim ist diese Tendenz allenfalls ansatzweise erkennbar. Für das BaA können in der Elbe/Magdeburg von Juli bis Dezem-

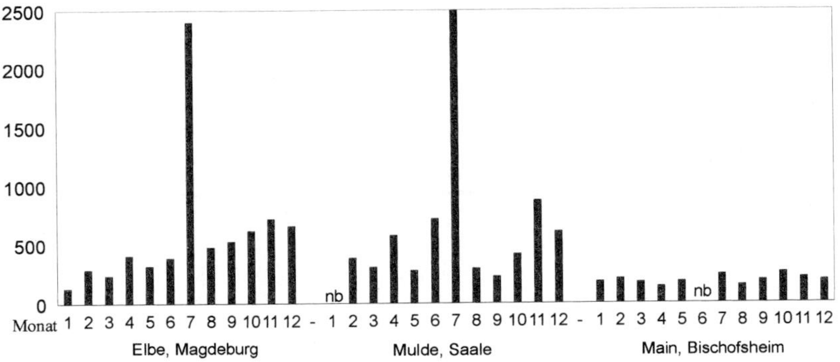

Abb. 2-44. Jahresverteilung von Benzo-ghi-Perylen in Schwebstoffen deutscher Flüsse in Jahr 1996, µg/kg TS (n. Daten vom LUA Sachsen-Anhalt 1996 und Fooken et al. 1997)

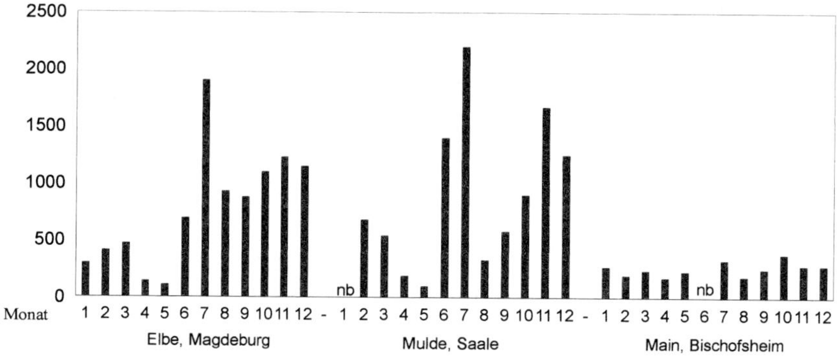

Abb. 2-45. Jahresverteilung von Benzo(a)anthracen in Schwebstoffen deutscher Flüsse in Jahr 1996, µg/kg TS (n. Daten vom LUA Sachsen-Anhalt 1996 und Fooken et al. 1997)

Tabelle 2-51. Vergleich der 6 TVO-PAK an verschiedenen Probenahmeorten 1994 (a. Fooken et al. 1997)

Fluß	Probenahmeort	min	max	Mittelwert	n
Donau	Ulm	330	2470	**1588**	12
Neckar	Mannheim	920	2580	**1666**	12
Rhein	Ifferzheim	120	1090	**481**	12
Rhein	Mainz, l. U.	1277	2169	**1553**	11
Rhein	Bad Honnef	1190	4850	**2299**	13
Saar	Kanzem	2414	5923	**4106**	9
Mosel	Palzem	2908	6597	**4441**	9
Elbe	Magdeburg	3700	35500	**8810**	12
Elbe	HH Seemannshöft	1260	16300	**4040**	12

ber in der Abb. 2-45 deutlich erhöhte Werte vorgestellt werden, die auch in der Mulde cum grano salis so erkennbar sind. Im Main/Bischofsheim liegen die Maxima im Juli und Oktober. Interpretationen würden zu spekulativ ausfallen und sollen daher unterbleiben.

In der Tabelle 2-51 ist ein Vergleich der 6-TVO-PAK in Schwebstoffen aus verschiedenen Flüssen bzw. Probenahmeorten dargestellt. In diesem Zusammenhang sei noch darauf verwiesen, daß als Zielvorgabe nach ARGE ELBE für die Summe der 6-TVO-PAK als 500 µg/kg TS angegeben wird.

Häufiger als Schwebstoffe werden Sedimente (Gewässerboden) als Matrix für PAK genannt. Ohne daß hier auf die Problematik der Sedimentprobenahmen näher eingegangen werden soll, werden in der Tabelle 2-52 die Summenwerte der EPA-PAK und die Prozentanteile der

Tabelle 2-52. EPA-PAK im Sediment verschiedener Flüsse in Deutschland und Tschechien, Abkürzungen: TK = Teltowkanal, Berlin; OSK = Oder-Spree-Kanal, EH = Eisenhüttenstadt, EKO = Eisenhüttenkombinat

Probenahmestelle, Jahr	Berlin, Müggelspree 1990, Nr. 4	Berlin, Müggelspree 1990, Nr. 6	Berlin, Müggelsee 1990, Nr. 7	Berlin, Müggelsee 1990, Nr. 19	Berlin, Müggelsee 1990, Nr. 5	TK, Eisenbahnbrücke, 1990
sEPA-PAK, µg/kg TS	**214 800**	**173 270**	**217 280**	**153 610**	**2 409**	**4 760**
% Maximalwert	14 BkF	14 Bghi	20 Bghi	20 DBA	19 ACY	33 ACY
% zweithöchste Konz.	14 Bghi	14 BkF	14 DBA	20 Bghi	15 FLU	13 NAP
% dritthöchste Konz.	11 DBA	11 DBA	12 BaP	12 BkF	11 Bghi	11 FLU
Quelle	SEN Stadt um 1993					
Probenahmestelle, Jahr	TK, Stelling-Janitzky-Br. 1990	TK, eh. Grenze, 1990	OSK, Hüttenzement-werk 1993	OSK, EKO* Sinterei 1993	OSK EH Unt. Vorhafen 1993	OSK EH Straßenbrücke 1993
sEPA-PAK, µg/kg TS	**6 270**	**3 700**	**180 000**	**34 900**	**31 600**	**102 900**
% Maximalwert	60 ACY	18 FLu	18 PYR	23 ACY	18 BaP	21 BaP
% zweithöchste Konz.	9 FLU	17 PYR	13 FLU	20 PYR	16 FLU	14 FLU
% dritthöchste Konz.	8 PHE	9 CHR	13 Bghi	14 FLE	12 BbF	11 BbF
Quelle	SEN Stadt um 1993		Heinisch, Schramm, Kettrup, Fischer, Sonntag, Wenzel 1997			
Probenahmestelle, Jahr	Elbe, Vanov, CZ 1991	Elbe, Decin, CZ 1991	Elbe, Meißen, D 1991	Schw. Elster, Mdg. 1991	Mulde, Mdg. 1991	Saale, Mdg. 1991
sEPA-PAK, µg/kg TS	**7 990**	**11 170**	**11 170**	**750**	**8 700**	**660**
% Maximalwert	12 PYR	28 FLU	23 PYR	51 FLU	37 FLU	50 PYR
% zweithöchste Konz.	8 FLU	10 PYR	19 FLU	17 PHE	18 PYR	12 Bhi
% dritthöchste Konz.	5 PHE	10 PHE	13 PHE	12 PYR	10 BbF	9 PHE
Quelle	Dorschner, Dreyer, Gugel, Guhr, Bach, Meister, Seel 1993					
Probenahmestelle, Jahr	Elbe, Geesthacht 1991	Moldau, Vran. 1991 CZ	Moldau, Prag 1991 CZ	Rodan, Hessen, oh. Bieber 1996	Rodan, Hessen, Mdg. 1996	
sEPA-PAK, µg/kg TS	**4 500**	**8 300**	**3 600**	**5 240**	**6 225**	
% Maximalwert	16 BbF	23 FLU	27 FLU	17 FLU	17 FLU	
% zweithöchste Konz.	15 PYR	16 PYR	24 PYR	12 BbF	12 BbF	
% dritthöchste Konz.	11 BbA	11 BbA	11 PHE	12 CHR	12 CHR	
Quelle	Dorschner, Dreyer, Gugel…	Fooken, Häckl, Seel 1997				

drei in den höchsten Konzentrationen vorkommenden Einzelverbindungen genannt. Deutlich erkennbar ist, daß in stehenden und langsam fließenden Gewässern die Sedimente offenbar eine Senke (nicht nur) für die PAK bilden.

Besonders klar tritt das für den Berliner Müggelsee und die Müggelspree hervor. Auch können in diesen Gewässern in speziellen Fällen auch Verbindungen in hohen Anteilen auftreten, die außerhalb der üblichen FLU, BbF, BkF und PYR liegen. In der Berliner Müggelspree, die in den Dämeritzsee mündet, der durch die Teerwerke Erkner belastet ist, gilt dies z.B. für das DBA. Im Berliner Teltowkanal, der sehr stark von Industrie geprägt ist, trifft das für das ACY und NAP zu. Das ACY tritt gleichfalls in hohen Konzentration im Oder-Spree-Kanal beim Eisenhüttenkombinat Ost an der Sinterei auf. Das BaP tritt in hohen Konzentrationen in Eisenhüttenstadt an der wichtigsten Straßenbrücke und im Hafen auf. Hier könnte evtl. als Deutung die zur Zeit der Probenahme 1993 noch größtenteils fehlenden

Tabelle 2-53. EPA-PAK in Oberflächenwasser, Sediment und Aalen (*Anguilla anguilla*) aus dem Oder-Spree-Kanal 1993; Abkürzungen: EKO = Eisenhüttenkombinat Ost, EH = Eisenhüttenstadt, Sed = Sediment, W = Wasser, F = Aale (n. Daten von Heinisch et al. 1997)

Verbindungen	Hafen Reifenwerk Fürstenberg		EKO Granulieranlage EH			EH Unterer Vorhafen Mitte		
	Sed. µg/kg TS	F µg/kg FS	W ng/l	Sed µg/kg TS	F µg/kg FS	W ng/l	Sed µg/kg TS	F µg/kg FS
NAP	100	25 800	47	nn	2 920	54	nn	3 220
ACY	nn	nn	nn	nn	nn	nn	nn	nn
ACE	nn	nn	nn	nn	420	nn	nn	nn
FLE	50	nn	nn	640	570	nn	nn	1 910
PHE	170	3 050	90	5 910	1 340	49	3 030	7 750
ANT	40	100	25	1 750	340	nn	880	310
FLU	280	1 220	284	13 550	nn	nn	5 640	3 610
PYR	270	930	512	10 620	nn	nn	7 200	4 800
BaA	110	90	276	5 740	nn	nn	3 870	590
CHR	120	150	262	5 020	nn	18	3 470	460
BbF	135	240	304	5 700	nn	nn	4 090	970
BkF	60	190	128	2 570	nn	15	1 960	200
BaP	140	110	359	4 100	nn	nn	4 610	nn
DBA	20	nn	49	720	nn	nn	640	nn
Bghi	120	1 040	411	4 500	nn	nn	4 990	410
ID	85	nn	70	750	nn	nn	2 840	nn
sEPAPAK	1 720	33 820	2 187	61 570	7 220	136	43 220	24 230

Katalysatoren der Kraftfahrzeuge angeführt werden. Ein ebenfalls nahezu uniformes Bild vermitteln die Verteilungen der höher konzentrierten PAK in der tschechischen und deutschen Elbe, der Schwarzen Elster, Mulde, Saale und Moldau sowie der hessischen Rodau.

Abschließend sollen noch wenige Bemerkungen zur Akkumulation von PAH in Fischen angestellt werden. In der Fachliteratur findet man nur wenige Angaben zu diesem Thema, was gewiß hauptsächlich daran liegen sollte, daß gesetzliche Höchstmengenregelungen fehlen. In der Tabelle 53 sind die Ergebnisse der Untersuchungen von drei Probenahmeorten aus dem Oder-Spree-Kanal zusammengefaßt, an denen sowohl Wasser (nur zweimal), Sediment und Aale auf ihren Gehalt an EPA-PAK untersucht wurden. Ein Vergleich der Werte mit den BCF-Daten aus der Tabelle 2-47 signalisiert, daß – nicht ganz unerwartet – hauptsächlich dieser Parameter für die Höhe der PAK-Lasten präsenter Verbindungen verantwortlich zu machen ist. Es ergibt sich also die Situation, wonach z.B. das in Sedimentproben nur selten in hohen Konzentrationen vorhandene NAP in den Aalen so hohe Prozentwerte erreicht, wie sie in der Tabelle 2-53 demonstriert werden.

2.10.4 Literatur

Boss R, Wurst F, Scheidl K (1990) Ermittlung der Bodenbelastung mit organischen und anorganischen Schadstoffen im Raum der Stadtgemeinde Steyregg. VDI-Berichte Nr. 837:457–473

Dorschner J, Dreyer U, Gugel J, Guhr H, Kinzelbach R, Meister A, Seel P (1993) Der Gewässerzustand der Elbe 1991. Ergebnisse einer Bereisung mit dem Hessischen Meß- und Laborschiff „Argus" zwischen Veletov und Geesthacht. Umweltplanung, Arbeits- und Umweltschutz, Schriftenreihe der Hessischen Landesanstalt für Umwelt, H 153

Fooken C, Guhr R, Häckel L, Seel P (1997) Landesweite Untersuchungen auf organische Spurenverunreinigungen in hessischen Fließgewässern, Abwässern und Klärschlämmen 1991–1996. Schriftenr. Hess. Landesanstalt Umwelt, Umweltplanung, Arbeits-, Umweltschutz, H 233

GSF (1998) 30 Jahre Institut für Ökologische Chemie 1968–1998, Festschrift. GSF-Bericht 6/1998

Heinisch E, Schramm K-W, Kettrup A, Sonntag D, Fischer J, Wenzel S (1997) Persistente organische Verbindungen in Oberflächenwasser, Sediment (Gewässerboden) und Aalen des Oder-Spree-Systems. Wasser und Boden 49:36–49

LAU Sachsen-Anhalt (1996) Gewässergütebericht des Landesamtes für Umweltschutz in Sachsen-Anhalt 1996

SENSTADTUM (1993) Daten zur Belastung von aquatischem Sediment mit PAK im Müggelsee, der Müggelspree und dem Teltowkanal. Senatsverwaltung für Stadtentwicklung und Umweltschutz, Berlin

2.11 Gewässerbelastungen durch Arzneimittel

KLAUS HABERER und THOMAS A. TERNES

2.11.1 Einleitung

Zur medizinischen Versorgung werden in Deutschland beträchtliche Arzneimittelmengen eingesetzt. Die Produktionszahlen der Arzneimittelwirkstoffe sind, abgesehen von den Antibiotika (laut Statistischem Bundesamt 1994 ca. 2000 t/a), nicht zugänglich. Bekannt sind dagegen die Verordnungsmengen im humanmedizinischen Bereich (Schwabe u. Paffrath 1996). Da diese im Bereich von mehreren Tonnen je Jahr liegen und manche Humanpharmaka bis zu 50% (Bezafibrat) unverändert ausgeschieden werden, ist mit dem verbreiten Auftreten der Arzneimittelwirkstoffe in der Umwelt zu rechnen.

Die verordneten Pharmaka gelangen in der Regel über die natürlichen Ausscheidungswege wie Urin oder Faeces in das Abwassersystem und so nach dem Passieren der Kläranlagen in die Oberflächengewässer. Zu welchen Anteilen auch die unsachgemäße Entsorgung – beipielsweise über die Toiletten – zur Abwasserbelastung beiträgt, ist nicht bekannt. Da insbesondere lipophile Pharmakarückstände nach der Abwasserreinigung am Klärschlamm sorbieren können, ist auch die Verwendung von Klärschlamm auf Agrarflächen eine mögliche Kontaminationsquelle für Boden, Grundwasser und Oberflächenwässer. Eine größere Bedeutung für Boden- und Grundwasserbelastungen sollte jedoch den Veterinärpharmaka zukommen, da diese schwerpunktmäßig nicht (wie die Humanpharmaka) über kommunale Kläranlagen, sondern mit der Güllebehandlung der Felder in die Umwelt eingetragen werden. Darüber hinaus können Pharmaka auch über Industrieabwässer der Arzneimittelproduzenten in die Fließgewässer eingetragen werden.

Aus pharmakokinetischen Studien ist bekannt, daß der überwiegende Teil der aufgenommenen Pharmaka metabolisiert ausgeschieden wird (Mutschler 1996; Forth et al. 1996; Hardman et al. 1996). Da die Metabolite in der Regel eine höhere Polarität als die Ausgangsverbindungen aufweisen, kann man davon ausgehen, daß diese mit den üblichen Abwassertechniken auch schlechter eliminiert werden und daher in den Vorflutern verstärkt auftreten.

Bereits 1981 wurden in Gewässern Großbritanniens Pharmakarückstände mit Konzentrationen von bis zu 1 µg/l nachgewiesen. Exakte Konzentrationen wurden zumeist nicht angegeben (Waggott 1981;

Watts et al. 1983; Richardson u. Bowron 1985). Bei Iona Island (Vancouver/Canada) konnten im Abwasser die Antiphlogistika Ibuprofen und Naproxen identifiziert werden (Rogers et al. 1986). Hignite u. Azarnoff (1977) fanden in kommunalen Kläranlagenabläufen von Kansas City/USA bis zu 28,7 kg/d Salicylsäure und bis zu 2,9 kg/d Clofibrinsäure. In Deutschland wurde die Clofibrinsäure in Fluß-, Grundwasser- und Trinkwasserproben detektiert mit Konzentrationen bis zu 165 ng/l (Stan u. Linkerhäger 1994; Heberer u. Stan 1996). Bei systematische Studien des ESWE-Instituts wurde in den Jahren 1995 bis 1998 eine Vielzahl von Pharmakarückständen der Indikationsgruppen Antiphlogistika, Lipidsenker, Antiepileptika, Psychopharmaka, Bronchspasmolytika, Östrogene, Antibiotika sowie ausgewählter Metabolite in Kläranlagenabläufen und zum Großteil auch in Flüssen und Bächen nachgewiesen (Stumpf et al. 1996; Hirsch et al. 1996, 1998; Ternes 1998; Ternes et al. 1998). Weiterhin wurde auch auf phenolische Antiseptika untersucht, die in Desinfektionsmitteln häufig im Prozentbereich (Rote Liste 1996) enthalten sind. Diese werden in Krankenhäusern in großen Mengen eingesetzt, daneben aber auch im Sanitärbereich der Haushalte oder in Massentierstallungen vor dem Neubesatz mit Tieren (Löscher et al. 1994); von dort können sie mit dem Abwasser in die Vorfluter gelangen.

Die nachfolgenden Ergebnisse der systematisch vorgenommener Expositionsstudien an einer Vielzahl von Pharmaka, an ausgewählten Metaboliten und einigen Antiseptika in deutschen Oberflächengewässern unterschiedlicher Größe und – zur Abklärung der Eintragswege – auch in Abwässern und Kläranlagenabläufen beziehen sich, soweit nicht anderes erwähnt, auf die oben zitierten Literaturstellen. Die Medianwerte und die Maximalkonzentrationen sind aus der Übersichtsarbeit von Ternes (1998) entnommen.

2.11.2 Belastung deutscher Fließgewässer

2.11.2.1 Pharmaka

In 40 untersuchten deutschen Fließgewässern konnten 25 Pharmaka und 4 Metabolite in zumindest einer Probe nachgewiesen werden (Tabelle 2-54). Die Medianwerte von sieben Pharmaka und der Clofibrinsäure, dem gemeinsamen Metabolit von drei unterschiedlichen Lipidsenkern, lagen sogar über 0,05 μg/l. Alle in Tabelle 2-54 aufgeführten Pharmaka, für die ein Medianwert über der Bestimmungsgrenze von

Tabelle 2-54. Konzentrationsbereiche der nachgewiesenen Pharmaka und Antiseptika in deutschen Fließgewässern

Median >0,050 μg/l	Median 0,05–0,01 μg/l	Median<BG; 90-Perzentil>BG	90-Perzentil<BG; Maximum>BG
Lipidsenker:	**Lipidsenker:**	**Antiphlogistika:**	**Antiphlogistika:**
Bezafibrat	*Metabolit*	Ketoprofen	Dimethylaminophenazon
Gemfibrozil	Fenofibrinsäure	*Metabolite*	**Betablocker:**
Metabolit	**Antiphlogistika:**	Salicylsäure	Betaxolol
Clofibrinsäure	Indometacin	Gentisinsäure	**Bronchospasmolytika:**
Antiphlogistika:	Phenazon	**Betablocker:**	Salbutamol
Diclofenac	**Betablocker:**	Bisoprolol	Fenoterol
Ibuprofen	Metoprolol	Carazolol	**Antibiotika:**
Naproxen	Propranolol	**Antibiotika:**	Chloramphenicol
Antiepileptikum:	**Antiseptika:**	Clarithromycin	
Carbamazepin	Clorofen	Roxithromycin	
Antibiotika:	**Antibiotika:**	Trimethoprim	
Erythromycin	Sulfamethoxazol		

0,01 μg/l ermittelt wurde, müssen als ubiquitär verbreitete Umweltchemikalien eingestuft werden. Wenn die Medianwerte auch größtenteils unter 0,1 μg/l lagen, waren Spitzenwerte von über 1 μg/l keine Seltenheit. Da diese der kleinen Gewässer meist höher ist, liegt die Vermutung nahe, daß die Belastung in engem Zusammenhang mit dem Abwasseranteil im betreffenden Gewässer steht (Ternes 1998). Vor allem in kleineren Vorflutern von kommunalen Kläranlagen konnten hohe Konzentrationen nachgewiesen werden. So waren beispielsweise im Winkelbach, einem kleinen Bach im hessischen Ried, in der Summe über 6 μg/l an Pharmakarückständen nachweisbar. Größere Fließgewässer wie der Rhein mit einem kleineren kommunalen Abwasseranteil wiesen in der Regel geringere Konzentrationen auf, wie die Belastung des Rheins bei Mainz mit Betablockern verdeutlicht (Abb. 2-46).

Für größere Fließgewässer wie Rhein oder Main ist neben dem Eintrag über kommunale Kläranlagen auch ein Beitrag durch industrielle Abwässer der Pharmakaproduzenten zu erwarten (Ternes 1998). Hierfür sprechen auch die relativ hohen Konzentrationen von Phenazon und Dimethylaminophenazon im Main mit bis zu 0,95 μg/l (Abb. 2-47). In allen anderen untersuchten Fließgewässern lagen die Konzentrationen für diese beiden Analgetika um eine Größenordnung niedriger. Unter den sauren Pharmaka im Rhein bei Mainz wurden 1996 allein für Diclofenac Frachten schon bis zu 45 kg je Tag beobachtet. Da am Rhein auch einige Diclofenac-Produzenten ansässig sind, ist ein industrieller Eintrag für diese Verbindungen nicht auszu-

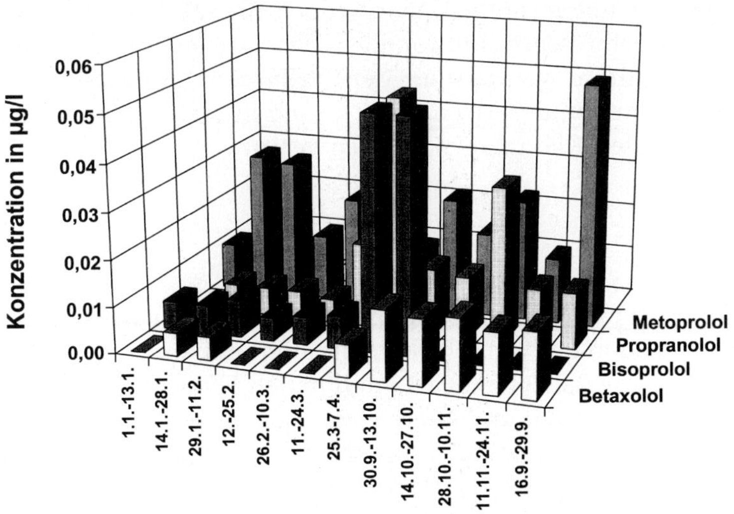

Abb. 2-46. Konzentrationen an Betablocker im Rhein/Mainz (Tagesmischproben aus 1996)

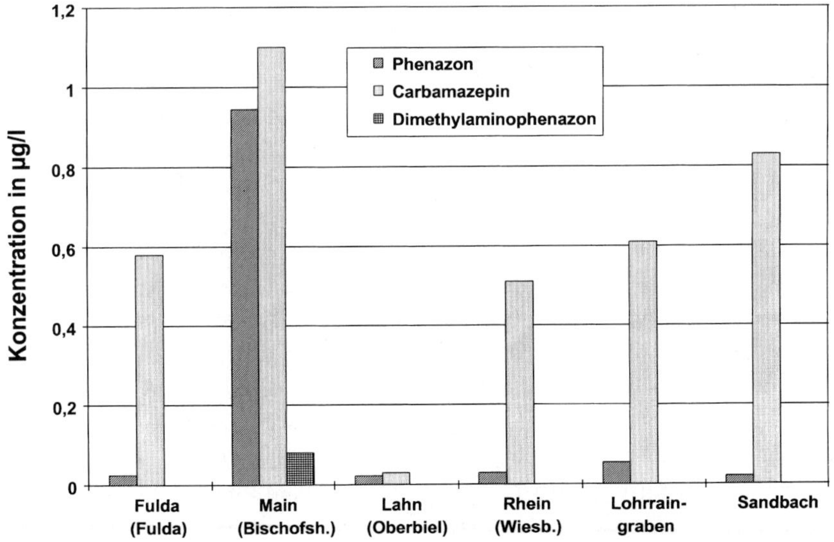

Abb. 2-47. Nachweis von Carbamazepin, Phenazon und Dimethylaminophenazon in großen und kleinen Fließgewässern

schließen. Dies trifft auch für Carbamazepin zu, das mit Konzentrationen von bis zu 1 µg/l im Main nachweisbar war. Um die Einträge durch Industrieabwässer von denen der kommunalen Kläranlagen zweifelsfrei zu unterscheiden, sind jedoch direkte Untersuchungen an den Industrieabwässern notwendig. Diese stehen bislang noch aus. Für die ubiquitäre Verbreitung der Pharmaka, insbesondere in den kleineren Bächen und Flüssen, sind jedoch in erster Linie die Einträge mit kommunalen Kläranlagenabläufen verantwortlich.

2.11.2.2 Antiseptika

Antiseptika mit einer phenolischen Grundstruktur wie Clorofen oder Biphenylol sind in der Umwelt ebenfalls ubiquitär anzutreffen, wobei die Medianwerte von 0,010 bzw. 0,023 µg/l in den Fließgewässern die relativ niedrige Belastung dokumentieren. Bei hohem Abwasseranteil fanden sich jedoch Antiseptika auch in höheren Konzentrationen, wie der Maximalwert für Biphenylol von 0,25 µg/l belegt (Ternes et al. 1998).

2.11.3 Belastung kommunaler Kläranlagen

2.11.3.1 Pharmaka

Um die typischen humanmedizinischen Eintragswege zu verfolgen, wurden auch die Abläufe kommunaler Kläranlagen auf Pharmaka und Antiseptika untersucht. Hierbei wurden Tagesmischproben der korrespondierenden Zu- und Abläufe einer in der Nähe von Frankfurt gelegenen kommunalen Kläranlage und die Abläufe einer Vielzahl weiterer Kläranlagen jeweils über 6 Tage entnommen und analysiert. Alle in Tabelle 2-54 und Abb. 2-48 aufgelisteten Pharmaka und Antiseptika konnten im Abwasser nachgewiesen werden. In gesammelten Zulaufproben fand sich Salicylsäure in Konzentrationen bis zu 54 µg/l. Die Elimination in der beprobten Kläranlage variierte zwischen 7% für Carbamazepin und über 99% für Salicylsäure, lag in der Regel jedoch über 60%. Starke Regenereignisse führten zu deutlich reduzierten Eliminierungsgraden (z.B. <5% für Bezafibrat; Ternes 1998). In 49 untersuchten Kläranlagenabläufen wurde als höchste Konzentration 6,3 µg/l für das Antiepileptikum Carbamazepin gefunden.

Die Eliminierbarkeit der fünf untersuchten Pharmaka-Metaboliten in den kommunalen Kläranlagen erwies sich als sehr unterschiedlich. Clofibrinsäure und Fenofibrinsäure, beides aktive Metabolite von Lipidsenkern, wurden im Beprobungszeitraum in der kommunalen Kläranlage zu 51% bzw. 64% eliminiert. Sie waren in den meisten Kläranlagenab-

Tabelle 2-55. Elimination von Pharmaka und ausgewählten Metaboliten nach Passage einer kommunalen Kläranlage in der Nähe von Frankfurt/Main

Substanzen (Probenahme)	Elimination (%) (24.6.–30.6.96)	Substanzen (Probenahme)	Elimination (%) (28.1.–2.2.97)
Betablocker		*Antiphlogistika*	
Metoprolol	70	Acetylsalicylsäure	81
Propranolol	96	Diclofenac	69
Bisoprolol	66	Ibuprofen	90
Betaxolol	80	Naproxen	66
Carazolol	67	Acetaminophen	>99
		Indometacin	75
β_2-Bronchospasmolytika		*Lipidsenker und Metaboliten*	
Terbutalin	71	Bezafibrat	83
Salbutamol	84	Gemfibrozil	69
		Fenofibrinsäure	64
		Clofibrinsäure	51

Substanzen (Probenahme)	Elimination (%) (24.7.–30.7.97) *(24.3.–30.3.97)
Neutrale Pharmaka	
Carbamazepin	7
Dimethylamino-phenazon	38*
Phenazon	33
Fenofibrat	>80*

läufen mit maximalen Konzentrationen von bis 1,7 µg/l nachweisbar. Salicylsäure, Gentisinsäure und Salicylursäure als die bekannten Metabolite der Acetylsalicylsäure konnten zwar im Zulauf der Kläranlage im µg/l-Bereich (bis zu 54 µg/l für Salicylsäure!) detektiert werden; im Ablauf lagen die Konzentrationen jedoch unter den Bestimmungsgrenzen, so daß sich hohe Eliminationsraten errechneten. Auch in den übrigen 35 untersuchten Kläranlagenabläufen waren diese Metabolite – wenn überhaupt – nur sporadisch und mit niedrigen Konzentrationen (< 0,05 µg/l) anzutreffen. Die im Zulauf der Kläranlage mit durchschnittlich 3 µg/l beobachtete Acetylsalicylsäure wurde während des Durchgangs durch die Kläranlage um 81% reduziert, ohne daß die beschriebenen Metabolite nachweisbar waren. Offensichtlich wird die Acetylsalicylsäure in der Kläranlage zum Großteil eliminiert und vermutlich sogar weitgehend mineralisiert. Um die Abbauwege und gegebenenfalls das Sorptionsverhalten unter realen Bedingungen aufzuklären, sind weiterführende Untersuchungen notwendig.

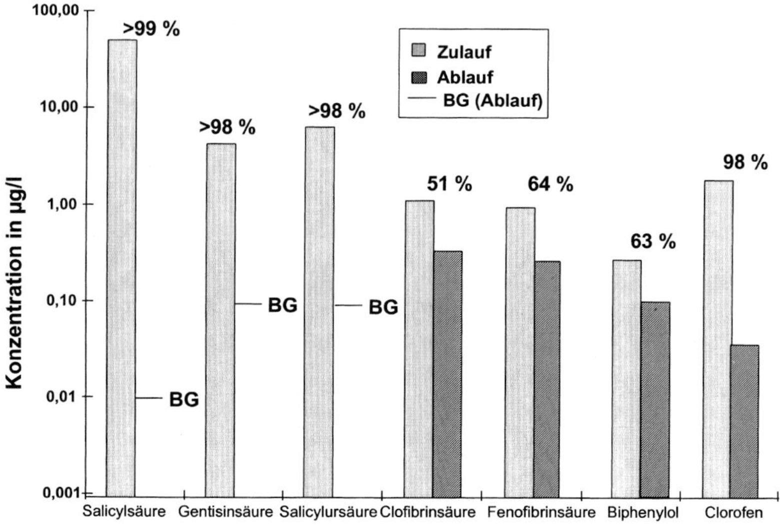

Abb. 2-48. Nachweis von Pharmakametaboliten und Antiseptika in korrespondierenden Zu- und Abläufen einer kommunalen Kläranlage in der Nähe von Frankfurt und Angabe der Elimination in % (Probenahme: 28.1. bis 2.2.97)

Diese Beispiele lassen erkennen, daß Pharmaka im Abwasser offensichtlich zu beträchtlichen Anteilen unverändert und auch in Kläranlagenabläufen bis in den µg/l-Bereich vorliegen. Da selbst Verbindungen wie die Acetylsalicylsäure, die als sehr gut abbaubar eingestuft wird (Richardson u. Bowron 1985), in Kläranlagenabläufen mit Medianwerten von 0,22 µg/l und Spitzenwerten von bis zu 1,5 µg/l enthalten waren, ist mit dem Auftreten einer Vielzahl an Pharmaka aus nahezu allen Anwendungsgebieten der Medizin in den Kläranlagenabläufen zu rechnen. Für 21 von 38 untersuchten Humanpharmaka konnten in den Abläufen Medianwerte ermittelt werden, die über der Bestimmungsgrenze lagen. Da in der Humanmedizin nach Angabe der Roten Liste (1996) ca. 2900 Wirkstoffe zugelassen sind, wurden noch nicht einmal 2% untersucht.

2.11.3.2 Antiseptika

Organische Antiseptika können als Folge ihrer vielfältigen Anwendungsfelder in der medizinischen Versorgung und im häuslichen Sanitärbereich über das Abwasser in die aquatische Umwelt eingetragen werden. Im Zulauf einer kommunalen Kläranlage wurden beispielsweise Biphenylol, Clorofen und 4-Chlor-m-kresol nebeneinander mit

Konzentrationen bis zu 2 µg/l nachgewiesen (Ternes et al. 1998). Diese drei Verbindungen sind die am häufigsten verwendeten phenolischen Antiseptika der im Fachhandel angebotenen Desinfektionsmittel (Rote Liste 1996). Weitere Antiseptika wurden im Zulauf der Kläranlage nicht gefunden. Biphenylol und Clorophen wurden zu 98% bzw. 63% entfernt, während 4-Chlor-m-kresol im Kläranlagenablauf nicht mehr nachweisbar war. In 49 untersuchten Kläranlagenabläufen zeigte sich ebenfalls, daß Biphenylol und Clorophen mit Medianwerten von 0,03 µg/l bzw. 0,05 µg/l die dominierenden phenolischen Antiseptika waren. Die Höchstkonzentration lag bei 2,6 µg/l (für Biphenylol). Dieses wird neben seiner Verwendung als Desinfektionsmittel auch als Fungizid zur Schalenbehandlung von Zitrusfrüchten eingesetzt (Motohashi u. Nagashima 1991).

2.11.4 Verbreitung und Bedeutung einzelner pharmazeutischer Indikationsgruppen

2.11.4.1 Antiphlogistika

Nichtsteroidale Antiphlogistika sind aromatische organische Verbindungen, die entzündungshemmend, analgetisch und antipyretisch wirken (Forth et al. 1996). Die ärztlich verordneten Mengen dieser vor allem in der Human-, aber auch in der Veterinärmedizin eingesetzten Schmerzmittel übersteigen in Deutschland teilweise 100 t je Jahr (Schwabe u. Paffrath 1996). Da einige dieser Verbindungen wie z. B. Paracetamol oder Ibuprofen auch ohne ärztliches Rezept in der Apotheke erhältlich sind, ist anzunehmen, daß die verabreichten Mengen teilweise deutlich über den Verordnungsmengen liegen. Die in den Fließgewässern gefundenen Diclofenac-Konzentrationen von bis zu 1,2 µg/l und Medianwerte zwischen 0,02 und 0,15 µg/l für die fünf in Tabelle 2-54 enthaltenen Verbindungen belegen die ubiquitäre Verbreitung dieser Indikationsgruppe.

2.11.4.2 Lipidsenker

Die analysierten Clofibrinsäurederivate und Analoga senken bevorzugt erhöhte Triglyceridspiegel im Blut und besitzen zudem eine (wenn auch deutlich schwächere) cholesterinreduzierende Wirkung

(Mutschler 1996; Forth et al. 1996). Die Tagesdosen der einzelnen nahezu ausschließlich in der Humanmedizin eingesetzten Verbindungen reichen bis in den Bereich von 1,5 g (für Clofibrat). Bei etwa 180 Millionen verordneten Tagesdosen errechneten sich die Summe der analysierten Lipidsenker (Clofibrinsäure-Derivate, Fenofibrat, Bezafibrat, Gemfibrozil) für das Jahr 1995 auf etwa 67 t. Clofibrinsäure ist der aktiv wirkende Metabolit der drei Lipidsenker Etofibrat, Clofibrat und Etophyllinclofibrat. Da die analysierten Clofibrinsäurederivate und Analoga überwiegend (meist sogar zu über 90%) als Glucuronide ausgeschieden werden, sind die relativ hohen Konzentrationen von bis zu 0,5 µg/l (Clofibrinsäure) in den Fließgewässern nur durch eine Spaltung dieser Konjugate erklärbar (Ternes 1998).

2.11.4.3 Antiepileptika

Antiepileptika werden zur Behandlung von Epilepsien bevorzugt in der Humanmedizin eingesetzt. Vielfach werden sie über Jahre täglich verabreicht, um symptomatisch Krämpfe zu unterdrücken (Mutschler 1996; Forth et al. 1996). Bei Tagesdosen für Carbamazepin zwischen 0,6 und 1,2 g/Tag ergeben sich für Deutschland Verordungsmengen von ca. 80 t/Jahr. Obwohl Carbamazepin weitgehend (zu ca. 97%) metabolisiert ausgeschieden wird (Hardman et al. 1996; Frey et al. 1985), wurden für dieses Antiepileptikum in den Fließgewässern mit 0,25 µg/l der zweithöchste Medianwert ermittelt. Carbamazepin wird zum einen beim Durchgang durch die Kläranlage nur ungenügend eliminiert (beispielsweise <7%; nach Ternes 1998); andererseits ist zu vermuten, daß dieser Stoff durch Spaltung des ausgeschiedenen N-Glucuronid-Konjugates wieder in der Umwelt freigesetzt wird. Außerhalb der Medizin sind keine Anwendungsgebiete bekannt, durch die lokal erhöhte Konzentrationen, beispielsweise im Rhein, auch durch industrielle Abwässer der Produzenten mitverursacht sein können.

2.11.4.4 Zytostatika

Zytostatische Chemotherapeutika werden in der Human- und Veterinärmedizin bei der Tumortherapie eingesetzt. Die im Untersuchungsprogramm ausschließlich enthaltenen Alkylantien, das sind DNA-alkylierenden Substanzen (Mutschler 1996; Forth et al. 1996), waren in Fließgewässern jedoch nicht nachweisbar. Da diese Substanzen bevorzugt in Krankenhäusern verabreicht werden, sollten sie besonders in Krankenhausabwässern nachweisbar sein. Steger-Hartmann et al. (1996) konnten in dem Abwasser einer Unversitätsklinik 0,146 µg/l Cyclophosphamid und 0,024 µg/l Ifosfamid nachweisen. Auch in kommunalen Kläranlagenabläufen traten vereinzelt positive Befunde dieser beiden Verbindungen auf (Ternes 1998). Eine ubiquitäre Verbreitung ist jedoch nicht zu erwarten, zumal die Ausscheidungen der behandelten Patienten in der Regel gesammelt und anschließend gesondert entsorgt werden.

2.11.4.5 Antibiotika

Antibiotika hemmen das Wachstum von Bakterien oder töten diese ab. Sie werden in der Regel bei Infektionskrankheiten eingesetzt. Ursprünglich wurden unter Antibiotika nur die biosynthetisch gewonnenen antibakteriell wirksamen Naturstoffe verstanden, im Unterschied zu den chemisch synthetisierten ebenfalls antibakteriell wirksamen Chemotherapeutika (Mutschler 1996; Forth et al. 1996). Zur Vereinfachungen werden hier beide Gruppen unter der Indikationsgruppe Antibiotika zusammengefaßt, unter der sich ein große Vielfalt an chemischen Verbindungsklassen (z. B. Penicilline, Tetracycline, Makrolide etc.) verbirgt.

In den Fließgewässern und Kläranlagenabläufen waren nach Hirsch et al. (1998) keine Tetracycline und keine Penicilline nachweisbar, obwohl sie mengenmäßig zu den an häufigsten eingesetzten Verbindungen zählen. Tetracycline bilden mit Calcium- oder Magnesiumkationen vermutlich schwerlösliche Verbindungen (Lunestad u. Goksoyr 1990; Lai et al. 1995) und werden deshalb aus der Wasserphase weitestgehend entfernt, während Penicilline nach Spaltung des Lactamrings wahrscheinlich abgebaut werden. Nachweisbar waren dagegen Makrolid-Antiobiotika wie der Metabolit Dehydrato-Erythromycin mit einem Medianwert von bis zu 0,15 µg/l und Spitzenwerten bis zu 1,7 µg/l (Hirsch et al. 1999). Des weiteren konnten Sulfamethoxazol und Trimethoprim häufiger aufgefunden werden. Aufgrund der großen Anwendungsmengen im Human- und auch im Veterinärbereich (Löscher et al. 1994; Schwabe u. Paffrath 1996) ist das Auftreten von Antibiotika in der Umwelt zu erwarten. Die ubiquitär nachgewiesenen Konzentrationen an Makrolid-Antibiotika sowie Sulfamethoxazol und Trimethoprim in den Oberflächenwässern sind aufgrund möglicher Resistenzbildung (Campeau et al. 1996; Alvero 1987; Malik u. Ahmad 1994) für die therapeutische Anwendung langfristig als bedenklich einzustufen.

2.11.4.6 Betablocker

Betablocker hemmen die Funktion des sympathischen Nervensystems in allen Organen, die mit adrenergen β-Rezeptoren ausgestattet sind, indem diese blockiert werden (Mutschler 1996; Forth et al. 1996). In der Humanmedizin werden sie häufig zur Behandlung von Bluthochdruck eingesetzt. Der in der Umwelt dominierende, selektiv auf β_2-Rezeptoren wirkende Betablocker Metoprolol wurde in Deutschland 1995 mit 50 t/Jahr von den ausgewählten Substanzen am häufigsten verordnet. Da nur 3 bis 10% unverändert ausgeschieden werden (Hardman et al. 1996), waren die Spitzenwerte von über 2 µg/l überraschend hoch. Neben Metoprolol war lediglich noch Propranolol in den Fließgewässern ubiquitär nachweisbar (Tabelle 2-54), wenn auch in um den Faktor 4 geringerer Konzentration. Die Anwendung erstreckt sich weitgehend auf die Humanmedizin, wobei im Veterinärbereich Betablocker illegal bei Tiertransporten eingesetzt werden (Löscher et al. 1994).

2.11.4.7 Bronchospasmolytika

Die Bronchospasmolytika hemmen selektiv die β_2-Adrenozeptoren (Mutschler 1996; Forth et al. 1996). Sie werden zur Therapie von Atemwegserkrankungen – insbesondere Asthma – bevorzugt in der Humanmedizin, aber auch gelegentlich in der Veterinärmedizin beim Pferd eingesetzt (Löscher et al. 1994). In Fließgewässern waren selbst in hoch abwasserbelasteten Proben nur vereinzelt Salbutamol, Fenoterol und Clenbuterol in niedrigen Konzentrationen mit maximal 0,06 µg/l anzutreffen (Ternes 1998). Letzteres wird verbotenerweise in der Rindermast verwendet.

2.11.5 Ökotoxikologische Bewertung

Auswirkungen der Pharmaka oder deren Metaboliten auf die Umwelt – und speziell auf das aquatische Ökosystem – können zur Zeit kaum abgeschätzt werden, weil bei der Zulassung der Humanpharmaka in Deutschland vom Gesetzgeber keine ökotoxikologischen Daten erhoben werden (EG-Richtlinie 93/39 EWG). Für die Neuzulassung von Veterinärpharmaka seit 1995 können aufgrund der EG-Richtlinie 92/18 EWG diese Daten jedoch gefordert werden. Die wenigen in der

Literatur erwähnten ökotoxikologischen Daten wurden größtenteils an akuten Testsystemen gewonnen (Halling-Sørensen 1998; Henschel et al. 1997). Die akute Toxizitäten der untersuchten Pharmaka liegen in der Regel im mg l^{-1}-Bereich, so daß die Substanzen nach diesen Tests als relativ untoxisch einzustufen wären. Aufgrund der bekannten spezifischen pharmakologischen Wirkungen von Pharmaka sind jedoch eher chronische Effekte zu erwarten. Die gegenwärtig zur Umweltverträglichkeitsprüfung nach ChemG, PflSchG oder der Biozidrichtlinie verwendeten ökotoxikologischen Standardtestsyteme wurden nicht für die spezifischen Wirkungen der Arzneimittelwirkstoffe entwickelt, so daß sie vermutlich deren Umwelttoxizität nur unzureichend wiedergeben (Henschel et al. 1997). Um der Besonderheit der Arzneimittelwirkstoffe Rechnung zu tragen, müßten bestehende Testsysteme modifiziert oder neu entwickelt werden.

2.11.6 Zusammenfassende Betrachtung

Pharmaka treten im Abwasser in beträchtlichen Mengen unmetabolisiert auf. Das Passieren einer kommunalen Kläranlage führt zwar für viele Substanzen zu einer deutlichen Konzentrationsabnahme; im Ablauf finden sich dennoch die meisten Pharmaka bis zu einigen Mikrogramm je Liter. Starke Regenereignisse können zu einer deutlichen Reduzierung der Eliminationsleistung kommunaler Kläranlagen gegenüber einzelnen Pharmaka führen (Ternes 1998). Zusätzlich finden sich in Zu- und Abläufen von Kläranlagen stabile Metabolite, die unterschiedlich gut eliminiert werden. Die Salicylsäure, ein Metabolit der Acetylsalicylsäure, wurde zu über 98% eliminiert, während die untersuchten Lipidsenker-Metabolite Clofibrinsäure und Fenofibrinsäure im Kläranlagenablauf noch deutlich nachweisbar waren. Da Pharmaka meist in metabolisierter Form ausgeschieden werden, ist mit dem Auftreten weiterer sehr polarer Metabolite in der Hydrosphäre zu rechnen. Derzeit fehlen jedoch für die überwiegende Anzahl der Metabolite noch die geeigneten Referenzsubstanzen, die für eine sinnvolle Methodenentwicklung und Quantifizierung unerläßlich sind.

Zahlreiche Pharmaka müssen als ubiquitär verbreitete Umweltchemikalien eingestuft werden. Bewegen sich die Konzentrationen in den Fließgewässern auch größtenteils im ng/l-Bereich, so werden vereinzelt doch auch Spitzenkonzentrationen von mehr als 1 µg/l gemessen. Aus nahezu allen mengenmäßig bedeutsamen Indikationsgruppen (Antiphlogistika, Lipidsenker, Antiepileptika, Antibiotika, Betablocker, Bronchospasmolytika) konnten Wirksubstanzen in Oberflächengewässern detektiert werden. Von den untersuchten Substanzen waren bislang lediglich die Psychopharmaka (Diazepam) und Zytostatika (Ifosfamid, Cyclophosphamid) nicht nachweisbar.

Vermutlich werden die meisten nachgewiesenen Pharmaka nach humanmedizischer Anwendung weitgehend in die Umwelt eingetragen, da sämtliche in den Fließgewässern detektierten Arzneistoffe in deutlich höheren Konzentrationen auch in kommunalen Kläranlagenabläufen enthalten waren. Man kann davon ausgehen, daß Arzneimittelwirkstoffe, die im Tonnenmaßstab je Jahr angewendet werden, in Abhängigkeit von Metabolismus und Eliminierbarkeit bei der Abwasserbehandlung zu nachweislichen Gewässerbelastungen führen. Die beobachteten Konzentrationen der Arzneistoffe sind den in der Literatur beschriebenen Werten für Pestizide vergleichbar. Da Pharmaka das ganze Jahr über verabreicht werden, sollten die Jahresfrachten jedoch höher liegen.

Neben den Pharmaka konnten auch die beiden Antiseptika Biphenylol und Clorofen in nahezu allen Oberflächengewässern detektiert werden, jedoch selten in Konzentrationen über 0,05 µg/l. In Gewässern mit hohem Abwasseranteil waren Spitzenwerte von bis zu 0,25 µg/l zu beobachten. Die Belastung der Flüsse und Bäche mit Pharmaka und Antiseptika korreliert offensichtlich mit dem Abwasseranteil in den Gewässern.

2.11.7 Literatur

Alvero CC (1987) Antibiotic resistance of heterotrophic bacterial flora of two lakes. Syst Appl Microbiob 9:169–172

Campeau RC, Gulli LF, Graves JF (1996) Drug resistance in Detroit River Gram-negative bacilli. Microbios 88:205–212

Forth W, Henschler D, Rummel W, Starke K (1996) Allgemeine und spezielle Pharmakologie und Toxikologie. Wissenschaftsverlag Mannheim/Leipzig/Wien/ Zürich, 6. Aufl

Frey H-H, Janz D (1985) Antiepileptic drugs, handbook of experimental pharmacology. Vol 74. Springer-Verlag, Berlin

Halling-Sorensen B, Nielsen SN, Lanzky PF, Ingerslev F, Holten Lützhaft HC, Jorgensen SE (1998) Occurrence, fate and effects of pharmaceutical substances in the environment – a review. Chemosphere 36:357–393

Hardman JG, Limbird LE, Molinoff PB, Ruddon RW, Gilman AG (1996) Goodman and Gilman's The Pharmacological Basis of Therapeutics. McGraw-Hill Health Professions Divisions, New York

Heberer T, Stan HJ (1996) Vorkommen von polaren organischen Kontaminanten im Berliner Trinkwasser. Occurrence of polar organic contaminants in Berlin drinking water. Vom Wasser 86:19–31

Henschel KL, Wenzel A, Dietrich M, Fliedner A (1997) Environmental hazard assessment of pharmaceuticals. Regulatory Toxicol and Pharmacol 25:220–225

Hignite C, Azarnoff DL (1977) Drugs and Drug Metabolites as Environmental Contaminants: Chlorophenoxyisobutyrate and Salicylic Acid in Sewage Water Effluent. Life Science 20:337–342

Hirsch R, Ternes TA, Haberer K, Kratz KL (1996) Nachweis von Betablockern und Bronchospasmolytika in der aquatischen Umwelt. Vom Wasser 87:263–274

Hirsch R, Ternes TA, Kratz KL, Haberer K (1999) Occurence of antibiotics in the aquatic environment. Sci Total Environ 225:109–118

Lai HT, Liu SM, Chien YH (1995) Transformation of chloramphenicol and oxytetracycline in aquaculture pond sediments. J Environ Sci Health, Part A: Environ Sci Eng Toxic Hazard Subst Control, A30:1897–1823

Löscher W, Ungemach FR, Kroker R (1994) Grundlagen der Pharmakotherapie bei Haus und Nutztieren. Basics of pharmacological therapy of domestic animals. Paul Parey, Berlin

Lunestad BT, Goksoyr J (1990) reduction in the antibacterial effect of oxytetracycline in sea water by complex formation with magnesium and calcium. Dis Aquat Org 9:67–72

Malik A, Ahmad M (1994) Incidence of drug and metal resistance in E. coli strains from sewage water and soil. Chem Environ Res 3:3–11

Motohashi N, Nagashima H (1991) high-performance liquid chromatography of fungizides in citrus fruits. J-Liq-Chromatogr 14:3591–3602

Mutschler E (1996) Arzneimittelwirkungen, Lehrbuch der Pharmakologie und Toxikologie, Textbook of pharmacology and toxicology. Wissenschaftliche Verlagsgesellschaft mbH, Stuttgart

Richardson ML, Bowron JM (1985) The fate of pharmaceutical chemicals in the aquatic environment. Journal of Pharm Pharmacol 37:1–12

Rogers IH, Birtwell IK, Kruzynski GM (1986) Organic extractables in municipal wastewater Vancouver, British Columia. Water Poll Res J Canada 21:187–204

Römbke J, Knacker Th, Stahlschmidt-Allner P (1996) Studie über Umweltprobleme im Zusammenhang mit Arzneimitteln, F+E Vorhaben Nr. 106 04 121, Umweltbundesamt, Berlin

Rote Liste (1996) Arzneimittelverzeichnis des BPI, Hrsg: Bundesverband der pharmazeutischen Industrie e.V., ECV Editor Cantor Verlag für Medizin und Naturwissenschaften GmbH

Schwabe U, Paffrath D (1996) Arzneiverordnungsreport '96 Aktuelle Daten, Kosten, Trends und Kommentare. Fischer-Verlag, Stuttgart

Stan H-J, Linkerhäger M (1994) Vorkommen von Clofibrinsäure im aquatischen System – führt die therapeutische Anwendung zu einer Belastung von Oberflächen-, Grund- und Trinkwasser. Vom Wasser 83:57–68

Statistisches Bundesamt (1994) Produktion nach Güterarten und Güterklassen 1994, Melde-Nr. 4717 Wiesbaden

Steger-Hartmann T, Kümmerer K, Schecker J (1996) Trace analysis of the antineoplastics ifosfamide and cyclophosphamide in sewage water by two-step solid-phase extraction and gas chromatography-mass spectrometry. J Chrom 726:179–184

Stumpf M, Ternes TA, Haberer K, Seel P, Baumann W (1996) Nachweis von Arzneimittelrückständen in Kläranlagen und Fließgewässern. Vom Wasser 86:291–303

Ternes TA (1998) Occurrence of Drugs in German Sewage Treatment Plants and Rivers. Water Research 32:3245–3260

Ternes TA, Stumpf M, Schuppert B u. Haberer K (1998) Determination of acidic drugs and antiseptics in sewage and river water. Vom Wasser 90:295–309

Waggott A (1981) Trace Organic Substances in the River Lee (Great Britain). In: Cooper WJ (ed) Chem Water Reuse 2:55–99. Ann Arbor Sci. Ann Arbor, Michigan

Walle T, Webb JG, Bagwell EE, Walle UK, Daniell HB, Gaffney TE (1988) Stereoselective Delivery and actions of beta receptor antagonists. Biochem Pharmacol 37:115–124

Watts CD, Crathorne M, Fielding M, Steel CP (1983) Identification of non-volatile organics in water using field desorption mass spectrometry and high performance liquid chromatography, 120–131. In: Angeletti G et al. (eds) Analysis of organic micropollutants in water. Reidel Publ Corp, Dordrecht

3 Komplexe Wirkungen von Xenobiotika in Gewässern

3.1 Toxische Wirkung auf aquatische Organismen

G. Gunkel

3.1.1 Parameter zur Bewertung der toxischen Wirkung

Die Reaktion eines Organismus auf eine toxische Verbindung muß als eine allgemeine Reaktion-Stimulus-Kurve beschrieben werden, wie sie in nahezu allen biologischen Systemen auftritt. Es ergibt sich eine rechtsschiefe Verteilungsfunktion, die durch eine einfache logarithmische Transformation des Stimulus (=Konzentration oder Kontaminationsdauer des Toxins) in eine Normalverteilung überführt werden kann. Diese Normalverteilung wird durch zwei Parameter definiert, den Mittelwert der Normalverteilung (d.h. 50% der Organismen zeigen eine Reaktion) und die Standardabweichung der Normalverteilung als Varianz der Reaktion (der Mittelwert ± Standardabweichung umfaßt den Bereich 16 bis 84%). Als statistisches Verfahren zur Beschreibung von toxischen Wirkungen auf Organismen dient die Wahrscheinlichkeitsanalyse (=Probitanalyse, Finney 1971), und es können statistisch gesicherte Daten über die Toxizität von Stoffen ermittelt werden. Als Parameter werden erhoben:

- **LC50** („median lethal concentration“) als mittlere letale Konzentration; der Index 50 gibt den Prozentsatz der geschädigten Organismen an. Mitunter werden auch andere Wirkungsschwellen betrachtet, z.B. LC10 für 10% geschädigte Tiere. Allerdings nimmt die Signifikanz der Daten in den Randbereichen der Normalverteilung deutlich ab. Bei der Erfassung der LC50 ist die Expositionszeit der Standardtestverfahren mit 1 bis 2 Tagen vorgegeben.
- **EC50** („median effective concentration“) als mittlere subletal wirksame Konzentration; in einigen Testverfahren ist es notwendig, subletale Effekte zu erfassen, da der Zeitpunkt des Todes nur sehr

schwer ermittelbar ist (u.a. bei Wasserflöhen *Daphnia*). Bei der Angabe einer EC50 muß der erfaßte Effekt, z.B. Immobilisierung der Daphnien, mit benannt werden.

- **LT50** („median lethal time") beschreibt die mittlere Zeit bis zum Eintritt einer letalen Wirkung; bei der Angabe einer LT50 muß die entsprechende Konzentration des Toxins vorgegeben werden, z.B. aufgrund der Vorflutverhältnisse. Die LT50 liefert somit eine toxikologische Bewertung einer speziellen Gewässersituation.
- **ET50** („median effective time") als mittlere Zeit bis zum Eintritt eines subletalen Effektes. Bei Angabe einer ET50 muß die entsprechende Konzentration des Toxins und der erfaßte Effekt benannt werden.

Die Erfassung der akuten toxischen Wirkung eines Stoffes in Abhängigkeit von der Konzentration liefert in der überwiegenden Zahl der untersuchten Verbindungen eine Hyperbelfunktion mit den Schwellenwerten der Manifestationszeit (minimale Zeit bis zum Eintritt einer Wirkung) und der Konzentration (minimale Konzentration für eine beginnende toxische Schädigung, Abb. 3-1). Die Grundlage dieser Toxizitätskurve bildet eine Reaktion zweiter Ordnung, die charakteristisch für viele biologische Systeme ist. Aus dieser Funktion ist abzuleiten, daß eine minimale Zeit bis zum Eintritt einer Wirkung besteht und auch bei sehr hohen Konzentrationen diese Manifestationszeit nicht unterschritten werden kann. Daneben existiert aber auch

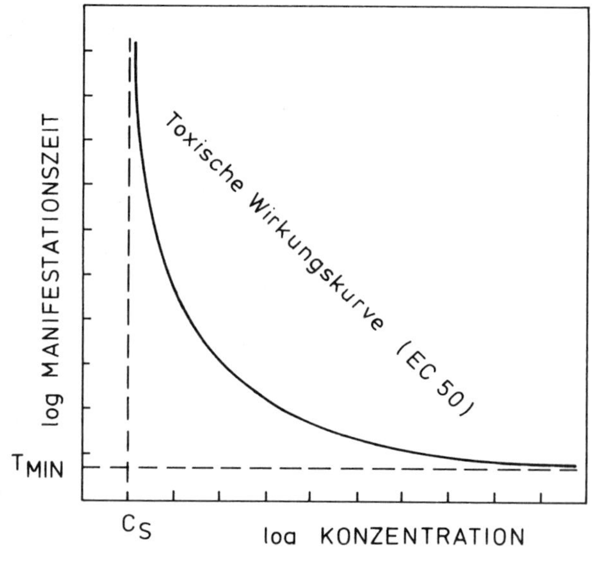

Abb. 3-1. Charakteristische Toxizitätskurve; dargestellt ist die Beziehung zwischen der Konzentration eines Toxins und der Zeit bis zum Eintritt einer Wirkung; die Hyperbelfunktion entspricht einer Reaktion 2. Ordnung. Es ergeben sich zwei Schwellenwerte, die minimale Zeit bis zum Eintritt einer Wirkung und die geringste Konzentration, die zu keiner Schädigung der Organismen führt (aus Gunkel 1994)

eine minimale Konzentration, die zu einer erkennbaren Schädigung führt, bzw. es gibt einen Bereich geringer Konzentrationen, die keine Schädigung der Organismen auslösen. Dieser Schwellenwert wird auch als **„no effect level"** oder **„incipient lethal threshold"** bezeichnet und beschreibt die nicht toxische Konzentration eines Schadstoffes auf einen Organismus.

Nur wenige Toxine weisen eine Reaktion erster Ordnung auf, d.h. eine lineare Beziehung zwischen der Konzentration und der Manifestationszeit. Bei diesen Verbindungen kann kein „no effect level" aus der Toxizitätskurve abgeleitet werden, und auch geringste Spurenkonzentrationen führen zu einem erkennbaren Effekt. Eine derartige Reaktion wird u.a. für die alkylierende Verbindungen angenommen.

Die zunehmende Erkenntnis über die unzureichende Übertragbarkeit der akut toxischen Daten auf natürliche Gewässer hat dazu geführt, daß heute der Schwellenwert der toxischen Wirkung anhand sehr empfindlicher subakuter Testverfahren ermittelt wird. Es werden erfaßt die

- **NOEC** („no observed effect concentration") als höchste Konzentration eines Schadstoffes, die, gemessen am empfindlichsten Parameter eines subletalen Testverfahrens, nicht toxisch wirkt, und die
- **LOEC** („lowest observed effect concentration") als geringste toxisch wirksame Konzentration eines Stoffes. Die LOEC ist nur eine andere Auswertung eines NOEC-Testverfahrens mit Angabe der gerade noch toxisch wirksamen Konzentration.

Das Konzept des NOEC stellt eine wesentliche Erweiterung toxikologischer Testverfahren dar, da sich hierbei die Bewertungsverfahren sprunghaft vom akuten Kurzzeittest zum chronischen Langzeittest ändern. Die zur Erfassung der NOEC anzuwendenden Testverfahren dauern über drei Wochen (NOEC-Daphnientest, Wasserflöhe *Daphnia magna*) bis 4 Wochen (Fischembryo-/Larventest; Zebrabärbling *Danio rerio*; OECD 1993, Bd. 3A, Kap. 1.3.2.3). Derartig aufwendige Toxizitätsuntersuchungen sind notwendig geworden, da viele Xenobiotika eine lange Manifestationszeit aufweisen und somit im ein- bis zweitägigen akuten Toxizitätstest nicht erfaßt werden können: Ca. 50% der Toxine weisen eine Manifestationszeit von >2 Tagen auf, 11% der Toxine weisen sogar eine Manifestationszeit von >7 Tagen auf (Sprague 1969).

3.1.2 Einfluß abiotischer und biotischer Parameter auf die toxische Wirkung

Biologische Systeme reagieren auf Störgrößen mit einer erheblichen Varianz, die z. T. auf biotische Parameter (u. a. individuelle Reaktionsnorm, Vitalität), z. T. aber auch auf abiotische Parameter (Temperatur, Wasserzusammensetzung, Licht usw.) zurückzuführen ist. Über viele Jahre war es eine vordringliche Aufgabe der Toxikologie, den Einfluß dieser Parameter zu erfassen und zu quantifizieren (Muirhead-Thompson 1971; EIFAC 1983). Heute wird die Bedeutung der Varianz biologischer Testverfahren durch eine umfassende Standardisierung der Testverfahren minimiert, und es sind nationale sowie internationale Normen erarbeitet worden (u. a. Deutsche Einheitsverfahren als DIN-Verfahren, U.S. Environmental Protection Agency als EPA-Verfahren, Organisation for Econonic Co-Operation and Development als OECD-Norm, International Standardisation als ISO-Norm).

Die Fortschritte in der Testkonzeption haben ebenfalls dazu beigetragen, daß die Varianz biologischer Experimente signifikant verringert werden konnte. So wird neben einer Kontrolle im engeren Sinn (als positive Kontrolle) eine negative Kontrolle, d. h. ein Referenztoxin verwendet. Das Redundanzverfahren (Durchführung von zwei parallelen Testverfahren) verhindert weitgehend die zufällige Störung eines Experimentes. Auch Ringteste haben dazu beigetragen, mögliche Fehler in biologischen Experimenten zu erkennen. Daneben ist die Anwendung der „good laboratory practice" (GLP) heute Standard für analytische und biologische Labore.

Auch bei einer hohen Standardisierung und Optimierung biologischer Experimente bleiben zahlreiche Parameter wirksam, die die Toxizitätsdaten beeinflussen und die bei der Bewertung der Toxine, insbesondere bei der Übertragung der Daten auf natürliche Gewässer, berücksichtigt werden müssen (Gunkel 1994; Steinberg et al. 1992).

3.1.2.1 Art der Testorganismen

Die verschiedenen aquatischen Organismen weisen eine spezifische Empfindlichkeit für Toxine auf, u. a. da sie über spezielle, gruppentypische physiologische Leistungen und Stoffwechselprozesse verfügen. Dies hat dazu geführt, daß vier Organismen unterschiedlicher Entwicklungsstufe als Standardtestorganismen ausgewählt wurden. Es sind dies

- die Bakterien (*Pseudomonas putida*, *Photobacterium phosphoreum*); die Bakterien repräsentieren die wichtige Gruppe der Destruenten im Gewässer,
- eine Grünalge (*Scenedesmus subspicatus*) als ein Vertreter der zur Photosynthese befähigten Organismen,
- der Wasserfloh (*Daphnia magna*) als ein Kleinkrebs mit einem Chitinskelett sowie
- die Fische (u. a. die Goldorfe *Leuciscus idus* und der Zebrabärbling *Danio rerio*) als Organismen mit Organen, Gehirn und einem artspezifischen Verhalten.

Nur durch die gleichzeitige Ermittlung der toxischen Wirkung auf diese vier Gruppen läßt sich das toxische Potential eines Stoffes ermitteln; für die Bewertung der aquatischen Toxine muß dann der empfindlichste Test herangezogen werden. Grundlage für die Anwendung dieser vierstufigen Testbatterie ist die organismenspezifische Wirkung vieler Toxine.

Die Wirkung eines Toxins auf verschiedene Organismengruppen (Bakterien, Algen, Wasserflöhe, Fische) streut erheblich und erreicht in der Regel Varianzen um den Faktor 10^3, mitunter auch 10^4. Auch bei Einsatz dieser vier Standardtestorganismen verbleibt noch eine hohe Varianz der Empfindlichkeit zwischen den Organismen (Gunkel 1994).

Die verschiedenen Arten einer Organismengruppe können sehr unterschiedliche Lebensräume besiedeln, und die einzelnen Arten sind entsprechend an die unterschiedlichen Umweltbedingungen angepaßt. Zudem besteht bei den Organismen einer Art auch eine individuelle Varianz der Empfindlichkeit, die mit einem unterschiedlichen Erbgut erklärt werden muß. Entsprechend genetisch fixierte Unterschiede in der Sensibilität konnten für Wasserflöhe (*Daphnia* spp.) und das Schilfrohr (*Phragmites australis*) festgestellt werden; beide Organismen treten natürlicherweise in geklonten Populationen auf (= Individuen mit identischen Genen), so daß sich in abgeschlossenen Gewässern sehr leicht Klone mit einer spezifischen Resistenz gegenüber einen Umweltfaktor herausbilden können.

3.1.2.2 Verschiedene Entwicklungsstadien einer Art

Unterschiedliche Entwicklungsstadien kommen insbesondere bei den Fischen vor, und bereits frühzeitig wurde erkannt, daß ein Maximum der Empfindlichkeit bei Fischlarven auftritt. Viele Entwicklungsschritte (z. B. das Schlüpfen der Larven, die Resorption des Dottersackes und der Beginn einer eigenständigen Ernährung) stellen weitreichende Stoffwechselveränderungen dar. Sie führen zu einer Verringerung der Vitalität der Organismen und zu einer entsprechenden Erhöhung der Sensibilität. Erst durch die in den letzten Jahren entwickelten NOEC-Testverfahren (Daphnienreproduktionstest, Fischembryonen-/Larventest) wird diese erhöhte Sensibilität der Embryonen bzw. Larven berücksichtigt und erfaßt.

Für die Einschätzung der Bedeutung des Parameters „Entwicklungsstadium" muß auch auf die Problematik des Auftretens von Mißbildungen bei Fischlarven in der Nordsee hingewiesen werden: Im Bereich der Deutschen Bucht sind vor einigen Jahren sehr stark gehäuft Mißbildungen von Fischlarven festgestellt worden. Als Ursache wird ein erhöhter Gehalt von Xenobiotika in den Elterntieren vermutet, ohne daß bislang bekannt ist, welche Verbindungen hierfür verantwortlich sind (Cameron et al. 1990). Entsprechende Mißbildungsphänomene sind bislang bei den limnischen Fischarten noch nicht nachgewiesen worden.

3.1.2.3 Physiologischer Zustand

Der physiologische Zustand eines Organismus beschreibt die Vielzahl der möglichen stoffwechselphysiologischen Einstellungen, z. B. Stoffwechselintensität (Hungerzustand, unterschiedliche Ernährungszustände), Wachstumsrate, Laichreife, Fettgehalt usw. Generell ist eine Beeinflussung der Sensitivität von Organismen durch diese Parameter zu erwarten, und es liegen zahlreiche Untersuchungen vor, die dies auch belegen. Allerdings sind nur in Einzelfällen die Mechanismen der Wirkung bekannt. Bei den Daphnien- und Fischtestverfahren kann der physiologische Zustand durch eine hohe Standardisierung weitgehend genormt werden.

3.1.2.4 Temperatur

Die Temperatur beeinflußt die toxische Wirkung von Xenobiotika über zwei grundsätzlich verschiedene Prozesse: Zum einen ist der Stoffwechsel der Organismen temperaturabhängig, und zum anderen sind die physikalisch-chemischen Reaktionen des Toxins im Wasser ebenfalls temperaturabhängig. Steigende Temperaturen führen zu einer Erhöhung der Stoffwechselintensität der Organismen, jedoch betrifft dies alle Stoffwechselprozesse, sowohl die Schadstoffaufnahme als auch die Schadstoffexkretion, so daß kein genereller Effekt von Temperaturerhöhungen beschrieben werden kann. Neben dem direkten Temperatureffekt ist auch ein indirekter Effekt von Bedeutung: Bei Temperaturerhöhung auf überoptimale Temperaturen tritt ein erhöhter Sauerstoffbedarf auf, der bei O_2-Mangel als ein zusätzlicher Streßfaktor synergistische Effekte mit dem Schadstoff bewirken kann. Die temperaturabhängigen physikalisch-chemischen Reaktionen eines Toxins im Wasser haben zusätzlich einen großen Einfluß auf das toxische Potential eines Stoffes, denn die Prozesse der Sorption, Komplexierung und Dissoziation sind temperaturabhängige Gleichgewichtsreaktionen.

3.1.2.5 Wasserchemische Parameter

Die wasserchemischen Parameter sind generell von Bedeutung für die toxische Wirkung, da sie entweder direkt mit dem Toxin in Wechselwirkung stehen oder über synergistische Effekte die Toxizität beeinflussen; hierzu liegen zahlreiche Untersuchungen vor. Nachgewiesen ist z. B. der Effekt der Ionenkonzentration: Bei steigenden Ionenkonzentrationen tritt eine Konkurrenz bei der Aufnahme in den Organismus auf, und sie kann zu einer verminderten Toxizität führen, besonders ausgeprägt ist dieser Effekt naturgemäß bei ionischen Verbindungen. So ist die Wirkung von Schwermetallen im carbonatarmen Wasser erheblich größer als im carbonatreichen Wasser (s. Bd. 3A, Kap. 3.7.3). Auch die Wasserstoffionenkonzentration (pH) beeinflußt direkt die Toxizität, da bei einigen Toxinen das Dissoziationsgleichgewicht (= Bildung von Ionen) pH-abhängig ist: Ammonium (NH_4^+) steht im Gleichgewicht mit Ammoniak (NH_3), letztere ist eine sehr stark toxische Form. Bei pH-Werten <8 liegt weitgehend das nichttoxische Ammonium vor, während bereits bei pH $=9{,}2$ nahezu 50% als Ammoniak vorliegt.

Auch Komplexbildner greifen direkt in die Verfügbarkeit von Xenobiotika ein – sie führen zu einer Erhöhung der Löslichkeit durch Komplexierung. Zugleich kann diese Komplexierung aber die toxische Wirkung eines Stoffes reduzieren, da die Aufnahme in den Organismus sterisch gehemmt sein kann oder die Wirkungsgruppen maskiert sind (s. Kap. 2.7.6). Somit ist die Wirkung von natürlichen und synthetischen Komplexbildnern sehr komplex und bedarf gezielter Untersuchungen, insbesondere über die anthropogene Freisetzung von nicht oder kaum abbaubaren Komplexbildnern (z. B. von EDTA, Ethylendiamintetraacetat und NTA, Nitrilotriacetat als Reinigungszusätze).

Weitere wasserchemische Parameter von großer Bedeutung für die toxische Wirkung sind der Sauerstoffgehalt als ein zusätzlicher Streßfaktor (s. Bd. 3A, Kap. 3.3), der Schwebstoffgehalt mit seiner adsorptionsaktiven Oberfläche und der Gehalt an gelösten organischen Kohlenstoffen (DOC) als natürliche Komplexbildner (s. Kap. 2.7).

3.1.2.6
Konzentration und Bioverfügbarkeit eines Toxins

Die Beziehung zwischen der Konzentration eines Toxins und der Wirkung kann durch die in Abb. 3-1 dargestellte Hyperbelfunktion erfolgen, nur in Ausnahmefällen ergeben sich lineare Toxizitätsverläufe. Allerdings muß, insbesondere bei der Betrachtung geringer Konzentrationen, die wirksame bzw. bioverfügbare Konzentration berücksichtigt werden. Viele Xenobiotika können in verschiedenartigen Formen vorliegen, und diese weisen meist ein unterschiedliches toxisches Potential auf. Umfangreiche Daten liegen über die Bindungsart in Wasser (=Speziierung) für Schwermetalle vor (s. Bd. 3A, Kap. 3.7.3.1). In den letzten Jahren konnte die Bedeutung der Speziierung auch für organische Schadstoffe (u. a. PCB's) nachgewiesen werden. Die wesentlichen Formen der Schwermetallspeziierung im Wasser sind

- gelöste Anteile, meist als die Fraktion $<0{,}45\ \mu m$ definiert,
- komplex gebundene Anteile mit einer großen Varianz in der Größe und der Stabilität der Komplexe; diese Komplexe können sowohl $<0{,}45\ \mu m$ als auch $>0{,}45\ \mu m$ sein,
- partikulär gebundene Anteile, d.h. über Adsorption an reaktive Stellen der Oberflächen angelagert; sie können über Ionenaustausch erfaßt und quantifiziert werden,
- partikuläre Anteile, u. a. in Algen, Bakterien und anorganischen Fällungsprodukten angereichert; die Fraktion ist $>0{,}45\ \mu m$.

Die Ermittlung und Quantifizierung der Schwermetallspeziierung kann über mehrstufige Extraktionsverfahren erfolgen (Pickering 1981).

Die Speziierung von organischen Xenobiotika muß ebenfalls nach einem entsprechenden Schema bewertet werden, und es sind gelöste, komplex gebundene, adsorbierte und partikuläre Anteile zu unterscheiden (Abb. 3-2, s. a. Kap. 2.7). Die Speziierung von Xenobiotika ist auch unter ökosystemaren Aspekten von Bedeutung, denn der Eintrag und die Verfrachtung der Xenobiotika im Ökosystem werden über die Prozesse der Ad- und Desorption sowie der Sedimentation und der Sedimentresuspension beeinflußt (Kap. 4.4).

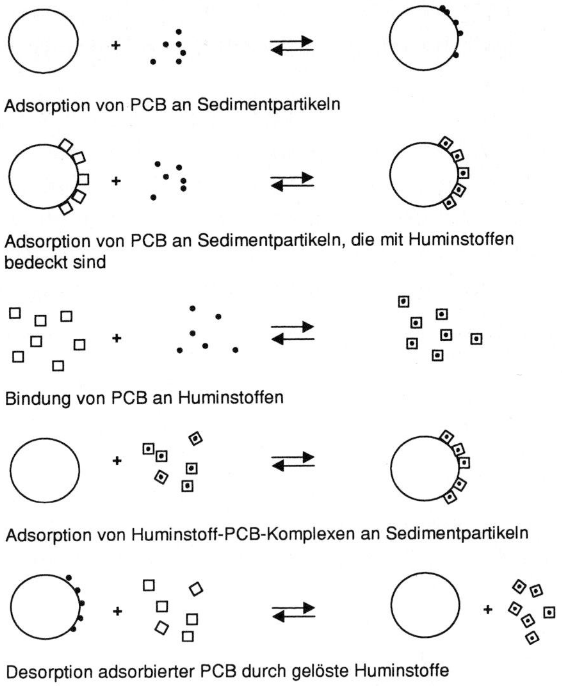

Abb. 3-2. Schematische Darstellung der Speziierung organischer Schadstoffe am Beispiel der PCB; es treten mit Schwebstoffen und Huminstoffen verschiedenartige Bindungsformen auf (n. Rav-Acha u. Rebhuhn 1992)

Für die Bewertung der Wirkung von Xenobiotika in natürlichen Gewässern ist neben der maximal auftretenden Konzentration die Änderung der Konzentration von großer Bedeutung, denn sehr häufig treten in Fließgewässern schwankende Konzentrationsverläufe auf. Nach einer punktuellen, zeitlich begrenzten Einleitung bildet sich eine fortschreitende, sich flußabwärts verlagernde Schadstoffwelle aus, so daß unterhalb der Einleitung ein sinusartiger Verlauf der Toxinkonzentration auftritt. Durch die oben genannten Umsetzungen zwischen gelöst und adsorptiv gebunden sowie durch den Abbau der metabolisierbaren Verbindungen können in Gewässern sich stark ändernde Konzentrationen auftreten. Derartige Toxizitätsschübe treten in situ sehr zahlreich auf, u. a. durch pH-Absenkung nach der Schneeschmelze, Sauerstoffmangel nach Gewässerunterhaltungseingriffen (Mahd) und erhöhte Ammoniakkonzentrationen durch die photosynthetisch ausgelösten pH-Änderungen in eutrophen Gewässern. Über die Wirkung von nur kurzzeitig einwirkenden Schadstoffkonzentrationen auf Organismen ist nahezu nichts bekannt. Weitgehend unklar ist auch, ob bereits das kurzfristige Überschreiten einer letalen Konzentration zu einer letalen Schädigung führt oder ob die Konzentration bis zum Eintritt der Wirkung aufrechterhalten werden muß (Gunkel 1994).

3.1.3
Toxische Effekte auf aquatische Organismen

Die toxische Wirkung eines Stoffe kann sich prinzipiell in allen Stoffwechselreaktionen manifestieren, und somit können alle biologischen Leistungen beeinträchtigt werden. Durch eine Vielzahl von Toxizitätsuntersuchungen konnte dies auch nachgewiesen werden. Toxizitätsuntersuchungen sind auch notwendig, um Wirkungsmechanismen aufzuklären und Struktur-Wirkungs-Beziehungen zu ermitteln (QSAR, „quantitative structure-activity relationships"). Eine Einstellung der Toxizitätsexperimente mit Organismen aufgrund des Tierschutzgedankens ist gegenwärtig aufgrund der notwendigen Überwachung der Umwelt und der Bewertung von natürlichen und anthropogenen Stressoren nicht möglich.

Die **Biolumineszenz** ist eine stoffwechselphysiologische Leistung, die bei einigen marinen Bakterien auftritt und physiologisch Bestandteil des Kohlenstoff-Stoffwechsels (Zitronensäurezyklus) ist. Viele Toxine hemmen die Lichtemission dieser Bakterien, ein Effekt, der zur Entwicklung des Leuchtbakterientestes geführt hat. Durch Verfahrensoptimierung ist dies heute eines der am häufigsten eingesetzten Bakterientestverfahren (Krebs 1983).

Die Störung der **Photosynthese** kann durch viele Xenobiotika erfolgen, insbesondere durch jene Verbindungen, die gezielt als Herbizide eingesetzt werden. Daneben sind auch natürlich in der Umwelt auftretende Stoffe toxisch für die Photosynthese, z.B. viele Schwermetallionen (z.B. wurde Kupfersalz lange Zeit als Herbizid eingesetzt) und aromatische Kohlenwasserstoffe. Häufige Effekte sind die Störung des Elektonentransportes, oxidative Angriffe am Redoxsystem oder an den Pigmenten der Chloroplasten, Blockierung der ATP-Synthese und Wegfang von freien Elektronen aus dem Photosynthesezyklus. Ein besonderer Wirkungsmechanismus stellt die Unterbrechung der Algenfluoreszenz dar, eine spontane Lichtemission der photosynthetisch aktiven Zellen. Diese Fluoreszenzstrahlung kann heute über Photomultiplier erfaßt werden und bildet die Grundlage für ein kontinuierlich arbeitendes Testverfahren (Gerhardt et al. 1992).

Eine Veränderung der **Atmungsaktivität** tritt bei Einwirkung sehr vieler Toxine auf, häufig als Erhöhung der Atmungsintensität, da in der Regel das Stoffwechselniveau steigt. Dieser steigende Sauerstoffverbrauch kann im Respirometer quantifiziert werden. Als Respirometer wird eine hermetisch abgeschlossene Kammer bezeichnet, in der die Organismen leben. Die Atmungsfrequenz von Fischen kann auch direkt über die Kiemendeckelbewegung erfaßt werden durch Registrierung des elektrischen Potentials im Wasser. Die Atmung muß als ein sehr empfindliches Kriterium betrachtet werden, allerdings wirken bereits abnehmende Sauerstoffkonzentrationen in der Versuchskammer (z. B. in einem Respirometer) unmittelbar als Streßfaktor. Respirationsuntersuchungen erfordern somit in der Regel technisch sehr aufwendige Durchflußrespirometer.

Viele Xenobiotika führen zu einer Hemmung der **Enzymaktivitäten**, d. h. die durch Enzyme katalysierten Stoffwechselprozesse werden verlangsamt oder blockiert. Enzymatische Reaktionen können wie folgt beschrieben werden:

Substrat + Enzym als Ausgangsstoffe → reaktive Adduktionsverbindung als Zwischenprodukt → Produkt + Enzym als Endprodukte; das freie Enzym kann erneut eine Reaktion katalysieren.

Die Hemmung erfolgt meist unspezifisch durch strukturelle Ähnlichkeit der Xenobiotika mit dem natürlichen Substrat. Ein Beispiel ist die Hemmung der ATPase-Aktivität in Zellen, die zu einer Veränderung der Membraneigenschaften führt; insbesondere wird der Stofftransport durch die Membranen gestört. Auch andere Enzyme wie Phosphatasen, Transaminasen und Hydrogenasen können in ihrer Aktivität verändert werden. Die Wirkung derartiger Änderungen von Enzymaktivitäten kann sich nahezu in allen physiologischen Leistungen manifestieren. Bekannt sind u. a. Störungen des Protein-, Kohlenstoff- und Fettstoffwechsels.

Xenobiotika greifen auch in den **Hormonstoffwechsel** von Organismen ein. Nachgewiesen sind u. a. die Störung der Bildung von Schilddrüsenhormonen und des Cortisols der Nebennierenrinde. Auch östrogen-ähnliche Wirkstoffe sind in der aquatischen Umwelt vorhanden. Sie bewirken u. a. eine Veränderung der Sexualausprägung (s. Kap. 3.6).

Die **morphologischen Strukturveränderungen** von Organismen umfassen u. a. die direkt erkennbaren Schädigungen wie z. B. Geschwürbildung, Skelettdeformation und Flossenfäule. Es treten aber auch Gewebeveränderungen auf wie z. B. Schädigung des Kiemenepithels und der Sinnesknospen. Die Xenobiotika können diese Schädigungen entweder direkt auslösen (ätzende oder oberflächenaktive Wirkung der Xenobiotika) oder indirekt als Folge der Schädigung des Erbgutes (= teratogene Wirkung, s. Kap. 3.5) und Auftreten von Mißbildungen bei den Nachkommen.

Die **Blutparameter** (u. a. Zahl und Art der Blutzellen, Blutfett, Enzyme, Blutzucker) der aquatischen Organismen werden mit großer Wahrscheinlichkeit durch Xenobiotika beeinflußt, allerdings ist die

Varianz sehr groß. Die Blutparameter werden in hohem Maß von abiotischen und biotischen Faktoren bestimmt (Temperatur, Temperaturvarianz, Alter, Ernährungszustand, Vitalität usw.). Als wechselwarme Tiere weisen die Organismen der Gewässer keine den Säugetieren entsprechenden konstanten Zellzahlen und Enzymaktivitäten im Blut auf, so daß eine vergleichbare Diagnostik bislang nicht entwickelt werden konnte bzw. kaum entwickelt werden kann.

Auch das **Verhalten** der Organismen wird auf vielfältige Weise durch Xenobiotika beeinflußt. Bei vielen Organismen konnte eine Flucht- oder Präferenzreaktion nachgewiesen werden, d.h. Xenobiotika werden als Streßfaktor erkannt und gemieden (=Fluchtreaktion) oder es tritt eine besondere Attraktivität des Stoffes auf, und er wird aktiv aufgesucht (=Präferenzreaktion) – mit fatalen Folgen für den Organismus (s. Kap. 3.4.4). Eine Fluchtreaktion besonderer Art ist das aktive Abtreiben von Fließgewässerbewohnern bei Einwirkung von Xenobiotika, die sogenannte katastrophale Drift. Weitere Störungen des Verhaltens können u.a. auftreten im Schwarmverhalten (Schwarmbildung), der dorsoventralen Ausrichtung (=aufrechte Schwimmposition), dem Schwimmen gegen die Strömung (=positive Rheotaxis, d.h. das gelegentliche Abdriften mit der Strömung wird durch eine aktive Aufwärtswanderung kompensiert) und im Fortpflanzungsverhalten (Gelegebau, Eiablage und Befruchtung, Brutpflege). Diese Verhaltensstörungen führen im Freiland meist zu erheblichen Beeinträchtigungen bzw. zu letalen Schädigungen der Organismen. Viele Verhaltensmuster sind allerdings nur schwer registrierbar und quantifizierbar.

3.1.4 Toxisch relevante Konzentrationen

Die Bewertung von in Freiland auftretenden Toxinkonzentrationen muß unter Berücksichtigung des toxischen Potentials der Verbindungen erfolgen. Grundlage einer Bewertung ist einerseits die Beschreibung der akuten Toxizität, andererseits müssen auch die möglichen subakuten Effekte auf die Organismen erfaßt werden. Neben diesen toxischen Effekten können auch ökosystemare Effekte auftreten, deren Beschreibung Gegenstand der Ökotoxikologie ist (Kap. 3.4).

Als Maß für die akut toxische Gefährdung aquatischer Systeme dient die **Wassergefährdungszahl** WGZ, der negative dekadische Logarithmus der Toxizitätsschwelle als EC0 im Bakterienwachstumstest bzw. im akuten Fischtest. Bereits eine Toxizitätsschwelle von 1 mg l^{-1} führt zu einer WGZ von 6 (=stark wassergefährdend). Als wasserge-

Tabelle 3-1. EG-Gewässerschutzrichtlinie (1976); die Liste I (Schwarze Liste) enthält Stoffe, die nicht ins Gewässer gelangen dürfen, und die Liste II (Graue Liste) enthält Stoffe, deren Konzentrationen in Gewässer zu verringern sind

Liste I (Schwarze Liste): Stoffe, die nicht im Gewässer auftreten dürfen
Organische Halogenverbindungen und Stoffe, die im Wasser derartige Verbindungen bilden können,
organische Phosphorverbindungen,
organische Zinnverbindungen,
Stoffe, deren kanzerogene Wirkung im oder durch das Wasser erwiesen ist,
Quecksilber und Quecksilberverbindungen,
Kadmium und Kadmiumverbindungen,
beständige Mineralöle und aus Erdöl gewonnene beständige Kohlenwasserstoffe.
Liste II (Graue Liste): Stoffe, deren Konzentration im Gewässer zu verringern ist
Zink, Kupfer, Nickel, Chrom, Blei, Selen, Arsen, Antimon, Molybdän, Titan, Zinn, Barium, Beryllium, Bor, Uran, Vanadium, Kobalt, Thallium, Tellur und Silber sowie die Verbindungen dieser Stoffe,
Biozide und davon abgeleitetet Verbindungen, die nicht in der Liste I aufgeführt sind,
Stoff, die eine abträgliche Wirkung auf den Geschmack und/oder den Geruch der Erzeugnisse haben, die aus den Gewässern für den menschlichen Verzehr gewonnen werden sowie Verbindungen, die im Wasser zur Bildung solcher Stoffe führen können,
giftige oder langlebige organische Siliziumverbindungen und Stoffe, die im Wasser zur Bildung solcher Verbindungen führen können, mit Ausnahme derjenigen, die biologisch unschädlich sind oder die sich im Wasser rasch in biologisch unschädliche Stoffe umwandeln,
anorganische Phosphorverbindungen und reiner Phosphor,
nichtbeständige Mineralöle und aus Erdöl gewonnene nichtbeständige Kohlenwasserstoffe,
Zyanide und Fluoride,
Stoffe, die sich auf die Sauerstoffbilanz ungünstig auswirken, insbesondere Ammoniak und Nitrite.

fährdend werden die WGZ 4 bis 5,9 bezeichnet, schwach wassergefährdend sind die WGZ 2 bis 3,9, und als im allgemeinen nicht wassergefährdend werden die WGZ 0 bis 1,9 eingestuft. Die allgemeinen Toxizitätsdaten, u. a. auch zur Wassergefährdung, sind in Regelwerken zusammengefaßt (Roth 1982; Rippen 1997). Die Wassergefährdungszahl stellt allerdings eine sehr stark vereinfachte Beschreibung des toxischen Potentials eines Stoffes dar, da u. a. der akute Algen- und

Daphnientest nicht Bestandteil dieses Verfahrens ist. Auch die weitergehenden Testverfahren zur Ermittlung toxischer Schwellenwerte (s. Kap. 3.1.1) werden bei der Ermittlung der WGZ nicht berücksichtigt, so daß heute auf die Anwendung der WGZ zugunsten der weitergehenden Bewertungsverfahren verzichtet werden sollte.

Stoffe mit einem hohen Gefährdungsgrad für aquatische Systeme sind in der **EG-Gewässerschutzrichtline** (1976) benannt. Diese Richtlinie enthält zwei Listen, die Schwarze Liste (Liste I) mit Stoffen, die nicht in die Gewässer gelangen dürfen und die Graue Liste (Liste II) mit Stoffen, deren Konzentrationen im Gewässer zu verringern sind (Tabelle 3-1).

Die Bewertung der subletalen Toxizität muß über die einzelnen Stoffdaten erfolgen. Hierbei stellt der **NOEC** („no observed effect concentration") eine leicht zu interpretierende Größe dar und kann direkt als wirksame Konzentration oder indirekt über das Konzept der Zielvorgaben/Qualitätsziele (s. Kap. 3.1.5) auf die Gewässer übertragen werden.

Von großer Bedeutung ist heute allerdings die Bewertung von Spurenkonzentrationen, da aufgrund der Fortschritte in der Analytik Xenobiotika bereits in extrem geringen Konzentrationen nachgewiesen werden können. Häufig wird als eine Grenze der relevanten Schadstoffkonzentrationen im Wasser eine Konzentration von 0,1 μg/l diskutiert. Nachweise unter diesem Schwellenwert sollten dann nur noch als „Spuren" bezeichnet werden. Aufgrund der bereits vorliegenden Daten zur subletalen Wirkung müssen jedoch verschiedene Stoffe als Toxine mit einem sehr hohen toxischen Potential bezeichnet werden. Bei diesen **hochtoxischen Stoffen** liegt die Wirkung z. T. deutlich unter 1 μg/l, teilweise werden sogar toxische Schwellenwerte von < 0,01 μg/l ermittelt. Vertreter dieser hochtoxischen Verbindungen sind u. a. Atrazin, Dichlorvos, DDT, Lindan, Parathion, Perylen, Vertreter der Furane und Dioxine, zinnorganische Verbindungen und auch viele algenbürtige Schadstoffe (Gunkel 1994).

3.1.5 Güteanforderungen und Schutzgüter

Neben den in Kap. 3.1.4 angegebenen toxikologischen Datenlisten ist es notwendig, für die verschiedenen Gewässer Güteanforderungen zu erstellen, um für die toxischen Stoffe tolerierbare und anzustrebende Konzentrationen (= Qualitätsziele) festzulegen. Dieses Konzept der Qualitätsziele ist bereits frühzeitig vom EG-Rat verfolgt worden und hat zu der Verabschiedung entsprechender Richtlinien geführt, u. a.

Tabelle 3-2. Allgemeine Güteanforderungen für mäßig beeinträchtigte Fließgewässer des Landes Nordrhein-Westfalen (LWA 1990)

Toxische Stoffe	Richtwert	Grenzwert	Bewertungsrichtlinie
Adsorbierbare organische Halogene (AOX) ($mg\ l^{-1}$)	≤0,04		AGA
Ammoniak NH_3-N ($mg\ l^{-1}$)	<0,004	<0,02	EG Fischgew.
Ammonium-NH_4^+-N ($mg\ l^{-1}$)	<0,03	<0,78 [1])	EG Salmonidengew.
	<0,16	<0,78 [1])	EG Cyprinidengew.
Biochemischer Sauerstoffbedarf	<3		EG Salmonidengew.
BSB_5 ($mg\ l^{-1}$)	<6		EG Cyprinidengew.
BSB_5 mit Nitrifikationshemmung ($mg\ l^{-1}$)	≤5		AGA
Blei ges. ($mg\ l^{-1}$)	≤0,02		AGA
Cadmium ges. ($mg\ l^{-1}$)	≤0,001		AGA
Chemischer Sauerstoffbedarf CSB ($mg\ l^{-1}$)	≤20		AGA
Chrom ges. ($mg\ l^{-1}$)	<0,03		AGA
Eisen ges. ($mg\ l^{-1}$)	≤2		AGA
Kohlenwasserstoffe ($mg\ l^{-1}$)		o. B. [2])	EG Fischgew.
	<0,3		EG Badegew.
Kupfer ges. ($mg\ l^{-1}$)	≤0,04		AGA
Nickel ges. ($mg\ l^{-1}$)	≤0,03		AGA
Nitrat NO_3^--N ($mg\ l^{-1}$)	≤8		AGA
Nitrit NO_2^--N ($mg\ l^{-1}$)	<0,003		EG Salmonidengew.
	<0,009		EG Cyprinidengew.
pH-Wert	6,5–8,5		AGA
Phenolindex ($mg\ l^{-1}$)		o. B. [3])	EG Fischgew.
	≤0,005	<0,005	EG Badegewässer
Quecksilber ges. ($mg\ l^{-1}$)	≤0,0005		AGA
Suspendierte Stoffe ($mg\ l^{-1}$)	<25		EG Fischgew.
Temperatur (°C)		21,5 [4])	EG Salmonidengew.
		28 [4])	EG Cyprinidengew.
Tenside, anionaktive (MBAS) ($mg\ l^{-1}$)	≤0,3		EG Badegewässer
Zink ges. ($mg\ l^{-1}$)	≤0,3		AGA

[1]) kann unter bestimmten Verhältnissen höhere Werte als 1 $mg\ l^{-1}$ aufweisen

[2]) o. B. ohne Beeinträchtigungen, Ölkohlenwasserstoffe dürfen im Wasser nicht in solchen Mengen vorhanden sein, daß sie einen sichtbaren Film bilden, bei Fischen Schäden verursachen oder einen wahrnehmbaren Geschmack geben

[3]) o. B. ohne Beeinträchtigung, phenolhaltige Verbindungen dürfen nicht den Wohlgeschmack des Fisches beeinträchtigen

[4]) es gelten Sonderregelungen für Aufwärmspannen und Laichzeit-Temperaturen

die EG-Badegewässerrichtlinie (1976), die EG-Fischgewässerrichtline für Cypriniden- und Salmonidengewässer (1978) und die EG-Trinkwasserversorgungsrichtlinie (1975). In diesen Richtlinien werden Richtwerte und Grenzwerte benannt, die die entsprechenden Nutzungen der Gewässer sicherstellen sollen. Auf nationaler Ebene liegen für Fließgewässer des Landes Nordrhein-Westfalen die „Allgemeinen Güteanforderungen" (LWA 1990) vor, die wasserchemische Richtwerte für nur mäßig beeinträchtigte Fließgewässer vorgeben (Tabelle 3-2).

Als ein weitreichendes Konzept muß die Definition von Schutzgütern und die Ableitung von Zielvorgaben bzw. Qualitätszielen für Gewässer bewertet werden, entwickelt von einer Bund-Länder-Kommission (Dinkloh 1989; Gottschalk u. Stix 1992). Als Schutzgüter werden alle ökosytemaren Strukturen und Kompartimente eines Gewässers bezeichnet, die für die Funktion und Nutzung der Gewässer von zentraler Bedeutung sind. Es sind dies im einzelnen

- die aquatischen Lebensgemeinschaften,
- die Schwebstoffe und Sedimente eines Gewässers,
- die Fischerei als Berufs- und Sportfischerei,
- die Nutzung der Gewässer für Freizeit und Erholung,
- die Entnahme von Wasser für die Bewässerung landwirtschaftlicher Flächen,
- die Trinkwasserversorgung,
- die Meeresumwelt und
- die terrestrischen Lebensgemeinschaften.

Die Reihenfolge stellt keine Gewichtung der Schutzgüter dar. Die Schutzgüter umfassen die elementaren Funktionen der Ökosysteme und die wesentlichen Nutzungen. Die Erhaltung dieser Schutzgüter ist somit eine notwendige Aufgabe der Gewässerschutzpolitik. Dieses Schutzgutkonzept kann auf verschiedenartige Gewässer angewendet werden – je nach Art und Nutzung der Gewässer ergeben sich die anzuwendenden Schutzgüter (z.B. Gewässer mit oder ohne Trinkwassergewinnung, mit und ohne fischereilicher Bewirtschaftung). Aus diesen Schutzgütern lassen sich plausibel die Zielvorgaben (früher als Qualitätsziele bezeichnet) für ein Gewässer ableiten, die auf bereits bestehende Verordnungen und Richtlinien zurückgreifen (Tabelle 3-3).

Das Schutzgut **aquatische Lebensgemeinschaften** darf nicht durch toxische Stoffe geschädigt werden, d.h. die Organismen und Populationen dürfen keine toxischen Effekte zeigen. Zur Bewertung der möglicherweise im Gewässer vorkommenden Stoffe können die NOEC-Daten der Verbindungen herangezogen werden. Die Verwendung eines Sicherheitsfaktors von 0,1 empfiehlt sich, um die Übertragung der Da-

Tabelle 3-3. Schutzgüter der Gewässer und Festlegung von Zielvorgaben bzw. Qualitätszielen aufgrund der bestehenden Rechtslage

Schutzgüter	Bemessungsgrundlage für die Qualitätsziele
Aquatische Lebensgemeinschaften	*Toxizität*: NOEC×Ausgleichsfaktor von 0,1 *Wasserqualität und Toxizität*: EG-Fischgewässerrichtlinie (1978)
Schwebstoffe und Sedimente	*Rückstandsbildung*: Einbaugrenzwerte Berliner Liste (1996)
Berufs- und Sportfischerei	*Toxizität*: NOEC×Ausgleichsfaktor von 0,1 *Wasserqualität und Toxizität*: EG-Fischgewässerrichtlinie (1978) *Bioakkumulation*: Schadstoffhöchstmengenverordnung für Fische und Fischereierzeugnisse (1988) Pflanzenschutzmittel-Höchstmengenverordnung (1989)
Freizeit und Erholung	*Gewässerqualität und hygienische Bewertung*: EG-Badegewässerrichtlinie (1976)
Bewässerung landwirtschaftlich genutzter Flächen	*Wasserqualität, hygienische Bewertung und Humantoxizität:* EG-Trinkwasserversorgungsrichtlinie (1975)
Trinkwasserversorgung	*Wasserqualität, hygienische Bewertung und Humantoxizität*: EG-Trinkwasserversorgungsrichtlinie (1975) EG-Trinkwasserrichtlinie (1980) Trinkwasserverordnung (1990)
Grundwasser	*Toxizität*: EG-Grundwasserrichtlinie (1980) Berliner Liste (1996)

ten aus den Laborexperimenten auf das Freiland abzusichern. Weitere toxikologische Daten werden von der EG-Fischgewässerrichtlinie (1978) vorgeben, insbesondere für Ammonium und Nitrit. Die entsprechenden Qualitätsziele sind 0,03 mg l^{-1} NH_4^+-N für Salmonidengewässer bzw. 0,16 mg l^{-1} NH_4^+-N für Cyprinidengewässer, für Nitrit liegen sie bei 0,2 bzw. 0,3 mg l^{-1} NO_2^--N.

Das Schutzgut **Schwebstoffe und Sedimente** kann über die Einbaugrenzwerte terrestrischer Böden bewertet werden; dies würde den Einbau von Sedimenten nach der Entschlammung eines Gewässers in Böden von Kleingärten ohne Nutzungseinschränkung ermöglichen. Der Wiedereinbau von Gewässersedimenten in Böden ohne anschließende Nutzungseinschränkung muß gefordert werden, da sonst eine

Tabelle 3-4. Qualitätsziele für Sedimente; Grundlage der Bewertung bildet die Berliner Liste (1996) für sandige, nicht durch Geschiebelehm oder -mergel gedichtete Flächen; für Wasserschutzgebiete gelten strengere Grenzkonzentrationen

Toxische Stoffe		Grenzkonzentration
Arsen	(mg/kg TS)	<30
Blei	(mg/kg TS)	<200
Cadmium	(mg/kg TS)	<1
Chrom ges.	(mg/kg TS)	<100
Kupfer	(mg/kg TS)	<100
Nickel	(mg/kg TS)	<100
Quecksilber	(mg/kg TS)	<1
Zink	(mg/kg TS)	<300
Cyande	(mg/kg TS)	<10
Dioxine	(ng/kg TE TS)	5–40
Benzo(a)pyren	(mg/kg TS)	<2
EOX	(mg/kg TS)	<3
Kohlenwasserstoffe	(mg/kg TS)	<300
PAK (n. EPA)	(mg/kg TS)	<5
PCB ($\Sigma 6$)	(mg/kg TS)	<0,1

sichere Deponierung notwendig werden würde (Tabelle 3-4). Es findet auch ein natürlicher Eintrag von Schwebstoffen und resuspendierten Sedimenten in die Böden der Auen und Marschen durch Überflutung statt, und diese sollen dann weiterhin auch landwirtschaftlich genutzt werden können – allerdings sind die Auen- und Marschenböden in der Regel bereits erheblich kontaminiert. Eine Richtlinie für die Bewertung kontaminierter Böden stellt z.B. die Berliner Liste in der neuen Fassung von 1996 dar. Sie gibt Grenzwerte für den Einbau von ausgehobenen Böden vor. Auch die Klärschlammverordnung (1992) mit den Aufbringungsgrenzwerten zur Bewertung der Sedimente kann herangezogen werden.

Das Schutzgut **Berufs- und Sportfischerei** muß einerseits über die toxische Wirkung von Wasserinhaltsstoffen geschützt werden, andererseits muß eine übermäßige Bioakkumulation von Xenobiotika entsprechend der Schadstoffhöchstmengenverordnungen verhindert werden (Schadstoffhöchstmengenverordnung 1988, Pflanzenschutzmittelhöchstmengenverordnung 1989). Die zulässigen Schadstoffkonzentrationen im Wasser können aus den Grenzwerten der Rückstände, geteilt durch den jeweiligen Bioakkumulationsfaktor, ermittelt werden (Gunkel 1994).

Das Schutzgut **Freizeit und Erholung** kann nach der EG-Badegewässerrichtline (1975) bewertet werden: Gewässer, die zur Erholungs-

Tabelle 3-5. EG-Grundwasserrichtlinie (1980); die Liste I enthält Stoffe, für die eine Nullemission verlangt wird, die Liste II enthält Stoffe, deren Ableitung zu begrenzen ist. Richt- oder Grenzwerte für die Stoffe der Liste II sind noch nicht benannt

Liste I: Stoffe, die nicht ins Grundwasser gelangen dürfen
Organische Halogenverbindungen und Stoffe, die im Wasser derartige Verbindungen bilden können,
organische Phosphorverbindungen,
organische Zinnverbindungen,
Stoffe, die im oder durch Wasser krebserregende, mutagene oder terratogene Wirkung haben,
Quecksilber und Quecksilberverbindungen,
Cadmium und Cadmiumverbindungen,
Mineralöle und Kohlenwasserstoffe,
Cyanide.

Liste II: Stoffe, deren Ableitung zu begrenzen ist, um eine Verschmutzung des Grundwassers zu verhindern
Zink, Kupfer, Nickel, Chrom, Blei, Selen, Arsen, Antimon, Molybdän, Titan, Zinn, Barium, Beryllium, Bor, Uran, Vanadium, Kobalt, Thallium, Tellur und Silber sowie ihre Verbindungen,
Biozide und davon abgeleitetet Verbindungen, die nicht in der Liste I aufgeführt sind,
Stoffe, die eine auf den Geschmack und/oder den Geruch abträgliche Wirkung haben, sowie Verbindungen, die im Grundwasser zur Bildung solcher Stoffe führen und es für den menschlichen Gebrauch ungeeignet machen können,
giftige oder langlebige organische Siliziumverbindungen und Stoffe, die im Wasser zur Bildung solcher Verbindungen führen können, mit Ausnahme derjenigen, die biologisch unschädlich sind oder die sich im Wasser rasch in biologisch unschädliche Stoffe umwandeln,
anorganische Phosphorverbindungen und reiner Phosphor,
nichtbeständige Mineralöle und aus Erdöl gewonnene nichtbeständige Kohlenwasserstoffe,
Fluoride,
Ammoniak und Nitrite.

nutzung vorgesehen sind, sollten auch Badegewässerqualität aufweisen, zumindestens die hygienischen Anforderungen der Badegewässerrichtlinie erfüllen.

Das Schutzgut **Bewässerung landwirtschaftlicher Flächen** läßt sich nach der EG-Trinkwasserversorgungsrichtline (1975) bewerten. Wasser, das nicht zur Herstellung von Trinkwasser geeignet ist, sollte auch nicht zur Bewässerung landwirtschaftlicher Flächen verwendet werden, da sonst Obst und Gemüse entsprechend kontaminiert würde.

Das Schutzgut **Trinkwasserversorgung** ist durch die nationalen und internationalen Richtlinien und Verordnungen zur Trinkwasserqualität ausreichend beschrieben; mit diesen soll einer humantoxischen Wirkung vorgebeugt werden (EG-Trinkwasserverordnung 1980, Trinkwasserverordnung der BRD 1990).

Das Schutzgut **Grundwasser** kann über die Berliner Liste (1996) mit den entsprechenden Gefahrens- und Schadenswerten für Grundwasser oder mit der EG-Grundwasserrichtlinie (1980) bewertet werden (Tabelle 3-5). Die Grundwasserrichtlinie der EG benennt zwei Listen gefährlicher Stoffe: Für die Stoffe der Liste I gilt die Null-Emission, während es notwendig ist, die Ableitung der Stoffe der Liste II zu begrenzen, damit eine Verschmutzung des Grundwassers verhindert wird. Grenz- oder Richtwerte für die Stoffe der Liste II sind noch nicht vorgegeben.

Das Schutzgut **Meeresumwelt** muß über die NOEC der meist sehr empfindlichen marinen Organismen definiert werden, für das Schutzgut **terrestrische Lebensgemeinschaften** ist ebenfalls die toxikologische Bewertung über die NOEC von zentraler Bedeutung.

3.1.6 Literatur

Berliner Liste (1996) Bewertungskriterien für die Beurteilung stofflicher Belastungen von Böden und Grundwasser in Berlin (Berliner Liste 1996). Amtsblatt für Berlin 15:957–984

Cameron P, Berg J, Westernhagen Hv, Detlefsen V (1990) Mißbildungen bei Fischembryonen der südlichen Nordsee. In: Lozán JL, Lenz W, Rachor E, Watermann B, Westerhagen Hv (Hrsg) Warnsignale aus der Nordsee. Parey, Berlin, 281–294 pp

Dinkloh L (1989) Qualitätsziele zum Schutz oberirdischer Gewässer vor gefährlichen Stoffen. In: AMK (Hrsg) Wasser Berlin '89. Schmidt, Berlin, 391–403 pp

EG-Badegewässerrichtlinie (1975) Richtlinie des Rates vom 8. Dezember 1975 über die Qualität der Badegewässer (76/160/EWG). Amtsblatt der EG L 31:1–7

EG-Fischgewässerrichtlinie (1978) Richtlinie des Rates vom 18. Juli 1978 über die Qualität von Süßwasser, das schutz- oder verbesserungsbedürftig ist, um das Leben von Fischen zu erhalten (78/659/EWG). Amtsblatt der EG L 222:1–10

EG-Gewässerschutzrichtlinie (1976) Richtlinie des Rates vom 4. Mai 1976 betreffend die Verschmutzung infolge der Ableitung bestimmter gefährlicher Stoffe in die Gewässer der Gemeinschaft (76/464/EWG). Amtsblatt der EG Nr. L 129:23

EG-Grundwasserrichtlinie (1980) Richtlinie des Rates vom 17. Dezember 1979 über den Schutz des Grundwassers gegen Verschmutzung durch bestimmte gefährliche Stoffe (80/68/EWG). Amtsblatt der EG L 20:43–48

EG-Trinkwasserverordnung (1980) Richtlinie des Rates vom 15. Juli 1980 über die Qualität von Wasser für den menschlichen Gebrauch (80/778/EWG). Amtsblatt der EG L 229:11–29

EG-Trinkwasserversorgungsrichtlinie (1975) Richtlinie des Rates L 194/34. Qualitätsanforderungen an Oberflächengewässer für die Trinkwassergewinnung in den Mitgliedsstaaten. Amtsblatt der EG L 194:34–39

EIFAC (1983) Revised Report of Fish Toxicity Testing Procedures. EIFAC Tech Pap 24, EIFAC, Rom, 37 pp

Finney DJ (1971) Probit Analysis. 3rd ed, Univ Press Cambridge, 333 pp

Gerhardt V, Putzger J (1992) Ein Biotest zur Gewässerüberwachung auf der Grundlage der verzögerten Fluoreszenz von Algen. SchrReihe Verein WaBoLu 89:277–292

Gottschalk C, Stix E (1992) Qualitätsziele für gefährliche Stoffe in Oberflächengewässern. UBA-Texte 8/92. Umweltbundesamt, Berlin, 210 S

Gunkel G (Hrsg) (1994) Bioindikation in aquatischen Ökosystemen. Fischer, Jena, 540 S

Klärschlammverordnung (1992) BGBl I:912–934

Krebs F (1983) Toxizitätstest mit gefriergetrockneten Leuchtbakterien. Gewässerschutz, Wasser, Abwasser 63:173–230

LWA (1990) Allgemeine Güteanforderungen für Fließgewässer (AGA) LWA-Merkblätter 7. Landesamt für Wasser und Abfall Nordrhein-Westfalen, Düsseldorf, 38 S

Muirhead-Thompson RC (1971) Pesticides and Freshwater Fauna. Acad Press, London, 245 pp

OECD (1993) Guidelines for the Testing of Chemicals. Loose-leaf form. OECD, Paris

Pflanzenschutzmittel-Höchstmengenverordnung – PHmV (1989) Verordnung über Höchstmengen an Pflanzenschutz- und sonstigen Mitteln sowie anderen Schädlingsbekämpfungsmitteln und Tabakerzeugnissen. Bundesgesetzblatt I:1568, ber. BGBl I:1514, 1990

Pickering WF (1981) Selective chemical extraction of soil components and bound metal species. Crit Rev Anal Chem 12:233–266

Rav-Acha C, Rebhuhn M (1992) Binding of organic solutes to dissolved humic substances and its effects on adsorption and transport in the aquatic environment. Wat Res 26:1645–1654

Rippen G (1997) Handbuch Umwelt-Chemikalien. Stoffdaten. Prüfvorschriften. Vorschriften. Loseblattsammlung. Ecomed, Landsberg

Roth (1982) Wassergefährdende Stoffe. Loseblattsammlung. Ecomed, Landsberg

Schadstoff-Höchstmengenverordnung – SHmV (1988) Verordnung über Höchstmengen an Schadstoffen in Lebensmitteln. Bundesgesetzblatt I:422–424

Steinberg C, Kern J, Pitzen G, Traunspurger W, Geyer W (1992) Biomonitoring in Binnengewässern. Ecomed, Landsberg/Lech, 312 S

Sprague JB (1969) Measurement of pollutant toxicity to fish. I. Bioassay methods for acute toxicity. Wat Res 3:793–821

Trinkwasserverordnung (1990) Verordnung über Trinkwasser und über Wasser für Lebensmittelbetriebe. Bundesgesetzblatt I:2612, ber. BGBl I:227, 1991

3.2 Bioakkumulation von Xenobiotika in limnischen Systemen

G. Gunkel

3.2.1 Anreicherung von Xenobiotika in Organismen

Die Bioakkumulation von Xenobiotika wurde nach Ausbringung des DDT in den 60er Jahren erkannt und als ein Prozeß der Schadstoffanreicherung über die Nahrungskette beschrieben. Endkonsumenten des Nahrungskettengefüges (insbes. Möwen und Greifvögel) wiesen sehr hohe DDT-Konzentrationen auf. Dieses als **Nahrungskettenhypothese** bezeichnete Modell der Anreicherung von Xenobiotika führt zu steigenden Konzentrationen der Umweltchemikalien mit zunehmender trophischer Stellung der Organismen, und entsprechend der Biomassenpyramide sollte eine Aufkonzentrierung der Umweltchemikalien in den Organismen höherer trophischer Struktur erfolgen.

Durch systematische Untersuchungen seit Beginn der 70er Jahre wurde ein differenziertes Bild der Schadstoffanreicherung entwickelt: In terrestrischen Organismen treten als Belastungspfade die Nahrungsaufnahme und das Trinken auf, während die Schadstoffaufnahme aus der Luft über die Haut bzw. die Lungenepithelien meist unbedeutend ist. In aquatischen Systemen werden die Organismen direkt durch das Wasser kontaminiert, und es findet eine direkte Aufnahme über die Haut und die Epithelien der Kiemen statt. Somit unterscheiden sich die Akkumulationsprozesse terrestrischer und aquatischer Organismen prinzipiell und erheblich (Lillelund et al. 1987; Streit 1989; Walker 1990; Nagel u. Loskill 1991; Gunkel 1994).

In aquatischen Ökosystemen ist die direkte Aufnahme über das Wasser von dominierender Bedeutung, und eine Schadstoffweitergabe nach der Nahrungskettenhypothese wird heute nicht mehr diskutiert. Der Nahrungsketteneffekt ist für terrestrische Organismen (und auch aquatische Säugetiere) jedoch weiterhin von großer Bedeutung. Terrestrische Organismen können Schadstoffe nur über die Nahrung, das Trinken, durch Inhalation und direkten Hautkontakt akkumulieren, während aquatische Organismen Schadstoffe über die Körperoberfläche, insbesondere über die Kiemen aufnehmen; zusätzlich können weitere, meist nur geringe Anteile der Xenobiotika über kontaminierter Nahrung und durch das Trinken der Tiere akkumuliert werden (Abb. 3-3). Durch zahlreiche Untersuchungen konnte die Dominanz der direkten Aufnahme von Xenobiotika aus dem Wasser als der wesentlichere Aufnahmeweg nachgewiesen werden, und die Aufnahme

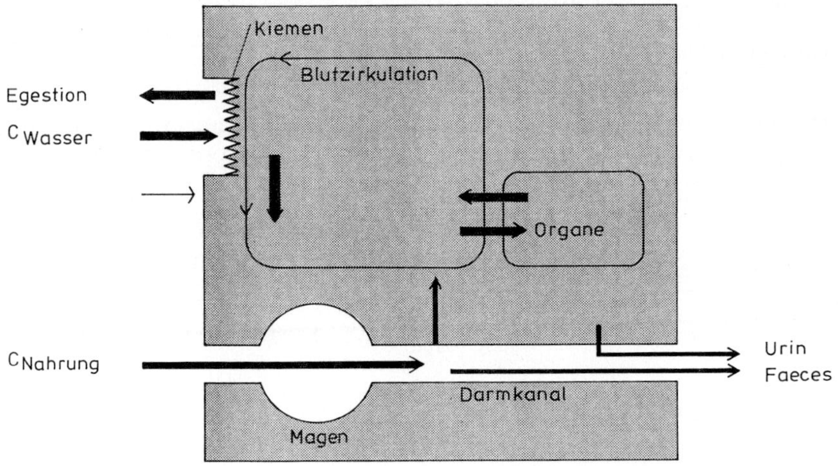

Abb. 3-3. Schematische Darstellung der Wege der Aufnahme und Abgabe von organischen lipophilen Xenobiotika durch aquatische Organismen am Beispiel eines Fisches (aus Gunkel 1994)

von Xenobiotika über die Nahrung erfolgt bei aquatischen Organismen i. a. wesentlich langsamer (Gunkel 1987, 1994; Streit 1989; Nagel u. Loskill 1991).

Die **Bioakkumulation** (Synonyme: Anreicherung, Kumulation) beschreibt den Prozeß der Aufnahme von Xenobiotika durch Organismen unter Mitwirkung biologischer Prozesse bei der Aufnahme (als aktiver Transport) bzw. bei der Speicherung (Fixierung durch lebende Strukturen). Der Begriff der **Biokonzentration** wird für die Aufnahme von Xenobiotika durch Membranen oder Epithelien ohne Aufnahme über die Nahrung angewendet, z. T. wird dieser Ausdruck auch synonym für die Bioakkumulation verwendet. **Biomagnifikation** beschreibt dagegen die Aufnahme und Weitergabe von Umweltchemikalien über die Nahrungsnetze als komplexe und vernetzte Nahrungsketten, ohne daß andere Akkumulationswege wie z. B. die direkte Aufnahme aus dem Wasser über die Kiemen von Bedeutung sind (Nahrungsketteneffekt). Der Begriff Biomagnifikation sollte ausschließlich auf terrestrische Ökosysteme angewendet werden, da nach den heutigen Erkenntnissen die Biomagnifikation in aquatischen Systemen nicht der dominierende Prozeß ist.

Die Bestimmung der Bioakkumulation führte u. a. zu der Bezeichnung **ppm** als Abkürzung für „parts per million" ($1:10^6$) als relative Konzentrationsangabe. Da der Bezug auf Volumen, Gewicht o. ä. nicht festgelegt ist, sollte diese Bezeichnung und analoge Ausdrücke (ppb, „parts per billion") nicht mehr verwendet und durch mg/kg bzw. µg/kg ersetzt werden.

3.2.2 Anreicherungsfaktor

Die Bioakkumulation in aquatischen Systemen kann durch einen dimensionslosen Faktor, den **Anreicherungsfaktor AF** (Synonyme: Bioakkumulationsfaktor, „bioconcentration factor"), quantifiziert werden. Der Anreicherungsfaktor gibt das Verhältnis der Konzentration im Wasser als umgebendes Medium zur Konzentration im Organismus an.

$$\text{Anreicherungsfaktor AF} = C_{\text{Org}}/C_{\text{Wasser}} \ [\text{Steady-state-Bedingungen}] \qquad (\text{Gl.3.1})$$

C_{Org} = Schadstoffkonzentration im Organismus (mg/dm^3)
C_{Wasser} = Schadstoffkonzentration im Wasser (mg l^{-1}).

Der Anreicherungsfaktor ist allerdings nur für Steady-state-Bedingungen definiert, d.h. der Organismus muß sich im Gleichgewichtszustand der Anreicherung befinden (s.u.). Schadstoffkonzentrationen im Organismus, die nicht unter Steady-state-Bedingungen ermittelt werden, führen zu gravierenden Fehlbestimmungen der Anreicherungsfaktoren: In Fließgewässern treten in der Regel Schadstoffwellen auf, die kurzfristig zu hohen Konzentrationen im Wasser führen; die Organismen sind jedoch zu Beginn einer Schadstoffwelle nur gering kontaminiert, da der Prozeß der Aufnahme noch nicht abgeschlossen ist. Der rechnerisch ermittelte Anreicherungsfaktor (ohne Steady-state-Bedingungen) führt dann zu nur sehr geringen Größen. Nach Abklingen der Schadstoffwelle, wenn nur noch Spuren im Wasser vorhanden sind, weisen die Organismen dagegen noch sehr hohe Rückstände auf, und es werden rechnerisch extrem hohe Anreicherungsfaktoren ermittelt.

Die Bestimmung des Anreicherungsfaktors muß bei einigen Organismen modifiziert werden, da das Volumen nicht immer ein geeignetes Maß für die Masse ist (z.B. unterliegt der Wassergehalt vieler Organismen erheblichen Schwankungen, es tritt Gallertbildung bei Quallen und Algen auf, Gasvakuolen können in Algen, Wirbellosen, Fischen und in Eiern vorhanden sein). Deshalb wird der AF mitunter auf Trockensubstanz bezogen.

Die Berechnung des Anreicherungsfaktors ist für andere Medien (Luft, Sediment) nur mit großen Problemen anwendbar. Die Konzentrationen der meisten Toxine sind in der Atmosphäre äußerst gering, und das Sediment stellt kein homogenes Medium dar, sondern ist ein Zweikomponentensystem aus Porenwasser und Sediment, das die Bioakkumulation komplex beeinflußt. Mitunter werden Anreicherungsfaktoren auch bezogen auf die Belastung der Nahrung angegeben, insbesondere für terrestrische Organismen,

$$AF_{Nahrung} = C_{Org}/C_{Nahrung} \text{ [Steady-state-Bedingungen]}, \quad (Gl.3.2)$$

allerdings läßt dieser Begriff den Aspekt der täglich aufgenommenen Nahrungsmenge unberücksichtigt.

In der Literatur finden sich auch häufig Angaben des Anreicherungsfaktors, bezogen auf den Fettgehalt,

$$AF_{Fett} = AF_{Naßgewicht} \cdot 100/\text{Fettgehalt in \% [Steady-state-Bedingungen]}; \quad (Gl.3.3)$$

dieser Begriff hat für die Beschreibung der Biomagnifikationsprozesse stark lipophiler Verbindungen, insbesondere terrestrischer Organismen, große Bedeutung erlangt.

3.2.3 Bioakkumulation lipophiler Verbindungen

3.2.3.1 Kinetik der Bioakkumulation

Der Prozeß der Bioakkumulation kann im allgemeinen durch eine Sättigungsfunktion in Form einer Hyperbel als sogenannte Michaelis-Menten-Kinetik beschrieben werden (Abb. 3-4). Die Aufnahmekinetik eines Stoffes wird durch die Asymptote als Plateau der Akkumulation (= maximal erreichbarer Rückstand) und durch die halbmaximale Akkumulationszeit $t_{1/2}$ (= Halbwertszeit als Zeit bis zum Erreichen von 50% des maximalen Rückstandes) bestimmt. Diese Hyperbelfunktion kann durch einen Abszissenabschnitt vom Nullpunkt bis zum Schnittpunkt der Hyperbel $(t - t_0)$ erweitert werden, wenn die Daten nicht durch den Nullpunkt verlaufen,

$$C_{Org} = \frac{A(t - t_0)}{(B + t - t_0)} \quad (Gl.3.4)$$

C_{Org} = Konzentration einer Umweltchemikalie im Organismus,
A = Schnittpunkt der Asymptote mit der Ordinate,
B = Schnittpunkt der linearisierten Hyperbel mit der Abszisse,
t = Kontaminierungszeit,
t_0 = Schnittpunkt der Hyperbel mit der Abszisse ($C_{Org} = 0$),
die Linerarisierung der Hyperbel erfolgt nach $(t - t_0)/c = f(t)$.

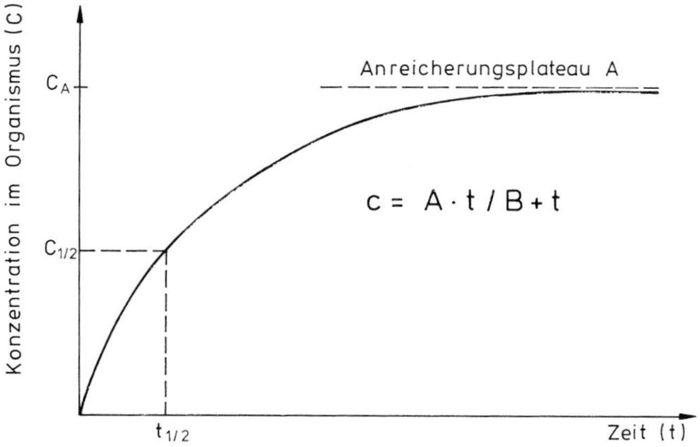

Abb. 3-4. Kinetik der Bioakkumulation im Wasser gelöst vorliegender Xenobiotika; die Hyperbelfunktion entspricht einer Michaelis-Menten-Kinetik

Die Halbwertszeit der Bioakkumulation ist eine wichtige Kenngröße der Hyperbelfunktion und kann nach $t_{1/2} = B + t_0$ ermittelt werden.

Die Aufnahme von Xenobiotika ist eng gekoppelt an den Wasserhaushalt der Organismen, denn die Kontaminierung der Organismen über das Wasser ist der schnellste und intensivste Akkumulationsweg: Der Körperwassergehalt eines Fisches (*Coregonus fera*) wird ca. 12 mal pro Tag über die Kiemen ausgetauscht, während das Blutzirkulationsvolumen pro Tag noch erheblich größer ist. Dieser intensive Wasseraustausch ermöglicht die Aufnahme sehr großer Schadstoffmengen über die Kiemen, wobei primär eine Adsorption der Xenobiotika an den Kiemenmembranen erfolgt. Aufgrund der hohen Permeabilität der Kiemenmembranen gelangen die Schadstoffe in das Blut und werden zu den Sorptionsstellen im Organismus, meist innere Membranen mit lipophilen Strukturen, transportiert (Gunkel u. Streit 1980; Gunkel 1981).

Das Plateau der Bioakkumulation ist als Fließgleichgewicht ausgebildet, da der vom Organismus aufgenommene Schadstoff auch über die Kiemen eliminiert wird, während gleichzeitig eine Neuaufnahme des Schadstoffes aus dem Wasser erfolgt. Diese Dynamik der Bioakkumulation konnte durch Austausch von ^{14}C-markiertem und nicht markiertem Atrazin an Schnecken (*Ancylus fluviatilis*) und Fischen (*Coregonus fera*) nachgewiesen werden (Gunkel u. Streit 1980; Gunkel 1981).

Die im Organismus inkorporierten organischen Schadstoffe werden beim Transfer der Organismen in nichtkontaminiertes Wasser wieder abgegeben, ein Prozeß, der als **Eliminierung** (Synonyme: Clearance, Depuration) bezeichnet wird. Alle durchgeführten Untersuchungen zur Schadstoffeliminierung an aquatischen Organismen bestätigen diesen Prozeß, und es treten Halbwertszeiten von einigen Stunden bei Invertebraten und von einigen Tagen bei Fischen auf. Die Eliminierungsgeschwindigkeit wird primär durch die Wasserlöslichkeit des Stoffes bestimmt. Der direkte Vergleich der Kinetiken der Schadstoffaufnahme und -abgabe weist auf einen etwas verzögerten Verlauf des Eliminierungsprozesses hin. Bei den extrem lipophilen Verbindungen mit einem $K_{OW} > 6$ (z. B. Tetrachlorbiphenyl, Tetrachlornaphthalin; K_{OW} = n-Oktanol-Wasser-Verteilungskoeffizient, s. Kap. 3.2.3.3) werden Halbwertszeiten in Fischen von 30 bis 40 Tagen erreicht, während weniger lipophile Verbindungen mit einem $K_{OW} < 5$ Halbwertszeiten von < 10 Tagen aufweisen (Opperhuizen et al. 1985; Gunkel 1994).

Bei der Betrachtung der Bioakkumulation müssen die verschiedenen Aufnahmewege in den Organismus unterschieden und differenziert betrachtet werden, ebenso wie mögliche Abgabemechanismen als Senken des Stoffes zu berücksichtigen sind. Als Akkumulationspfade sind zu unterscheiden: die Aufnahme direkt über das Wasser (Haut, Kiemen), durch das Trinken und über die Aufnahme kontaminierter Nahrung. Eine Schadstoffabgabe kann über die Egestion (Faecesabgabe) und/oder die Exkretion (Abgabe über die Kiemen und durch Urin) erfolgen (s. Abb. 3-3).

3.2.3.2
Kompartimentmodell der Bioakkumulation

Die Konzentration einer Umweltchemikalie kann im Organismus vorhergesagt werden, wenn die Kinetiken der Aufnahme und Abgabe bekannt sind (Butte 1991). Für ein einfaches Zweikompartimentmodell, bestehend aus dem Wasser als umgebendem Medium und dem Organismus als ein nicht differenzierter Körper, gilt (Gunkel 1987; Schüürmann u. Klein 1988):

$$C_{Org} = C_W \cdot k_1 - C_{Org} \cdot k_2 \text{[Steady-state-Bedingungen]} \qquad \text{(Gl.3.5)}$$

C_{Org} = Konzentration der Umweltchemikalie im Organismus
C_W = Konzentration der Umweltchemikalie im Wasser
k_1 = Aufnahmekoeffizient
k_2 = Eliminierungskoeffizient.

Unter der Voraussetzung, daß die Bioakkumulation ein Gleichgewichtsprozeß ist und die Abgabe des Schadstoffes durch eine Exponentialfunktion erster Ordnung beschrieben werden kann, gilt für C_W = konstant

$$C_{Org} = k_1/k_2 \cdot C_W(1 - e^{-k_2 t}) \qquad \text{(Gl.3.6)}$$

mit der Halbwertszeit $t_{1/2} = \ln 2/k_2$.

Dieses Akkumulationsmodell kann für nahezu alle Xenobiotika in wäßrigen Systemen angewendet werden, und es gilt sowohl für organische Schadstoffe (Zitko 1981; Schwoerbel 1987; Butte 1991) als auch für Schwermetalle (Ewers u. Schlipköter 1984; Karbe 1987).

Das Zweikompartimentmodell muß zu einem wesentlich komplexeren Mehrkompartimentmodell erweitert werden, wenn gleichzeitig verschiedene Aufnahme- bzw. Eliminierungsprozesse wirksam werden und signifikant zur Akkumulation beitragen (Lake et al. 1987). Dies tritt jedoch nur bei ausgeprägt lipophilen Verbindungen auf, die über mehrstufige trophische Systeme akkumuliert werden sowie bei Verbindungen, die über verschiedene Mechanismen eliminiert werden (z. B. direkte Exkretion, Metabolisierung oder Abgabe durch die Häutung).

Eine signifikante Aufnahme von Xenobiotika durch Organismen in aquatischen Systemen erfolgt nur in wenigen Fällen nachweislich über die Nahrung. So sollen z. B. Fische (Seesaibling *Salvelinus namaycush*) im Michigansee/USA Polychlorierte Biphenyle (PCB) weitgehend über die Nahrungskette aufnehmen, allerdings ist die Konzentration der PCB's im Wasser des Michigansees mit 0,5 bis 2,5 ng/l extrem gering; aufgrund dieser geringen Konzentration ist die Anwendung eines Dreikompartimentmodells mit den beiden Akkumulationspfaden Wasser und Nahrung sinnvoll und notwendig (Thomann u. Connolly 1984).

3.2.3.3 Verteilungskoeffizient n-Oktanol/Wasser

Der Verteilungskoeffizient n-Oktanol/Wasser (K_{OW}, Synonym: P_{OW}, „partition coefficient") bezeichnet die Verteilung eines Stoffes in einem Zweiphasensystem aus n-Oktanol und Wasser und ist eine dimensionslose Stoffkonstante. Der Verteilungskoeffizient ist ein Maß für die Polarität eines Stoffes, insbesondere für die Fettlöslichkeit (Lipophilie). Er kann experimentell in einem geschüttelten oder gerührten n-Oktanol/Wasser-Gemisch bestimmt werden und erreicht Werte von $\log K_{OW} = 1$ (Anilin) bis zu $\log K_{OW} > 8$ (Octachlordibenzofuran, Octachlorbiphenyl). Der Verteilungskoeffizient K_{OW} beschreibt das

Akkumulationsverhalten von Xenobiotika, da die lipophilen Sorptionsstellen im Organismus die Höhe der Rückstände bestimmen.

Nachdem die Bedeutung des lipophilen Charakters von Stoffen für die Bioakkumulation erkannt wurde, konnte in zahlreichen Bioakkumulationsuntersuchungen an verschieden Organismen gezeigt werden, daß der n-Oktanol/Wasser-Verteilungskoeffizient mit dem Anreicherungsfaktor korreliert (u.a. Neely et al. 1974; Kenaga 1975; Zitko 1981). Der Verteilungskoeffizient K_{OW} korreliert jedoch auch mit der Wasserlöslichkeit der Xenobiotika, da mit Zunahme des lipophilen

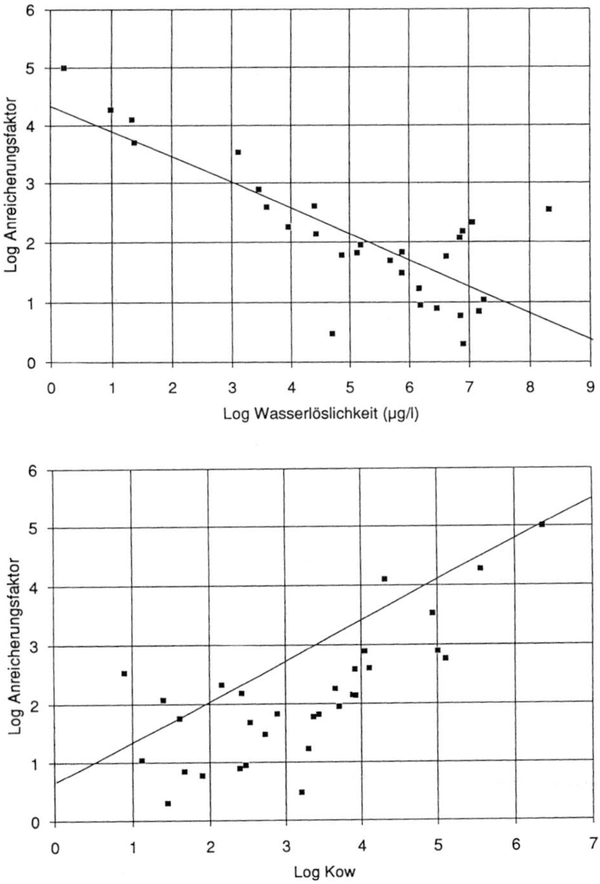

Abb. 3-5. Anreicherungsfaktoren verschiedener Xenobiotika in Abhängigkeit von der Wasserlöslichkeit (oben: log AF = 4,358 − 0,444 log WL (µg/l), n = 29, r = −0,803) und von dem n-Oktanol/Wasser-Verteilungskoeffizienten (unten: log AF = 0,188 + 0,597 log K_{OW}, n = 31, r = 0,748; aus Gunkel 1994, n. Davies u. Dobbs 1984)

Charakters die Hydrophilie abnimmt. Somit besteht auch eine entsprechende Korrelation zwischen dem Anreicherungsfaktor und der Wasserlöslichkeit (Abb. 3-5).

Die Bioakkumulation organischer Xenobiotika in wäßrigen Systemen muß als eine Verteilung der Umweltchemikalien zwischen Wasser und dem Organismus betrachtet werden, und der Wirkstoff verteilt sich zwischen den beiden Komponenten, dem Wasser und den fettähnlichen Bestandteilen eines Organismus als die bindungsrelevanten Strukturen. Biotische Prozesse (u.a. Aufkonzentrierung über Nahrungsaufnahme, selektiver und aktiver Transport durch die Membranen) haben keine wesentliche Bedeutung für die Bioakkumulation (Gunkel u. Streit 1980; Gunkel 1987; Gunkel 1994).

Das entscheidende stoffliche Charakteristikum für die Bioakkumulationseigenschaft ist der Verteilungskoeffizient K_{OW} (Neely et al. 1974; Kenaga 1975; Zitko 1981). Die Bioakkumulation kann nach der Gleichung

$$\log AF = a \log P + b \text{ [Steady-state-Bedingungen]} \qquad \text{(Gl.3.7)}$$

AF = Anreicherungsfaktor $C_{Organismus}/C_{gelöst}$ im Wasser
C = Konzentration einer Umweltchemikalie
P = Verteilungskoeffizient K_{OW}
a, b = empirische Konstanten

beschrieben und quantifiziert werden.

In zahlreichen empirischen Untersuchungen konnte eine lineare Korrelation zwischen dem Logarithmus des Verteilungskoeffizienten und dem Logarithmus der Bioakkumulation nachgewiesen werden; zusammenfassende Darstellungen finden sich bei u.a. bei Davies u. Dobis (1984), Beek et al. (1991), Connell (1991) und Gunkel (1994). Die ermittelten Beziehungen weisen jedoch eine erhebliche Varianz in der Steigung sowie im Schnittpunkt mit der Abszisse auf, da es sich um eine doppeltlogarithmische Beziehung handelt, so daß die Signifikanz eines errechneten Bioakkumulationsfaktors meist nur gering ist; in der Regel weichen die vorliegenden Korrelationen um 1 bis 2 Zehnerpotenzen voneinander ab.

Mögliche Fehler bzw. Varianzen in der Bestimmung des Anreicherungsfaktors nach dem Verteilungskoeffizienten K_{OW} sind

- die Ungenauigkeit in der Bestimmung des n-Oktanol/Wasser-Verteilungskoeffizienten,
- die empirische Ermittlung der Konstanten a und b,
- die Randbedingung des „steady state's" der Bioakkumulation,

- das Auftreten von suspendiertem Material und den dann stattfindenden Adsorptionsprozessen,
- das Auftreten von hochmolekularen organischen Verbindungen (als DOC), die in Interaktion mit den gelösten Umweltchemikalien treten (s. Kap. 2.7.5),
- die zunehmende Bedeutung der Aufnahme über die Nahrung bei stark lipophilen Verbindungen und
- das Auftreten von sterischen Effekte bei der Aufnahme von stark lipophilen Verbindungen (s. u.).

Dieses Modell der Bioakkumulation gilt für gelöst im Wasser vorliegende Umweltchemikalien, die direkt über das Wasser akkumuliert werden können, und die zu einem „steady state" der Akkumulation führen. Verbindungen, die überwiegend nicht gelöst im Wasser vorliegen, z. B. adsorptiv gebundene (meist ionische) oder in der Biomasse festgelegte (extrem wasserunlösliche) Stoffe, weisen komplexere Bioakkumulationsprozesse auf, die durch Mehrkompartimentmodelle (s. u.) beschrieben werden müssen.

Auch die Bioakkumulation benthischer Organismen kann nur unzureichend über den Verteilungskoeffizienten K_{OW} beschrieben werden, da sich die Schadstoffkonzentration im Porenwasser aufgrund eines Gleichgewichtes zwischen dem Sediment und dem Porenwasser einstellt. Die Adsorption der Xenobiotika kann über den Bodenadsorptionskoeffizienten K_D bestimmt werden, und dieser wird stark durch den Gehalt des Sedimentes an feinmineralischen Anteilen, aber auch an organischem Kohlenstoff geprägt (Connell 1991).

3.2.3.4 Bioakkumulation stark lipophiler Verbindungen

Der n-Oktanol-Wasser-Verteilungskoeffizient hat sich bei der Abschätzung des Anreicherungsverhaltens im Sinne eines Screenings für mäßig lipophile Verbindungen bewährt, allerdings ist die Signifikanz der Daten bei sehr stark lipophilen Verbindungen mit einen log K_{OW} von >6 nur gering. Bei diesen superlipophilen Verbindungen mit einem log K_{OW} von >6 nimmt die Bioakkumulation nicht linear mit dem Verteilungskoeffizienten K_{OW} zu, sondern die Korrelation erreicht ein Maximum bei $K_{OW} = 7$ und zeigt dann eine sinkende Tendenz bzw. verläuft linear mit einem Anreicherungsplateau von 10^5 (Abb. 3-6; Hawker, Connell 1988; Nendza 1991; Beek et al. 1991; Gunkel 1994). Diese Änderung der Beziehung des Anreicherungsfaktors als Funktion des K_{OW} wird mit einer zunehmenden sterischen Behinderung bei der Aufnahme von Xe-

Abb. 3-6. Darstellung der Korrelation des Anreicherungsfaktors AF mit dem Verteilungskoeffizienten K_{OW}. Dargestellt ist die Ausgleichskurve über die Gruppenmittelwerte (aus Gunkel 1994, verändert n. Nendza 1991)

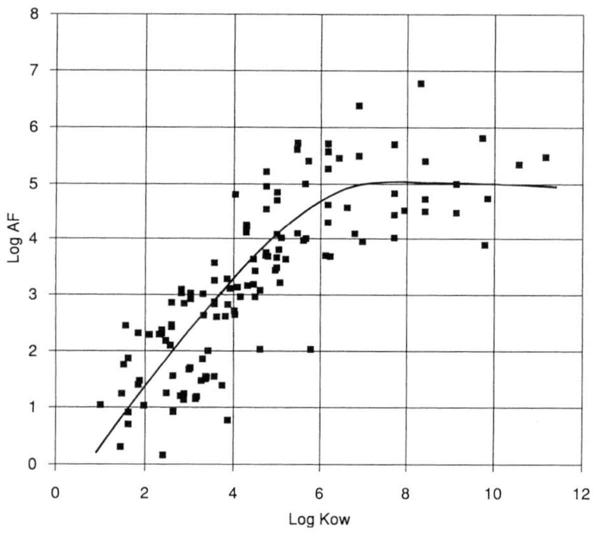

nobiotika durch die Membranen der Organismen erklärt, denn die superlipophilen Verbindungen weisen eine zunehmende Molekülgröße auf. Die Ausschlußgrenze der biologischen Membranen liegt bei einer Molekülgröße von 9,5 Å, einer Größe, die Octachlornaphthalen, Octachlordibenzo-p-dioxin, Hexabrombenzol und hochbromierte Biphenyle erreichen (Opperhuizen et al. 1985). Sterische Effekte auf den Membrantransport konnten z.B. für Polychlorierte Biphenyle (Wood et al. 1987) und organische Farbstoffe (Anliker u. Moser 1987) gezeigt werden. Allerdings können auch systematische Fehler bei der Ermittlung des Bioakkumulationsfaktors nicht ausgeschlossen werden, da sich das „steady state“ der Akkumulation bei den superlipophilen Stoffen erst nach > 28 d einstellt (Geyer et al. 1992) und somit nicht sichergestellt ist, daß alle Bioakkumulationsexperimente dieses auch erreicht haben.

3.2.4 Bioakkumulation von ionischen Verbindungen

Die Bioakkumulation von ionischen Verbindungen, z.B. den Schwermetallen, aber auch ionischen Pestiziden, muß ebenfalls durch die Prozesse der Anreicherung über das Nahrungsnetz (Nahrungsketteneffekt) unter Berücksichtigung kinetischer Aspekte beschrieben werden. Untersuchungen zur Kinetik der Schwermetallakkumulation von tierischen Organismen zeigen eine hohe Bedeutung der beiden Akkumulationspfade, über das Wasser sowie über kontaminierte Nahrung. Schwermetalle liegen in der Regel nur in sehr geringen Konzentrationen im Wasser vor, da sie zu einem überwiegenden Anteil an Sedimente und Schwebstoffe adsorbiert sind. Deshalb hat der Aufnahmepfad über die Nahrung, verglichen mit der direkten Aufnahme aus dem Wasser, eine vergleichsweise hohe Bedeutung. Beide Aufnahmewege wirken additiv, so daß kinetische Aspekte für die Bioakkumulation entscheidend sind (Bertram u. Brooks 1986); entsprechende Ergebnisse liegen u. a. für die Bioakkumulation von Zink und Cadmium vor (Memmert 1987; Karbe et al. 1987).

Ein Anreicherungsplateau der Schwermetallakkumulation wird in der Regel nach sehr langen Expositionszeiten erreicht; häufig kann das Plateau nur durch Extrapolation ermittelt werden. Filtrierende Organismen wie z. B. Muscheln nehmen dagegen die Schwermetalle überwiegend mit den Schwebstoffe auf, die später als Faeces oder Pseudofaeces (= sofort nach der Aufnahme ohne Darmpassage abgegeben Nahrungsanteile) wieder ausgeschieden werden. Hierbei findet im allgemeinen im Organismus eine Desorption der Schwermetalle von den Schwebstoffen statt. Die Aufnahme über die Schwebstoffe erfolgt bei filtrierenden Organismen i. a. deutlich schneller als die direkt über das Wasser.

Eine **Eliminierung** der Schwermetalle kann durch die Organismen erfolgen, wenn sie sich in nicht kontaminiertem Wasser befinden. Die Kinetiken entsprechen in ihrer Größenordnung denen der Schwermetallaufnahme, verlaufen jedoch im allgemeinen etwas langsamer. Die Halbwertszeiten der Schwermetalle in den Organismen betragen in der Regel einige Monate (Bias u. Karbe 1985; Bertram u. Brooks 1986; Streit u. Winter 1993).

Besonders hohe Schwermetallrückstände treten bei den Organismen auf, die ein großes Oberfläche/Volumen-Verhältnis aufweisen (z. B. Bakterien und Algen), während die Fische als Endkonsumenten nur vergleichsweise gering kontaminiert sind. Auch durch Untersuchungen in großen Enclosures (MELIMEX-Experimente) konnte eine entsprechende Verteilung der Schwermetallrückstände am Beispiel von Blei, Cadmium, Kupfer, Quecksilber und Zink gezeigt werden (Gächter 1979). Die Höhe der Bioakkumulation wird durch die Zahl der vorhandenen Sorptionsstellen (z. B. innere oder äußere Membranen) bestimmt. Allerdings haben auch die Metallothioneine als schwermetallbindende Proteine große Bedeutung für die Höhe der Rückstände im Organismus (s. Kap. 3.4.4). Metallothioneine können Schwermetalle fest durch kovalente Bindung binden und entziehen sie somit dem Sorptionsgleichgewicht. Dieser Mechanismus führt dazu, daß Schwermetalle langfristig bei einem stetig steigenden Rückstand im Organismus akkumuliert werden.

Die im Wasser gelösten Schwermetallanteile liegen meist komplex gebunden vor, z. T. als hydratisierte Kationen, aber auch zu einem großen Teil gebunden an sogenannte Komplexbildner. Es sind zahlreiche anorganische und organische Komplexbildner unterschiedlicher Stabilität bekannt, und diese treten auch regelmäßig in Gewässern auf (u. a. Carbonat, Acetat, Huminstoffe); daneben kommen aber auch anthropogen freigesetzte Komplexbildner vor (NTA Nitrilotriacetat, EDTA Ethylendiamintetraacetat, diese werden u. a. als Spezialreinigungsmittel verwendet).

Komplex gebundene Metalle können, wenn die Komplexe ausreichend klein sind und keine Oberflächenladung aufweisen, direkt durch die Membranen aufgenommen werden; bei größeren Komplexbildnern ist ein Ligandenaustausch erforderlich. Die im Wasser verfügbaren Schwermetalle werden an die Zellmembranen adsorbiert, und in einem zweiten, geschwindigkeitsbestimmenden Schritt erfolgt die Aufnahme durch die Membranen. Es kann auch eine Exkretion von Liganden durch die Organismen erfolgen. Diese exkretierten Liganden erhöhen die Verfügbarkeit der Schwermetalle durch Komplexierung bzw. Ligandentausch; eine direkte Aufnahme der Ionen durch Diffusion kann in der Regel nicht erfolgen. Es existiert aber auch eine

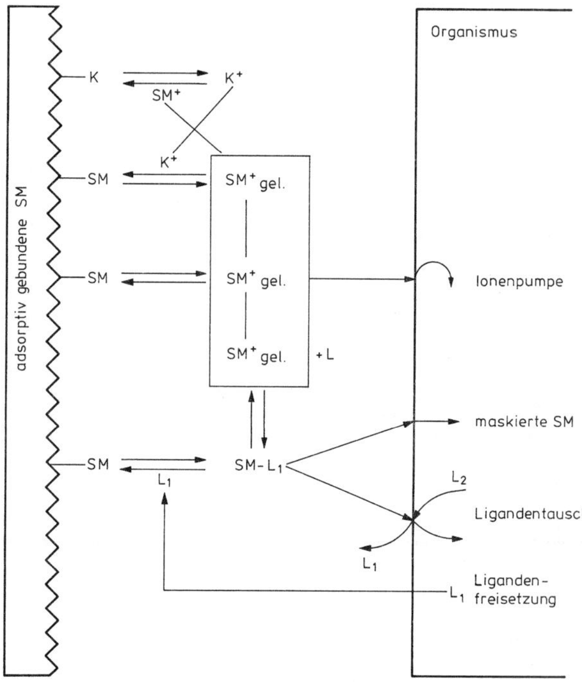

Abb. 3-7. Schematische Darstellung der Aufnahme von in Wasser gelöst oder adsorptiv gebundenen Schwermetallen durch Organismen (aus Gunkel 1994)

aktive Aufnahme von Schwermetallen mittels Ionenpumpe, die primär die Versorgung des Organismus mit den essentiellen Ionen sichern soll. Wenn Xenobiotika eine ähnliche Größe und Form mit einer vergleichbaren elektrischen Ladung aufweisen, können diese auch anstelle der Nährionen aufgenommen werden (Abb. 3-7).

Diese verschiedenartige Bindung der Metallionen im Wasser wird als Speziierung bezeichnet und bestimmt die Bioverfügbarkeit der Schwermetalle bei der Aufnahme durch Organismen (Salomons u. Förstner 1984), so daß über die Speziierung die Prozesse der Schwermetallakkumulation beeinflußt werden; dies ist von großer praktischer Bedeutung in ionenarmen Gewässern sowie in Gewässern mit einem natürlichen oder anthropogen erhöhten Anteil von Komplexbildnern.

Metallorganische Verbindungen sind Verbindungen des Kohlenstoffs mit Schwermetallen und werden u.a. mit den Metallen Blei, Quecksilber, Arsen, Selen und Zinn gebildet, z.B. Methylquecksilber CH_3Hg^+, Dimethylarsin $(CH_3)_2AsH^{3-}$, Triphenylzinn $(C_6H_5)_3Sn^+$. Die metallorganischen Verbindungen liegen im Wasser als Ionen vor, haben jedoch einen unterschiedlich ausgeprägten lipophilen Charakter. Die Wasserlöslichkeit, die Behinderung des Membrantransfers durch die elektrische Ladung und der lipophile Charakter bestimmen das Akkumulationsverhalten, das meist komplex ist und mit den vorhandenen Modellen nicht ausreichend genau beschrieben werden kann (s. Bd. 3A, Kap. 3.7.3).

3.2.5 Literatur

Anliker R, Moser P (1987) The limits of bioaccumulation of organic pigments in fish: their relation to the partition coefficient and the solubility in water and octanol. Ecotox Environ Safety 13:43–52

Beek B, Böhling S, Franke C, Studinger G (1991) Bioakkumulation - Bewertungskonzept und Strategien im Gesetzesvollzug. Texte 42/91. Umweltbundesamt, Berlin, 155 S

Bertram PE, Brooks AS (1986) Kinetics of accumulation of selenium from food and water by fathead minnows. Wat Res 20:877–884

Bias R, Karbe L (1985) Bioaccumulation and partition of cadmium within the freshwater mussel *Dreissena polymorpha* PALLAS. Int Rev ges Hydrobiol 70:113–125

Butte W (1991) Mathematical description of uptake, accumulation and elimination of xenobiotics in a fish/water system. In: Nagel R, Loskill R (eds) Bioaccumulation in Aquatic Systems. VCH, Weinheim, pp 29–42

Connell DW (1991) Extrapolating test results on bioaccumulation between organism groups. In: Nagel R, Loskill R (eds) Bioaccumulation in Aquatic Systems. VCH, Weinheim, 133–149 pp

Davies RP, Dobbs AJ (1984) The prediction of bioconcentration in fish. Wat Res 18:1253–1262

Ewers U, Schlipköter HW (1984) Aufnahme, Verteilung und Ausscheidung von Metallen und Metallverbindungen. In: Merian E (Hrsg) Metalle in der Umwelt. Verteilung, Analytik und biologische Relevanz. VCH, Weinheim, S 209–217

Gächter R (ed) (1979) MELIMEX, an experimental heavy metal pollution study. Schweiz Z Hydrol 41:165–314

Geyer HJ, Steinberg CEW, Kettrup A (1992) Biokonzentration von persistenten superlipophilen Chemikalien in aquatischen Organismen. Z Umweltchem Ökotox 4:74–77

Gunkel G (1981) Bioaccumulation of a herbicide (atrazine, s-triazine) in the whitefish (*Coregonus fera* J.): uptake and distribution of the residue in fish. Arch Hydrobiol [Suppl] 59:252–287

Gunkel G (1987) Mechanismen der Aufnahme und Verteilung von organischen Schadstoffen in aquatischen Organismen. In: Lillelund K, De Haar U, Elster HJ, Karbe L, Schwoerbel J, Simonis W (Hrsg) Bioakkumulation in Nahrungsketten. VCH, Weinheim, 39–68 S

Gunkel G (Hrsg) (1994) Bioindikation in aquatischen Ökosystemen. G Fischer, Jena, 540 S

Gunkel G, Streit B (1980) Mechanisms of bioaccumulation of a herbicide (atrazine, s-triazine) in a freshwater mollusc (*Ancylus fluviatilis* MÜLL.) and a fish (*Coregonus fera* JURINE). Wat Res 14:1573–1584

Hawker DW, Connell Des W (1988) Influence of partition coefficient of lipophilic compounds on bioconcentration kinetics with fish. Wat Res 22:701–707

Karbe L (1987) Kinetik der Akkumulation und Dekontamination von Schwermetallen. In: Lillelund K, De Haar U, Elster HJ, Karbe L, Schwoerbel J, Simonis W (Hrsg) Bioakkumulation in Nahrungsketten. VCH, Weinheim, 75–86 S

Kenaga EE (1975) Partitioning and uptake of pesticides in biological systems. Environ Sci Res 6:217–273

Lake JL, Rubinstein N, Pavignano S (1987) Predicting Bioaccumulation: development of a simple partitioning model for use as a screening tool for regulating ocean disposal of wastes. In: Dickson KL, Maki MW, Brungs WA (eds) Fate and Effects of sediment-bound Chemicals in Aquatic Systems. Pergamon Press, New York, 151–166 pp

Lillelund K, Haar de U, Elster HJ, Karbe L, Schwoerbel J, Simonis W (Hrsg) (1987) Bioakkumulation in Nahrungsketten. DFG-Forschungsbericht. VCH, Weinheim, 327 S

Memmert U (1987) Bioaccumulation of zinc in two freshwater organisms (*Daphnia magna*, Crustacea and *Brachydanio rerio*, Pisces). Wat Res 21:99–106

Nagel R, Loskill R (eds) (1991) Bioakkumulation in Aquatic Systems. VCH, Weinheim, 239 S

Neely WB, Branson DR, Blau GE (1974) Partition coefficient to measure bioconcentration potential of organic chemicals in fish. Environ Science, Technology 8:1113–1115

Nendza M (1991) QSARs of bioconcentration: validity assessment of log P_{OW}/log BCF correlations. In: Nagel R, Loskill R (eds) Bioaccumulation in Aquatic Systems. VCH, Weinheim, 43–66 pp

Opperhuizen A, Velde EWVD, Gobas FAPC, Liem DAK, Steen JMDVD (1985) Relationship between bioconcentration in fish and steric factors of hydrophobic chemicals. Chemosphere 14:1871–1896

Salomons W, Förstner U (1984) Metals in the Hydrocycle. Springer, Heidelberg, 349 pp
Schüürmann G, Klein W (1988) Advances in bioconcentration prediction. Chemosphere 17:1551–1574
Schwoerbel J (1987) Dekontamination organischer Schadstoffe in aquatischen Organismen. In: Lillelund K, De Haar U, Elster HJ, Karbe L, Schwoerbel J, Simonis W (Hrsg) Bioakkumulation in Nahrungsketten. VCH, Weinheim, 69–74 S
Streit B (1989) Bioakkumulation in der Natur. Wie kommt es zu Schadstoffanreicherungen in Pflanze, Tier und Mensch. Biologie unserer Zeit 19:47–54
Streit B, Winter S (1993) Cadmium uptake and compartmental time characteristics in the freshwater mussel *Anodonta anatina*. Chemosphere 26:1479–1490
Thomann R V, Connolly JP (1984) Model of PCB in the Lake Michigan lake trout food chain. Environ Sci Technol 18:65–71
Walker CH (1990) Persistent pollutants in fish-eating sea birds – bioaccumulation, metabolism and effects. Aquatic Toxicol 17:293–324
Wood LW, Rhee GY, Bush B, Barnard E (1987) Sediment desorption of PCB congeners and their bio-uptake by dipteran larvae. Wat Res 21:875–884
Zitko V (1981) Uptake and excretion of chemicals by aquatic fauna. In: Stokes PM (ed) Ecotoxicology and the Aquatic Environment. Pergamon Press, New York, 67–78 pp

3.3 Geoakkumulation

G. Müller

3.3.1 Definition

Unter **Geoakkumulation** (geos, griech. Erde, accumulare lat. anhäufen) wird die Anreicherung von anorganischen und organischen umweltrelevanten Stoffen in den jüngsten Materialien der Geosphäre, zu denen vor allem die Sedimente und Böden zählen, verstanden.

Bei den **Sedimenten** sind es vor allem die aquatischen Ablagerungen in Flüssen, Seen und Meeren sowie die Schwebstoffe und Geschiebe vor ihrer Sedimentation, die durch ihre mineralogische Zusammensetzung ihre geologische Herkunft und durch ihre Zusammensetzung und Konzentration relevanter Stoffe die Umweltbedingungen ihrer Einzugsgebiete widerspiegeln. Torf, Schnee und Eis sind ebenfalls wichtige Akkumulatoren vor allem luftbürtiger Stoffe; bei Torf, Sedimenten und Böden mit einem hohen organischen Anteil können zuvor bioakkumulierte Stoffe hinzutreten.

Bei der Verbrennung fossiler Brennstoffe, Abfallstoffe und Müll sowie bei vielen technischen Prozessen – so bei der Zementherstellung und Metallgewinnung und -behandlung – anfallende Schlacken, Stäube und Schlämme sind meist bedeutende Träger umweltrelevanter Schadstoffe.

Die durch Abwasserreinigung im kommunalen Bereich erzeugten **Klärschlämme** stellen ein Depot für nahezu das gesamte Spektrum anthropogener Schadstoffe dar. Die Beaufschlagung von Böden mit kommunalem Klärschlamm ist daher in der Bundesrepublik Deutschland nicht zu Unrecht an strenge gesetzliche Auflagen gebunden: In der Klärschlammverordnung sind nicht nur die zulässigen Konzentrationen der Schwermetalle und Polychlorierten Biphenyle (PCB) sowie der Summe der halogenierten Kohlenwasserstoffe (AOX) für den Klärschlamm, sondern auch für den Boden, auf den Klärschlamm aufgebracht werden darf, definiert. Darüber hinaus muß die Bodenart und der pH-Wert des Bodens bestimmten Anforderungen entsprechen. Auch die innerhalb eines Zeitraums von fünf Jahren erlaubte Klärschlammzugabe pro Hektar Acker ist vorgeschrieben.

Böden bedecken zu über 90% die feste Erde und bilden als Pedosphäre den Übergangsbereich zwischen Lithosphäre – dem Ausgangsgestein – und Biosphäre, Hydrosphäre sowie Atmosphäre. Bereits bei beginnender Bodenbildung werden in unserem Klimabereich durch die Verwitterung sowohl Kationen (insbesondere Alkalien) und Anionen (Sulfat, Chlorid) in Lösung fortgeführt, auf der anderen Seite verbleiben die schwerlöslichen Elemente, das Aluminium, der größte Teil des Siliziums und auch die Schwermetalle im Boden und erfahren hierdurch eine relative Anreicherung. Hier muß die Einschränkung gemacht werden, daß bei einer Bodenversauerung und entsprechend tiefem pH-Wert auch Aluminium und Schwermetalle in Lösung gehen und ins Grundwasser eintreten können. Die Geoakkumulation im Oberboden findet in Waldböden überwiegend durch atmosphärischen Eintrag statt; auf Grün- und Ackerland treten Einträge durch Düngemittel, Siedlungsabfälle, Klärschlamm und – im Überschwemmungsbereich von Flüssen – Schwebstoffablagerungen während Hochwasserperioden hinzu. Abb. 3-8 zeigt schematisch die Entwicklung der Schwermetallkonzentration in einem Bodenprofil: Der lithogene Schwermetallanteil des Ausgangsgesteins wird bei der Bodenbildung durch pedogene Prozesse verstärkt. Lithogene und pedogene Anteile bilden den natürlichen geogenen Anteil, der vor allem im Oberboden (A-Horizont) durch anthropogene Einträge erhöht werden kann.

Eine besondere Rolle für Geoakkumulation und Bioakkumulation spielen die bis vor einigen Jahrzehnten in der Natur nicht bekannten, nicht oder kaum abbaubaren synthetischen organischen Stoffe (Xenobiotika) vor allem aus der Reihe der chlororganischen Verbindungen.

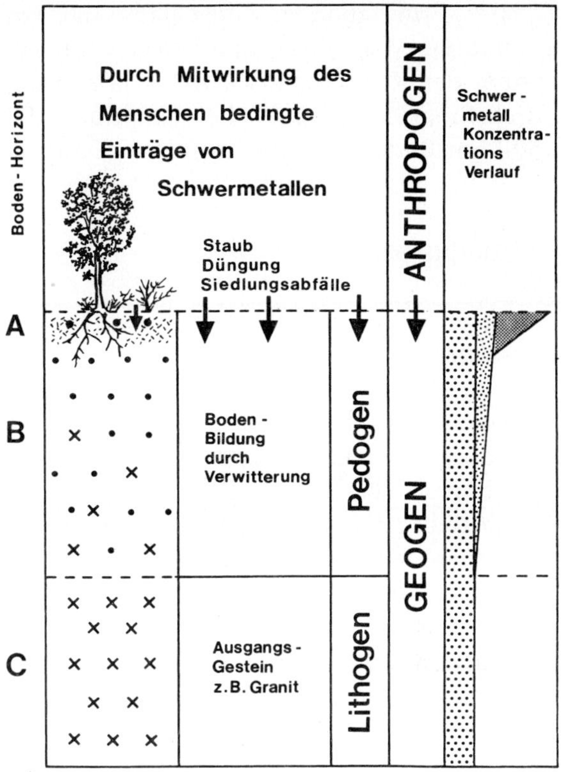

Abb. 3-8. Schema der Entwicklung der Schwermetallkonzentrationen in einem Bodenprofil, lithogener + pedogener = geogener Anteil, wird durch die anthropogene Komponente überlagert

Der an sich neutrale Begriff Geoakkumulation wird in der Regel durch die Attribute „anthropogen“ und „umweltrelevant“ hinterlegt, wenn es sich um die erkennbaren und z.T. sichtbaren Einwirkungen auf die Umwelt durch die Mitwirkung des Menschen, vor allem ab Beginn des Industriezeitalters, handelt, die für zahlreiche schwere Schäden verantwortlich sind. Ein besonders katastrophales Beispiel ist mit dem Namen der Bucht von Minamata, Japan, verbunden, bei dem Fischer und ihre Familienangehörigen durch den Verzehr von hoch mit Quecksilber belastetem Fisch schwere gesundheitliche Schäden erlitten; mehrere Hundert Menschen starben an der „Minamata-Krankheit“. Ursache waren hohe Quecksilberkonzentrationen in den Sedimenten der Bucht, die aus den Abwässern der Kunststoffproduktion im Einzugsgebiet stammten und sich zunächst als unlösliches HgS im Sediment ablagerten. Durch biologische Methylierung gelangte die leicht flüchtige (und lipophile) Form CH_3Hg^+ in das Wasser und hier über die Nahrungskette Phytoplankton – Zooplankton – Fisch schließlich zum Menschen.

Hier – wie auch in zahlreichen anderen Fällen – war eine Geoakkumulation der Bioakkumulation vorausgegangen. So auch im Ökosystem des Kariba-Stausees in Simbabwe, wo DDT aus dem Sediment durch Bioakkumulation über Plankton – Fisch zu Kormoran und Krokodil am Ende der Nahrungskette gelangte (Berg et al. 1992).

3.3.2 Stoffgruppen

Folgende Schadstoffgruppen werden in Sedimenten und Böden akkumuliert:

I. **Schwermetalle** und **Schwermetallverbindungen**, darunter das hochtoxische Quecksilber und Cadmium sowie Radionuklide aus Atombombentests und aus kerntechnischen Anlagen, z. B. Caesium 137 (s. Bd. 3A, Kap. 3.7).

II. Erdölbürtige, vorwiegend **aliphatische Kohlenwasserstoffe**; mit der zunehmenden Gewinnung von Erdöl und Verwendung von Erdölprodukten gelangen immer größere Mengen von Kohlenwasserstoffen in die Umwelt, insbesondere in küstennahe Meeresbereiche. Spektakuläre Tankerunfälle mit verölten Stränden und Seevögeln sind sichtbare Folgen, aber auch großflächige Grundwasserverunreinigungen, die von Tankstellen ausgehen, haben umfangreiche und kostspielige Bodenwäschen zur Folge. Im Gegensatz zu xenobiotischen Chlorkohlenwasserstoffen sind das Erdöl selbst und die daraus durch Destillation abzuleitenden Mineralölprodukte biologisch abbaubar und besitzen darüber hinaus eine sehr geringe Löslichkeit in Wasser. Sie stellen daher eine insgesamt minder große und zeitlich begrenzte Schädigung der Umwelt dar (s. Kap. 2.5).

III. **Chlorierte Kohlenwasserstoffe** aus der Reihe der Pestizide (Herbizide, Insektizide, Fungizide), darunter Diphenyltrichlorethan, Hauptbestandteil des als DDT bekannten Insektizids, dessen Produktion in Deutschland und vielen anderen Ländern verboten ist, das aber in tropischen Gebieten zur Bekämpfung der Malariamücke weiterhin verwendet wird. Als Nachfolgeprodukt wird das weniger giftige, aber teurere Hexachlorcyclohexan (γ-HCH), besser bekannt unter dem Handelsnamen Lindan, eingesetzt. Polychlorierte Biphenyle (PCB) und die strukturähnlichen Polychlordibenzodioxine (PCDD) und Polychlordibenzofurane (PCDF), als „Seveso-Gift“ bekannt geworden, besitzen eine hohe Toxizität und reichern sich vor allem im Fettgewebe an (s. Kap. 2.9).

IV. **Polycyclische aromatische Kohlenwasserstoffe** (PAK), darunter das besonders stark krebserregende Benzo(a)pyren. Wichtigste

Emissionsquelle ist nach wie vor die unvollständige (pyrolytische) Verbrennung von fossilen Brennstoffen und von Tabakerzeugnissen (s. Kap. 2.10).

Selbst kein Schadstoff, aber ein Indikator für eine Umweltbelastung durch Fäkalien ist **Coprostanol**, ein wichtiges Sterol in den Ausscheidungen von Säugetier und Mensch, das in Sedimenten angereichert und dessen Eintrag Jahrhunderte zurück verfolgt werden kann.

Ein hohes Akkumulationsvermögen besitzen auch zahlreiche Ersatzverbindungen, die anstelle von umweltschädlichen Verbindungen jetzt ohne deren negativen Auswirkungen verwendet werden. So wurden Phthalat-Ester, insbesondere das Di-(2-ethylhexyl)phthalat (DEHP), nach dem Verbot der Polychlorierten Biphenyle (PCB) die wichtigsten Weichmacher bei bestimmten Erzeugnissen aus Polyvinylchlorid (PVC).

Die Nährstoffelemente **Phosphor** und **Stickstoff** werden ebenfalls in aquatischen Sedimenten akkumuliert. Insbesondere Phosphor ist ein Anzeiger für den Trophiegrad und die trophische Entwicklung eines Gewässers, kann aber – bei einer Rücklösung unter bestimmten Bedingungen – selbst eutrophierend wirken (s. Bd. 3A, Kap. 3.2)

Die wichtigste Eigenschaft für eine Geoakkumulation ist eine extrem geringe Löslichkeit des Schadstoffes in wässerigen Lösungen sowie eine fehlende oder doch nur äußerst geringe Abbaubarkeit durch Organismen. Dies trifft nahezu ohne Ausnahme für xenobiotische organische Schadstoffe zu, die auch gegen pH- und Eh-Änderungen resistent sind. Letzteres gilt jedoch nicht für Schwermetalle, die bei Milieu-Änderungen, z.B. durch Oxidation bei einer Resuspension von anoxischen Sedimenten oder deren Verbringung, auf Landflächen oder als Folge einer Bodenversauerung freigesetzt und bioverfügbar werden.

Ein klassisches Beispiel sind die Folgen einer Düngung von 5 Hektar Anbaufläche einer Großgärtnerei in Lauffen/Neckar mit 30000 Tonnen durch Cadmium hochkontaminiertem, anoxischen Baggerschlamm aus dem Neckar: Der gesamte Ernteertrag mußte infolge des hohen Cadmiumtransfers in die Nutzpflanzen vernichtet und ein erneuter Anbau für die kommenden Jahre verboten werden. So lag z.B. die Cd-Konzentration in Sellerieknollen mit 0,82 mg/kg (Frischgewicht) um den Faktor 40 höher als der Durchschnitt von inländischem Wurzelgemüse mit 0,02 mg/kg (Müller 1979b).

3.3.3 Auswirkungen geoakkumulierter Schadstoffe auf die Hydro- und Biosphäre

Die in den vorausgegangenen Abschnitten angeführten Beispiele haben gezeigt, daß die Philosophie, Sedimente und Böden seien ausschließlich **Senken** für die verschiedenen umweltrelevanten Gruppen von Schadstoffen, die damit den anderen Bereichen der Biogeosphäre – hauptsächlich der Hydrosphäre – entzogen werden, nur positiv zu werten sei, nur die eine Seite der Medaille ist. Sehr rasch wurde nämlich erkannt, daß kontaminierte Sedimente und Böden zu bedeutenden **Quellen** von Schadstoffen werden können, sobald sich die physikalisch-chemischen Bedingungen ändern und dadurch eine höhere Verfügbarkeit, sei es durch die erhöhte Löslichkeit eines Stoffes allein oder durch den Wechsel der Spezies bei Metallen, eintritt.

In den überwiegend anoxischen Sedimenten unserer Flüsse liegen Schwermetalle (mit Ausnahme von Chrom) in praktisch unlöslicher sulfidischer Bindung vor (Song u. Müller 1999). Solange der anoxische Zustand erhalten bleibt, ist mit keinem Transfer in das überstehende Wasser oder in das Grundwasser zu rechnen. Erst die Verbringung des anoxischen Sediments auf agrarisch genutzte Flächen (also in oxidierendes Milieu, in dem aus dem Sulfid der Metalle Schwefelsäure entsteht), können Metalle freigesetzt und bioverfügar werden oder ins Grundwasser gelangen.

Es ist daher durchaus sinnvoll, den noch im Neckarabschnitt zwischen Enzmündung und Heilbronn in den Staustufen lagernden, mit Cadmium hochbelastetem Schlamm darin zu belassen (Müller 1993), wenn sichergestellt ist, daß eine natürliche (durch extreme Hochwässer) oder künstliche (durch Baggerung) Umlagerung nicht stattfindet. Als Beispiel für eine sichere Endlagerung schwermetallkontaminierter Feststoffe sei hier das tiefe Becken des Schwarzen Meeres angeführt (Müller 1995): Ca. 300 000 km^2 des Meeresbodens sind von anoxischem Tiefenwasser überlagert, gekennzeichnet durch das Auftreten von freiem Schwefelwasserstoff und einem stark negativen Redoxpotential. Ein Wasseraustausch mit dem Oberflächenwasser findet infolge der hohen Dichteunterschiede der beiden Wasserkörper nicht statt.

3.3.4 Der Geoakkumulationsindex (I_{geo})

Bereits bei unseren ersten Untersuchungen über Schadstoffe in Gewässersedimenten zeigte sich, daß die Angabe der absoluten Konzentrationen so lange wenig brauchbar war, so lange kein Bezug zur Korngrößenverteilung im Sediment und kein direkter Vergleich mit einem Basiswert oder einem Grenz- oder Richtwert möglich war.

Hingegen erwies sich die in Abb. 3-9 als Beispiel schematisch dargestellte chronologische Entwicklung wichtiger Schadstoffgruppen in datierten Sedimenten des Bodensees (Müller 1991) als hilfreich, da hier die Frage der relativen Zu- oder Abnahme eines Schadstoffes im Zeitablauf im Mittelpunkt stand. Der Bezug zur Korngröße war hier jedoch dadurch gegeben, daß es sich bei den untersuchten Sedimenten um Schlämme aus der tiefsten Stelle in Seemitte handelte, die einen Feinkornanteil (Korngröße <0,02 mm) von über 90% aufwiesen. Abb. 3-10 zeigt den Verlauf der Schwermetallkonzentrationen von Blei, Zink und Cadmium in einem wiederum von der tiefsten Stelle des Bodensees entnommenen Sedimentkern, in dem eine deutliche Differenzierung der Metallmaxima zu erkennen ist (Müller 1997).

1979 wurde ein Index zur Beurteilung der Sedimentqualität vorgeschlagen (Müller 1979a), der in gleicher Weise für Böden und technische Stäube und Schlamme anwendbar ist: der **Geoakkumulations-In-**

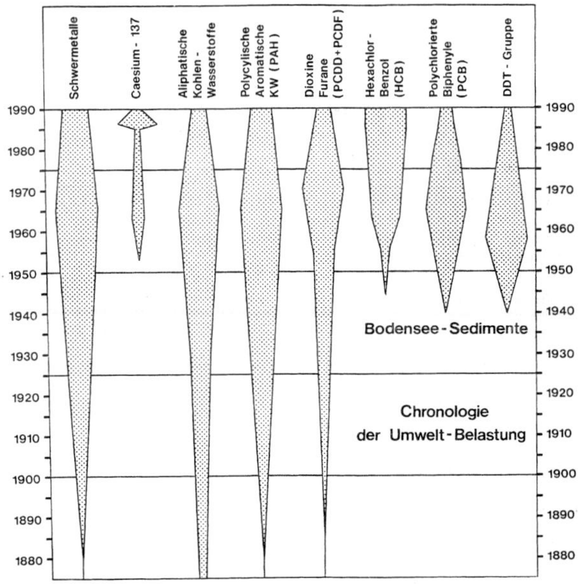

Abb. 3-9. Chronologische Entwicklung wichtiger Schadstoffgruppen in datierten Sedimenten des Bodensees (Müller 1991)

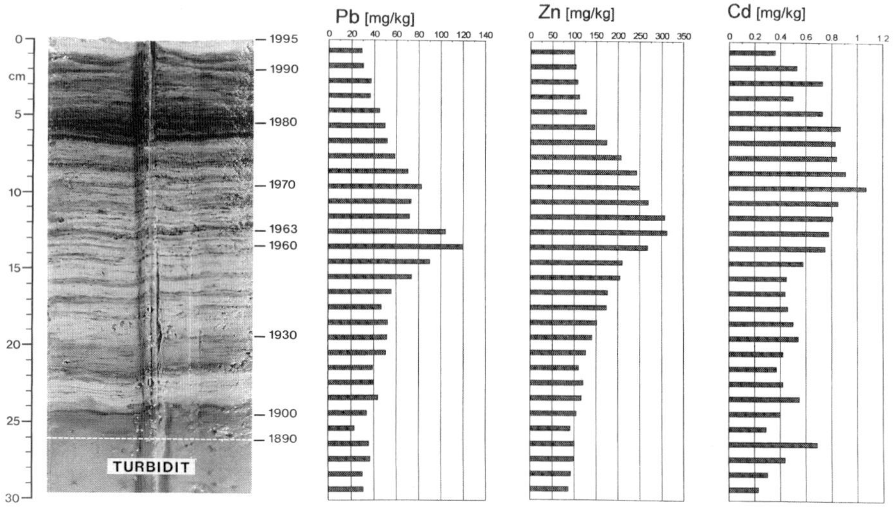

Abb. 3-10. Zeitliche Entwicklung der Schwermetalle Blei, Zink und Cadmium in einem Sedimentkern aus dem zentralen Bodensee, Wassertiefe 252 m (Müller 1997)

dex, I_{geo}. Dieser Index ist ein Maß für die Höhe der Belastung eines Sediments oder Bodens mit anorganischen oder organischen umweltrelevanten Spuren- und Abfallstoffen sowie mit Bioelementen und setzt die heutige Konzentration in Bezug zu den natürlichen (geogenen) Konzentrationen, die noch vor Beginn des sogenannten Industriezeitalters liegen, dessen Beginn in Mitteleuropa in die zweite Hälfte des vergangenen Jahrhunderts fällt. Hier ist eine wesentliche Einschränkung zu machen: Im Bereich der synthetischen organischen umweltrelevanten Stoffe (Xenobiotika), vor allem aus der Reihe der chlorierten Pesticide (z.B. DDT) sowie der polychlorierten Biphenyle (PCB), die erst in diesem Jahrhundert synthetisiert und in riesigen Mengen eingesetzt wurden, kann es keine Basiskonzentrationen geben, die als Bezug dienen könnten. Unsere Überlegungen gehen z.Zt. dahin, beispielhaft für die Gruppe der PCB einen I_{geo} zu entwickeln, der die weltweit *gemessenen* Konzentrationen (bzw. die daraus errechneten Mittelwerte) in den Kompartimenten Boden – Wasser – Sediment – Luft der Geosphäre in Beziehung zur weltweit *produzierten* PCB-Menge setzt (Oesterreich u. Müller, in Vorb.). Die bisherigen Berechnungen ergeben eine überraschend gute, lediglich um den Faktor 2 abweichende, Übereinstimmung zwischen „gefundener" und produzierter Gesamtmenge an PCB. Die Variationsbreite der Konzentrationen ist im Wasser am größten: sie reicht von 0,0003 ng/l im Nordatlantic bis zu 270 ng/l im Plötzensee bei Berlin, umfaßt also sechs Zehnerpotenzen.

Für die Beurteilung der anthropogenen Belastung durch Schwermetalle in Sedimenten und Böden bietet sich als Bezugsgröße die Konzentration an, die durch die geochemischen Verteilungsgesetze in unbelasteten Sedimenten und Böden vorgegeben ist: der geochemische Background. Als Grundlage hierfür diente die von Turekian u. Wedepohl (1961) veröffentlichte Auswertung der bis dahin bekannten Analysendaten von Gesteinen verschiedenster Entstehung und Herkunft.

Bei den Sedimentgesteinen wurden die Kategorien Tongesteine, Sandgesteine und Karbonatgesteine unterschieden. Bei dieser Gruppierung ist bereits klar zu erkennen, daß die überwiegend aus dem Schwebgut (der Suspensionsfracht) abzuleitenden Tongesteine eine weit höhere Schwermetallkonzentration als die dem Geschiebe (der Bettfracht) zuzuordnenden Sandgesteine aufweisen. So liegen die Konzentrationen (jeweils in mg/kg) von Cd bei 0,3 : 0,0X, von Zink bei 95 : 15, von Blei bei 20 : 7, von Hg bei 0,4 : 0,03, von Cr bei 90 : 35, von Ni bei 68 : 2 und von Cu bei 45 : X in den beiden Gruppen.

Die Ursache liegt zuallererst in den verschiedenen Korngrößenbereichen der beiden Sedimentgruppen und der dadurch bedingten größeren spezifischen Oberfläche der Tongesteine, die weit stärkere Adsorptionsmöglichkeiten bietet. Hinzu kommt, daß Sandgesteine in der Regel mineralogisch einfach aufgebaut sind mit Quarz als Hauptbestandteil, während Tone und Tongesteine einen komplexen Aufbau zeigen, bei dem die eigentlichen Tonmineralien, Phyllosilikate aus der Reihe der Kaolinit-, Illit-, Smectit- und Chlorit-Gruppe und darüber hinaus der höhere Gehalt an organischer Substanz eine wichtige Rolle spielen und insbesondere bei Austauschprozessen mit dem Porenwasser von Bedeutung sind. Hieraus ergibt sich zwangsläufig, daß bei einer vergleichenden Wertung von Konzentrationsveränderungen ein definiertes, dem Tongestein entsprechendes Korngrößenspektrum ausgewählt werden sollte. Zahlreiche systematische Untersuchungen haben ergeben, daß der Korngrößenbereich < 0,02 mm hierfür am besten geeignet ist und dieser Schnitt durch eine einfache Siebung zu erreichen ist.

Für die Ermittlung des Geoakkumulationsindexes gilt folgende einfache mathematische Beziehung:

$$I_{geo} = \log_2 \frac{C_n}{1{,}5 B_n}$$

C_n = gemessene Konzentration des Elements n in der Kornfraktion < 0,02 mm

B_n = der geochemische Background des Elements n in Tongesteinen (Tongesteinsstandard) oder der gemessene Background in präzivilisatorischen feinkörnigen Sedimenten desselben Ablageraumes

Der Faktor 1,5 wird verwendet, wenn keine gemessenen Background-Werte vorliegen, um die im Literatur-Background vorhandene Streuung des Mittelwertes einzubeziehen.

Es muß hier betont werden, daß die lithologische Homogenität oder Heterogenität des Einzugsgebietes eines Gewässers den geogenen Backgroundwert wesentlich beeinflußt und lokale Abweichungen vom Tongesteinsstandard („average shale") bedingt. So ergibt sich z.B. für die vor 1900 abgelagerten Sedimente des Bodensees, die überwiegend von der Sedimentlieferung aus dem Alpengebiet geprägt werden, eine außerordentlich gute Übereinstimmung für Blei, Zink und Cadmium zwischen dem gemessenen und dem Literatur-Background: Pb 23,0:20, Zn 91,4:95 und Cd 0,29:0,30, nicht hingegen für Chrom (26,3:96) und Nickel (44,9:68). Die Ursache für die Diskrepanz bei Chrom und Nickel dürfte daran liegen, daß die Ausgangsgesteine für primär höhere Chrom- und Nickelkonzentrationen, ultrabasische und basische magmatische Gesteine, im Alpengebiet im Vergleich zu anderen Regionen (z.B. in der Türkei) unterrepräsentiert sind.

Unsere derzeitigen Untersuchungen im Einzugsbereich der Wolga zeigen, daß in deren präzivilisatorischen tonigen Sedimenten die Konzentrationen praktisch aller Schwermetalle deutlich niedriger als im Literatur-Background sind. Die Ursache liegt darin, daß nahezu das gesamte Einzugsgebiet der Wolga im Bereich der Russischen Tafel liegt, die aus Sedimentgesteinen des Meso- und Neozoikums aufgebaut wird. Hier ist abzusehen, daß nach Abschluß der Untersuchungen eine „Eichung" des Background-Wertes vorgenommen werden muß, etwa derart, daß an Stelle des Faktors 1,5 bei der I_{geo}-Berechnung ein Faktor <1 zu verwenden ist, der dazu noch für jedes Metall verschieden sein kann.

Es erschien sinnvoll, die numerischen Werte der Geoakkumulationsindices in Klassen aufzuteilen und diesen einen verbalen Belastungsgrad zuzuordnen und darüber hinaus mit Signaturen zu versehen, die bei einer graphischen Darstellung (Abb. 3-11) ins Auge fallen.

Dem unbelasteten Zustand die I_{geo}-Klasse 0 zuzuerkennen erscheint logisch, sie ergibt sich aber auch ohne Zwang aus der Definition des Geoakkumulationsindexes: Ist die gemessene Konzentration C_n gleich oder kleiner als die Background-Konzentration B_n , so ist $\log_2$

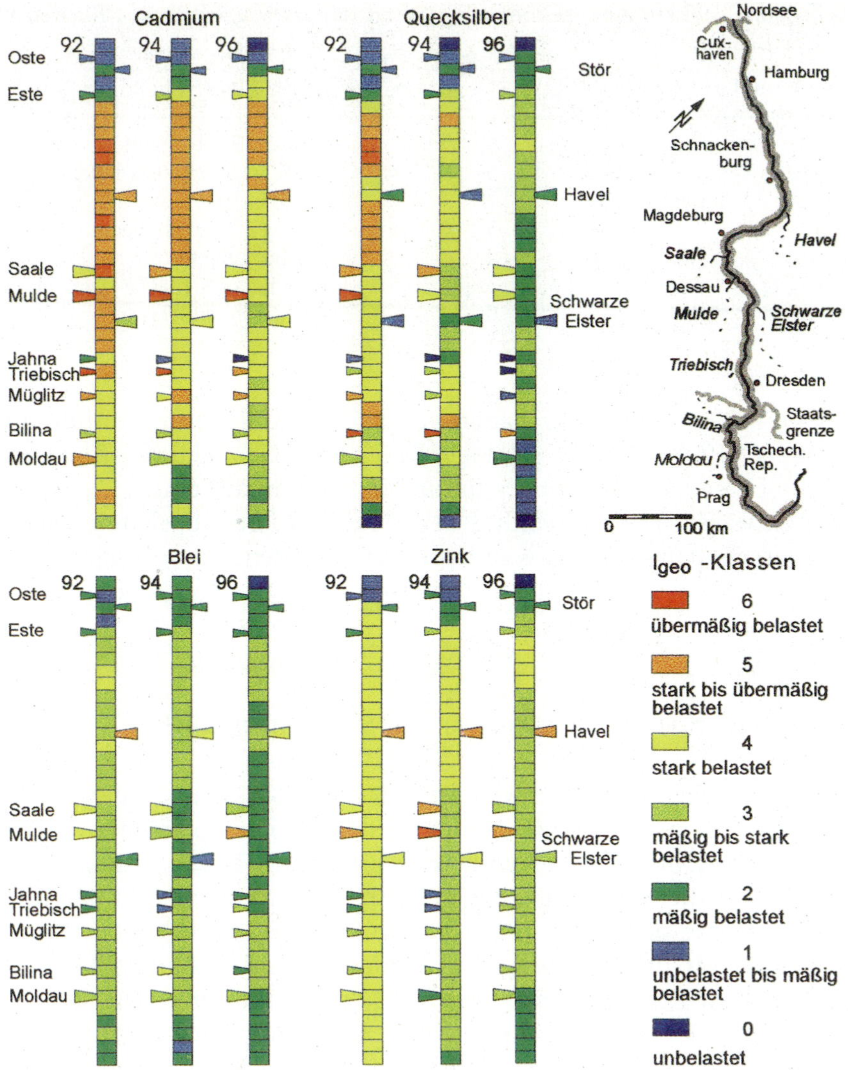

Abb. 3-11. Die Schwermetallsituation in den Sedimenten der Elbe und dem Mündungsbereich von Nebenflüssen in den Jahren 1992 bis 1994 und 1996 (Müller u. Furrer 1998)

gleich oder kleiner 0. Durch Verdoppelung der Obergrenze von Klasse 0 (entspricht exakt dem geochemischen Background) erreicht man die Obergrenze der I_{geo}-Klasse 1, und jede weitere Verdoppelung führt zur Obergrenze der nächsthöheren Klasse mit der entsprechenden verbalen Benennung (Tabelle 3-6); die I_{geo}-Klasse 6 ist eine nach oben offene Klasse. Umfangreiche Untersuchungen an Sedimenten zahlrei-

Tabelle 3-6. Geoakkumulationsindex (I_{geo}) und daraus abgeleitete I_{geo}-Klassen mit verbaler Benennung

Geoakkumulations-Index (I_{geo})	I_{geo}-Klasse	Sediment- (bzw. Boden-)qualität
>5	6	übermäßig belastet
>4–5	5	stark – übermäßig belastet
>3–4	4	stark belastet
>2–3	3	mäßig – stark belastet
>1–2	2	mäßig belastet
>0–1	1	unbelastet – mäßig belastet
<0	0	praktisch unbelastet

cher Oberflächengewässer haben gezeigt, daß die Konzentration eines Elements nur in äußerst seltenen Fällen den Geoakkumulationsindex von 6 übersteigt (z.B. für Cadmium in der Mulde, einem das Erzgebirge entwässernden Nebenfluß der Elbe), d.h. die abgeleiteten sieben I_{geo}-Klassen 0 und 1 bis 6 entsprechen bei den Schwermetallen tatsächlich den in den heutigen Gewässern anzutreffenden Konzentrationsbereichen.

3.3.5 Die Schwermetallentwicklung in den Sedimenten der Elbe

Als Beispiel für die Verwendung der I_{geo}-Klassen für die Darstellung des sich ändernden Belastungszustandes der Sedimente der Elbe mit ihren wichtigsten Nebenflüssen in Zeitabständen von jeweils 2 Jahren wird die Elbe von der Quelle in Tschechien bis zur Mündung in die Nordsee dargestellt (Müller u. Furrer 1998). Abb. 3-11 zeigt die Ergebnisse für die Belastung der Sedimente mit Cadmium, Quecksilber, Blei und Zink in den Jahren 1992, 1994 und 1996. Die Zeitreihe setzt mit 1992 ein, also nicht allzulange nach dem Maximum der Belastung, nachdem bis 1991 (also auch noch nach der Wiedervereinigung 1989!) an der ehemaligen deutsch-deutschen Grenze bei Schnakkenburg steigende Konzentrationen gemessen worden waren. Bei allen dargestellten Metallen ist bei den Messungen 1994 und 1996 ein steter Rückgang zu beobachten, am stärksten bei Quecksilber, dessen durchschnittliche Konzentration im deutschen limnischen Elbebereich um 68%, im tschechischen um 70% abgenommen hat. Dieser rasche Erfolg auf deutschem Gebiet ist durch die Schließung des größten in der ehemaligen DDR gelegenen, mit dem Amalgamverfahren arbeitenden Betriebes der Chloralkalielektrolyse in Bitterfeld an der Mulde erzielt worden. Auf tschechischer Seite führten Sanierungsmaßnahmen an einem an der Bilina gelegenen ähnlichen Betrieb ebenfalls zu starken Rückgängen. Der Rückgang der Cadmium-Belastung verläuft wesentlich langsamer und ist durch den immer noch starken Eintrag vor allem aus der Teile der das Erzgebirge entwässernden Mulde bedingt.

Die rasche Abnahme der Konzentrationen aller Metalle unterhalb von Hamburg im Gezeitenbereich der Elbe ist durch eine Mischung von hochkonzentriertem Elbe- und relativ niedrigkonzentriertem, stromaufwärts gewanderten Nordsee-Schwebgut zu erklären (Müller u. Förstner 1975). Die Baggerarbeiten im Hafen von Hamburg, bei denen vor allem Elbeschlick entnommen wird, verstärken den Einfluß des Nordsee-Sediments stromaufwärts im Ästuarbereich.

3.3.6 Literatur

Berg H, Kiibus M, Kautsky N (1992) DDT and other insecticides in the Lake Cariba Ecosystem Zimbabwe. Ambio 21:444–450

Müller G, Förstner U (1975) Heavy metals in sediments of the Rhine and Elbe estuaries: Mobilisation or mixing effect? Environ Geol 1:33–39

Müller G (1979a) Schwermetalle in den Sedimenten des Rheins – Veränderungen seit 1971. Umschau 79:778–789

Müller G (1979b) Kadmium in Schlämmen – alte und neue Probleme. Naturwiss 66:359–360

Müller G (1991) Sustainable future for planet earth? Freedom from smoke. In: Geotechnica, Internat trade fair and congress for geosciences and technol. Cologne Sept 18–21, 1991, 45–47

Müller G (1993) Untersuchung der Neckar-Altsedimente und Bewertung ihres möglichen Einflusses auf die Gewässergüte und auf das Grundwasser. In: Bericht Reg Präs Baden-Württemberg, Stuttgart, 126 S

Müller G (1995) Das Schwarze Meer. Ein sicheres Endlager für schwermetallkontaminierte Feststoffe? Geowiss 13:202–206

Müller G (1997) Nur noch geringer Eintrag anthropogener Schwermetalle in den Bodensee – neue Daten zur Entwicklung der Belastung der Sedimente. Naturwiss 84:37–38

Müller G, Furrer J (1998) Pollution of the River Elbe – past, present and future. Water Qual Internat, Febr 1998:15–18

Oesterreich M, Müller C (in Vorb.) PCB accumulation in the geosphere: attempt of a classification

Song Y, Müller G (1999) Sediment-Water interactions in anoxic freshwater sediments. Mobility of heavy metals and nutrients. Lecture Notes in Earth Sciences 81, Springer, Berlin, 111 p

Turekian KK, Wedepohl KH (1961) Distribution of the elements in some major units of the earth's crust. Bull Geol Soc Am 72:175–184

3.4 Ökotoxische Wirkung

G. Gunkel

Die Ökotoxikologie hat sich mit Beginn der 70er Jahre aus der Toxikologie entwickelt, da die Fragen nach der Beeinträchtigung der Ökosysteme und insbesondere nach der Übertragbarkeit von toxikologischen Daten aus Laborexperimenten auf Freilandsysteme intensiv diskutiert wurden. Als ökotoxische Wirkungen werden Störungen auf der Ebene der Populationen, Biozönosen und ganzen Ökosysteme bezeichnet, auch globale Effekte sind heute Gegenstand der Ökotoxikologie. In einem Ökosystem bestehen multifaktorielle Wirkungsbeziehungen zwischen den abiotischen und biotischen Parametern im Ökosystem und den Stressoren, die als ein ökotoxikologisches Wirkungsgefüge bezeichnet werden können. Somit stellen ökotoxikologische Untersuchungen ökosystemare bzw. holistische Forschungsansätze dar, die entsprechend breit und umfangreich konzipiert werden müssen.

Zur Erfassung ökotoxischer Wirkungen sind verschiedene Versuchskonzepte entwickelt worden, Mikrokosmen als künstliche Ökosystemausschnitte im verkleinerten Maßstab und Modellökosysteme oder Mesokosmen als Ausschnitt der Ökosysteme (s. Bd. 3A, Kap. 1.3.2.3). Vielfach verwendete Mesokosmen sind Kleinteiche, Enclosures (in Plastiksäcken eingeschlossene Seebereiche) und Fließrinnen. Daneben werden auch experimentelle Untersuchungen in natürlichen Ökosystemen als sogenannte Whole-lake-Experimente durchgeführt; hierzu werden Experimentiergewässer manipuliert bzw. es wird der Schadstoff in ihnen direkt ausgebracht. Ein weiteres Arbeitsfeld in der Ökotoxikologie ist die Untersuchung bereits kontaminierter Ökosysteme und die In-situ-Erfassung der Wirkungsmechanismen. Diese Strategie der Analyse der Prozesse im Gewässer und die Zuordnung der Effekte zu einem Stressor ist von großer Bedeutung, und es gelang mit dieser Vorgehensweise, viele Umweltbelastungen zu erkennen. Es ist hierbei von großer Bedeutung, nicht nur die Xenobiotika als anthropogen ausgebrachte Stoffe zu erfassen, sondern auch die natürlichen Stressoren (biogene Schadstoffe, Klimaveränderungen u. a., s. Bd. 3A, Kap. 1.2) in ihrer Wirkung zu quantifizieren.

Die Reaktion der Biozönosen bzw. Ökosysteme auf Xenobiotika und natürliche Stressoren kann phänomenologisch unterteilt werden in

- Verhaltensänderungen der Organismen,
- Störungen der Populationsdynamik z. B. durch Änderung der Reproduktion oder Fertilität,

- Verbreitung der Organismen (Chorologie),
- Bioakkumulation im Nahrungsnetz.

3.4.1 Verhaltensänderungen

Viele aquatische Organismen weisen ein komplexes Verhalten auf, das für viele Leistungen notwendig ist (z. B. Fortpflanzung, Nahrungssuche, Schwarmbildung). Störungen des Verhaltens können durch Stressoren ausgelöst werden und führen mitunter zu schwerwiegenden Beeinträchtigungen der Population. Die Ursache einer Verhaltensstörung kann neurologisch sein, aber auch Reizungen der Sinneszellen können derartige Effekte auslösen.

Ein sehr intensiv untersuchtes Verhaltensmuster ist das Flucht- oder Präferenzverhalten („avoidance-preference reaction") insbesondere der Fische. Fische, aber auch einige Wirbellose, weisen nach der Einwirkung von verschiedenartigen Xenobiotika eine Fluchtreaktion auf, d. h. sie versuchen einen nichtkontaminierten Wasserkörper aufzusuchen. Ein Fluchtverhalten nach der Einwirkung von Toxinen konnte bei zahlreichen Untersuchungen an Fischen sowie bei verschiedenen Invertebraten festgestellt werden (Cherry u. Cairns 1982). Die Reizschwelle für die Fluchtreaktion liegt in der Regel bei geringeren Konzentrationen als die der letalen Wirkung als LC50. Neben einer direkten Rezeption der Stoffe (Reizung der Sinneszellen) kann auch indirekt eine streßbedingte Erhöhung der Stoffwechselrate Ursache für diese Reaktion sein. Die Fluchtreaktion muß aufgrund der vielen getesteten Verbindungen als eine verbreitet auftretende Reaktion bewertet werden. Diese Verhaltensweise bildet zugleich die Grundlage für einige entsprechende Fischtestverfahren (Gunkel et al. 1983).

Das Flucht- oder Präferenzverhalten führt insbesondere in Fließgewässern dazu, daß die Organismen bei Schadstoffeinträgen Refugialräume aufsuchen und dort die Schadstoffwelle überdauern. Als Refugialräume können Zuläufe, eingestaute Bereiche der Auen sowie das Interstitial des Bachbettes dienen.

Eine vergleichbare Reaktion tritt bei den Invertebraten (Wirbellosen) der Fließgewässer auf: Bei erhöhten Schadstoffkonzentrationen tritt eine passive Verfrachtung der Organismen mit der Strömung auf. Die Organismen verlassen ihren Aufenthaltsort aktiv und lassen sich mit der fließenden Welle abspülen. Dieser Prozeß wird als katastrophale Drift bezeichnet; Drift ist die passive Verfrachtung von Organismen in Fließgewässern, und es kann neben der Basisdrift eine verhaltensbedingte Drift sowie die katastrophale Drift unterschieden werden; die verhaltensbedingte Drift tritt z.B. bei der Nahrungssuche auf (die Tiere wandern verstärkt, um Nahrung zu finden). Die Möglichkeiten der Organismen, sich aus der fließenden Welle heraus wieder an den Bachuntergrund anzuheften, sind gering, und die Verluste bei der Drift müssen als erheblich eingestuft werden.

Untersuchungen von Liess (1994) am Flohkrebs (*Gammarus pulex*) zeigten, daß die Erhöhung der Driftrate nach Einwirkung einer subletalen Konzentration des Insektizids Fenvalerat aktiv erfolgt und im wesentlichen als aktives Schwimmen flußabwärts interpretiert werden muß im Sinne einer Fluchtreaktion.

Es sind einige weitere Störungen des Verhaltens als Folge von Schadstoffeinfluß beschrieben worden, die dokumentieren, daß derartige Effekte verbreitet auftreten, u.a. die Störung der positiven Rheotaxis zum Aufrechterhalten einer Position im Raum, die Beeinträchtigung der dorso-ventralen Reaktion sowie des Netzbaus der Köcherfliegenlarve *Hydropsyche angustipennis* (Trichoptera).

3.4.2 Störungen der Reproduktion

Die Reproduktion der Organismen stellt eine der bedeutendsten Leistungen der Organismen dar, und Störungen der Reproduktion können sehr schnell zu einem Zusammenbruch einer Population führen. Eine vergleichende Untersuchung von 73 verschiedenartigen Substanzen im 21-Tage-Daphnientest (Kühn et al. 1989) hat ergeben, daß die Reproduktion der Tiere der empfindlichste Parameter ist und somit in der Regel die NOEC („no observed effective concentration") bestimmt. Einige Verbindungen führen allerdings auch zur Mortalität der Elterntiere bzw. zur Verzögerung der Fortpflanzung (Tabelle 3-7)

Das Wachstum der Population ist ein sehr empfindlicher Parameter, und ein Populationszusammenbruch kann bereits ausgelöst werden, wenn die Individuen noch keine signifikanten toxischen Wirkungen zeigen. Dies kann auch durch Daten aus dem Freiland verifiziert werden – der Rückgang verschiedener Populationen durch die Einwirkung von Xenobiotika erfolgt langsam und kontinuierlich infolge des Sukzessionsprozesses, spektakuläre Populationszusammenbrüche treten meist nur nach Störfällen durch letale Konzentrationen auf.

Die Reproduktion ist bei höheren Organismen eine sehr komplexe Leistung, bestehend aus der hormonellen Steuerung, der Gonadenreifung, der Eianlage, dem Reproduktionsverhalten, der Vitalität der Spermatozoa, dem Befruchtungsvorgang und der Entwicklung der Embryonen. Störungen der Reproduktion sind für viele Xenobiotika

Tabelle 3-7. Untersuchungen zur Ermittlung des empfindlichsten Parameters im Daphnien-NOEC-Test (*D. magna*, 21 Tage Reproduktionstest); Bewertung von 73 verschiedenartigen Verbindungen (n. Kühn et al. 1989)

Empfindlichster Parameter der Wirkung	Häufigkeit in % der untersuchten Verbindungen
Reproduktion (21 d)	38
Reproduktion und Fertilität	15
Mortalität (21 d)	12
Reproduktion und Mortalität	11
Fertilität (Auftreten der ersten Juvenilen)	7
Mortalität und Fertilität	1
Indifferente Wirkung: Reproduktion, Mortalität und Fertilität	15

nachgewiesen worden und können auf zahlreiche verschiedene Wirkungsmechanismen zurückgeführt werden (Tabelle 3-8).

Eine reproduktionstoxische Wirkung weisen anorganische Verbindungen (u.a. Schwermetalle, Cyanide, Protonen als Säurezeiger), Pestizide (u.a. Lindan, Atrazin, DDT), chlorierte Kohlenwasserstoffe (u.a. Polychlorierte Biphenyle PCB, DDT), Mineralöle und Tenside (u.a. waschaktive Substanzen) auf. Untersuchungen zu der reproduktionsbeeinträchtigenden Wirkung der Polychlorierten Biphenyle (PCB) zeigen, daß erhöhte Rückstände im Fisch und somit auch in den Gonaden zu einer Verringerung der Eientwicklungszeit führen, verbunden mit einer Verringerung der Eizahl und des Schlupferfolges.

Es können auch Mißbildungen der Fischembryonen auftreten, und diese führen aufgrund der verringerten Vitalität zu einer verringerten Reproduktionsrate. Untersuchungen der letzten Jahre an Fischembryonen aus dem Bereich der südlichen Nordsee zeigen eine sehr hohe Rate von Mißbildungen, insbesondere der pelagischen Fischembryonen, z.B. des Wittlings (54%), der Kliesche (26%), des Kabeljaus (16%) und der Scholle (11%). Allerdings besteht eine große zeitliche und räumliche Varianz der Daten, die jedoch durch die große Anzahl von 133000 untersuchten Embryonen ausgeglichen wurde (Cameron et al. 1990). Bislang sind keine vergleichbaren Untersuchungen aus limnischen Systemen bekannt. Der Fang von ausreichend vielen Fischembryonen in Flüssen und Seen ist sehr schwierig, und es kann nicht ausgeschlossen werden, daß mißgebildete Embryonen bereits sehr frühzeitig sterben.

Die Diskussion der reproduktionstoxischen Wirkung ist durch zahlreiche Hinweise auf endokrin wirkende Stoffe intensiviert worden.

Tabelle 3-8. Mechanismen der reproduktionstoxischen Wirkung bei aquatischen Organismen, I = Insektizid, H = Herbizid, T = Tensid. Referenzen: 1 = Gill et al. (1991); 2 = Kuwabara et al. (1980); 3 = Singh u. Singh (1992); 4 = Ansari u. Kumar (1987); 5 = Hansen et al. (1985); 6 = Gebhardt et al. (1987); 7 = Pandey u. MacRae (1991); 8 = Billard u. Roubaud (1985); 9 = Lal u. Singh (1987); 10 = Oyen et al. (1991); 11 = Streit u. Peter (1978); 12 = Schober u. Lampert (1977); 13 = Hatakeyama (1988); 14 = Lewis (1991); 15 = Spitsbergen et al. (1991); 16 = Chandini (1991); 17 = Saxena u. Mani (1987); 18 = Sarojini et al. (1986); 19 = Bengtsson (1980); 20 = Giudici u. Migliore (1988); 21 = Leeuwen et al. (1987); 22 = Solbé u. Shurben (1989); 23 = Fent (1992)

Wirkung auf die Reproduktion	Organismus	Xenobiotika	Ref.
Nekrose der Testis	Fisch	Carbofuran (I), Fenitrothion (I)	17
Reduzierung des Cholesteringehaltes der Testis	Fisch	Endosulfan (I)	1
Reduzierung des Fettgehaltes im Ovar	Fisch	Endosulfan (I),	1
		Cythion (I)	3, 9
		Lindan (I)	3
Reduzierung der DNA im Ovar	Fisch	Lindan (I)	4
Rduzierung der RNA im Ovar	Fisch	Lindan (I)	4
Reduzierung des Proteins im Ovar	Fisch	Lindan (I)	4
Störung der Eibildung im Ovar	Garnele	Fenitrothion (I)	18
Reduzierung der Eibildung	Schnecke	Atrazin (H)	11
	Wasserfloh	DSDMAC (T),	14
		Atrazin (H)	12
		lineares Alkylethoxylat (T)	14
	Fisch	LAS (T)	14
Fertilität der Spermatozoa	Fisch	Cr^{3+}, Zn^{2+}, Hg^{2+}	8
Beeinträchtigung der Befruchtung	Fisch	NH_3, HCN, Fe^{3+}, Zn^{2+}	8, 22
Störung der Eientwicklung	Schnecke	Atrazin (H)	11
Mortalität der Eier	Amphibium	H^+	6
	Fisch	H^+	10
Mortalität der Embryonen	Mückenlarve	Cu^{2+}	13
	Fisch	Dioxin (CKW)	15
Reduzierung der Schlupfrate	Salinenkrebs	Hg-org. Verb., Schweröl,	7, 2
		Thiophene (M),	7
		Phenyldisulfid (M)	7
	Fisch	PCB (CKW), LAS (T),	14, 19
		DSDMAC (T), DDT (I)	5, 14
		lineares Alkylethoxylat (T)	14
	Bachflohkrebs	Cd^{2+}	20
Skelettdeformationen der Embryonen	Fisch	H^+, Tributylzinn (Antifouling)	10, 23
Reduzierung der Reproduktionsrate	Wasserfloh	Br^+, Cd^{2+}, 2,4-Dichloranilin (CKW)	21
Reduzierung des Populationswachstums	Wasserfloh	Cd^{2+}	16

Das Auftreten von Xenobiotika, die als Nebenwirkung in die hormonelle Steuerung der Tiere eingreifen, stellt ein großes Gefährdungspotential dar (s. Kap. 3.6). Diese endokrin wirkenden Stoffe (z.B. Oktyl- und Nonylphenol) führen zur Verweiblichung von Fischen. Die Anzahl der hormonell wirksamen Verbindungen in der Umwelt wird heute auf ca. 180 Stoffe geschätzt (Umweltbundesamt 1995; Vack 1996; Schlumpf u. Lichtensteiger 1996). Andere Effekte, wie z.B. das Auftreten von Mißbildungen des Penis von Alligatoren in Südflorida, müssen auch auf endokrine Wirkstoffe zurückgeführt werden.

3.4.3
Störungen der Verbreitung von Pflanzen und Tieren

Eine Population als Gruppe einer Art bzw. eine Biozönose als Gruppe verschiedener Arten in einem Lebensraum kann auf Schadstoffe und andere Stressoren mit der Änderung ihrer Verbreitung reagieren; die Verbreitung wird als Chorologie bezeichnet und ist Gegenstand der Forschungen der Biogeographie. Hierbei können neben einem aktiven Aufsuchen neuer Lebensräume auch die Steuerung der Populationsentwicklung als Mechanismen wirksam werden. Die Verbreitung einer Art wird durch die ökologische Valenz bestimmt, die das potentielle Verbreitungsgebiet begrenzt. Das aktuelle Verbreitungsgebiet wird durch die interspezifische Konkurrenz eingeengt. Stressoren, die auf Organismen einwirken, können zu einer Reduzierung der Vitalität führen, so daß die Organismen von anderen Populationen verdrängt werden können, oder es tritt ein verringertes Populationswachstum ein (s.o.); beide Effekte bewirken eine Änderung der Verbreitung der Organismen.

3.4.3.1
Störungen der Verbreitung von Pflanzen

Es sind zahlreiche Auswirkungen von Stressoren auf die Verbreitung von Pflanzen beschrieben und quantifiziert worden; viele dieser Effekte betreffen die Veränderung der Gewässer durch die Prozesse der Eutrophierung und Versauerung.

Der Einfluß der Nährstoffe auf eine Planktonbiozönose konnte durch die Langzeituntersuchungen am Bodensee während der Eutrophierungsphase gezeigt werden. Die Steigerung der Phosphorkonzentration von ca. 10 µg/l in den 50er Jahren auf 80 µg/l in den Jahren 1980 bis 1985 führte zu einer signifikanten Änderung der Phytoplanktonbiozönose. Neben dem Anstieg der Phytoplanktonbiomasse um den Faktor 4 war eine Änderung der Artenzusammensetzung festzustellen; diese erfolgte innerhalb der verschiedenen Algengruppen. So wurden z. B. die Kieselalgen *Cyclotella* spp. und *Asterionella formosa* durch die Kieselalgen *Stephanodiscus* spp. ersetzt. Durch die erfolgten Maßnahmen zur Sanierung des Bodensees konnte ab 1985 eine deutliche Reduzierung der Phosphorkonzentration im See erreicht werden (z. Zt. ca. 30 µg/l Gesamt P), die sich bereits in einer erneuten Änderung der Phytoplanktonbiozönose manifestiert hat (Kümmerlin 1991).

Die ausgeprägte Abhängigkeit der Algen von der Wasserqualität hat zur Entwicklung von Bioindikationsverfahren geführt. Aufwuchsbiozönosen sind u. a. aufgrund ihrer Ortsfestigkeit für die Bioindikation in Gewässern sehr gut geeignet. Insbesondere stellen benthische Diatomeen (Kieselalgen) gute Bioindikatoren der Gewässerqualität dar. Ein von der Europäischen Gemeinschaft definierter Diatomeenindex CEC (Syn. CEE-Index) umfaßt 10 Stufen der Gewässerqualität von Reinwasser bis zum stark verschmutzten Wasser und soll die zahlreichen beschriebenen Bewertungsverfahren vereinheitlichen (Descy u. Coste 1990). Die Erfassung des Vorkommens und der Verbreitung von Diatomeen setzt umfangreiche systematische Kenntnisse voraus, denn nur bei einer sicheren Bestimmung der Arten sind Rückschlüsse auf die Gewässerqualität möglich.

Neben der Trophie werden auch andere Gewässerparameter selektiv durch Algen gekennzeichnet, so daß viele Arten Bedeutung als Bioindikator gewonnen haben. Es treten z. B. säuretolerante Formen auf, und diese können als Säurezeiger bewertet werden. Säuretolerante planktische Formen sind u. a. *Lobomonas* spec., *Cryptomonas* spp., *Mougeotia viridis* (Chlorophyceae), *Synura* spp., *Dinobryon sertularia*, D. *acuminatum* (Chrysophyceae), *Peridinium inconspicuum* (Dinophyceae; Havens u. Decosta 1987; Ilmavirta 1988; Holopainen 1992). Daneben treten auch zahlreiche periphytische (Aufwuchs-) Diatomeen auf, die als acidophile Formen typische Säurezeiger sind, während die acidophoben Arten alkalische Gewässer anzeigen (Eloranta 1988).

Die Verbreitung der Makrophyten in Seen und Fließgewässern wird durch die abiotischen und biotischen Parameter des Gewässers bestimmt. Allerdings wird das Vorkommen der Makrophyten durch die Sedimenteigenschaften sowie das Interstitialwasser beeinflußt. Aufgrund der längeren Lebensdauer ist die Reaktion der Makrophyten auf Stressoren, insbesondere auch die Wiederbesiedlung von Standorten, deutlich langsamer als die der planktischen bzw. periphytischen Algen. Dennoch hat sich die Biogeographie der Makrophyten in den letzten Jahren zu einem bedeutenden Instrument der Bioindikation entwickelt, u. a., da durch die Technik der Tauchgänge und Unterwasserkartierung Effekte auf die submerse Vegetation quantifiziert werden können.

Ein gut untersuchtes Beispiel ist die Verbreitung der Makrophyten des Gewässerrandes, des Röhrichts. Die Gewässereutrophierung der letzen Jahrzehnte hat in vielen Seen zu dem Phänomen des **Röhrichtrückganges** geführt. Allerdings darf der Röhrichtrückgang nicht mo-

Tabelle 3-9. Belastungsfaktoren des Röhrichts und primäre Effekte der Schädigung des Röhrichts am Beispiel der Berliner Havel

Belastungsfaktoren des Röhrichts	Auswirkungen auf den Röhricht
Eutrophierung des Pelagials (N, P)	Halmgröße und -dichte Aufkommen von Cladophora (Phytotoxine) bakterielle Infektionshäufigkeit
Eutrophierung (N/P-Verhältnis)	Wuchsform (Halmfestigkeit)
Nährstoffgehalt des Interstitialwassers	Wuchsform (Halmfestigkeit)
Anaerobe Sedimente	Schädigung der Wurzeln und Rhizome
Infiltration (influente Bedingungen bei Uferfiltratgewinnung)	Beeinträchtigung der Wurzelfunktion
Auftreten von Xenobiotika	toxische Effekte
Schiffahrt (Wellenbildung)	Halmbruch, Freilegung der Wurzeln durch Erosion
Wassersport (mechanische Beschädigung)	Halmbruch
Vertritt	Halmbruch
Bodenerosion	Freilegung der Wurzeln
Schwemmgut (mechanische Beschädigung)	Halmbruch, Zerstörung der jungen Triebe
Abflußregelung (Hochwasserregulierung)	Zerstörung der jungen Triebe durch Eisgang
Mahd oder Abbrennen des Röhrichts	Schädigung der Rhizome durch eindringendes Wasser
Wasserüberstau (Abflußregelung)	Schädigung der Halme
Auftreten von Fadenalgen	toxische Wirkung durch *Cladophora* (Phytotoxine) Algenwatten an den Halmen führen zu bakteriellen Infektionen
Rhizomschädigung	bakterielle Infektionen
Insektenfraß durch Schilfkäfer *Donacia* spp.	Rhizomschädigung
Insektenfraß durch Schilfeule *Arachanara geminipuncta* und gallbildende Mücke *Giraudiella inclusa*	Beeinträchtigung der photosynthetisch aktiven Blattoberfläche
Bisam, Schermäuse, Wasservögel	Verbiß der Halme

nokausal betrachtet werden. Mehrere Stressoren wirken bei einer Gewässereutrophierung gleichzeitig auf den Röhrichtbestand. Es bildet sich ein multifaktorielles Wirkungsgefüge im Sinne einer Kombinationswirkung aus, ohne daß die einzelnen Faktoren bislang ausreichend in ihrer Bedeutung gewichtet werden können (Ostendorp 1989, Sukopp u. Markstein 1989; Sukopp u. Krauss 1990; Tabelle 3-9). Verbunden mit dem Röhrichtrückgang ist der Rückgang der submersen Makrophyten meist der erste erkennbare Effekt einer Schädigung der Litoralvegetation.

Gut dokumentiert ist der Röhrichtrückgang im Bereich der Unterhavel/Berlin mit den dominanten Arten Schilfrohr (*Phragmites australis*) und Schmalblättriger Rohrkolben (*Typha angustifolia*; Sukopp u. Markstein 1989; Abb. 3-12). Die bisher durchgeführten Einzelmaßnahmen zum Schutz der Röhrichtbestände in der Berliner Havel (Röhrichtanpflanzungen, Anlage von schwimmenden Wellenbrechern, Pfahlreihen als Wellenbrecher, P-Reduzierung des Wassers u. ä.) haben keinen anhaltenden Erfolg gezeigt, ein Hinweis, daß die Schädigung des Röhrichts durch ein multifaktorielles Wirkungsgefüge ausgelöst wird.

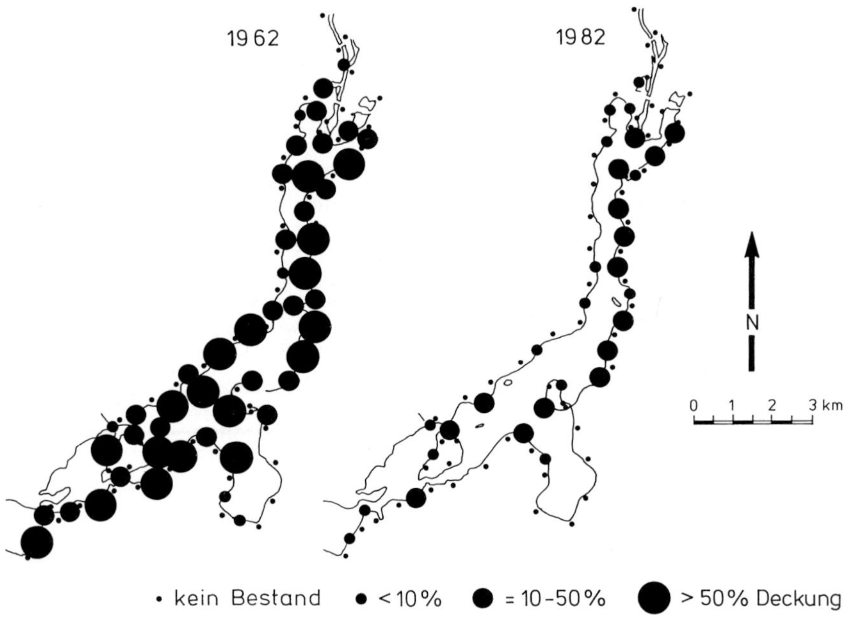

Abb. 3-12. Röhrichtrückgang im Bereich der Unterhavel/Berlin als Folge der diffusen Gewässerbelastungen (aus Gunkel 1994, n. Sukopp u. Markstein 1989)

In vielen Untersuchungen konnte eine Reaktion der Makrophyten auf organische Verunreinigungen nachgewiesen werden Diese Korrelation führte zu der Indikation der Saprobität als Summe der heterotrophen Aktivität. Abwassereinleitungen und ähnliche Gewässerbelastungen können durch eine Makrophytenkartierung erkannt und in ihrer Wirkung quantitativ erfaßt werden (Melzer 1985). Der Verbreitungsbereich der Makrophyten liegt jedoch mit >90% der Arten überwiegend in der unbelasteten bis mäßig belasteten Zone (oligosaprob bis β-mesosaprob), während in der stark verschmutzten Zone (α-mesosaprob) nur noch 56% der Arten auftreten. Die übermäßig verschmutzte Zone (polysaprob) ist mit nur 10% der Arten weitgehend makrophytenfrei. Diese Verbreitung beschränkt die Anwendung der Bioindikation mittels Makrophyten auf die wenig bis mäßig belasteten Gewässer. Eine Zusammenstellung der Indikationswerte von 118 Arten limnischer Makrophyten liegt von Husak et al. (1989) vor.

Auch die **Versauerung** der Gewässer beeinflußt nachhaltig die Verbreitung der Makrophyten. Es sind säuretolerante Arten und weniger säuretolerante Arten zu unterscheiden. Die säuretoleranten Arten kommen in carbonatarmem Wasser (Alkalinität ca. 0,5 bis 1,0 mval/l) bis pH >5 vor. Die weniger säuretoleranten Arten weisen eine pH-Toleranz von pH >6,5 bis ca pH 7,5 bei einer mittleren Alkalinität von 1 bis 2 mval/l auf. Am Beispiel des Rückgangs der Strandlingsgesellschaften in Holland (*Litorella uniflora* als dominante Art) konnte gezeigt werden, daß nicht die Senkung des pH-Wertes in den nährstoffarmen und schwach gepufferten Standorten für den Rückgang der Makrophyten verantwortlich ist, sondern die eingeschränkte CO_2-Versorgung als Folge des Säureeinflusses. Bei einer Versauerung sinkt der Carbonatgehalt der Sedimente und entsprechend auch der Gehalt an CO_2 im Interstitialwasser, so daß die Pflanzen CO_2 aus dem Wasser aufnehmen müssen und in Konkurrenz zu den planktischen Algen treten. Die säuretoleranten Arten weisen generell eine effizientere CO_2-Aufnahme auf als die wenig säuretoleranten Arten.

3.4.3.2
Störungen der Verbreitung von Tieren

Auch die Verbreitung der tierischen Populationen wird durch die Summe der abiotischen und biotischen Parameter bestimmt. Durch die hohe Mobilität vieler Tiere tritt eine schnellere Reaktion auf sich ändernde Umweltbedingungen ein als dies bei Makrophyten der Fall ist. Allerdings erfolgt auch eine Wiederbesiedlung nach Abklingen des Belastungsfaktors relativ rasch.

Intensiv untersucht wurden die Bestandsänderungen der Fischfauna, die durch Gewässerausbau, Wasserverschmutzung und Eutrophierung z.T. schon im letzten Jahrhundert ausgelöst wurden. Ein Beispiel ist die Änderungen der Fischfauna der Havel im Raum Berlin (Tabelle 3-10). Die im 19. Jahrhundert vorhandenen anadromen Fische (u.a. Stör, Maifisch, Lachs) waren bereits im Jahr 1903 ausgestorben. Die Verbreitung der Fische änderte sich in den folgenden Jahrzehnten wesentlich, dominante Arten aus dem Jahr 1903 wiesen 1965 nur noch

Tabelle 3-10. Veränderungen der Fischfauna der Havel im Bereich von Berlin (aus Gunkel 1994, verändert n. George 1985)

Jahr	Häufigkeitsklassen:				
	massenhaft	häufig	selten	vereinzelt	nahezu ausgestorben oder ausgestorben
1903	Aal Flußbarsch Hecht Karausche Quappe Rotfeder Schleie Stichling Wels	Aland Barbe Bitterling Döbel Güster Kaulbarsch Plötze Stint Ukelei	Blei Gründling Steinbeißer Zander		Finte † Flußneunauge † Lachs † Maifisch † Wandermaräne †
1956	Blei Flußbarsch Güster Plötze	Aal Döbel Gründling Hecht Kaulbarsch Rapfen Rotfeder Schleie Stichling Ukelei	Aland Bitterling Hasel Karausche Quappe Schlamm-peitzger Stint Wels Zander	Bachneun-auge	Barbe Steinbeißer
1979	Blei Flußbarsch Güster Kaulbarsch	Aal Plötze Ukelei Zander	Hecht Karausche Rapfen Schleie 3-S-Stichling	Aland Bitterling Döbel Gründling Rotfeder Stint Wels	Bachneunauge † Barbe † Hasel † Moderlieschen Quappe Schlammpeitzger † Steinbeißer 9-S-Stichling

seltene Vorkommen auf (Quappe, Karausche, Wels, Barbe). 1979 wurde in einer weiteren Untersuchung das Aussterben zahlreicher Arten festgestellt (u.a. Barbe, Hasel, Neunstachliger Stichling). Diese Bestandsänderungen der Fischfauna der Havel können auf verschiedene Streßfaktoren zurückgeführt werden: Die Gewässereutrophierung mit der massenhaften Entwicklung von Phytoplankton läßt den Zander zugunsten des Hechtes hohe Bestandsdichten erreichen. Faulschlammablagerungen und das wiederholte Auftreten geringer Sauerstoffkonzentrationen im Gewässer, u.a. als Folge der Gewässerregulierung, führen zum Rückgang der Grundfische (Steinbeißer, Quappe, Schleie und Wels). Der Bitterling stirbt aus, wenn die Bestände der Bachmuschel zurückgehen (z.B. Sauerstoffmangel am Gewässergrund), da diese für die Fortpflanzung notwendig sind – der Bitterling legt die Eier in die Kiemen der Bachmuschel. Die Änderung des Gewässercharakters als Folge der Regulierung und Eutrophierung führt zum Rückgang von Barbe, Döbel und Aland, während gleichzeitig Blei und Güster hohe Dominanzen erreichen. Der Rückgang der Ufervegetation und das Auftreten von Ufererosion sind Ursache für die Populationsrückgänge von Rotfeder, Stint, Stichling und Wels.

Auch die **Eutrophierung** eines Sees als alleiniger Streßfaktor führt zu einer nachhaltigen Änderung der Fischpopulationen. Durch Untersuchungen in der Experimental Lakes Area in Kanada konnte die Wirkung der Eutrophierung auf das Wachstum, die Abundanz und Biomasse sowie auf die Überlebensrate der Jungfische von Felchen/Renken (*Coregonus clupeaformis*) nachgewiesen werden. Als der entscheidende Effekt muß die Steigerung der Überlebensrate im ersten Jahr angesehen werden, die dann in den folgenden Jahren die Abundanz, Biomasse und Produktivität der gesamten Fischpopulation beeinflußt (Mills u. Chalanchuk 1987).

Intensiv untersucht wurden auch die Fischbestandsänderungen während der Eutrophierungsphase des Bodensees. Hier trat ein Rückgang der Populationen der Felchen (*Coregonus* spp.) und Seeforelle (*Salmo trutta* f. *lacustris*) sowie eine Zunahme von Barsch (*Perca fluviatilis*) und Weißfischen (Cypriniden) auf (Nümann 1972). Für die Coregonen des Freiwassers (Blaufelchen, *Coregonus lavaretus* f. *wartmanni*) konnte ein früherer Eintritt der Laichreife und das vermehrte Auftreten von Erstlaichern festgestellt werden, Erstlaicher haben jedoch einen qualitativ schlechteren Laich als Zweitlaicher. Auch trat eine erhöhte Mortalität der Eier durch bereits geringe Sauerstoffdefizite am Seeboden auf. Allerdings übt die Fischbewirtschaftung ebenfalls einen signifikanten Einfluß auf die Populationsentwicklung aus, der von den eutrophierungsbedingten Effekten meist nur schwer zu trennen ist.

Auch die Zooplanktonbiozönose reagiert auf die Gewässereutrophierung, und neben der Abundanz der Zooplankter kann eine Änderung der Artenzusammensetzung auftreten. Während der Eutrophierungsphase des Bodensees sind z. B. die Wasserflöhe *Diaphanosoma brachyurum* (Cladocera) und *Heterocope borealis* (Copepoda) verschwunden.

Die **Versauerung** der Gewässer führt zu einer nachhaltigen Beeinflussung der Verbreitung der Organismen, da viele Arten sehr enge pH-Toleranzen aufweisen. Es liegen zahlreiche Daten zur pH-Toleranz von Fischen vor, da diese sehr empfindlich auf verringerte pH-Werte reagieren. Bereits bei einem pH von 5,5 bis 6,0 wird die Regenbogenforelle (*Oncorhynchus mykiss*) letal geschädigt, während andere Fische bis zu einem pH von 4,5 bis 5,0 vorkommen (u. a. Bachforelle *Salmo trutta*, Zwergwels *Ictalurus nebulosus* und Hecht *Esox lucius*). Zwei Mechanismen werden bei der Versauerung wirksam: Zum einen wirkt die erhöhte pH-Konzentration ätzend und führt zur Schädigung der Kiemenepithelien (größere Fische sind hiervon stärker betroffen, da sie ein kleineres Kiemenoberfläche/Körpergröße-Verhältnis haben), zum anderen wirkt das im sauren Milieu gelöst vorliegende Aluminium toxisch auf die Fischeier, zusammen mit der direkten toxischen Wirkung der H^+-Ionen. Somit können beide Effekte auftreten – das Aussterben der adulten, älteren Forellen durch Schädigung der größeren Tiere oder das Fehlen der jüngeren Jahrgänge durch Mortalität der Eier.

Die Verbreitung der Bachforelle stellt eine gute Bioindikation des Versauerungszustandes der Gewässer dar (Abb. 3-13). Viele der heute

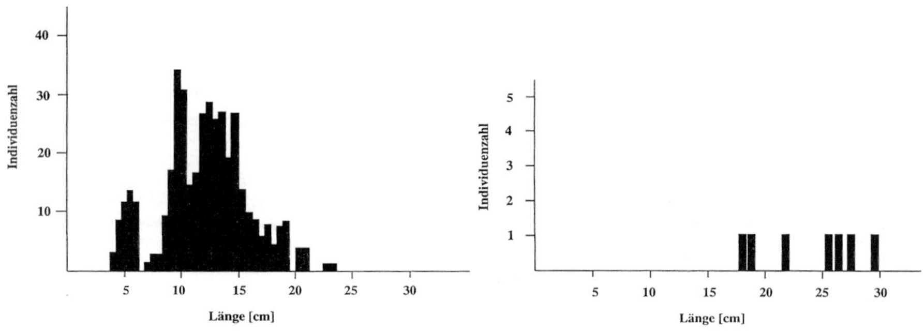

Abb. 3-13. Oben: Normal entwickelte Bachforellenpopulation aus einem basischen Fließgewässer, dem Blauenbach/Baden-Württemberg (Schwankungsbereich des pH-Wertes: 7,0 bis 7,8). Unten: Gestörte, überalterte Bachforellenpopulation aus einem stark versauerten Gewässer (Wälzbach/Baden-Württemberg; Schwankungsbereich der pH-Werte: 4,5 bis 6,5; aus Gebhardt 1994)

versauerten Gewässer sind völlig fischfrei, bereits ein Drittel der südnorwegischen Seen weisen heute keine Fischbestände mehr auf, und der überwiegende Anteil dieser Gewässer hat die Fischpopulationen in den letzten Jahrzehnten verloren.

Auch die Artenzusammensetzung der Zooplanktonbiozönose wird durch die pH-Werte bestimmt. Rädertiere (Rotatoria) weisen in ihrem Vorkommen sehr enge pH-Bereiche auf, und für viele Arten sind die Präferenzbereiche empirisch ermittelt worden (Berzins u. Pejler 1987). Die artspezifische pH-Wert-Toleranz wird am Beispiel von *Keratella* deutlich: *Keratella cochlearis* ist in Gewässern mit pH-Werten >5,5 dominant, während bei pH-Werten <5,5 *K. taurocephala* als häufigste Art auftritt (Gonzalez et al. 1990). Diese pH-bedingten Effekte der Verbreitung der *Keratella*-Arten muß primär auf interspezifische Konkurrenz (Competition) zurückgeführt werden (Havens u. Decosta 1988). Competition-Phänomene treten ebenfalls zwischen den Cladoceren (Wasserflöhen) *Daphnia* spp. und *Holopedium gibberum* auf und führen bei sinkenden pH-Werten zu einem Rückgang der Abundanz von Daphnienarten (u.a. *Daphnia galeata mendotae*, *D. pulex*, *D. longiremis*, *D. retrocurva*) bei steigender Dominanz von *Holopedium gibberum* (Yan et al. 1988).

Das Zoobenthon reagiert ebenfalls empfindlich auf Versauerungsprozesse, und es können säuretolerante und säuresensible Arten unterschieden werden. Insgesamt nimmt die Artenzahl bei Versauerung der Gewässer deutlich ab, da nur wenige Arten säuretolerant sind. Untersuchungen liegen u.a. von dem Versauerungsüberwachungsprogramm in Norwegen vor. Das Vorkommen der benthischen Invertebraten ist bis zum pH von 6,0 ungestört, in Gewässern mit pH-Werten von <5,5 kommen nur 50% der Arten vor, während bei pH <5,0 nur noch 37% der ursprünglichen Arten auftreten, bei pH=4,5 bricht die Besiedlung vollständig zusammen (Raddum u. Fjellheim 1984).

Verschiedene Xenobiotika (Schwermetalle, Herbizide, Insektizide) sowie erhöhte pH-Werte manifestieren sich ebenfalls in der Populationsstruktur und -entwicklung von Zooplankton- und Zoobenthonorganismen, und entsprechende chorologische Effekte können ausgelöst werden. Abundanzänderungen des Zooplanktons sind u.a. bei subletalen Parathionkonzentrationen in Enclosures festgestellt worden: Cladocera (*Moina micrura*), Copepoda (*Eucyclops serrulatus*) und Rotatoria (*Brachionus calyciflorus*) wiesen sinkende Abundanzen auf, während zwei *Asplanchna*-Arten (*Asplanchna brightwelli* und *A. priodonda*, Rotatoria) steigende Abundanzen zeigten (Gasith u. Perry 1985).

3.4.4 Monitoring

Als **Monitoring** wird die Erfassung von Schadstoffwirkungen an ausgewählten Organismen in einer Region (=repräsentative flächenhafte Erhebung) oder über eine längere Zeit (=Zeitreihe als Trendanalyse) bezeichnet. Monitororganismen müssen die Wirkungen von Stressoren auf die Ökosysteme selektiv und empfindlich anzeigen. Viele Stressoren üben auf Organismen eine toxische bzw. ökotoxische Wirkung aus, und das Biomonitoring ist heute von zentraler Bedeutung für die Umweltüberwachung und das Umweltmanagement. Allerdings ist eine Voraussetzung für die Durchführung eines Biomonitorings das Vorkommen der Organismen in Gewässern – und dies ist in den Wintermonaten häufig nicht gesichert. Es sind deshalb zwei Arten des Monitorings entwickelt worden, das passive Monitoring als Erfassung vorhandener Arten und das aktive Monitoring durch Exposition von Organismen in dem zu untersuchenden Gewässer. Die Einsatzmöglichkeiten des passiven Monitorings sind durch die räumliche und zeitliche Verbreitung der Organismen begrenzt, insbesondere die Wiederbesiedlung von Gewässern nach dem Auftreten einer Schadstoffwelle bzw. nach erfolgreicher Sanierung und Restaurierung erfolgt häufig sehr langsam. Bei dem aktiven Monitoring können dagegen auch nicht besiedelte Ökosysteme bewertet werden, da die gewässertypischen Organismen exponiert werden.

Die Anforderungen an einen Monitoringorganismus sind vielfältig: Er muß häufig sein, ein großes Verbreitungsgebiet besitzen, unempfindlich bei der Handhabung, salztolerant, standorttreu und eindeutig bestimmbar sein sowie eine eindeutige Ernährungsstrategie haben (Gunkel 1994).

Das biologische Monitoring kann zur Untersuchung und Quantifizierung verschiedener ökophysiologischer und ökotoxikologischer Parameter eingesetzt werden (Schubert 1991; Kohler u. Arndt 1992; Gunkel 1994); es sind dies

- Erfassung toxischer Effekte als Effektmonitoring (Bick u. Neumann 1982),
- Überwachung von Einleitern, z.B. am Rhein durch ein dichtes Netz von Biomonitoren (Friedrich 1994),
- Kontrolle und Beweissicherung bei Eingriffen und Maßnahmen im Gewässer,
- Erfassung der Bioakkumulation durch Organismen, die eine hohe Akkumulationsrate aufweisen, z.B. aufgrund ihrer Lebensweise (Steinberg et al. 1992),

- Erfassung des Gewässerzustandes durch die Verbreitung und Häufigkeit der Organismen, u. a. Bewertung der Trophie und Saprobie (Canter 1985; Hellawell 1986; Blandin 1986).

Das **passive Biomonitoring** wird häufiger als das aktiven Monitoring angewendet, und es ist ein Routineverfahren zur Überwachung der aquatischen Umwelt. In einer Erhebung des Bund-/Länder-Arbeitskreises „Umweltchemikalien“ in der BRD im Jahr 1987 wurden 81 Monitoring-Programme zur Erfassung von Umweltchemikalien benannt, davon wurden 43 Programme in aquatischen Systemen durchgeführt, 18 Programme in Fließgewässern, 10 an Sedimenten, 9 an Sickerwasser, 5 im Brackwasser, 5 im Grundwasser, 4 im Quellwasser, 4 in Standgewässern und 3 im Meer (Forster et al. 1990).

Durch das Monitoring kann auch die toxische Wirkung unter den komplexen Verhältnissen im Ökosystem erfaßt werden, allerdings ohne daß hierbei eine kausalanalytische Beziehung zwischen dem Effekt und einem Stressor ermittelt werden kann. Diese Form der Umweltüberwachung wird als Effektmonitoring bezeichnet. Z. Zt. wird intensiv die Anwendung enzymatischer Verfahren untersucht, da sie mit nur einem geringen Untersuchungsaufwand durchgeführt werden können. Umfangreiche Daten liegen u. a. zur Bestimmung der mischfunktionellen Oxygenasen (bei Belastung mit koplanaren polycyclischen aromatischen Kohlenwasserstoffen) und zu den Metallothioneinen (bei Schwermetallbelastung) vor.

Mischfunktionelle Oxigenasen haben als Detoxifikationsmechanismus in Organismen große Bedeutung. Sie führen ebenso wie andere unspezifische Enzyme (Oxidasen, Peroxidase) zur Oxidation von organischen Verbindungen. Wichtigster Vertreter aus der Gruppe der Monooxygenasen ist das Cytochrom-P-450, ein Enzym, das ein Sauerstoffatom in das Substrat einführt. Die Monooxygenasen treten in großer Zahl in der Leber auf und sind dort in den Membranen der Mitochondrien und des endoplasmatischen Retikulums lokalisiert; sie sind wesentliche Bestandteile des Entgiftungssystems der Leber. Es handelt sich hierbei nicht um spezielle Enzymsysteme für die Umsetzung von Xenobiotika, sondern um Enzyme, deren Bildung durch natürliche Substrate ausgelöst wird; z. T. werden sie auch durch Xenobiotika induziert, wenn diese eine ähnliche Struktur haben oder entsprechende funktionelle Gruppen besitzen wie die natürlichen Substrate (Parlar u. Angerhöfer 1991). Das Auftreten hoher Konzentrationen der mischfunktionellen Oxygenasen in der Leber von Fischen liefert somit nur einen Hinweis auf mögliche erhöhte Gehalte von Xenobiotika.

Ein vergleichbares Phänomen ist bei Schwermetallen festgestellt worden: **Metallothioneine** stellen einen sehr effektiven Detoxifikationsmechanismus für zweiwertige Schwermetalle dar, da die Metallothioneine viele zweiwertige Metalle direkt binden. Metallothioneine sind Proteine (Polypeptide), das Protein besteht zu ca. 1/3 aus der schwefelhaltigen Aminosäure Cystein. Der Schwefelgehalt erreicht in Metallothioneinen 8,5% des Molgewichtes. Zweiwertige Schwermetalle (u.a. Cadmium, Zink und Quecksilber) werden vermutlich durch die -SH-Gruppen des Cysteins gebunden. Hierbei können in den Metallothioneinen sehr hohe Metallgehalte erreicht werden (7 Mol Schwermetall pro Mol Protein, dies sind ca. 5% des Gewichtes; Geldmacher-von Mallinckrodt 1984). Metallothioneine treten in zahlreichen aquatischen Organismen auf (u.a. Muscheln, Schnecken, Insekten, Krebstieren, Fischen). Die Bildung von Metallothioneinen wird direkt durch die Metalle induziert, so daß erhöhte Metallothioneingehalte als ein Hinweis auf Schwermetallkontamination gewertet werden können.

Metallothioneine greifen auch in die toxische Wirkung von Schwermetallen ein: Subletale Cadmiumkonzentrationen von 5 bis 10 µg/l führen nach mehrwöchiger Exposition zu Adaptationsphänomenen bei Wasserflöhen (*Daphnia magna*); bei mit Cadmium vorkontaminierten Daphnien konnte eine Senkung der letalen Konzentration des Cadmiums um ca. 50%, verglichen mit nicht vorkontaminierten Daphnien, festgestellt werden. Diese verringerte Sensitivität der Daphnien wird vermutlich ausgelöst durch eine höhere Metallothionein-Bildungsrate der vorkontaminierten Tiere, und das Metallothionein maskiert das Cadmium (Bodar et al. 1990).

Das **aktive Monitoring** stellt eine Ergänzung des passiven Monitorings dar und umfaßt die Aufzucht der Monitororganismen unter Laborbedingungen mit anschließender Exposition im Gewässer. Somit wird durch das aktive Monitoring eine hohe Standardisierung erreicht (u.a. durch reproduzierbare Kulturbedingungen), und die Schadstoffbelastung im Ökosystem kann auf die definierte Zeit der Exposition beschränkt werden. Ein wesentlicher Vorteil des aktiven Monitorings ist die Exposition der Organismen in Gewässern, in denen die Art aktuell nicht vertreten ist, z.B. aufgrund klimatischer Effekte (z.B. Frühjahr, Herbst), der Wasserführung (z.B. nach Hochwasserwellen) und nach Schadensereignissen (die Wiederbesiedlung eines Gewässers nach einem Störfall erfolgt nur langsam).

Als ein Verfahren des aktiven Monitorings ist z.B. die Exposition von Substraten für den Aufwuchs und die Erfassung der Schwermetallbelastung des Aufwuchses zu nennen; auch Quellmoose können im Gewässer zur Erfassung der Schwermetallbelastung exponiert werden (Kelly et al. 1987).

Von den tierischen Organismen sind besonders die sessilen Muscheln für ein aktives Monitoring geeignet. Muscheln können auf Gittern verankert und exponiert werden, und nach ca. 10 Wochen ist ein „steady state" der Bioakkumulation bei den marinen Miesmuscheln (*Mytilus edulis*) erreicht. Im Bereich der deutschen Nordseeküste wird seit 1973 ein Meßprogramm zur Erfassung der Schwermetallbelastung der Miesmuscheln durchgeführt mit z.T. an Meßbojen exponierten Muscheln. Im limnischen Bereich kann die Zebramuschel *Dreissena polymorpha* für das Biomonitoring und ein entsprechendes limnisches Monitoringprogramm eingesetzt werden.

3.4.5 Literatur

Ansari BA, Kumar K (1987) Malathion toxicity: effect on the ovary of the zebra fish *Brachydanio rerio* (Cyprinidae). Int Rev Ges Hydrobiol 72:517–528

Bengtsson BE (1980) Long-term effects of PCB (Clophen A50) on growth, reproduction and swimming performance in the minnow *Phoxinus phoxinus*. Wat Res 14:681–687

Berzins B, Peljer B (1987) Rotifer occurence in relation to pH. Hydrobiologia 147:107–116

Bick H, Neumann D (1982) Bioindikatoren. Ergebnisse des Symposiums: Tiere als Indikatoren für Umweltbelastungen. Decheniana – Beihefte 26, 198 S

Billard R, Roubaud P (1985) The effect of metals and cyanide on fertilization in rainbow trout (*Salmo gairdneri*). Wat Res 19:209–214

Blandin P (1986) Bioindicateurs et diagnostic des systèmes écologiques. Bull Eco 17:215–307

Bodar CWM, Sluis I Van der, Montfort JCP Van, Voogt PA, Zandee DI (1990) Cadmium resistance in *Daphnia magna*. Aquatic Toxicology 16:33–40

Cameron P, Berg J, Westernhagen H v, Dethlefsen V (1990) Mißbildungen bei Fischembryonen der südlichen Nordsee. In: Lozán JL, Lenz W, Rachor E, Watermann B, Westernhagen H v (Hrsg) Warnsignale aus der Nordsee. Paul Parey, Berlin, 281–294 S

Canter LW (1985) River Water Quality Monitoring. Lewis Publ, 165 pp

Chandini T (1991) Reproductive value and the cost of reproduction in *Daphnia carinata* and *Echinisca triserialis* (Crustacea: Cladocera) exposed to food and cadmium stress. Bull Environ Toxicol 47:76–83

Cherry DS, Cairns J Jr (1982) Biological Monitoring Part V – Preference and avoidance studies. Wat Res 16:263–301

Descy JP, Coste M (1990) Utilisation des diatomées benthiques pour l'évaluation de la qualité des eaux courantes. CEEE contract B-71-23, final report, UNRCED, FNDP, Namur, CEMAGREF, 64 pp + 3 ann

Eloranta P (1988) Periphytic diatoms as indicators of lake acidity. Verh Internat Verein Limnol 23:470–473

Fent K (1992) Embryotoxic effects of tributyltin on the minnow *Phoxinus phoxinus*. Environ Pollution 76:187–194

Forster EM, Peichel L, Matthies M (1990) Ökosystemare Monitoringprogramme zu Umweltchemikalien. GSF-Bericht 5/90, 59 S. u. Anhang

Friedrich G (1994) Bioindikation im Rhein. In: Gunkel G (Hrsg) Bioindikation in aquatischen Ökosystemen. Gustav Fischer, Jena, 233–246 pp

Gasith A, Perry AS (1985) Use of limnocorrals for pesticide toxicity studies: effect on zooplankton composition and dynamics. Verh Internat Verein Limnol 22:2432–2436

Gebhardt H (1994) Ökologisches Wirkungskataster Baden-Württemberg. In: Gunkel G (Hrsg) Bioindikation in aquatischen Ökosystemen. Gustav Fischer, Jena, 220–233 pp

Gebhardt H, Kreimes K, Linnenbach M (1987) Untersuchungen zur Beeinträchtigung der Ei- und Larvalstadien von Amphibien in sauren Gewässern. Natur u. Landschaft 62:20–23

Geldmacher-von Mallinckrodt M (1984) Metallothioneine. In: Merian E (Hrsg) Metalle in der Umwelt. 219–222. VCH, Weinheim

George W (1985) Fishery biological conditions and stock analysis of coarse fishes (bream, roach, white bream) from Berliner Havel. Dissertation Freie Universität Berlin, 184 pp

Gill TS, Pande J, Tewari H (1991) Effects of endosulfan on the blood and organ chemistry of freshwater fish, *Barbus conchonius* HAMILTON. Ecotox Environ Safety 21:80–91

Gonzalez M, Forst TM, Montz P (1990) Effects of experimental acidification on rotifer population dynamic in Little Rock Lake, Wisconsin, USA. Verh Internat Verein Limnol 24:449–456

Gunkel G (Hrsg) (1994) Bioindikation in aquatischen Ökosystemen. G Fischer, Jena, 540 S

Gunkel G, Hoppe C, Koswig M, Voll M, Axt G (1983) Die Fluchtreaktion von Fischen als Grundlage eines Fischtests. Vom Wasser 61:199–215

Hansen PD, Westernhagen H von, Rosenthal H (1985) Chlorinated hydrocarbons and hatching success in baltic herring spring spawners. Mar Environ Res 15:59–76

Hatakeyama S (1988) Chronic effects of Cu on reproduction of *Polypedilum nubifer* (Chironomonidae) through water and food. Ecotox Environ Safety 16:1–10

Havens KE, Decosta J (1987) Freshwater plankton community succession during experimental acidification. Arch Hydrobiol 111:37–65

Havens KE, Decosta J (1988) An experimental analysis of the acid sensitivity of the common planktonic rotifer *Keratella cochlearis*. Int Rev ges Hydrobiol 73:407–416

Hellawell JM (1986) Biological Indicators of Freshwater Pollution and Environmental Management. Elsevier, 546 pp

Holopainen IJ (1992) The effects of low pH on planktonic communities. Case history of a small forest pond in eastern Finnland. Ann Zool Fennici 28:95–103

Husák S, Sládeček V, Sládečková A (1989) Freshwater macrophytes as indicator of organic pollution. Acta hydrochim hydrobiol 17:693–697

Ilmavirta V (1988) Acidic Lake Lakeenjärvi, eastern Finland: phytoplankton succession and water chemistry. Verh Internat Verein Limnol 23:693–698

Kelly MG, Girton C, Whitton BA (1987) Use of moss-bags for monitoring heavy metals in rivers. Wat Res 11:1429–1435

Kohler A, Arndt U (Hrsg) (1992) Bioindikatoren für Umweltbelastungen - neue Aspekte und Entwicklungen. Hohenheimer Umwelttagung 24. J Margraf, Weikersheim, 251 S

Kühn R, Pattard M, Pernak, KD, Winter A (1989) Results of the harmful effects of water pollutants to *Daphnia magna* in the 21 day reproduction test. Wat Res 23:501–510

Kümmerlin R (1991) Long term development of phytoplankton in Lake Constance. Verh Interant Verein Limnol 24:826–830

Kuwabara K, Nakamura A, Kashimoto T (1980) Effects of petroleum oil, pesticides, PCBs and other environmental contaminants on the hatchability of *Artemia salina* dry eggs. Bull Environ Contam Toxicol 25:69–74

Lal B, Singh TP (1987) γ-BHC- and cythion-induced alterations in lipid metabolism in a freshwater catfish, *Clarias batrachus*, during different phases of its annual reproductive cycle. Ecotox Environ Safety 14:38–47

Lewis MA (1991) Chronic and sublethal toxicity of surfactants to aquatic animals: a review and risk assessment. Wat Res 25:101–113

Liess M (1994) Pesticide impact on macroinvertebrate communities of running waters in agricultural ecosystems. Verh Internat Verein Limnol 25:2060–2062

Melzer A (1985) Makrophytische Wasserpflanzen als Bioindikatoren. Naturwiss 72:456–460

Mills KH, Chalanchuk SM (1987) Population dynamics of lake whitefish (*Coregonus clupeaformis*) during and after the fertilization of lake 226, the experimental lakes area. Can J Fish Aquat Sci 44:55–63

Newman MC, Alberts JJ, Greenhut VA (1985) Geochemical factors complicating the use of Aufwuchs to monitor bioaccumulation of arsenic, cadmium, chromium, copper and zinc. Wat Res 19:1157–1165

Nümann W (1972) The Bodensee: effects of exploitation and eutrophication on the salmonid community. J Fish Res Bd Can 29:833–847

Ostendorp W (1989) „Die-back" of reeds in Europe - a critical review of literature. Aquatic Botany 35:5–26

Oyen FGF, Camps LECMM, Bonga SEW (1991) Effect of acid stress on the embryonic development of the common carp (*Cyprinus carpio*). Aquatic Toxicology 19:1–12

Pandey AS, MacRae TH (1991) Toxicity of organic mercury compounds to the developing brine shrimp, *Artemia*. Ecotox Environ Safety 21:68–79

Parent S, Cheetham RD (1980) Effects of acid precipitation on *Daphnia magna*. Bull Environ Contam Toxicol 25:298–304

Parlar H, Angerhöfer D (1991) Chemische Ökotoxikologie. Springer, Berlin, 384 S

Raddum GG, Fjellheim A (1984) Acidification and early warning organisms in freshwater in western Norway. Verh Internat Verein Limnol 22:1973–1980

Sarojini R, Nagabhushanam R, Mary SA (1986) Effect of fenitrothion on reproduction of the freshwater prawn *Macrobrachium lamerii*. Ecotox Environ Safety 11:243–250

Saxena PK, Mani K (1987) Effect of safe concentrations of some pesticides on testicular recrudescence in the freshwater murrel, *Channa punctatus* (BI): a morphological study. Ecotox Environ Safety 14:56–63

Schlumpf M, Lichtensteiger W (1996) Hormonaktive Xenobiotika. Störung von Fortpflanzungs- und Entwicklungsprozessen. UWSF Z Umweltchem Ökotox 8:321–332

Schober U, Lampert W (1977) Effects of sublethal concentrations of the herbicide atrazin on growth and reproduction of *Daphnia pulex*. Bull Environ Contam, Toxicol 17:269–277

Schubert R (Hrsg) (1991) Bioindikation in terrestrischen Ökosystemen. G Fischer, Jena, 2. Aufl, 338 S

Singh PB, Singh TP (1992) Modulatory actions of ovine luteinizing hormone-releasing hormone and *Mystus* gonadotropin on γ-BHC-induced changes in lipid levels in the freshwater catfish, *Heteropneutes fossilis*. Ecotox Environ Safety 24:192–202

Solbé JF de LG, Shurben DG (1989) Toxicity of ammonia to early life stages of rainbow trout (*Salmo gairdneri*). Wat Res 23:127–129

Spitsbergen JM, Walker MK, Olson JR, Peterson RE (1991) Pathologic alterations in early life stages of lake trout, *Salvelinus namaycush*, exposed to 2,3,7,8-tetrachlorodibenzo-p-dioxin as fertilized eggs. Aquatic Toxicology 19:41–72

Steinberg C, Kern J, Pitzen G, Traunspurger W, Geyer W (1992) Biomonitoring in Binnengewässern. Ecomed, Landsberg/Lech, 312 S

Streit B, Peter HM (1978) Long-term effects of atrazine to selected freshwater invertebrates. Arch Hydrobiol/Suppl 55:62–77

Sukopp H, Krauss M (Hrsg) (1990) Ökologie, Gefährdung und Schutz von Röhrichtpflanzen. Landschaftsentwicklung und Umweltforschung 71. Technische Universität Berlin

Sukopp H, Markstein B (1989) Die Vegetation der Berliner Havel. Bestandsänderungen 1962–1987. Landschaftsforschung und Umweltforschung 64. Technische Universität Berlin, 128 S

Umweltbundesamt (1995) Fachgespräch: Umweltchemikalien mit endokriner Wirkung. Texte 65/95. Umweltbundesamt, Berlin

Vack A (1996) Östrogene Wirkung von Xenobiotika. Forschungstand und Konsequenzen für die Bewertung der Umweltrelevanz von Chemikalien. UWSF – Z Umweltchem Ökotox 8:222–226

Yan ND, Keller W, Pitblado JR, Mackie GL (1988) *Daphnia-Holopedium* relationships in Canadian Shield lakes ranging in acidity. Verh Internat Verein Limnol 23:252–257

3.5 Genotoxische Wirkung

J. Westendorf

3.5.1 Einteilung genotoxischer Effekte

Noxen, die in der Lage sind, die Integrität des genetischen Materials einer Zelle zu stören, werden genotoxisch genannt. Neben elektromagnetischen (< 360 nm) und hochenergetischen Partikelstrahlen (α, β, Neutronen) sind besonders chemische Substanzen Auslöser genotoxischer Effekte. Es handelt sich dabei meistens um elektrophile Substanzen, die in der Lage sind, mit den nucleophilen Basen der DNA kovalente Verbindungen einzugehen. Dadurch werden die Eigen-

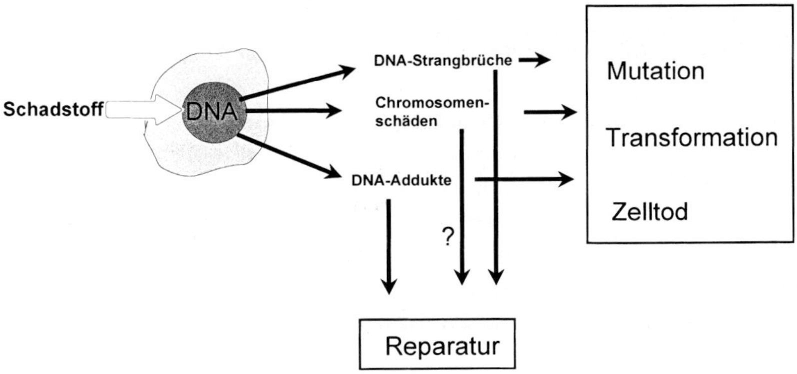

Abb. 3-14. Schema genotoxischer Zellschäden

schaften der DNA verändert, so daß die Vorgänge der DNA-Replikation und Transkription nicht mehr fehlerfrei ablaufen. Obwohl die meisten DNA-Schäden durch eine komplexe Enzymmaschinerie repariert werden, gelingt dieses nicht immer vollständig. Wenn sich die Zellen teilen, bevor ein DNA-Schaden repariert wird, können sich dauerhafte Mutationen ausbilden (Abb. 3-14). In Prokaryonten und einzelligen Eukaryonten werden alle nicht letalen Mutationen an die Nachkommen weitergegeben. In mehrzelligen Eukaryonten manifestieren sich die von genotoxischen Substanzen hervorgerufenen Mutationen unterschiedlich, je nachdem, ob sie in Keimzellen oder somatischen Zellen stattfinden. Grundsätzlich werden drei Arten von Mutationen unterschieden:

3.5.1.1 Genmutationen

Genmutationen bestehen aus Punktmutationen (Vertauschen von Basen), Deletionen (Entfernung von Basen) oder Insertionen (Einfügen von Basen in den DNA-Strang). In den meisten Fällen führen Genmutationen zu einer Inaktivierung des betroffenen Gens. Im Falle von Punktmutationen kann es dagegen auch zur Expression eines Proteins mit veränderter Aminosäuresequenz kommen. Dieses kann der betroffenen Art auch Überlebensvorteile verschaffen. Auf diesem Prinzip funktioniert die evolutionäre Fortentwicklung der Arten.

3.5.1.2 Chromosomenmutationen

Chromosomenmutationen betreffen größere DNA-Abschnitte und sind meistens lichtmikroskopisch erkennbar. Sie können entweder nur ein oder beide Chromatiden treffen. Man unterscheidet unter anderem Deletionen (Verlust kleinerer Abschnitte), Duplikationen (Verdopplung eines Abschnittes) Inversionen (umgedrehte Abschnitte), Translokationen (Verschiebungen eines Abschnittes innerhalb des Genoms) sowie ringförmige Verknüpfungen von Chromosomen.

3.5.1.3 Genommutationen

Genommutationen betreffen ganze Chromosomen innerhalb eines Satzes. Man unterscheidet Aneuploidien und Polyploidien. Im ersten Fall sind einzelne Chromosomen im diploiden Satz verloren gegangen oder treten mehrfach auf (z. B. Trisomie 21, auch Down-Syndrom genannt), im zweiten Fall ist die Zahl der kompletten Sätze an Chromosomen in der Zelle größer als zwei.

3.5.2 Konsequenzen genotoxischer Einwirkungen

Irreversible Veränderungen im genetischen Material von Zellen treten nicht nur artifiziell, sondern auch natürlich auf. Als auslösende Faktoren kommen mutagene Chemikalien natürlichen Ursprungs, elektromagnetische Strahlung und Radioaktivität sowie thermische Energie in Frage. Genotoxische Einflüsse anthropogenen Ursprungs addieren sich zu diesen natürlichen Faktoren. Eine Relevanz für die Umwelt ergibt sich dann, wenn die anthropogenen Einflüsse in Qualität und Quantität die natürlichen Einflüsse erheblich übersteigen. Die Auswirkungen genotoxischer Einflüsse auf die einzelnen Arten und auf das ganze Ökosystem sind nur sehr schwer vorauszusagen. Es fehlt in dieser Hinsicht noch an grundlegenden Untersuchungen, weshalb die folgenden Überlegungen teilweise spekulativen Charakter behalten.

3.5.2.1 Einzellige Organismen

Den geringsten Einfluß üben genotoxische Einflüsse anthropogenen Ursprungs wahrscheinlich auf einzellige Lebewesen (Bakterien,

Protozoen, Algen) aus. Infolge der kurzen Generationszeit verschwinden alle durch Mutation erworbenen negativen Eigenschaften in kürzester Zeit, da sich die betroffenen Individuen nicht durchsetzen können. Nur mutagene Einflüsse, die Überlebensvorteile bewirken, können sich durchsetzen. Es ist aber sehr unwahrscheinlich, daß dadurch die mikrobielle Zusammensetzung in der Umwelt grundlegend verändert wird, da solche Vorgänge auch natürlicherseits mit ausreichender Geschwindigkeit ablaufen, um Populationen mit optimaler Anpassung an die Umgebung hervorzubringen.

3.5.2.2 Mehrzellige Organismen

Betreffen Mutationen die Keimzellen höher entwickelter Lebewesen mit diploidem Chromosomensatz, dann manifestieren sich Veränderungen, die zur Inaktivierung eines Gens führen, erst, wenn beide Allele betroffen sind. Nicht selten verschwinden Mutationen wieder aus dem Genom, ohne sich zu manifestieren. Die geschlechtliche Vermehrung bietet daher einen Schutz vor Veränderung der Arten durch mutagene Einflüsse. Verstärken sich die mutagenen Einflüsse deutlich über das natürliche Maß hinaus, schreitet die Degeneration des Erbmaterials voran. Wird ein essentielles Gen durch eine Mutation inaktiviert, dann sind die Nachkommen nicht lebensfähig, und der Defekt verschwindet mit dem Individuum. Eine nicht letale homozygote Deletion wird ihrem Träger in den meisten Fällen Überlebensnachteile verschaffen und seinen Reproduktionserfolg schwächen. Der Defekt verschwindet dann innerhalb weniger Generationen. Für Menschen gilt dieses aber nur bedingt, da sie Dank der modernen Medizin die Möglichkeit haben, mit bestimmten genetischen Krankheiten zu leben und sich fortzupflanzen. Im Tier- und Pflanzenreich werden Mutationen, die nicht mit Überlebensvorteilen verbunden sind, um so rascher verschwinden, je mehr Individuen eine Art zählt. Zur Fortpflanzung gelangen im allgemeinen nur die starken und gesunden Individuen. Für diese Annahme sprechen z. B. Beobachtungen, daß sich Populationen von Ratten auf pazifischen Inseln nach oberirdischen Atomversuchen praktisch nicht verändert haben. Anders verhält es sich, wenn eine Spezies nur wenige Exemplare zählt und wenige Nachkommen hervorbringt. In diesem Fall ist der Konkurrenzkampf um die Fortpflanzung geringer, und genetische Defekte können vererbt werden, sofern die durch sie bedingten Überlebensnachteile nicht zu gravierend sind. Man kann daher vermuten, daß bedrohte Arten von dem

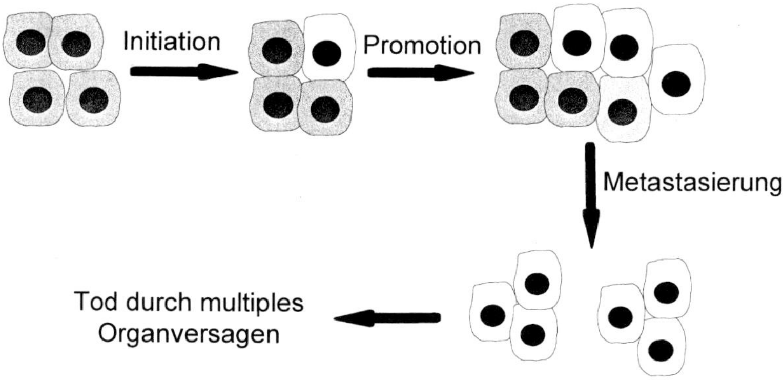

Abb. 3-15. Schema chemischer Kanzerogenese

Auftreten genotoxischer Einflüsse in ihrem Lebensraum stärker betroffen sind als solche, die massenhaft auftreten.

Völlig anders verhält es sich, wenn somatische Zellen höherer Lebewesen von genotoxischen Einflüssen getroffen werden. Sind diese letal, dann verschwinden sie mit dem Tod der Zelle ohne größere Nachteile für das Individuum. Sind die Einflüsse sehr massiv, kann es allerdings zu einer vorzeitigen Verarmung an teilungsfähigen Zellen kommen, was die Lebenserwartung des Individuums senkt. Nichtletale Mutationen können unter Umständen Ausgangspunkt für eine maligne Entartung der Zelle sein. In einem komplizierten Prozeß, der in Abb. 3-15 dargestellt ist, entwickelt sich ein Tumor, der zum Tod des betroffenen Individuums führen kann. Krebserkrankungen werden z. B. bei Fischen in stärker belasteten Gewässern durchaus nicht selten beobachtet.

Für den Menschen stellen genotoxische Substanzen in der Umwelt unmittelbar eine Krebsgefahr dar, wenn sie in das Trinkwasser oder die Nahrungskette gelangen. Auch eine Aufnahme über die Atmung ist denkbar, wenn die genotoxischen Stoffe flüchtig sind oder im Wasser gelöst durch Aerosolbildung vernebelt werden, z. B. durch Wasserfälle, Brandung oder starke Bewegung von Wasser in Kraftwerken oder Kläranlagen (s. Kap. 1.4.2).

3.5.3 Genotoxische Substanzen in der Umwelt und ihre Quellen

Genotoxische Substanzen gehören nicht einer bestimmten Gruppe chemischer Stoffe an, sondern sind im Bereich der Chemie vielfältig verteilt. Eine Auswahl häufiger auftretender genotoxischer Substanzen enthält die Tabelle 3-11. Man unterscheidet direkt und indirekt wirksame Substanzen, je nachdem, ob sie direkt oder erst nach einer metabolischen Umwandlung mit der DNA reagieren. Die ersten sind von geringerer umwelttoxikologischer Bedeutung, da sie infolge ihrer chemischen Reaktivität eine sehr geringe Lebensdauer haben. Unter den indirekten genotoxischen Substanzen gibt es viele mit einer hohen Persistenz in der Umwelt. Dazu zählen z. B. die polyaromatischen Kohlenwasserstoffe (PAH) und halogenhaltige Lösungsmittel, die sich infolge ihrer hohen Fettlöslichkeit zusätzlich in biologischem Material anreichern und über die Nahrungskette an höhere Lebewesen und schließlich auch an den Menschen weitergegeben werden können. Im aquatischen Bereich reichern sich lipophile Schadstoffe, wie z. B. PAH, vornehmlich in Sedimenten und Schwebstoffen an. Auf diesem Wege werden sie von sedimentverarbeitenden Invertebraten wie Mollusken, Oligochaeten und Insektenlarven aufgenommen und an deren Prädatoren weitergegeben. Um lipophile Substanzen ausscheiden zu können, müssen diese zuvor im sogenannten Phase-I-Stoffwechsel oxidativ verändert werden, um anschließend im Phase-II-Stoffwechsel durch Bindung an wasserlösliche Reste wie Glukuronsäure oder Sulfat ausreichend wasserlöslich gemacht zu werden. Als Nebenprodukt der oxidativen Veränderungen entstehen unter anderem genotoxische Epoxide, die mit der DNA kovalente Bindungen eingehen (Abb. 3-16). Die Fähigkeit zu diesen Umwandlungen nimmt mit der Entwicklungs-

Tabelle 3-11. Genotoxische Substanzen in der Umwelt und ihre Quellen

Substanzgruppe	Quelle
Metalle (Arsen, Beryllium, Cadmium, Nickel, Chrom)	Metallverarbeitende Industrie
Halogenhaltige Lösungsmittel (Chloroform, Trichlorethylen, Dichlormethan)	Hersteller von Farben und Lacken, Reinigungsbetriebe, chemische Industrie, Landwirtschaft
Kunststoffmonomere (Vinylchlorid, Styrol)	Kunststoffindustrie
Polyaromatische Kohlenwasserstoffe (Benzo[a]pyren, Dimethylen[a]-anthracen, Pyren)	Petrochemie, Verbrennungsprozesse, Straßenbau
Aromatische Nitroverbindungen (Nitrotoluole, Nitropyrene)	Sprengstoffindustrie, Farbstoffchemie, Autoabgase
Arzneimittel (Zytostatika)	Abwässer von Krankenhäusern

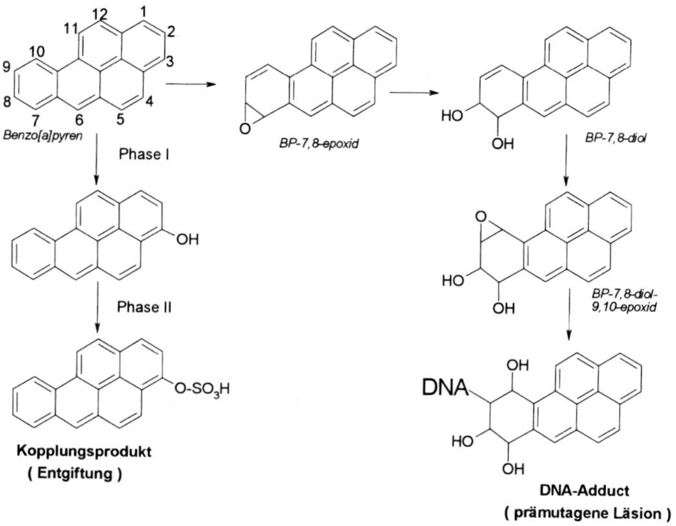

Abb. 3-16. Schema der metabolischen Aktivierung von Benz[a]pyren

stufe der Organismen zu. Als Beispiel nimmt die Fähigkeit zur Umwandlung von Benzo[a]pyren in genotoxische Metabolite in der Reihenfolge Mollusken < Insekten < Fische < Säugetiere zu.

3.5.4 Nachweismethoden für genotoxische Substanzen

Für den Nachweis von genotoxischen Verbindungen haben sich eine Reihe von In-vitro- und In-vivo-Verfahren etabliert. Im folgenden sollen nur diejenigen erwähnt werden, die sich im aquatischen Bereich bewährt haben.

3.5.4.1 In-Vitro-Verfahren (bakterielle Methoden)

a) Ames-Test

Der nach dem amerikanischen Biochemiker Bruce Ames benannte Test verwendet Stämme von *Salmonella typhimurium*, die bestimmte Mutationen (Punktmutationen oder Rasterverschiebungen) im Histidinoperon tragen (Ames 1975). Dadurch sind die Bakterien auf eine exogene Zufuhr von Histidin angewiesen. Eine Mutation, die die Integrität des mutierten Gens wiederherstellt (Reversion), macht die Bakterien auch wieder unabhängig von exogener Histidinzufuhr. Zur Selektion der Mutanten wird daher histidin-freier Agar verwendet.

b) Arabinose-Resistenz-Test

Bei diesem Test werden ebenfalls Stämme von *Salmonella typhimurium*, aber auch *Escherichia-coli*-Varianten verwendet. Man nutzt die durch eine Mutation eintretende Inaktivierung eines von mehreren Genen, deren Translationsprodukte am Stoffwechsel von Arabinose beteiligt sind. Die betroffenen Bakterien entwickeln eine Intoleranz gegenüber Arabinose, da durch unvollständigen Abbau dieses Zuckers ein toxischer Metabolit kumuliert. Die Selektion der Mutanten geschieht daher auf arabinose-haltigem Agar (Hera 1986).

c) Umu-Test

Im Gegensatz zu den vorigen Testverfahren, die Mutationen detektieren, handelt es sich beim Umu-Test um einen sogenannten „Indikator-Test“, der DNA-Reparaturvorgänge registriert, die als Reaktion auf genotoxische Schäden eintreten. Die Bakterien aktivieren ein sogenanntes SOS-Reparatursystem. Gleichzeitig kommt es zur Koexpression einer ß-Galaktosidase, die eine Farbreaktion katalysiert. Der Nachweis genotoxischer Schäden beruht in diesem Falle auf einer photometrischen Messung (Reifferscheidt 1991).

Die drei Testsysteme sind auf ihre Eignung in der biologischen Umweltanalytik geprüft und vergleichend bewertet worden (Vahl 1997):

- Der **Umu-Test** ist am wenigsten aufwendig und daher für Massenanalysen gut geeignet. Allerdings bleibt die Empfindlichkeit dieses Tests deutlich hinter der der beiden Mutagenesetests zurück.
- Der **Ames-Test** liefert eine ausreichende Empfindlichkeit und bietet darüber hinaus Informationen über die Art der Mutation. Er ist dagegen von den drei Testsystemen der aufwendigste, da mehrere Stämme parallel getestet werden, und ist daher weniger für Massenanalysen geeignet.
- Der **Arabinose-Resistenz-Test** besitzt die höchste Empfindlichkeit von den drei Systemen und ist in der Durchführung einfacher als der Ames-Test, da in der Regel nur ein Stamm verwendet wird.

3.5.4.2 In-Vivo-Verfahren

a) Detektion von DNA-Strangbrüchen

Genotoxische Schäden können entweder direkt oder im Zuge der DNA-Reparaturvorgänge mit DNA-Strangbrüchen einhergehen. Die Bestimmung der Strangbrüche kann somit indirekt zur Detektion genotoxischer Einflüsse genutzt werden. Im allgemeinen wird Leber oder Kiemengewebe von Fischen zur Analyse herangezogen. Auch Erythrozyten von Fischen oder Amphibien lassen sich für den Test verwenden. Die am häufigsten angewandten Techniken sind die Alakaline-unwinding-Methode (Shugart 1988) und der Komet-Assay (Belpaeme 1996). Die Ergebnisse sollten aber mit großer Vorsicht interpretiert werden, da oxidativer Streß, der in Gewässern natürlicherseits durch Sauerstoffübersättigungen auftritt, ebenfalls zu DNA-Strangbrüchen führen kann (Liepelt 1995).

b) Detektion von DNA-Addukten

Wie bereits ausgeführt, binden genotoxische Substanzen häufig kovalent an DNA. Mit einer eleganten Technik, der ^{32}P-postlabelling Methode (Reddy 1984), lassen sich die DNA-Addukte bestimmen. Ein Anstieg der Konzentration von DNA-Addukten (z. B. in der Leber von Fischen) kann als Zeichen einer erhöhten Exposition gegenüber genotoxischen Substanzen im Gewässer interpretiert werden.

c) Mikrokerntest

Für diesen Test werden im allgemeinen rote Blutkörperchen verwendet. Ist ein Lebewesen genotoxischen Substanzen ausgesetzt, kann es in den Erythrozytenvorläuferzellen zu Fragmentierungen der Chromosomen kommen. Nach dem Ausreifen der Zellen sind kleinere Chromosomenfragmente als Mikrokerne detektierbar, wenn die Zellen mit einem geeigneten Farbstoff angefärbt werden. Der Einfluß genotoxischer Substanzen zeigt sich in einem dosisabhängigen Anstieg der Mikrokernrate. Der Test kann bei allen Lebewesen durchgeführt werden, von denen sich Blut gewinnen läßt (Belpaeme 1996).

3.5.5
Literatur

Ames BN, McCann J, Yamasaki E (1975) Methods for detecting carcinogens and mutagens with the Salmonella/mammalian microsome mutagenicity test. Mutat Res 31:347–364

Belpaeme K, Delbeke K, Zhu L, Kirsch-Volders M (1996) Cytogenetic studies of PCB77 on Brown trout (*Salmo trutta fario*) using the micronucleus test and the alkaline comet assay. Mutagenesis 11:585–492

Hera C, Pueyo C (1986) Conditions for the optimal use of the L-arabinose-resistance mutagenesis test with Salmonella typhimurium. Mutagenesis 1:267–273

Liepelt A, Karbe L, Westendorf J (1995) Induction of DNA strand breaks in rainbow trout (Oncorynchus mykiss) under hypoxic and hyperoxic conditions. Aquatic Tox 33:177–181

Reddy MV, Gupta RC, Randerath E, Randerath K (1984) ^{32}P-postlabeling test for covalent DNA binding of chemical in vivo: application to a variety of aromatic carcinogens and methylation agents. Carcinogenesis 5:231–243

Reifferscheid G, Heil J, Oda Y, Zahn RK (1991) A microplate version of the SOS/umu-test for rapid detection of environmental samples. Mutation Res 253:215–222

Shugart LR (1988) Quantitation of chemically induced damage to DNA of aquatic organisms by alkaline unwinding assay. Aquatic Tox 13:43–52

Vahl HH, Karbe L, Westendorf J (1997) Genotoxicity assessment of suspended particulate matter in the Elbe river: comparison of Salmonella microsome test, arabinose resistance test, and umu test. Mutation Res 394:81–93

3.6
Stoffe mit hormonartiger Wirkung

K. Fent

3.6.1
Einleitung

In neuester Zeit sind Stoffe, die in den Hormonstoffwechsel von Organismen eingreifen und vom Menschen in die Umwelt eingebracht werden, in den Brennpunkt wissenschaftlichen und öffentlichen Interesses gerückt (Colborn et al. 1996). Die vom Menschen verursachten Umwelteinträge führen dazu, daß bei verschiedenen Tieren das kritische Gleichgewicht der Geschlechtshormone gestört wird. Dies kann zur Beeinträchtigung der Fortpflanzung und zur Schädigung von Populationen führen, was die hohe ökotoxikologische Bedeutung solcher Stoffe erklärt.

Die Problematik von Chemikalien, welche auf das neuroendokrine System einwirken, hat deshalb große Bedeutung erlangt, weil unerwartete Effekte bei Mensch und Tier beobachtet wurden. Dabei lassen

Tabelle 3-12. Chronologie der Reproduktionswirkungen hormonaktiver Stoffe

1952	Methoxychlor (Metabolit): Östrogene Wirkungen auf **Mensch** und **Säuger**
1954	Experimenteller Nachweis östrogen wirkender Pflanzeninhaltstoffe (Phytoöstrogene)
1960	DDT, DDE: Eischalenverdünnung bei **Raubvögeln**
~1960	DDT: Reproduktionswirkungen bei **Vögeln** und **Säuger**
~1970	Östrogene Wirkungen von PCB auf **marine Säuger** und **Fischotter**
1971	Diethylstilbestrol (DES): Auftreten einer seltenen Krebsart bei jungen **Frauen**, deren Mütter DES als Medikament gegen Schwangerschaftskomplikationen eingenommen hatten; negative Wirkungen auf den Reproduktionstrakt wurden bei jungen Frauen und Männern (Nachkommen) festgestellt
~1980	Organische Zinnverbindungen (TBT): Schädigung der Reproduktion von Austern und anderen **Wassertieren** (Larven), Vermännlichung von **Wasserschnecken**
~1980	Rückgang der Alligatorenpopulation im Lake Apopka (Florida): Verlust von Nachkommen, Reproduktionsstörungen, verkümmerte männliche Reproduktionsorgane
~1992	Kläranlagenausläufe: Östrogene Wirkungen auf **Fische**

sich historisch verschiedene Stadien festhalten (Tabelle 3-12): Das Medikament Diethylstilbestrol (DES), das von 1950 bis 1971 von Millionen schwangerer Frauen zur Verhinderung von Frühgeburten eingenommen wurde, schrieb traurige Geschichte: Ihre Töchter entwickelten unter anderem nach der Pubertät eine erhöhte Rate einer seltenen Krebsart im Reproduktionstrakt (Adenokarzinom der Vagina). Männer entwickelten einen erhöhten Prozentsatz von Abnormitäten der äußeren Genitale und hatten eine verminderte Samenqualität. Dies zeigt, daß sich in der Embryonalphase angelegte Schäden erst später auswirken können. In den 60er Jahren wurde festgestellt, daß DDT eine Verdünnung von Eischalen bei Raubvögeln bewirkt. Beobachtungen in den 70er Jahren in den USA wiesen eine Verschiebung der Geschlechterverhältnisse bei Möwen nach. Zudem fand sich in den Hoden adulter Männchen ovarähnliches Gewebe (Fry u. Toone 1981). In den 80er Jahren fiel bei einer Population des amerikanischen Alligators am Lake Apopka (Florida) auf, daß sie trotz Schutzmaßnahmen abnahm. Die Alligator-Gelege zeigten eine ungewöhnlich hohe Embryonensterblichkeit, und die Reproduktionsorgane der männlichen Nachkommen waren verkümmert, so daß sie zeugungsunfähig oder unfruchtbar wurden (Guillette et al. 1995). Zudem hat die Mehrheit der stark gefährdeten, heute noch verbliebenen 35 Panther in Florida Reproduktionsstörungen. 1992 schließlich wurde in Großbritannien beobachtet, daß männliche Regenbogenforellen das Ei-Dotter-Vorläuferprotein Vitellogenin bilden, wenn sie in Abwässern von Kläranlagen oder abwasserbelasteten Fließgewässern ausgesetzt wurden (Harries et al. 1996; Purdom et al. 1994).

Parallel zu Befunden in der Tierwelt liegen Beobachtungen beim Menschen vor. Im Zentrum stehen Daten über den Rückgang der Spermienzahl und -qualität bei Männern in den letzten 50 Jahren (Colborn et al. 1996). Über abnehmende Spermienqualität wurde in mehreren Ländern berichtet, doch bestehen große regionale Unterschiede (Auger et al. 1995; Carlsen et al. 1992; Toppari 1996). Im Unterschied zur Diskussion um sinkende Spermienqualität besteht über die Zunahme von Hodenkrebs in diesem Zeitraum keine Kontroverse, obwohl auch hier große geographische Unterschiede bestehen. Auch über eine Zunahme von Kryptorchismus und Hypospadien wird berichtet. Eine heutige Hypothese besagt, daß als mögliche Ursache die Exposition an Umweltchemikalien während der fetalen oder Kindheitsphase in Frage kommt.

Aufgrund der Verschiedenartigkeit der Organismen und der Komplexität des neuroendokrinen Systems treten verschiedene Wirkungen auf die Fortpflanzung von Tieren auf. Sie reichen von Einwirkungen auf verschiedene Stellen des neurohormonellen Systems, Veränderung des Gleichgewichts von Geschlechtshormonen, Veränderungen in Gehirn und Geschlechtsorganen, Verlust von Geschlechtszellen, Fertilitätseinbußen, Veränderung des Reproduktions- und Brutpflegeverhaltens bis zu Sterilität oder gar Geschlechtsumwandlung. Hormonaktive Stoffe wirken dabei prinzipiell auf zwei verschiedene Arten auf den Hormonstoffwechsel ein, die sich im Zeitpunkt im Lebenszyklus unterscheiden:

1. In der Embryonalentwicklung können sie die Geschlechtsausbildung stören (irreversible Wirkung).
2. In der Adultphase können sie die Wirkungen von Geschlechtshormonen hemmen oder nachahmen (reversible Wirkung).

3.6.2 Stoffe und Konzentrationen in der Umwelt

Die hormonartige Wirkung von Stoffen ist eher zufällig entdeckt worden, da Chemikalien bisher kaum auf ihre möglichen Auswirkungen auf Hormonsystem und Reproduktion analysiert wurden. In der ökotoxikologischen Bewertung von Chemikalien wurden solche Effekte bisher nicht berücksichtigt. Hormonaktive Stoffe sind einerseits natürlichen Ursprungs, andererseits handelt es sich um synthetische

Produkte (Gülden et al. 1997). Aufgrund ihrer Wirkungsweise lassen sich östrogene, antiöstrogene, androgene und antiandrogene Stoffe identifizieren.

Die meisten der heute etwa fünfzig bekannten Stoffe mit hormonartiger Wirkung haben **östrogene Aktivität** (Tabelle 3-13), d. h. sie wirken ähnlich wie das weibliche Geschlechtshormon 17β-Östradiol. Hier sollen nur einige wichtige Vertreter betrachtet werden, und es ist davon auszugehen, daß in nächster Zeit weitere Stoffe mit endokriner Wirkung identifiziert werden. Natürliche Quellen östrogener Stoffe sind Inhaltsstoffe von Nutzpflanzen (Phytoöstrogene) und Pilzen (Mykoöstrogene) sowie Sexualhormone und deren Metaboliten im

Tabelle 3-13. Östrogene Stoffe und ihre Quellen

Phyto- und Mykoöstrogene (Nahrung, Papierproduktion)
- Östrogene (z. B. Isoflavone: Genistein, Coumestane) in Pflanzen (Soja, Broccoli etc.)
- Mykoöstrogene (z. B. Zearalenon)
- β-Sitosterol in Abwässern von Papierfabriken und Pflanzen (z. B. Hopfen, Mais etc.)

Natürliche Steroidhormone (Urin, Abwasser)
- 17β-Östradiol und Konjugate
- Östron
- Östriol

Synthetische Steroidhormone (Empfängnisverhütungspillen, Medikamente, Tierhaltung)
- 17α-Ethinyl-Östradiol (Kontrazeptivum)
- Mestranol (Kontrazeptivum)
- β-Sitosterol (Medikament, Lipidsenker)
- Diethylstilbestrol (Medikament)

Pestizide (Landwirtschaft)
- DDT (o,p′-DDT), DDE (p,p′-DDE) und DDD
- Methoxychlor
- Chlordecon (Kepon)
- Chlordan
- Endosulfan

Kunststoffzusätze und Abbauprodukte von Tensiden (Materialien, Reinigungsmittel)
- Abbauprodukte von Alkylphenolpolyethoxylaten (4-Nonylphenol, NP1EO, NP2EO, NP1EC, 4-Octylphenol etc.)
- Bisphenol A (aus Polycarbonat)
- Gewisse Phthalate (Weichmacher in Kunststoffen)

PCB-Kongenere (bestimmte hydroxylierte Metaboliten, ortho-substituierte Kongenere)

Urin von Mensch und Tier. Synthetische hormonaktive Stoffe umfassen Östrogene, die in Kontrazeptiva und Pharmazeutika sowie in der Tierzucht Anwendung finden, sowie Industriechemikalien (z. B. Organochlorpestizide, Abbauprodukte von Tensiden, Kunststoffadditive etc.). Letztere zeichnen sich durch hohe Lipophilität und Persistenz in der Umwelt aus, weshalb sie sich potentiell in der Nahrungskette anreichern können.

Wird die östrogene Wirkung gehemmt, sprechen wir von **antiöstrogener Wirkung**. Verbreitete Chemikalien wie polychlorierte Dibenzodioxine und Dibenzofurane, jedoch auch bestimmte PCB-Kongenere und polycyclische aromatische Kohlenwasserstoffe haben diese Wirkung. Der Wirkungsmechanismus ist noch nicht bekannt, doch scheint – wie bei anderen Wirkungen dieser Stoffe – auch in diesem Falle die Bindung an den Ah-Rezeptor der Zelle von Bedeutung zu sein.

Androgene Chemikalien wirken vermännlichend. Beispielsweise blockiert Tributylzinn ein entscheidendes Enzym des Steroidstoffwechsels, die Aromatase, was zur Vermännlichung von Wasserschnekken führt. **Antiandrogen** wiederum sind Stoffe wie z. B. p,p'-DDE (Kelce et al. 1995) oder das Fungizid Vinclozolin (Kelce et al. 1994), die die Wirkung des männlichen Hormons infolge Bindung an den Androgen-Rezeptor hemmen (Antagonisten). Schließlich gibt es auch Stoffe, die die Schilddrüse negativ beeinflussen und sich indirekt auf das Geschlechtshormonsystem auswirken können.

3.6.2.1 Natürliche und synthetische Östrogene

Verschiedene Pflanzen enthalten schwach wirkende, nichtsteroidale Östrogene (Isoflavone, Coumestane, Resorcylsäure-Laktone und Lignane), die entweder durch die Pflanze selbst (Phytoöstrogene) oder durch Pilze, welche die Pflanze befallen (Mykoöstrogene), gebildet werden. Von Bedeutung sind sie vor allem im Futter von Tieren und in der Nahrung des Menschen. Soja ist eine wichtige Quelle. Die bei ständigem Konsum mit Sojaprodukten aufgenommene Menge an Phytoöstrogenen könnte für östrogene Wirkungen beim Menschen von Bedeutung sein.

An Abwässer von Papierfabriken exponierte Fische zeigen eine Reihe verschiedener Reproduktionsstörungen. Dabei spielen die aus dem Holz anfallenden Phytoöstrogene wie β-Sitosterol eine wichtige Rolle. Die Exposition an β-Sitosterol führt zur Reduktion der Sexualhormone im Blut der Fische (Testosteron in Männchen und Östradiol in

Weibchen), der Gonaden- und Eiergröße sowie der sekundären Geschlechtsmerkmale, und die Zeitspanne bis zur Geschlechtsreife ist verlängert (Mellanen et al. 1995; Van der Kraak et al. 1992). β-Sitosterol und weitere Östrogene aus dem Holz induzieren bei Fischen die Vitellogeninsynthese, was auch in vitro gezeigt werden kann. In Säugern wird eine Bindung an den Östrogen-Rezeptor mit entsprechenden östrogenen Wirkungen festgestellt. Neben der direkten östrogenen Wirkung reduziert β-Sitosterol auch die Biosynthese der Steroidhormone in Fischen. Zudem wurde auch eine vermännlichende Wirkung festgestellt, da in Papierfabrikenabwässern offenbar durch bakterielle Prozesse eine androgene Substanz aus β-Sitosterol gebildet wird.

Über die Konzentrationen und das Verhalten natürlicher und synthetischer Sexualhormone in der Umwelt ist nur wenig bekannt. Durch den Urin gelangen natürliche Östrogene (Östradiol und dessen Konjugate, Östron, Östriol) von Mensch und Tier in die Umwelt. Die tägliche Sekretionsrate bei der Frau beträgt je nach Zyklusphase 25 bis 100 µg. Im weiteren gelangen durch die zunehmende Verwendung von Empfängnisverhütungspillen und durch zunehmende Hormonbehandlungen bei Frauen nach der Menopause vermehrt synthetische Östrogene (Ethinyl-Östradiol, Mestranol etc.) über das Abwasser in die Umwelt (s. Kap. 2.11).

Natürliche und synthetische Steroidhormone werden im Klärprozeß unvollständig abgebaut. Synthetische Sexualhormone und β-Sitosterol werden nur zu 60 bis 90% eliminiert und finden sich daher im geklärten Abwasser (Stumpf et al. 1996). In den Abläufen von 20 in Deutschland untersuchten Kläranlagen waren die Konzentrationen an synthetischen Östrogenen höher als jene der natürlichen. 17α-Ethinyl-Östradiol (Medianwert 17 ng/l) wurde in allen, Mestranol (Medianwert 4 ng/l) in 12 und 17β-Östradiol wurde in 8 Kläranlagenausläufen bis zum Maximalwert von 21 ng/l gemessen (Tabelle 3-14). Auffallend war die hohe Konzentration an β-Sitosterol. In 10 verschiedenen Fließgewässern wurde ebenfalls zur Hauptsache 17α-Ethinyl-Östradiol (1 bis 4 ng/l), β-Sitosterol und z.T. Mestranol gefunden. In 15 untersuchten Trinkwässern waren natürliche und synthetische Steriodhormone nicht nachweisbar, wohl aber das Phytoöstrogen β-Sitosterol (Stumpf et al. 1996). Synthetische Östrogene sind aber in anderen Proben in Spuren gefunden worden (Rurainski et al. 1977).

Auch in England sind in Ausläufen von Kläranlagen natürliche und synthetische Östrogene nachgewiesen worden, wobei hier die natürlichen überwiegen (Desbrow et al. 1998). 17β-Östradiol und Östron traten in Konzentrationen von 4 bis 48 ng/l, bzw. 1 bis 76 ng/l auf, während bis zu 7 ng/l 17α-Ethinyl-Östradiol auftrat. In Israel wurden

Tabelle 3-14. Natürliche und synthetische Östrogene in der Umwelt

Substanz	Umweltprobe	Ort	Konzentration (ng/l)	Referenz
17β-Östradiol	geklärtes Abwasser	Deutschland	1–21	(Stumpf et al. 1996)
		England	4–48	(Desbrow et al. 1998)
Östron	geklärtes Abwasser	England	1–76	(Desbrow et al. 1998)
17α-Ethinyl-Östradiol	gekläres Abwasser	Deutschland	17	(Stumpf et al. 1996)
		England	7	(Desbrow et al. 1998)
	Flußwasser	Deutschland	1–4	(Stumpf et al. 1996)
	Trinkwasser	Deutschland	1–3	(Rurainski et al. 1977)
Mestranol	geklärtes Abwasser	Deutschland	4	(Stumpf et al. 1996)
	Flußwasser	Deutschland	1	
Total Östrogene	geklärtes Abwasser	Israel	7–50	(Shore et al. 1993)
β-Sitosterol	geklärtes Abwasser	Deutschland	76	(Stumpf et al. 1996)
	Flußwasser	Deutschland	10–58	
	Trinkwasser	Deutschland	20–60	

noch höhere Konzentrationen gefunden: Abwasser bei Tel Aviv enthielt 54 bis 135 ng/l, jenes aus Landwirtschaftsbetrieben 135 bis 350 ng/l, und geklärtes Abwasser enthielt immer noch 7 bis 50 ng/l (Shore et al. 1993).

Obwohl die Metaboliten natürlicher und synthetischer Östrogene eine geringere Aktivität als die Muttersubstanzen haben, haben sie vermutlich ebenfalls Einfluß auf die Organismen. Über die Umweltkonzentrationen, ihre Wirkungen und ihr Risikopotential ist noch wenig bekannt. Insgesamt läßt sich aus den bestehenden Kenntnissen ableiten, daß die in Kläranlagenausläufen auftretenden Konzentrationen an natürlichen und synthetischen Östrogenen für Fische im bzw. sehr nahe beim Wirkungsbereich liegen.

3.6.2.2 Alkylphenole

Alkylphenolpolyethoxylate (APEO) sind nichtionische Tenside und haben einen hydrophoben (Alkylphenol-Rest) und hydrophilen (Polyethoxylatkette) Teil. Sie werden in industriellen Reinigungsmitteln, Farben und Lacken, als Textilhilfsmittel, in Agrochemikalien und anderen industriellen Anwendungen (Additive, Polymerisation in Kunststoffen) verwendet. Die Jahresproduktion von Nonylphenolpolyethoxylaten in Westeuropa betrug 1995 110000 t. **Nonylphenol (NP)** wird zur Ethoxylatherstellung, als chemisches Zwischenprodukt für Harze und Schmieröladditive sowie für andere Anwendungen verwendet (Verbrauch in der EU 1995 64000 t).

APEO werden in der Kläranlage mikrobiell nur unvollständig abgebaut (Giger et al. 1984). Die gebildeten Metaboliten (z.B. Nonylphenol) sind toxischer als die Muttersubstanz, reichern sich im Klärschlamm an und gelangen auch ins Gewässer. Etwa 60% der im Rohabwasser enthaltenen APEO gelangt in die Umwelt via geklärtes Abwasser (40%) und Klärschlamm (20%; Ahel et al. 1994a). Vor dem 1986 in der Schweiz verhängten Verbot in Waschmitteln fanden sich hier NP-Konzentrationen im Klärschlamm von 0,4 bis 2,5 g/kg und in Kläranlagenausläufen von 1 bis 202 µg/l. Die **heutigen NP-Konzentrationen** sind wesentlich geringer (typischerweise bei 0,1 bis 0,7 µg/l), doch sind bestimmte Abwässer z.T. immer noch stark kontaminiert. Heute liegen die Konzentrationen in Klärschlämmen bei 0,1 bis 0,2 g/kg (Giger 1995). In Fließgewässern liegen sie in der Schweiz und Deutschland typischerweise im Bereich von <0,1 bis 0,2 µg/l, andere Abbauprodukte (NP1EO, NP2EO, NP1EC) belaufen sich auf ähnliche bis höhere Werte (Ahel et al. 1994a, b). In den USA wurden in 30 Flüssen nur geringe Konzentrationen von <0,1 bis 0,6 µg/l gefunden. In Großbritannien sind jedoch Abwasserwerte bis zu 330 µg/l gemessen worden. Hier wurden auch hohe Werte in Flüssen gemessen (0,2 bis 53 µg/l) und erreichen in stark belasteten Fließgewässern (Abwässer aus Textilbetrieben) bis >180 µg/l (Harries et al. 1997). In solch stark belasteten Gewässern zeigen männliche und juvenile Fische eine Induktion von Vitellogenin.

Nonylphenol zeigt trotz hoher Lipophilität (log K_{ow} 3,28 bis 4,48) eine relativ geringe **Bioakkumulation** mit Biokonzentrationsfaktoren in Fischen im Bereich von 300 bis 3000. NP-Rückstände in Algen liegen im Bereiche von 7 bis 38 mg/kg und in der Fischleber bei 1 mg/kg (Ahel et al. 1993). Heute stellt sich neben der Kontamination von Oberflächengewässern zunehmend auch das Problem der kontaminierten Sedimente, wo die NP-Konzentrationen im Bereiche von 0,1 bis 0,3 mg/kg

(Trockengwicht) liegen. Die Werte sind in neuerer Zeit auf unter 0,1 mg/kg gesunken. Typische Sedimentwerte in Fließgewässern liegen ebenfalls in diesem Bereich. Sedimentkerne spiegeln den Eintrag in die Gewässer wieder. Neue Daten weisen darauf hin, daß NP in Seesedimenten sehr persistent ist.

3.6.3 Wirkungsmechanismen

Sexualhormone sind Steroide, die über mehrere Stufen aus Cholesterin synthetisiert werden. Gebildet wird vorerst das männliche Geschlechtshormon Testosteron. Unter Einwirkung des Enzyms Aromatase wird daraus das weibliche Hormon 17β-Östradiol synthetisiert. Die Wirkungen der Sexualhormone werden in der Zelle über spezifische Hormonrezeptoren vermittelt.

Im Falle des weiblichen Sexualhormons 17β-Östradiol wird in der Zielzelle der Östrogen-Rezeptor (ER) nach der Bindung von 17β-Östradiol bzw. östrogener Chemikalien aktiviert und unter Änderung seiner Form ein Östrogen-Rezeptor-Ligand-Komplex gebildet. Dieser bindet im Zellkern als Dimer an die Östrogen-Response-Elements (ERE) der DNA, was zur Expression einer Reihe von Genen führt. In der Leberzelle von Fischen, Amphibien, Reptilien und Vögeln sind

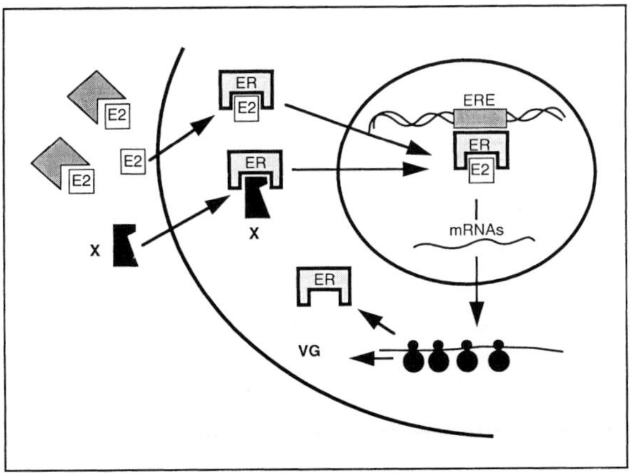

Abb. 3-17. 17β-Östradiol (E2) und östrogen wirkende Chemikalien (X) binden an den Östrogen-Rezeptor (ER). Nach dem Transfer in den Zellkern bindet er als Dimer-Komplex ans Östrogen-Response-Elements (ERE) der DNA, wodurch in der Folge die Gene exprimiert werden, deren Promotoren ERE enthalten (z. B. VG, ER). Die Bildung von Vitellogenin (VG) steht damit unter der Kontrolle von 17β-Östradiol oder östrogenen Chemikalien. Auch die Zahl der Östrogen-Rezeptoren wird erhöht (verändert n. Nimrod u. Benson 1996)

dies unter anderem das Dottervorläuferprotein Vitellogenin und der Östrogen-Rezeptor (Abb. 3-17).

Umweltchemikalien können auf direkte oder indirekte Weise an verschiedenen Stellen der Hypothalamus-Hypophysen-Gonaden-Achse ins neuroendokrine System von Tieren einwirken. Eine direkte Wirkung erfolgt durch die Bindung an den Östrogen- bzw. Androgen-Rezeptor. Die Bindung an **Steroidhormon-Rezeptoren** kann entweder zu einer Aktivierung (Agonist) oder zu einer Deaktivierung (Antagonist) der durch körpereigene Steroidhomone aktivierten Rezeptoren führen. Der als Antagonist wirkende Fremdstoff verdrängt die körpereigenen Steroide vom Rezeptor. In beiden Fällen beeinflussen diese Fremdstoffe die Expression von Genen, die durch Steroidhormone reguliert werden. Eine Bindung an den Östrogen-Rezeptor erfolgt z.B. durch östrogene Stoffe wie o,p'-DDT, dem demethylierten Metaboliten von Methoxychlor, Kepon, Diethylstilbestrol, synthische Östrogene und Phytoöstrogene. Jedoch wirken auch Alkylphenole (z.B. 4-Nonylphenol) und hydroxylierte Metaboliten von PCB auf diese Weise. Da es sich um strukturell sehr verschiedene Stoffe handelt, weist dies auf eine relativ breite Substratspezifität des Rezeptors hin. Östrogene Umweltchemikalien haben meist eine geringere Bindungsaffinität zum Östrogen-Rezeptor als das Geschlechtshormon, doch könnte ihre Wirksamkeit auf der – im Vergleich zum natürlichen Östradiol – höheren Langlebigkeit und Bioverfügbarkeit im tierischen Organismus beruhen. Als weitere direkte Wirkung kann auch die Veränderung in der Anzahl von Östrogen-Rezeptoren oder Einflüsse auf entsprechende Hirnregionen (Hypothalamus, Hypophyse) gesehen werden.

Indirekt kann die Biosynthese der Steroidhormone durch Umweltchemikalien gestört werden (z.B. durch β-Sistosterol). Auch eine Beeinträchtigung der Schilddrüse kann sich auf die Reproduktion auswirken (z.B. Thiocyanat bei Fischen). Veränderungen in Gehirn und Fortpflanzungsorganen sind ebenso betroffen wie Fortpflanzungsstörungen und Veränderung des Geschlechtshormonstoffwechsels. Zusammengefaßt gibt es im wesentlichen folgende Wirkungsmechanismen von Fremdstoffen auf das Reproduktionssystem von Tieren:

1. Störung der Geschlechtsdeterminierung in der Embryonalphase mit irreversiblen Effekten auf Geschlechtsdrüsen und -organe sowie auf das Gehirn,
2. Störung des Steroidhormongleichgewichts mit Auswirkungen auf Geschlechtsorgane, Fortpflanzungsverhalten und Brutpflege,
3. Störung der Biosynthese und des Abbaus von Steroidhormonen,
4. Imitation von Geschlechtshormonen durch Bindung der Chemikalien an Hormon-Rezeptoren.

Prinzipiell müssen Wirkungen auf das Embryonal- und Adultstadium unterschieden werden. Das Geschlecht von Tier und Mensch wird primär durch die Geschlechtschromosomen bestimmt. Die Entscheidung über die Geschlechtsentwicklung im Säuger wird durch das Vorhandensein des Y-Chromosoms bestimmt. Jedoch spielen auch Hormone eine Rolle. Mensch und Säuger werden frühembryonal weiblich angelegt, die männlichen Merkmale müssen in einem frühen Stadium nach einem strikten Entwicklungsprogramm speziell festgelegt werden: Erst die Synthese des männlichen Geschlechtshormons Testosteron in einer sensiblen Phase der **Embryonalentwicklung** führt zur Ausbildung der männlichen Geschlechtsorgane. Fehlt Testosteron, wird der weibliche Typus ausgebildet. Hormonaktive Umweltchemikalien können diese Geschlechtsdeterminierung stören. Werden z.B. genetisch determinierte, weibliche Feten zur kritischen Zeit Testosteron ausgesetzt, kommt es zu einer Vermännlichung.

Auch bei **Fischen** sind die Geschlechtshormone in der Embryonalphase geschlechtsbestimmend, doch spielt auch die Temperatur eine wichtige Rolle. Umweltchemikalien können eine Verweiblichung oder gar Geschlechtsumwandlung hervorrufen, wenn sie in sensiblen Entwicklungsstadien eingreifen: Bei ein- bis zweistündiger Exposition von Fischembryonen mit 400 µg/l 17α-Ethinyl-Östradiol werden praktisch nur Weibchen erzeugt (Piferrer u. Donaldson 1992). Eine Exposition (60 Tage) von Frühstadien von Karpfen mit 10 µg/l Östradiol bzw. 320 µg/l Pentylphenol während einer kritischen Phase der Embryonalentwicklung führt bei Männchen zur Ausbildung eines Ovidukts und zu sterilen Gonaden (schlecht entwickelte Hoden, Hoden mit Oozyten; Gimeno et al. 1996). Die sensible Phase umfaßt sowohl die Periode vor der Geschlechtsdifferenzierung (24 bis 51 Tage nach dem Schlüpfen), als auch die der Geschlechtsdifferenzierung (50 bis 110 Tage nach dem Schlüpfen; Gimeno et al. 1997). Östrogene Chemikalien können damit die Geschlechtsausbildung irreversibel stören.

Im Vergleich zur Embryonalphase haben hormonaktive Stoffe im adulten Stadium andere und reversible Wirkungen. Geschlechtshormone sind nicht nur für die Entwicklung der Keimzellen, sondern auch für das Fortpflanzungsverhalten und die Brutpflege wichtig. Änderungen der Konzentration von Steroidhormonen und Interaktionen von Fremdstoffen auf die Steroid-Rezeptoren können daher verschiedene Wirkungen haben.

Das neurohormonelle System funktioniert auf der Grundlage eines empfindlichen Gleichgewichts verschiedener Hormone. Die physiologischen Wirkungen des weiblichen Geschlechtshormons Östradiol bzw. von östrogenen Substanzen sind zahlreich. In **Säugern** ist das

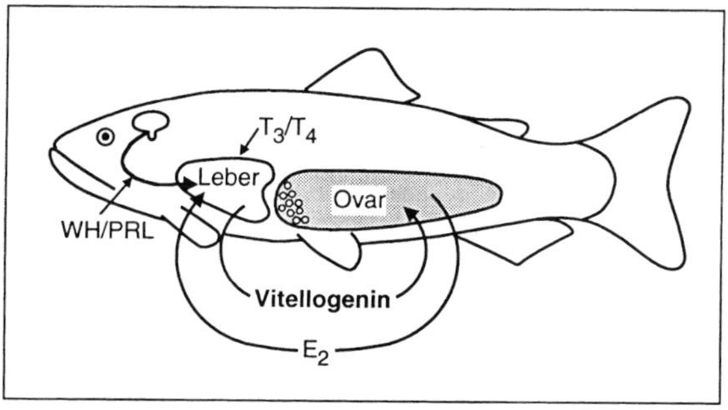

Abb. 3-18. Kontrolle der Vitellogenin-Synthese durch 17β-Östradiol aus dem Ovar bei Fischen; WH = Wachstumshormon; PRL = Prolaktin; E2 = Östradiol; T3 = Triiodthyronin; T4 = Thyroxin (verändert n. Sumpter u. Jobling 1995)

primäre Zielorgan der Reproduktionstrakt, wo die Proliferation und das Wachstum bestimmter Gewebe (z. B. Uterus) stimuliert wird. Östradiol spielt auch eine Rolle in der Regulation des Glukose- und Lipidmetabolismus. Im Gegensatz zu Säugern ist in Fischen, Reptilien und Amphibien auch die Leber Zielorgan: Östradiol stimuliert die Synthese von Vitellogenin (Wahli u. Dawid 1979; Wahli et al. 1981). Dieser Vorläufer des Dotterproteins gelangt von der Leber über den Blutstrom in die Oocyten des Ovars. Das Dotterprotein ist Energielieferant für den sich entwickelnden Embryo. Vitellogenin wird nur unter Einwirkung von Östradiol, und damit normalerweise nur von Weibchen, produziert. Die Vitellogeninbildung variiert je nach Jahreszyklus des Tieres. Da die Bildung von Vitellogenin unter strikter Kontrolle von Östradiol steht und deshalb nur bei Weibchen stattfindet, kann bei Jungtieren und Männchen die Vitellogeninsynthese als östrogenes Signal und als entsprechender Biomarker verwendet werden (Sumpter u. Jobling 1995). Daher ist die Induktion von Vitellogenin die Basis für die meisten ökotoxikologischen Studien zum Nachweis östrogener Substanzen bei Fischen, Amphibien, Reptilien und Vögeln (Abb. 3-18).

3.6.4 Wirkungen auf Organismen

3.6.4.1 Organochlorpestizide: DDT

Erst etwa 15 bis 20 Jahre nach Gebrauch sind chronische Schädigungen von DDT (1,1,1-Trichloro-2,2-bis(p-chlorphenyl)ethan), bestehend aus drei Isomeren [p,p′- (~80%), o,p′- (~20%) und o,o′-DDT (Spuren)] auf die Reproduktion bekannt geworden. Heute ist DDT in westlichen Ländern verboten, wird aber in Entwicklungsländern zur Malariabekämpfung immer noch in substantiellen Mengen eingesetzt. Wegen seiner Persistenz findet sich der Metabolit DDE bei uns noch heute in allen Umweltbereichen in Spuren wieder. Bestimmte Populationen von **Greifvögeln** wurden in den 60er Jahren stark geschädigt. Bei diesen Vögeln war die Schalendicke der gelegten Eier reduziert, und die Eier zerbrachen in den Nestern. Der ursächliche Zusammenhang mit der DDT-Belastung wurde durch Rückstandsanalysen bestätigt, denn die Konzentration an DDE in Eiern korreliert mit der Verdünnung der Eischale (Abb. 3-19). Neben einer Verdünnung der Eischalen wurde auch das Reproduktionsverhalten gestört. Im Vordergrund stand die Schädigung des Wanderfalkens, doch fanden auch massive Populationseinbrüche bei anderen Falkenarten, Sperber, Habicht, dem braunen Pelikan (Kalifornien), Seeschwalben, Möwen und dem fischfressenden Kormoran statt. Anfangs der 70er Jahre war der Wanderfalke in Skandinavien, England und den USA fast ausgestorben.

Neben der Störung des Reproduktions- und Brutverhaltens wurden auch Veränderungen der Geschlechtsdrüsen festgestellt. Heringsmöwen zeigten in den Great Lakes (USA) nur noch einen geringen Reproduktionserfolg und bei Männchen wurde ovarähnliches Gewebe in den Hoden gebildet (Fry 1995). Die verweiblichende Wirkung von DDT konnte auch experimentell nachgewiesen werden: Eine Injektion

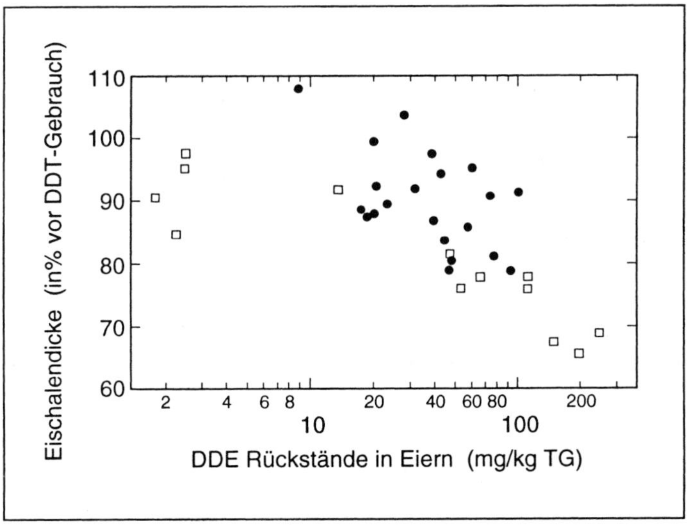

Abb. 3-19. Korrelation von DDE-Rückständen in Eiern amerikanischer Buntfalken (*Falco sparverius*) und Eischalendicke. Punkte: Eier von Wildtieren aus Ithaca (USA); Quadrate: experimentelle Fütterung mit DDE (verändert n. Lincer 1975)

von o,p′-DDT und p,p′-DDE in Eier führte bei den Adulttieren zur Störung des Fortpflanzungsverhaltens, Erniedrigung der Reproduktionsrate und zu verweiblichten Männchen. Östrogene Wirkungen wie erhöhtes Gebärmuttergewicht, Effekte auf die Geschlechtsentwicklung und Störung des Reproduktionszyklus wurden auch bei Säugern (Ratten, Mäuse) festgestellt. Das aktivste Isomer (o,p′-DDT) hat dabei eine um 10^3 bis 10^5-fach geringere Aktivität als 17β-Östradiol, was auch in verschiedenen In-Vitro-Systemen gezeigt wurde.

Östrogene Wirkungen von o,p′-DDT wurden auch bei Fischen, Schildkröten und Fröschen festgestellt. Dabei wurde vor allem eine Induktion von Vitellogenin in Juveniltieren oder Männchen beobachtet. Dies wurde auch in Fischhepatozyten in vitro gemessen. Weitere In-vitro-Systeme (MCF-7 Zell-Linien, rekombinierte Hefezellsysteme, Rezeptorbindungsstudien) zeigten ebenfalls eine östrogene Wirkung an.

Die östrogene Wirkung von DDT beruht zur Hauptsache auf der Bindung aktiver Isomere an den Östrogen-Rezeptor. Das im technischen DDT vorhandene o,p′-DDT-Isomer (~20%) ist die biologisch aktivste Verbindung mit der größten Affinität zum Östrogen-Rezeptor. Auch die Metaboliten o,p′-DDE und o,p′-DDD, sowie hydroxylierte Metaboliten zeigen östrogene Aktivität. Hingegen ist die Aktivität von p,p′-DDT gering. Im Gegensatz dazu ist p,p′-DDE ein starker Antagonist des Androgen-Rezeptors und wirkt daher antiandrogen. Dieser Metabolit hemmt die Bindung von männlichen Geschlechtshormonen an den Androgen-Rezeptor (kompetitiver Inhibitor) und die Expression androgen-regulierter Gene, was zu antiandrogenen Effekten (z. B. spätere Pubertät bei Ratten, vermindertes Gewicht von Prostata und Samenvesikel) führt. Inwieweit die verweiblichende Wirkung von DDT auch auf eine antiandrogene Wirkung von p,p′-DDE zurückzuführen ist, bleibt unklar. Zusammengefaßt zeigen die In-Vivo- und In-Vitro-Daten eine deutliche östrogene Wirkung von DDT bei verschiedenen Tiergruppen. Die massiven Wirkungen auf Raubvögel sowie die Effekte auf die Alligatoren im Lake Apoptka (Florida) sind aber die bedeutendsten (Guillette et al. 1995).

Neben DDT sind weitere Organochlorpestizide als östrogenwirkend identifiziert worden (s. Tabelle 3-13). Von Bedeutung ist Methoxychlor, das als Alternative zu DDT produziert wurde und als landwirtschaftliches Insektizid noch heute verwendet wird. Der im Körper gebildete Metabolit bindet an den Östrogen-Rezeptor und wirkt daher östrogen. Chlordecon (Kepon) ist ein weiteres, schwach wirkendes östrogenes Pestizid, welches aber nicht mehr verwendet wird.

3.6.4.2 Polychlorierte Biphenyle (PCB)

Negative Auswirkungen auf die Fortpflanzung und eine Verschiebung des hormonellen Gleichgewichts sind bedeutende Langzeiteffekte von PCB auf Wirbeltiere. Reproduktionsstörungen sind beim Fischotter, bei Kleinsäugern (Mäuse, Nerze) und Meeressäugern (Seehunde), aber auch bei Vögeln (z. B. Kormoran) gefunden worden. Bestimmte hydroxylierte PCB-Kongenere (Metaboliten von PCB) sowie orthosubstituierte Kongenere haben östrogene Aktivität und binden an den Östrogen-Rezeptor. So führt die Exposition von Schildkröteneiern mit schwach östrogenen PCB-Kongeneren zur Geschlechtsumwandlung von männlich determinierten Embryonen in Weibchen (die Geschlechtsdeterminierung ist hier auch temperaturabhängig). Das Verständnis der Wirkung von PCB wird jedoch kompliziert durch die Tatsache, daß gewisse PCB-Kongenere, namentlich die dioxinähnlichen koplanaren Kongenere, antiöstrogene Aktivität haben.

Bei männlichen Mäusen zeigt PCB eine Verringerung der Spermatocyten (Bildungszellen von Spermien) in den Hoden, bei Weibchen eine Reduktion der Wurfgröße und eine Reduktion des Überlebens von Jungtieren. Reproduktionseffekte wurden auch bei wilden Mäusen beobachtet, die in einem stark PCB-belasteten Gebiet in den USA vorkommen: Die Population zeichnete sich durch eine geringe Anzahl Jungtiere aus. Bei Nerzen, beim Frettchen und beim Rhesusaffen wurden ebenfalls negative Effekte auf die Reproduktion gefunden.

Heute sind **Fischotter** über weite Gebiete Nordwest- und Mitteleuropas in bedrohlichem Maße rückläufig oder ausgestorben wie z. B. in der Schweiz und in den Niederlanden (Abb. 3-20). Nur noch an Küsten und östlichen Randgebieten Europas sind intakte Populationen vorhanden, dazwischen gibt es isolierte kleine Bestände. Neuerdings scheinen aber gewisse Populationen wieder zuzunehmen, z. B. im Osten Österreichs und in Schottland.

Untersuchungen an freilebenden Populationen zeigen einen Zusammenhang zwischen der PCB-Belastung von Fischen, der Anreicherung von PCB im Körperfett der Otter und dem Rückgang von Fischotterbeständen. Hohe PCB-Konzentrationen sind in Gebieten mit Bestandesrückgang zu finden. Jungtiere treten in Schweden nur dort auf, wo Fische weniger als 0,05 mg PCB/kg aufweisen. Daher drängt sich die Hypothese auf, daß die Fortpflanzung des Fischotters durch PCB verhindert oder zumindest stark eingeschränkt wird. Die PCB-Konzentrationen in Fischen aus Gebieten mit Fischotterrückgang liegen meist weit über denjenigen Werten, die bei Fütterungsversuchen

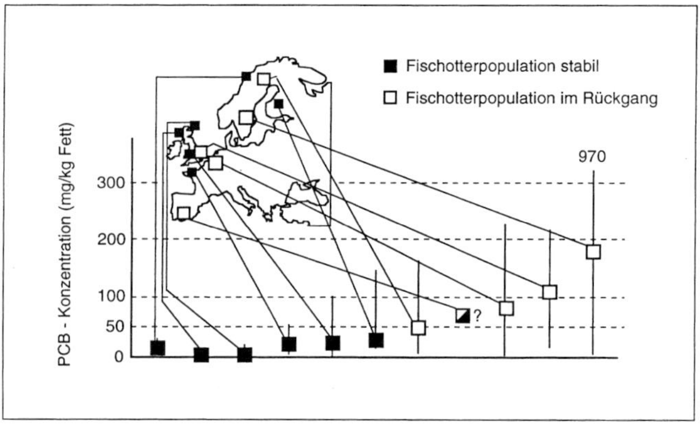

Abb. 3-20. Vorkommen von Fischotterpopulationen in Europa und PCB-Gehalte im Körperfett (n. Weber 1990)

beim verwandten Nerz Reproduktionseffekte (Totgeburten, Mißbildungen von Embryos, weniger Junge, Sterilität) verursachen: Eine verminderte Reproduktionsleistung tritt bei 0,64 mg/kg PCB Futterbelastung über 105 Tage auf. Nerze werden bei einer Körperkonzentration von etwa 50 mg/kg (Fettgewicht) reproduktionsunfähig bzw. die Jungen sterben wenige Tage nach der Geburt.

Rückschlüsse auf Otter werden aus experimentellen Untersuchungen mit Nerzen gezogen. Die kritische Körperkonzentration bei Nerzen (EC_{50}-Wert), welche eine Reduktion der Anzahl Jungen bewirkt, liegt bei 1,2 mg PCB/kg. Für Otter muß daher eine Fischbelastung von 0,02 bis 0,5 mg/kg PCB als problematisch gelten. Damit scheinen die heute in vielen Fließgewässern gefundenen PCB-Werte in Fischen von 0,1 bis 0,3 mg/kg im kritischen Bereich zu liegen. Neben einer geringen PCB-Belastung sind aber auch intakte Habitate und gutes Futterangebot für das Überleben des Fischotters entscheidend.

3.6.4.3 Alkylphenole

Die hohe Toxizität der Abbauprodukte von Alkylphenolpolyethoxylaten (APEO), insbesondere von Nonylphenol, führte 1986 zum Verbot in Waschmitteln (Schweiz) oder zum freiwilligen Verzicht (Deutschland; Giger 1995). Die Verbindungen werden aber weiterhin in Reinigungsmitteln und anderen Produkten (z.B. Textilindustrie) angewendet. Die Toxizität von APEO ist abhängig vom Ethoxylierungsgrad, sie nimmt mit abnehmender Kettenlänge des Moleküls, d.h. mit fortschreitendem Abbau, zu. Nonyl- und Octylphenol sind gegenüber Wasserorganismen sehr toxisch (Nonylphenol: LOEL für Fische: 10 bis 14 μg/l; NOEC für Reproduktion bei Daphnien 24 μg/l).

Unerwartet wurde 1991 entdeckt, daß Nonyl- und Octylphenol sowie weitere Abbauprodukte von APEO östrogene Aktivität aufweisen (Soto et al. 1991). Die östrogene Wirkung dieser Verbindungen ist mehrfach in verschiedenen In-Vitro-Systemen (White et al. 1994), jedoch auch experimentell an Fischen (Jobling et al. 1996) und Säugern sowie in situ an Fischpopulationen gezeigt worden (Harries et al. 1996). Die östrogene Aktivität ist etwa 5000 bis 10000mal geringer als diejenige von Östradiol (Tabelle 3-15).

Die östrogene Wirkung wurde in **In-Vitro-Studien** vor allem mit primären Fischhepatozyten und menschlichen Brustkrebszell-Linien (MCF-7) gezeigt. Anhand der Vitellogeninsynthese wurde auch in Fischhepatocyten gefunden, daß die östrogene Aktivität von Nonylphenol 10^3 bis 10^5-mal geringer ist als jene von Östradiol (Tabelle 3-15; Abb. 3-21). Synthetische Östrogene (z.B. Ethinyl-Östradiol aus Empfängnisverhütungspillen) sind mindestens so aktiv wie Östradiol. Die Aussagekraft dieser In-Vitro-Systeme liegt hauptsächlich darin, daß östrogene Stoffe identifiziert, vergleichend untersucht und beurteilt werden können. Im weiteren zeigt sich, daß sich die Aktivität der einzelnen Verbindungen in Gemischen in der Regel addieren.

In-Vivo-Studien bei mehreren Fischarten zeigen ebenfalls die östrogene Aktivität von Nonyl- und Octylphenol auf. Die Vitellogenin-Induktion in vivo in juvenilen und männlichen Fischen wurde auch für Methoxychlor, o,p′-DDT, Chlordecon, Diethylstilbestrol und 17α-Ethinyl-Östradiol (Wirkkonzentration bei 1–2 ng/l) nachgewiesen. Obwohl die Aktivität von Nonylphenol geringer ist als jene des weibli-

Tabelle 3.15. Stimulierung der Vitellogeninsynthese in kultivierten Hepatozyten von Forellen (n. Jobling u. Sumpter 1993; Pelissero et al. 1993)

Substanz	Relative Potenz
Östradiol	1
Östradiol-3-sulfat (Metabolit)	1
Östradiol-3-glucuronid (Metabolit)	$2{,}5 \cdot 10^{-2}$
Ethinyl-Östradiol	1
Diethylstilbestrol	$7 \cdot 10^{-2}$
Phytoöstrogene	$1 \cdot 10^{-3}$
4-Octylphenol	10^{-3}–10^{-5}
4-Nonylphenol	$0{,}9 \cdot 10^{-5}$
4-Nonylphenoldiethoxylat (NP2EO)	$0{,}6 \cdot 10^{-5}$
4-Nonylphenolcarbonsäure (NP1EC)	$0{,}6 \cdot 10^{-5}$

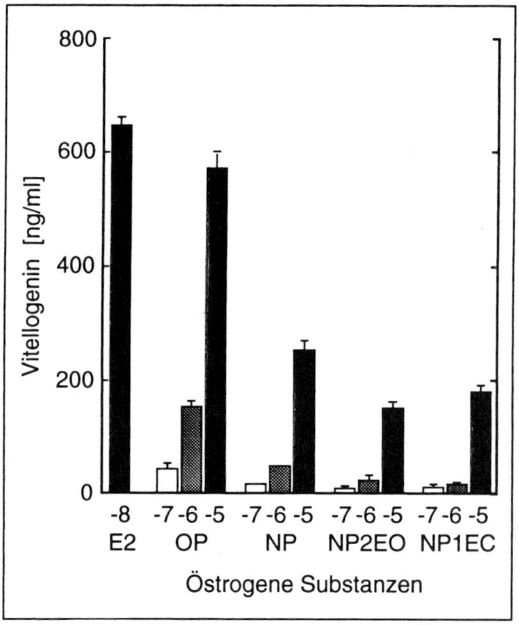

Abb. 3-21. Vitellogeninsynthese in primären Leberzellen von Regenbogenforellen nach Exposition mit östrogenen Verbindungen. Konzentrationen von 10^{-8} bis 10^{-5} molar; E2 = 17β-Östradiol; OP = Octylphenol; NP = Nonylphenol; NP1EC = Nonylphenolcarbonsäure; NP2EO = Nonylphenoldiethoxylat (n. White et al. 1994)

chen Geschlechtshormons Östradiol, tritt eine Vitellogenin-Induktion bei Regenbogenforellen bei einer Wasserkonzentration von 10 bis 20 µg/l auf. Männliche Fische, die mit 30 µg/l Nonylphenol oder Octylphenol für 3 Wochen exponiert werden, zeigen nicht nur eine Synthese von Vitellogenin, sondern auch eine Hemmung des Hodenwachstums (Abb. 3-22) und eine Veränderung von Bildungszellen von Spermien (Jobling et al. 1996). Dabei sind die Vitellogeninbildung und Reduktion des Hodenwachstums positiv korreliert. Diese Reaktion war vergleichbar mit Wirkungen bei Fischen unterhalb von Kläranlagen. Eine entsprechende Reaktion findet sich auch bei Säugern: Die Exposition von neugeborenen Ratten mit Octylphenol hatte beim erwachsenen Männchen eine Reduktion der Hodengröße und Spermienproduktion zur Folge (Sharpe et al. 1995).

Feldstudien in England und in anderen Ländern weisen nach, daß Fische unterhalb von Kläranlagen östrogene Effekte zeigen: Männliche Fische bilden nach kurzzeitiger Exposition das Dottervorläuferprotein Vitellogenin. Neben den Abbauprodukten von Alkylphenolpolyethoxylaten (z. B. Nonylphenol) kommen Rückstände aus Empfängnisverhütungspillen und natürliche weibliche Hormone (Östradiol und dessen Metaboliten, Östron) als Verursacher in Betracht. Feldversuche haben die ökotoxikologischen Risiken von Alkylphenolen aufgezeigt. In verschiedenen englischen Flüssen wurden auch mehrere Kilometer unter-

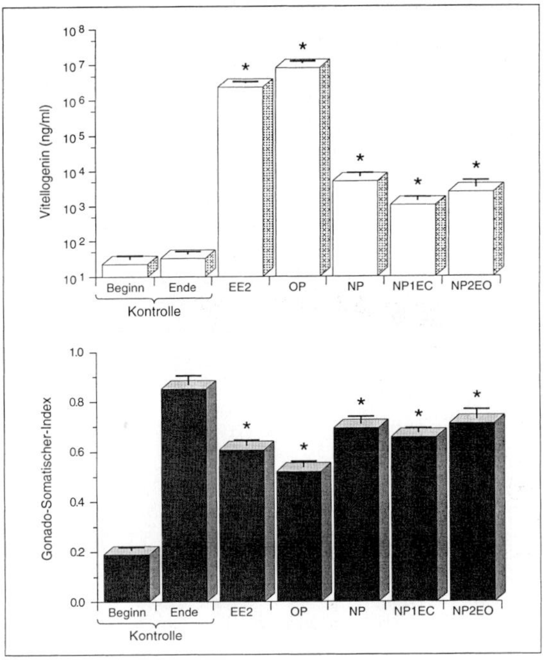

Abb. 3-22. Bildung von Vitellogenin und Reduktion des Hodenwachstums bei männlichen Regenbogenforellen nach 3 Wochen Exposition an östrogene Verbindungen. Der Gonado-somatische Index gibt die Hodengröße im Vergleich zur Körpergröße an (das Hodenwachstum wird im Vergleich zu Kontrollen innerhalb 3 Wochen reduziert; beachte die unterschiedlichen Konzentrationen von Ethinyl-Östradiol (EE_2) und der Alkylphenole). * = signifikanter Unterschied zu Kontrollen. EE_2 = 17α-Ethinyl-Östradiol (2 ng/l); OP = Octylphenol (30 µg/l), NP = Nonylphenol (30 µg/l), NP1EC = Nonylphenolcarbonsäure (30 µg/l); NP2EO = Nonylphenoldiethoxylat (30 µg/l; n. Jobling et al. 1996)

halb von Abwassereinleitungen bei männlichen und juvenilen Fischen eine Induktion von Vitellogenin beobachtet (Abb. 3-23).

Gestützt auf die heutigen Kenntnisse sind unterhalb von Kläranlagenausläufen östrogene Wirkungen bei Fischen wahrscheinlich, hingegen ist die Situation im Fließgewässer schwerer zu beurteilen (Fent 1995). In belasteten englischen Fließgewässern wurden Nonylphenol-Konzentrationen gemessen, die im Effektbereich liegen (Abb. 3-24). Die heutigen Werte in Fließgewässern Deutschlands und der Schweiz von 0,1 bis 0,2 µg/l liegen etwa um Faktor 100 tiefer als die Effektkonzentrationen bei kurzzeitiger Exposition (10 bis 20 µg/l). Die Werte erreichen in England in stark belasteten Fließgewässern jedoch bis zu 50 bis 180 µg/l. Die weiteren Abbauprodukte von Alkylphenolpolyethoxylaten und weitere östrogene Verbindungen wie die hochaktiven synthe-

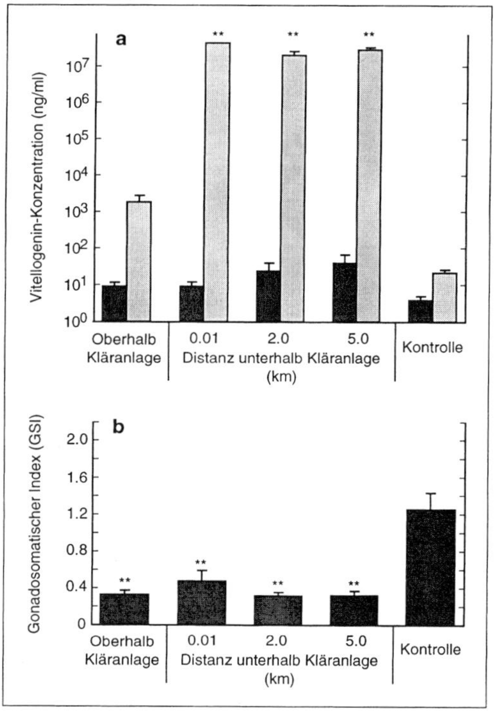

Abb. 3-23. Induktion von Vitellogenin und Reduktion der relativen Hodengröße bei männlichen Regenbogenforellen in einem englischen Fließgewässer. Die Fische wurden für 3 Wochen an verschiedenen Stellen oberhalb und unterhalb einer Abwassereinleitestelle in Käfigen exponiert. Dieser Fluß ist stark durch Alkylphenole (50 bis 180 µg/l Nonylphenol bei 2 bis 5 km unterhalb der Einleitestelle) belastet. a = Vitellogenin-Konzentration im Blutplasma, dargestellt sind die Vitellogenin-Werte vor und nach der Exposition. ** signifikant verschieden von der Kontrolle. b = Gonadosomatischer Index (Verhältnis zwischen Körper- und Hodengröße). Im Vergleich zu Kontrollen weisen exponierte Fische eine reduzierte Hodengröße auf (n. Harries et al. 1997)

tischen Steroide müssen jedoch mit berücksichtigt werden, da sich die Wirkungen der einzelnen Verbindungen addieren. Die Werte scheinen als Summe nahe oder im Effektbereich zu liegen (Abb. 3-24).

Östrogene Wirkungen wie die Induktion von Vitellogenin, Reduktion des Hodenwachstums und der Bildungszellen von Spermien bei juvenilen und männlichen Fischen sind damit in stark abwasserbelasteten Gewässern nicht auszuschließen. Beobachtungen über ein gehäuftes Auftreten von Hermaphroditen können wahrscheinlich auch auf die östrogenen Wirkungen von Abwasser zurückzuführen sein. Noch unklar ist die **ökotoxikologische Bedeutung** dieser Effekte für Fischpopulationen. Die Vitellogeninbildung stellt eine beträchtliche energe-

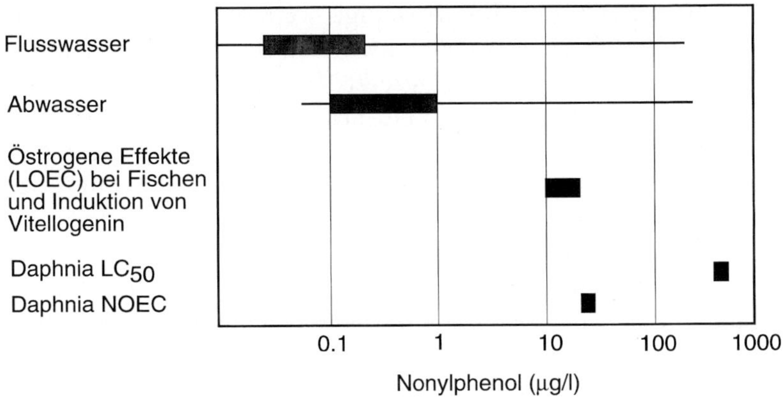

Abb. 3-24. Vergleich der Nonylphenolwerte in Abwasser und Flußwasser und Wirkungen bei Fischen und Daphnien. Werte in Balken geben die heutigen Konzentrationsbereiche an, Striche beziehen sich auf die Maximal- und Minimalwerte. Östrogene Werte bei Fischen beziehen sich auf die Induktion von Vitellogenin. LC_{50} = Konzentration, bei der 50% der Tiere sterben; LOEC = „lowest observable effect concentration"; NOEC = „no observed effect concentration"

tische Investition des Organismus dar und muß unter dem Aspekt der langfristigen Belastung des Organismus betrachtet werden. Die Synthese dieser nicht benötigten Proteine kann dabei auf Kosten der Synthese essentiell notwendiger Stoffe gehen.

3.6.4.4 Phthalate und Bisphenol A

Butylbenzylphthalat (BBP), Dibutylphthalat (DBP), Bis(2-ethylhexyl)-Phthalat (DEHP), Diisobutylphthalat sowie weitere Phthalate werden in großen Mengen als Weichmacher in Kunststoffen (z. B. PVC) verwendet. Die Jahresproduktion von Phthalaten wird auf 100 Mio. t geschätzt, davon sind mehr als 50% DEHP (Furtmann 1995). Wegen ihrer hohen Lipophilität werden Phthalate schnell absorbiert und in Organismen akkumuliert. Ob eine Biomagnifikation in der Nahrungskette stattfindet, ist unklar. Phthalate treten heute ubiquitär in allen Umweltkompartimenten auf (in Gewässern im Bereiche von 10 bis 1000 ng/l), sind aber auch in Nahrungsmitteln zu finden. Verflüchtigung in die Atmosphäre und Kontamination von Abwasser sind wichtige Transport- und Kontaminationswege (Furtmann 1995). Ein aerober Abbau findet statt, jedoch werden diese Stoffe kaum anaerob abgebaut. DEHP ist vor allem an Partikeln und in Sedimenten adsorbiert.

BBP, DBP, DEHP und einige wenige weitere Vertreter haben eine 10^6 bis 10^7 schwächere östrogene Aktivität als Östradiol. Dies wurde vor allem in In-Vitro-Systemen gezeigt (Harries et al. 1997; Jobling et al. 1995), doch zeigen auch In-Vivo-Studien eine östrogene Wirkung von BBP, DBP und DEHP in Säugern. Wie Octylphenol und DES hatte BBP bei männlichen Ratten eine Reduktion der Hodengröße und Spermienbildung zur Folge, wenn sie nach der Geburt belastet wurden (Sharpe et al. 1995). Zudem waren die meisten männlichen Nachkommen DBP-belasteter Ratten unfruchtbar. Die zweite Generation zeigte zudem stärkere Effekte als die erste (Wine et al. 1997). Die Bedeutung der schwach östrogenen Wirkung der Phthalate ist heute für Mensch und Umwelt jedoch noch nicht klar.

Bisphenol A wird zur Herstellung von Polycarbonaten und Epoxidharzen verwendet. Die Verbindung kann als Monomer aus diesen Kunststoffen, die unter anderem als Innenbeschichtungen von Konservendosen oder Zahnfüllungen Verwendung finden (Epoxidharze), herausgelöst werden. Die östrogene Aktivität von Bisphenol A wurde schon lange beschrieben, jedoch erst in jüngster Zeit näher charakterisiert. Verschiedene In-Vitro- und In-Vivo-Studien in Säugern und Fischen zeigen die östrogene Aktivität auf. Bisphenol A stimuliert die Proliferation von menschlichen MCF-7 Zellen, die Prolaktinausschüttung in der Hirnanhangsdrüse von Ratten, die Vitellogeninsynthese in Forellenleberzellen und die östrogenrezeptorvermittelte Reportergenaktivität in Hefezellen (Routledge u. Sumpter 1996). Die östrogene Potenz liegt um 10^3 bis 10^5 niedriger als die Aktivität von Östradiol. Das Risiko einer östrogenen Wirkung auf den Menschen und die Umwelt läßt sich heute noch nicht abschätzen. Eine Belastung von Nahrungsmitteln aus Konservendosen ist aber sicher unerwünscht.

3.6.4.5 Vermännlichung von Wasserschnecken durch Tributylzinn

Ökotoxikologische Auswirkungen von Tributylzinn (TBT), das in Unterwasserfarbanstrichen als Pestizid bei Booten seit ~1965 verwendet wird, wurden erst 1980 entdeckt. Austern in Arcachon (Frankreich) zeigten ballähnliche Schalendeformationen und konnten sich nicht mehr fortpflanzen, weil die Larven schon bei geringen Konzentrationen starben. Diese Tatsache führte zu einer Anwendungsbeschränkung solcher Unterwasserfarben. Trotzdem gelangt TBT noch heute vor allem aus Bootsanstrichsfarben großer Schiffe und über das Abwasser in Gewässer (Fent 1996).

Erst 1986 wurde ein erstaunlicher Effekt von TBT auf Wasserschnecken in England entdeckt, wo Populationen der Nordischen Purpurschnecke (*Nucella lapillus*) an stark kontaminierten Küstenbereichen einbrachen. In der Folge sind in vielen anderen Ländern in stark kontaminierten Hafenbereichen Geschlechtsverschiebungen und Reproduktionseffekte in Schneckenpopulationen festgestellt worden. Neben der höheren Rate vermännlichter Schnecken finden sich in diesen Populationen auch weniger oder keine Jungtiere mehr. Da diese Effekte bei geringsten Konzentrationen (LOEL bei 1 ng/l) auftreten und Quellen dieser Schadstoffe weiterhin bestehen, sind heute Schneckenpopulationen global in Küstenbereichen, jedoch auch z.B. in der offenen Nordsee mit starkem Schiffsverkehr betroffen. Heute ist die Vermännlichung bestimmter Meeresschnecken global an über 100 marinen Schneckenarten beobachtet worden. Weibchen entwickeln bei Spurenkonzentrationen von wenigen ng/l männliche Geschlechtsorgane und werden steril.

Die Vermännlichung der Schnecken beruht nach heutiger Kenntnis auf der Hemmung einer bestimmten Cytochrom-P450-abhängigen

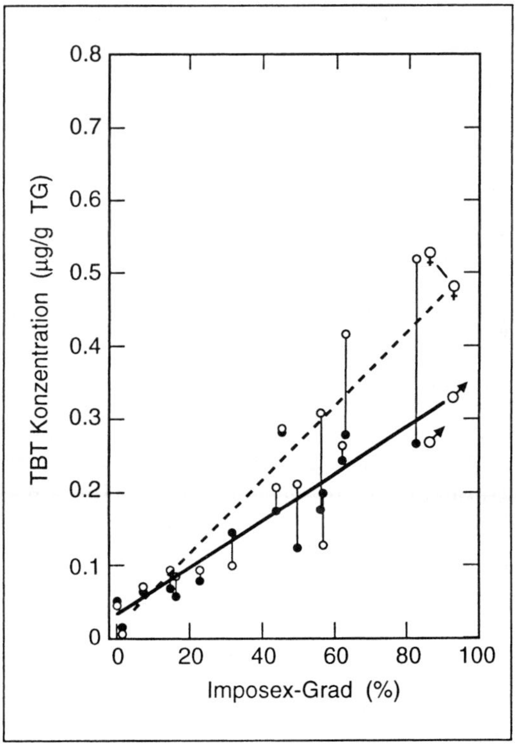

Abb. 3-25. Ausbildung von Imposex bei Meeresschnecken in Beziehung zur Belastung mit TBT; Grad der Imposexausprägung bei weiblichen und männlichen *Nucella lapillus* in Beziehung zur TBT-Konzentration in Schnecken (TG, Trockengewicht; n. Bryan u. Gibbs 1991; Bryan et al. 1986)

Monooxygenase, der **Aromatase**. Die Hemmung dieses Enzyms, das für die Bildung des weiblichen Geschlechtshormons Östradiol aus dem männlichen Hormon Testosteron verantwortlich ist, führt zur Anreicherung von Testosteron in der Schnecke, welche mit der Ausbildung männlicher Geschlechtsmerkmale reagiert (Imposex). Die Ausprägung von Imposex steht dabei in Beziehung zur TBT-Belastung (Abb. 3-25).

3.6.5 Zusammenfassende Bewertung

Einige wichtige Umweltchemikalien sind in neuester Zeit als hormonaktiv erkannt worden. Die Konzentrationen in der Umwelt sind vor allem in Kläranlagenausläufen in Bereichen, die bei Fischen östrogene Wirkungen wie Vitellogenininduktion, Reduktion der Hodengröße und negative Effekte auf die Spermienreifung hervorrufen. In Fließgewässern wurden ebenfalls solche Wirkungen, aber auch Veränderungen der Geschlechtsverhältnisse von Fischen beobachtet. Inwieweit diese Effekte auf kritische Stellen beschränkt sind oder breitere Bedeutung haben, ist zur Zeit unklar. Neben alten Stoffen wie DDT und PCB, deren negative Wirkungen auf die Reproduktion schon lange dokumentiert sind, werden zunehmend weitere Pestizide und Industriechemikalien als östrogenwirkend erkannt. Die Kenntnisse ihrer potentiellen Auswirkungen auf Tier und Mensch sind noch weitgehend unbekannt. Daher ist es vordringlich, bessere Kenntnisse zu erhalten.

Weiter ist es von Bedeutung, daß **neue Prüfverfahren** entwickelt und in der Praxis eingeführt werden, damit hormonaktive Chemikalien schon früh erkannt und entsprechend gehandhabt werden können. Heute besteht großer Forschungsbedarf, um die Bedeutung hormonaktiver Stoffe auf Mensch und Umwelt besser abschätzen zu können.

Im Sinne des Vorsorgeprinzips und einer nachhaltigen Entwicklung sollte die Umweltbelastung mit hormonaktiven Chemikalien vermieden werden. Neben dem Verbot und Verzicht kritischer Chemikalien (z.B. Alkylphenole) sollten auch Anstrengungen unternommen werden, die Einträge weiterer kritischer Stoffe an der Quelle zu reduzieren.

3.6.6 Literatur

Ahel M, Giger W, Koch M (1994a) Behaviour of alkylphenol polyethoxylate surfactants in the aquatic environment I. Occurrence and transformation in sewage treatment. Wat Res 28:1131–1142

Ahel M, Giger W, Schaffner C (1994b) Behaviour of alkylphenol polyethoxylate surfactants in the aquatic environment. II. Occurrence and transformation in rivers. Wat Res 28:1143–1152

Ahel M, McEvoy J, Giger W (1993) Bioaccumulation of the lipophilic metabolites of nonionic surfactants in freshwater organisms. Environ Pollut 79:243–248

Auger J, Kunstmann JM, Czyglik F, Jouannet P (1995) Decline in semen quality among fertile men in Paris during the past 20 years. N Engl J Med 332:281–285

Bryan GW, Gibbs PE (1991) Impact of low concentrations of tributyltin (TBT) on marine organisms: a review. In: Newman MC and McIntosh AW (Hrsg) Metal Ecotoxicology: Concepts and Applications. Lewis, Boca Raton, 323–361

Bryan GW, Gibbs PE, Hummerstone LG, Burt GR (1986) The decline of the gastropod *Nucella lapillus* around south-west England: Evidence for the effect of tributyltin from antifouling paints. J Mar Biol Ass UK 66:611–640

Carlsen E, Giwercman A, Skakkebaek NE (1992) Evidence for decreasing quality of semen during past 50 years. Brit Med J 305:609–613

Colborn T, Dumanoski D, Myers JP (1996) Die bedrohte Zukunft. Gefährden wir unsere Fruchtbarkeit und Überlebensfähigkeit? (Übersetzung von „Our stolen future“). Droemer Knaur, München

Desbrow C, Routledge EJ, Brighty G, Sumpter JP, Waldock M (1998) Identification of estrogenic compounds in STW effluent. I: Chemical fractionation and screening. Environ Sci Technol 32(II):1549–1558

Fent K (1995) Endokrin wirksame Stoffe in der Umwelt: Erkenntnisstand und Probleme. In: Gies U (Hrsg) UBA Texte. Umweltbundesamt, Berlin, 45–56

Fent K (1996) Ecotoxicology of organotin compounds. Crit Rev Toxicol 26:1–117

Fry DM (1995) Reproductive effects in birds exposed to pesticides and industrial chemicals. Environ Health Persp 103(7):165–169

Fry DM, Toone CK (1981) DDT-induced feminization of gull embryos. Science 213:922–924

Furtmann K (1995) Phthalate analysis as a tool for environmental assessment. Anal Meth Instr 2:254–265

Giger W (1995) Spurenstoffe in der Umwelt. EAWAG news 40D:3–7

Giger W, Brunner PH, Schaffner C (1984) 4-Nonylphenol in sewage sludge: Accumulation of toxic metabolites from nonionic surfactants. Science 225:623–625

Gimeno S, Gerritsen A, Bowmer T, Komen H (1996) Feminization of male carp. Nature 384:221–222

Gimeno S, Komen H, Venderbosch PWM, Bowmer T (1997) Disruption of sexual differentiation in genetic male common carp (*Cyprinus carpio*) exposed to an alkylphenol during different life stages. Environ Sci Technol 31(10):2884–2890

Guillette LJ, Crain DA, Rooney AA, Pickford DB (1995) Organization versus activation: the role of endocrine-disrupting contaminants (EDCs) during embryonic development in wildlife. Environ Health Perspect 103 [Suppl 7]:157–164

Gülden M, Turan A, Seibert H (1997) Substanzen mit endokriner Wirkung in Oberflächengewässern. Umweltbundesamt, Berlin

Harries CA, Henttu P, Parker MG, Sumpter JP (1997) The estrogenic acitvity of phthalate esters in vitro. Environ Health Persp 105:802–811

Harries JE, Sheahan DA, Jobling S, Matthiessen P, Neall P, Routledge EJ, Rycroft R, Sumpter JP, Tylor T (1996) A survey of estrogenic activity in United Kingdom inland waters. Environ Toxicol Chem 15:1993–2002

Jobling S, Reynolds T, White R, Parker MG, Sumpter JP (1995) A variety of environmentally persistent chemicals, including some phthalate plasticizers are weakly estrogenic. Environ Health Persp 103:583–587

Jobling S, Sheahan D, Osborne JA, Matthiessen P, Sumpter JP (1996) Inhibition of testicular growth in rainbow trout (*Oncorhynchus mykiss*) exposed to estrogenic alkylphenolic chemicals. Environ Toxicol Chem 15:194–202

Jobling S, Sumpter JP (1993) Detergent components in sewage effluent are weakly estrogenic to fish: An in vitro study using rainbow trout (*Oncorhynchus mykiss*) hepatocytes. Aquat Toxicol 27:361–372

Kelce WR, Monosson E, Gamsick MP, Laws SC, Earl Gray L (1994) Environmental hormone disruptors: Evidence that Vinclozolin developmental toxicity is mediated by antiandrogenic metabolites. Toxicol Appl Pharmacol 126:276–285

Kelce WR, Stone CR, Law SC, Earl Gray L, Kemppainen JA, Wilson EM (1995) Persistent DDT metabolite p,p′-DDE is a potent androgen receptor antagonist. Nature 375:581–585

Lincer JL (1975) DDE-induced eggshell-thinning in the American kestrel: a comparison of the field situation and laboratory results. J Appl Ecol 12:781–793

Mellanen P, Petänen T, Lehtimäki J, Mäkelä S, Bylund G, Holmbom B, Mannila E, Oikari A, Santti R (1995) Wood-derived estrogens: studies in vitro with breast cancer cell lines and in vivo in trout. Toxicol Appl Pharmacol 136:381–388

Nimrod AC, Benson WH (1996) Environmental estrogenic effects of alkylphenol ethoxylates. Crit Rev Toxicol 26:335–364

Olea N, Pulgar R, Pérez P, Olea-Serrano F, Rivas A, Novillo-Fertrell A, Pedraza V, Soto AM, Sonnenschein C (1996) Estrogenicity of resin-based composites and sealants used in dentistry. Environ Health Perspect 104(3):298–305

Pelissero C, Flouriot G, Foucher JL, Bennetau B, Dunogues J, Le Gac F, Sumpter JP (1993) Vitellogenin synthesis in cultered hepatocytes: an in vitro test for the estrogenic potency of chemicals. J Steroid Biochem Mol Biol 44:263–272

Piferrer F, Donaldson EM (1992) The comparative effectiveness of the natural and a synthetic estrogen for the direct feminization of chinook salmon (Oncorhynchus tshawytscha). Aquaculture 106:183–193

Purdom CE, Hardiman PA, Bye VJ, Eno NC, Tyler CR, Sumpter JP (1994) Estrogenic effects of effluents from sewage treatment works. Chem Ecol 8:275–285

Routledge EJ, Sumpter JP (1996) Estrogenic activity of surfactans and some of their degradation products assessed using a recombinant yeast screen. Environ Toxicol Chem 15(3):241–248

Rurainski RD, Theiss HJ, Zimmermann W (1977) Über das Vorkommen von natürlichen und synthetischen Östrogenen im Trinkwasser. Gwf-Wasser/Abwasser 118:287–291

Sharpe RM, Fisher JS, Millar MM, Jobling S, Sumpter JP (1995) Gestational and lactational exposure of rats to xenoestrogens results in reduced testicular size and sperm production. Environ Health Persp 103:1136–1143

Shore LS, Gurevitz M, Shemesh M (1993) Estrogen as an environmental pollutant. Bull Environ Contam Toxicol 51:361–366

Soto AM, Justicia H, Wray JW, Sonnenschein C (1991) p-Nonyl-phenol: An estrogenic xenobiotic released from „modified" polystyrene. Environ Health Persp 92:167–173

Stumpf M, Ternes TA, Haberer K, Baumann W (1996) Nachweis von natürlichen und synthetischen Östrogenen in Kläranlagen und Fließgewässern. Vom Wasser 87:251–261

Sumpter JP, Jobling S (1995) Vitellogenesis as a biomarker for estrogenic contamination of the aquatic environment. Environ Health Perspect 103 [Suppl 7]:173–178

Toppari J et al. (1996) Male reproductive health and environmental xenoestrogens. Environ Health Persp 104 [Suppl]:741–803

Van der Kraak GJ, Munkittrick KR, McMaster ME, Portt CB, Chang JP (1992) Exposure to bleached kraft pulp mill effluents disrupts the pituary-gonadal axis of white sucker at multiple sites. Toxicol Applied Pharmacol 115:224–233

Wahli W, Dawid IB (1979) Vitellogenin in *Xenopus leavis* is encoded in a small family of genes. Cell 16:535–549

Wahli W, Dawid IB, Ryffel GU, Weber R (1981) Vitellogenesis and the vitellogenin gene familiy. Science 212:298–304

Weber D (1990) Das Ende des Fischotters. BUWAL, Bern, Schweiz

White R, Jobling S, Hoare SA, Sumpter JP, Parker MG (1994) Environmentally persistent alkylphenolic compounds are estrogenic. Endocrinology 135:175–182

Wine RN, Li LH, Barnes LH, Gulati DK, Chapin RE (1997) Reproductive toxicity of di-n-butylphthalate in a continous breeding protocol in sprague-dawley rats. Environ Health Perspect 105(1):102–107

3.7 Wirkung sedimentgebundener Xenobiotika

W. Ahlf

Zahlreiche Umweltchemikalien, die aus den unterschiedlichsten Quellen in die Gewässer gelangen, werden dem Wasser zunächst dadurch entzogen, daß sie sich den Schwebstoffen und Sedimenten anlagern (z. B. Schwermetallverbindungen, Pestizide, halogenierte Kohlenwasserstoffe, polyclische aromatische Kohlenwasserstoffe). Unter dem Aspekt der ursprünglich wirksamen Schadstoffkonzentration wirkt dieser Prozeß für die Organismen in der Wassersäule entgiftend. Diese gebundenen Chemikalien können als Schadstoffe auf aquatische Organismen wirken. Sedimenttoxizität im weitesten Sinn ist definiert als ökologische und biologische Änderung, die durch kontaminiertes Sediment verursacht wird. Sie kann aber auch pragmatisch als negative Wirkung an einem Testorganismus, der einem belasteten Sediment ausgesetzt wurde, bestimmt werden.

Nach einer Methode von Traunspurger und Kollegen (1997) wurden Sedimente aus der Elbe mit Nematoden als Testorganismen untersucht (Abb. 3-26). Die Proben wurden im Frühjahr 1996 genommen

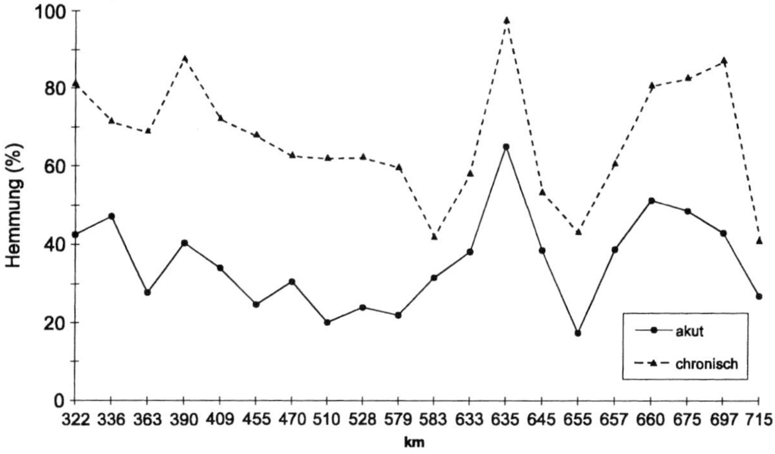

Abb. 3-26. Hemmung von Längenwachstum und Reproduktion durch Sedimente der Elbe auf *Caenorhabditis elegans*

und bearbeitet. Nematoden sind Sedimentbewohner und gelten als relativ widerstandsfähig, aber 17 der 20 Probeorte erzeugten eine Reproduktionshemmung von über 50% und lassen eine massive Störung der Benthonbiozönose in der Elbe erwarten. Die Nematodenbesiedlung der Sedimente wurde stichprobenartig geprüft und mit Sedimenten anderer Flüsse verglichen. Die Abundanz der Nematoden in der Elbe ist, verglichen mit dem Rhein, stark reduziert und bestätigt die Biotestdaten.

Grundsätzlich kann nicht ausgeschlossen werden, daß Eigenschaften der Sedimente, wie zum Beispiel Korngrößenverteilung und Gehalt an organischem Kohlenstoff, die Vitalität von Organismen beeinflußt (Phipps et al. 1993). Testspezies sollten jedoch nach ihrer Toleranz gegenüber diesen Sedimenteigenschaften ausgesucht sein (Ingersoll u. Nelson 1990). Auch ist die Toxizität von Ammoniak im Porenwasser als Resultat mikrobieller Aktivitäten beim Abbau von organischen Stoffen und der Nitratreduktion von Bedeutung, jedoch nicht Gegenstand dieser Betrachtung. Bei der Differenzierung von toxischen Effekten sedimentassoziierter Schadstoffe müssen jedoch beide Faktoren berücksichtigt werden (van Sprang u. Jansen 1997).

3.7.1 Expositionspfade

Die biologische Verfügbarkeit von Stoffen im Sediment wird von einer Vielzahl von Faktoren beeinflußt, die durch die Eigenschaften des Sedimentes, der Schadstoffe und der Biozönose bestimmt werden. Generell sind folgende Expositionspfade, über die Sedimentschadstoffe zu benthischen Lebewesen gelangen, zu unterscheiden:

- Im **Porenwasser** und in der **Wassersäule** gelöste Schadstoffe können durch Körperwand und respiratorische Oberflächen in den Organismus eindringen,
- **Partikulär gebundene Schadstoffe** können durch Sedimentingestion in den Verdauungstrakt des Organismus aufgenommen werden,
- **Partikulär gebundene Schadstoffe** können durch Kontakt mit Körperoberflächen an den Organismus ausgetauscht werden.

Einige Verfahren zur Ermittlung von Sedimentqualitätskriterien versuchen, die Verfügbarkeit von Chemikalien, insbesondere von unpolaren organischen Verbindungen und Schwermetallen, auf wesentliche Einflußgrößen zurückzuführen. Leicht für die Organismen verfügbar ist der im Porenwasserraum oder in der freien Wasserphase gelöste Schadstoffanteil, der in derartigen Modellen ausschließlich als verfügbar vorausgesetzt wird. Ein besonders häufig benutztes Modell ist der **Gleichgewichtsverteilungsansatz** für unpolare organische Verbindungen. Dieses Konzept berücksichtigt bei der Abschätzung der Verfügbarkeit von Schadstoffen Sediment- und Stoffcharakteristika. Die Annahme ist, daß sich in einem System in angemessener Zeit ein Gleichgewicht der untersuchten Stoffe zwischen Wasserphase und Schwebstoff oder Sediment einstellt. Die Verteilung unpolarer organischer Stoffe zwischen der flüssigen Phase und den Feststoffen wird in erster Linie durch den Gehalt an organischer Substanz des Sedimentes und durch die Wasserlöslichkeit des Schadstoffes bestimmt. Da die organischen Anteile des Sedimentes unpolarer sind als das umgebende Wasser, lösen sich lipophile Chemikalien in der organischen Matrix und sind so der Wasserphase entzogen (Di Toro et al. 1991; Karickhoff 1981).

Um verschiedene Sedimente vergleichen zu können, wird der Verteilungskoeffizient des Schadstoffes zwischen Sediment und Wasserphase auf den organischen Kohlenstoffgehalt des Sedimentes bezogen. Ist die Konzentration der Prüfsubstanz in einem Kompartiment bekannt, kann sie in der anderen Phase errechnet werden. Die Annahme, daß alle gebundenen Stoffe nicht biologisch verfügbar sind, läßt sich aus den unterschiedlichen Bindungsstärken nicht ableiten (Tabelle 3-16). Diese Modellvorstellung spiegelt jedoch nur sehr eingeschränkt die realen Verhältnisse im Sediment wider. Die Kraft der Bindung nimmt zusätzlich als Funktion der Entfernung ab. Daher ist besonders bei Stoffen mit hydrophoben Wechselwirkungen in hetero-

Tabelle 3-16. Bindungskräfte an Rezeptoren (n. Forth et al. 1984)

Art des Bindung	Bindungskraft (kcal/Mol)	Abnahme der Kraft als Funktion der Entfernung r
kovalente Bindung	50–100	–
Ionen-Bindung	5	r^2
Ionen-Dipol-Bindung	2–5	r^3
Wasserstoff-Brücken-Bindung	1–7	r^4
Hydrophobe Wechselwirkung	0,2–2	r^7

genen Sedimentgemischen und stochastischer Verteilung ein teilweiser Übergang zu unbelasteten Organismen anzunehmen. Die biologische Verfügbarkeit von PAK für *Lumbriculus variegatus* konnte mit einer alleinigen Aufnahme aus dem Porenwasser nicht zufriedenstellend erklärt werden (Harkey et al. 1994). Aufgrund von zum Teil widersprüchlichen Befunden wird der Gleichgewichtsverteilungsansatz zunehmend in Frage gestellt (Ianuzzi et al. 1995).

Die Manifestation einer nachteiligen Wirkung durch die Schadstoffexposition hängt von der Sensitivität eines benthischen Bewohners für Schadstoffe im Porenwasser und für partikelgebundene Schadstoffe ab. Die Ingestion des Sedimentes und das Passieren des Verdauungstraktes führt zu anderen Expositionsbedingungen, beispielsweise indem durch pH-Änderungen Bindungsformen von Schadstoffen und damit die Bioverfügbarkeit geändert werden (Schuytema et al. 1988).

Mobilisierende Faktoren können aber auch im Sediment einen Teil der gebundenen Schadstoffe wieder in die gelöste Phase überführen, wo sie dann durch konkurrierende Oberflächen erneut gebunden werden, so daß dieser Transfer in der Wasserphase nicht sichtbar sein muß (Förstner et al. 1989). Weitere Hinweise auf aktive Prozesse ergaben sich dadurch, daß Stoffe, deren Gleichgewichtseinstellung zwischen Partikeloberflächen und Wasserphase bekannt war, über den gelösten Anteil hinaus abgebaut wurden (Loosdrecht et al. 1990). Die Interpretation der Daten führte zu einer Modellvorstellung, wie gebundene Schadstoffe auf Mikroorganismen wirken können (Abb. 3-27). Bei elektrostatischer Sorption an negativ geladenen Partikeloberflächen reichen pH-Senkungen (Protonenkonkurrenz) oder komplexierende Liganden aus, um Schadstoffe in die Wasserphase zu mobilisieren, wo sie durch Bakterien erneut sorbiert werden. Bakterien können aktiv diesen Prozeß durch extrazelluläre Produkte oder durch ihre eigene Oberfläche beeinflussen, wenn diese eine höhere Affinität zum Adsorbat besitzt. Eine räumliche Nähe begünstigt den Stofftransfer zwischen Feststoffen und Bakterien. Die Bindungsarten zwischen Sediment- und

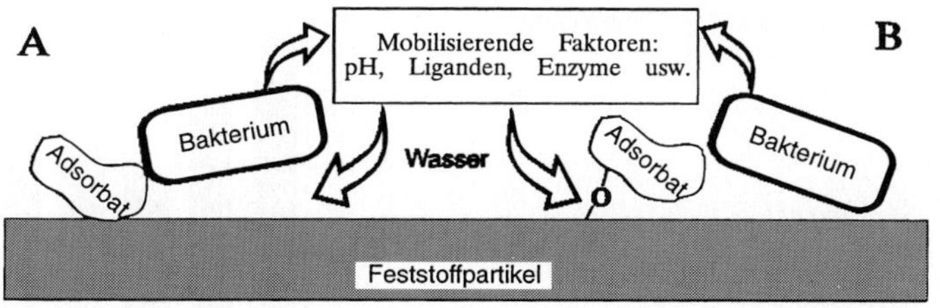

Abb. 3-27. Modell des Stofftransfers zwischen Feststoff und Bakterien, A) bei elektrostatischer und hydrophober Wechselwirkung, B) bei chemischer Bindung (n. Ahlf et al. 1992)

Bakterienoberflächen werden wahrscheinlich durch ähnliche Mechanismen erreicht, da Mikroorganismen hydrophobe und polare Anteile in der Zellhülle besitzen. Auch eine enzymatische Aktivität, wobei Bakterien Stoffe biologisch verfügbar abspalten, wird somit wirksamer.

6.7.2 Nachweis der Wirkung gebundener Xenobiotika am Beispiel der Elbe-Sedimente

Für den sicheren Nachweis eines Wirkpotentials ist primär die Sensitivität des Biotests für Umweltchemikalien wichtig. Ein Beispiel, wie durch eine Versuchsanordnung der Effekt von mobilisierenden Faktoren nachgewiesen werden kann, ist in Abb. 3-28 illustriert worden. In einem Zweikammersystem wurden eine Sediment- und Algensuspension durch eine Membran getrennt, was eine Vermischung verhindert, aber den Austausch gelöster Stoffe erlaubt. Die Testbedingungen entsprachen dem DIN-Algentest, jedoch wurde der pH-Wert konstant geregelt. Das Zellwachstum wurde bei pH 7 als 100% gesetzt. Die pH-Änderungen wirkten sich in den meisten Fällen stimulierend aus. Bei niedrigen pH-Werten von 5,5 und 5 dagegen wurde das Wachstum um etwa 50% gehemmt. Das Resultat ist durch eine Freisetzung von sedimentgebundenen Schwermetallen in die Wasserphase zu erklären, die sprunghaft bei pH-Werten um 5,5 einsetzt (Ahlf 1985).

Die Änderung physiko-chemischer Milieubedingungen kann die Konzentration gelöster Schadstoffe erhöhen und so nachteilig auf Lebewesen wirken, wobei die Sedimente als Quelle dienen. Um aber die direkte Wirkung von Umweltchemikalien abzuschätzen, die bevorzugt an Sedimentpartikel assoziiert vorliegen, hat sich ein mikrobieller Kontakttest als geeignet erwiesen (Rönnpagel et al. 1995).

In einer Studie wurde die Wechselwirkung zwischen Bakterien und Schadstoffen in einem künstlich hergestellten Sediment untersucht

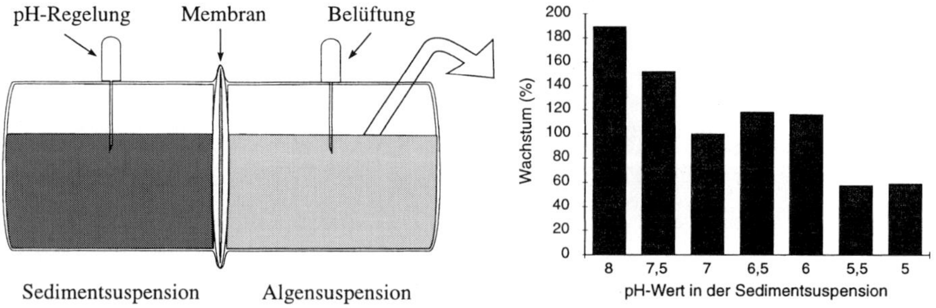

Abb. 3-28. Wachstum von Algen in einem Zweikammersystem bei geregelten pH-Werten (n. Ahlf 1985)

Tabelle 3-17. Verteilung der Kontaminanten zwischen Sediment und Porenwasser (n. b. = nicht berechnet)

Verbindung	Konzentration im Sediment (mg/kg TG)	Konzentration im Porenwasser (mg/L)	Anreicherungs-faktor	log Koc (berechnet)
Cadmium (Cd	1000	0,04	25 000	n. b.
4-Nitrophenol (pNP)	800	1965	4,1	0,54
1-Methylnaphtalin (Met.)	1271	4,4	289	4,09
Di-N-Butylphtalat (But.)	1638	3,0	546	4,37
Pyren	176	0,03	5 867	5,41

(Liß u. Ahlf 1997). Zunächst wurde die Verteilung der Chemikalien in einem Sediment/Wasser-System bestimmt. Nach einer Gleichgewichtseinstellung wurden die Konzentrationen der eingesetzten Umweltchemikalien in beiden Phasen analysiert und daraus die Anreicherungsfaktoren errechnet (Tabelle 3-17). Die Verteilung schlecht wasserlöslicher unpolarer organischer Stoffe zwischen Sediment und Wasserphase hängt maßgeblich vom Gehalt an organischem Kohlenstoff ab, da sich diese Substanzen vornehmlich in der organischen Phase lösen. Daher werden Verteilungskoeffizienten für diese Stoffe häufig nicht auf das Trockengewicht, sondern auf den Gehalt an organischem Kohlenstoff bezogen. Das hier verwendete Modellsediment hatte einen Gehalt an organischem Kohlenstoff von 2,3%. P-Nitrophenol als polarer organischer Schadstoff sorbierte kaum an das Modellsediment. Eine Ursache dafür könnte der pH-Wert des Sedimentes im Modellsystem sein. Mit pH-Werten um 8,2 waren die Systeme leicht alkalisch. P-Nitrophenol hat einen pK-Wert von 7,2 und liegt bei diesem pH schon größtenteils dissoziiert vor. Für Pentachlorphenol und 2,4,8-Trichlorphenol konnte gezeigt werden, daß der Verteilungskoeffizient mit Zunahme der dissoziierten Form abnimmt (Schachtschnabel et al. 1992). Ein ähnlicher Effekt könnte auch für die geringe Adsorption von P-Nitrophenol verantwortlich sein.

1-Methylnaphthalin und Di-N-Butylphthalat und Pyren ließen sich in der Wasserphase nur in sehr geringen Konzentrationen nachweisen. Die Konzentrationen waren deutlich niedriger als die Wasserlöslichkeit, das heißt, daß diese Stoffe in der wäßrigen Phase molekular gelöst vorlagen. Bis auf p-Nitrophenol waren alle Stoffe zu etwa 99% der Wasserphase entzogen.

Das Modellsediment wurde einzeln mit fünf Schadstoffen Cadmium, p-Nitrophenol, Di-N-Butylphthalat, 1-Methylnaphthalin und Pyren kontaminiert, das Stoffgemisch setzte sich aus der Summe aller fünf Substanzen zusammen. Die Konzentrationen der Schadstoffe wurden so gewählt, daß unter der Berücksichtigung des organischen Kohlenstoffanteils des Modellsedimentes und der Annahme von Gleichgewichtsbedingungen die Konzentration in der Wasserphase nach dem Gleichgewichtsverteilungsansatz der Wasserlöslichkeit der Chemikalien entsprach. Die Verdünnungsstufen wurden durch Mischen von kontaminiertem Sediment mit Kontrollsediment ohne Schadstoffe hergestellt.

3.7.2.1
Toxizität des Porenwassers

Das Sediment wurde vom Porenwasser durch Zentrifugation abgetrennt und anschließend wurden die Testphasen in gleichen Volumenansätzen in Toxizitätstests mit *Bacillus cereus* verwendet. Die Hemmwirkungen der Porenwässer ist in Abb. 3-29 dargestellt. Die Verdünnungsreihen zur Ermittlung von Dosis-Wirkungsbeziehungen der Porenwässer wurden durch Mischung von kontaminiertem Interstitialwasser mit Porenwasser des Kontrollsedimentes hergestellt.

Das Porenwasser des mit dem Gemisch und p-Nitrophenol kontaminierten Sedimentes hemmte die Testorganismen in der gleichen Größenordnung. Um zu prüfen, ob sich die Wirkung von dem mit p-Nitrophenol und mit dem Gemisch aus allen Schadstoffen kontaminierten Sediment signifikant unterschied oder ob der Effekt des Schadstoffcocktails allein auf p-Nitrophenol zurückzuführen war, wurden für beide Ansätze die EC_{50}-Werte der im Testsystem vorhandenen p-Nitrophenolkonzentration berechnet:

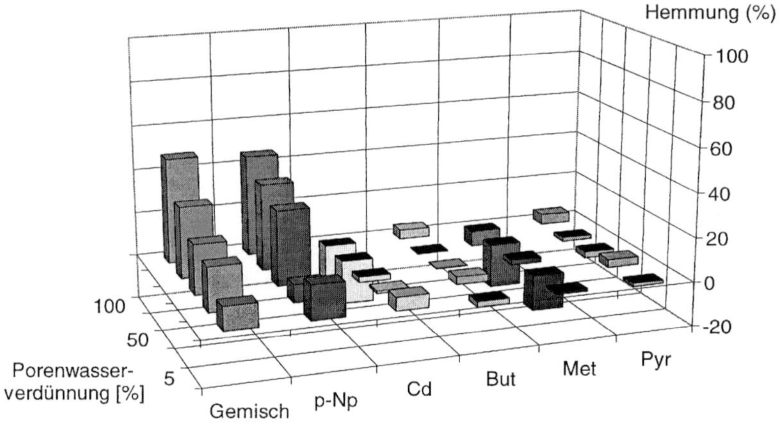

Abb. 3-29. Hemmung der Enzymaktivität von *Bacillus cereus* durch Porenwasser aus kontaminiertem Sediment

- Als EC_{50}-Wert, bezogen auf p-Nitrophenol, wurde im Ansatz mit dem Schadstoffgemisch 73,9 mg l^{-1} (95% Vertrauensbereich = 57,4 bis 95,3 mg l^{-1}) ermittelt. Dieser Wert unterscheidet sich nicht signifikant von dem im Ansatz mit p-Nitrophenol ermittelten EC_{50}-Wert von 74,4 mg l^{-1} (95% VB = 39 bis 142 mg l^{-1}).
- Bei der Untersuchung der Chemikalientoxizität von p-Nitrophenol ergab sich ein EC_{50}-Wert von 80,5 mg l^{-1} (95% VB = 72,4 bis 88,4 mg l^{-1}). Dieser Wert unterscheidet sich ebenfalls nicht signifikant von der Toxizität dieser Chemikalie in Porenwasser. Die Porenwassermatrix hatte in diesem Fall keinen Einfluß auf die Toxizität von p-Nitrophenol.

Da die Konzentrationen der übrigen Schadstoffe in einer Größenordnung lag, die bei der Untersuchung der Chemikalientoxizität keine Effekte verursacht hatte, wurde die Wirkung des mit dem Gemisch aus allen Stoffen kontaminierten Porenwassers durch die Toxizität des gut wasserlöslichen und wenig an das Sediment sorbierenden Schadstoffes erklärbar. Diese Annahme wurde dadurch bestätigt, daß Cadmium, 1-Methylnaphthalin, Di-N-Butylphthalat und Pyren im Porenwassertest keine signifikant von der Kontrolle verschiedenen Effekte hatten.

3.7.2.2
Toxizität der Sedimente

Im Gegensatz zum Porenwasser erzeugten die mit den Einzelsubstanzen kontaminierten Sedimente im direkten Kontakt mit den Test-

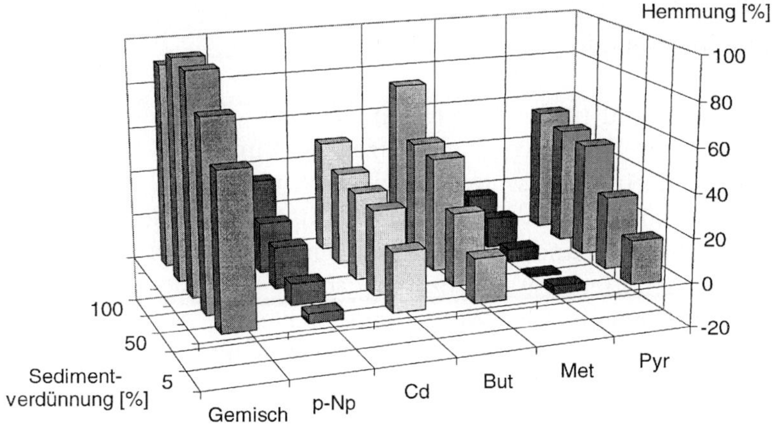

Abb. 3-30. Hemmung der Enzymaktivität von *Bacillus cereus* durch kontaminierte Sedimente

organismen eine wesentlich stärkere Wirkung (Abb. 3-30). Die mit p-Nitrophenol, Cadmium, Di-N-Butylphthalat und Pyren dotierten Sedimente hemmten die hydrolytische Aktivität der Testbakterien in der höchsten Konzentration zwischen 35% und 73%. Mit steigender Sedimentverdünnung verringerten sich die Effekte. Auch Methylnaphthalin hatte in der höchsten Konzentration mit 17% Hemmung einen signifikanten Einfluß auf die Testbakterien im Gesamtsedimentansatz. Das Gemisch aus allen 5 Schadstoffen wirkte im Kontakttest deutlich giftiger als in den Tests mit den Einzelsubstanzen. In der 50%-Verdünnungsstufe waren die Testbakterien noch zu über 90% gehemmt, in der niedrigsten Kontaminationsstufe mit 5% belastetem Sediment war die Hydrolaseaktivität noch um 60% vermindert.

Das Schwermetall und die schlecht wasserlöslichen Chemikalien Di-N-Butylphthalat und Pyren wirkten nicht über die Porenwasserphase, aber in einer Sedimentsuspension. Daher war zumindest ein Teil dieser Schadstoffe in gebundener Form für die Testbakterien verfügbar oder wurde während der Inkubation zwischen Bakterien und Gesamtsediment mobilisiert. Die Hemmung durch die Mischung aller Schadstoffe kann nicht einfach über die Summe der Einzeleffekte erklärt werden, sondern muß als integrierender Befund interpretiert werden.

3.7.3 Schlußfolgerungen

Sedimente sind in der Regel nicht nur mit einem einzelnen Schadstoff oder einer Klasse von Substanzen kontaminiert. Häufiger ist der Fall, daß sich eine Belastung aus vielen Chemikalien zusammensetzt. Diese Stoffe können verschiedenen chemischen Stoffgruppen angehören und sich aufgrund unterschiedlicher chemischer und physikalischer Eigenschaften verschieden zwischen Gesamtsediment, Porenwasser und überstehender Wasserphase verteilen. Alle Kompartimente können dann einen voneinander unabhängigen toxischen Effekt bewirken. Folgerichtig müssen für eine Bewertung von natürlichen Sedimenten biologische Verfahren eingesetzt werden, die alle Expositionswege abdecken und integrierend über die biologische Verfügbarkeit aller wirksamen Stoffe wirken.

Im Gegensatz zu Untersuchungen in wäßrigen Systemen stellt bei der Prüfung eines kontaminierten Sedimentes der Feststoff selbst einen Faktor dar, der die Verfügbarkeit und Wirksamkeit von Chemikalien beeinflussen kann. Die Konsequenzen sind weitreichend, da bislang keine Theorie vorliegt, wie eine biologische Verfügbarkeit sedimentassoziierter Schadstoffe zu prognostizieren ist. Selbst eine Identifikation der Ursachen toxischer Effekte bereitet große Schwierigkeiten. Alle heute vorliegenden Konzepte untersuchen nur Porenwasser als Ausgangspunkt von Schadstoffwirkungen in Sedimenten (Ankley u. Schubauer-Berigan 1995). Deshalb ist unser Wissen über die Wirkung von Umweltchemikalien in Sedimenten durch die Untersuchung von Prozessen und Mechanismen zu erweitern.

3.7.4 Literatur

Ahlf W (1985) Verhalten sedimentgebundener Schwermetalle in einem Algentestsystem, charakterisiert durch Bioakkumulation und Toxizität. Vom Wasser 65:183–188

Ahlf W, Gunkel J, Liß W, Neumann-Hensel H, Rönnpagel K, Förstner U (1992) Mikrobielle Biotests mit Sedimenten. In: Biologische Testverfahren. Schr-Reihe Verein WaBoLu 89:427–435. G Fischer, Stuttgart

Ankley GT, Schubauer-Berigan MK (1995) Background and overview of current sediment toxicity identification evaluation procedures. J Aquatic Ecosystem Health 4:133–149

DiToro DM, Zarba CS, Hansen DJ, Berry WJ, Swartz RC, Cowan CE, Pawlou SP, Allen HE, Thomas NA, Paquin PR (1991) Technical basis for estabilishing sediment quality criteria for nonionic organic chemicals using equilibrium partitioning. Environ Toxicol Chem 10:1541–1583

Förstner U, Ahlf W, Calmano W (1989) Studies on the transfer of heavy metals between sedimentary phases with a multichamber device: combined effects of salinity and redox variation. Mar Chem 28:145–158

Fort W, Henschler D, Rummel W (1984) Allgemeine und spezielle Pharmakologie und Toxikologie. 4. Auflage. BI Wissenschaftsverlag, Mannheim

Harkey GA, Landrum PF, Klaine SJ (1994) Comparison of whole sediment, elutriate and porewater exposures for use in assessing sediment associated organic contaminants in bioassays. Environ Toxicol Chem 13(8):1315–1329

Ianuzzi, TJ, Bonnevie NL, Huntley SL, Wenning RJ, Truchon SP, Tull JD, Sheehan P (1995) Comments on the use of equilibrium partitioning to establish sediment quality criteria for nonionic chemicals. Environ Toxicol Chem 14(8):1557–1559

Ingersoll CG, Nelson MK (1990) Testing sediment toxicity with *Hyalella azteca* (Amphipoda) and *Chironomus riparius* (Diptera). In: Landis W, van der Schalie WH (Hrsg) Aquatic Toxicology and Risk Assessment 13. Vol. ASTM STP 1096, American Society for Testing and materials, Philadelphia, PA, 93–109

Karickhoff SW (1981) Semiempirical estimation of sorption of hydrophobic pollutants on natural sediments and soils. Chemosphere 10:859–867

Liß W, Ahlf W (1997) Evidence from whole sediment, pore water, and elutriate testing in toxicity assessment of contaminated sediments. Ecotox Environ Saf 36:140–147

Loosdrecht MCM, Lyklema J, Norde W, Zehnder AJB (1990) Influence of interfaces on microbial activity. Microbiol Rev 54(1):75–87

Phipps GL, Ankley GT, Benoit DA (1993) Use of the aquatic oligochaete *Lumbriculus variegatus* for assessing the toxicity and bioaccumulation of sediment-associated contaminants. Environ Toxicol Chem 12:269–279

Rönnpagel K, Liß W, Ahlf W (1995) Microbial bioassays to assess the toxicity of solid-associated contaminants. Ecotoxicol Environ Safety 31:99–103

Schachtschabel P, Blume HP, Brümmer G, Hartge KH, Schwertmann U (1992) Lehrbuch der Bodenkunde. 13. Aufl. Ferdinand Enke, Stuttgart

Schuytema GS, Krawczyk DF, Griffis WL, Nebeker AV, Robideaux ML, Brownawell BJ, Westall JC (1988) Comparative uptake of hexachlorobenzene by fathead minnows, amphipods, and oligochaete worms from water and sediment. Environ Toxicol Chem 7:1035–1045

Traunspurger W, Haitzer M, Höss S, Beier S, Ahlf W, Steinberg C (1997) Ecotoxicological Assessment of Aquatic Sediments with *Caenorhabditis elegans* Maupas (Nematoda) – A method for testing liquid medium and whole sediment samples. Environ Toxicol Chem 16:245–250

Van Sprang PA, Janssen CR (1997) Identification and confirmation of ammonia toxicity in contaminated sediments using a modified toxicity identification evaluation. Environ Toxicol Chem 16:2501–2507

4 Stofftransfer in Gewässern

4.1
Stoffausträge aus dem Einzugsgebiet

H.-G. Frede und M. Bach

Einträge von Nährstoffen und von Sediment in Gewässersysteme können in vielen Situationen spürbare ökologische Belastungen verursachen. Für die Beurteilung der Bedeutung von Stoffausträgen aus einem Einzugsgebiet müßten im Idealfall die Beiträge der einzelnen Immissionsquellen zeitlich, räumlich und nach Emittenten getrennt bekannt sein. Informationen über die punktuellen Nährstoffeinträge aus Kläranlagen in einem Einzugsgebiet können relativ einfach erhoben oder mit erprobten Ansätzen geschätzt werden (s. Kap. 2.1). Im Gegensatz dazu sind Meßwerte oder gebietsspezifische Angaben über die Menge der diffusen Stoffeinträge im Regelfall nicht verfügbar, da deren Ermittlung vielfach kostenintensive Meßprogramme erfordern würde. In der Praxis, z.B. im Zusammenhang mit der Entwicklung und Umsetzung von Gewässersanierungskonzepten, muß man sich daher häufig mit Annahmen und überschlägigen Schätzungen über die Eintragsmengen von Nährstoffen und die Bedeutung der einzelnen Eintragsquellen behelfen. Aus Einzeluntersuchungen können allerdings Anhaltswerte gegeben bzw. die Spannbreiten aufgezeigt werden, die für Nährstoffeinträge aus diffusen Quellen in Oberflächengewässer in verschiedenen Einzugsgebieten in Deutschland ermittelt worden sind (Bach 1996).

4.1.1
Diffuse Eintragsquellen in Gewässer

Nährstoffe können auf den verschiedensten Eintragspfaden in Gewässer gelangen: Beispielsweise können Nährstoffe im Grund- oder Dränwasser gelöst sein, das den Basisabfluß speist; sie werden in gelöster oder partikulärer Form (gebunden an erodiertes Bodenmaterial) mit dem Oberflächenabfluß im Verlauf von Niederschlägen hineingespült, sie können direkt eingetragen werden, sie sind Bestandteil der atmosphärischen Deposition usw.

Im Hinblick auf Sanierungsmaßnahmen wird üblicherweise zwischen punktuellen und diffusen Eintragsquellen als wichtigstem Unterscheidungsmerkmal differenziert. Die Zuordnung der verschiedenen Quellen von Nährstoffeinträgen in Gewässer wird in der Literatur jedoch nicht einheitlich vorgenommen (Tabelle 4-1):

- Novotny u. Chesters (1981) unterscheiden beispielsweise diffuse und Punktquellen vornehmlich nach den Abflußkomponenten, mit denen gekoppelt die Einträge auftreten. „Point sources" sind demzufolge identifizierbare Einleiter, deren Ablauf annähernd gleichmäßig in Menge und Zusammensetzung ist und deren Gewässerbelastung weitgehend unabhängig von Witterungseinflüssen erfolgt. „Diffuse sources" können dagegen im Regelfall nicht benannt werden, die Einträge zeigen eine sehr hohe Variabilität und treten in zufälligen Abständen auf.

Tabelle 4-1. Abgrenzung der diffusen Eintragsquellen in Gewässer (n. verschiedenen Autoren)

Eintragspfad (x = diffuser Eintrag)	Novotny u. Chesters (1981)	Decoursey (1985)	Stalzer et al. (1985)	Werner et al. (1991), LAWA (1996)
Grundwasser, Dränwasser	X	X	X	X
Oberflächenabfluß (von natürl. Oberflächen) und Bodenerosion	X	X	X	X
Atmosphärische Deposition		X	X	X
Direkteintrag (Düngung, PSM-Behandlung, Weidevieh)	X		X	X
Oberflächenabfluß von außerörtlichen Straßen u. Wegen	X	X	(X)	X
landwirtschaftliche Abflüsse (z. B. Sickersäfte)	(X)		X	X
nicht kanalisierte Abwässer				X
Regenwasserentlastung	X			

- Decoursey (1985) definiert den Begriff anhand der Transportprozesse, durch welche die Stoffe in die Gewässer gelangen. Diffuse Belastungen werden danach durch den natürlichen hydrologischen Kreislauf in Gewässer verlagert, demgegenüber werden Stoffe aus punktuellen Quellen unabhängig vom natürlichen Wasserkreislauf in die Gewässer eingetragen.
- Stalzer et al. (1985) nennen als Abgrenzungsmerkmal, daß punktuelle Quellen exakt erfaßt und durch technische Verfahren einer Frachtreduktion unterzogen werden können; zu den diffusen Quellen zählen sie alle übrigen Einträge. Andere Autoren treffen die Unterscheidung anhand der Eintragspfade, auf denen Stoffe in Oberflächengewässer gelangen.
- Werner et al. (1991) fassen den Begriff weiter. Sie rechnen auch die verstreut liegenden, jeweils kleinen punktuellen Einleitungen aus Hauskläranlagen, Straßenabläufen, landwirtschaftlichen Betrieben usw. zu den diffusen Quellen. Punktförmige Einträge stellen danach nur diejenigen Abwässer dar, die in einer Sammelkanalisation erfaßt und in der Regel über Kläranlagen in Oberflächengewässer eingeleitet werden, sowie das Niederschlagswasser, das über die Kanalisation in Gewässer gelangt. Dieser Definition von Punkt- und diffusen Quellen hat sich auch die Länderarbeitsgemeinschaft Wasser (LAWA 1997) angeschlossen.

Andere Autoren unterscheiden weniger nach diffusen und punktuellen Quellen, sondern im Hinblick auf Sanierungsmöglichkeiten nach anthropogenen und natürlichen Einträgen, wobei sie innerhalb der anthropogenen Einträge wiederum einzelne Emittentengruppen, wie beispielsweise Landwirtschaft und Siedlungswasserwirtschaft, gesondert betrachten. Bei einem Vergleich der Ergebnisse verschiedener Untersuchungen über Mengen und Bedeutung von Nährstoffausträgen aus einem Einzugsgebiet ist daher stets zu berücksichtigen, welche Einträge den unterschiedlichen Quellen im Einzelfall jeweils zugerechnet wurden.

4.1.2 Ermittlung der diffusen Nährstoffeinträge

Die diffuse Nährstofffracht in einem Fließgewässer kann nach verschiedenen Untersuchungsansätzen ermittelt werden:

1. Messung der Gewässerfracht in Repräsentativeinzugsgebieten, in denen keine punktuellen Einträge auftreten, und Hochrechnung auf das gesamte Einzugsgebiet (z. B. Raderschall 1993),

2. Differenz zwischen gemessener Gesamtfracht und (gemessener oder geschätzter) Fracht aus Punktquellen (z.B. Bach und Frede 1996),
3. Aufteilung der Gesamtfracht nach Abflußkomponenten durch Interpretation der Fracht-Abfluß-Beziehung (z.B. Behrendt 1993, 1996),
4. Modellierung des Wasser- und Stoffhaushalts von Einzugsgebieten (z.B. mit den Modellen AGNPS, SHE, SWAT oder WEPP, z.B. Rode et al. 1996),
5. Schätzung der spezifischen Emissionen der diffusen Transportpfade (z.B. Werner et al. 1991).

Die Ansätze unterscheiden sich unter anderem in dem Aufwand, der für Messungen bzw. Erhebungen betrieben werden muß. In der Praxis ist häufig für die Wahl eines Verfahrens zur Abschätzung der Nährstoffausträge aus einem Einzugsgebiet entscheidend, wieviel Mittel und Zeit für Messungen zur Verfügung stehen.

Die Höhe der diffusen N- und P-Frachten hängt von einer ganzen Reihe von Einflußfaktoren ab, von denen als wichtigste Klima, Relief, Hydrologie, Bodentyp und -art, Flächennutzung, Nährstoffhaushalt, Anteil dränierter Flächen, Intensität der landwirtschaftlichen Bewirtschaftung sowie die Nutzungsvorgeschichte zu nennen sind. Die Bedeutung der einzelnen Faktoren für den Nährstoffeintrag sind in zahlreichen Einzeluntersuchungen hinlänglich untersucht worden. Grundsätzlich ist es daher möglich, die Größenordnung des diffusen Nährstoffeintrags in einem Einzugsgebiet auch ohne Messungen – zumindest halbquantitativ – abzuschätzen, indem Ergebnisse aus Untersuchungen mit vergleichbaren Standort- und Nutzungsverhältnissen übertragen werden.

Ergebnisse zur Höhe der diffusen Nährstoffeinträge in verschiedene Fließgewässer im Bundesgebiet sind in Tabelle 4-2 dargestellt. In den hier erfaßten Einzugsgebieten reichen die diffusen $N_{anorganisch}$- und P_{Gesamt}-Einträge von 3 bis über 40 kg N ha^{-1} a^{-1} bzw. von annähernd 0 bis über 1 kg P ha^{-1} a^{-1}. Mit diesen Angaben sind die Spannbreiten der Nährstoffeinträge aus Einzugsgebieten abgesteckt.

4.1.3 Problematik der Berechnung von Nährstofffrachten

Für die Bewertung des Eutrophierungspotentials für limnische Ökosysteme ist die Kalkulation der Gesamtfracht, die aus einem Einzugsgebiet ausgetragen wird, von zentraler Bedeutung. Als Daten-

Tabelle 4-2. Flächenspezifische diffuse Stickstoff- und Phosphor-Jahresfrachten in Fließgewässern in Deutschland (A_{EO} = oberirdisches Einzugsgebiet, LF = landwirtschaftlich genutzte Fläche)

Einzugsgebiet (Referenz)	A_{EO} km²	Anteil LF %	Stickstoff (anorg.) kg N $ha^{-1}a^{-1}$	Phosphor gesamt kg P $ha^{-1}a^{-1}$	Methodik
Rhein, Lobith 1983–1987 (Behrendt 1993)	153 200		16	0,8	Differenzberechnung:
– Neckar	14 000		10	0,6	Gesamtfracht (aus
– Main	27 200		10	1,0	c-Q-Beziehung)
– Mosel	28 100		17	1,2	minus geschätzte
Elbe, Schnackenburg 1989–1990	130 000	~61%	18	0,9	punktuelle Einträge
(Behrendt 1996)					
– Havel	24 100		8	0,7	
– Saale	22 900		22	1,0	
– Mulde	7 400		22	1,1	
– Warnow	3 139		17	0,9	
Lahn, Leun 1986–1989 (Rode et al. 1996)	3 560	44%	8	0,2	Differenzberechnung:
Vils, Schmidmühlen 1990–1991 (Braun 1995)	756	~72%	8	<0,1	Gesamtfracht (nach
Obere Altmühl 1983–1989	523	69%	12	0,3	verschied. Ansätzen)
(Grammatte u. Frede 1991)					minus geschätzte
Stever 1983–1989 (Gäth et al. 1992)	531	~72%	34	0,2	punktuelle Einträge
Mühlenbach 1983–1989 (Gäth et al. 1992)	276	~72%	17	~0	
Lumda 1992 (Rode et al. 1996)	129	56%	4	~0	
Salzböde 1992 (Rode et al. 1996)	81	45%	12	<0,1	

Tabelle 4-2 (Fortsetzung)

Einzugsgebiet (Referenz)	A_{EO} km^2	Anteil LF %	Stickstoff (anorg.) kg N ha^{-1}a^{-1}	Phosphor gesamt kg P ha^{-1}a^{-1}	Methodik
Hunte-Einzugsgebiet 1990–1992 (Raderschall 1993)					Frachtmessungen in Kleineinzugsgebieten ohne Punktquellen
– Moorbeck	3,3	90%	11		
– Linne	1,8	24%	10		
– Pestrup	2,1	87%	3		
– Ippenburg	0,6	93%	27		
– Hunteburg	0,5	98%	44		

grundlage stehen hierfür oftmals nur Meßwerte aus Gewässerüberwachungsprogrammen – z.B. der zuständigen Landesbehörden – zur Verfügung, die üblicherweise auf 14tägige oder sogar nur monatliche Probenahmen zurückgehen. Hamm (1991) weist jedoch darauf hin, daß bei derart langen Probenahmeintervallen die Daten ungeeignet sind, rasch veränderliche Parameter wie z.B. Ammonium oder Gesamtphosphor zutreffend zu erfassen.

Außerdem treten zwischen verschiedenen Verfahren zur Frachtberechnung auf der Basis von Stichprobenmessungen erhebliche methodisch bedingte Diskrepanzen auf. Walling u. Webb (1982) verdeutlichen, daß weder die gebräuchlichen Interpolationsmethoden, d.h. die Hochrechnung einer Periodenfracht aus Stichproben, noch die Extrapolationsmethoden, d.h. die Frachtschätzung mittels Konzentrations-Abfluß-Beziehung, dazu geeignet sind, die wahre Periodenfracht gleichzeitig sowohl valide als auch präzise zu schätzen, wenn die zeitliche Variabilität der interessierenden Größe wesentlich höher ist als die Probenahmefrequenz.

Tabelle 4-3 verdeutlicht am Beispiel der P_{Gesamt}-Jahresfracht in der Lahn, wie unterschiedlich das Ergebnis zur Jahresfracht eines Nährstoffs ausfällt, wenn – ausgehend von identischen Meßdaten – verschiedene Methoden zur Kalkulation der Fracht angewendet werden. Für die Lahn liefert das Verfahren (A), die Berechnung über die Konzentrations-Abfluß-Beziehung, und das Verfahren (B), die zeitproportionale Hochrechnung der Einzeltagesfrachten, die niedrigsten Werte. Eine Emissionsschätzung (D) ergibt den höchsten Wert, der rund das 1,6fache des niedrigsten Ergebnisses beträgt. Verfahren (C), die Sum-

Tabelle 4-3. Einfluß des Berechnungsverfahrens auf die Höhe der Nährstofffracht am Beispiel der P_{Gesamt}-Jahresfracht in der Lahn (Pegel Leun)

Berechnungsverfahren (Datenbasis: tgl. Abflußmessung, 14tägige Konzentrationsmessung, Jahre 1987–1989)	P(ges.)-Jahresfracht relativ zu (A)
(A) Konzentrations-Abfluß-Beziehung	100% (=0,2 kg P ha^{-1} a^{-1})
(B) Zeitproportionale Hochrechnung der Einzeltagesfrachten	106%
(C) Summation der Intervallfrachten (n. Walling u. Webb 1982)	136%
(D) Emissionsschätzung (n. Werner et al. 1991)	161%

mation der Intervallfrachten nach Walling u. Webb (1982), liegt dazwischen. Neben den großen Unterschieden für den Mittelwert der Schätzungen ist weiterhin auf die geringe Präzision hinzuweisen, die Schätzergebnisse von Interpolationsverfahren im allgemeinen haben. Beispielhaft wurde für das Ergebnis des ersten Verfahrens – die Berechnung nach der Konzentrations-Abfluß-Beziehung – die Spannbreite des 95%-Konfidenzintervalls berechnet: Sie umfaßt im vorliegenden Fall 12% bis 670% des Mittelwertes.

Wenn die diffuse P-Fracht als Differenzgröße berechnet wird, hängt das Ergebnis in noch wesentlich stärkerem Maße als die Gesamtfracht davon ab, welcher Ansatz zur Gesamtfrachtberechnung gewählt wird. Wenn bei allen vier Berechnungsverfahren eine gleichbleibende P-Fracht aus Punktquellen in der Lahn unterstellt wird, dann differieren das niedrigste und das höchste Ergebnis zur Phosphatfracht aus diffusen Quellen um den Faktor 3, nämlich zwischen 0,2 und mehr als 0,6 kg P ha^{-1} a^{-1}. Die gewässerökologische Bewertung von diffusen Einträgen hängt also nicht zuletzt maßgeblich von dem Verfahren ab, nach dem die Stofffrachten in einem Fließgewässer berechnet worden sind.

Ein weiterer Gesichtspunkt betrifft die zeitliche Verteilung der Stoffeinträge im Jahresverlauf. Während die Gewässereinträge aus der Mehrzahl der diffusen Quellen mehr oder weniger kontinuierlich stattfinden, erfolgt der größte Teil der diffusen Einträge von Phosphor in das Gewässersystem in Form des partikulären P mit erodiertem Bodenmaterial. Diese Einträge beschränken sich jedoch auf wenige Hochwasserereignisse im Jahr, was in Tabelle 4-4 beispielhaft für einige Einzugsgebiete dargestellt ist. Der weitaus größte Teil der diffusen P-Gesamtjahresfracht gelangt somit diskontinuierlich im Verlauf von Extremsituationen mit großer Wasserführung in die Gewässer. Für die Bewertung der Eutrophierungswirkung derartiger Einträge ist dann entscheidend, welcher Anteil des eingetragenen Sediments im limnischen Ökosystem zurückgehalten wird und in welchem Umfang der partikulär gebundene Phosphor später mobilisiert werden kann.

4.1.4 Bodenerosion

Das bekannteste Modell zur Berechnung des Bodenabtrags stellt die Allgemeine Bodenabtragsgleichung (ABAG) nach Schwertmann et al. (1990) dar, die auf der Basis der Universal Soil Equation (USLE) von Wishmeier u. Smith (1978) für deutsche Verhältnisse entwickelt

Tabelle 4-4. Anteile der P_{Gesamt}-Fracht mit Hochwässern an der diffusen P_{Gesamt}-Jahresfracht in ausgewählten Untersuchungsgebieten (n. Bach 1996)

Einzugsgebiet (Referenz)	A_{EO} km²	Anteil Ackerfläche	Anteil der Hochwasserfracht am diffusen P_{ges}-Eintrag
Niedersachsen 1977			
- Salzdahlum	0,47	100%	70%
- Achim	1,61	100%	29%
- Neuenkirchen	0,89	100%	49%
Bayern, 3 Einzugsgebiete 1980–1982			
- Wald	0,72	15%	70%
- Grünland	1,17	16%	76%
- Acker	0,47	77%	79%
Saubach 1981–1982	0,75	60%	69%
Linscheider Bach 1985	0,52	2%	37%
Antrifft 1994	59	37%	38%
Lumda 1992	129	30%	66%

wurde. In die ABAG gehen als wichtigste Einflußgrößen des Bodenabtrags folgende Faktoren ein:
R: Intensität (Erosivität) des Niederschlags
K: Bodenerodierbarkeit (abhängig von der Bodenkörnung)
L: Hanglänge
S: Hangneigung
C: Bodenbedeckung und -bearbeitung
P: Wirkung von Erosionsschutzmaßnahmen.

Der Bodenabtrag A in Tonnen pro Hektar und Jahr wird als Produkt dieser Größen berechnet:

$$A = R^* K^* L^* S^* C^* P$$

Die Ermittlung der Faktoren und die Anwendung der ABAG wird bei Schwertmann et al. (1990) ausführlich beschrieben. Der Vorteil der ABAG liegt in ihrer leichten Anwendbarkeit. Zur Ermittlung der erosionsbedingten Gewässerbelastung ist dieser Ansatz jedoch nur eingeschränkt tauglich: Die ABAG gibt nur die Bodenabtragsgefährdung, d.h. das Abtragspotential im langjährigen Mittel wieder, mit der ABAG kann aber nicht die tatsächliche Eintragsmenge von Bodenmaterial im Verlauf eines Erosionsereignisses oder im Jahresverlauf geschätzt werden. Weiterhin beschreibt die ABAG nur die flächenhafte, nicht aber die lineare Erosion, und die Bodenakkumulation am Unterhang wird nicht erfaßt. Auch Weiterentwicklungen der USLE wie die Modified USLE (MUSLE) oder die Revised USLE (RUSLE) können diese methodischen Einschränkungen der USLE bzw. der ABAG nicht beheben. Vornehmlich in den USA sind deterministische Modelle entwickelt worden, mit denen der Bodenabtrag auf verschiedenen Maßstabsebenen für Einzugsgebiete kalkuliert wird (z.B. ANSWER, CREAMS, EPIC, SWAT, WEPP; eine Übersicht dazu gibt Bork 1988). Die Modelle erfordern jedoch sehr detaillierte Eingabedaten, deren Erhebungsaufwand zum Teil erheblich ist. Meßergebnisse zur Größenordnung der erosionsbedingten Einträge von Bodenmaterial aus Einzugsgebieten vergleichbar der Tabelle 4-1 sind daher in Deutschland nicht verfügbar. Die ABAG kann jedoch dazu herangezogen werden, im Rahmen eines Sanierungskonzeptes diejenigen Flächen innerhalb eines Einzugsgebietes zu charakterisieren, von denen die größten Gefährdungen für erosive Gewässereinträge ausgehen.

4.1.5 Maßnahmen zur Reduzierung diffuser Einträge

Die Belastung oder Schädigung von Gewässern und ihren Ökosystemen, die von diffusen Stoffeinträgen aus der Landwirtschaft auf die Gewässer ausgehen kann, ist für den einzelnen Landwirt häufig nicht sichtbar. Der erste Schritt auf dem Weg zur Verminderung von Einträgen in einem Einzugsgebiet muß daher stets darin bestehen, in einen Dialog mit den Landwirten einzutreten, die im Einzugsgebiet wirtschaften. Die größte und nachhaltigste Wirkung für den Gewässerschutz wird mit Minderungsmaßnahmen erreicht, die auf die Überzeugung der Handelnden zurückgehen.

Mit welchen Instrumenten eine gewässerschonende Landnutzung im einzelnen erreicht werden kann, hängt vorrangig von den örtlichen Standort- und Nutzungsverhältnissen sowie der Agrarstruktur ab. Frede u. Dabbert (1998) geben eine ausführliche Übersicht zu den Maßnahmen und Konzepten, die im einzelnen dafür in Frage kommen. Zur Verminderung der N-Austräge muß an erster Stelle die Nitratauswaschung reduziert werden, was maßgeblich durch den Abbau des einzelbetrieblichen Stickstoffüberschusses erreicht werden kann. Für die Verminderung des Gewässereintrags von Phosphor und Sediment ist vorrangig eine bodenschützende Bewirtschaftung erforderlich, wodurch die Bodenerosion minimiert wird.

Oberste Leitlinie aller Maßnahmen muß es sein, die Landwirte von einer umweltschonenden Wirtschaftsweise zu überzeugen und ein höchstmögliches Maß an Akzeptanz für Maßnahmen des Gewässerschutzes zu erreichen – Drohungen mit Sanktionen und pauschale Schuldzuweisungen bewirken erfahrungsgemäß nur eine Verhärtung der Positionen. Die Gründung von Kooperationen zwischen Landwirtschaft und Wasserwirtschaft hat sich dabei in vielen Fällen als ein vielversprechender Weg erwiesen, um die Belastung von Gewässern aus diffusen Quellen nachhaltig zu vermindern.

4.1.6 Literatur

Bach M (1996) Diffuse Stoffeinträge in Fließgewässer in Deutschland. Vom Wasser 87:1–13

Bach M, Frede HG (1996) Gewässerbelastung durch landwirtschaftliche Flächennutzung im Einzugsgebiet der Lahn (Hessen). Z Kulturtechn Landentw 37:233–237

Bork HR (1988) Bodenerosion und Umwelt. Landschaftsgenese Landschaftsökologie H 13

Braun P (1995) Statistische Analyse und Modellierung des Stoffhaushaltes der Vils/Oberpfalz als Grundlage für ein ökologisches Sanierungskonzept. Dtsch Gewässerkundl Mittlg 39:11–17

Behrendt H (1993) Point and diffuse loads of selected pollutants in the river Rhine and its main tributaries. IIASA-Res. Rep. 93/1, Laxenburg, Austria

Behrendt H (1996) Inventories of point and diffuse loads of nutrients into river systems – A comparison for different river basins in Central Europe. Water Sci Techn 33:99–107

Decoursey DG (1985) Mathematical models for nonpoint water pollution control. J Soil Water Conserv 40(5):408–413

DVWK (1998) Einträge aus diffusen Quellen in Fließgewässer. DVWK-Materialien 5/1998, Dtsch Verband Wasserwirtschaft Kulturbau (DVWK), Bonn

Frede HG, Dabbert S (1998) Handbuch zum Gewässerschutz in der Landwirtschaft. Ecomed, Landsberg

Gäth S, Fabis J, Frede HG (1992) Erfassung langjähriger Stickstoff- und Phosphorfrachten im Wassereinzugsgebiet der Stever und des Halterner Mühlenbachs. Wasserwirtschaft 82:18–26

Gramatte M, Frede HG (1991) Zur Problematik der Abschätzung diffuser und punktueller Nährstoffeinträge in die obere Altmühl und den Altmühlsee. Mitt Dtsch Bodenkundl Gesell 66(II):633–636

Hamm A (Hrsg) (1991) Studie über Wirkungen und Qualitätsziele von Nährstoffen in Fließgewässern. Academica, Sankt Augustin

LAWA (1997) Vermeidung und Verminderung von Gewässerbelastungen aus diffusen Quellen – Strategiepapier. Länderarbeitsgemeinschaft Wasser. (zit n. DVWK 1998)

Novotny V, Chesters G (1981) Handbook of nonpoint pollution. Company, New York

Raderschall R (1993) Stoffausträge aus landwirtschaftlich genutzten Böden im Einzugsgebiet der Hunte – Ursachen und Sanierungsbedarf. Wasser Boden 8:625–628

Rode M, Bach M, Frede HG (1996) Bewertung von Landnutzungsänderungen zur Reduzierung des Nährstoffeintrags mit dem N-A-Modell AGNPS. Wasserwirtschaft 86:82–87

Schwertmann P, Vogl W, Kainz M (1990) Bodenerosion durch Wasser. 2. Aufl. Ulmer, Stuttgart

Stalzer W, Spatzierer G, Wenninger U (1985) Nährstoffeintrag in den Neusiedler See über die oberirdischen Zuflüsse. Wiss. Arbeiten aus dem Burgenland, Sonderbd 72:123–133

Walling DE, Webb BW (1982) The design of sampling programmes for studying catchment nutrient dynamics. Proc Symp Hydrolog Research Basins, Sonderh Landeshydrologie, 747–758

Werner W, Ohlfs HW, Auerswald K, Isermann K (1991) Möglichkeiten der Gewässerschutzmaßnahmen hinsichtlich N- und P-Verbindungen. In: Hamm A (Hrsg) Studie über Wirkungen und Qualitätsziele von Nährstoffen in Fließgewässern. Academica, Sankt Augustin, 653–764

Wishmeier WH, Smith DD (1978) Predicting rainfall Erosion losses – A guide to conservation planning. USDA, Agric Handbook no 537

4.2 Gewässerbelastung durch Pflanzenschutzmittel

K. Haberer und T. P. Knepper

4.2.1 Einleitung

Pflanzenschutzmittel (PSM) haben die Aufgabe, Kulturpflanzen und Pflanzenerzeugnisse vor Schadorganismen und anderen Tieren, Pflanzen oder Mikroorganismen oder nichtparasitären Beeinträchtigungen zu schützen und weiterhin als Wachstumsregler und Keimhemmer die Lebensvorgänge von Pflanzen zu beeinflussen (Pflanzenschutzgesetz vom 15.9.1986). Sie werden daher verbreitet in der Landwirtschaft und dort insbesondere im Obst-, Gemüse-, Wein- und Ackerbau angewendet, daneben in geringerem Umfang aber auch auf Grünland und im Forst. Ein nicht unerheblicher Anteil der PSM wird auf Verkehrsflächen wie Gleisanlagen, Straßen, Lager- und Sportplätzen und in öffentlichen Grünanlagen, privaten Gärten sowie zum Vorratsschutz eingesetzt. Den größten Anteil am Inlandsabsatz an PSM in Deutschland hatten 1997 mit etwa 55% die Herbizide und mit 30% die Fungizide, während die Insektizide nur 3% und die übrigen Gruppen etwa 12% ausmachten (Industrieverband Agrar, mündl. Mitt.).

Die mehr als 900 verschiedenen PSM enthalten etwa 250 verschiedene zugelassene Wirkstoffe, meist organische Verbindungen sehr unterschiedlicher Stoffklassen, gegebenenfalls auch im Gemisch, daneben Formulierungshilfsstoffe wie Dispergierungsmittel und Emulgatoren, und bei schwer wasserlöslichen Stoffen auch Lösemittel. In Deutschland wurden 1991 bis 1996 jährlich etwa 100 000 Tonnen Wirkstoffe produziert und nach Meldungen des Industrieverbandes Agrar (IVA) jährlich etwa 30 bis 35 Tausend Tonnen dieser Wirkstoffe in den Verkehr gebracht, allen voran mit >1000 t/a die Herbizide Isoproturon, Glyphosat, Metamitron und das Fungizid Manozeb und mit >500 t/a Pendimethalin, Dichlorprop, Metazachlor, Metolachlor, Chlortoluron und Mecoprop. Weltweit waren 1990 bis 1992 die umsatzgrößten Herbizide Glyphosat, Metolachlor, Trifluralin, Alachlor, Atrazin, Paraquat und Imazethapyr (Berthold u. Toussaint 1996). Eingeteilt nach den Zielorganismen verwendete man von den insgesamt im Jahr 1997 in Deutschland eingesetzten 28 000 t PSM-Wirkstoffe (Wirkstoffmengen in Klammern): 79 Herbizide (15 369 t), 70 Fungizide (8438 t) und 59 Insektizide (911 t) sowie weitere 25 Wirkstoffe der Wirkungsgruppen Akarizide, Nematizide, Molluskizide und Rodentizide mit einer gesamten Wirkstoffmenge von 3256 t. Daneben werden auch Insektenrepellents sowie Wachstumsregler in der Landwirtschaft und im Gartenbau eingesetzt.

4.2.2 Einträge von PSM in die Gewässer

Durch die verbreitete Anwendung dieser Umweltchemikalien, die unmittelbar zum Einsatz auf Böden bestimmt sind, ist es wohl unvermeidlich, daß sie auch in Oberflächengewässern und unter ungünstigen Bedingungen in Grundwässern angetroffen werden, wenn auch häufig nur in sehr geringen Konzentrationen, die jedoch durch die ständig zunehmende Empfindlichkeit der modernen Analysentechnik heute ohne Schwierigkeiten bis in den ng/l-Bereich erfaßt werden können (s. Kap. 4.5).

Von besonderer Bedeutung für das Auftreten und die Verbreitung von PSM in den Gewässern sind die Wege, auf denen sie in diese eingetragen werden. Je nach Art, Menge und Aufbringungsbedingungen der applizierten PSM und den Bodenverhältnissen (Bodenart, Mächtigkeit der Deckschichten, Porösität, Struktur und Textur) und der Bodenbearbeitung können langsam abbauende PSM insbesondere in sorptionsschwachen humusarmen Böden auch bis in tiefe Bodenschichten und bis in das Grundwasser vordringen und damit die Trinkwasserversorgung aus vor allem oberflächennahem Grundwasser und Hausbrunnen beeinträchtigen. Bei längeren Aufenthaltszeiten finden sich in den Bodenschichten durch die hier ablaufenden Abbauvorgänge oft auch Metabolite der Wirkstoffe, u. U. sogar in erheblichen Anteilen.

In landwirtschaftlich intensiv genutzten Gebieten können PSM jedoch nicht nur im Grundwasser, sondern auch in Oberflächengewässern in meßbaren Konzentrationen auftreten, verursacht durch diffuse und punktförmige Einträge. Diffus belastet werden fließende und auch stehende Oberflächengewässer durch Abschwemmungen und Erosionen, die als Folge des **Oberflächenabflusses** (Runoff) nach starken Niederschlägen auf PSM-behandelten landwirtschaftlichen Flächen entstehen und auch von versiegelten Straßen und Plätzen ausgehen. Der Eintrag über diesen Weg wird in Deutschland auf 1 bis 2% der Anwendungsmenge geschätzt (Umweltbundesamt 1997). Zum Mechanismus und zur Bedeutung des Oberflächenabflusses für den PSM-Eintrag gibt es eine Vielzahl von Studien, insbesondere aus den USA (Wauchope 1978). Literaturauswertungen dieser und auch neuerer Untersuchungen zum Runoff ergaben, daß eine exakte Bilanzierung aufgrund einer Vielzahl von Variablen in einem konkreten Gewässereinzugsgebiet Probleme bereitet (Fischer 1996).

Ein weiterer Eintragsweg in Bäche und auch in Talsperren, der je nach Löslichkeit und Abbaubarkeit der betreffenden PSM auf 0,15% bis 2% geschätzt wird (Umweltbundesamt 1997), verläuft über **Drainagen** von landwirtschaftlich genutzten Flächen und durch den Austritt von oberflächennahem Grundwasser (Zwischenabfluß). Eine Literaturauswertung von insgesamt 16 vorwiegend amerikanischen Studien kam jedoch zu dem Ergebnis, daß Drainagen eine weniger große Bedeutung haben (Fischer 1996). Schließlich können Oberflächengewässer auch durch die direkte **Abdrift** während der Applikation in Gewässernähe oder die indirekte Abdrift von der Blatt- oder Bodenoberfläche als Dampf oder Aerosol weiträumig verfrachtet oder durch kontaminierte Niederschläge belastet werden.

Über **kommunale Kläranlagen** werden PSM von befestigten Flächen und Hofabläufen in ländlichen Gebieten, die an die Kanalisation angeschlossen sind, den Oberflächengewässern u. U. in nicht unerheblichem Umfang zugeführt. Dies zeigten beispielhaft umfangreiche neuere Untersuchungen zur PSM-Belastung der Nidda, einem Nebenfluß des Mains mit einem überwiegend landwirtschaftlich genutzten Einzugsgebiet (Seel et al. 1994). An kontinuierlich genommenen Proben konnten die transportierten Wirkstoffmengen relativ genau ermittelt und die Bedeutung einzelner Eintragspfade erkannt werden. Auch hierbei zeigte sich, daß der Haupteintrag nicht durch Oberflächenabfluß von behandelten Feldern nach starken Regenfällen oder durch

Drainagen erfolgt. Der größte Anteil der PSM gelangt vielleicht über kommunale Kläranlagenabläufe in die Gewässer, da die im Gewässer dominierenden PSM in den Kläranlagen oft nur zu einem sehr geringen Teil eliminiert werden. An der Nidda sind etwa zwei Drittel der PSM-Frachten auf Einträge aus kommunalen Kläranlagen zurückzuführen. Wie die Untersuchung der zu den Kläranlagen führenden Abwasserkanäle ergab, sind die in Ortschaften angesiedelten und an die Kläranlage angeschlossenen landwirtschaftlichen Betriebe die wichtigste Belastungsquelle. In 24 h-Mischproben aus den Abwasserkanälen wurden Spitzenkonzentrationen von über 1 mg l^{-1} festgestellt. Untersuchungen an Regenwasserpfützen zeigten, daß in diesem Gebiet auch Straßen und Wege mit PSM kontaminiert sind; diese werden bei Regen in die Kanalisation abgeschwemmt. Die in den landwirtschaftlichen Betrieben praktizierte Gerätereinigung sowie Tropfverluste von auf der Straße entlangfahrenden Spritzgeräten sind wahrscheinlich die Ursachen der Einträge in die Kanäle.

Punktförmig gelangen PSM durch industrielle Direkteinleitungen in die Oberflächengewässer, wenn diese als Vorfluter für nicht ausreichend gereinigte Abwässer der PSM herstellenden Industrie dienen. Dies war bis vor etwa zehn Jahren in großem Ausmaß am Rhein der Fall, an dem mehrere große Chemiewerke mit hohen PSM-Produktionsmengen liegen.

4.2.3 Verbreitung und Konzentrationen von PSM in Gewässer

4.2.3.1 PSM in Kläranlagenwässer

In 28 beprobten Kläranlagenabläufen von verschiedenen kommunalen Kläranlagen in einem landwirtschaftlichen genutzten Einzugsgebiet konnten insgesamt 33 Wirkstoffe, hauptsächlich Herbizide in Einzelkonzentrationen von bis zu 30 µg/l, nachgewiesen werden, daneben auch Insektizide (Dimethoat und Carbofuran) und ein Fungizid (Vinclozolin; Tabelle 4-5; Seel et al. 1994).

Bemerkenswert ist, daß neben Atrazin auch Simazin, Desmetryn und vereinzelt weitere Stoffe gemessen wurden, obwohl auch diese nicht mehr zugelassen sind (Hoffmann 1995). Desmetryn wurde bereits 1989 aus dem Handel genommen, Simazin im Jahre 1991. Die Häufigkeit der Befunde nach 1995 spricht dafür, daß diese Stoffe weiterhin bei uns illegal gehandelt oder eingeführt und eingesetzt wer-

Tabelle 4-5. PSM-Befunde der in der Zeit vom 18.04. bis 24.05. 1994 beprobten 28 Kläranlagenabläufe (Probengesamtzahl 188); alle Konzentrationsangaben in µg/l, BG = Bestimmungsgrenze (richtet sich nach dem angereicherten Volumen von 0,5 bzw. 1 l; verändert a. Seel et al. 1994)

PSM-Wirkstoff	BG	Anzahl Proben mit Werten > BG	Zahl der Kläranlagen mit Werten > BG	Median-Wert	90-Percentil	Maximal-Wert
Diuron	0,03–0,1	185	28	0,68	2,33	11,3
MCPP	0,03–0,1	167	28	0,34	2,00	14,9
Isoproturon	0,03–0,1	164	27	0,83	3,91	12,7
2,4-DP	0,03–0,08	152	27	0,27	1,70	9,38
Atrazin	0,03–0,06	143	28	0,12	0,67	9,53
MCPA	0,08–0,1	125	27	0,16	0,87	6,79
Simazin	0,03–0,07	122	28	0,13	0,36	3,50
2,4-D	0,06–0,12	71	20	< BG	0,41	4,84
Metamitron	0,15–0,3	63	16	< BG	9,96	29,8
Bentazon	0,06–0,1	54	14	< BG	0,45	6,78
Desmetryn	0,05–0,1	46	20	< BG	0,12	0,23
n-Chloridazon	0,2–0,5	39	17	< BG	1,51	16,0
Desetylatrazin	0,05–1,5	31	9	< BG	0,13	0,33
Terbuthylazin	0,03–0,08	28	13	< BG	0,08	5,10
Dichlobenil	0,03–0,1	24	11	< BG	0,06	1,90
Metribuzin	0,03–0,1	20	8	< BG	0,11	0,87
Linuron	0,05–0,1	17	6	< BG	< BG	0,47
Haloxyfop	0,03–0,06	15	7	< BG	< BG	2,28
Chlortoluron	0,03–0,1	12	7	< BG	< BG	0,26
Propazin	0,03–0,06	10	6	< BG	< BG	0,43
iso-Chloridazon	0,05–0,1	10	7	< BG	< BG	0,51
Terbutryn	0,05–0,1	9	4	< BG	< BG	0,28
Fluazifop	0,04–0,1	9	5	< BG	< BG	0,51
Dimethoat	0,06–0,1	8	5	< BG	< BG	0,43

Metazachlor	0,03–0,1	8	6	<BG	<BG	0,36
Metolachlor	0,03–0,1	6	3	<BG	<BG	1,13
Alachlor	0,06–0,1	4	1	<BG	<BG	0,22
Hexazinon	0,05–0,1	3	3	<BG	<BG	0,15

den. Durch den Verbrauch von Restbeständen können allenfalls Einzelfunde von nicht im Handel befindlichen Stoffen erklärt werden.

In den Kläranlagen dominieren die Wirkstoffe Diuron, MCPP, Isoproturon (IPU), 2,4-DP (Dichlorprop), Atrazin, Simazin und MCPA. Sie wurden bis auf drei Ausnahmen in jeder Kläranlage gefunden. Dabei war Diuron in fast jeder der 188 Proben nachweisbar, MCPA und Simazin immerhin noch in zwei Dritteln der Proben. Die Mediankonzentrationen lagen bei diesen Stoffen im Bereich von einigen Zehntel µg/l, während die Spitzenwerte oft über 10 µg/l betrugen. Die o. g. Stoffe finden im Einzugsgebiet der beprobten Kläranlagen offenbar breite Anwendung. Demgegenüber auffällig sind die Befunde bei dem Rübenherbizid Metamitron. Nur jede dritte Probe und nur 16 der 28 Kläranlagen wiesen diesen Stoff auf. Dennoch steht Metamitron aufgrund der hohen festgestellten Konzentrationen hinsichtlich der Gesamtfracht der Kläranlagen an der Spitze der Wirkstoffliste. Im Gewässer erfolgt jedoch offenbar eine weitgehende Eliminierung (Seel et al. 1994).

Vergleicht man die Kläranlagen miteinander hinsichtlich ihrer spezifischen Belastung mit PSM, d.h. der emittierten PSM-Frachten je 1 000 m^3 Abwasser (mittlere Konzentrationen), so ist keine Abhängigkeit von der Größe der Kläranlage zu erkennen. Die Bedeutung einzelner Wirkstoffe ist von Kläranlage zu Kläranlage sehr unterschiedlich. Hohe spezifische Frachten wurden jedoch sowohl in sehr kleinen Anlagen mit rein ländlichem Einzugsgebiet als auch in größeren Anlagen mit teilweise städtischen Strukturen ermittelt.

4.2.3.2
PSM in Oberflächengewässern

Bis Mitte der 80er Jahre lagen, vermutlich auch wegen analytischer Schwierigkeiten, über die Verbreitung von PSM in der Hydrosphäre nur sehr begrenzte Erfahrungen vor. Frühere Untersuchungen befaßten sich bevorzugt mit der Verbreitung vor allem von Organochlorpestiziden, beispielsweise in Flüssen der USA (Weaver 1965) und Großbritanniens (Croll 1969). Aber auch in Deutschland wurden bereits in den Jahren 1977 bis 1980 umfangreiche Untersuchungen auf chlorhaltige PSM vorgenommen, wobei die Konzentrationen von Dieldrin und DDT meist unter der Nachweisgrenze von 0,1 ng/l lagen (DVGW 1981). Die häufigsten positiven Befunde gab es bei Lindan: Konzentrationen um oder über 0,1 µg/l wurden nur am Niederrhein bei Wittlaer, in der Donau bei Passau und in der Elbe bei Hamburg gefunden. Die meisten der damals untersuchten PSM sind in Deutschland schon seit Jahren verboten. In Deutschland fielen 1994 noch zwei Flüsse mit extrem hohen DDT-Gehalten auf, die Mulde mit bis zu 6200 μg/kg TS und als Konsequenz daraus auch die Elbe bei Magdeburg (HLFU 1997; s. a. Kap. 2.9.2). Als weiteres PSM dieser Klasse konnte nur noch das Lindan (γ-HCH) auch noch 1996 in Schwebstoffen nachgewiesen werden (HLFU 1997). Die γ-HCH-Schwebstoffwerte der überwiegenden Mehrzahl der 1994 in Deutschland untersuchten Wässer lagen für die Donau, Main, Neckar, Rhein, Elbe (Hamburg) und Weser im Bereich $\leq$2 μg/kg TS. Stark belastet war die Mulde bei Dessau mit Werten bis zu 180 μg/kg TS (s. Kap. 2.9.3).

Durch die Weiterentwicklung der Analysentechnik wurde es in der Folgezeit möglich, auch andere, wesentlich polarere PSM (z. B. die weitverbreiteten Triazine) zu erfassen. In Oberflächenwässern der USA wurde schon im Jahr 1975 Atrazin bestimmt, wobei die Konzentrationen anwendungsbedingt zwischen 0,25 und 12 μg/l schwankten (Fritz 1976). Im niederländischen Rheinabschnitt lagen 1984 die Atrazinkonzentrationen in der Hauptanwendungszeit (Mai) bei 0,5 μg/l und ansonsten weit darunter (RIWA 1984).

Im Hinblick auf die Bedeutung des **Rheins** für die Trinkwasserversorgung von ca. 20 Millionen Menschen einerseits und als Vorfluter für mehrere große chemische Industriewerke, die unter anderem auch PSM herstellen, andererseits, war die Belastung dieses Flusses mit PSM von besonderem Interesse. Schon seit 1985 wurde der Rhein an sechs Profilen, die Mündungen der Nebenflüsse Neckar, Main und Ruhr sowie die Donau (bei Leipheim, Ingolstadt und Passau), auf acht PSM untersucht. Diese Untersuchungen zeigten unerwartet hohe Konzentrationen an Atrazin, Metolachlor und Metazachlor, die häufig über 1 μg/l lagen mit einer großen Schwankungsbreite, die sich durch die wechselnden Verdünnungsverhältnissen bei unterschiedlichem Abfluß nicht erklären ließ (Haberer et al. 1985). Die für die Jahre 1986 und 1987 gefundenen PSM konnten in 3 Gruppen einteilt werden, in solche mit

- Frachten $\ll$100 mg/s ($\ll$10 kg/d):
  Propazin, Prometryn, Cyanazin
- Frachten von 100 bis 200 mg/s (10 bis 20 kg/d):
  Simazin, Terbutylazin
- Frachten >500 mg/s (>45 kg/d):
  Atrazin, Metolachlor, Metazachlor.

Aus der Lage der Entnahmestellen am Rhein und seinen Nebenflüssen und der Standorte der wichtigsten Pflanzenschutzmittelhersteller konnte auf die Herkunft geschlossen werden: Die zeitweise in hohen Konzentrationen und auch hohen Frachten auftretenden Herbizide Simazin, Atrazin, Terbutylazin und Metolachlor stammten aus punktförmigen Einleitungen im Großraum Basel und Metazachlor aus einer bei Ludwigshafen (Oehmichen u. Haberer 1986).

Bei der Ausdehnung der Untersuchungen auf weitere 16 PSM nach dem Sandoz-Unfall im Jahr 1987 konnten einige überhaupt nicht oder nur in Einzelproben nachgewiesen werden. Andere traten immer wieder sporadisch auf, und nur vier der untersuchten PSM waren im Rhein bei Wiesbaden ständig nachzuweisen. Diese Unterschiede sind in erster Linie auf die Herkunft der einzelnen PSM – aus landwirtschaftlicher Anwendung oder aus der Produktion stammend – und auf die unterschiedlichen Herstellungsweisen zurückzuführen. Denn nur die in großen Mengen benötigten PSM werden kontinuierlich über das ganze Jahr hergestellt, die meisten jedoch nur kurzzeitig je nach Bedarf. Aufgrund weitergehender Reinigungsmaßnahmen an den Produktionsabwässern nach dem Sandoz-Unfall konnte am Rhein schon bald ein starker Rückgang der produktionsbedingten Einleitung an PSM gegenüber den Vorjahren festgestellt werden. Die Anilinderivate Metolachlor und vor allem Metazachlor sind unterhalb von Basel bzw. Ludwigshafen nur noch selten anzutreffen. Heute werden lediglich noch Isochloridazon und Anthranilsäureisopropylamid (AIPA) als Neben- bzw. Ausgangsprodukte für Chloridazon bzw. Bentazon über solche Quellen eingetragen und an der Meßstelle Worms und im weiteren Rheinlauf ständig nachgewiesen.

Spielt auch beim Rhein der Eintrag mit den Produktionsabwässern immer noch eine nicht unerhebliche Rolle, so werden doch viele der im Einzugsgebiet angewendeten Substanzen über landwirtschaftliche Anwendungen eingetragen. Dies zeigte sich auch bei dem modellhaften Untersuchungsprogramm der Arbeitsgemeinschaft der Rheinwasserwerke, wobei Rheinwasserproben aus fünf Profilen des Rheins auf 21 Herbizide, 6 Fungizide, 11 Insektizide und 2 Atrazin-Metabolite analysiert wurden. 23 der 38 PSM und die beiden Metabolite wurden in den Jahren 1987 und 1988 häufig oder zumindest gelegentlich im Rhein nachgewiesen. Seit diesem Untersuchungsprogramm werden von der ARW und einigen Wasserversorgungsunternehmen ständig sehr umfangreiche turnusmäßige Untersuchungen auf PSM im Rhein vorgenommen (ARW 1987–1997).

In dem mehr als zehnjährigen Untersuchungszeitraum gingen die Konzentrationen von Atrazin, Simazin, Bentazon, Metazachlor und Metolachlor deutlich zurück (Tabelle 4-6). In den Jahren 1996 und 1997 wurden im Rhein bei Köln (km 685,8, linke Rheinseite) nur noch Atrazin, Desethylatrazin, Isoproturon, Chlortoluron, MPCA,

Tabelle 4-6. Die 90-Perzentile der Konzentrationen ausgewählter PSM im Rhein bei Köln seit 1993, Ergebnisse aus 100 Stichproben in µg/l (ARW 1997)

PSM-Wirkstoff	1993	1994	1995	1996	1997
Atrazin	0,18	0,16	0,17	0,12	0,09
Desethylatrazin	0,07	0,09	0,08	0,08	<0,05
Simazin	0,09	0,09	0,06	0,05	<0,05
Diuron	0,07	0,11	0,07	<0,05	<0,05
Isoproturon	0,13	0,14	0,18	0,06	0,06
Chloridazon	0,07	0,07	0,09	<0,05	<0,05
Bentazon	0,05	0,06	0,07	0,07	0,06
Metazachlor	<0,05	<0,05	<0,05	<0,05	<0,05
Metolachlor	<0,05	<0,05	<0,05	<0,05	<0,05
Dichlorprop	0,05	0,05	0,07	0,06	0,06
Mecoprop	0,08	0,06	0,08	0,07	0,07

Dichlorprop und Bentazon jeweils in über dem in Deutschland gültigen Trinkwassergrenzwert von 0,1 µg/l liegenden Konzentrationen angetroffen, meist in einer jahreszeitlichen Abhängigkeit. So tritt Atrazin, trotz des 1991 verhängten Anwendungsverbotes, immer noch in seiner Hauptanwendungszeit Mai und Juni im Rhein auf, Isoproturon bevorzugt im Frühjahr und Spätherbst. Insgesamt waren die Konzentrationen eher rückläufig, besonders deutlich die von Simazin, Diuron und Chloridazon. Die früher in den Gewässern ganzjährig anzutreffenden PSM Metazachlor, Metolachlor und Bentazon treten heute nur noch sporadisch und in niedrigen Konzentrationen auf.

In einem weiteren, im Auftrag der Internationalen Kommission zum Schutze des Rheins (IKSR) gegen Verunreinigungen vorgenommenen Forschungsvorhaben wurde in den Jahren 1989 bis 1991 7-Tagesmischproben aus 10 Profilen entlang des Rheinlaufs und aus dem Main bei Bischofsheim auf 33 PSM untersucht. 18 dieser PSM konnten in Rhein und Main in der Regel nicht nachgewiesen werden, während von den analysierten 7 Triazinderivaten Atrazin, Simazin, Propazin, Terbutylazin, Ametryn, Desmetryn und Terbutryn nur die beiden erstgenannten häufig und in Konzentrationen, die entlang des Rheinlaufs anstiegen, gefunden worden; bei Atrazin sogar um den Faktor 2 bis 3. Desethylatrazin trat nur selten in Konzentrationen über der (damaligen) Bestimmungsgrenze von 0,15 µg/l auf, am ehesten noch im Main, da dort auch die Atrazinkonzentrationen höher lagen als im Rhein (s. unten). Simazin wurde bevorzugt in den Sommermonaten und nur selten in Konzentrationen über 0,1 µg/l nachgewiesen. Von den in diesem Untersuchungsprogramm ebenfalls analysierten 10 Phenylharnstoffderivaten wurden nur Chlortoluron, Diuron und Isoproturon gelegentlich in Konzentrationen oberhalb der Nachweisgrenze von 0,03 µg/l aufgefunden.

Seit dem Jahr 1993 findet man auch in den jährlichen Zahlentafeln der Deutschen Kommission zur Reinhaltung des Rheins (DK) und der Internationalen Kommission zum Schutze des Rheines (IKSR) Angaben über zumeist an 14tägigen Einzel- oder Mischproben aus verschiedenen Profilen des Rheins und seiner Nebenflüsse vorgenommene Untersuchungen auf bis zu 24 verschiedene PSM. Besonders viele an den Untersuchungsstellen Koblenz, Bimmen und Bischofsheim mit Angabe von jährlichen Extrem- und Perzentilwerten und in einigen Fällen auch von Jahresfrachten (DK und IKSR 1990–1997).

Im Main sind neben dem Atrazin-Metabolit Desethylatrazin andere Wirkstoffe als im Rhein vorherrschend. Hier findet man vor allem die Phenylharnstoffherbizide Isoproturon, Chlortoluron und Diuron in Konzentrationen um oder unter 0,1 µg/l. An der Meßstelle Bischofsheim (Main-km 4,5) werden bereits seit 10 Jahren Untersuchungen auf PSM in Mischproben durchgeführt und Jahresfrachten berechnet. Wie anhand der Tabelle 4-7 zu erkennen ist, sind die Konzentrationen (90- und 50-Perzentile) an Atrazin, MCPP und Diuron rückläufig, während sich bei Terbutylazin, MCPA, 2,4-D, 2,4-DP, Isoproturon und Chlortoluron keine Unterschiede in den Konzentrationsverläufen zeigen.

Auch von weiteren Flüssen Deutschlands liegt mittlerweile ein umfangreiches Datenmaterial über deren PSM-Belastung vor. So lagen bei 1995 insgesamt 64 durchgeführten Untersuchungen an den Flüssen Weser (bei Hemeln und Farge), Ems (bei Herbrum) und Aller (bei Verden) die maximalen Konzentrationen von 18 verschiedenen PSM bei oder über 0,1 µg/l. Dominierend sind Amitrol mit einer Maximalkonzentration von 1,3 µg/l in der Aller, Aldicarbsulfon (und mit 0,8 bzw. 0,7 µg/l in Ems und Weser) und Metamitron (0,8 µg/l in der Aller). Je vier weitere PSM traten mit Maximalkonzentrationen von 0,3 und 0,2 µg/l auf (Steffen 1997). In der Ruhr steht hinsichtlich der Überschreitungshäufigkeit und der Konzentration das Totalherbizid Diuron seit Jahren im Vordergrund: 1996 lagen in 14 der 52 Stichproben die Diurongehalte über 0,1 µg/l bei einem Maximalwert von 0,18 µg/l (AWWR 1993–1996).

An der Meßstation Frankfurt-Nied konnten 17 von insgesamt 57 untersuchten Wirkstoffen in der Nidda, einem kleinen Fluß in Hessen, nachgewiesen werden (Seel et al. 1994). Von Bedeutung sind insbesondere Atrazin, Simazin, 2,4-DP, MCPP, Isoproturon und Diuron mit Konzentrationen von 1 µg/l und mehr. Beim Vergleich dieser Meß-

Tabelle 4-7. 50- und 90-Perzentile ausgewählter PSM im Main bei Bischofsheim von 1990 bis 1997 aus 14-Tagesmischproben in μg/l; BG = 0,03 μg/l, k. D. = keine Daten, 1992 liegen keine Daten vor (Daten der HLFU 1998)

PSM	(Perzentil)	Jahr						
		1990	1991	1993	1994	1995	1996	1997
Atrazin	(50)	0,09	0,09	0,05	0,08	0,05	0,04	0,04
	(90)	0,29	0,22	0,08	0,12	0,10	0,08	0,08
Terbutylazin	(50)	k.D.	k.D.	<BG	<BG	<BG	<BG	<BG
	(90)	k.D.	k.D.	0,05	0,07	0,07	0,07	0,06
MCPP	(50)	k.D.	k.D.	<BG	0,08	0,06	0,03	<BG
	(90)	k.D.	k.D.	0,15	0,17	0,10	0,10	0,07
MCPA	(50)	k.D.	k.D.	<BG	<BG	<BG	<BG	<BG
	(90)	k.D.	k.D.	<BG	0,09	0,04	<BG	0,04
2,4-D	(50)	k.D.	k.D.	<BG	<BG	<BG	<BG	<BG
	(90)	k.D.	k.D.	<BG	0,05	<BG	0,05	0,04
2,4-DP	(50)	k.D.	k.D.	<BG	0,03	<BG	<BG	<BG
	(90)	k.D.	k.D.	0,14	0,13	0,12	0,13	0,11
Isoproturon	(50)	0,12	0,09	0,11	0,15	0,11	0,16	0,11
	(90)	0,36	0,28	0,42	0,26	0,29	0,40	0,28
Chlortoluron	(50)	<BG	<BG	<BG	<BG	<BG	<BG	<BG
	(90)	0,14	0,03	<BG	0,03	<BG	0,07	<BG
Diuron	(50)	0,05	0,07	<BG	0,10	0,06	0,05	0,05
	(90)	0,20	0,20	<BG	0,34	0,19	0,14	0,11

werte mit denen noch kleinerer Zuläufe der Nidda sowie weiteren Untersuchungen an kleinen Flüssen in Deutschland (Bach u. Frede 1996) konnte gezeigt werden, daß je kleiner ein Einzugsbebiet ist, desto weniger kontinuierlich erfolgen die punktuellen Einträge. Je seltener in diesem Gebiet eine Probenahme erfolgt, um so größer ist dann die Wahrscheinlichkeit, daß die tatsächliche Gesamtfracht im Gewässer stark unterschätzt wird, da die relativ selten stattfindenden Punkteinträge und somit Spitzenkonzentrationen nicht erfaßt werden.

Der allgemein zu erkennende Trend des Rückgangs der PSM-Frachten kann nicht nur auf Erfolge im Hinblick auf verminderte Einträge zurückgeführt werden, sondern vor allem auch auf Substitution von weniger wirksamen und schlecht abbaubaren PSM durch hochwirksame Substanzen wie z.B. die Sulfonylharnstoffe, über die es bisher kaum Erkenntnisse über deren Vorkommen im Gewässer gibt, oder durch schnell metabolisierende und besser wasserlösliche Substanzen. So ist das Totalherbizid Glyphosat mittlerweile das meist verwendete Herbizid. Wegen seiner guten Abbaubarkeit ist auch mit dem Vorkommen seines Metaboliten AMPA (Aminomethylphosphonsäure) in den Gewässern zu rechnen. Bislang gibt es nur wenige Daten über diese Verbindungen, erste systematische Untersuchungen wurden in Deutschland am Rhein im Jahr 1996 durchgeführt (ARW 1997). Glyphosat wird kaum im Rhein und Main gefunden, dagegen wurde der Metabolit AMPA stets in höheren Konzentrationen detektiert (Tabelle 4-8). Die relativ gleichmäßigen Konzentrationen an AMPA im Rhein legen die Vermutung nahe, daß noch andere Quellen und Eintragspfade für das Vorkommen von AMPA in den Oberflächengewässern verantwortlich sind. Diskutiert werden als Ausgangsprodukte z.B. organische Phosphonate, die u.a. als synthetische Komplexbildner in Waschmitteln Anwendung finden.

4.2.3.3 Gewässerbelastungen nach Störfällen

Störfälle mit PSM-Freisetzungen verursachten große Schäden, wie z.B. das bisher größte Fischsterben im Rhein im Jahr 1969 als Folge von Thiodan-(Endosulfan-)Einleitungen in Untermain und Rhein. Erst der aufsehenerregende große Lagerhallenbrand in der bei Basel am Rhein gelegenen Chemieanlage der Fa. Sandoz im November 1986, durch den große Mengen an Disulfoton und Thiometon mit dem Löschwasser in den Rhein gelangten, führte zu behördlichen Auflagen und in der Folgezeit zu deutlich verringerten PSM-Abwasserableitungen in die Fließgewässer. Trotzdem kommt es bis heute im-

Tabelle 4-8. Die 50- und 90-Perzentile der Glyphosat- und AMPA-Konzentrationen im Rhein und Main im Jahr 1997, Angaben in µg/l (ARW 1997)

Meßstelle	Glyphosat		AMPA	
	50-Perzentil	90-Perzentil	50-Perzentil	90-Perzentil
Basel	<005	<005	0,09	0,13
Karlsruhe	<005	<005	0,16	0,22
Mainz	<005	0,06	0,25	0,43
Düsseldorf	<005	0,06	0,31	0,50
Frankfurt/Main	0,06	0,08	0,62	0,84

mer wieder zu temporären Gewässerverunreinigungen aus der Pflanzenschutzmittelproduktion. Dabei werden durchaus auch PSM im Rhein angetroffen, die in Deutschland nicht eingesetzt werden und hier auch nicht zugelassen sind, wie das 1986 beim Sandoz-Unfall freigesetzte Thiometon und später das Norflurazon, das nach einer Formulierungskampagne einige Wochen lang ebenfalls im Rhein zu finden war (Haberer u. Karrenbrock 1989). Daß man im Rhein immer wieder mit dem Auftreten solcher unerwarteter, bei uns nicht zugelassener und auch nicht verwendeter Wirkstoffe zu rechnen hat, ist leicht verständlich, da der größte Teil der in Deutschland hergestellten PSM für das Ausland produziert wird.

Bei Störfällen kann die Dauer der Emission und damit auch der Flußbelastung je nach Art der Produktion und der Ursache und dem Ablauf des Störfalls sehr unterschiedlich sein. Abbildung 4-1 zeigt drei völlig unterschiedliche zeitliche Konzentrationsverläufe von Pflanzenschutzmitteln im Rhein bei Wiesbaden nach Störfällen. Beim Sandoz-Brand war das mit Pflanzenschutzmitteln hochbelastete Löschwasser stoßweise in den Rhein abgegeben worden. Beim Vinclozolin-Störfall gelangte das schwer lösliche PSM in einen Abwasserkanal und in die Kläranlage und wurde von da mit Zeitverzögerung in den Rhein abgegeben. Daher war der Durchgang bei Wiesbaden gegenüber stoßartigen Freisetzungen etwa um den Faktor 4 gedehnt. Metolachlor wurde dagegen mit den normalen Produktionsabwässern, von der Firma und den Behörden unbemerkt, über etwa 10 Tage in bei Wiesbaden noch deutlich meßbaren Konzentrationen in den Rhein eingeleitet. Entlang der Fließstrecke ist dann allein schon durch die hydromechanischen Vorgänge eine Änderung des Verlaufs der Belastungswelle zu verzeichnen, die zusammen mit mehreren weiteren Vorgängen zu starken Konzentrationsänderungen in der wäßrigen Phase führen.

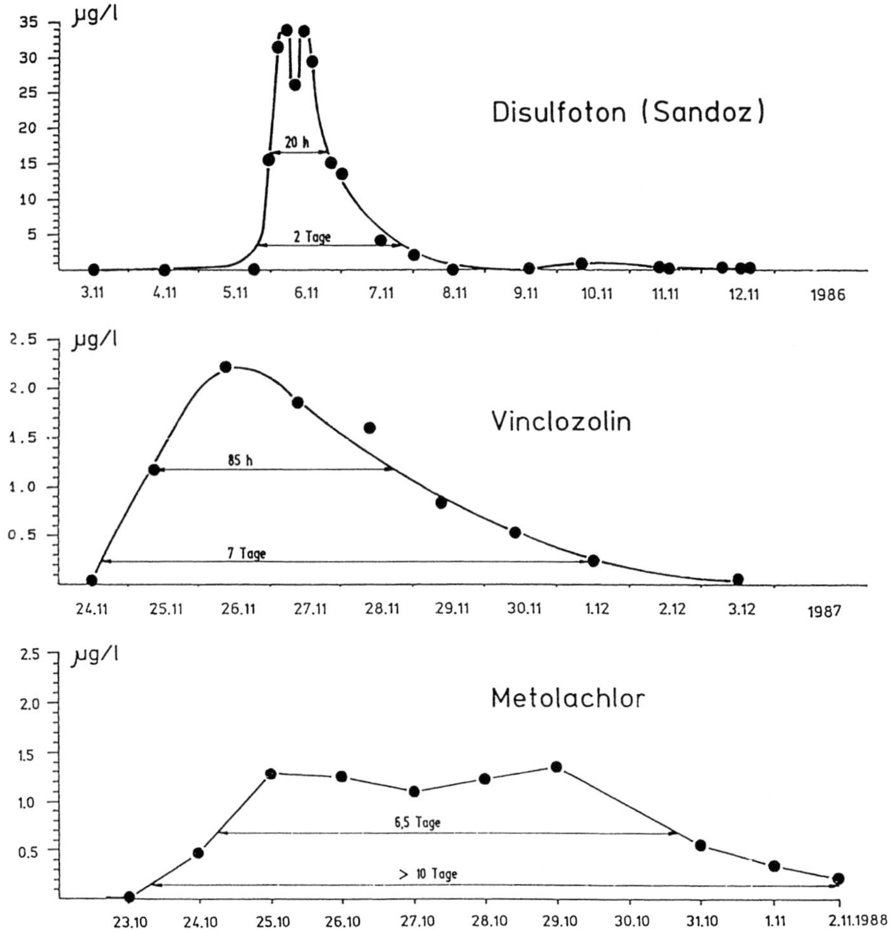

Abb. 4-1. Vergleich des Verlaufs von drei Belastungswellen im Rhein bei Wiesbaden in den Jahren 1986 bis 1988

4.2.3.4 PSM in Grundwässern

Aufgrund der großen Bedeutung des Grundwassers für die Trinkwasserversorgung der Bevölkerung steht die vertikale Verlagerung von PSM in der Regel an vorderster Stelle bei der Bewertung der PSM. Aus diesem Grunde ist das Leaching-Potential eines Wirkstoffs ein wichtiges Kriterium im Zulassungsverfahren vieler europäischer Länder. Die Belastung des Grundwassers mit PSM in Deutschland wurde in erster Linie an den zur Trinkwasserversorgung genutzten Trink-

und Rohwässern aus Brunnen und gefaßten Quellen gemessen, daneben bestehen einige Dauermeßprogramme der Länder.

- Meldungen der deutschen Wasserwerke und der Länderarbeitsgemeinschaft Wasser (LAWA) über PSM-Funde im Wasser, die vom Umweltbundesamt seit 1990 erfaßt werden, betreffen in erster Linie Atrazin (trotz des 1991 erlassenen Anwendungsverbots), Simazin und Desethylatrazin. Dies ist ein Hinweis auf die Nachhaltigkeit dieser Bodenbelastung, die unter teilweiser Metabolisierung allmählich in tiefere Bodenschichten verlagert wird.
- Eine Erhebung des Dortmunder Instituts für Wasserforschung (IWF) bei 58 Wasserwerken von 16 Wasserversorgungsunternehmen in sechs westlichen Ländern ergab, daß deren Untersuchungen nur etwa die Hälfte der in dem jeweiligen Einzugsgebiet ausgebrachten Herbizide und etwa 9% der Fungizide erfassen, die Belastung also zwangsläufig nur unvollständig wiedergegeben wird. An etwa 60% der 447 grundwasserdominierten Probenahmestellen wurden in 4,5% der etwa 95 000 Einzelstoffuntersuchungen insgesamt 26 verschiedene PSM-Wirkstoffe und deren Metabolite nachgewiesen, darunter auch solche mit Anwendungsverbot oder -beschränkungen. Bei etwa einem Drittel der Untersuchungen lagen die Konzentrationen über 0,1 µg/l, meist bei Atrazin, Desethylatrazin und Simazin.
- Im LAWA-Bericht zur Grundwasserbeschaffenheit wurden die Untersuchungen an oberflächennahen Wässern (bis zu maximal 40 m Tiefe) von etwa 13 000 Grundwassermeßstellen der Länder, aus Förderbrunnen von Wasserversorgungsunternehmen und von Einzelwasserversorgungen zusammengestellt. In knapp 30% der Proben wurden PSM nachgewiesen, davon in 8,6% mit Konzentrationen über 0,1 µg/l (darunter Desethylatrazin, Atrazin, Bromacil, Simazin, Hexazinon, Diuron und Propazin in mehr als 50 Meßstellen!) und bei 1% mit über 1 µg/l (meist Triazinderivate, Tabelle 4-9). Bei den 23 am häufigsten gefundenen Stoffen handelt es sich – neben Lindan und dem Wachstumsregler Dikegulac – stets um Herbizide.

Das Ergebnis dieser Anfang der 80er Jahre in verstärktem Maße aufgenommenen Untersuchungen war zum einen die Vorgabe des Trinkwassergrenzwertes von 0,1 µg/l sowie das Verbot einiger besonders mobiler PSM wie z. B. Atrazin, Simazin und Bromacil. Neuere Untersuchungen zeigen, daß diese Wirkstoffe allerdings noch immer in gewissen Mengen im Grundwasser präsent sind (Skark u. Zullei-Seibert 1996).

Tabelle 4-9. Häufig im oberflächennahen Grundwasser Deutschlands nachgewiesene Wirkstoffe aus PSM und deren Metabolite, Dikegulac = Zwischenprodukt der Vitamin-C-Synthese (1992 bis 1995)

Wirkstoff oder Metabolit	Anzahl der Meßstellen				
	insgesamt untersucht	letzter Meßwert an der Meßstelle			
		n.n.	≥0,1 μg/l	0,1–1,0 μg/l	>1,0 μg/l
Desethylatrazin	10972	8271	1877	799	25
Atrazin	12101	9634	1948	494	25
Bromacil	6389	6080	92	161	59
Simazin	11437	10692	641	98	6
Hexazinon	5729	5585	72	60	12
Diuron	5153	4967	129	41	16
Propazin	10570	10274	242	51	3
Bentazon	4191	4018	130	29	14
Desisopropylatrazin	6999	6863	99	35	2
Mecoprop	5284	5168	94	17	5
Dikegulac	130	100	9	12	9

4.2.4 Vermeidungsstrategie

Die Länderarbeitsgemeinschaft Wasser (LAWA 1993) hat durch den Bund-/Länder-Arbeitskreis „Qualitätsziele" (BLAKQZ) eine Konzeption zur Ableitung von Zielvorgaben zum Schutz oberirdischer Gewässer vor gefährlichen Stoffen erarbeitet. Grundlage sind dabei die Schutzgüter 1) Aquatische Lebensgemeinschaft, 2) Trinkwasserversorgung, 3) Berufs- und Sportfischerei, 4) Schwebstoffe und Sedimente, 5) Bewässerung landwirtschaftlicher Flächen, 6) Freizeit und Erholung sowie 7) Meeresumwelt (s. Kap. 3.1.5). Hierbei spielt die Belastung mit PSM eine besondere Rolle. Je nachdem, welche Schutzgüter herangezogen werden, können einzelne PSM als problematisch oder harmlos gelten. Als besonders wichtig stellt sich heute der Schutz der Trinkwasserversorgung dar, welche sich hauptsächlich am Schutz der menschlichen Gesundheit orientiert. Daher ist es auch verständlich, daß die Internationale Arbeitsgemeinschaft der Rheinwasserwerke (IAWR) die Einhaltung von Zielwerten für die PSM-Belastungen im Rheinwasser von 0,05 μg/l für die Einzelwirkstoffe fordert, um bei den ohnehin schon teuren und aufwendigen Aufbereitungsverfahren bei der Trinkwassergewinnung aus dem Rhein den pauschalen Grenzwert von 0,1 μg/l sicher einhalten zu können. Hierzu gibt es in

Deutschland seit vielen Jahren zahlreiche Forschungsaktivitäten, die sich mit den Ursachen des PSM-Eintrags befassen, um dann gezielt Vermeidungsstrategien aufgeführt, entwickeln zu können.

4.2.5 Prognostische Bewertung der Belastungskomponente

Pflanzenschutzmittel enthalten Wirkstoffe vielfältiger Verbindungsklassen, die bestimmungsgemäß in der Umwelt eingesetzt und verbreitet werden. Dabei gelangen sie auch zwangsweise in den Wasserkreislauf. Ihre biologische Wirksamkeit auf die Biozönose bis hin zum Menschen ist seit längerem bekannt, doch waren die analytischen Möglichkeiten ungeeignet, sie in allen Kompartimenten der Umwelt erkennen zu können. Erst mit dem Fortschritt der Analytik konnte das Ausmaß ihrer Verbreitung voll erkannt und Gegenmaßnahmen ergriffen werden. Vorangetrieben durch die Erhebung summarischer Grenzwerte kam es sowohl zur Verminderung der Einträge an den erkannten Eintragsquellen als auch zur Entwicklung hochwirksamer und besser abbaubarer und wasserlöslicherer PSM. Somit ist die PSM-Belastung der Gewässer, bis auf wenige seltene Störfälle, geringer geworden. Aufgrund der längeren Belastungsexposition des Grundwassers werden dort jedoch zum Teil heute noch PSM, deren Anwendung schon vor Jahren eingestellt wurde, gefunden, z.T. auch deren Metabolite. Als besonders brisant sind auch hier die bodengängigen, schwer abbaubaren und leicht wasserlöslichen Substanzen zu bewerten, für deren Anwendung in Wasserschutzgebieten besonders strenge Auflagen gelten.

4.2.6 Literatur

ARW (1987–1997) Jahresberichte der Arbeitsgemeinschaft der Rheinwasserwerke e.V., Geschäftsstelle der Arbeitsgemeinschaft der Rheinwasserwerke, Köln

AWWR (1993–1996) Jahresberichte Ruhrwassergüte. Arbeitsgemeinschaft der Wasserwerke ab der Ruhr. Hrsg.: Ruhrverband, Essen

Bach M, Frede HG (1996) Pflanzenschutzmittelfunde in Fließgewässern. Teil 2: PSM-Fracht in zwei kontrastierenden Einzugsgebieten während der Ausbringungsperiode. Dt Gewässerkundl Mitt 40 (4):163–168

Berthold G, Toussaint B (1996) Hydrologie in Hessen, Pflanzenschutzmittelbericht. CHMILORZ, Wiesbaden

Croll BT (1969) Organo-chlorine insecticides in water. J Water Treatm Exam 18:255–274

DVGW (1981) Organische Schadstoffe in den Fließgewässern der BRD. DVGW-Schriftenreihe Wasser 26, DVGW Eschborn

Fischer P (1996) Quantifizierung der Eintragspfade für PSM in Fließgewässer. In: Boden- und Landschaft, Schriftenreihe zur Bodenkunde, Landeskultur und Landschaftsökologie 12, Universität Gießen

Fritz JS, Junk GA, Richard JJ, Svec JJ (1976) Simplified resin sorption for measuring selected contaminants. J Am Water Works Assoc 68:218–222

Haberer K, Karrenbrock F (1988) Temporäre Belastungen des Rheins mit Pflanzenschutzmitteln im Jahr 1988. ARW-Jahresbericht 1988, Arbeitsgemeinschaft der Rheinwasserwerke Köln, 95–101

Haberer K, Karrenbrock F, Oehmichen U (1985) Auftreten von Stickstoffherbiziden in Oberflächengewässern. Gas-Wasserfach (GWF) Wasser-Abwasser 126:482

HLFU (1997) Orientierende Messungen gefährlicher Stoffe. Landesweite Untersuchungen auf organische Spurenverunreinigungen in hessischen Fließgewässern, Abwässern und Klärschlämmen 1991–1996. Hessische Landesanstalt für Umwelt, Umweltplanung, Arbeits- und Umweltschutz 233:56–59

Hoffmann G (1995) Verzeichnis der Wirkstoffe in zugelassenen Pflanzenschutzmitteln, Berichte aus der Biologischen Bundesanstalt für Land- und Forstwirtschaft 4

IKSR (1990–1997) Zahlentafeln. Dt Komm Reih, Rhein, Internat. Komm. Schutze Rheins, Koblenz

LAWA (1997) Konzeption zur Ableitung von Zielvorgaben zum Schutz oberirdischer Binnengewässer vor gefährlichen Stoffen. In: Zielvorgaben zum Schutz oberirdischer Binnengewässer. Kulturbuchverlag, Berlin

Oehmichen U, Haberer K (1986) Stickstoffherbizide im Rhein. Vom Wasser 26:225–241

RIWA (1984) Samenwerke Rijnen Maaswaterleidungsbedrijven. Jahresbericht 1984, Teil I: Der Rhein. RIWA Amsterdam

Sachverständigenrat (1998) Rat von Sachverständigen für Umweltfragen: Flächendeckend wirksamer Grundwasserschutz. Sondergutachten. Metzler-Poeschel, Stuttgart

Seel P, Knepper TP, Gabriel S, Weber A, Haberer K (1994) Einträge von Pflanzenschutzmitteln in ein Fließgewässer-Versuch einer Bilanzierung. Vom Wasser 83:357–372

Seel P, Knepper TP, Gabriel S, Weber A, Haberer K (1996) Kläranlagen als Haupteintragspfad für Pflanzenschutzmittel in ein Fließgewässer – Bilanzierung der Einträge. Vom Wasser 86:247–262

Skark C, Zullei-Seibert N (1996) Erhebung über das Auftreten von Pflanzenschutzmitteln in Trink- und Grundwässern. Dortmunder Beiträge zur Wasserforschung. Veröff des Inst f Wasserforschung 49a, Schwerte, 242 S

Steffen D (1997) Pflanzenschutzmittel und Nitromoschusverbindungen in ausgewählten niedersächsischen Fließgewässern. Niedersächsisches Landesamt für Ökologie (Hrsg) Hildesheim

Umweltbundesamt (1997) Daten zur Umwelt – der Zustand der Umwelt in Deutschland. Ausgabe 1997. Schmidt, Berlin, 252–257

Wauchope RD (1978) The pesticide content of surface water draining from agricultural fields – a review. J Env Qual 4:459–472

Weaever L, Gunnerson CG, Breitenbach AE, Lichtenberg JJ (1965) Chlorinated hydro-carbon pesticides in major US river basins. Publ Health Rep 80:481

4.3 Stofftransport in Fließgewässern

W. Schönborn

Der Stofftransport in Fließgewässern ist ein sehr komplexer Vorgang, der bisher noch ungenügend erforscht ist. Er spielt eine fundamentale Rolle im gesamten Stofftransport der Erde. Es lassen sich zunächst 4 Grundformen des Stofftransportes in Fließgewässern beschreiben, (1) der habitatgebundene Transport in der Prandtl'schen Grenzschicht auf den Oberflächen der Habitate (z.B. epilithisch) und fortgesetzt durch Räuber-Beute-Verhältnisse bis in den Makrobereich, (2) der vertikale (3), der laterale Transport und (4) der horizontale Transport flußabwärts, im geringeren Maße auch flußaufwärts.

Während es sich bei der ersten Transportform im wesentlichen um den Transport gelöster Stoffe handelt, erfolgt der Transport in den genannten anderen Richtungen sowohl in gelöster als auch partikulärer Form. Ausschließlich partikulär ist nur der Geschiebetransport, der sich in den sohlennahen Schichten abspielt.

4.3.1 Stofftransport in den Grenzschichten der Habitatoberflächen bis in den Makrobereich (prädatorischer Transport)

Auf den Habitatoberflächen, vor allem aber auf den Steinen in den Oberläufen der Fließgewässer, lebt in der oft nur millimeterhohen Grenzschicht eine arten- und individuenreiche Mikroflora und -fauna. In diesen Schichten, zusammen mit dem Interstitial der Sedimente, finden etwa 90% der Respiration in kleinen Fließgewässern statt. In diesen Gewässern erfolgt auch epilithisch die höchste DOC-Aufnahme (Mickleburgh et al. 1984; Schwoerbel 1994). Sauerstoff und Nährstoffe diffundieren in diese dünne Schicht, in der die Strömung sehr gering und laminar ist. Ciliaten und Rotatorien sorgen durch das Schlagen ihrer Wimpern für Mikroturbulenz und fördern so die Ausbreitung der Stoffe.

In oligotrophen Bächen scheint es in den epilithischen Grenzschichten (zumindest in Mitteleuropa) für die Mikrofauna keine Prädatoren zu geben, so daß die dort lebenden Ciliatengemeinschaften, zusammen mit anderen mikrofaunistischen Gruppen, den Alterstod sterben und durch Autolyse und bakteriellen Abbau die Stoffe freigeben, die von den Mikroalgen wieder aufgenommen werden. Es herrschen hier kurzgeschlossene Kreisläufe vor (Schönborn 1996). Bei zunehmender organischer Belastung des Gewässers erhöht sich die epilithische Bakteriendichte, in deren Gefolge sich das Formenspektrum der Ciliaten verbreitert und Prädatoren auftreten, die teilweise vorwiegend Ciliaten erbeuten (z.B. der Naidide *Chaetogaster diastrophus* [Wenigborster]). Es tritt ferner der Egel *Erpobdella octoculata* auf, dessen Beutespektrum von *Chaetogaster* bis zum Makrozoobenthos reicht, wodurch dann der Stofffluß von den Bakterien über die Protozoen [Einzeller] und Rotatorien [Rädertiere] aus den Grenzschichten in den Makrobereich gelangt. Der Mechanismus der Stoffausbreitung ist hier also das Nahrungsnetz. Zu einem ähnlichen Vorgang kommt es auch durch die makrobenthischen Weidegänger. Sie weiden von den Habitatoberflächen nicht nur die Algen ab, sondern nehmen auch Bakterien und kleine Tiere auf. Über die Weidegänger gelangen dann ihre Stoffe durch Räuber in das gesamte Ökosystem. Auch Substratfresser, wie einige Naididen, Tubificiden [Schlammröhrenwürmer] und Chironomiden-Larven [Zuckmücken], nehmen mit dem Sediment vor allem Bakterien auf. Angehörige beider Ernährungstypen werden bevorzugt von *Erpobdella* erbeutet.

4.3.2 Vertikaler Transport

Vertikaler Stofftransport vollzieht sich vom oberflächlichen Fließwasser in das Hyporheal und von diesem wieder an die Oberfläche. Auch das eigentliche Grundwasser kann darin integriert sein. Zum vertikalen Transport gehört auch die Aufnahme von Stoffen durch die Wurzeln der Makrophyten. Der vertikale Transport kann auch vom Wasserkörper an die Wasseroberfläche erfolgen.

In pflanzenreichen Fließgewässern kann es bei starker Sonneneinstrahlung zur Übersättigung des Wassers mit Sauerstoff kommen. Der Überschuß entgast in die Atmosphäre. Da dieser Prozeß sehr langsam erfolgt, kann zumindest etwas Sauerstoff von dem Überschuß noch für den Abbau organischer Stoffe genutzt werden. Auch Methan, das in organischen Sedimenten, vor allem in Staubereichen, gebildet werden kann, entweicht über die Wasseroberfläche aus dem Fluß. Es wird dabei in der fließenden Welle kaum oxidiert.

Die wichtigsten und noch schwer durchschaubaren vertikalen Transporte vollziehen sich aber zwischen ober- und unterirdisch fließendem Wasser. Oberflächlich fließendes Wasser gelangt durch das Porensystem der Sohle bis in das Hyporheal und auch in das Grundwasser. Mit dem Wasser werden gelöste und partikuläre Stoffe in die Tiefe transportiert. Die Bedingungen des Tiefentransportes sind ungenau bekannt. Der Eintrag erhöht sich mit zunehmender Fließgeschwindigkeit und Rauhigkeit der Sohle, vor allem auch bei Geschiebetransport (Hendrichs u. White 1991). Fließt das hyporheische Wasser relativ schnell, so kommt es auch zu einem erhöhten Eintrag. Unter Stromschnellen ist daher der Eintrag größer als unter Stromstillen (Frostick et al. 1984; Schälchli 1993; Brunke u. Gonser 1997). Bei abnehmender Wasserführung kommt es dann oft zu einem entgegengesetzten Prozeß, indem hyporheisches Wasser wieder aus der Sohle austritt (Bretschko 1981; Brunke u. Gonser 1997).

Kurzzeitiges Eindringen von Wasser und Stoffen geschieht bei rauher und riffle-pool-strukturierter Sohle an der der Fließrichtung zugekehrten Seite der Schnellen mit nachfolgendem Austritt an der abgewandten Pool-Seite (Gonser 1994). Die Untersuchungen von Leichtfried (1994) über die vertikale Verteilung von Protein, TOC und TON unter Schnellen und Stillen zeigen jedoch, daß hier sehr differenzierte Eintragsmechanismen vorliegen müssen, die wir noch nicht durchschauen. Die vertikalen Austauschvorgänge zwischen Hyporheal und Oberflächenwasser sind auch sehr schwer zu quantifizieren und vermutlich nicht immer von dem Strömungsmuster des Oberflächenwassers abhängig. Die vertikalen Austauschvorgänge zeigen oft ein kleinräumiges Muster der Intensität und Richtung, wie es schon Bretschko (1981) beschrieb. Bis etwa 40 cm Tiefe wird der hyporheische Wasserfluß von dem oberflächlichen beeinflußt und fließt in dessen Richtung. Dann folgt eine relativ stabile Zone der Fließgeschwindigkeit, und daran schließt sich das vom Grundwasser gesteuerte Wasser an, dessen Geschwindigkeit wiederum sehr schwankt.

Nach Panek (1994) ist die Konzentration an Partikeln am stärksten in der Grundwasserzone, was auf einen lateralen Transport schließen läßt oder aber auch auf einen Konzentrationseffekt, da hier das Wasser am geringsten fließt. Im Hyporheal bewirkt der horizontale Transport der Stoffe dann auch longitudinale Umlagerungs- und Verteilungsprozesse.

Die Fließgeschwindigkeit des hyporheischen Wassers ist positiv mit der des sohlennahen Oberflächenwassers korreliert, die hyporheische Fließgeschwindigkeit in einem alpinen Bach schwankt zwischen 0,4 bis 3,8 cm s^{-1} (Schwoerbel 1967, Panek 1990).

Das Hyporheal wirkt auch als DOC-Falle: Der eingebrachte DOC fließt im Hyporheal viel langsamer als im oberflächlichen Wasser und wird somit konzentriert. Das Hyporheal kann an Körnchenoberflächen und in Bakterien größere Mengen an DOC binden, der aber vermutlich hauptsächlich aus dem Grundwasser stammt (Fiebig 1995). Kolmation (Verstopfung) der Sohlenporen kann dieses wichtige vertikale Austauschsystem erheblich schädigen.

In Fließgewässern, die durch klüftige Gesteinsformationen fließen (z. B. Muschelkalk), können sogar größere Teile des Wassers versinken und nach einer längeren unterirdischen Strecke wieder in den oberirdischen Fluß eingespeist werden. Hierbei kann es zur Akkumulation von suspendierten Stoffen im unterirdischen Gangsystem und zum Ausfällen von Phosphor als Tricalciumphosphat, aber auch zur Einspeisung von Nitrat aus dem Grundwasser kommen (Schönborn 1997).

Der vertikale Transport ist sehr von der Geomorphologie und den geologischen Formationen abhängig (Ferguson 1987; Stanford u. Ward 1993). Die kleinräumigen Ein- und Austrittsstellen von Oberflächenwasser in das Interstitial scheinen von der Sohlenstruktur abzuhängen, die weiträumigen von der Geomorphologie. Bei letzteren handelt es sich nicht nur um größere Versinkungen, sondern auch um geringere Wassermengen, die in dem Hyporheal verschwinden und lange Strecken unterirdisch fließen, bis sie wieder austreten (Brunke u. Gonser 1997). Diese Vorgänge sind nur unvollkommen bekannt.

Auch die Temperatur kann eine Rolle beim Eindringen von Oberflächenwasser in den Untergrund spielen. Im Winter bei niederen Temperaturen dringen die Stoffe bevorzugt in das Hyporheal, wie dies für das Lamprizid 3-Trifluormethyl-4-Nitrophenol nachgewiesen wurde (Jeffrey et al. 1986). Wärmeres hyporheisches Wasser wird durch kälteres Oberflächenwasser ersetzt (Whitman u. Clark 1982), vermutlich durch den höheren hydrostatischen Druck des kühlen Wassers. Es kann auch sehr warmes Oberflächenwasser infolge seiner geringen Viskosität in den Untergrund eindringen (Constantz et al. 1994), doch scheinen hierfür auch noch andere Faktoren eine Rolle zu spielen, wie z.B. die Größe der Poren der Sohle.

4.3.3 Lateraler Transport

Lateral werden Stoffe transportiert, die aus der Aue in das Fließgewässer gelangen und umgekehrt aus dem Gewässer in die Aue. Auf die oberflächlich durch starke Niederschläge transportierten Stoffe soll hier nur hingewiesen werden. Bekannt ist, daß Nitrate über das Grundwasser aus der Aue in die Fließgewässer gelangen. Aber auch gelöste Kohlenstoffverbindungen und viele andere Stoffe werden lateral in die Fließgewässer transportiert, wie auch umgekehrt in die Aue. Potamostygales (vom Fluß gespeistes) Grundwasser ist infolge der höheren Belastung meist tierärmer als eustygales. Das Hyporheal wird sowohl vom oberflächlichen Flußwasser, als auch vom Grundwasser gespeist. Grundwasser kann direkt in den Fluß eindringen, wie auch Flußwasser je nach Wasserspiegelhöhe in das Grundwasser gelangen kann. Das einsickernde Grundwasser brachte im Jahresdurchschnitt in einem kleinen Bach 0,92 g m^{-2} d^{-1} C ein und ernährte damit zu einem großen Teil den bakteriellen Biofilm des Hyporheals. 71% des Kohlenstoffs werden in hyporheischen Interstitial festgelegt (Fiebig 1995). Der Kohlenstofftransport vom Grundwasser in einen subarktischen Fluß betrug das Dreifache des oberirdischen Inputs (Naiman et al. 1987). Grundwasser dringt oft bei niederer Wasserführung der Flüsse in diese ein, bei hoher Wasserführung tritt Flußwasser umgekehrt in das Grundwasser ein. Viele Flüsse haben derartige influente und effluente Verhältnisse. Bei erhöhtem Durchfluß kann die Uferspeicherung des Wassers (influent) erheblich sein (Ubell 1987).

4.3.4 Horizontaler Transport

Der horizontale Transport ist die für Fließgewässer typische Transportform. Auch das hyporheische Wasser folgt der Fließrichtung des Oberflächenwassers und transportiert entsprechend. Die Geschwindigkeit beträgt aber nur 1 bis 2% der des oberflächlichen Wassers, so daß dem oberflächlichen Transport wohl die größere Bedeutung zukommt. Er ist aber so komplex, daß er bis heute noch nicht richtig verstanden wird.

4.3.4.1 Geschiebetransport

Die von dem bewegten Wasser in Sohlennähe verfrachteten Feststoffe, meist erodiertes Material unterschiedlicher Korngröße, bezeichnet man als Geschiebe. Der Geschiebetransport, obwohl schon lange ein Gegenstand intensiver Forschung, ist immer noch nicht ausreichend geklärt. Seine Berechnung stößt noch heute auf große Schwierigkeiten. Die transportierten Körper beim Geschiebetransport bewegen sich sowohl gleitend, rollend als auch springend fort. Mit zunehmender Bewegung kommt es immer mehr zu einer springenden Fortbewegung. Feinkörniger Sand bildet, durch den Transport bedingt, wellenförmige Lagen, sog. Riffeln von oft nur wenigen Zentimetern Länge. Mit zunehmender Fließgeschwindigkeit verlängern sich die Riffeln und werden je nach ihrer Fortbewegungsweise auch Dünen und Antidünen genannt. Die Dünen haben einen flachen Luvhang und einen steilen Leehang. Die Sandkörnchen springen vom Luvhang über den Wellenberg zum Leehang. Dadurch wandern diese Strukturen als Transportkörper flußabwärts. Auch große Kiesbänke fungieren als einheitliche Transportkörper und wandern flußabwärts durch Abtrag am Beginn der Bank und Anlagerung an ihrem Ende. Antidünen können sich sogar flußaufwärts bewegen.

Nach der klassischen Flußmorphologie bleiben die großen Steinblöcke schon im Oberlauf liegen, da die abnehmende Schleppkraft des Flusses nicht mehr für ihren Transport ausreicht. Kies und Sand verbleiben im Mittellauf, während sehr feinkörniges Material, besonders aber organogene Partikel, im Unterlauf akkumulieren. Beim Überschreiten der kritischen Schubspannung für jede Korngröße beginnt ihre Bewegung als Geschiebe. Hier geht der Geschiebetransport bereits in den Transport von suspendiertem Material über, dem dann eine fundamentale Bedeutung für den Stoffhaushalt des Gewässers zukommt. Die suspendierte Fracht ist größer als die Geschiebefracht, weil für die erstere das Transportvermögen des Flusses größer ist. Die Transportkraft für Geschiebe nimmt flußabwärts ab.

Die Grenze zwischen Geschiebe und suspendierter Fracht ist nicht immer genau zu ziehen. Infolge der springenden Fortbewegungsweise von Geschiebepartikeln verbleiben diese längere Zeit in der fließenden Welle. Zwischen springender Bewegung und Akkumulation gibt es Übergänge. Auch ist der Zusammenhang zwischen Schwebstofffracht und Abfluß oft nur ein loser.

4.3.4.2 Transport in der fließenden Welle

In der fließenden Welle werden sowohl gelöste als auch partikuläre Stoffe transportiert. Die Turbulenz des fließenden Wassers bewirkt, daß oberflächliches Wasser in Sohlennähe und umgekehrt sohlennahes Wasser nach oben gelangt. Da aber infolge der erhöhten Reibung das Wasser in Sohlennähe relativ langsamer fließt als das oberflächennahe, ist die Konzentration an Stoffen in Sohlennähe am höchsten. Die Stoffe werden also in der fließenden Welle nicht gleichmäßig transportiert, sondern sowohl vertikal als auch nach neueren Feststellungen horizontal, in unregelmäßiger Verteilung.

a) Gelöste Stoffe

Die Flüsse der Erde transportieren pro Jahr etwa 4^9 t gelöste Stoffe in das Meer. In gemäßigten Breiten überwiegt der Transport an gelösten, in Tropen der an partikulären Stoffen. Bei Unwettern und Hochwassern kann es auch in den gemäßigten Breiten kurzfristig zum Überwiegen des Feststofftransportes kommen.

Je turbulenter und flacher ein Fließgewässer ist, um so saltatorischer erfolgt der Transport der Stoffe flußabwärts, um so mehr erhalten sie auch Kontakt mit den Strukturen der Sohle. Diese saltatorische Ausbreitung der Stoffe wird auch die spiralförmige genannt. Bei dieser Form der Ausbreitung werden die Stoffe, wenn sie die Sohlenstrukturen berühren, oft von sessilen Organismen aufgenommen und bei deren Absterben wieder freigegeben. Der spiralförmige Transport ist also oft ein Wechsel zwischen benthischer Bindung und Abgabe in das freie Wasser.

Dieser Wechsel von Bindung und Freisetzung scheint fluß- und streckenspezifisch in bestimmten Grenzen konstant zu sein. Newbold et al. (1981) bezeichnen als Spirallänge eines transportierten Stoffes die Strecke, die er im Fluß zurücklegt, bis er von einem sessilen Organismus aufgenommen wird, plus der Strecke, nach der er wieder freigesetzt wird. Die Spiralstrecke betrug z. B. in einem kleinen Waldbach für Phosphor 193 m. Entscheidend für die Spirallänge ist die Ausbildung des Aufwuchses (Biofilm). Untersuchungen von Lock et al. (1993) zeigten, daß Phosphor in künstlichen Gerinnen nach durchschnittlich 30,4 m vom Biofilm aufgenommen wurde, wenn dieser wenig entwickelt war, bei gut entwickelten, jedoch schon nach 14,1 m. Messungen in natürlichen Fließgewässern erbrachten meist längere Spirallängen und auch widersprüchliche Angaben. Beispielsweise fanden Paul et al. (1991) auch bei unterschiedlichen P-Konzentrationen und Biofilmstärken keine Unterschiede in den Spirallängen, und nach McColl (1974) sind sie in oligotrophen Bächen kürzer als in eutrophen. Die Angaben über die Spirallängen des Phosphors schwanken oft zwischen 10 und 160 m. Im Myrtle Creek (Australien) waren es 96 m (Hart et al. 1991), was als sehr kurz zu gelten hat; in diesem Bach gab es wenig autotrophe Produktion, keine Retention von transportiertem Laub und wenig mikrobielle Biomasse. Im allgemeinen scheinen sich aber die Spirallängen mit zunehmender Mächtigkeit des autotrophen Aufwuchses und Intensität der mikrobiellen Tätigkeit zu verkürzen. Doch darf man dabei nicht die mannigfachen hydraulischen und flußmorphologischen Faktoren außer acht lassen, die einen Einfluß auf die Ausbreitung der Stoffe nehmen können.

Im Fließgewässer verlaufen Nährstoffzyklen häufig spiralförmig: Freisetzung – Bindung – Freisetzung – Bindung... Die durchschnittliche Spirallänge kann mit Hilfe radiomarkierter Stoffe ermittelt werden. Die Fähigkeit eines Fließgewässers, Nährstoffe zu nutzen, kann durch den Grad der Enge der Spirale beschrieben werden (Abb. 4-2). Ähnliche Untersuchungen wie über den Phosphor wurden auch mit Kohlenstoff durchgeführt (Newbold et al. 1982). Die Spirallänge (S,

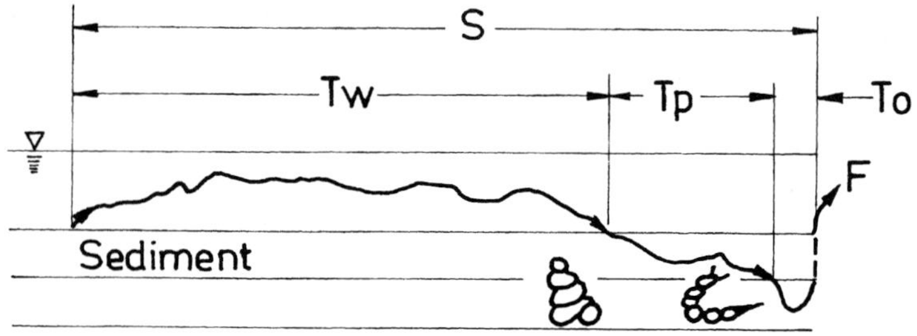

Abb. 4-2. Spirallänge (S) eines im Fließgewässer transportierten Nährstoffatoms; Tw = gelöster Transport im Wasser, Tp = gebunden an Partikel (z.B. Sediment), To = inkorporiert in einem Organismus, F = aus dem Organismus wieder freigesetzt (in Anlehnung an Newboldt et al. 1981)

auch gleich Turnover-Länge) des Kohlenstoffs gibt an, wie lang der Weg eines Kohlenstoffatoms von seinem Eintritt in das Fließgewässer bis zu seiner Oxidation ist

$$S = F/R \text{ [in m]}$$

F = Kohlenstoff in g m^{-1} s^{-1}, flußabwärts treibend
R = Respiration in g m^{-2} s^{-1} pro Sohlenfläche.

In dem kleinen Bear-Bach betrug S = 2,9 km, in dem großen Ford-Fluß (beide USA) 42,3 km. Mit zunehmender Größe und Tiefe des Fließgewässers sowie abnehmender Fließgeschwindigkeit wird die Stoffspirale immer länger. Der saltatorische Transport geht zunehmend in den linearen über. Überall dort, wo sich Potamoplankton entwickeln kann, geht die Kontakthäufigkeit mit der Sohle zurück.

Bei der linearen Ausbreitung der gelösten Stoffe spielt ihre Bindung an driftende Partikel eine größere Rolle als die an sessile Organismen.

Der Phosphortransport ist auch abhängig vom Sauerstoffgehalt des Wassers. Bei hohem Sauerstoffgehalt, auch im sohlennahen Wasser, wird der Phosphor sehr schnell an Sedimentpartikel gebunden, vor allem, wenn sie Eisen enthalten. Natürliche Bäche sind daher häufig phosphorlimitiert.

Auch an Stickstoff und anderen Elementen lassen sich vergleichbare Untersuchungen durchführen. Doch bedarf es zur Aufklärung der Transportformen der vielen in die Fließgewässer gelangenden Stoffe noch eines erheblichen Forschungsaufwandes.

Der horizontale Transport geschieht hauptsächlich flußabwärts, in geringem Maße aber auch flußaufwärts infolge der Aufwärtswanderung vieler Tiere. So wurden mit ^{32}P markierte *Escherichia coli* bereits nach 1 Woche 91 m oberhalb der Impfstelle in Wasserinsekten wiedergefunden (Ball et al. 1963).

b) Suspendierte (partikuläre) Stoffe

Zwischen Geschiebe- und suspendiertem Transport gibt es Übergänge. Im schwebstoffreichen Wasser ist die Grenzgeschwindigkeit, bei der die Partikel schwebend und nicht rollend transportiert werden, höher als im schwebstoffarmen. Im schwebstoffreichen Wasser ist der Geschwindigkeitsabfall in Sohlennähe besonders groß, so daß sich auch kleinste Festkörper erst bei hohen Geschwindigkeiten des Wassers schwebend treiben lassen.

Der Transport suspendierter Stoffe ist ein sehr komplexer Vorgang, von dem hier nur einige ökologisch als wesentlich erscheinende Aspekte besprochen werden können. Wie bei der Beurteilung des Geschiebes, sind auch hier die Sichtweisen von Technikern, Geomorphologen und Limnologen unterschiedlich. Ähnlich dem Transport gelöster Stoffe, erfolgt auch der suspendierte nicht homogen verteilt und linear, sondern oft wolkenartig und saltatorisch.

Wird ein Fließgewässer durch Einleiter nur an einer Seite belastet, so kommt es erst nach einer relativ weiten Strecke zur Vermischung mit dem übrigen Flußwasser.

Wie der gelöste, so ist auch der partikuläre Stofftransport in den Flüssen sehr hoch. Der Rhein transportiert etwa 4^6 t feste Stoffe in das Meer und der Huanghe (China) sogar über 10^9 t. Der Transport von CPOM:FPOM:anorganischen Schwebstoffen betrug in der oberen Rhone etwa 1:50:150 (Cellot et al. 1991).

Die gröbsten organischen Partikel, die von unseren Fließgewässern transportiert werden, sind eingefallene Laubblätter der Uferbäume. Sie werden zerkleinert, abgebaut, aber auch ganz transportiert. Übrig bleiben Detritusfraktionen von groben bis feinen Größen. Eng verbunden mit dem suspendierten Transport ist auch die Retention der partikulären Stoffe, ein für den Stoffhaushalt der Erdoberfläche grundlegender Vorgang. Der Rückhalt der Stoffe ist wichtig, da sie sonst zu schnell von den Flüssen abtransportiert würden.

Die Retention im Fluß erfolgt durch Akkumulation, begünstigt durch Strömungsmosaike über der Sohle, Festlegung in den Organismen (was auch für gelöste Stoffe gilt), Filtration durch große Algenbüschel und direktes Hängenbleiben an rauher Sohle. Das letztere gilt besonders auch für transportiertes Laub.

Auch das Laub wird saltatorisch, vor allem in turbulenten Bächen, transportiert. In natürlichen Bächen blieb es nach durchschnittlich 13 ± 8 m hängen, in kanalisierten nach 87 ± 71 m. In natürlichen Bächen galt dies für 92 ± 8% der Blätter, in kanalisierten nur für 40±22%. Die Bedeutung der Retentionsstrukturen nahm in der Reihenfolge Schnellen, Uferbuchten, Stillen ab (Petersen u. Petersen 1991). Auch herabfallende Zweige bilden Dämme, die sehr viele Blätter zurückhalten können. Die Abbauprodukte, unterschiedliche Detritusfraktionen, sedimentieren oder bleiben in Algenbüscheln hängen, können aber wieder resuspendiert werden (Schönborn 1997).

Die suspendierte Fracht kann sich sehr unterschiedlich verhalten. Im allgemeinen gilt, daß die Partikel mit Zunahme ihres spezifischen Gewichtes zunehmend schneller sinken, ihre Transportzeit sich also verkürzt. Kleine Partikel bilden mit größeren oft Aggregate, wodurch sich ebenfalls das Transport- und Akkumulationsverhalten ändert. Die Aggregatbildung in der suspendierten Fracht scheint ein fundamentaler Prozeß zu sein. Die Aggregate bestehen oft aus kolloidalen Tonpartikeln, die zusammen mit organischen Partikeln in Schleimlagen eingebettet sind. Hier lebt die überwiegende Anzahl an transportierten Bakterien. Es handelt sich dabei meist um nitrifizierende Formen (Gresikowski et al. 1996). Neben leeren Diatomeenschalen sind auch lebende Mikroalgen in den Aggregaten zu finden. Sie sind es, die die Schleimlager bilden und Exopolymere ausscheiden, wodurch es erst zur Bildung der treibenden Aggregate kommt. Aber auch an Tonpartikeln ohne Aggregatbildung können Bakterien und Mikroalgen vorkommen (Eisma 1993; Kies et al. 1996). Suspendierte Aggregate wurden bisher vor allem in großen Flüssen untersucht, weniger in kleinen, wo unsere Kenntnisse über sie noch sehr spärlich sind.

Die Aggregate sind ein wichtiger Transportmechanismus in den Fließgewässern. Chemische Elemente und Verbindungen sind in die Aggregate eingebunden und werden von ihnen transportiert. Die Spurenelementkonzentration in den treibenden Aggregaten kann bis zu 6 mal höher sein als in der gelösten Phase (Horowitz 1996). Generell sind Schwermetalle stark an Partikel gebunden, besonders Cadmium, Blei, Kupfer, Zink, Eisen und Mangan. Aber auch ein Teil des Nährstofftransportes findet an den Aggregaten statt sowie der von diversen Xenobiotika.

Die akkumulierten Aggregate können immer wieder aufgewirbelt (resuspendiert) werden. Dies geschieht meist bei starken Niederschlägen und erhöhten Durchflüssen. Erst verfestigte Sedimente werden nicht mehr resuspendiert. Die Verfestigung geschieht um so schneller, je geringer der Anteil an leicht abbaubaren organischen Substanzen ist (Greiser 1997). Schwermetalle, Nährstoffe, Xenobiotika können bei der Resuspension wieder freigesetzt werden. Ein hoher Schwermetalltransport soll an anorganischen Partikeln von 0,06 bis 2,0 μm Größe erfolgen (Förstner u. Wittmann 1979; s. Kap. 4.4).

Die Resuspension hängt von der Wasserführung und in Bächen auch noch von der Sohlenstruktur (Totwasser, Uferbuchten) ab. Cushing et al. (1993) beschrieben das Transportverhalten von feinem partikulären Material wie folgt: 0,5 h Transport, dann 1,5 bis 3 h sedimentiert, anschließend wieder resuspendiert.

Phosphor bleibt bei der Resuspension meist stärker an die Partikel gebunden als andere Stoffe, kann aber auch in Lösung gehen. Er ist mehr an feinen als an gröberen Partikeln gebunden, wobei zwischen organisch gebundenem und an Partikel adsorbierten zu unterscheiden ist. Der letztere bleibt Bakterien und Algen verfügbar.

Die Änderung der Konzentration der suspendierten Partikel erfolgt durch Aggregatbildung, Dekomposition, Akkumulation und durch den Eintrag von außen. Diese Vorgänge lassen sich auch formelmäßig beschreiben (Müller u. Puls 1996). Für die Aggregatbildung und -veränderung ist ihre Mikrostruktur von Bedeutung. Sie steuert die weitere Besiedlung und auch die Stoffwechselprozesse, die sich in den Aggregaten abspielen und den Stofftransport beeinflussen.

Die Aggregatbildung in der suspendierten Fracht ist gewissermaßen eine in das Freiwasser verlagerte benthische Struktur, die nicht nur als wichtiger Transportmechanismus fungiert, sondern auch den Stoffhaushalt der Fließgewässer intensiviert.

Zum Transport in Fließgewässern gehören aber auch lebende Organismen (Potamoplankton, einschließlich Bakterien und transportierte terrestrische Tiere) und tote, die nicht an Aggregate gebunden sind. Transportierte Algen werden infolge der turbulenten Strömung abwechselnd in dunklere und hellere Wasserschichten getaucht, was zur Stimulierung ihrer Produktion und der biogenen Belüftung führt (Hornberger et al. 1976).

4.3.5 Literatur

Ball RC, Wojtalik TA, Hooper FF (1993) Upstream dispersion of radiophosphorus in a Michigan trout stream. Papers Mich Acad Sci 48:57–64

Bretschko G (1981) Austauschprozesse zwischen Oberflächenwasser und Bettsedimentwasser. Jber Biol Station Lunz 4:35–80

Brunke M, Gonser T (1997) The ecological significance of exchange processes between rivers and groundwater. Freshwater Biology 37:1–33

Cellot B, Berly A, Tachet H, Bournaud M (1991) Composition and dynamics of suspended matter in the Upper Rhone upstream from Lyon. Verh Internat Verein Limnol 24:1789–1794

Constantz J, Thomas GL, Zellweger G (1994) Influence of diurual variations in stream temperature on streamflow loss and groundwater recharge. Water Resources Research 30:3253–3264

Cushing CE, Minshall GW, Newbold JD (1993) Transport dynamics of fine particulate organic matter in two Idaho streams. Limnol Oceanogr 38:1101–1115

Eisma D (1993) Suspended matter in aquatic environment. Springer, Berlin

Ferguson R (1987) Hydraulic and sedimentary controls of channel pattern. In: Richards K (ed) River channels: Environment and process. Blackwell, Oxford, 129–158

Fiebig D (1995) Groundwater discharge and its contribution of dissolved organic carbon to an upland stream. Arch Hydrobiol 134:129–135

Förstner U, Wittman GTW (1979) Metal pollution in the aquatic environment. Springer, Berlin, 486 pp

Frostick LE, Lucas PM, Reid I (1984) The infiltration of fine matrices into coarse-grained alluvial sediments and its implication for stratigraphical interpretation. J Geol Soc London 141:955–965

Greiser N (1997) Transportverhalten suspendierter und abgelagerter Schwebstoffe. BTU Cottbus-AR 1/97:61–62

Gresikowski S, Greiser N, Harms H (1996) Distribution and activity of nitrifying bacteria at two stations in the Ems estuary. Arch Hydrobiol Spec Issues Advanc Limnol 47:65–67

Gonser T (1994) Die Bedeutung physiographischer Faktoren für Fließgewässerökosysteme. EAWAG News 36:12–16

Hart BT, Freeman P, McKelvie JB, Pearse S, Ross DG (1991) Phosphorus spiralling in Myrtle Creek, Victoria, Australia. Verh Internat Verein Limnol 24:2065–2070

Hendricks SP, White DS (1991) Physicochemical patterns within a hyporheic zone of a northern Michigan river, with comments on surface water patterns. Can J Fish Aquat Sci 48:1645–1654

Hornberger GM, Kelly MG, Eller RM (1976) The relationship between light and photosynthetic rate in a river community and implications for water quality modelling. Water Res 12:723–730

Horowitz AJ (1996) Spatial and temporal variations in suspended sediment and associated trace elements-requirements for sampling, data interpretation, and the determination of annual mass transport. Arch Hydrobiol Spec Issues Advanc Limnol 47:515–536

Jeffrey KA, Beamish FWH, Ferguson SC, Cotton RJ, MacMahon PD (1986) Effects of lampricide 3-trifluor-methyl-4-nitrophenol (TFM) on the macroinvertebrates within the hyporheic region of a small stream. Hydrobiologia 134:43–51

Kies L, Fast T, Wolfstein K, Hoberg M (1996) On the role of algae and their exopolymers in the formation of suspended particulate matter in the Elbe estuary (Germany). Arch Hydrobiol Spec Issues Advans Limnol 47:93–103

Leichtfried M (1994) Protein measurement in bedsediments, an important compartement of POM in a 2nd order gravel stream (Project Ritrodat-Lunz, Austria). Verh Internat Verein Limnol 25:1636–1640

Lock MA (1993) Attached microbial communities in rivers. In: Ford TE (ed) Aquatic microbiology. Blackwell, Boston

McCool RHS (1974) Self-purification of small freshwater streams: phosphate, nitrate and ammonia removal. N Z J Mar Freshwat Res 8:375–388
Mickleburgh SM, Lock MA, Ford TE (1984) Spatial uptake of dissolved organic carbon in river beds. Hydrobiologia 108:115–119
Müller A, Puls W (1996) Modelling of suspended matter transport in tidal rivers. Arch Hydrobiol Spec Issues Advanc 47:343–351
Naiman RJ, Melillo MJ, Lock MA, Ford TE, Reice SR (1987) Longitudial patterns of ecosystem processes and community structure in a subarctic river continuum. Ecology 68:1139–1156
Newbold JD, Elwood JW, O'Neill RV, van Winkle W (1981) Measuring nutrient spiralling in streams. Can J Fish Aquat Sci 38:860–863
Newbold JD, Mulholland JD, Elwood JW, O'Neill RV (1982) Organic carbon spiralling in stream exosystems. Oikos 38:266–272
Panek KLJ (1990) Durchströmung der Bettsedimente des Oberen Seebaches (Lunz/See, Österreich). Erweiterte Zusammenfassung der Jahrestagung der DGL, Essen, 1990:463–467
Panek KLJ (1994) Depth boundaries of bedsediments in an alpine stream (Ritrodat-Lunz study area, Austria). Verh Internat Verein Limnol 25:1646–1648
Paul BJ, Duthie HC, Taylor WD (1991) Nutrient cycling by biofilms in running waters of differing status. J N Am Benthol Soc 10:31–41
Petersen LBM, Petersen RC (1991) Short term retention properties of channelized and natural streams. Verh Internat Verein Limnol 24:1756–1759
Schälchli U (1993) Berechnungsgrundlagen der inneren Kolmation von Fließgewässersohlen. Wasser Energie Luft 85:321–331
Schönborn W (1996) Grenzflächen auf Steinen in Fließgewässern – Struktur, Funktion und Bedeutung im Stoffhaushalt. DGL-Tagungsbericht Berlin 1995:431–434
Schönborn W (1997) Retentions- und Resuspensionsmechanismen in kleinen Fließgewässern am Beispiel der Ilm (Thüringen, Deutschland). BTU Cottbus-AR 1/97:15–24
Schwoerbel J (1967) Das hyporheische Interstitial als Grenzbiotop zwischen oberirdischem und subterranem Ökosystem und seine Bedeutung für die Primärevolution von Kleinsthöhlenbewohnern. Arch Hydrobiol [Suppl] 33:1–62
Schwoerbel J (1994) Trophische Interaktionen in Fließgewässern. Limnologica 24:185–194
Stanford JA, Ward JV (1993) An ecosystem perspective of alluvial rivers: connectivity and the hyporheic corridor. J N Am Benthol Soc 12:48–60
Ubell K (1987) Austauschvorgang zwischen Fluß- und Grundwasser. Teil II. DGM 31:142–148
Whitman RL, Clark WJ (1982) Availability of dissolved oxygen in interstitial waters of a sandy creek. Hydrobiologia 92:651–658

4.4
Transferprozesse durch Sedimentresuspension

U. Förstner

4.4.1
Einleitung

Trotz Rückgang der Schadstoffeinleitungen sind vielerorts die Flußsedimente in beachtlichem Maße mit Schadstoffen belastet. Hochwasserereignisse können eine Resuspension kontaminierter Feinsedimente und eine Verfrachtung der sedimentgebundenen Schadstoffe über große Distanzen bewirken. Auch die Aufwirbelung durch Baggerarbeiten und Schiffsbewegungen kann zu einer Freisetzung von Schadstoffen aus den Sedimenten und dem Porenwasser führen und dadurch das Ökosystem Fließgewässer erheblich belasten. Diese Einflußfaktoren müssen für eine qualifizierte und umfassende Risikoabschätzung untersucht werden. Eine solche Risikoabschätzung ist die Voraussetzung für eine fachgerechte Planung technischer Maßnahmen für eine ökologisch verträgliche Unterhaltung bzw. Sanierung der Fließgewässer (Westrich u. Kern 1996).

Beim Ausbau von Gewässern und Hafenbecken sowie deren Unterhaltung fallen Sedimente auch in der Form von Baggergut an. Man geht derzeit von etwa 20 bis 50 Mio. m^3 Baggergut aus, die pro Jahr in der Bundesrepublik Deutschland bewegt werden. Für die Bundeswasserstraßenverwaltung bildet die Umlagerung von Baggergut als Regelfall die wirtschaftlichste und anzustrebende Form der Unterbringung. Andere Formen der Unterbringung kommen nur in Frage, wenn diese technisch, wirtschaftlich und ökologisch sinnvoll und tragbar sind (BfG 1997). Aus der Sicht des Gewässerschutzes können dagegen grundsätzlich Umlagerungsverfahren von Sedimenten gegenüber einer landseitigen oder subaquatischen Ablagerung schadstoffhaltiger Gewässersedimente als belastend angesehen werden (Arge Elbe 1996).

4.4.2
Interdisziplinäre Forschung über Transferprozesse bei Sedimentumlagerungen

Die Probleme, die bei der natürlichen oder anthropogenen Verlagerung von schadstoffbelasteten Feststoffen in Binnen- und Ästuargewässern entstehen, haben in den vergangenen 10 Jahren die interdisziplinäre Forschung auf diesem Gebiet beträchtlich ausgeweitet. Beispielhaft genannt seien die Übersicht von Westrich (1988) und die Arbeiten im DFG-Sonderforschungsbereich 327 „Wechselwirkungen zwischen abiotischen und biotischen Prozessen in der Tideelbe“ (Kausch u. Michaelis 1996). An einem regionalen Beispiel wurde die Verknüpfung von dominanten hydromechanischen und geochemischen Einflußfaktoren erfolgreich durchgeführt (Kern 1997).

Unter dem Begriff „Transferprozesse“ werden drei Forschungsrichtungen und ihre fachspezifische Meßtechnik, Analytik, Versuchsstrategien und Modellbildung miteinander verbunden: (1) Die hydrodynamischen Vorgänge bei der Ausbreitung sowohl der gelösten als auch der partikelgebundenen Schad- und Belastungsstoffe, (2) die biologisch geprägten Prozesse des Abbaus, der Stoffumwandlung und -festlegung von Nähr- und Schadstoffen sowie (3) die chemischen Wechselwirkungen zwischen festen und wäßrigen Phasen.

In Abb. 4-3 sind die Wechselwirkungen zwischen wichtigen Komponenten und Mechanismen bei diesen Transferprozessen schematisch dargestellt:

- Die Fließgeschwindigkeit und Turbulenz eines Fließgewässers und damit dessen erosiv/akkumulatives Potential sind in erster Linie vom Abfluß abhängig. Dabei wird die hydrodynamische Resuspensionsschwelle bei organikreichen Feinsedimenten wesentlich durch deren mikrobiologische Besiedlung bestimmt. Schadstoffe können über die Partikel oder die Porenlösungen in das Oberflächenwasser transferiert werden.
- Im Mittelpunkt des Systems der Wechselwirkungen steht der biologische Abbau organischer Substanzen. Er liefert biologisch aktive und inaktive Substanzen zur Bildung von Oberflächenfilmen auf Partikeln (wo sie einerseits die Flocken- und Aggregatbildung beeinflussen und andererseits Sorptionsplätze für die Readsorption bereitstellen) und transferiert weniger stark gebundene organische Feststoffkomponenten in das Interstitial – mit Auswirkungen auf die Komplexierung von gelösten Metallen und die Kolloidbildung sowie auf stabilitätsrelevante Wirkungen bei hydrodynamischen Prozessen.
- Für den Übergang von Schadstoffen wie beispielsweise Schwermetallen aus resuspendierten Sedimente in die Lösungsphase und Wiederadsorption an natürliche Feststoffe wird grundsätzlich das Wechselspiel von mechanischer Erosion (hier als Oxidationsereignis) und Sedimentation mit nachfolgenden chemischen Reduktionsprozessen verantwortlich gemacht (Kap. 4.4.3).

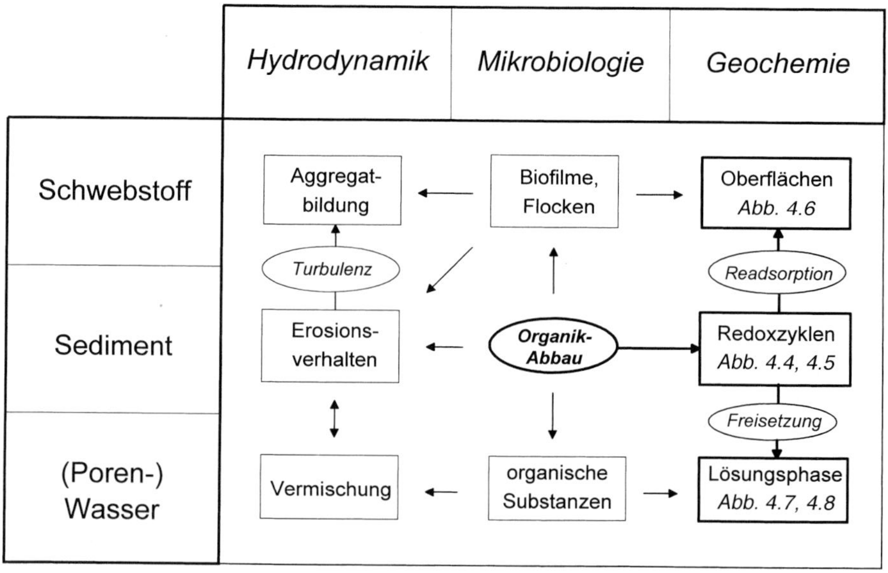

Abb. 4-3. Wechselwirkungen zwischen wichtigen Komponenten und Mechanismen für Transferprozesse bei der Resuspension von Gewässersedimenten

Die wichtigste Funktion dieser Abbauprozesse – von denen auch in unterschiedlicher Weise organische Schadstoffe betroffen sind – ist in dem vorliegenden Systemausschnitt die Herausbildung von Redoxzyklen, die als Steuerprozesse und „Treibstoff" für sekundäre biogeochemische Mobilisierungs- und Transfervorgänge wirken können.

4.4.3 Steuerprozesse und kapazitative Eigenschaften beim Schadstofftransfer

Ursache für die letztlich wirksame Mobilisierung von Schadstoffen ist häufig eine biochemische Umsetzung organischer Stoffe, doch können auch anorganische Komponenten als Auslöser für pH- und Redoxgradienten von Bedeutung sein. Organische Substanzen in Porenlösungen beeinflussen die Schadstoffgehalte in mehrfacher Weise:

- als lösungsvermittelnder Faktor für den Transport von Spurenelementen, vor allem durch **Komplexierungsprozesse** mittels organischer Abbauprodukte,
- durch die Bildung von **Kolloiden**, mit der ein intensiver Transport auch der schwerlöslichen Komponenten in der Wasserphase erfolgt,

- als Motor und wesentlicher **Milieu- und Steuerfaktor** für die Stoffkreisläufe anderer Haupt-, Neben- und Spurenkomponenten (Abb. 4-4).

Wie stark die Steuerprozesse ein geochemisches System verändern (und gegebenenfalls zu einer massiven Freisetzung von Schadstoffen führen), hängt von dessen kapazitätsbestimmenden Eigenschaften ab (Stigliani 1991). Dieser Faktor - charakteristische Komponente des übergreifenden Konzepts der „Chemischen Zeitbombe" - zeigt sich darin, daß die Aufnahmefähigkeit des Feststoffs durch direkte Sättigung erschöpft werden kann, weist aber zum anderen vor allem auf die Möglichkeit hin, daß bestimmte Feststoffphasen, die als „Puffer" oder „Barrieren" wirken, durch äußere Einflüsse in ihrer Kapazität reduziert werden können. Vor allem Systeme, die hohe Anteile abbaubarer organischer Substanzen enthalten, zeigen typische nichtlineare, verzögerte Entwicklungen und sind - anders als mineralogisch-geochemische Systeme - mit den derzeit verfügbaren Methoden nicht ausreichend beschreibbar, modellierbar und prognostizierbar (Förstner 1995a).

Ein typischer nichtlinearer und verzögerter Prozeß ist die Spaltung von Sulfat im Redoxkreislauf (Abb. 4-5a): Bei der mikrobiellen Reduktion von Sulfat und Eisenoxid - organische Substanz wird dabei abge-

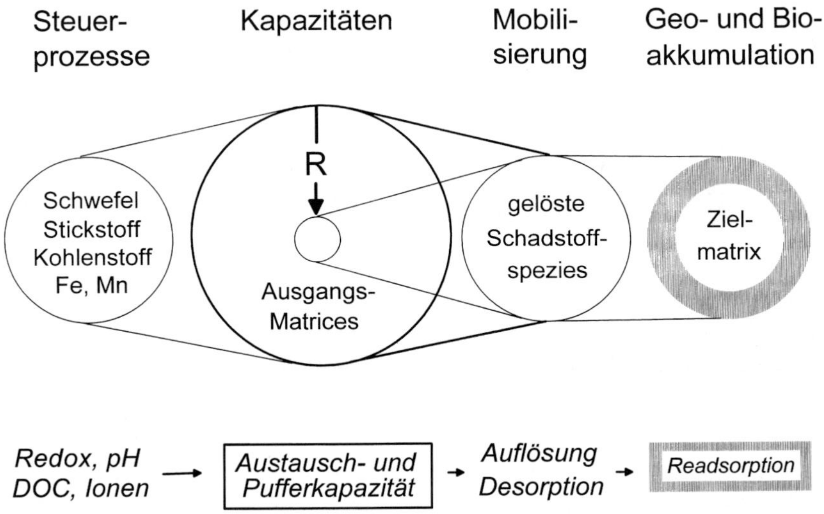

Abb. 4-4. Abfolge und Verknüpfung von Milieu- und Steuerfaktoren, kapazitativen Eigenschaften sowie Freisetzungs- und Readsorptionsprozessen für Schadstoffe in natürlichen Feststoff-/Lösungssystemen (erweitert n. Salomons 1993)

baut – entstehen u.a. Eisensulfide und Bicarbonat. In einem geschlossenen System würden sich die pH-Bedingungen nicht ändern. Wenn jedoch die Bicarbonatkomponente, die das Säureneutralisationspotential des Systems darstellt, weggeführt wird, können die Eisensulfide, die als Feststoffphasen im Sediment verbleiben, bei erneuter Sauerstoffzufuhr oxidiert werden und dabei Säure erzeugen (Säurebildungspotentiale). Durch häufige Wiederholung dieses Vorgangs, besonders ausgeprägt im Bereich von Gezeitenströmungen, können die Pufferkomponenten sukzessive aufgebraucht werden, bis es zum Durchbruch der Säure kommt (Abb. 4-5b). Die Freisetzungsraten für die einzelnen Spurenelemente weisen große Unterschiede auf, wie die Folientankexperimente von Hunt u. Smith (1983) im Long Island Sound zeigten (Abb. 4-5c): Die Zusatzbelastung von Cadmium wurde innerhalb von nur drei Jahren nahezu vollständig aus dem Sediment

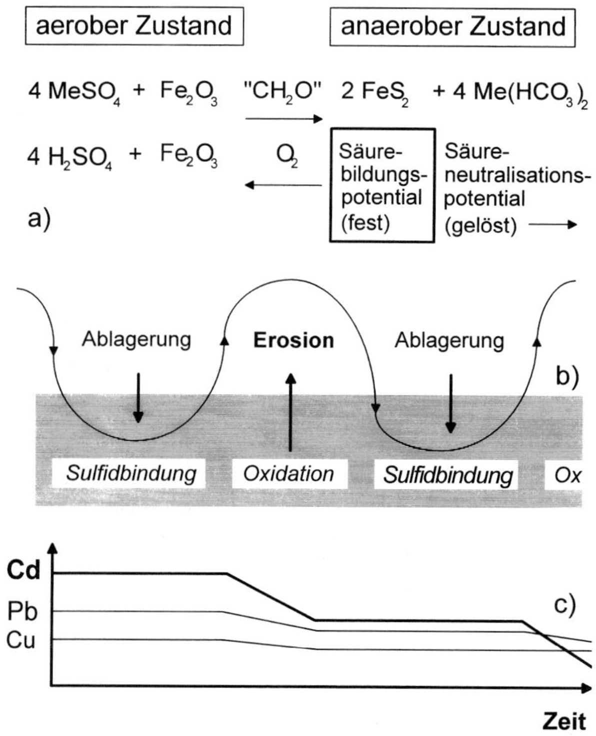

Abb. 4-5. Freisetzung von Spurenelementen durch Oxidationsprozesse, a) Spaltung von Sulfat im Redoxkreislauf (n. Breemen 1987); b) Schema der Ablagerungs- und Erosionszyklen (Salomons 1995); c) Freisetzung von Cadmium, Blei und Kupfer aus kontaminierten Sedimenten in Mikrokosmen-Experimenten (Hunt u. Smith 1983)

freigesetzt. Die Extrapolation für Blei ergab 40 Jahre, für Kupfer 400 Jahre Verweilzeit der anthropogenen Anteile im Sediment. In der Gewässerpraxis sind solche Effekte allerdings schwer vorherzusagen, wenn die episodischen Umlagerungsereignisse den bestimmenden Faktor darstellen.

Die freigesetzten Metalle können wieder an Feststoffe adsorbiert werden. Für naturnahe, simultane Untersuchungen der Freisetzungsprozesse von Belastungs- und Schadstoffen aus dem Porenwasser, der Desorption von sedimentären Phasen, der Readsorption an Modellsubstrate und der Aufnahme in biologische Matrices bietet sich ein Mehrkammernsystem an, das in Experimenten zum Einfluß von salzreichen Lösungen sowie der Redox- und pH-Bedingungen auf die Desorption von Schwermetallen aus Baggerschlämmen eingesetzt wurde (Calmano et al. 1988). Mit diesem System, in dem sowohl die hydrochemischen Bedingungen als auch die Art und Konzentration der Modellsubstrate – in den Seitenkammern durch Membrane von der Zen-

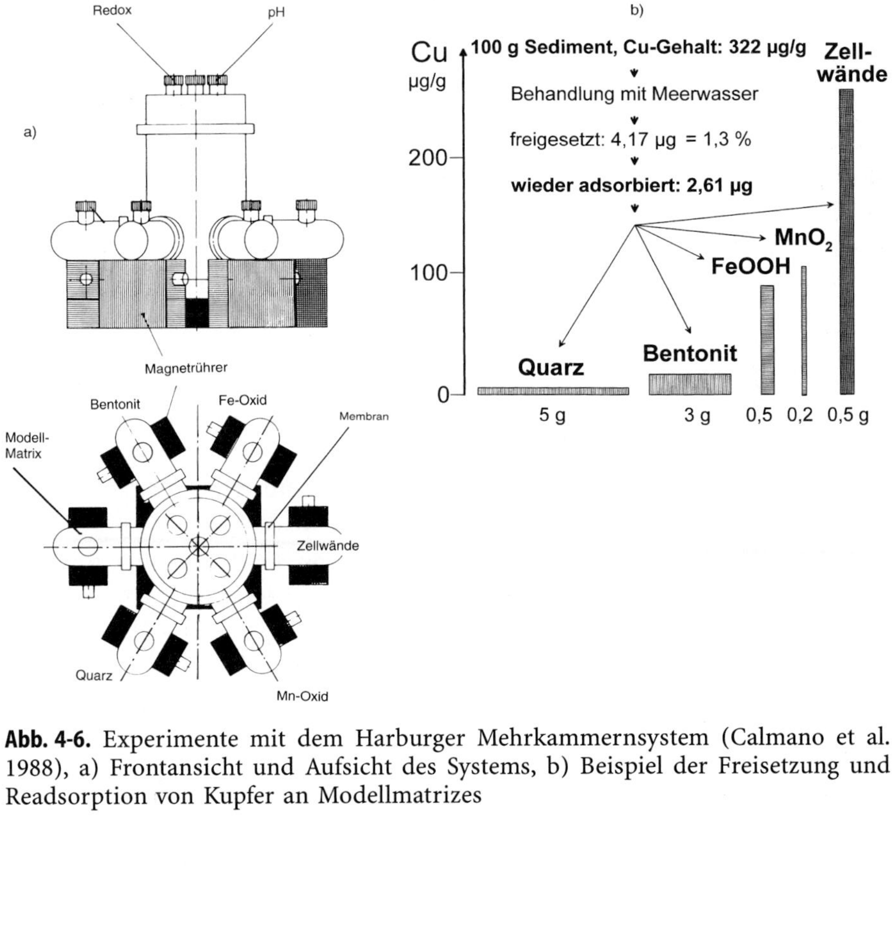

Abb. 4-6. Experimente mit dem Harburger Mehrkammernsystem (Calmano et al. 1988), a) Frontansicht und Aufsicht des Systems, b) Beispiel der Freisetzung und Readsorption von Kupfer an Modellmatrizes

tralkammer getrennt (Abb. 4-6a) – variiert werden können, lassen sich Konkurrenzeffekte verfolgen, die unter Feldbedingungen nur als Summenergebnis oder überhaupt nicht nachzuweisen sind. Das Beispiel in Abb. 4-5b zeigt, daß Kupfer aus Hafenschlick bei Behandlung mit Meerwasser zwar nur zu etwa 1% freigesetzt, dieser kleine Anteil jedoch an dem organischen Modellsubstrat (Algenzellwände) auf über 250 mg/kg akkumuliert wird. Es ist zu erwarten, daß solche Transferprozesse letztlich zu entsprechenden Anreicherungseffekten auch in der Nahrungskette führen.

4.4.4 Beispiele für Freisetzungs- und Transferprozesse bei Schwermetallen

Für das Verhalten von Nähr- und Schadstoffen nach der Ablagerung spielen Redoxveränderungen im Sediment eine besonders wichtige Rolle. Nachstehend werden einige Beispiele gegeben, aus denen die Bedeutung dieser Prozesse für die Gewässerpraxis deutlich wird.

4.4.4.1 Untersuchungen an Porenwässern

Die Zusammensetzung von Interstitial- oder Porenlösungen von Sedimenten ist vermutlich der empfindlichste Indikator für die Art und das Ausmaß von Reaktionen, die zwischen den schad- oder nährstoffbelegten Sedimentpartikeln und der damit in Kontakt stehenden Lösungsphase stattfinden. Die große Oberfläche feinkörniger Sedimente bezogen auf das kleine Volumen des eingeschlossenen Interstitialwassers stellt sicher, daß auch untergeordnete Reaktionen mit den Feststoffphasen durch eindeutige Signale aus der Zusammensetzung der Lösungsphase angezeigt werden.

Porenwasseranalysen in Flachwassersedimentprofilen des Puget-Sound-Ästuars (Emerson et al. 1984) zeigten in den ersten Zentimetern oberhalb des reduzierten, H_2S-haltigen Bereichs erheblich erhöhte Gehalte an gelösten Cu, Ni und Cd. Durch Tracer-Experimente in der Great Bay, New Hampshire (Hines et al. 1984), konnte nachgewiesen werden, daß die biologische Aktivität in den Oberflächensedimenten die Remobilisierung von Spurenmetallen durch Eintrag von oxischem Wasser in die reduzierten, sulfidhaltigen Horizonte erhöht.

Die Freisetzung von Metallen aus dem Porenwasser kontaminierter Sedimente wurde von Darby et al. (1986) in einem künstlichen Marschgebiet untersucht. Verglichen mit den Flußwassergehalten ist das Porenwasser um den Faktor 200 für Fe und Mn, 30 bis 50 für Ni und Pb, ca. 10 für Cd und Hg sowie 2 bis 3 für Cu und Zn angereichert. Wird die erwartete Metallkonzentration bei Baggerarbeiten (aus einem Verhältnis von 1:4 für Fluß- zu Porenwasser berechnet) mit der gemessenen Konzentration am Ablaufrohr verglichen, so zeigt sich eine deutliche Mobilisierung von Zn, Cu, Pb und Cd. Diese zusätzliche Freisetzung ist vor allem auf die Oxidation sulfidischer Phasen zurückzuführen.

Die Auswirkungen von gezeiteninduzierten Oxidationsvorgängen auf die Mobilität von Nährstoffen und Schwermetallen wurden im Gebiet des Süßwasserwattes „Heukenlock" bei Hamburg an Sedimentkernen untersucht (Kersten 1989). Die überwiegend organisch/sulfidisch gebundenen Cadmiumanteile im tieferen Sediment gehen im oxidierten Teil des Kerns zunehmend in carbonatische und austauschbare Bindungsformen über. Gleichzeitig findet hier eine deutliche Abnahme der Gesamtgehalte an Cadmium statt. Es wurde die Hypothese aufgestellt, daß durch einen Vorgang des „oxidativen Pumpens" – verursacht durch die Gezeitenbewegung – Cadmium aus den Sedimenten über die Porenlösungen in das Oberflächenwasser übergeführt wird (Kersten u. Förstner 1987).

4.4.4.2
Simultane Freisetzungs- und Festlegungsprozesse

Die komplexen Vorgänge bei der Freisetzung und Bindung von Schad- und Belastungsstoffen sind in Abb. 4-7 schematisch für Schwermetalle dargestellt. Danach werden typische Metalle wie Cadmium, Zink und Kupfer in einer frühen Phase vor allem aus labilen Sulfidmineralen (AVS = „acid volatile sulfide") und nachfolgend aus den beständigeren FeS_2-(Pyrit-)Mineralen freigesetzt. Bereits in diesem Stadium erfolgt eine Wiederadsorption an organischen Feststoffen und an (teilweise neugebildeten) Eisen- und Manganoxiden; bei höheren Phosphorgehalten kann später auch eine Fällung von Schwermetallen als Phosphatminerale stattfinden. Langfristig sind die Karbonat- und Hydroxidfällung wichtige Mechanismen zur Entfernung von Schwermetallen aus der Lösungsphase. In Abb. 4-8 ist das Beispiel des Bleis wiedergegeben, dessen Verhalten bei der Aufwirbelung eines Elbesediments über 700 Stunden untersucht wurde (Hong 1995). Bei der Betrachtung der Nettofreisetzung zeigt sich zunächst ein starker Anstieg, doch gehen diese Gehalte später wieder deutlich zurück. Die hier gewählte Versuchsanordnung läßt aber erkennen, daß die Gesamtfreisetzung nach dem ersten, starken Anstieg praktisch erhalten bleibt, dann aber neue Prozesse einsetzen (Fällung von Bleiphos-

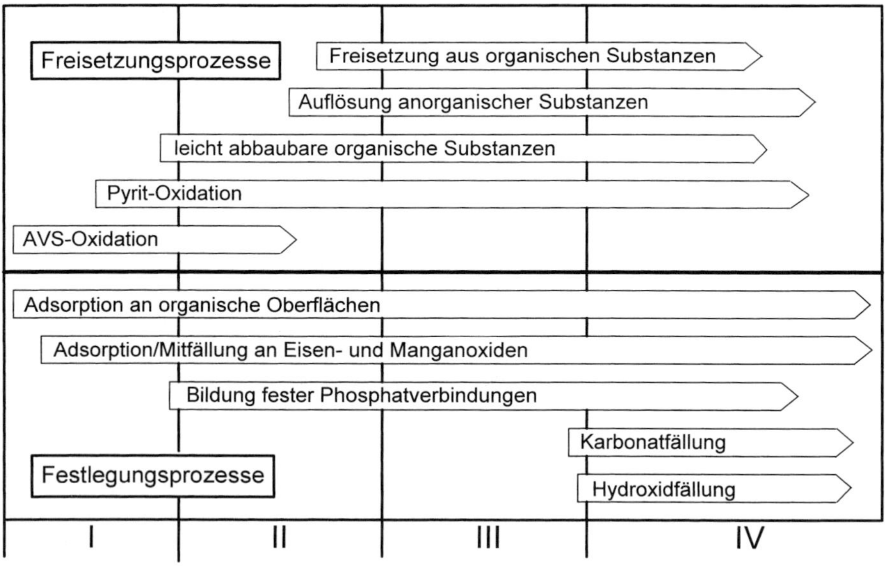

Abb. 4-7. Zeitliche Entwicklungsstadien bei der Freisetzung und Wiederfestlegung von Metallen bei der Resuspension von Sedimenten (n. Hong 1995)

phat?), die zu einer Readsorption und Entfernung von Blei aus der Lösungsphase führen. Derartige unterschiedliche zeitliche Entwicklungen der Desorptions- und Sorptionsprozesse müssen für die einzelnen Schadstoffspezies bekannt sein, wenn solche Daten einem Transport zugeordnet und modelliert werden sollen.

4.4.4.3 Verdrängungsmechanismen bei der Metallsorption

Die Auswirkungen geochemischer Vorgänge, an denen Eisen- und andere Sulfide beteiligt sind, auf Vorgänge der Diagenese und damit gekoppelter umweltgeochemisch relevanter Reaktionen wurde von Peiffer (1997) systematisch untersucht. In Abb. 4-9 ist das Schema der Auswirkung von Oxidationsprozessen auf die Cadmium-Mobilisierung in gut gepufferten, neutralen Sedimenten ausgewählt. Zufuhr von Sauerstoff führt zur Oxidation von Sulfiden, Ammonium und organischer Substanz. Es entsteht Azidität in Form von Kohlensäure und Protonen, die im System unter Auflösung von Calcit bzw. Austausch von freigesetztem Calcium und Protonen mit dem in der Matrix gebundenen Cadmium teilweise verbraucht werden. Außerdem entstehen bei der Reaktion von Eisensulfiden mit Sauerstoff auch große Mengen an

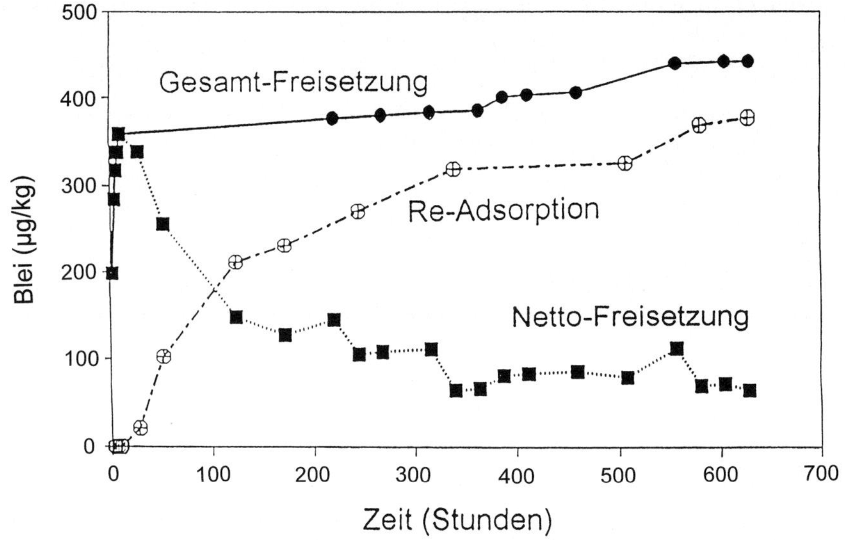

Abb. 4-8. Zeitliche Entwicklung der Freisetzung und Readsorption von Blei in einem Experiment mit Elbe-Sediment (Hong 1995)

Fe(III), welches wiederum in der Lage ist, die Eisensulfide weiter zu oxidieren. Dabei entsteht wieder Azidität, ebenso wie durch Hydrolyse von Fe(III). Wichtig ist hierbei, daß diese Freisetzung auch in kalkreichen Sedimenten stattfindet - durch die Verdrängung von Cadmium aus Sorptionsplätzen an der Matrix. Die Geschwindigkeit der Cadmiumfreisetzung wird durch die Geschwindigkeit der Oxidationsvorgänge bestimmt. Sie wird letztlich nur limitiert durch die Auflösungsrate von Calcit bzw. die Zeit, die für die Einstellung des Gleichgewichts der Konkurrenzreaktion zwischen Cadmium und Calcium notwendig ist.

4.4.4.4 Transfer von Spurenelementen in Tidegewässern

In den Mündungen der Tidegewässer finden natürliche, periodische und anthropogene Resuspensionsereignisse statt, die in der Zeitskala von Minuten bis zu Jahresrythmen reichen. Die Änderung der jahreszeitlichen Produktivität induziert Variationen bei den Reduktionsprozessen, die sich beispielsweise sowohl in der Verstärkung als auch Minderung der Einbindung von Spurenmetallen äußern kann. Im Oberflächenwasser der Meeresbucht von Corpus Christi wurde beobachtet, daß die Cadmiumgehalte im Winter stets höher lagen als im

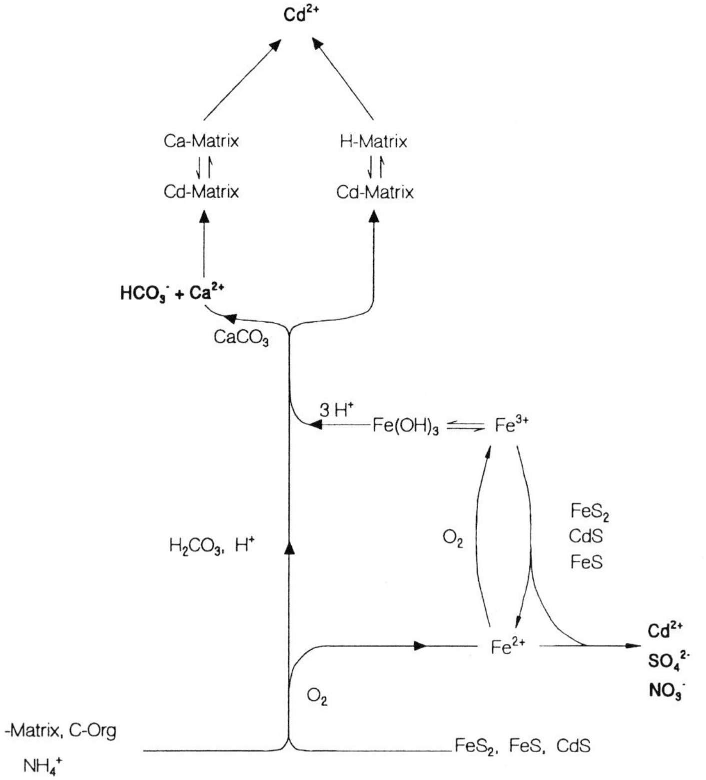

Abb. 4-9. Schematische Darstellung der Auswirkung von Oxidationsprozessen auf die Cadmium-Mobilisierung in gut gepufferten, neutralen Sedimenten (Peiffer 1997)

Sommer (Holmes et al. 1974). Es wurde vermutet, daß dies auf eine Auflösung der im Sommer bei Stagnationsbedingungen ausgefällten Cadmiumsulfide zurückzuführen ist. Schwierig für Prognosen sind vor allem die kurzfristigen Ereignisse - die Bewegung von Organismen, das Baggern und Schlickeggen, aber insbesondere die Einflüsse von Oberwasserwellen bei Hochwasserereignissen.

Eine regionale Bilanzierung der Transferraten von Spurenelementen wurde von Hennies (1997) für die Tideelbe vorgenommen. Auch dieses stellte eine äußerst komplexe Aufgabe dar, da biogeochemische Umsetzungsprozesse auf molekularer Ebene, advektive und diffusive Stoffaustauschvorgänge im Millimeter- bis Zentimeterbereich und darüber hinaus auch großräumige Transportvorgänge erfaßt werden mußten. Die beiden wichtigsten Prozesse für die Mobilität von Spurenelementen sind die Austauschvorgänge an der Sediment/Wasser-Grenzschicht und die Freisetzung zuvor akkumulierter Einzelsubstanzen während des biologischen Abbaus von Phytoplankton in der Wassersäule.

Der Transport von gelösten Substanzen im Porenwasser findet im obersten Teil der Sedimentsäule durch molekulare Diffusion und Faunaaktivität statt, während unterhalb etwa 1 cm Sedimenttiefe Advektion entlang von Methangaswegen vorherrscht. Die bioturbate Transportsteigerung beträgt maximal das 5fache der molekularen Diffusion. Ein Austausch von frühdiagenetisch mobilisierten Elementen wie Mangan durch die Sediment/Wasser-Grenzfläche erfolgt nur dann, wenn sich ein starker Porenwasser-/Freiwassergradient unterhalb eines gegebenenfalls nur wenige Millimeter mächtigen oxischen Horizonts fortsetzt. Bei den sulfidbildenden Spurenmetallen Cu, Cd und Zn, die in diesem oxischen (und postoxischen) Horizont auftreten, findet ein Vertikaltransport weitgehend durch molekulare Diffusion statt (Hennies 1997).

Es bestehen ausgeprägte jahreszeitliche Effekte bei der Freisetzung und Readsorption von Spurenmetallen an Schwebstoffen. Im Sommer und im Frühherbst liegen Cu, Cd, Pb und auch Zn wahrscheinlich durchgängig zu mehr als 50% an Algen gebunden vor; Cu, Cd und Zn sind überwiegend intrazellulär, Pb dagegen im Bereich der Zellwände festgelegt. Beim Biomasseabbau und der Metallfreisetzung spielen die metallspezifischen Bindungsstärken im Plankton und die Readsorptionsneigung der gelösten Metallspezies eine wichtige Rolle. Während der Vegetationsperiode werden in der Tideelbe etwa ein Drittel bis die Hälfte der aus der Mittelelbe importierten schwebstoffgebundenen Anteile von Cu, Cd, Zn und Pb remobilisiert, wobei für Cd und Zn der Beitrag der planktischen Prozesse etwa fünfmal höher ist als der benthische Mobilisierungspfad (Hennies 1997). Die Trübungszone mit Schwebstoffgehalten, die um 1 bis 2 Größenordnungen über denen der limnischen Zone liegen, ist für die meisten Schwermetalle die entscheidende Barriere gegen den Austrag in den Küstenbereich.

4.4.5 Methodische Ansätze zur Bewertung und Prognose von Transferprozessen

In Anbetracht der – im Vergleich zur reinen Lösungsphase – sehr komplexen feststoffdominierten Systeme erfordert die Untersuchung von kontaminierten Sedimenten und ihren Porenlösungen ein breites Methodenspektrum in der Meßtechnik, Analytik, im experimentellen Design und bei der Modellierung.

4.4.5.1
Verknüpfung von hydromechanischen und geochemischen Daten

In dem grundlegenden Projekt von Westrich u. Kern (1996) zur Mobilität von Schadstoffen in den Sedimenten staugeregelter Flüsse wurde auf drei Ebenen gearbeitet: (1) Analyse von Einzelprozessen in Laborexperimenten, (2) Sediment- und Schadstoffbilanzen im Freiland und (3) Analyse des Zusammenwirkens der Einzelprozesse mit Hilfe von numerischen Simulationen. Neuere Erosionsversuche im Strömungskanal, die anhand weitgehend ungestört entnommener Sedimentkerne vorgenommen wurden, haben gezeigt, daß die untersuchten Flußsedimente aus dem Neckar bis in eine Sedimenttiefe von mindestens 1 m bei signifikantem Hochwasser (Q >10 MQ) erosionsgefährdet sind, da die sohlnahen Strömungskräfte dann stärker sind als die Haltekräfte im Sediment. Für zwei Hochwässer belegen aufgestellte Stofffrachtbilanzen an einer Einzelstauhaltung eine entsprechende Sedimentauspülung und Schadstoffreaktivierung. Numerische Langzeitrechnungen bestätigen die Hypothese, daß sich infolge des Erosionsrisikos bereits geringfügige Veränderungen des Hochwassergeschehens (z. B. durch „climate change“) stark auf die Sediment- und Schadstoffdynamik auswirken. Für den prognostischen Einsatz von Simulationsmodellen ist daher großes Augenmerk auf die Generierung realitätsnaher Eingangshydrographen zu richten.

Für die Simulation von Stoffübergängen sind experimentelle Modellsysteme erforderlich, die sich auf die zentralen Mechanismen konzentrieren und die natürlichen Gewässerbedingungen bis hin zum „worst case“ variieren lassen. Ein Beispiel ist die differentielle Turbulenzsäule von Brunk et al. (1996), mit der die strömungsmechanische Wechselwirkung der Turbulenz mit Sedimentations- und Stoffadsorptionsvorgängen über realistische Zeitskalen ermöglicht wird.

Die quantitative Beschreibung der Schadstoffmobilität, die bislang vor allem die hydromechanischen und geochemischen Einflußfaktoren verknüpft hat, ist künftig vor allem um die biologischen Aspekte zu erweitern (Abb. 4-10). Bei der verstärkten Hinwendung zu einem immissionsorientierten Gewässerschutz, die sich in der neuen Wasserrahmenrichtlinie der Kommission der Europäischen Gemeinschaft niederschlägt, wird auch die Frage der Schutzziele für die Sedimente eine immer größere Rolle spielen. Allerdings sollten auch bei den Immissionskriterien wichtige sedimenthydraulische und geochemische Faktoren berücksichtigt werden.

4.4.5.2
Langzeitprognosen zum Schadstofftransfer bei Sedimentresuspension

Geochemische Aspekte stehen bei der Bewertung des Langzeitverhaltens von Sedimenten und Baggerschlämmen im Vordergrund. Ein wissenschaftlich fundierter Ansatz muß sowohl die aktuelle Auslaugbarkeit von Stoffen berücksichtigen (van der Sloot et al. 1997) als auch die langfristige Pufferkapazität der Feststoffmatrix in Relation zur Entwicklung typischer Einflußfaktoren. Insgesamt spielt dabei das Säurebildungspotential die größte Rolle. Eine geeignete Methode, diese Faktoren gemeinsam zu betrachten, ist die Titration von Feststoffsuspensionen im zeitlichen Ablauf. Weitgehend standardisiert ist das pH_{stat}-Verfahren, das Obermann u. Cremer (1992) im Auftrag des Landes Nordrhein-Westfalen entwickelt haben. Das Titriersystem zeichnet kontinuierlich den Säureverbrauch auf; diese Daten erlauben es, auch Prognosen über den künftigen Milieueinfluß auf die Sedimente und die möglichen Konditionierungsmittel abzugeben.

Bei Schlämmen, die einem sehr dynamischen Medium ausgesetzt sind, wie z.B. feinkörnige Flußsedimente, erfordert die Langzeitpro-

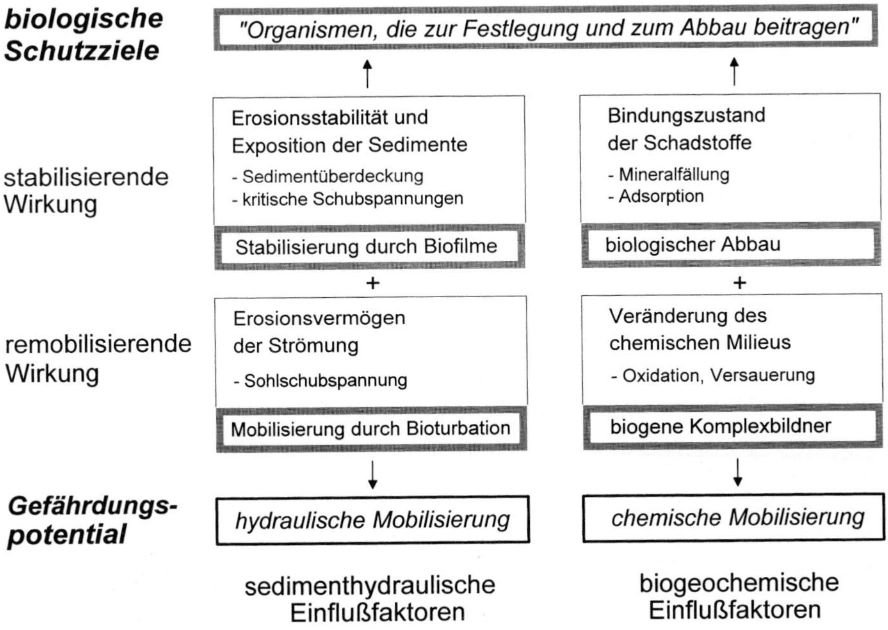

Abb. 4-10. Verknüpfung von hydromechanischen, geochemischen und biologischen Einflußfaktoren auf den Schadstofftransfer bei der Resuspension von Sedimenten (erweitert n. Kern 1997)

Tabelle 4-10. Beziehung zwischen Säurepufferkapazität (SPK) und Säurebildungspotential (SBP) für eine Baggergutprobe aus dem Hamburger Hafen (Kersten u. Förstner 1991)

Verbindung	Funktion	Säurepuffer-Kapazität	Säurebildungs-Potential
Ca^{2+} in Schritt 1	Basenpotential	90 mmol/kg	
S^{2-} in Schritt 3	Sulfidschwefel (direkt)		85 mmol/kg
Fe^{3+} in Schritt 2	maximale Bindungskapazität für Sulfidschwefel an Eisen		335 mmol/kg
„Säurepufferkapazität" minus „Säurebildungspotential": –330 mmol/kg			

gnose eine Worst-case-Betrachtung. Kersten und Förstner (1991) haben dazu einen Vorschlag gemacht, dem die Eluierbarkeit von typischen Elementen in einer sequentiellen Extraktion zugrunde liegt. Dabei wurde die Sequenz des Bureaus für Referenzsubstanzen (BCR) der EU benutzt (Ure et al. 1993): Calcium in der ersten Stufe steht für die Carbonatanteile; „reduzierbares Eisen" entspricht dem reaktiven Eisenanteil, der beispielsweise nicht in Silikaten eingebunden ist; der aktuelle Sulfidanteil wird in der oxidierbaren Fraktion bestimmt. Interessant für die langfristige Prognose ist vor allem der 2. Schritt. Das reaktive Eisen ist grundsätzlich in der Lage, Sulfidionen, die im System entstehen, zu binden und diese bei Oxidationsprozessen wieder freizugeben. Die Bilanz für eine Schlickprobe aus der Elbe ist in Tabelle 4-10 dargestellt: Calcium steht für die Säureneutralisierungskapazität, Schwefel kann unmittelbar Säure bilden. Dazu kommt unter ungünstigen Umständen der Schwefelanteil, der theoretisch an Eisen gebunden werden kann. Die Bilanz ist negativ, d.h. dem Säurebildungspotential der Sedimente steht eine geringe Pufferkapazität gegenüber. Das System ist empfindlich für Säurebildungsprozesse, die den Übergang von Metallen in die Lösungsphase fördern.

4.4.5.3 Umgang mit Baggergut

Bei den technischen Maßnahmen zum Umgang mit Baggergut wird in Deutschland vor allem aus Kostengründen die Methode der Umlagerung im Gewässer immer mehr zum Regelfall. Diese Entwicklung steht offensichtlich im Zusammenhang mit den wachsenden Problemen, u.a. mit kontaminierten Sedimenten, im Einzugsgebiet der Elbe. In den 80er Jahren waren in der Bundesrepublik Deutschland

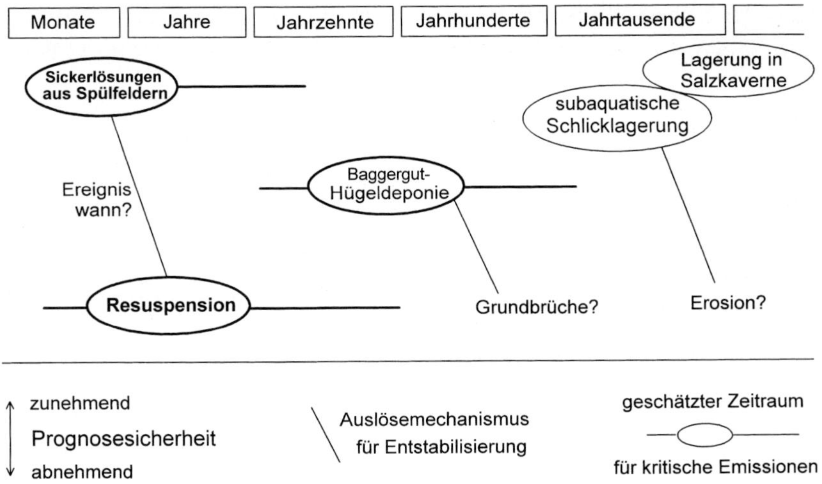

Abb. 4-11. Zeithorizonte und geschätzte Risiken verschiedener Behandlungstechniken für Baggergut

Techniken zur Baggergutbehandlung entwickelt und realisiert worden, insbesondere die METHA-Anlage in Hamburg, mit der eine Abtrennung und Entwässerung der hochkontaminierten Feinfraktionen von Hafensedimenten im Umfang von bis zu 600 000 m^3/a möglich ist. Inzwischen finden die innovativen Entwicklungen zur Behandlung und Verwertung von Baggergut in Nordamerika und den Niederlanden statt (EPA 1994, RIZA 1997).

Im Hinblick auf deren praktischen Einsatz sollte man festhalten, daß Sanierungstechniken für belastete Sedimente grundsätzlich viel enger begrenzt sind als für anderes belastetes Material. Die unterschiedlichsten Belastungsquellen im Einzugsgebiet größerer Flüsse haben in der Regel eine Schadstoffmixtur zur Folge, die wesentlich schwieriger zu behandeln ist als ein industrieller Abfall. Eine Behandlung im engeren Sinne – chemische Extraktion, Verfestigung, biologische Behandlung – wird sich nur in wenigen Fällen rechtfertigen lassen (Förstner 1995b).

Während bei den Vor-Ort-Maßnahmen vor allem eine In-situ-Abdeckung („capping“) und Eindeichung/Einwandung in Frage kommen, werden sich Aufbereitungsverfahren künftig im wesentlichen auf eine mechanische Trennung der stärker kontaminierten Feinkornfraktion beschränken. Als wichtigste Problemlösungen für das kontaminierte Gesamtsediment oder für die abgetrennte Feinfraktion gelten die Methoden der obertägigen, subaquatischen und untertägigen Unterbringung. Unter dem Kriterium der Langzeitsicherheit (d.h. hier ist keine

Nachsorge erforderlich) dürfte die Wahl nur noch zwischen einer Kavernenlagerung und subaquatischen Ablagerung getroffen werden (Abb. 4-11).

4.4.6 Literatur

Arge Elbe (1996) Arbeitsgemeinschaft für die Reinhaltung der Elbe (ARGE Elbe). Umgang mit belastetem Baggergut an der Elbe – Zustand und Empfehlungen. Wassergütestelle Hamburg, Oktober 1996

BfG (1997) Bundesanstalt für Gewässerkunde. Handlungsanweisung für den Umgang mit Baggergut im Binnenland (HABAB-WSV). BfG-1070. Koblenz, 30. 6. 1997. 27 S

Breemen N van (1987) Effects of redox processes on soil acidity. Neth J Agric Sci 35:271–279

Brunk B, Weber-Shirk M, Jensen-Lavan A, Jirka GH, Lion LW (1996) Simulating turbulence and sedimentation in natural hydrodynamic systems by means of a differential turbulence column. J Hydraulic Eng 122:373–380

Calmano W, Ahlf W, Förstner U (1988) Study of metal sorption/desorption processes on competing sediment components with a multichamber device. Environ Geol Water Sci 11:77–84

Darby DA, Adams DD, Nivens WT (1986) Early sediment changes and element mobilization in a man-made estuarine marsh. In: Sly PG (ed) Sediment and Water Interactions. Springer, New York, 343–351

Emerson S, Jahnke R, Heggie D (1984) Sediment/water exchange in shallow water estuarine sediments. J Mar Res 42:709–730

EPA (1994) United States Environmental Protection Agency. Assessment and Remediation of Contaminated Sediments (ARCS) Program – Remediation Guidance Document. EPA 905-R94-003. Great Lakes National Program Office, Chicago, 332 S

Förstner U (1995a) Non-linear release of metals from aquatic sediments. In: Salomons W, Stigliani WM (eds) Biogeodynamics of Pollutants in Soils and Sediments. Springer, Berlin, 247–304

Förstner U (1995b) Risk assessment and technological options for contaminated sediments – a geochemical perspective. Mar Freshwater Res 46:113–127

Hennies K (1997) Biogeochemische Prozeßuntersuchungen zum Transportverhalten von Spurenelementen in der Tide-Elbe. Dissertation an der Technischen Universität Hamburg-Harburg 288 S

Hines ME, Lyons WM, Armstrong PB, Orem WH, Spencer MJ, Gaudette HE (1984) Seasonal metal remobilization in the sediments of Great Bay, New Hampshire. Mar Chem 15:173–187

Holmes CW, Slade EA, McLerran CJ (1974) Migration and redistribution of zinc and cadmium in marine estuarine systems. Environ Sci Technol 8:255–259

Hong J (1995) Characteristics and Mobilization of Heavy Metals in Anoxic Sediments of the Elbe River during Resuspension/Oxidation. Dissertation an der Technischen Universität Hamburg-Harburg 157 S

Hunt CD, Smith DL (1983) Remobilization of metals from polluted marine sediments. Can J Fish Aquat Sci 40:132–142

Kausch H, Michaelis W (eds)(1996) Suspended Particulate Matter in Rivers and Estuaries. Schweizerbartsche Verlagsbuchhandlung, Stuttgart. 573 p

Kern U (1997) Transport von Schweb- und Schadstoffen in staugeregelten Fließgewässern am Beispiel des Neckars. Mitt Inst für Wasserbau, Universität Stuttgart Heft 93, Stuttgart, 209 S

Kersten M (1989) Mechanismen und Bilanz der Schwermetallfreisetzung aus einem Süßwasserwatt der Elbe. Dissertation an der Technischen Universität Hamburg-Harburg 122 S

Kersten M, Förstner U (1987) Cadmium associations in freshwater and marine sediment. In: Nriagu JO, Sprague JB (eds) Cadmium in the Aquatic Environment. Wiley, New York, 51–88

Kersten M, Förstner U (1991) Geochemical characterization of the potential trace metal mobility in cohesive sediment. Geo-Mar Letts 11:184–187

Obermann P, Cremer S (1992) Mobilisierung von Schwermetallen in Porenwässern von belasteten Böden und Deponien. Entwicklung eines aussagekräftigen Elutionsverfahrens. Materialien zur Ermittlung und Sanierung von Altlasten. Landesamt für Wasser und Abfall Nordrhein-Westfalen, Düsseldorf, Band 6, 127 S

Peiffer S (1997): Umweltgeochemische Bedeutung der Bildung und Oxidation von Pyrit in Gewässersedimenten. Bayreuther Forum Ökologie. Universität Bayreuth, Band 47, 105 S

RIZA (1997) Directoraat-Generaal Rijkswaterstaat. Development Programme for Treatment Processes for Contaminated Sediments (POSW), Stage II (1992–1996). Final Report, RIZA Report 97.051. Lelystad/NL, 58 S

Salomons W (1993) Non-linear and delayed responses of toxic chemicals in the environment. In: Arendt F, Annokée GJ, Bosman R, van den Brink WJ (eds) Contaminated Soil '93. Kluwer, Dordrecht, 225–238

Salomons W (1995) Long-term strategies for handling contaminated sites and large-scale areas. In: Salomons W, Stigliani WM (eds) Biogeodynamics of Pollutants in Soils and Sediments. Springer, Berlin, pp 1–30

Sloot HA van der, Heasman L, Quevauviller Ph (1997) Harmonization of Leaching/Extraction Tests. Studies in Environmental Science 70. Elsevier, Amsterdam, 281 pp

Stigliani WM (1991) Chemical Time Bombs: Definition, Concepts, and Examples. Executive Report 16 (CTB Basic Document). IIASA, Laxenburg

Ure AM, Quevauviller P, Muntau H, Griepink B (1993) Speciation of heavy metals in soils and sediments, an account of the improvement and harmonization of extraction techniques undertaken under the auspices of the BCR of the Commission of the European Communities. Intern J Environ Anal Chem 51:135–151

Westrich B (1988) Fluvialer Feststofftransport – Auswirkung auf die Morphologie und Bedeutung für die Gewässergüte. Schriftenreihe gwf Wasser-Abwasser. Oldenbourg München, Band 22, 173 S

Westrich B, Kern U (1996) Mobilität von Schadstoffen in den Sedimenten staugeregelter Flüsse – Naturversuche in der Stauhaltung Lauffen, Modellierung und Abschätzung des Remobilisierungsrisikos kontaminierter Altsedimente. Abschlußbericht Nr. 96/23 (HG 237) Forschungszentrum Karlsruhe. Institut für Wasserbau, Universität Stuttgart. Stuttgart, 186 S

4.5 Ausbreitung von Pflanzenschutzmitteln im Grundwasser

G. Matthess

4.5.1 Einleitung

Regionale Untersuchungen wiesen in deutschen Grund- und Rohwasservorkommen Grenzwertüberschreitungen für Pflanzenschutzmittel (PSM) mit 0,1 µg/l für den Einzelstoff und 0,5 µg/l für die Summe sämtlicher PSM nach. Diese Überschreitungen liegen meist unterhalb des 10fachen Grenzwertes. Für Stoffe wie Atrazin und seine Metabolite, für Simazin und Chlortoluron sind aber Maximalkonzentrationen im Bereich zwischen 1 und 10 µg/l ermittelt worden (DFG 1990, Zullei-Seibert 1990, 1996). Der Nachweis von PSM im Grundwasser wirft die Frage auf, welche Vorgänge zu ihrer Ausbreitung führen. Der Transport gelöster, emulgierter oder suspendierter Stoffe im Untergrund findet im wesentlichen in der flüssigen Phase statt, in der wasserungesättigten Zone darüber hinaus auch durch Gasaustausch.

4.5.2 Transportprozesse

Das Verhalten von Pflanzenschutzmitteln im Untergrund wird durch die hydrologischen Bedingungen und durch die physikalischen, chemischen und biologischen Prozesse in der belebten Bodenzone und im tieferen Untergrund bestimmt. Dabei wirken der advektive bzw. konvektive Transport und die hydrodynamische Dispersion (Verdünnungseffekt) mit geochemischen, physikalischen und mikrobiellen Prozessen zusammen (Fällung, Mitfällung, Sorption, Desorption, Filtration, Gasaustausch, abiotischer und biotischer Ab- und Umbau). Die relative Bedeutung dieser Vorgänge hängt in entscheidendem Maße von den chemischen und physikalischen Eigenschaften der Wirkstoffe und ihrer Ab- und Umbauprodukte sowie von den hydrologischen, bodenkundlichen und geologischen Standortbedingungen ab. Die o. g. natürlichen Prozesse führen zu einer Verzögerung der Ausbreitung oder auch zur völligen oder teilweisen Eliminierung dieser anthropogen eingetragenen Stoffe.

4.5.2.1 Hydrologische Bedingungen

Advektion bzw. Konvektion ist der bevorzugte horizontale bzw. vertikale Transport von Stoffen mit dem Trägermittel Wasser durch den Grundwasserleiter bzw. die wasserungesättigte Zone (Abb. 4-12). Der wasserungesättigte Bereich ist durch das Zusammenvorkommen von drei Phasen, von festen Untergrundmaterialien, von flüssigem Wasser in Form von Adsorptions-, Kapillar- und Sickerwasser und von Grundluft charakterisiert, wohingegen im Grundwasserbereich nur die Gesteinsmatrix als feste Phase und das Wasser als flüssige Phase zu unterscheiden sind. Für die Stoffumsetzungen ist auch das Wasser von Bedeutung, das durch Massenkräfte und elektrostatische Kräfte an die feste Matrix gebunden und gegen die Schwerkraft festgehalten wird (Adsorptionswasser, Kapillarwasser). Erst nach Überschreiten eines bodenspezifischen Grenzwassergehaltes, der Feldkapazität, bewegt sich Sickerwasser in nennenswerten Mengen unter dem Einfluß der Schwerkraft zum Grundwasser hin. Das Ausmaß der Wasserbewegung in der wasserungesättigten Zone ist abhängig vom antreibenden Gradienten des Gesamtpotentials und der Durchlässigkeit des Bodens. Während das Verhalten des Wassers in der wasserungesättigten Zone durch Massen- und elektrostatische Kräfte mitbestimmt wird, bewegt sich das Grundwasser ausschließlich unter dem Einfluß der Schwerkraft. Die Wasserbewegung hängt allgemein vom Potentialgefälle und von der Durchlässigkeit des von Korngröße und Gefüge charakterisierten Untergrundes ab. Für wassergesättigte und -ungesättigte Verhältnisse ergeben sich weitgehend analoge Beziehungen, wobei der Durchlässigkeitsbeiwert und das hydraulisch wirksame Potential in der wasserungesättigten Zone vom Wassergehalt beeinflußt werden. Der Durchlässigkeitsbeiwert im ungesättigten Bereich (k_u) nimmt mit steigender Wasserspannung, d.h. mit abnehmender Wassersättigung ab.

Die Bewegungsrichtung des Wassers ergibt sich aus der Richtung des Potentialgradienten, der in der ungesättigten Zone außer durch das Gravitationspotential auch durch das feststoff- und wassergehaltsabhängige Matrixpotential bestimmt wird. Die Evaporation führt an der Erdoberfläche zu Wasserverlusten, die durch Wasserzufuhr aus der Tiefe ausgeglichen werden. In der Vegetationsperiode tritt so bis zu einer Untergrenze, der hydraulischen Wasserscheide, eine nach oben gerichtete Wasserbewegung auf (Abb. 4-12). Im humiden Klima Mitteleuropas überwiegt jedoch die nach unten gerichtete Wasserbewegung, daher ergibt sich dort über das Jahr eine nach unten gerichtete Nettobewegung des Wassers und der darin gelösten Stoffe.

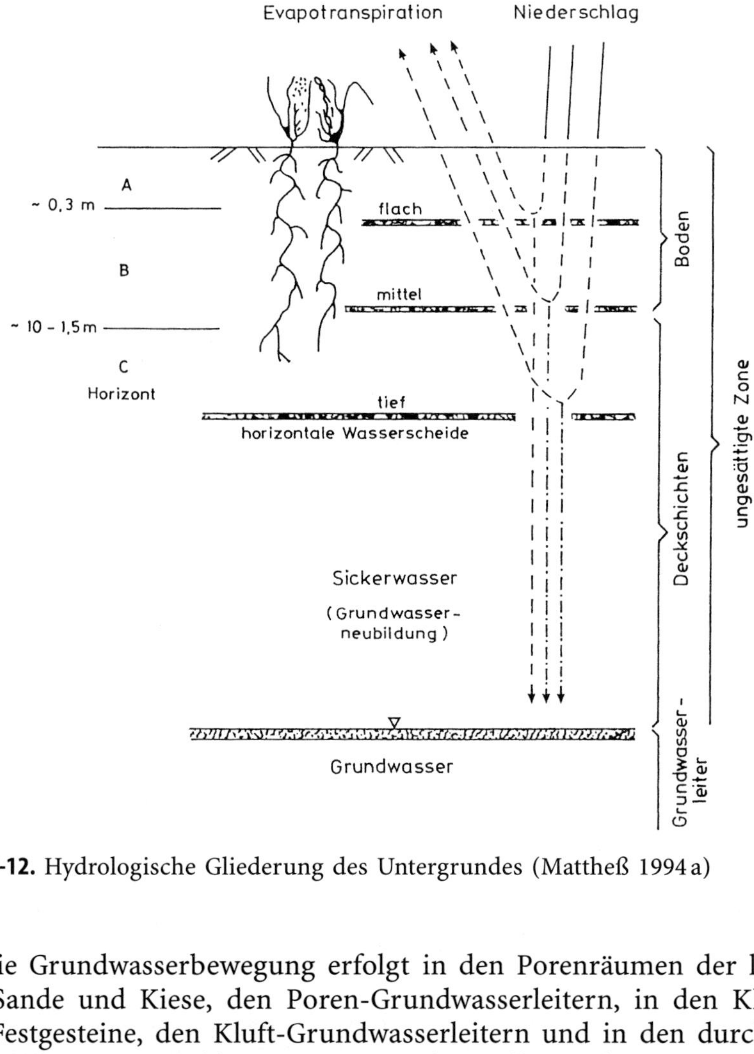

Abb. 4-12. Hydrologische Gliederung des Untergrundes (Mattheß 1994a)

Die Grundwasserbewegung erfolgt in den Porenräumen der lockeren Sande und Kiese, den Poren-Grundwasserleitern, in den Klüften der Festgesteine, den Kluft-Grundwasserleitern und in den durch Lösung erweiterten Hohlraumsystemen der Kalk-, Dolomit-, Anhydrit- und Gipsgesteine, den sogenannten Karst-Grundwasserleitern. Bei gleichen hydraulischen Bedingungen sind die Fließgeschwindigkeiten in den Poren-Grundwasserleitern am geringsten (meist weniger als 1 m/d, selten einige 10 m/d) und können in den Kluft- und Karst-Grundwasserleitern hohe Werte erreichen (8 km/d bzw. 26 km/d). Da die Feldkapazitäten in groben Untergrundmaterialien wesentlich kleiner und die Durchlässigkeitsbeiwerte k_u wesentlich größer als in feinen sind, ist die Sickergeschwindigkeit in Gesteinen mit geringer Feldkapazität bzw. hohem Durchlässigkeitsbeiwert k_u vergleichsweise hoch (Größenordnung bis zu mehreren m/d oder einigen 10 m/d), etwa in skelett- und kiesreichen Materialien sowie in tonreichen Erdstoffen, die bei der Austrocknung tiefreichende Schrumpfungsrisse bekommen. In Untergrundmaterialen mit hoher Feldkapazität kann sich das Sickerwasser sehr langsam nach unten bewegen, wie Untersuchungen an tritiummarkiertem Sickerwasser zeigen. Bei einer Geschwindigkeit von 1 m/a, die nach vorliegenden Messungen als Richtwert für sandig-lehmige Untergrundmaterialien angenommen werden kann, dauert es bei entsprechenden Flurabständen Jahre, bis die Grundwasseroberfläche erreicht ist. Neben der vorherrschenden intergranularen Sickerbewegung können sich jedoch Teilmengen schneller durch Trockenrisse, Tierbauten, Wurzelröhren und sonstige Spalten- und Rißsysteme bewegen.

4.5.2.2
Löslichkeit organischer Stoffe

Die Mobilität der Pflanzenschutzmittel im Untergrund wird wesentlich durch ihre Wasserlöslichkeit bestimmt, die für zahlreiche Stoffe die Konzentration im Sicker- und Grundwasser begrenzt. Organische Säuren, Basen und Salze bilden als Elektrolyte echte Lösungen, verschiedene Wirkstoffe gehören zu diesen Gruppen, z. B. die Phenoxyalkancarboxylsäuren wie die Herbizide 2,4-D oder 2,4,5-T. Ihre Löslichkeit kann durch die Bildung löslicher oder unlöslicher Komplexe verändert werden. Viele der mit dem Wasser in Berührung tretenden organischen Stoffe sind jedoch Nichtelektrolyte, die sich wiederum in polare und nicht polare organische Stoffe trennen lassen. Während polare organische Substanzen mit den Wasserdipolen in Wechselbeziehungen treten und daher als Moleküle gut löslich sind (z. B. die Nitrophenole wie das Herbizid DNOC), sind die nicht polaren organischen Substanzen, zu denen viele Pflanzenschutzmittel gehören, meist verhältnismäßig schlecht löslich. Derartige Wirkstoffe werden daher auf Trägersubstanzen (Lösungsmittel und mikropartikuläre Sorptionsträger) aufgebracht, die die Löslichkeit für eine gezielte Anwendung erhöhen. Insbesondere wiederholte PSM-Anwendungen können zu einer Anreicherung im Boden und im tieferen Untergrund sowie schließlich zu Grundwasserverunreinigungen führen.

Die natürlichen organischen Substanzen des Bodens und des tieferen Untergrundes, vor allem die Huminstoffe, tragen wesentlich zu den hydrochemischen Prozessen als Komplexbildner, als Sorbenten und als Reduktionsmittel bei (Frimmel, Christman 1988, s. Kap. 2.7). Bei der Durchsickerung des Bodens nimmt der Gehalt an gelösten Huminstoffen im Sickerwasser ab, eine mögliche Folge von Ausfällung, Ausflockung und Bildung unlöslicher metallorganischer Komplexe oder der Adsorption der organischen Substanzen an Tonmineralen oder des mikrobiellen Abbaus. Bemerkenswert ist dabei, daß mit zunehmender Tiefe zunächst bevorzugt die großmolekularen Huminsäuren – wohl durch Sorption oder Ausfällung – eliminiert werden, während die kleineren Fulvosäure-Moleküle vorzugsweise abgebaut werden (Mattheß 1994a).

4.5.2.3 Komplexbildung

Viele Pflanzenschutzmittel können mit dem gelösten organisch gebundenen Kohlenstoff (DOC) in Wechselbeziehung treten und Assoziate oder Komplexe bilden, deren physikalische und chemische Eigenschaften sich von denen der Ausgangssubstanzen unterscheiden und die Mobilität dieser Agrarchemikalien im Untergrund verändern. Der DOC des Sickerwassers variiert im Oberboden zwischen etwa 5 und 20 mg l^{-1} und nimmt schnell zur Tiefe hin ab, wo das Grundwasser meist durch DOC-Werte zwischen ca. 0,5 und 3 mg l^{-1} charakterisiert wird. Der DOC-Gehalt von etwa 1 mg l^{-1}, der in vielen Grundwässern beobachtet wird, übersteigt bei weitem die Konzentration, die für eine Komplexierung der untersuchten Wirkstoffe notwendig ist, und zwar in einem Ausmaße, daß die o.g. Grenzwerte für Pflanzenschutzmittel überschritten werden können (Huber 1992). Den Beispielen für die Beeinflussung der Mobilität und der Abbaubarkeit einer hydrophilen Spurenkomponente durch den DOC stehen auch Fälle gegenüber, bei denen derartige Einflüsse nicht zu erkennen sind (Mattheß 1994b).

In einem kinetischen Versuchsansatz mit Terbuthylazin und dem B_s-Horizont des Podsol-Standorts Segeberger Forst konnte eine mobile Kolloid-Fraktion <12 µm >0,45 µm, eine „vorherrschend freie“ (d.h. gelöste) Fraktion <0,45 µm und eine partikuläre Fraktion >12 µm unterschieden werden. Der Wirkstoff verteilte sich in die 3 Fraktionen im Verhältnis 30% – 30% – 40% und erreichte das Verteilungsgleichgewicht nach 50 h. Desorptionsversuche fanden eine 40%ige Remobilisierung des sorbierten Wirkstoffs, ein Anzeichen dafür, daß keine dramatische Zunahme an freiem Terbuthylazin eingetreten sein konnte und daß ungefähr 25% des Wirkstoffs irreversibel an die Feststofffraktion gebunden war (Huber 1992, Huber et al. 1992).

4.5.2.4
Sorption und Desorption

Viele feste Untergrundmaterialien, wie Tonminerale, Eisen- und Manganoxide und -hydroxide bzw. -oxidhydrate, Aluminiumhydroxid und organische Substanzen, vor allem Huminstoffe, können dissoziierte und nichtdissoziierte organische Stoffe aus dem unterirdischen Wasser durch intermolekulare Wechselwirkungen entfernen. Die dabei wirkenden Bindungskräfte umfassen alle Übergänge zwischen van der Waals-Kräften und chemischer Bindung (Stumm u. Morgan 1981, Stumm 1992, Mattheß 1994a). Huminsäuren, die wichtigsten Sorbenten im Untergrund, können Pflanzenschutzmittel durch Elektronentransfer, Ionenbindung, kovalente Bindung (Chemisorption) und Wasserstoffbrückenbindung binden (Gaillardon et al. 1977). Die Sorptionsprozesse werden wesentlich durch den ionischen Charakter (kationische bzw. anionische PSM), die Basizität, die Polarität und die Molekülgröße der Pflanzenschutzmittel gesteuert. Je niedriger die Wasserlöslichkeit (Polarität) eines Wirkstoffes ist, desto höher ist meistens seine Sorptionstendenz und umso kleiner ist die von ihm ausgehende Grundwassergefährdung. Der pH-Wert eines Bodens oder Grundwasserleiters ist eine wichtige Steuergröße für das Verhalten von organischen Wirkstoffen, vor allem von solchen mit ionischem Charakter. Die o. g. sorbierenden Untergrundmaterialien sind unter Grundwasserbedingungen (pH ~7) meist negativ geladen, weisen aber auch positive Ladungspunkte auf, die durch äquivalente Mengen entgegengesetzt geladener Ionen oder durch polare Moleküle ausgeglichen werden können. Ionische Pflanzenschutzmittel, wie die s-Triazine und die Phenoxyfettsäuren, die bevorzugt über Austauschprozesse an Tonminerale adsorbiert werden, hängen im Sorptionsverhalten deutlich vom pH-Wert des Bodens bzw. der Sorptionsoberfläche ab. Aber auch unpolare oder schwach basische Pflanzenschutzmittel zeigen ein pH-abhängiges Sorptionsverhalten: Bei vielen Wirkstoff-Gruppen (s-Triazine, Organophosphate) nimmt mit abnehmendem pH-Wert die Sorption an Tonmineralen und Humussäuren zu.

Sorbierte Stoffe können wieder völlig oder teilweise desorbiert werden oder auch im Extremfall irreversibel festgelegt werden. Reversible Sorptionsprozesse können als Gleichgewicht bei einer bestimmten Temperatur durch Sorptionsisothermen beschrieben werden, die die Beziehungen zwischen den Konzentrationen der an die festen Phasen sorbierten Mengen einer ionischen, polaren oder nichtpolaren Substanz c_a (in meq/g bzw. mmol/g) und der Menge dieser Substanz in der Lösung c_w (meq/ml bzw. mmol/ml) erfassen. Hierfür hat sich die Freundlich-Isotherme (Gl. 4.1)

$$c_a = K_F \cdot c_w^N \qquad \text{(Gl. 4.1)}$$

mit den stoff- und horizontspezifischen Konstanten K_F und N bewährt. Bei den meist im Grundwasser angetroffenen organischen Spurenstoffkonzentrationen vereinfacht sich das Sorptionsgleichgewicht zur linearen Henry-Sorptionsisotherme (Gl. 4.2):

$$c_a = K_d \cdot c_w \qquad \text{(Gl. 4.2)}$$

mit dem Verteilungskoeffizienten (K_d-Wert, in ml/g).

Die graphischen Darstellungen (Abb. 4-13 bis Abb. 4-15) verdeutlichen, daß die Wirkstoffe in verschiedener Intensität an den unterschiedlichen Horizontmaterialien sorbiert werden. Die Mobilität von Terbuthylazin ist im C_{org}-reichen A_h-Horizont des Podsol-Standortes Segeberger Forst nördlich Hamburg am niedrigsten und nimmt über den B_t-Horizont zu den beiden C_{org}-armen Sanden mit (Sk) und ohne Kalk (Ss) zu (Abb. 4-13). Darüber hinaus ist aus Abb. 4-14 und Abb. 4-15 für den A_h-Horizont eine zunehmende Mobilität in der Reihenfolge Terbuthylazin – Chlortoluron – Simazin – Atrazin – Isoproturon abzuleiten, wohingegen sie im B_t-Horizont in der Reihenfolge Simazin – Terbuthylazin – Chlortoluron – Atrazin zunimmt. Die Sande Sk und Ss repräsentieren die örtlichen Grundwasserleitermaterialien.

Ein allgemeiner Mobilitätsvergleich der Wirkstoffe Chlortoluron, Methabenzthiazuron, Parathionethyl, Pendimethalin und Terbuthylazin mit den Referenzmaterialien aus dem Podsolprofil Segeberger Forst (A_h- und B_s-Horizont, kalkhaltiger [SKD] und kalkfreier Sand [SSF]) ergeben folgende Reihungen zunehmender Mobilität:

- A_h-Horizont: Methabenzthiazuron < Parathionethyl < Terbuthylazin < Chlortoluron.
- B_s-Horizont: Pendimethalin < Methabenzthiazuron = Parathionethyl < Chlortoluron = Terbuthylazin
- Kalkhaltiger Sand (Sk): Pendimethalin < Parathionethyl < Methabenzthiazuron < Terbuthylazin < Chlortoluron.
- Kalkfreier Sand (Ss): Pendimethalin < Parathionethyl < Methabenzthiazuron < Chlortoluron = Terbuthylazin.

Der Vergleich macht deutlich, daß die Sorptionsneigung wirkstoff- und bodenspezifisch bzw. grundwasserleitermaterialspezifisch ist, so daß je nach dem betrachteten Untergrundmaterial beim gleichen Wirkstoff abweichende Mobilitätsabfolgen auftreten (Mattheß 1997).

Halogenkohlenwasserstoffe und andere unpolare Verbindungen, zu denen viele Pflanzenschutzmittel gehören, werden um so stärker sor-

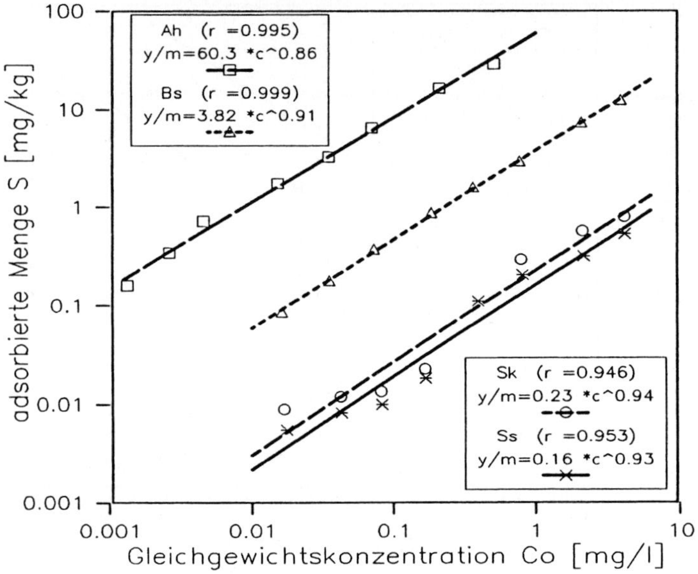

Abb. 4-13. Adsorptionsisothermen von Terbutylazin an Bodenproben der verschiedenen Horizonte des Podsol-Standortes Segeberger Forst (Rambow 1992)

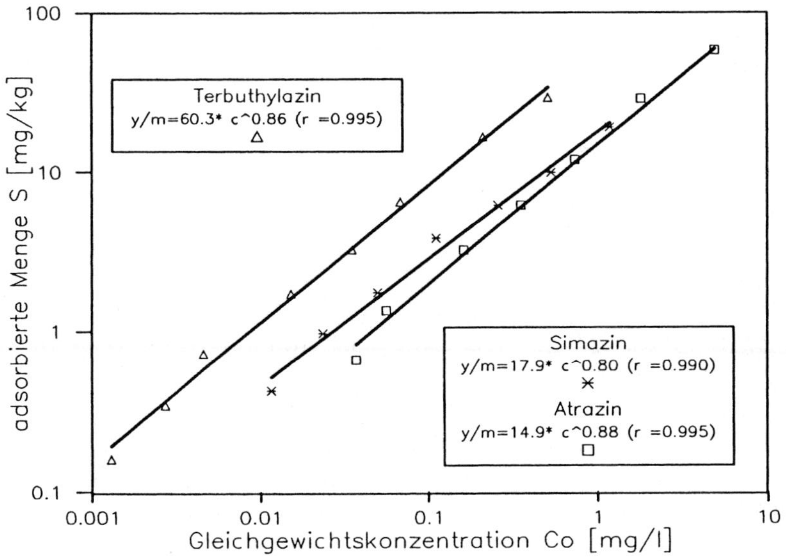

Abb. 4-14. Adsorptionsisotherme von Terbutylazin, Atrazin und Simazin an Bodenproben des A_h-Horizontes (Lennartz u. Rambow 1990)

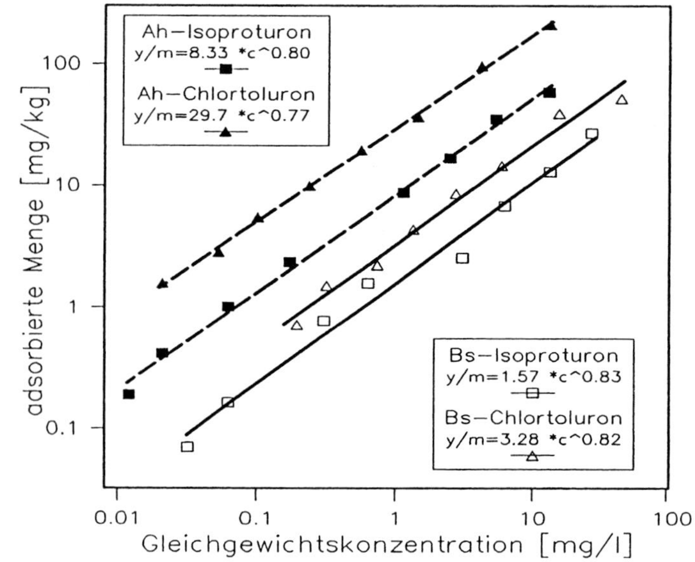

Abb. 4-15. Adsorptionsisotherme von Chlortoluron und Isoproturon an Bodenproben des A_h- und B_s-Horizontes (Lennartz u. Rambow 1992)

biert, je fettlöslicher (lipophiler) sie sind und je höher der Gehalt an fester organischer Substanz der Untergrundmaterialien c_{oc} ist. Als Maß für die Fettlöslichkeit (Lipophilität) einer Verbindung kann ihr **Oktanol/Wasser-Verteilungskoeffizient K_{ow}** dienen. Für Untergrundmaterialien mit organischen Kohlenstoffgehalten $c_{oc} > 0{,}001$ g/g gilt für den Verteilungskoeffizient K_d einer speziellen Verbindung (Gl. 3):

$$K_d = c_{oc} \cdot K_{oc}\,(\text{mg/g}) \qquad (\text{Gl. 4.3})$$

K_{oc} ist der Verteilungskoeffizient der betrachteten Verbindung zwischen Wasser und einem hypothetischen natürlichen Sorbenten von 100% organischem Kohlenstoff, der das homogen angenommene organische Material in den untersuchten Sorbenten repräsentiert (Schwarzenbach u. Giger 1985). Er ist mit dem Oktanol-Wasser-Koeffizienten des jeweiligen Stoffes verknüpft (Mattheß 1994a). Durch die heterogene Zusammensetzung der natürlichen organischen Sorbenten variiert das Sorptionsvermögen gegenüber organischen Stoffen in den verschiedenen Böden selbst bei gleichem C_{org}-Gehalt z. T. stark (Gerstl 1990).

Die kontinuierlichen Sorptions-Desorptionsreaktionen verursachen eine Verzögerung der organischen Spurenstoffe gegenüber dem Wasserfluß, die durch den **Retardationsfaktor R_d**, den Verzögerungsfaktor als Quotienten aus der mittleren Abstandsgeschwindigkeit des Wassers v_w und der mittleren Transportgeschwindigkeit des Kontaminanten v_i (jeweils in m/s) beschrieben wird (Gl. 4.4). Der Retardationsfaktor R_d als Maß für die relative Mobilität einer Substanz gegenüber dem Transportmittel Wasser kann bei bekanntem Verteilungskoeffizienten K_d des jeweiligen Kontaminanten mit Hilfe einer eindimensionalen Verzögerungsgleichung unter der Annahme eines konstanten Flusses in einem homogenen porösen Medium berechnet werden:

$$Rd = \frac{v_w}{v_i} = 1 + \frac{\rho_b}{n} \cdot K_d \qquad \text{(Gl. 4.4)}$$

ρ_b = Bruttodichte (Feuchtraumdichte, g/ml),
n = Porosität
K_d = Verteilungskoeffizient (ml/g) der Untergrundmaterialien

Bei allen K_d-Werten größer 0 wird die Bewegung des jeweiligen Stoffes v_i gegenüber der Wasserbewegung v_w verzögert. Die K_d- und R_d-Werte sind substanzspezifisch, so daß unterschiedliche Transportgeschwindigkeiten der einzelnen Substanzen, also ein Chromatographieeffekt, beim unterirdischen Transport beobachtet werden können (Mattheß 1994a). K_d- und R_d-Werte wurden für zahlreiche Pflanzenschutzmittel und für ein Spektrum der wichtigsten Porengrundwasserleiter in Mitteleuropa im Labor und im Feld gemessen. Danach liegen die Retardationsfaktoren zahlreicher Wirkstoffe zwischen 0,4 und 10 (Mattheß et al. 1985).

Die Einstellung des Adsorptions-Desorptions-Gleichgewichtes bei Böden oder Sedimenten mit höheren Gehalten an organischen Substanzen benötigt größenordnungsmäßig Tage bis zu einem Monat. Bei Fließgeschwindigkeiten $< \sim 1$ m/d kann trotz der langsamen Sorptionskinetik die Einstellung der Sorptionsgleichgewichte angenommen werden, so daß die Retardationsfaktoren organischer Verbindungen in einem Grundwasserleiter abgeschätzt werden können. Bei höheren Fließgeschwindigkeiten (> 1 m/d) können jedoch diese Verbindungen aufgrund der langsamen Sorptionskinetik erheblich schneller transportiert werden, als aufgrund von Gleichgewichtsansätzen vorauszusagen wäre (Schwarzenbach u. Giger 1985).

In vielen Fällen weichen die Sorptionsisothermen von den Desorptionsisothermen ab, da viele Sorptionsvorgänge nicht vollständig reversibel sind oder die Sorptions- und Desorptionsraten sich unterscheiden. Besonders bei organischen Substanzen treten stoffspezifische Hystereseeffekte auf, die zu verzögerter Desorption führen. Als mögliche Ursachen gelten Ausfällung von Substanz, Veränderung der Bindungen im zeitlichen Verlauf, Einbau in die Boden- und Biomasse und physikalischer Einschluß in poröse organische und mineralische Partikel des Sorbenten.

Nach neueren Untersuchungen sind natürliche Systeme als komplexe Einheit aus vielen Einzelphasen anzusehen (Pankow u. McKenzie 1992). Daher ist das hier vorgestellte vergleichsweise einfache Zweiphasenkonzept des Untergrundes, das eine feste Phase und Wasser unterscheidet, durch Drei- oder Mehrphasensysteme – Festsubstanz-Kolloide-Wasser – zu ersetzen (Eady et al. 1990; Chin et al. 1990). Bereits die Analyse des Transportverhaltens unter Annahme eines Dreiphasensystems zeigt den vorherrschenden Einfluß der Kolloidphasen.

Die Bindung von Wirkstoffen an suspendierte, negativ geladene Kolloidteilchen führt durch deren Abstoßung durch die ebenfalls negativ geladenen Mineralkörner zum bevorzugten Transport der Kolloidteilchen in den Makroporen, so daß diese im Mittel schneller als das Grundwasser vorankommen können. In gleicher Weise kann die Mobilität von hydrophoben organischen Verbindungen, zu denen zahlreiche Herbizide gehören, durch Sorption an bevorzugt transportierte organische Makromoleküle erhöht werden (Bengtsson et al. 1987). Die an organische oder anorganische Partikel adsorbierten Pflanzenschutzmittel können ihrerseits durch physikalische und chemische Filterprozesse aus dem unterirdischen Wasser entfernt werden (Mattheß 1997). Die Bindung der Wirkstoffe an feste Matrixbestandteile des Untergrundes verzögert dagegen ihren Transport und ist auch sehr oft indirekt als 1. Schritt für ihren biologischen oder chemischen Um- und Abbau von Bedeutung.

Die Wirkstoffe, die durch Sorption, Komplexierung oder chemischen Einbau an die organischen Stoffe oder anorganischen Komponenten der Bodenmatrix (Huminstoffe, Tonminerale, Ton-Huminstoff-Komplexe) gebunden werden, bilden die sogenannten gebundenen Rückstände. Diese können durch polare und unpolare Lösungsmittel nicht mehr extrahiert werden.

4.5.2.5 Abiotischer und biotischer Abbau

Wirkstoffe unterliegen im Boden und im tieferen Untergrund in Gegenwart von Wasser und Sauerstoff abiotischen und biotischen chemischen Reaktionen wie Hydrolyse, Oxidation und Bildung von Isomeren. Diese führen zu unterschiedlichen Ab- und Umbauprodukten (häufig zusammenfassend als Metabolite bezeichnet) und schließlich zur vollständigen Zersetzung zu Kohlenstoffdioxid, Wasser und weiteren anorganischen Verbindungen. Der Wirkstoffabbau im Boden ist bei geringen Ausgangskonzentrationen c_o durch eine modifizierte Ratengleichung 1. Ordnung (Gl. 4.5) zu beschreiben, die eine Initialphase berücksichtigt, in der kein oder nur ein geringer Abbau stattfindet (Hurle 1982; Hurle u. Walker 1980):

$$c_t = c_0 \cdot^{-t_0(t-\lambda_t)} \qquad \text{(Gl. 4.5)}$$

mit der Dauer der Initialphase t_o bei $t > t_o$ und der Raten-Konstanten λ_t, die mit der Halbwertszeit $\tau_{1/2}$ verknüpft ist ($\lambda_t = \ln 2/\tau_{1/2}$). Bei der Bestimmung der Halbwertszeit sind etwaige zusätzliche Verluste durch Verdampfung zu beachten. Die Halbwertszeiten bzw. die Abbaukonstanten organischer Stoffe hängen von ihrer Stabilität gegenüber dem chemischen (Oxidation, Hydrolyse), dem physikalischen (Temperatur) und dem mikrobiellen Angriff (Metabolismus) im jeweiligen Untergrundsystem ab und sind nur Bedingungskonstanten für das jeweilige System. Wenn Adsorption und Desorption, mikrobielle Aktivität, Nährstoffversorgung, konkurrierende Reaktionen und chemisches oder physikalisches Milieu den Vorgang beeinflussen, folgt der Abbau einer Ratengleichung höherer Ordnung (Hamaker 1972).

Der wichtigste abiotische (rein chemische) Abbauweg ist für zahlreiche organische Stoffe wie Phosphorsäureester, Chlorkohlenwasserstoffe, Carbamate und Triazine die saure oder basische Hydrolyse. Der Abbau von organischen Substanzen durch Redoxvorgänge ist im allgemeinen mikrobiell beeinflußt, wobei vor allem in der wasserungesättigten Zone organische Stoffe einem mikrobiellen Abbau in wesentlich stärkerem Maß unterliegen als einer rein chemischen Umwandlung. Die hieran beteiligte Mikroflora umfaßt Bakterien, Aktinomyceten, Pilze und Algen mit je nach den Umweltbedingungen unterschiedlicher Artenzusammensetzung (Alexander 1969). Die enzymatisch bedingten Abbauvorgänge beruhen auf der Adaption der vorhandenen Mikroorganismen, auf Co-Metabolismus und auf den im Boden vorhandenen extrazellulären Enzymen (Torstensson 1980). Die abgebaute organische Substanz dient als Quelle für Energie, Kohlenstoff, Wasserstoff und unter Umständen für Stickstoff oder Schwefel. Die mikrobielle Besiedlungsdichte des Untergrundes nimmt vom mikrobiell sehr aktiven Oberboden zur Tiefe hin ab, doch sind selbst in tieferen Bereichen der Grundwasservorkommen z.T. beträchtliche Keimzahlen (Größenordnung 10^4 bis 10^5/ml) zu beobachten (Chapelle 1992; Mattheß et al. 1992). Der biologische Abbau von organischen Spurenverunreinigungen benötigt Schwellenkonzentrationen der als Energiequelle wirkenden organischen Substrate, unterhalb denen kein weiterer Abbau erfolgen kann (McCarty et al. 1981, McCarty 1983). In

Tabelle 4-11. Halbwertszeiten ($\tau_{1/2}$) und Abbaukonstanten λ_t verschiedener Pestizidgruppen (Mattheß et al. 1995)

Chemische Gruppe	$\tau_{1/2}$ (d)	λ_t (1/d)
nicht ionisch:		
halogenierte Kohlenwasserstoffe	194–4 380	0,0036–0,00016
Carbamate	2–650	0,35–0,0011
Aniline, Anilide, Amide	1,5–321	0,073–0,0022
Harnstoffderivate	22,3–710	0,031–0,00098
Org. Phosphorverbindungen	6–602	0,12–0,0012
kationisch:		
Dipyridyle	kein Abbau	
alkalisch:		
Uracile	56–149	0,012–0,0047
Triazine	22–2 460	0,032–0,0018
sauer:		
Nitrophenole	15,3	0,045
Phenoxyfettsäuren	<7–924	>0,1–0,00075

den seltensten Fällen führt mikrobieller Abbau jedoch direkt zur Mineralisierung der abgebauten Stoffe (zu CO_2, H_2O und teilweise NH_3 oder Chlorid). Stattdessen wandeln die Mikroorganismen einen Teil der Chemikalienmasse in Metabolite um, die in der Regel weniger, manchmal jedoch auch stärker toxisch wirken als die Ausgangssubstanzen (Wallnöffer u. Engelhardt 1989).

In der wassergesättigten, aber auch in der wasserungesättigten Zone, dort vor allem in Mikroporensystemen, können anoxische Bedingungen auftreten. Hier werden vorwiegend Substanzen mit hohen Hydrolysekonstanten sowie sauerstoffhaltige Stoffe wie Alkohole, Ether und Ester abgebaut. Unter anoxischen Bedingungen reduzieren Mikroorganismen sauerstoffhaltige Verbindungen, vorwiegend Nitrate und Sulfate, um Sauerstoff für die Veratmung zu gewinnen.

In mineralischen Böden mit erhöhtem C_{org}-Anteil führt die Adsorption organischer Substanzen an Humuspartikel und Tonminerale zu verringerter Verfügbarkeit und damit in der Regel zu einer Hemmung des Abbaus. In Tabelle 4-11 sind die Halbwertszeiten und die Abbaukonstanten verschiedener Pflanzenschutzmittelgruppen aus Bodenuntersuchungen zusammengestellt.

Bei Wirkstoffen, welche vorwiegend biologisch abgebaut werden, ist im Unterboden und im tieferen Untergrund aufgrund der geringeren mikrobiellen Populationsdichte und der verringerten Aktivität der

Mikroorganismen mit erhöhter Persistenz zu rechnen, bei abiotisch abgebauten Substanzen entscheidet das chemische Milieu über die Persistenz. Die wichtigsten Steuerparameter – Temperatur, pH und Wassergehalt – sind im Grundwasser konstant oder nahezu konstant, und der Zugang zum atmosphärischen Sauerstoff ist behindert. Wenn kein gelöster Sauerstoff im Grundwasser vorhanden ist, treten anoxische Bedingungen auf, die bei vielen Wirkstoffen zu einer verringerten Abbaurate führen.

Im Freiland können eine zumindest teilweise Festlegung als gebundener Rückstand sowie weitere Prozesse wie Volatilisation, Aufnahme durch Pflanzen oder Verluste durch Oberflächen- und Zwischenabfluß einen Abbau vortäuschen. Hierauf weisen Diskrepanzen zwischen den Abbaudaten aus Freiland und Labor hin, wie sie z. B. bei ^{14}C-markiertem Pendimethalin und Terbuthylazin beobachtet wurden. Die Verluste durch Biomineralisierung bei ^{14}C-Pendimethalin und ^{14}C-Terbuthylazin sind danach wesentlich höher als diejenigen durch Volatilisation (Dörfler et al. 1994).

4.5.2.6 Advektion bzw. Konvektion und Dispersion

Die Ausbreitung eines Wirkstoffes im Untergrund hängt von den hydrogeologischen Bedingungen ab, die durch die Lage des Grundwasserspiegels, der hydraulischen Gradienten, die Wasserbilanz, die Entfernung zu Brunnen oder Quellen und durch die Eigenschaften des Wirkstoffs (Löslichkeit, Sorptionsverhalten und Persistenz) sowie der Gesteine (Sorptionskapazität, Porosität und Durchlässigkeitsbeiwert) definiert werden. Die Bewegung des Wirkstoffs ist durch den Wassergehalt, die Wasserbilanz und die o. g. Wirkstoff- und Gesteinseigenschaften beeinflußt.

Die räumliche Ausbreitung eines PSM-kontaminierten Wasserkörpers bei gleichzeitiger Konzentrationsabnahme erfolgt durch dessen bevorzugt horizontalen bzw. vertikalen Transport mit dem Wasser (Advektion bzw. Konvektion) durch die wasserungesättigten und -gesättigten Zonen, eine Folge der **hydrodynamischen Dispersion**. Diese umfaßt die molekulare Diffusion und die hydromechanische Dispersion, charakterisiert durch die Koeffizienten der longitudinalen (in Fließrichtung) und der transversalen (senkrecht zur Fließrichtung) hydrodynamischen Dispersion D_l und D_t, der molekularen Diffusion D_d und der hydromechanischen Dispersion D'. Die vergleichsweise langsame molekulare Diffusion auf der Grundlage der Brownschen Molekularbewegung trägt nur dann merklich zur Stoffverteilung bei, wenn die Fließgeschwindigkeit des Sicker- bzw. Grundwassers sehr klein ist. Die Bedeutung der hydromechanischen Dispersion nimmt mit wachsender Fließgeschwindigkeit zu. Die hydrodynamische Dispersion hängt in der wasserungesättigten Zone vom Wassergehalt ab. Darüber hinaus sind die Verzögerung interaktiver Substanzen durch Adsorption-Desorption und ihre Elimination durch Ab- und Umbauvorgänge und bezüglich der Ausbreitung partikulärer und kolloidaler Substanzen auch die Filtration zu berücksichtigen. Daher kann der PSM-Transport im Untergrund mit Hilfe einer erweiterten Transportgleichung beschrieben werden (Bear 1972), die Terme für die Retardation (Retardationsfaktor R_d; Gl. 4.4) und den Ab- und Umbau (Abbaukonstante λ_t; Gl. 4.5) dieser Substanzen im Untergrund enthält (Bear 1972, Mattheß u. Isenbeck 1987; Gl. 4.6)

$$\frac{\delta c}{\delta t} = \frac{D_l}{R_d} \cdot \frac{\delta^2 c}{\delta x^2} + \frac{D_t}{R_d} \cdot \frac{\delta c^2}{\delta y^2} + \frac{v_w}{R_d} \cdot \frac{\delta c}{\delta x} - \lambda_t \cdot t \cdot c \qquad \text{(Gl. 4.6)}$$

mit den Koeffizienten der longitudinalen und transversalen hydrodynamischen Dispersion D_l und D_t (D_l bzw. $D_d = D' + D_d$), dem Konzentrationsgradienten $\delta c/\delta x$ und der mittleren Grundwasserfließgeschwindigkeit (Abstandsgeschwindigkeit) v_w. Ursachen der hydromechanischen Dispersion sind die unterschiedliche Geschwindigkeitsverteilung im Porenwasser, die unterschiedliche Porengrößenverteilung und die unregelmäßigen Fließbahnen im Grundwasserleiter. Die Mischung verschiedener Stromfäden als Folge der texturellen und strukturellen Variabilität des Porensystems durch die hydrodynamische Dispersion bewirkt neben Sorptions- und Abbauvorgängen, daß die Konzentration von gelösten oder suspendierten Substanzen im Sicker- und Grundwasser schließlich unter die Nachweisgrenzen verringert wird (Mattheß 1994a).

In porösen Medien hängt die Mobilität des Wassers von der Porengröße ab. In Mikro- und Endporen kann das Porenwasser samt seinem Lösungsinhalt als immobil im Vergleich zum Wasser in den Großporen angegeben werden. Dies wird für den Transport eines nichtkonservativen Stoffes in der wasserungesättigten Zone durch die Konzepte der einheitlich mobilen und der unterschiedlich mobilen Wasserregionen berücksichtigt (Van Genuchten u. Wierenga 1976).

Bei Säulenversuchen unter wasserungesättigten und wassergesättigten Fließbedingungen wurde Terbuthylazin zum Metaboliten Desethylterbuthylazin abgebaut, der sich bei gesättigten Bedingungen als mobiler ($R_d \sim 1{,}4$) als das Terbuthylazin ($R_d \sim 2{,}4$) erweist. Das gleiche gilt für den ungesättigten Versuch mit $R_d \sim 2{,}5$ für Desethylterbuthylazin und $R_d \sim 5{,}1$ für Terbuthylazin.

Die mit den Modellen CALF (Nicholls et al. 1982), EQUI (Boesten 1986), LEACHM (Wagenet u. Hudson 1989) und PRZM (Carsel et al. 1984) berechneten Gesamtrückstandsgehalte beschreiben das bei Feldversuchen in Braunschweig-Gliesmarode beobachtete Verhalten der Herbizide Terbuthylazin, Chlortoluron und Isoproturon im Bodenprofil nur schlecht. Bei allen Simulationen wird deutlich, wie entscheidend die Halbwertszeit für Austrag, Akkumulation und Verbleib von Terbuthylazin im Boden ist. Das im Programm PRZM verwendete Konzept des Abbaus 1. Ordnung geht von einer fortlaufenden und gleichmäßigen Reduzierung der Wirkstoffmenge aus, ohne äußere Einflüsse wie Temperatur oder Wassergehalt zu berücksichtigen.

Bei Feldversuchen in einem kiesigsandigen Grundwasserleiter in Chalk River/Ontario, Kanada, wurden Chlortoluron, Terbuthylazin, Pendimethalin sowie tritiiertes Wasser eingesetzt. Dieser ideale Tracer ergab für einzelne Tiefen mittlere Abstandsgeschwindigkeiten v_w zwischen 0,55 und 1,37 m/d, eine mittlere effektive Porosität n_e von 0,4 und Durchlässigkeitsbeiwerte k_f zwischen $1{,}3 \cdot 10^{-4}$ und $3{,}2 \cdot 10^{-4}$ m/s. Der Lösungsinhalt des Grundwassers ist sehr gering (Ionenstärke: 0,55 bis 1,46 mmol/l, spezifische elektrische Leitfähigkeit 23 bis 65 µS/cm). Das ungestörte Grundwasser weist meist geringe Sauerstoffgehalte < 1 mg l^{-1} auf, durch die Injektion der Wirkstofflösung wurde jedoch O_2-haltiges Wasser eingetragen. Die pH-Werte variieren zwischen 5,1 bis 6,2 mit überwiegenden pH-Werten von 5,5 bis 5,8.

Die kumulativen Durchbruchskurven von Chlortoluron, Pendimethalin und Terbuthylazin gegenüber tritiiertem Wasser (Abb. 4-16) zeigen, daß Chlortoluron und Terbuthyazin nur geringfügig retardiert werden ($R_d = 1{,}0$ bis 1,2), wohingegen die Retardation von Pendimethalin signifikant höher ist ($R_d = 1{,}7$ bis 3,0). Dieser Wirkstoff wurde innerhalb von 1,5 Monaten weniger als 10 m vom Injektionspunkt transportiert. Die Retardation der Herbizide wurde generell durch den Gehalt an organischem Kohlenstoff im örtlichen Grundwasserleiter (0,03 bis 0,08 Massenprozent) bestimmt (Reichling 1991, Reichling et al. 1992). Der Phenylharnstoff Chlortoluron ist der mobilste ($R_d = 1{,}0$ bis 1,2) und persistenteste Wirkstoff ($\tau_{1/2} = 92$ bis 206 Tage) der hier untersuchten Herbizide. Dieses sehr lösliche Pflanzenschutzmittel (70 mg l^{-1}) kann über größere Entfernungen transportiert werden, ohne signifikante Verluste seiner Anfangsmasse durch Sorptions- oder Abbauprozesse zu erleiden, Terbuthylazin (Löslichkeit 8 mg l^{-1}) folgt mit einem leicht geringeren Konzentrationsniveau. Pendimethalin (Löslichkeit 330 µg/l) wird signifikant retardiert und war nach einer Fließstrecke von 10 m nicht mehr nachzuweisen (Reichling 1991; Reichling et al. 1992). Die Kurven von Terbuthylazin und ringmarkier-

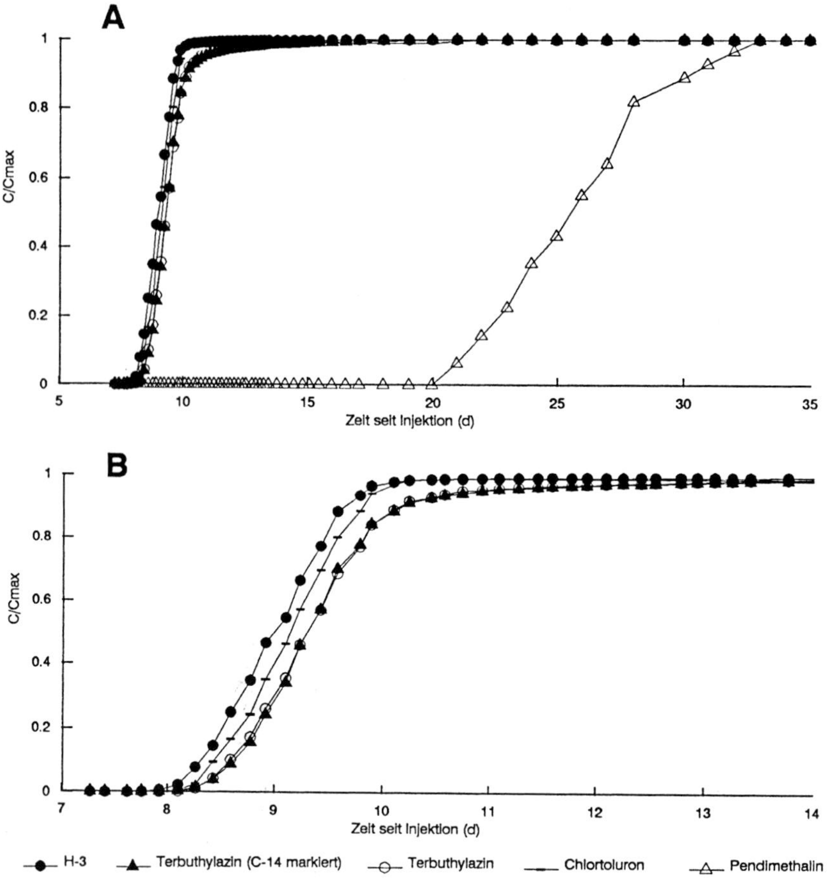

Abb. 4-16. Durchgangskurven verschiedener Stoffe in Höhe 10 des Mehrtiefenbrunnens T4, Chalk River/Ontaria, Kanada (A: alle Herbizide, B: alle ohne Pendimethalin; Reichling 1991)

tem ^{14}C-Terbuthylazin verliefen gleich. Etwaige Abbauvorgänge in dem relativ sauren hydrochemischen Milieu waren trotz unterschiedlicher Detektionsmethoden nicht zu erkennen.

4.5.2.7 Volatilisierung und Gasaustausch

Signifikante Mengen an PSM-Wirkstoffen gehen durch Volatisierung (Verdampfung) entweder direkt von der Bodenoberfläche oder durch den Gasaustausch zwischen Grundluft und Atmosphäre verloren. Bei der Untersuchung des Gastransports verdampfter Wirkstoffe im Untergrund muß die Wirkung der festen Matrix und des Wassers berücksichtigt werden, die die Stoffflüsse verringern. Der Gasaustausch in der Grundluft beruht vor allem auf Diffusion, daneben auf thermischen und barometrischen Einflüssen (Mattheß 1994a). Die Volatilität spielt bei den niedrigen Dampfdrücken der untersuchten Wirkstoffe insgesamt für die Rückstandsabnahme im Boden keine große Rolle (Mattheß 1997).

4.5.3 Folgerungen

Unterhalb des humusreichen und stark belebten Bodens sind die Vorgänge des Abbaus und der Retardation durch Sorption und Desorption deutlich weniger wirksam. Stoffe, die im Oberboden zurückgehalten und abgebaut werden, können im Grundwasserbereich z.T. mit praktisch der gleichen Geschwindigkeit wie das Wasser transportiert werden.

Unter Grundwasserbedingungen (10 °C, nährstoffarme Lösungen) lagen die Halbwertszeiten der untersuchten Herbizide Chlortoluron, Pendimethalin und Terbuthylazin generell höher als im stark belebten Boden. Im Grundwassermilieu wird der Abbau der genannten Herbizide offenbar durch niedrige Temperatur, Nährstoffarmut und zahlenmäßig geringere, wenig aktive Mikroorganismenpopulationen verlangsamt.

Die hydrologischen, sedimentologischen und geochemischen Bedingungen im Grundwasserleiter bestimmen das Mobilitätsverhalten der Pflanzenschutzmittel im tieferen Untergrund. Die Mobilität der untersuchten Pflanzenschutzmittel im Grundwasser wird durch ihre Verteilungskoeffizienten Wasser/Gestein und den C_{org}-Gehalt des Grundwasserleiters charakterisiert. Weitere Einflußgrößen sind sein Ton- und Schluffgehalt, ferner seine Kationenaustauschkapazität und sein Gehalt an Fe/Mn-Oxiden/Hydroxiden. Hohe Ionenstärken des Grundwassers (u.a. in verunreinigten Grundwässern) können die Sorption der Pflanzenschutzmittel erhöhen. In Porengrundwasserleitern mit niedrigen C_{org}-Gehalten werden Pflanzenschutzmittel wie Chlortoluron und Terbuthylazin mit einer sehr geringen Retardation gegenüber Wasser transportiert und können bei den grundwasserspezifischen Halbwertszeiten auch Wasserfassungen auf einem niedrigen Konzentrationsniveau erreichen. Neben den ursprünglichen Wirkstoffen sind auch ihre biotischen und abiotischen Abbau-, Umbau- und Reaktionsprodukte in die Bewertung der Befunde einzubeziehen.

Die langsamen Fließvorgänge vor allem in der wasserungesättigten Zone zusammen mit der Verzögerung durch Adsorptions-/Desorptionsprozesse lassen bei sehr langlebigen Stoffen einen über Jahrzehnte dauernden Austrag auf einem niedrigen Spurenstoffniveau erwarten. Dies erklärt, daß das Verbot eines Pflanzenschutzmittel nicht dazu führt, daß dieser Wirkstoff kurzfristig aus dem unterirdischen Wasser verschwindet. Diese Aussage gilt sowohl für im Grundwasser bereits nachgewiesene Wirkstoffe als auch für langlebige Pflanzenschutzmittel, die bisher nur in die wasserungesättige Zone gelangt sind und sich in einer langsamen Abwärtsbewegung befinden.

4.5.4 Literatur

Alexander M (1969) Microbial degradation and biological effects of pesticides in soil. Natural Resources Research 9:209–240, UNESCO Paris

Bear J (1972) Dynamics of Fluids in Porous Media. Amer Elsevier Environ Sci Ser, pp 764

Bengtsson G, Enfield CG, Lindquist R (1987) Macromolecules facilitate the transport of trace organics. Sci Total Environ 67:159–164

Boesten JJTI (1986) Behaviour of Herbicides in Soil. Simulation and experimental assessment. Diss Inst Pflanzenschutzmittelforschung, Wageningen NL, 263 S

Carsel RF, Smith CN, Mulkey LA, Dean JD, Jowise PP (1984) Users manual of the plant root zone model (PRZM). Release I. US Environ Protect Ag, EPA-600/3-84-109:216 S

Chapelle FH (1992) Ground-Water Microbiology and Geochemistry. Wiley, New York, 424 S

Chin Y, Weber WJ, Eadie BJ (1990) Estimating the effects of dispersed organic polymers on the sorption of contaminants by natural solids. 2. Sorption in the presence of humic and other natural macromolecules. Environ Sc Techno 24:837–845

DFG (1990) Pflanzenschutzmittel im Trinkwasser. Analytik, toxikologische Beurteilung und Strategien zur Minimierung des Eintrages. Deutsche Forschungsgemeinschaft, Mitt. XVI Komm. Pflanzenschutz-, Pflanzenbehandlungs- und Vorratsschutzmittel. VCH, Weinheim, 82 S

Dibbern H (1992) Zur Simulation des Ausbreitungsverhaltens der Pflanzenschutzmittel Atrazin, Chlortoluron, Isoproturon, Lindan und Terbuthylazin im Boden und Grundwasser. Berichte – Reports, Geol-Paläont Inst Univ Kiel 49, 102 S

Dörfler U, Schroll R, Scheunert I (1994) Aufklärung der Vorgänge, die zum Eintrag von Pflanzenschutzmitteln in das Grundwasser führen, das für die Trinkwasserversorgung genutzt wird. Teil 1: Verlagerungs- und Transportverhalten von ^{14}C-Terbuthylazin und ^{14}C-Pendimethalin in der oberen wasserrungesättigten Bodenzone. Neuherberg GSF-Bericht 19/94:1–88

Eady BJ, Morehead NR, Landrum PF (1990) Three-phase partitioning of hydrophobic organic compounds in great lakes waters. Chemosphere 20:161–187

Frimmel FH, Christman RF (Hrsg) (1988) Humic Substances and their Role in the Environment. Wiley, Chichester, pp 271

Gaillardon P, Calvet R, Terce M (1977) Adsorption et desorption de la terbutryne per me montmorillonite – Ca et des acides humiques seuls ou en melanges. Weed Res 17:41–48

Gerstl Z (1990) Estimation for organic chemical sorption by soils. Contam Hydrol 6:357–375

Häfner M (1989) Wichtige Aspekte zum Schutze des Grundwassers vor Pflanzenschutzmittelrückständen – dargestellt am Beispiel der Chlortriazine Atrazin, Simazin und Terbuthylazin. In: Milde G, Müller-Wegener U (Hrsg) Pflanzenschutzmittel und Grundwasser – Bestandsaufnahme, Verhinderungs- und Sanierungsstrategien. Fischer, Stuttgart, S 261–294

Hamaker JW (1972) Decomposition: quantitative aspects. In: Goring CAI, Hamaker JW (Hrsg) Organic Chemicals in the Soil Environment, Dekker, New York, S 253–340

Huber S (1992) Entwicklung und Einsatz eines Analyseverbundsystems zur chromatographischen Charakterisierung organischer Wasserinhaltsstoffe. Diss. Karlsruhe, 88 S

Huber SA, Scheunert I, Dörfler U, Frimmel FH (1992) Zum Einfluß des gelösten organischen Kohlenstoffs (DOC) auf das Mobilitätsverhalten einiger Pestizide. Z Wasser u Abwasserforsch:74–81

Hurle K (1982) Untersuchungen zum Abbau von Herbiziden in Böden. Acta Phytomedica 8:120 S

Hurle K, Walker A (1980) Persistence and its prediction. In: Hance RJ (ed) Interactions between Herbicides and the Soil. Academic, London, 83–122

Industrieverband Agrar e.V. (1990) Wirkstoffe in Pflanzenschutz- und Schädlingsbekämpfungsmitteln. Physikalische und toxikologische Daten. 2. Aufl. BLV, München, 478 S

Klotz D, Dotzauer A, Vollner L (1995) Laborversuche zum Ausbreitungs- und Abbauverhalten ausgewählter Insektizide in Sedimenten bei wassergesättigtem Fließen. Z Deutsch Geol Ges, Hannover 147:507–517

Lennartz B (1992) Verlagerungsverhalten ausgewählter Pflanzenbehandlungsmittel in wassergesättigten und -ungesättigten Böden. Diss. Kiel, 113 S

Lennartz B, Rambow J (1990) Das Verhalten organischer Chemikalien in wassergesättigten Böden. Intern Ber Inst Wasserwirtschaft Landschaftsökologie. Kiel, 51 S

Mattheß G (1994a) Die Beschaffenheit des Grundwassers. 3. Aufl. Bornträger, Berlin, 499 S

Mattheß G (1994b): Fate of pesticides in aquatic environments. In: Börner H (ed) Pesticides in Ground and Surface Water. Chem of Plant Protect. Springer, Berlin 9:91–246

Mattheß G (Hrsg) (1997) Transport- und Abbauverhalten von Pflanzenschutzmitteln im Sicker- und Grundwasser. SchrR Ver Wasser Boden u Lufthyg 100. Fischer, Stuttgart, 439 S

Mattheß G., Isenbeck M (1987) Pesticide behaviour in Quaternary sediments. Boreas 16:411–418

Mattheß G, Frimmel F, Hirsch P, Schulz HD, Usdowski HE (eds) (1992) Progress in Hydrogeochemistry – Organics – Carbonate Systems – Silicate Systems – Microbiology – Models. Springer, Berlin 544 S

Mattheß G, Isenbeck M, Pekdeger A, Schenk D, Schröter J (1985) Der Stofftransport im Grundwasser und die Wasserschutzgebietsrichtlinie W 101. Umweltbundesamt, Berichte 7/85. E. Schmidt, Berlin 181 S

McCarty PL (1983) Biofilm transformations of trace organic compounds in groundwater. Proc Biofilm Processes in Ground Water Resources, Stockholm 1983. 91–112

McCarty PL, Reinhard M, Rittmann BE (1981) Trace organics in groundwater. Environ Sci Techn 15:40–51

Nicholls PH, Walker A, Baker RJ (1982) Measurement and simulation of the movement and degradation of atrazine and metribuzine in a fallow soil. Pestic Sci 13:484–494

Pankow JF, McKenzie SW (1992) Parametrizing the equilibrium distribution of chemicals between the dissolved, solid particulate matter, and colloidal matter compartments in aqueous systems. Environ Sci Technol 25:2046–2053

Perkow W, Ploss H (1993) Wirksubstanzen der Pflanzenschutz- und Schädlingsbekämpfungsmittel. 3. Aufl, Loseblattsammlung, Parey, Hamburg

Rambow J (1992) Modellstudie zum Verbleib herbizider Wirkstoffe in wasserteilgesättigten Böden. Diss Univ Kiel, 108 S

Reichling J, Bedbur E, Champ D, Mattheß G (1992) Mobility and persistence of three herbicides under groundwater-conditions. In: Hötzl H, Werner A (Hrsg) Tracer Hydrology, Rotterdam-Brookfield, S 165–171

Reichling J (1991) Mobilität und Persistenz der Herbizide Chlortoluron, Terbuthylazin und Pendimethalin in einem porösen Grundwasserleiter. Diss Univ Kiel, 93 S

Schwarzenbach RP, Giger W (1985) Behaviour and fate of halogenated hydrocarbons in groundwater. In: Ward CH, Giger W, McCarty PL (eds) Ground Water Quality. Wiley, New York, S 446–471

Stumm W (1992) Chemistry of the Solid-Water-Interface. 428 S. Wiley, New York

Stumm W, Morgan JJ (1981) Aquatic Chemistry. 2. Aufl. Wiley, New York, 780 S

Torstensson L (1980) Role of microorganisms in decomposition. In: Hance RJ (ed) Interaction between Herbicides and the Soil. London, S 159–178

Van Genuchten MT, Wierenga PJ (1976) Mass transfer studies in sorbing porous media I. Analytical solutions. J Soil Sci Soc Amer 41:272–278

Wagenet RJ, Hutson JL (1989) LEACHM: A process-based model of water and solute movement, transformations, plant uptake and chemical reactions in the unsaturated zone. Vol. 2, Version 2. Center Environ Research, Cornell University, Ithaca, New York, 148 S

Wallnöffer PR, Engelhardt G (1989) Microbial degradation of pesticides. In: Haug G, Hoffmann H (eds) Chem Plant Protection. Springer, Berlin 2:1–115

Zullei-Seibert N (1990) Vorkommen und Nachweisbarkeit von Pflanzenbehandlungs- und Schädlingsbekämpfungsmittel-Wirkstoffen in Roh- und Trinkwässern der Bundesrepublik Deutschland. Dortmunder Beiträge zur Wasserforschung. Veröff Institut Wasserforschung, Dortmunder Stadtwerke AG 39. Dortmund, 99 S

Zullei-Seibert N (1996) Belastung von Grundwässern mit Pflanzenschutzmitteln: Ergebnisse einer Bestandsaufnahme in Deutschland und der Europäischen Union. Grundwasserkolloquium „Grundwasserschutz und Konzepte '96", Mitt Grundwasserwirtschaft TU Dresden. Dresden 1:179–201

5 Glossar und Abkürzungen

ABAG
Allgemeine Bodenabtragsgleichung, Verfahren zur Berechnung des Bodenabtragspotentials von Landwirtschaftsflächen im vieljährigen Mittel

Abundanz
Individuendichte von Organismen, bezogen auf eine Fläche oder auf ein Volumen

Adaptation
genetisch bedingte Eigenschaft eines Organismus, die die Fähigkeit zum Überleben (und zur Fortpflanzung) in den von ihnen bewohnten Lebensräumen durch Anpassung an die Umweltfaktoren ermöglicht

Adsorption
Anlagerung von Substanzen an der Oberfläche fester Stoffe

aerob
sauerstoffhaltig

Aerosol
Verteilung feiner Flüssigkeitströpfchen in der Luft

AF
→ Anreicherungsfaktor

Aggregate
Zusammenballung kleiner Partikel zu größeren, die dann auch eine höhere Einheit bilden (z. B. Schlammflocken)

Akklimation
Gewöhnung von Versuchstieren im Labor unter kontrollierten Bedingungen an eine definierte abiotische Umwelt, → Akklimatisation

Akklimatisation
Eingewöhnung der Organismen an ein anderes Klima, erfolgt nicht unter definierten experimentellen Bedingungen im Labor, → Akklimation, im weiteren Sinn Anpassung an andere biologische Verhältnisse und Lebensbedingungen

Akkulturation
genetische Veränderung von Organismen unter den Bedingungen der Kulturlandschaft

Akkumulation
Speicherung, Ablagerung, auch spezieller Begriff für die Sedimentation (Ablagerung) in Fließgewässern

aktives Monitoring
Exposition von Organismen in dem zu untersuchenden Ökosystem zur Erfassung einer Schadstoffwirkung, → Monitoring

akute Toxizität
die akut toxische Wirkung tritt innerhalb von Stunden bis zu einigen Tagen auf, häufig wird als akute Wirkung der letale Effekt betrachtet, es treten aber auch zahlreiche subletale Wirkungen auf, z. B. Schwimmstörungen, Erhöhung der Respirationsrate oder Verhaltensstörungen

Algenblüte
→ Wasserblüte, → Vegetationsfärbung

Alkalinität
Säurekapazität, Neutralisationstitration eines Wassers mit HCl

Alkylphenolpolyethoxylate (APEO)
nichtionische Tenside; sie werden u. a. in industriellen Reinigungsmitteln, Farben, als Textilhilfsmittel und in Agrochemikalien eingesetzt, u. a. Nonylphenol; diese Stoffe besitzen eine → östrogene Wirkung

allochthon
von außerhalb eines bestimmten Biotops, dem Einzugsgebiet, stammend, → autochthon

Ames-Test
Test zur Erfassung mutagener Wirkungen, es werden Stämme von *Salmonella typhimurium* verwendet, → genotoxische Wirkung

anaerob
sauerstofffreie Bedingungen unter Abwesenheit von oxidierten Verbindungen wie Nitrit oder Nitrat, → anoxisch

anoxisch
sauerstofffreie Bedingungen, jedoch ist Nitrit oder Nitrat vorhanden, → anaerob

Anreicherung
→ Bioakkumulation

Anreicherungsfaktor AF
dimensionsloser Faktor, der die Bioakkumulation in Organismen beschreibt; der Anreicherungsfaktor gibt das Verhältnis der Konzentration im Wasser als umgebendes Medium zur Konzentration im Organismus an, Synonyme: Bioakkumulationsfaktor, bioconcentration factor

Antagonismus
→ Synergismus

anthropogen
vom Menschen geschaffen oder verursacht

AOB
adsorbierbare organische Bromverbindungen

AOCl
adsorbierbare organische Chlorverbindungen

AOF
adsorbierbare organische Fluorverbindungen

AOI
adsorbierbare organische Iodverbindungen

AOX
adsorbierbare organische Halogene (X=Cl, Br, I)

APE
→ Alkylphenolpolyethoxylate

aquatische Schutzgüter
→ Schutzgüter

Arabinose-Resistenz-Test
Mutagenitätstest, bei diesem Test werden Stämme von *Salmonella typhimurium* aber auch *Escherichia coli* Varianten verwendet, → genotoxische Wirkung

Arabiose
spezielles Monosaccharid, Zucker

Areal
Lebensraum einer → Population

Art
Spezies, Organismen, die sich miteinander fertil fortpflanzen

Ästuar
gezeitenbeeinflußter Unterlauf eines Flusses, in dem periodisch vertikale Änderungen des Wasserstandes auftreten (Ebbe und Flut) und ein unterschiedlich ausgeprägter Einfluß des salzhaltigen Wassers festzustellen ist

atmosphärische Versauerung
→ Versauerung der Böden und Gewässer durch Eintrag von anorganischen Säuren durch die Atmosphäre, insbesondere durch Regen

Atmung
Energiegewinnung im Zuge der Elektronentransportphosphorylierung (an das Cytochromsystem gekoppelte ATP-Synthese) mit Sauerstoff als Elektronenakzeptor oder unter anoxischen Bedingungen mit alternativen Elektronenakzeptoren wie z. B. Nitrat oder Nitrit (→ Nitratatmung)

ATV
Abwassertechnische Vereinigung

Aufstiegshilfe
Wanderhilfe für Fische und Makroinvertebraten zur Überwindung von Gewässerquerbauten

Aufwuchs
Biozönose aus Bakterien, Mikrozoen (Kleinstlebewesen) und Algen, die sich auf Oberflächen ansiedelt, wird auch als Biofilm bezeichnet

autochthon
direkt im Gewässer produziert, → allochthon

Autochthone
Organismen, die seit Beginn der Neuzeit in ihrem angestammten Gebiet leben, → Neozoen, Neophyten

autotroph
selbsternährend ohne Aufnahme von organischen Stoffen, diese werden durch Aufnahme anorganischer Stoffe (CO_2) und Energiezufuhr gebildet (grüne Pflanzen, einige Bakteriengruppen), → heterotroph

Background
natürliche (geogene) Konzentration, die noch vor Beginn des sogenannten Industriezeitalters abgelagert wurde

Badegewässerrichtlinie
Richtlinie der EU aus dem Jahre 1976, regelt die Qualität von Gewässern, die als Badegewässer genutzt werden, verlangt u. a. eine Mindest-Sichttiefe von einem Meter bei einem Leitwert von zwei Metern

Baggergut
Sedimente, die beim Ausbau von Gewässern und Hafenbecken sowie deren Unterhaltung anfallen

BaP
→ Benzo(a)pyren

Bastardierung
Kreuzung von verschiedenen → Arten bzw. → Subspezies z. B. einheimischer Wildpopulationen mit entweder eingeschleppten Verwandten oder mit domestizierten Zuchtrassen

BCF
bioconcentration factor, → Anreicherungsfaktor

Belastung
Beeinträchtigung der Wasserqualität und/oder der ökologischen Funktionen, eine Belastung eines Gewässers kann durch die Konzentration (mg/l), als Fracht (kg/a), als Wirkung auf Organismen (im Vergleich zu einer Kontrollgruppe, z. B. die letale Wirkung) und durch die Veränderung ganzer Ökosysteme beschrieben werden kann

Benthal
Zone der oberen Sedimentschicht im Gewässer mit dem überstehenden Kontaktwasser

benthisch
in/an der Gewässersohle lebend

Benthon
Lebensgemeinschaft der im und auf dem Sediment lebenden Tiere und Pflanzen der Gewässer, auch Benthos genannt

Benzo(a)pyren
BaP, Vertreter der PAKs, gilt als Leitsubstanz für kanzerogene Eigenschaften

Berliner Liste
Bewertungskriterien für die Beurteilung stofflicher Belastungen von Böden und Grundwasser in Berlin von 1996

Bestand
Gesamtheit der Fische oder auch anderer Organismen in einem Lebensraum

BG
Bestimmungsgrenze

BiAS
Wismut-aktive Substanzen, dient als Nachweis nichtionischer → Tenside

Bioakkumulation
Aufnahme von Xenobiotika durch Organismen unter Mitwirkung biologischer Prozesse bei der Aufnahme (als aktiver Transport) bzw. bei der Speicherung (Fixierung durch lebende Strukturen); Bioakkumulationsprozesse treten bei vielen organischen und anorganischen Verbindungen auf und können zu einer erheblichen Rückstandsbildung im Organismus führen, Synonyme: Anreicherung, Kumulation, → Biokonzentration, → Biomagnifikation

Bioakkumulationsfaktor
→ Anreicherungsfaktor

Biochemischer Sauerstoffbedarf
BSB, Maß für die Atmung von Mikroorganismen im Abwasser, meist über 5 Tage, = BSB_5

Biofilm
→ Aufwuchs

biogene Belüftung
Sauerstoffeintrag in Gewässer durch → submerse → Makrophyten und → Phytoplankton

biogene Entkalkung
Ausfällung von Kalziumkarbonat aus kalziumbikarbonathaltigem Wasser infolge Kohlensäureentzug durch Assimilation der Pflanzen

Biogeographie
räumliche Verbreitung der Organismen, Syn. Chorologie

Bioindikatoren
Organismen, die den Zustand der Umwelt durch ihr Vorkommen bzw. durch ihre Ausprägung anzeigen

Biokonzentration
Aufnahme von Xenobiotika durch Membranen oder Epithelien, ohne daß eine Aufnahme über die Nahrung stattfindet

Biomagnifikation
Aufnahme und Weitergabe von Umweltchemikalien über die Nahrungsnetze, ohne daß andere Akkumulationswege (z.B. die direkte Aufnahme aus dem Wasser über die Kiemen) von Bedeutung sind; Biomagnifikation tritt in terrestrischen Ökosystemen auf

Biomasse
Masse an lebenden Organismen, bezogen auf eine Fläche oder ein Volumen

Biomonitor
→ on line Testverfahren

Biomonitoring
Überwachung eines Gebietes mittels → Bioindikatoren

Bioproduktion
durch Photo- oder Chemosynthese erzeugte Biomasse (im Gewässer)

Bioremediation
die ingenieurmäßige Unterstützung mikrobieller Prozesse z.B. beim Schadstoffabbau; die Mikroorganismen können Verschmutzungen jedoch nur angreifen, wenn sie eine ausreichende Auswahl an chemischen Verbindungen vorfinden, die ihnen Energie und Aufbaustoffe liefern, um neue Zellen zu bilden

Biotest
quantitative Bestimmung der Wirkung von Schadstoffen mittels Testorganismen oder Zellkulturen

Biotop
der Biotop, Lebensraum, wird nicht im anglo-amerikanischen Sprachraum verwendet, → Habitat

Bioverfügbarkeit
biologische Verfügbarkeit (und somit auch Wirkung) von Xenobiotika, die Bioverfügbarkeit wird wesentlich durch die → Speziierung bestimmt

Biozönose
Lebensgemeinschaft verschiedener Organismen mit ihren vielfältigen Wechselbeziehungen zueinander und zur unbelebten Umwelt

BLAK QZ
Bund-Länder-Arbeitskreis Qualitätsziele, → Zielvorgaben

Bodden
breite, aber flache Gletscherzungenbecken, die vom Meer bis an die sie umgebenden Hochlagen überflutet wurden

Brackwasser
Wasser mit einem Salzgehalt von >0,5–30‰

BSB
Biochemischer Sauerstoffbedarf

CAS
Chemical Abtract System Number, eine stoffspezifische Nummer chemischer Verbindungen

Charakterarten
Arten, die für einen Bachtyp charakteristisch sind

Chelat
→ Liganden

Chemischer Sauerstoffbedarf
CSB, Maß für die chemisch oxidierbaren gelösten Substanzen im Wasser

CHLF
Chloroform, Trichlormethan

Chorologie
räumliche Verbreitung der Organismen, Syn. Biogeographie

Chromosomenmutationen
Mutationen größerer DNA-Abschnitte, meist lichtmikroskopisch erkennbar; man unterscheidet Deletionen (Verlust kleinerer Abschnitte), Duplikationen (Verdopplung eines Abschnittes), Inversionen (umgedrehte Abschnitte), Translokationen (Verschiebungen eines Abschnittes innerhalb des Genoms) sowie ringförmige Verknüpfungen von Chromosomen

chronische Toxizität
als chronisch toxische Wirkung werden Effekte bezeichnet, die nach einer langfristigen Exposition, die nahezu die gesamte Lebensspanne umfaßt, auftreten, chronische Effekte können nahezu alle Leistungen eines Organismus umfassen, insbesondere Störungen in der Fortpflanzung

Clearance
→ Eliminierung

Coliforme
coliforme Bakterien, Darmbakterien der Familie Enterobacteriaceae in Warmblütern und Vögeln, Hinweis auf Verunreinigung mit Fäkalien

Competition
→ Konkurrenz

CPOM
coarse particulate organic matter, großpartikulärer → Detritus (1–16 mm Fragmente von Pflanzenteilchen)

CSB
Chemischer Sauerstoffbedarf

Cyanobakterien
Blaualgen

Cyanotoxine
algenbürtige Schadstoffe der Blaualgen mit unterschiedlichen Wirkmechanismen (Geruchs- und Geschmacksstoffe sowie Toxine)

Cypriniden
karpfenartige Fische

Cytochrom-P-450
→ mischfunktionelle Oxygenase

DCM
Dichlormethan

DDD
stabile Metabolite des → DDT

DDE
stabile Metabolite des → DDT

DDMU
stabile Metabolite des → DDT

DDT
1,1,1-Trichloro-2,2-bis(p-chlorphenyl)ethan, bestehend aus drei Isomeren [p,p′- (~80%), o,p′- (~20%) und o,o′-DDT (Spuren), Insektizid, ist von zentraler Bedeutung für die Entwicklung der Parasitologie, der chemischen Seuchenbekämpfung und des chemischen Pflanzenschutzes gewesen, führt zur → Bioakkumulation, zur Verdünnung der Eischalen von Vögeln und zur → östrogenen Wirkung; die Σ DDT wird aus der DDT-Stammsubstanz und den Metaboliten DDE, DDD und DDMU gebildet

Dekomposition
Abbau organischer Substanzen

Denitrifikation
mikrobielle Reduktion von Nitrat zu gasförmigen Stickstoffverbindungen (NO, N_2O, N)

Deposition
Ablagerung von Stoffen aus der Atmosphäre am Boden, auf Pflanzen bzw. auf dem Wasser

Depuration
→ Eliminierung

Desorption
Ablösung → adsorbierter Stoffe

Destratifikation
(künstliche) Zerstörung der im Sommer in Seen auftretenden Temperatur- und Sauerstoffschichtung, hierdurch erhalten auch die unteren Schichten Sauerstoff

Desulfurifikation
mikrobielle Reduktion von Sulfat zu Schwefel oder Sulfid

Detergentien
→ Tensid

Detritus
Fragmente abgestorbener Organismen; in Fließgewässern häufig von höheren Pflanzen stammend, die auch schon den Darm von Pflanzenfressern passiert haben können

Diagenese
Veränderung von abgelagerten Sedimenten durch geochemische oder mechanische Prozesse

Diapause
genetisch fixierter Entwicklungsstillstand bei Tieren, der durch hormonelle Umstellungen gesteuert und durch äußerer Faktoren (z. B. Licht, Temperatur) ausgelöst wird; die Diapause findet nur in ganz bestimmten Entwicklungsstadien (Ei, Larve, Puppe, Imago) statt

Diatomeen
Kieselalgen, Teil des Phytoplanktons

diffuse Einträge
Immissionen in ein Gewässer aus den flächenhaft verteilten Emissionsquellen im Einzugsgebiet, insbesondere aus der Landwirtschaft, im Gegensatz zu → punktförmigen Einträgen

dimiktisch
zweimal im Jahr zirkulierende Gewässer, → Mixie

DIN
Deutsche DIN-Norm

Direkteinleiter
Einleiter, die das Abwasser direkt in die Gewässer einleiten, → Indirekteinleiter

Dispersionen
Einmischung einer Flüssigkeit (z. B. Öl) in Wasser unter dem Einfluß von starker Turbulenz, es bilden sich Dispersionen (Tröpfchengröße $< 70\ \mu m$) oder Emulsionen (Tröpfchengröße $> 70\ \mu m$)

Diversität
Anzahl der verschiedener → Arten

DNA
Desoxyribonukleinsäure, Bausteine der Chromosomen als Erbinformation

DNS
→ DNA

DOC
dissolved organic carbon, gelöste organische Kohlenstoffverbindungen im Wasser

DOM
dissolved organic matter

Dominanz
Vorherrschen einer bestimmten Organismenart in einer → Biozönose

Dormanz
generelle, übergeordnete Bezeichnung für alle Formen der Entwicklungshemmung, die teils durch verschiedenste Außenfaktoren bedingt, oft aber auch genetisch fixiert sein können

Drift
Verfrachtung des → Seston mit der fließenden Welle im Gewässer, als Folge tritt eine Verlagerung der Organismen flußabwärts auf

Driftkompensation
stromaufwärtige Rückkehr von Wasserorganismen zum Standort, den sie vor einer stromabwärtigen Verdriftung (etwa durch Hochwasser) eingenommen hatten

Durchlässigkeitsbeiwert
Maß für die Wasserdurchlässigkeit von Böden, =kf-Wert

E. coli
→ *Escherichia coli*

EC50
median effective concentration, die mittlere subletal wirksame Konzentration, der Index 50 gibt den Prozentsatz der geschädigten Organismen an; mitunter werden auch andere Wirkungsschwellen betrachtet (z. B. EC10 für 10% geschädigte Tiere), bei der Angabe einer EC50 muß der erfaßte Effekt, z. B. Immobilisierung der Daphnien, mit benannt werden

EDTA
Ethylendiamintetraacetat, → Komplexbildner

Elastizität
→ Resilienz

Eliminierung
Abgabe der im Organismus inkorporierten Schadstoffe beim Transfer der Organismen in nicht kontaminiertes Wasser, Synonyme: Clearance, Depuration

Emergenz
Imaginalschlupf von Insekten, meist mit dem Erreichen der Geschlechtsreife verbunden, bei vielen wasserlebenden Jugendstadien gleichzeitig auch der Übergang von der aquatischen zur terrestrischen Lebensweise

emers
→ Makrophyten, die mit Teilen der Sprosse oder Blätter aus dem Wasser ragen

Emission
Abgabe von Belastungen an die Umwelt aus einer Emissionsquelle

Emulsion
Einmischung einer Flüssigkeit (z. B. Öl) in Wasser unter dem Einfluß von starker Turbulenz, es bilden sich Emulsionen (Tröpfchengröße $>70\ \mu m$) oder Dispersionen (Tröpfchengröße $<70\ \mu m$)

Enclosure
→ Mesokosmos, in einem See exponierter Plastiksack, der mit Seewasser befüllt wird

endokrine Stoffe
→ hormonaktive Stoffe

Endolithion
Lebensgemeinschaft in Hartböden

Enzym
Eiweißkörper, der katalytisch biochemische Umsetzungen fördert bzw. ermöglicht

EPA
Environmental Protection Agency (USA)

Escherichia coli
E. coli, Fäkalindikatorbakterien

ET50
median effective time, die mittlere Zeit bis zum Eintritt eines subletalen Effektes, der Index 50 gibt den Prozentsatz der geschädigten Organismen an, mitunter werden auch andere Wirkungsschwellen betrachtet (z. B. ET10 für 10% geschädigte Tiere), bei Angabe einer LT50 muß die entsprechende Konzentration des Toxins und der erfaßte Effekt benannt werden

euhalin
Salzgehalt 40–30‰, Meerwasser

euryök
Arten, die Schwankungen bestimmter Umweltfaktoren (z. B. Strömung) innerhalb eines weiten Bereiches tolerieren, → stenök, → indifferent, → Optimum

eutroph
nährstoffreich und daher viel organische Substanz produzierend, → Trophie

Eutrophierung
übermäßige Zufuhr von Pflanzennährstoffen, die zu verstärkter Algenproduktion und dadurch zur Eintrübung des Gewässers führt

EW
Einwohnerwerte, gibt die Menge des anfallenden Abwassers an, berechnet auf der Basis des häuslichen Verbrauchs

Fäkalindikatorbakterien
für die bakteriologisch-hygienischen Wasseruntersuchung werden Indikatorkeime (insbesondere *E.coli*), die ihren natürlichen Lebensraum im Darm von Warmblütern haben, zum Nachweis von Verunreinigungen mit Fäkalien herangezogen

FCKW
Fluorchlorkohlenwasserstoffe → Treibhausgase

Feldkapazität
bodenspezifischer Grenzwassergehalt

Fertilität
die Fertilität, auch als Reproduktion bezeichnet, beschreibt die Anzahl der Nachkommen eines Organismus innerhalb einer Zeitpanne, meist beginnend mit

dem Eintritt der Reife, eine Reduzierung der Fertilität kann, u. a. durch Störung des Fortpflanzungsverhaltens, Reduzierung der Vitalität und Störungen der Embryonalentwicklung als Folge genetischer Defekte ausgelöst werden

FFH
Fauna, Flora, Habitat, EU-Richtline zur Erhaltung der natürlichen Lebensräume sowie der wildlebenden Tiere und Pflanzen

flotieren
an der Wasseroberfläche treiben

FPOM
fine particulate organic matter, feinpartikulärer → Detritus (75–250 µm, Reste von Organismen)

Fulvinsäuren
→ Huminstoffraktion, die vollständig wasserlöslich ist

Fulvonsäuren
→ Huminstofffraktion, die in Alkalien löslich ist, jedoch nicht wieder mit Säure fällbar ist, → Huminsäuren

Genese
Entwicklung

Genmutationen
Punktmutationen (Vertauschen von Basen), Deletionen (Entfernung von Basen) oder Insertionen (Einfügen von Basen in den DNA-Strang), → genotoxische Wirkung

Genommutationen
Mutationen ganzer Chromosomen, man unterscheidet Aneuploidien (einzelne Chromosomen gehen im diploiden Satz verloren) und Polyploidien (die Zahl der kompletten Sätze an Chromosomen in der Zelle größer als zwei), → genotoxische Wirkung

genotoxisch
das genetische Material (DNA) verändernd

genotoxische Wirkung
als genotoxische Wirkung werden alle erbgutverändernde Effekte bezeichnet, hierbei ist zu unterscheiden zwischen einer mutagenen Wirkung (= Auftreten veränderter Gene als Folge von Erbgutschädigungen), der teratogenen Wirkung (= Auftreten von Mißbildungen bei den Nachkommen) und der karzinogenen Wirkung (= Auftreten von Geschwulstbildungen, Synonym: kanzerogene W.). Genotoxische Effekte werden durch Schädigung der DNA hervorgerufen, Schädigungen der DNA (= Mutationen) können in den Keimzellen auftreten und führen dann zu Mißbildungen bzw. abweichenden Merkmalen; treten die Schädigungen dagegen in Körperzellen auf (= somatische Mutationen), sind diese nur bei Zellteilungen

zu erkennen (z. B. durch Geschwulstbildung).

Geoakkumulation
Anreicherung von anorganischen und organischen umweltrelevanten Stoffen vor allem in der feinkörnigen Fraktion der Sedimente

Geoakkumulations-Index
I_{geo}, ein Maß für die Höhe der Belastung eines Sediments oder Bodens mit anorganischen oder organischen umweltrelevanten Spuren- und Abfallstoffen, setzt die heutige Konzentration in Bezug zu den natürlichen (geogenen) Konzentrationen, die noch vor Beginn des sogenannten Industriezeitalters liegen

Getrenntkanalisation
→ Trennkanalisation

Gewässergüte
Klassifizierungssystem von Gewässern aufgrund des → Saprobiensystems

Graue Liste
Liste der EU-Gewässerschutzrichtlinie mit Stoffen, die nicht in das Gewässer gelangen dürfen

Grundwasser
unterirdischer tropfbarer und zusammenhängender Wasserkörper in Lockergesteinen (Sande, Kiese) und Felsspalten bzw. Höhlen

Habitat
abiotische Strukturen des Lebensraumes, im anglo-amerikanischen Sprachraum gebräuchlich, → Biotop

Haemoglobin
roter Blutfarbstoff

Halbmetalle
→ Metalloide

HCB
Hexachlorbenzol

HCH
→ Hexachlorcyclohexan

Herbizide
(Unkraut-) Pflanzenvernichtungsmittel

heterotroph
Organismen, die sich von Pflanzen, Tieren, Mikroorganismen oder organischen → Detritus ernähren und als Kohlenstoffquelle nutzen

Hexachlorcyclohexan
γ-HCH, das Lindan, die insektizid wirksamen Komponente und sogenannten Ballastisomeren α-, β-, δ- und ε-HCH; das Isomerengemisch fand im Pflanzenschutz sowie im Holzschutz breite Anwendung

Histidinoperon
ein Genbereich, der für die de novo Synthse von Histidin zuständig ist

hormonaktive Stoffe
Stoffe, die auf den Hormonstoffwechsel einwirken, in der Embryonalentwicklung können sie die Geschlechtsausbildung stören und/oder in der Adultphase können sie die Wirkungen von Geschlechtshormonen hemmen oder nachahmen, → östrogene Wirkung, → androgene Wirkung, → DDT, → Phthalate, → Polychlorierte Biphenyle, → Tributylzinn, → Alkylphenolpolyethoxylat

HOV
halogenorganische Verbindungen

Humine
→ Huminstoffraktion, die wasserunlöslich ist

Huminsäuren
→ Huminstoffraktion, die in Alkalien löslich ist, jedoch mit Säure wieder fällbar ist, → Fluvonsäuren

Huminstoffe
tote organische Materie; werden operational in getrennt in: Humine (vollständig unlöslich), → Huminsäuren (nur in Alkalien löslich) und → Fulvosäuren (Fuvinsäuren; vollständig löslich)

hydrophil
wasserliebend, stoffspezifische Eigenschaft eines Stoffes, → hydrophob

hydrophob
wasserabweisend, stoffspezifische Eigenschaft eines Stoffes, → hydrophil

Hypolimnion
kalte Wasserschicht tiefer, stehender Gewässer unterhalb der Sprungschicht (→ Metalimnion) während der thermischen Schichtung, das Hypolimnion entspricht etwa der → tropholytischen Schicht, da außerhalb der → Vollzirkulation keine Sauerstoffzufuhr erfolgt, ist das H. je nach der Intensität der bakteriellen Abbauprozesse mehr oder weniger sauerstoffarm

Hyporheal
das Lückensystem unterhalb und dicht neben der Sohle von Fließgewässern, das schwach durchströmt und von Organismen (Bakterien, Tiere) besiedelt ist

hyporheisches Interstitial
→ Interstitial

I_{geo}
→ Geoakkumulations-Index

IKSE
Internationale Kommission zum Schutze der Elbe

IKSO
Internationale Kommission zum Schutz der Oder

IKSR
Internationale Kommission zum Schutze des Rheins

Immission
Eintrag von Schadstoffen in die Umwelt, meist fern des Entstehungsortes, → Emission

Immobilisierung
stabile Festlegung von Schadstoffen in einem Kompartiment des Gewässers, z. B. im Sediment; auch: Bewegungsunfähigkeit eines Organismus nach Schadstoffeinwirkung

in situ
Untersuchungen im Gewässer

in vitro
Untersuchungen im Reaktionsgefäß

in vivo
Untersuchungen am lebenden Organismus

indifferent
Organismen, bei denen kein Optimum erkennbar ist, kommen in wechselnden Häufigkeiten im gesamten Spektrum des Umweltparameters vor, → euryök, → stenök

Indirekteinleiter
Einleiter, die das Abwasser in das Kanalnetz geben und über eine Kläranlage in die Gewässer eintragen, → Direkteinleiter

Individuum
Organismus, Teil einer → Population

Ingenieurbiologie
Verwendung von Pflanzenteilen bzw. ganzen Pflanzen als lebende Baustoffe, synonym werden die Begriffe Grünverbau und Lebendverbau verwendet

Interstitial
Lückensystem zwischen organischen und sandigen Sedimenten unter und neben der Gewässersohle

ISO
Norm der International Standardisation Organisation der UN

K
Kelvin; thermodynamische Temperatur K, wird zur Angabe von Temperaturdifferenzen verwendet; hierbei ist 1 K = 1 °C, die Wärmemenge von 4,2 MJ erwärmt einen Kubikmeter Wasser um 1 K.

kanzerogene Wirkung
Syn. karzinogene Wirkung, → genotoxische Wirkung

karzinogene Wirkung
Syn. kanzerogene Wirkung, → genotoxische Wirkung

katharob
Stufe sehr geringer → Saprobität, ohne Abwasserbeeinflussung

KBE
Kolonie bildende Einheiten: auf Nährböden unter Zusatz eines Verfestigungsmittels (i. d. R. Agar agar) erhaltene und auszählbare Bakterienkolonien

K_D
Boden-Adsorptionskoeffizient, dieser Koeffizient beschreibt das Adsorptionsgleichgewicht von Xenobiotika, das sich zwischen dem Sediment und dem Porenwasser einstellt

kf
Durchlässigkeitsbeiwert für Wasser in Böden

KJ
Kilojoule, 1 J = 0,239 cal

Kjeldahl-Stickstoff
nach Aufschlußverfahren benannte Fraktion der Stickstoffverbindungen, umfaßt die organisch gebundenen Stickstoffverbindungen und Ammonium

Klimax
Endstadium einer → Sukzession der Organismen in einem → Biotop

K_{oc}
Verteilungskoeffizient einer Verbindung zwischen Wasser und einem hypothetischen natürlichen Sorbenten von 100% organischem Kohlenstoff (als Modellboden)

Kolmation
Verstopfung des Bachbettes bzw. der Seesedimente und Unterbindung eines Grundwasserdurchstromes

Kompartimentmodell der Bioakkumulation
Modell zur Beschreibung der Aufnahme von Xenobiotika durch Organismen, ein einfaches Zwei-Kompartimentmodell besteht aus dem Wasser als umgebendes Medium und dem Organismus als ein nicht differenzierter Körper, die Bioakkumulation kann als ein Gleichgewichtsprozeß durch eine Exponentialfunktion erster Ordnung beschrieben werden, nur in wenigen Fällen muß ein Drei-Kompartimentmodell zugrunde gelegt werden

Komplex
→ Liganden

Komplexbildner
anorganische oder organische Verbindungen, die mit Metallen Komplexbindungen eingehen, z. B. → NTA oder → EDTA, werden u. a. in Waschmitteln eingesetzt

Kongener
Verbindung eines Stoffgruppe, die sich im Chlorierungsgrad unterscheiden, z. B. die Polychlorierten Biphenyle

Konkurrenz
Auseinandersetzung von Individuen oder Populationen um begrenzte Ressourcen (z. B. Nahrung, Lebensraum, Fortpflanzungspartner)

Konsument
Organismus, der sich heterotroph von tierischen und pflanzlichen Organismen ernährt, → Produzent, → Nahrungskette

Konsumption
Nahrungsaufnahme → heterotropher Organismen

Kooperation
Zusammenschluß von Landwirtschaft und Wasserwirtschaft in einem Einzugsgebiet zur Durchführung von Gewässerschutzmaßnahmen

K_{OW}
Verteilungskoeffizient n-Oktanol/Wasser, die dimensionslose Stoffkonstante bezeichnet die Verteilung eines Stoffes in einem Zwei-Phasen-System aus n-Oktanol und Wasser und ist ein Maß für die Polarität eines Stoffes, insbesondere für die Fettlöslichkeit; Synonym: P_{OW}, partition coefficient, → Bioakkumulation

Kumulation
→ Bioakkumulation

LAS
Laurylalkylbenzolsulfonat, → Tensid

LAU
Landesanstalt für Umwelt

LAWA
Länder-Arbeitsgemeinschaft Wasser

LC50
median lethal concentration, die mittlere letale Konzentration eines Schadstoffes, der Index 50 gibt den Prozentsatz der geschädigten Organismen an, mitunter werden auch andere Wirkungsschwellen betrachtet (z. B. LC10 für 10% geschädigte Tiere), bei der Erfassung der LC50 muß die Expositionszeit angegeben werden, meist werden die Standardtestverfahren mit 1 bis 2 Tagen angewendet.

LCKW
leichtflüchtigen chlorierten Kohlenwasserstoffe, z. B. Chloroform, Tetrachlorkohlenstoff, → SCKW

Liganden
chemische Teilchen (Atome, Ionen, kleine Moleküle), die ein zentrales Ion oder Atom umgeben (vielfach ein Metall), um zusammen einen chemischen Komplex zu bilden, man spricht daher auch von einem Komplexbildner; wird das Zentralteilchen „scherenartig“ umklammert, nennt man diesen auch Chelatbildner

limnisch
geringer Salzgehalt $< 0{,}5$‰, Süßwasser, → Halobiensystem

limnobiont
ausschließlich geringe Strömungsgeschwindigkeiten bevorzugend, → limnophil

Limnologie
von *limnos*, griech., See, ist eine ökologische Disziplin zur Beschreibung der Binnengewässer als Ökosysteme mit ihren abiotischen und biotischen Einflußfaktoren

limnophil
Organismus, der geringe Strömungsgeschwindigkeiten bevorzugt, → limnobiont

Lindan
γ-HCH, → Hexachlorcyclohexan

Lipophilie
stoffspezifische Eigenschaft als Maß für die Fettlöslichkeit

LOAEL
lowest observed adverse effect level, → LOEC

LOEC
lowest observed effect concentration, die geringste toxisch wirksame Konzentration eines Stoffes, gemessen am empfindlichsten Parameter eines subletalen Testverfahrens, es sind bzw. werden spezielle Testverfahren als LOEC-Testverfahren genormt; die LOEC ist nur eine andere Auswertung eines NOEC-Testverfahrens mit der Angabe einer gerade noch toxisch wirksamen Konzentration

LT50
median lethal time, die mittlere Zeit bis zum Eintritt einer letalen Wirkung, der Index 50 gibt den Prozentsatz der geschädigten Organismen an, mitunter werden auch andere Wirkungsschwellen betrachtet (z. B. LT10 für 10% geschädigte Tiere), bei Angabe einer LT50 muß die entsprechende Konzentration des Toxins benannt werden, die z. B. aufgrund der Vorflutverhältnisse untersucht wurde

LUA
Landesumweltamt

Makroinvertebraten
wirbellose Tiere, die mit bloßem Auge angesprochen werden können; ab ca. 1–2 mm Körpergröße

Makrophyten
im weitesten Sinne alle großwüchsigen Pflanzen (Blütenpflanzen, Moose, Armleuchteralgen, große Grünalgen wie Cladophora) in den Gewässern, im eingeschränkten Sinne Begriff für höhere Pflanzen (differenziert in Wurzel, Stamm und Blätter)

Makrozoobenthon
Tiere, die an der Gewässersohle leben, dazu zählen bestimmte Makroinvertebraten und Fischarten, auch Makrozoobenthos genannt

MBAS
Methylenblau-aktive Substanzen, Nachweis anionischer → Tenside

MCM
Monochlormethan, Methylenchlorid

MECHLF
Methylchloroform

Mesokosmos
Freilandsystem, das Teile eines natürlichen Ökosystems enthält und durch die Diversität der Arten sehr komplexe Strukturen darstellt (z. B. Kleinteich, Enclosure, Fließrinne)

mesosaprob
Stufe mäßiger Saprobität, mäßig belastete Zone, es wird unterschieden in β- (= mittlere – starke Verunreinigung) und α-mesosaprob (= mittlere – geringe Verunreinigung), → Saprobität, → oligosaprob, → polysaprob, → katharob

Metabolismus
biologische Umwandlung einer chemischen Substanz

Metalimnion
Grenzschicht (Sprungschicht) zwischen dem → Epilimnion und dem → Hypolimnion eines temperaturgeschichteten Sees

Metalle
chemische Elemente, die (bei mittlerer Temperatur und in elementarer Form) eine relativ gute elektrische Leitfähigkeit und Wärmeleitfähigkeit sowie einen starken Glanz besitzen, Metalle wirken praktisch ausschließlich in Form ihrer Ionen, die frei, komplex anorganisch oder organisch gebunden oder an Oberflächen adsorbiert vorliegen können, auf Organismen und Ökosysteme ein

Metalloide
Halbmetalle, chemische Elemente, die in einer metallischen und einer nichtmetallischen Form auftreten können, es zählen hierzu As, Sb, Ge, Se, Si, Te, bedingt auch: B, Po und Bi, gemeinsame für die Gewässerbelastung relevante Eigenschaften lassen sich allerdings keine erkennen

metallorganische Verbindungen
Verbindungen eines Metallions mit einem organische Rest, z. B. → Tributylzinn

Metallothioneine
Proteine (Polypeptide) mit einem hohen Gehalt der schwefelhaltigen Aminosäure Cystein,

zweiwertige Schwermetalle werden vermutlich durch die –SH-Gruppen des Cysteins gebunden, = Entgiftungsmechanismus

Microcystine
cyclische Heptapeptide mit toxischer Wirkung, die von einer Reihe von Cyanobakterien-Arten und -Stämmen gebildet werden, → Cyanotoxin

Migration
Verlagerung der Schadstoffe im Sediment der Gewässer als Folge der (geringen) Durchströmung des Sedimentes

Mikrokerntest
in vivo Mutagenitätstest, für diesen Test werden im allgemeinen rote Blutkörperchen verwendet, ist ein Lebewesen genotoxischen Substanzen ausgesetzt, kann es in den Erythrozytenvorläuferzellen zu Fragmentierungen der Chromosomen kommen, die nach dem Ausreifen der Zellen als kleinere Chromosomenfragmente (Mikrokerne) detektierbar sind

Mikrokosmos
Ausschnitt bzw. Teil eines Ökosystems, das unter den standardisierten Bedingungen im Labor aufgebaut wird, z. B. artenreich gestaltete Aquarien, → Mesokosmos

Mineralöl
flüssige bis teerartige Öle fossilen Ursprungs, das Rohöl ist ein Gemisch aus Tausenden von chemischen Einzelstoffen, hiervon haben die Kohlenwasserstoffe den größten Anteil mit etwa 50–98%, daneben treten schwefel-, stickstoff- und sauerstoffhaltige Verbindungen auf sowie die auch im Öl enthaltenen Spurenmetalle Vanadium und Nickel

mischfunktionelle Oxigenasen
Enzyme (z. B. Cytochrom-P-450), die als Detoxifikationsmechanismus große Bedeutung haben, sie führen zur Oxidation von organischen Verbindungen; es handelt sich um Enzyme, die durch natürliche Substrate induziert werden, aber auch strukturell ähnliche Xenobiotika können als Substrat dienen, = Entgiftungsmechanismus

Mischkanalisation
Regenwasser wird mit Abwasser in einem gemeinsamen Kanal einer Kläranlage zugeleitet, → Trennkanalisation

mixotroph
Bezeichnung für Organismen, die sich sowohl → autotroph als auch → heterotroph ernähren

MJ
Megajoule; Wärmemenge; 1 J = 0,239 cal

Modellökosystem
→ Mesokosmos, → Mikrokosmos

Mollusken
Weichtiere (z.B. Muscheln, Schnecken)

Monitoring
Erfassung von Schadstoffwirkungen an ausgewählten Organismen in einer Region (= repräsentative flächenhafte Erhebung) oder über eine längere Zeit (= Zeitreihe als Trendanalyse), Monitororganismen müssen die Wirkungen von Stressoren selektiv und empfindlich anzeigen, → aktives Monitoring, → passives Monitoring

Moschus
Duftstoffe, z.T. natürlich (Ambra und Rosenöl), heute jedoch als synthetische Moschusverbindungen anthropogen hergestellt (u.a. Benzol- und Indanderivate)

MPN
most probable number, Bestimmung der Bakteriendichte über Verdünnungsreihen unter Vorausetzung einer homogenen Verteilung der Organismen

mutagene Wirkung
Auftreten veränderter Gene als Folge der Schädigung der DNA, → genotoxische Wirkung

MX
Bakterienmutagen, kommt in beiden mesomeren Formen 3-Chlor-4-(dichlormethyl)-5-hydroxy-2(5h)-furanon sowie 2-Chlor-3-dihlorethyl-4-oxo-buten-Säure vor, der stärkste, bisher bekannte mutagene Stoff, der bei der Chlorung von huminstoffhaltigem Wasser entsteht

Nahrungskette
→ Nahrungsnetz

Nahrungskettenhypothese
Modell der Schadstoffanreicherung über die Aufnahme kontaminierter Nahrung, die Anreicherung von Xenobiotika führt zu steigenden Konzentrationen der Umweltchemikalien mit zunehmender trophischer Stellung der Organismen (Nahrungskette), und entsprechend der Biomassenpyramide sollte eine Aufkonzentrierung der Umweltchemikalien in den Organismen höherer trophischer Struktur (den Endkonsumenten) erfolgen, → Bioakkumulation, → Biokonzentration

Nahrungsnetz
Verknüpfung der Organismen verschiedener trophischer Stellung (Primärproduzenten, Primärkonsumenten, Sekundärkonsumenten… Endkonsumenten) zu einem komplexen (netzartigen) System des Energietransfers

nb
nicht bestimmt

negative Kontrolle
Versuch mit einer in ihrer Wirkung bekannten Referenzverbindung

Nematoden
Fadenwürmer, die besonders häufig in Böden und Sedimenten zu finden sind

Neophyten
Pflanzen, die seit Beginn der Neuzeit (1492) beabsichtigt oder unabsichtlich unter direkter oder indirekter Mitwirkung des Menschen in ein ihnen zuvor nicht zugängliches Florengebiet gelangt sind und dort neue Populationen aufgebaut haben

Neozoen
Tiere, die seit Beginn der Neuzeit (1492) beabsichtigt oder unabsichtlich unter direkter oder indirekter Mitwirkung des Menschen in ein ihnen zuvor nicht zugängliches Faunengebiet gelangt sind und dort neue Populationen aufgebaut haben, das Neozoon

neuroendokrine Stoffe
→ hormonaktive Stoffe

nn
nichts nachweisbar

NOAEL
no observed adverse effect level, → NOEC

NOEC
no observed effect concentration, die höchste Konzentration eines Schadstoffes, die gemessen am empfindlichsten Parameter eines subletalen Testverfahrens, nicht toxisch wirkt, es sind bzw. werden spezielle Testverfahren als NOEC-Testverfahren genormt

Nonylphenol
→ Alkylphenolpolyethoxylat

NTA
Nitrilotriacetat, → Komplexbildner

ökologische Stabilität
die Fähigkeit des Ökosystems, Störungen von außen zu tolerieren, ohne sich wesentlich zu verändern

Ökosystem
räumliche Struktureinheit der belebten Umwelt, bestehend aus dem Lebensraum (→ Biotop) und den Lebensgemeinschaften (→ Biozönose); Ökosysteme stellen in sich hochgradig vernetzte und räumlich weitgehend abgetrennte Bereiche dar

ökosystemar
ökosystembezogen

Ökoton
Übergangsbereich zwischen zwei → Ökosystemen

Ökotoxikologie
die Lehre vom Verhalten und der Wirkung von Schadstoffen (natürlichen und anthropogenen Schadstoffen) im Ökosystem bzw. in Kompartimenten des Ökosystems

Oligochaeten
Würmer

oligosaprob
Stufe geringster Saprobität, unbelastete Zone, → Saprobität

on line Testverfahren
Testverfahren (Syn. Biomonitor) zur direkten und kontinuierlichen Überwachung eines Gewässers, die on line Testverfahren werden im wesentlichen zur Überwachung der großen Ströme, aus denen auch Trinkwasser gewonnen wird, eingesetzt (Rhein, Elbe)

Opportunismus
ökologische Strategie, opportunistische Arten nutzen nur kurzfristig oder lokal begrenzt gegebene Umweltsituationen und besitzen eine geringe Konkurrenzfähigkeit

Optimum
Bereich eines Umweltfaktors, der für einen Organismus die besten Lebensvoraussetzungen schafft, → stenök, → euryök, → indifferent

Orogenese
Gebirgsbildung

östrogene Stoffe
Verbindungen mit hormonelle Wirkung, die ähnlich wirken wie das weibliche Geschlechtshormon 17β-Östradiol, u. a. zahlreiche Xenobiotika

östrogene Wirkung
durch natürliche und synthetische Hormone oder hormonähnliche Stoffe ausgelöste Wirkung auf Organismen, die Ausbildung der Geschlechtsorgane und die Fortpflanzung wird gestört (z. B. Verweiblichung von männlichen Organismen)

Oxigenase
→ mischfunktionelle Oxygenasen

PAK
→ polycyklischen aromatischen Kohlenwasserstoffe

passives Monitoring
Erfassung der Schadstoffwirkung anhand vorhandener Arten im Ökosystem, → Monitoring

PCB
→ Polychlorierte Biphenyle

PCDD
Polychlordibenzodioxine

PCDF
Polychlordibenzofurane

PEC
Abkürzung für predicted environmental concentration, die geschätzte Umweltkonzentration, die Differenz zwischen der niedrigsten gemessenen Wirkschwellenkonzentration bei Organismen und der PEC dient zur Abschätzung der Wahrscheinlichkeit einer Umweltbeeinträchtigung bzw. der Schädigung eines Organismus, → PNEC

Pelagial
Lebensraum des freien Wassers im See, bewohnt von → Plankton und → Nekton

PER
Perchlorethen

Periphyton
→ Aufwuchs

Pflanzenschutzmittel
Wirkstoffe, die Kulturpflanzen und Pflanzenerzeugnisse vor Schadorganismen schützen und als Wachstumsregler und Keimhemmer die Lebensvorgänge von Pflanzen beeinflussen; die Pflanzenschutzmitteln umfassen etwa 250 verschiedene zugelassene Wirkstoffe mit mehr als 900 verschiedenen Produkte, die verschiedene Wirkstoffe im Gemisch und daneben Formulierungshilfsstoffe enthalten

photoautotroph
selbsternährende Organismen ohne Aufnahme von organischen Stoffen, die Energiezufuhr erfolgt über Assimilation des Lichtes (→ Photosynthese)

Photobleiche
photolytische Spaltung von Huminstoffen unter Abnahme der Farbintensität

Photolyse
Spaltung durch Lichteinwirkung, Huminstoffe wirken als Vermittler, da sie auch sichtbares Licht in photochemisch aktive Verbindungen umwandeln und somit eine indirekte Photolyse ermöglichen

Photosynthese
Produktion von Biomasse aus CO_2 und anorganischen Nährstoffen unter Verwendung von Strahlungsenergie, bei dem Prozeß der Photosynthese wird Sauerstoff freigesetzt

Phthalate
Weichmacher in Kunststoffen (z. B. PVC) verwendet, z. B. Butylbenzylphthalat (BBP), Dibutylphthalat (DBP), Bis(2-ethylhexyl)-Phthalat (DEHP), Diisobutylphthalat, ökotoxikologisch relevant ist die → östrogene Wirkung

Phytoplankton
kleine pflanzliche Organismen in aquatischen Ökosystemen, die

in limnischen Gewässern die Hauptmenge der Biomasse darstellen

Plankton
Gesamtheit der im freien Wasser (→ Pelagial) schwebenden tierischen (Zooplankton) und pflanzlichen (Phytoplankton) Kleinorganismen, die keine oder eine im Verhältnis zur Wasserströmung geringe Eigenbewegung besitzen; das Plankton ist der belebte Teil des → Sestons

PNEC
Abkürzung für predicted no effect concentration, vorausgesagte (maximale) Konzentration ohne Wirkung, die maximale Konzentration eines Stoffes in der Umwelt, die keinen Schaden verursacht, wird bei der Risikobeurteilung zur Chemikalienbewertung aus akuten und chronischen Toxizitäten sowie aus Ökotoxikologie-Daten ermittelt, → PEC

POC
particulate organic carbon, partikuläre organische Kohlenstoffverbindungen im Wasser

Polychlorierte Biphenyle
PCB, 209 → Kongenere mit unterschiedlicher Chlorierung und Stellung der Chloratome, die hochchlorierten (>5 Cl-Atome) sind z. T. extrem schwer abbaubar und extrem wenig löslich in Wasser, 1989 wurden durch die PCB-Verbotsverordnung die Herstellung, Anwendung und das Inverkehrbringen verboten, PCB werden akkumuliert und wirken u. a. neurotoxisch und → östrogen

Polycyklischen aromatischen Kohlenwasserstoffe
PAK, u. a. → Benzo(a)pyren (BaP), PAK werden bei unvollständigen Verbrennungsprozessen gebildet, sie stammen häufig aus Produktionsrückstände (Kokereien, Petrochemie, Kohlebergbau, Teerindustrie) und partikulären Einträgen von Aschen, Reifenabrieb und Klärschlamm, PAK werden auch bei natürlichen Inkohlungsprozessen gebildet

polysaprob
Stufe stark erhöhter Saprobität, übermäßig mit organischen Verbindungen verschmutzte Zone, → Saprobität

POM
particulate organic matter, Kürzel für partikuläres organisches Material

Population
Gruppe von Organismen der gleichen Art, die miteinander in einer Fortpflanzungsgemeinschaft leben

positive Kontrolle
Null-Versuche, Kontrolle im engeren Sinn, → negative Kontrolle

P_{OW}
partition coefficient, → K_{OW}

ppb
parts per billion ($1:10^9$), früher gebräuchliche relative Konzentrationsangabe, der Bezug (z. B. Volumen) muß festgelegt werden; heute wird die Maßeinheit µg/kg verwendet

ppm
parts per million ($1:10^6$), früher gebräuchliche relative Konzentrationsangabe, der Bezug (z. B. Volumen) muß festgelegt werden; heute wird die Maßeinheit mg/kg verwendet

ppt
parts per trillion ($1:10^{12}$), früher gebräuchliche relative Konzentrationsangabe, der Bezug (z. B. Volumen) muß festgelegt werden; heute wird die Maßeinheit ng/kg verwendet

PSM
→ Pflanzenschutzmittel

PSP
paralytical shellfish poisoning, umfassen die aus Muschelvergiftungen bekannten, durch Dinoflagellaten erzeugten Saxitoxine und Neosaxitoxine

punktförmige Einträge
→ Emissionen durch Abwassereinleitungen von Kläranlagen oder großen Abwasserproduzenten, → diffuse Einträge

QSAR
Quantitative Structure-Activity Relationship (Quantitative Struktur-Wirkungs-Beziehung), unter der QSAR-Methode faßt man die Bemühungen unterschiedlicher Zielstellung zusammen, zwischen der Struktur von Molekülen und ihren Wirkungen quantitativ ausdrückbare Beziehungen herzustellen

Qualitätsziele
→ Zielvorgaben

Rahmenabwasser-Verwaltungsvorschrift
Anhänge der „Verordnung über Anforderungen an das Einleiten von Abwasser“ aus dem Jahr 1996 mit Regelungen für kommunales Abwasser sowie industrielle Branchen (Rahmen-AbwasserVwV 1996)

R_d
→ Retardationsfaktor

Regenüberläufe
in Abhängigkeit von den Retentionseigenschaften des Mischwasserkanalnetzes und der Niederschlagsmenge wird ein Teil des in der Kanalisation anfallenden Gemisches aus Abwasser und Niederschlagswasser direkt über die Regenentlastungsbauwerke in Gewässer eingeleitet, → Mischkanalisation

Replikation
Verdopplung der genomischen DNA bei der Zellteilung

Reproduktion
→ Fertilität

Resilienz
elastische Reaktion eines Ökosystems (einer Population) nach einer Störung, wonach das System wieder zum Ausgangszustand zurückkehrt, Syn. Elastizität, → Resistenz)

Resistenz
Erscheinung, daß in Lebensgemeinschaften und Ökosystemen nur geringe Veränderungen und Schwankungen bei Einwirkung eines Störfaktors erfolgen, → Resilienz

Resuspension
Wiederaufschwemmung feiner Partikel, in Fließgewässern die Aufwirbelung von Sediment

Retardationsfaktor
R_d, Quotienten aus der mittleren Abstandsgeschwindigkeit des Wassers und der mittleren Transport-Geschwindigkeit des Kontaminanten (jeweils in m/s)

Rote Liste
Listen der gefährdeten oder ausgestorbenen Pflanzen und Tiere der Bundesrepublik Deutschland bzw. der Bundesländer, es ist auch eine Rote Liste der gefährdeten Biotoptypen der Bundesrepublik Deutschland erstellt worden; in der Pharmakologie auch Arzneimittelverzeichnis des Bundesverband der pharmazeutischen Industrie

r-Strategen
Arten, die bei nicht begrenzten Ressourcen schnell und effektiv auf neue Umweltsituationen reagieren können, z. B. durch eine hohe Nachkommenzahl

Salmoniden
forellenartige Fische

Sandoz-Unfall
großer Lagerhallenbrand der bei Basel am Rhein gelegenen Chemieanlage der Fa. Sandoz im November 1986, durch den große Mengen an Disulfoton und Thiometon mit dem Löschwasser in den Rhein gelangten und das bisher größte Fischsterben im Rhein auslöste

Saprobienindex
Maßzahl für das Vorkommen der Saprobier, kennzeichnet die Gewässerbelastung mit organischen Stoffen, → Saprobiensystem

Saprobiensystem
Methode zur Bestimmung der Gewässergüte auf der Grundlage des Vorkommens von Organismen, die Indikatoren für die Belastung des Wassers mit organischen Kohlenstoffverbindungen sind

Saprobiewert
Kennzeichnung des Vorkommens der Saprobier im Verfahren des Saprobiensystems als ein indikatorischen Wert

Saprobität
Summe der heterotrophen Aktivität, d.h. der Abbau organischer Kohlenstoffverbindungen i.w. durch Bakterien, Pilze und höhere Konsumenten, → oligosaprob, → mesosaprob, → polysaprob

Schutzgüter
ökosystemare Strukturen und Kompartimente eines Gewässers, die für die Funktion und Nutzung der Gewässer von zentraler Bedeutung sind, es sind dies im Einzelnen die aquatischen Lebensgemeinschaften, die Schwebstoffe und Sedimente eines Gewässers, die Fischerei als Berufs- und Sportfischerei, die Nutzung der Gewässer für Freizeit und Erholung, die Entnahme von Wasser für die Bewässerung landwirtschaftlicher Flächen, die Trinkwasserversorgung und die marinen Lebensgemeinschaften

Schwarze Liste
Liste der EU-Gewässerschutzrichtlinie mit Stoffen, deren Konzentrationen in Gewässern zu verringern sind

Schwarzfußkrankheit
eine von mehreren Krankheiten, die mit huminstoffhaltigem Trinkwasser in Verbindung gebracht wird

Schwebstoffe
→ Seston

Schwermetalle
Metalle, die eine Dichte in elementarer Form von über 4,5–6 aufweisen (Definitionen variieren leicht), gemeinsame für die Gewässerbelastung relevante Eigenschaften lassen sich nicht erkennen, → Metalle

SCKW
schwerflüchtigen chlorierten Kohlenwasserstoffe, z.B. DDT, PCB, → LCKW

Screening-Testverfahren
sehr einfach aufgebaute Tests zur schnellen und orientierenden Bestimmung einer toxischen Wirkung

Sediment
Ablagerung von biogenem und mineralischem Material in Seen und Flüssen

Sekundärkonsumenten
→ heterotrophe Organismen, die sich von Primärkonsumenten ernähren, → Nahrungsnetz

Sekundärproduktion
Produktion aller → heterotrophen Organismen, Aufbau von Biomasse durch die Konsumenten des → Nahrungsnetzes, s.a. → Primärproduktion

Seston
Schwebstoffe des Wassers, bestehend aus dem belebten → Plankton und dem unbelebten → Tripton

Speciation
engl. für Bindungsstärke von Xenobiotika im Wasser, die Speciation bestimmt die Bioverfügbarkeit der Stoffe bei der Aufnahme durch Organismen, → Speziierung und → Speziation

Spezialisten
Arten mit engen ökologischen Ansprüchen, diese Arten weisen in der Regel ein kleines Verbreitungsgebiet auf

Speziation
biologische Artbildung, → Speciation

Spezies
→ Art

Speziierung
die Art des chemischen Vorkommens eines chemischen Teilchens, z. B. als freies oder Aquo-Ion, als anorganischer oder organischer Komplex, oberflächenadsorbiert, in unterschiedlichen Wertigkeiten (z. B. als Fe(II) oder Fe(III)), die Speziierung bestimmt die Bioverfügbarkeit, → Speciation

stenök
Arten, die Schwankungen bestimmter Umweltfaktoren (z. B. Strömung) nur innerhalb enger Bereiche tolerieren, → euryök, → Optimum

stenotherm
stenotherme Arten können Temperaturschwankungen nur innerhalb eines engen Bereiches tolerieren, → eurytherm

stochastische Kräfte
Zufallsprozesse, welche natürliche Strukturen beeinflussen

subakute Toxizität
subakut toxische Wirkungen weisen eine über Tage bis Wochen reichende Manifestationszeit auf, diese liegt aber deutlich unter der Generationslänge der Organismen, als Effekte werden in der Regel subletale Wirkungen erfaßt, allerdings können auch letale Effekte auftreten, → akute Toxizität

Subspezies
Organismen, die sich miteinander fertil fortpflanzen können, allerdings aufgrund von z. B. räumlicher oder verhaltensbedingter Isolation keine Fortpflanzungsgemeinschaft bilden

Substrat
Material, auf oder in dem Organismen leben, wird auch als Begriff für Nährstoffe der Bakterien verwendet

Sukzession
Abfolge der Organismen in einem → Biotop während einer Vegetationsperiode (= jahreszeitliche Sukzession) oder auch über geologische Zeiträume als ein Wechsel der Arten, bedingt durch unterschiedliche Umweltansprüche der einzelnen Arten

Suspension
Aufschwemmung fester Teilchen im Wasser

Synergismus
verschiedene Streßfaktoren (Xenobiotika, aber auch abiotische Faktoren), die im Gewässer zusammen auf einen Organismus einwirken, können sich in ihrer Wirkung beeinflussen. Diese Interaktion wird im allgemeinen als Synergismus bezeichnet, und es muß zwischen einer Verstärkung der Wirkung (= more than additive) als synergistische Wirkung im engeren Sinn und einer Abschwächung der Wirkung (= less than additive) als antagonistische Wirkung unterschieden werden, die rein additive Wirkung zweier Streßfaktoren muß als normale Reaktion bewertet werden.

Taxa
→ Taxon

Taxon
systematische Gruppierung von Organismen, z. B. Art, Gattung, Familie, Ordnung, pl. Taxa

TBT
→ Tributylzinn

TDI-Wert
tolerable daily intake

Tensid
Detergentien, waschaktive Substanzen, die unterteilt werden in anionische, kationische und nichtionische Tenside

teratogene Wirkung
Auftreten von Mißbildungen bei den Nachkommen, → genotoxische Wirkung

terrigen
vom Festland stammend

TETRA
Tetrachlorkohlenstoff

THM
Trihalomethane, besitzen karzinogene und mutagene Eigenschaften, THM bilden sich bei der Chlorung von huminstoffhaltigen Wässern

TOC
total organic carbon

TOM
total organic matter

Toxizität
Maß für die schädigende Wirkung einer Substanz oder einer physikalischen Einwirkung auf Organismen

TPT
Triphenylzinn, → metallorganische Verbindungen

Transkription
Übersetzung des DNA-Codes in m-RNA

Treibhausgase
Wasserdampf, Kohlendioxid, Ozon, Distickstoffoxid Methan und Fluorchlorkohlenwasserstoffe, führen zur Erwärmung der Atmosphäre

Trennkanalisation
Niederschlagswasser wird getrennt gesammelt und direkt in die Oberflächengewässer eingeleitet, das Abwasser wird in eigenen Kanälen zur Kläranlage geleitet, → Mischkanalisation

TRI
Trichlorethen

Tributylzinn
TBT, ein Pestizid, das in Unterwasserfarbanstrichen bei Booten seit ~1965 verwendet wird, ökotoxikologisch relevant ist die → östrogene Wirkung

Tripton
unbelebte Stoffe des Gewässers, die durch Wasserbewegung in schwebendem Zustand verbleiben, Teil des → Sestons.

TVO
Trinkwasserverordnung

Ubiquist
Lebewesen ohne besondere Bindung an einen Lebensraum, Arten von großer Anpassungsbreite und weiter Verbreitung, → euryök

umu-Test
Mutagenitätstestverfahren, der DNA-Reparaturvorgänge registriert, die als Reaktion auf genotoxische Schäden eintreten, die Bakterien aktivieren ein sogenanntes SOS-Reparatursystem, gleichzeitig kommt es zur Koexpression einer β-Galaktosidase, die eine Farbreaktion katalysiert; der Nachweis genotoxischer Schäden beruht in diesem Falle auf einer photometrischen Messung

Umweltprobenbank
Einrichtung des Bundes zur Erfassung, Bewertung und Lagerung von Umweltproben, um diese eventuell in späteren Jahren als Referenzproben zu verwenden

Varianz
Maßzahl für die Abweichung von Meßwerten vom Mittelwert

VC
→ Vinylchlorid (Monochlorethen)

Vegetationsfärbung
Erscheinung in Gewässern, hervorgerufen durch massenhaftes Auftreten von Schwefelbakte-

rien, Grünalgen, Blaualgen oder anderen Kleinlebewesen

Verteilungskoeffizient
→ K_{OW}

Vinylchlorid
Monochlorethen, Zwischenprodukt der PVC-Synthese

Viskosität
Zähigkeit einer Flüssigkeit

Volatisierung
Verdampfung

Vorfluter
Bezeichnung für ein Gewässer, in das Brauchwasser oder Abwasser eingeleitet wird, ‚receiving water course'; der Begriff ‚Vorfluter' bedeutet keine spezielle Leistungsfähigkeit des Gewässers

Wasserblüte
massenhafte Ansammlung meist von aufschwimmenden Blaualgen an der Oberfläche stehender Gewässer

Wassergefährdungszahl
WGZ, der negative dekadische Logarithmus der Toxizitätsschwelle als EC0 im Bakterienwachstumstest bzw. im akuten Fischtest, eine Toxizitätsschwelle von 1 mg/l führt zu einer WGZ von 6 (=stark wassergefährdend), als wassergefährdend werden die WGZ 4–5,9 bezeichnet, schwach wassergefährdend sind die WGZ 2–3,9 und als im allgemeinen nicht wassergefährdend werden die WGZ 0–1,9 eingestuft

Wasserhaushaltsgesetz
bundesrechtliches Rahmengesetz (WHG 1996) von besonderer Bedeutung für den Schutz und die Nutzung von Gewässern

WGZ
→ Wassergefährdungszahl

WHO
world health organisation

Xenobiotika
naturfremde, vom Menschen hergestellt oder verstärkt in die Umwelt freigesetzte Stoffe

Xenoöstrogene
Xenobiotika mit unerwünschte Östrogenwirksamkeit, → östrogene Wirkung, → hormonelle Stoffe

Zeigerorganismen
Organismen, deren Vorkommen auf eine bestimmte Qualität der Umweltfaktoren hinweist

Zielvorgaben
aus den aquatischen → Schutzgütern (aquatische Lebensgemeinschaften, Schwebstoffe und Sedimente, Fischerei, Nutzung der Gewässer für Freizeit und Erholung, Entnahme von Wasser für die Bewässerung landwirtschaftlicher Flächen und Trinkwasserversorgung) lassen

sich plausibel die Zielvorgaben (früher als Qualitätsziele bezeichnet) ableiten, die auf bereits bestehende Verordnungen und Richtlinien zurückgreifen, u. a. diverse EG-Richtlinien, die hieraus abzuleitenden Schwellenwerte für eine Beeinträchtigung der Schutzgüter sollten in den Gewässern nicht überschritten werden

Zooplankton
zum → Plankton gehörende kleine tierische Organismen, sowohl Einzeller als auch Mehrzeller

Zoozönose
aus Tieren unterschiedlicher taxonomischer Zugehörigkeit und Häufigkeit zusammengesetzte Lebensgemeinschaft, die einen bestimmten Lebensraum besiedelt

Sachverzeichnis

D

E

Q

Druck: Saladruck, Berlin
Verarbeitung: H. Stürtz AG, Würzburg